火力发电职业技能培训教材

HUOLI FADIAN ZHIYE JINENG PEIXUN JIAOCAI

电气设备检修

（第二版）下册

《火力发电职业技能培训教材》编委会　编

中国电力出版社

CHINA ELECTRIC POWER PRESS

内 容 提 要

本套教材在 2005 年出版的《火力发电职业技能培训教材》基础上，吸收近年来国家和电力行业对火力发电职业技能培训的新要求编写而成。在修订过程中以实际操作技能为主线，将相关专业理论与生产实践紧密结合，力求反映当前我国火电技术发展的水平，符合电力生产实际的需求。

本套教材总共 15 个分册，其中的《环保设备运行》《环保设备检修》为本次新增的 2 个分册，覆盖火力发电运行与检修专业的职业技能培训需求。本套教材的作者均为长年工作在生产第一线的专家、技术人员，具有较好的理论基础、丰富的实践经验和培训经验。

本书为《电气设备检修》分册，共四篇二十三章，主要内容有变电设备检修、变压器检修、电机检修、直流系统检修。

本套教材适合作为火力发电专业职业技能鉴定培训教材和火力发电现场生产技术培训教材，也可供火电类技术人员及职业技术学校教学使用。

图书在版编目（CIP）数据

电气设备检修：全 2 册/《火力发电职业技能培训教材》编委会编 . —2版 . —北京：中国电力出版社，2020. 5
火力发电职业技能培训教材
ISBN 978 - 7 - 5198 - 4401 - 1

Ⅰ . ①电… Ⅱ . ①火… Ⅲ . ①火电厂 – 电气设备 – 检修 – 技术培训 – 教材 Ⅳ . ①TM621

中国版本图书馆 CIP 数据核字（2020）第 036771 号

出版发行：中国电力出版社
地　　址：北京市东城区北京站西街 19 号（邮政编码 100005）
网　　址：http://www. cepp. sgcc. com. cn
责任编辑：畅　舒（010-63412312）
责任校对：黄　蓓　李　楠　郝军燕
装帧设计：赵姗姗
责任印制：吴　迪

印　　刷：三河市万龙印装有限公司
版　　次：2005 年 1 月第一版　2020 年 5 月第二版
印　　次：2020 年 5 月北京第七次印刷
开　　本：880 毫米×1230 毫米　32 开本
印　　张：41. 75
字　　数：1433 千字
印　　数：0001—2000 册
定　　价：188. 00 元（上、下册）

《火力发电职业技能培训教材》（第二版）

编 委 会

《火力发电职业技能培训教材
电气设备检修》（第二版）
编 写 人 员

主　编：李团恩

参　编（按姓氏笔画排列）：

任天理　李宏杰　李建明　陈少虎

施　浩　贾雪梅　郭　剑　寇海荣

《火力发电职业技能培训教材》（第一版）

编 委 会

第二版前言

2004年，中国国电集团公司、中国大唐集团公司与中国电力出版社共同组织编写了《火力发电职业技能培训教材》。教材出版发行后，深受广大读者好评，主要分册重印10余次，对提高火力发电员工职业技能水平发挥了重要的作用。

近年来，随着我国经济的发展，电力工业取得显著进步，截至2018年年底，我国火力发电装机总规模已达11.4亿kW，燃煤发电600MW、1000MW机组已经成为主力机组。当前，我国火力发电技术正向着大机组、高参数、高度自动化方向迅猛发展，新技术、新设备、新工艺、新材料逐年更新，有关生产管理、质量监督和专业技术发展也是日新月异，现代火力发电厂对员工知识的深度与广度，对运用技能的熟练程度，对变革创新的能力，对掌握新技术、新设备、新工艺的能力，以及对多种岗位上工作的适应能力、协作能力、综合能力等提出了更高、更新的要求。

为适应火力发电技术快速发展、超临界和超超临界机组大规模应用的现状，使火力发电员工职业技能培训和技能鉴定工作与生产形势相匹配，提高火力发电员工职业技能水平，在广泛收集原教材的使用意见和建议的基础上，2018年8月，中国电力出版社有限公司、中国大唐集团有限公司山西分公司启动了《火力发电职业技能培训教材》修订工作。100多位发电企业技术专家和技术人员以高度的责任心和使命感，精心策划、精雕细刻、精益求精，高质量地完成了本次修订工作。

《火力发电职业技能培训教材》（第二版）具有以下突出特点：

（1）针对性。教材内容要紧扣《中华人民共和国职业技能鉴定规范·电力行业》（简称《规范》）的要求，体现《规范》对火力发电有关工种鉴定的要求，以培训大纲中的"职业技能模块"及生产实际的工作程序设章、节，每一个技能模块相对独立，均有非常具体的学习目标和学习内容，教材能满足职业技能培训和技能鉴定工作的需要。

（2）规范性。教材修订过程中，引用了最新的国家标准、电力行业规程规范，更新、升级一些老标准，确保内容符合企业实际生产规程规范的要求。教材采用了规范的物理量符号及计量单位，更新了相关设备的图形符号、文字符号，注意了名词术语的规范性。

（3）系统性。教材注重专业理论知识体系的搭建，通过对培训人员分析能力、理解能力、学习方法等的培养，达到知其然又知其所以然的目的，从而打下坚实的专业理论基础，提高自学本领。

（4）时代性。教材修订过程中，充分吸收了新技术、新设备、新工艺、新材料及有关生产管理、质量监督和专业技术发展动态等内容，删除了第一版中包含的已经淘汰的设备、工艺等相关内容。2005年出版的《火力发电职业技能培训教材》共15个分册，考虑到从业人员、专业技术发展等因素，没有对《电测仪表》《电气试验》两个分册进行修订；针对火电厂脱硫、除尘、脱硝设备运行检修的实际情况，新增了《环保设备运行》《环保设备检修》两个分册。

（5）实用性。教材修订工作遵循为企业培训服务的原则，面向生产、面向实际，以提高岗位技能为导向，强调了"缺什么补什么，干什么学什么"的原则，在内容编排上以实际操作技能为主线，知识为掌握技能服务，知识内容以相应的工种必需的专业知识为起点，不再重复已经掌握的理论知识。突出理论和实践相结合，将相关的专业理论知识与实际操作技能有机地融为一体。

（6）完整性。教材在分册划分上没有按工种划分，而采取按专业方式分册，主要是考虑知识体的完整，专业相对稳定而工种则可能随着时间和设备变化调整，同时这样安排便于各工种人员全面学习了解本专业相关工种知识技能，能适应轮岗、调岗的需要。

（7）通用性。教材突出对实际操作技能的要求，增加了现场实践性教学的内容，不再人为地划分初、中、高技术等级。不同技术等级的培训可根据大纲要求，从教材中选取相应的章节内容。每一章后均有关于各技术等级应掌握本章节相应内容的提示。每一册均有本册涵盖职业技能鉴定专业及工种的提示，方便培训时选择合适的内容。

（8）可读性。教材力求开门见山，重点突出，图文并茂，便于理解，便于记忆，适用于职业培训，也可供广大工程技术人员自学参考。

希望《火力发电职业技能培训教材》（第二版）的出版，能为推进火力发电企业职业技能培训工作发挥积极作用，进而提升火力发电员工职业能力水平，为电力安全生产添砖加瓦。恳请各单位在使用过程中对教材多提宝贵意见，以期再版时修订完善。

本套教材修订工作得到中国大唐集团有限公司山西分公司、大唐太原第二热电厂和阳城国际发电有限责任公司各级领导的大力支持，在此谨向为教材修订做出贡献的各位专家和支持这项工作的领导表示衷心感谢。

《火力发电职业技能培训教材》（第二版）编委会

2020年1月

第一版前言

近年来，我国电力工业正向着大机组、高参数、大电网、高电压、高度自动化方向迅猛发展。随着电力工业体制改革的深化，现代火力发电厂对职工所掌握知识与能力的深度、广度要求，对运用技能的熟练程度，以及对革新的能力，掌握新技术、新设备、新工艺的能力，监督管理能力，多种岗位上工作的适应能力，协作能力，综合能力等提出了更高、更新的要求。这都急切地需要通过培训来提高职工队伍的职业技能，以适应新形势的需要。

当前，随着《中华人民共和国职业技能鉴定规范》（简称《规范》）在电力行业的正式施行，电力行业职业技能标准的水平有了明显的提高。为了满足《规范》对火力发电有关工种鉴定的要求，做好职业技能培训工作，中国国电集团公司、中国大唐集团公司与中国电力出版社共同组织编写了这套《火力发电职业技能培训教材》，并邀请一批有良好电力职业培训基础和经验、热心于职业教育培训的专家进行审稿把关。此次组织开发的新教材，汲取了以往教材建设的成功经验，认真研究和借鉴了国际劳工组织开发的 MES 技能培训模式，按照 MES 教材开发的原则和方法，按照《规范》对火力发电职业技能鉴定培训的要求编写。教材在设计思想上，以实际操作技能为主线，更加突出了理论和实践相结合，将相关的专业理论知识与实际操作技能有机地融为一体，形成了本套技能培训教材的新特色。

《火力发电职业技能培训教材》共 15 册，同时配套有 15 分册的《复习题与题解》，以帮助学员巩固所学到的知识和技能。

《火力发电职业技能培训教材》主要具有以下突出特点：

（1）教材体现了《规范》对培训的新要求，教材以培训大纲中的"职业技能模块"及生产实际的工作程序设章、节，每一个技能模块相对独立，均有非常具体的学习目标和学习内容。

（2）对教材的体系和内容进行了必要的改革，更加科学合理。在内容编排上以实际操作技能为主线，知识为掌握技能服务，知识内容以相应的职业必需的专业知识为起点，不再重复已经掌握的理论知识，以达到再培训，再提高，满足技能的需要。

凡属已出版的《全国电力工人公用类培训教材》涉及的内容，如识绘图、热工、机械、力学、钳工等基础理论均未重复编入本教材。

（3）教材突出了对实际操作技能的要求，增加了现场实践性教学的内容，不再人为地划分初、中、高技术等级。不同技术等级的培训可根据大纲要求，从教材中选取相应的章节内容。每一章后，均有关于各技术等级应掌握本章节相应内容的提示。

（4）教材更加体现了培训为企业服务的原则，面向生产，面向实际，以提高岗位技能为导向，强调了"缺什么补什么，干什么学什么"的原则，内容符合企业实际生产规程、规范的要求。

（5）教材反映了当前新技术、新设备、新工艺、新材料以及有关生产管理、质量监督和专业技术发展动态等内容。

（6）教材力求简明实用，内容叙述开门见山，重点突出，克服了偏深、偏难、内容繁杂等弊端，坚持少而精、学则得的原则，便于培训教学和自学。

（7）教材不仅满足了《规范》对职业技能鉴定培训的要求，同时还融入了对分析能力、理解能力、学习方法等的培养，使学员既学会一定的理论知识和技能，又掌握学习的方法，从而提高自学本领。

（8）教材图文并茂，便于理解，便于记忆，适应于企业培训，也可供广大工程技术人员参考，还可以用于职业技术教学。

《火力发电职业技能培训教材》的出版，是深化教材改革的成果，为创建新的培训教材体系迈进了一步，这将为推进火力发电厂的培训工作，为增强培训效果发挥积极作用。希望各单位在使用过程中对教材提出宝贵建议，以使不断改进，日臻完善。

在此谨向为编审教材做出贡献的各位专家和支持这项工作的领导们深表谢意。

《火力发电职业技能培训教材》编委会

2005 年 1 月

第二版编者的话

　　随着我国电力工业的不断发展，对电力生产及检修维护人员提出了更高的要求，特别是职业技能鉴定工作的深入开展和规范，使广大电力检修工对自身专业技能的提高有了更深的认识。为满足广大电力检修工职业技能鉴定的培训要求，受中国电力出版社及大唐山西发电有限公司的委托编写本书。作为职业技能鉴定培训教材，本书体现了职业技能培训的特点以及理论联系实际的原则，本着系统性强、针对性强、实用性强、内容新颖的特点，着重讲述了设备检修方面的设备原理、检修维护方法和设备发生异常及事故时的处理等方面的知识，并加入了永磁电机新的内容，尽量反映了新技术、新设备、新工艺、新材料和新方法，本教材以大型机组及其辅机为主，有相当的先进性和适用性。

　　本书为《电气设备检修》分册，全书共分四篇二十三章。其中第一篇由大唐山西发电有限公司太原第二热电厂郭剑编写；第二篇第一、二章由大唐阳城发电有限责任公司寇海荣编写；第二篇第三章由大唐山西发电有限公司太原第二热电厂陈少虎编写；第三篇第一、二、三章由大唐阳城发电有限责任公司李建明修编；第三篇第四章第一节、第五章由大唐山西发电有限公司太原第二热电厂任天理编写；第三篇第四章第二节、第六章由大唐山西发电有限公司太原第二热电厂施浩编写；第四篇由大唐山西发电有限公司太原第二热电厂李宏杰、贾雪梅共同编写。全书由大唐山西发电有限公司太原第二热电厂李团恩担任主编。大唐山西发电有限公司太原第二热电厂朱立新主审。

　　在编写过程中得到了大唐山西发电有限公司有关部门和大唐山西发电有限公司太原第二热电厂相关领导及大唐阳城发电有限责任公司领导的大力支持和帮助，他们为本书提供了咨询、技术资料及许多宝贵建议，在此一并表示衷心的感谢。

　　由于编写过程中时间紧张，作者水平有限，错误和不足之处在所难免，敬请各使用单位和广大读者及时提出宝贵意见。

编　者

2020 年 1 月

第一版编者的话

随着我国电力工业的不断发展，对电力生产人员的素质提出了更高的要求，特别是职业技能鉴定工作的深入开展和规范，使广大电力检修工人对自身专业技能的提高有了更深的认识。为了满足广大电力检修工人职业技能鉴定的培训要求，使检修工人有一套针对性强的职业技能鉴定培训教材，特编写了《电气设备检修》一书。

本书结合近年来火力发电企业发展的新技术，根据《中华人民共和国职业技能鉴定规范（电力行业）》和《职业技能鉴定指导书》，本着理论联系实践，理论为实践服务的原则编写而成。

与以往培训教材相比，本书具有以下特点：

一、系统性强

本书对初级、中级、高级工人所应掌握的内容未做篇幅上的严格划分，每一部分内容都是由理论到实践，由浅到深逐步阐述的，理论的高度和实践的深度相对应，便于各种层次检修工人系统性的学习和提高。

二、针对性强

本书每章最后都有针对初、中、高各级工人适合阅读、学习的范围指南，总体指导思想是：初级工应掌握相关设备的基本原理、基本概念，基本的控制回路，设备的运行和维护，设备正常检修项目及标准，简单故障的处理方法；中级工应掌握相关设备的工作原理，基本运行特性及基本操作，基本参数的计算，设备的控制回路，了解相关高压试验及继电保护的基本内容，熟练掌握设备正常检修的项目及标准，常见故障的原因及处理方法；高级工应掌握设备的运行特性与运用，参数计算，相关高压试验及继电保护的内容，新技术的运用，掌握设备的故障检修及恢复性大修的方法及计算，掌握设备的运行监控、监督及预防事故发生的方法。

三、实用性强

本书全部由生产一线的专业技术人员进行编写，结合了大量的实践经验，对检修工人的实际工作能起到极大的帮助。

四、内容新颖

本书引用的技术标准，采用了最新的相关标准，编写中尽可能搜集和采用了新技术资料和具有代表性的资料，能够满足电力工业发展的要求。

本书由变电设备检修、变压器检修、电机检修、直流系统设备检修四部分组成，适合于从事变配电检修工、变压器检修工、电机检修工、直流系统检修工共计四个工种的初、中、高级工人的培训和学习。本书全部内容共四篇。第一篇由太原第一热电厂郭希红、郭宏胜编写；第二篇由太原第一热电厂郭希红、郭宏胜编写；第三篇由太原第一热电厂王晓春、刘志青、李思国、程贵金编写；第四篇由太原第一热电厂杨永军、王强、张兵、张锦编写。全书由太原第一热电厂刘志青统稿并主编。太原第一热电厂副厂长、高级工程师赵富春对全书进行主审。

在编写过程中，由于时间仓促和编写者的水平与经历有限，书中难免有缺点和不妥之处，恳请读者批评指正。

编者

2004 年 7 月

目　录

上　册

第一篇　变电设备检修

下　册

第三篇　电机检修

第四篇　直流系统检修

第三篇

电 机 检 修

第一章

电 机 概 述

第一节 电机原理

电机是一种利用电和磁的相互作用实现能量转换、传递的电磁机械装置。发电机从机械系统吸收机械能、向电系统输出电能；电动机则从电系统吸收电能，向机械系统输出机械能；控制电机的主要功能是在机电能量转换过程中，完成机电信号的检测、转换等任务。

发电机和其他相关设备的技术进步，使人们能利用热能、水能、核能以及风能、太阳能、地热能、生物质能、潮汐能等能源发电，向国民经济各部门和广大城乡居民提供必需的电能。

各种类型的电动机广泛应用于国民经济各部门以及家用电器中，作为驱动各种机械和设备的动力。

各种类型的特种电机，例如永磁电机、伺服驱动电机和控制电机等，它们在自动控制系统、计算装置和各种特殊应用场合作为伺服驱动、检测、放大、执行、反馈和解算等元件。

总之，随着科学技术的进步、原材料性能的提高和制造工艺的改进，电机以数以万计的品种规格、多种多样的功率等级（从百万分之几瓦到1350MW 以上）、十分宽广的转速范围（从数天一转到每分钟几十万转）、极其灵活的环境适应性，满足国民经济各部门和人们生活的需要。从19世纪以来，电机一直在人类文明中起着十分重要的作用。

1. 电机的基本工作原理

大多数电机的工作原理是建立在电磁感应定律和电磁力定律基础上的。其构造的一般原则是应用有效的导磁和导电材料构成能互相发生电磁感应的磁路和电路，以产生电磁功率和电磁转矩。电磁感应定律是指运动导体在磁场中切割磁力线后，导体中会产生感应电动势，这是叙述发电机原理的基本定律。电磁力定律说明磁场中的载流导体会受到电磁力的作用，这正是电动机通电后产生旋转转矩的基本原理。电磁感应定律和电磁力定律结合起来构成电功率和机械功率转换的基础。

据上所述，作为机械系统和电系统能量转换的电机，应具备能做相对运动的两大部件。利用电磁力原理的大多数电机，是由建立励磁磁场（由导体中的电流或永磁体产生）的部件和感应电动势并流过工作电流的被感应部件所组成的。对于旋转电机，这两个部件中静止的称为定子，做旋转运动的称为转子，定、转子之间有空气隙，以便于转子旋转。对于一般采用电磁力原理的电机，在定子和转子上置有绕组，以作为励磁电流和工作电流的载体。电机也可采用永磁体励磁，以取代有关部件上的励磁绕组励磁。

电机磁场能量基本上储存于气隙中，它使电机把机械系统和电系统联系起来，并实现能量转换，因此气隙磁场又称为耦合磁场。

当电机绕组流过电流时，将产生一定的磁链，并在其耦合磁场内存储一定的磁场能量，磁链及磁场能量的多少随定、转子电流以及转子位置不同而变化，由此产生电动势和电磁转矩，实现机电能量转换。这种转换理论上是可逆的，即同一台电机既可作发电机也可作电动机运行。但实际上，电动机和发电机有着不同的技术要求、不同电机参数和电机特性、通常一台电机制成后，不经改装和重新设计，不可任意改变其运行状态。

电机内部能量转换过程中，存在电能、机械能、磁场能和热能，热能是由电机内部能量损耗产生的。

对电动机而言：从电源输入的电能 = 耦合磁场内储能增量 + 电机内部的能量损耗 + 输出的机械能

对发电机而言：从机械系统输入的机械能 = 耦合磁场内储能增量 + 电机内部的能量损耗 + 输出的电能

应该指出，随着现代科学技术的飞速发展，近年来出现了许多基于各种新原理的特种电机，如超声波电机、微波电动机、静电电机、磁滞伸缩驱动器等。

2. 电机的分类和应用

通常，电机可进行如下分类：

按功用分类，可分为发电机、电动机和特种电机。

按运动方式分类，可分为旋转电机和直线电机。

按电流类型分类，可分为直流电机和交流电机。交流电机又可分为同步电机和感应电机。

按相数分类，可分为单相电机和多相（常用三相）电机。

电机还可按其他方式（电压、容量、转速等）分类。

传统分类方法中形成了直流电机、感应电机和同步电机三大基本电机种类。

直流电机是将直流电能和机械能相互转换的一种电机，直流电动机具有优良的启动、调速等运行性能，长期以来在有调速要求的场合，特别是有高精度、高性能控制要求的自控系统中，直流电动机是首选的驱动电机。但电刷和换向器的机械接触所带来的换向问题是它的致命弱点，大大限制了它的应用范围。

由于近年来电力电子变流技术的发展，直流发电机的应用已越来越少，并趋于淘汰。

感应电机实质上是一种异步电机，后者是泛指负载时的转速与所接电网频率之比不是定关系的一种交流电机，在不致引起误解或混的情况下，感应电机也可称为步电机，感应电动机特别是笼型感应电动机，由于其具有结构简单、运行可靠、维护方便和价格低等特点，成为电机行业中生产量最大、应用最广的驱动电机。但其调速性能差，功率因数低，使其长期以来上要应用于无调速要求或调速要求不高的驱动机械，例如风机、水泵等驱动。

同步电机是指其转速与所接电网频率之比有恒定关系的一种交流电机。同步电机主要应用于交流发电机场合，是电力系统的心脏部分，同步电动机由于其结构较感应电动机复杂，价格也相对较贵，因此在一般的机械设备驱动中应用较少。但由于其功率因数高，较多用于大功率低转速的机械设备，如压缩机、球磨机等。

20 世纪 60 年代以来，电力电子技术、计算机技术的飞速发展出现了许多全新的机电一体化电机，这些新电机的出现极大地冲击了传统电机的应用领域，也冲击了传统电机的理论和分类。最典型的机电一体化电机有无刷直流电动机、磁场定向的永磁同步电动机等。无刷直流电动机用电子开关取代了直流电机中的换向器，用位置检测装置取代了电刷，用永磁材料产生直流电机中的主磁场，完全实现了直流电机的无刷化，同时保留了直流电机传统优点，就是这样的一种新电机，从电机本体看，的无刷化，同时保留了直流电机传优点。就是这样的一种新电机，从电机本体看，它完全是一个永磁同步电动机结构，其定子绕组是对称的三相交流绕组，流过的是对称三相交变电流，只是电流波形为交变的方波而已。但它和通常的同步电动机在工作原理上又有本质上的差别，它的电子开关电路的工作由转子磁钢位置决定，故它三相绕组中交流电的频率完全由电机的转速决定，故人们也称它为自同步的永磁同步电动机。同理，如果利用自同步原理，让三相绕组流过三相正弦交变电流，并让定子磁场始终保持与转子磁场相垂直,则该电机就是磁场定向的永磁同步电机,它既是同步电机同时又具有直流电机的控制性能。这两种新型的机电一体化产品已经在电动机市场上异军突起,正在不断抢占传统电机的应用领域,对这些全新电机的分类,不同学者有不同看法,至今仍在争议之中。

3. 直流电机的工作原理

安培定律是直流电机工作原理的基础。载流导体在磁场中会受到电磁力的作用而产生运动,如果在磁场中放入载流线圈,那么载流线圈就会在电磁力的作用下产生旋转运动,如图 3-1-1 所示。

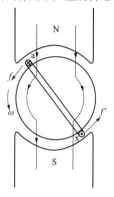

图 3-1-1 安培定律示意图

如图 3-1-1,有两个固定的磁极 N 极和 S 极,磁极间装有可旋转的电枢铁芯,电枢铁芯的表面固定一个线圈,线圈有两个有效边,分别为上线圈边 a 和下线圈边 x,N 极和 S 极之间产生如图所示的磁场,当在线圈中通入直流电时,电流为从 a 边流入,从 x 边流出,两个有效边上均会受到电磁力的作用。该电磁力会形成一个电磁转矩作用在电枢铁芯上使电枢发生旋转,根据左手定则可判断出旋转方向为逆时针方向。

当线圈边 a 从 N 极旋转至 S 极,线圈 x 从 S 极旋转至 N 极时,若线圈中所通的电流不变,则线圈所受到的电磁转矩的方向就会发生变化,变成顺时针方向。这样,电枢铁芯所受到的电磁转矩是一种方向交变的电磁转矩,电枢铁芯只能产生摆动而无法产生连续的旋转运动。

为了使电枢铁芯连续旋转,电枢铁芯所受到的电磁转矩的方向要保持不变。这就要求线圈边旋转至不同磁极下时,线圈中的电流方向也应及时换向,确保同一磁极下的线圈边中电流方向始终不变,且不同极性下的线圈边中有相反方向的电流。为此,直流电机中增加了一个称为"换向器"的装置来完成线圈边中电流方向的改变。

如图 3-1-2 所示,将直流电压加在电刷两端,直流电流经电刷 A 流进电枢线圈边 ab,过线圈边 cd,经电刷 B 流回电源,线圈产生逆时针方向电磁转矩,电枢在该电磁转矩作用下旋转起来。当线圈边旋转至不同磁极下时,因换向器的作用,线圈边中的电流方向会发生改变。即保证了 N 极下的线圈边中的电流始终是从电刷 A 流入，S 极下的线圈边中的电流始终是从电刷 B 流出，这样线圈产生的电磁转矩方向始终不变，从而保证了电枢能够连续地旋转起来。这就是直流电动机的基本工作原理。

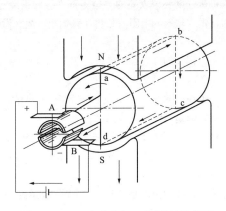

图 3 - 1 - 2   直流电机工作原理示意图

4. 异步电动机工作原理

当三相异步电动机的定子绕组通入对称三相交流电，在定子和转子的气隙中建立了转速为 n_0 的旋转磁场，当转子的导条被旋转磁场切割时，根据电磁感应定律，转子导条内就会感应出电动势，由于转子的导条构成了闭合回路，因此，转子导条中就会感应出电流，导条处在旋转磁场中，又会产生电磁力，转子上所有导条受到的电磁力会形成电磁转矩，在该电磁转矩的作用下，转子就会旋转起来，根据楞次定律，转子的旋转方向应该与旋转磁场的转向相同。这样，转子就跟着旋转磁场旋转起来，当转子连接生产机械时，电机的电磁转矩将克服负载转矩做功，从而实现了机电能量的转换，这就是三相异步电动机的工作原理。

第二节   电机常用电工材料

一、导电材料

导电材料的种类有很多，其中铜、铝最为常用。

铜的导电性能好，在常温时有足够的机械强度，具有良好的延展性，便于加工，化学性能稳定，不易氧化和腐蚀，容易焊接。这些优点使它广泛用于制造电机、变压器绕组。电机和变压器上使用的铜大部分是纯铜（俗称紫铜），含铜量为 99.5% ~ 99.95%。根据材料的软硬程度，分为硬铜和软铜两种。铜材料经过电压延、拉制等工序加工后，硬度增加，故称硬铜，通常用作机械强度要求较高的导电零部件。硬铜经过退火处理后，硬度降低，即为软铜。软铜的电阻系数也比硬铜小，故宜做电机、变压器的绕组。

在产品型号中，铜线的标志是"T"。"TY"表示硬铜，"TR"表示软铜。

铝的导电率约为铜的 62%，但它的比重只有铜的 33%。铝的资源丰富，价格便宜，所以铝是铜的最好代用品。

电机和变压器上使用的铝是纯铝，含铝量为 99.5% ~ 99.7%。由于加工方法不同，也有硬铝和软铝之分。电机和变压器的绕组使用的是软铝。

在产品型号上，铝线的标志是"L"。"LY"表示硬铝，"LR"表示软铝。

1. 软接线

软接线只有导电部分，没有绝缘和保护层。凡是柔软的铜绞线和各种编织线都称为软接线。它们是由多股铜线或镀锡铜线绞合或纺织而成，其特点是柔软、耐振动、耐弯曲。常用的有 3 类 7 种，其名称、型号及主要用途见表 3 - 1 - 1。其中，TS、TSR、TRJ、TRJ - 3、TRJ - 4 是圆线，TRZ - 1、TRZ - 2 是编织线。型号中字母 S 表示电刷，J 表示绞线，Z 表示编织。

表 3 - 1 - 1　　　　　　　　　常用软接线表

名　　称	型　号	主　要　用　途
裸铜电刷线 软裸铜电刷线	TS TSR	供电机、电器线路连接电刷用
裸铜软绞线	TRJ TRJ - 3 TRJ - 4	供移动式电器设备连接线之用，如开关等 供要求较柔软的电器设备连接线之用，如接地线、引出线等 供要求特别柔软的电器设备连接线之用，如晶闸管的引线等

名　　称	型　号	主　要　用　途
软裸铜编织线	TRZ－1 TRZ－2	供移动式电器设备和小型电炉连接线用

2. 电磁线

电磁线是一种具有绝缘层的导电金属线，用以绕制电工产品的线圈或电机、变压器的绕组。常用电磁线的导线线心有圆形和扁形两种，按其绝缘分为漆包线和绕包线两类。

电磁线的型号中汉语拼音代号含义见表 3－1－2。

表 3－1－2　　　　电磁线型号中汉语拼音代号含义

绝　　缘　　层								导　　体				派生
绝缘漆		绝缘纤维		其他绝缘层		绝缘特征		导体材料		导体特征		
型号	名称	型号	名称	型号	名称	型号	名称	型号	名称	型号	名称	
Q	油性漆	M	棉纱	V	聚氯乙烯	B	编织	L	铝线	B	扁线	
QA	聚氨酯漆	SB	玻璃丝	YM	氧化膜	C	醇酸胶漆浸渍	TWC	无磁性铜	D	带（箔）	
QG	硅有机漆	SR	人造丝			E	双层			J	绞制	
QH	环氧漆	ST	天然丝			G	硅有机胶黏漆浸渍			R	柔软	
QQ	缩醛漆	Z	纸			J	加厚					薄漆层
QXY	聚酰胺酰亚胺漆					N	自黏性					厚漆层
QY	聚酰亚胺漆					F	耐致冷性					
QZ	聚酯漆					S	彩色					
QZY	聚酯亚胺漆											

例如，QZL-1 表示聚酯漆、铝线一薄漆层、聚酯漆包铝线；QZJBSB 表示聚酯漆、绞制、编织、玻璃丝中频绕组线。

(1) 漆包线。漆包线的绝缘层是漆膜，在导电线心上涂覆绝缘漆后烘干而成。其特点是漆膜均匀、光滑、绝缘层较薄，广泛用于中小型电机及微电机、干式变压器及其他电工产品。由于涂覆的绝缘品种不同，所以漆包线有很多类别，常用的有缩醛漆包线、聚酯漆包线、聚酯亚胺漆包线、聚酰胺酰亚胺漆包线和聚酰亚胺漆包线等 5 类。它们的品种、规格、特性及主要用途见表 3-1-3 ~ 表 3-1-5。

表 3-1-3   常用漆包线品种、特性及主要用途

类别	名　称	型号	耐热等级	优　点	局　限　性	主要用途
缩醛漆包线	缩醛漆包圆铜线	QQ-1 QQ-2	E	(1) 热冲击性优； (2) 耐刮性； (3) 耐水解性良	漆膜受卷绕应力容易产生裂纹（浸渍前需在 120℃左右加热 1h 以上，以消除应力）	适用于普通及高速中小型电机、微电机、油浸式变压器的绕组和仪表的线圈
	缩醛漆包圆铝线	QQL-1 QQL-2				
	缩醛漆包扁铜线	QQB				
	缩醛漆包扁铝线	QQLB				
聚酯漆包线	聚酯漆包圆铜线	QZ-1 QZ-2	B	(1) 在干燥和潮湿条件下耐电压击穿性能优； (2) 软化击穿性能优	(1) 耐水解性差（用于密封电机、电器时必须注意）； (2) 热冲击性能尚可	广泛应用于中、小型电机绕组、干式变压器的绕组和电器、仪表的线圈
	聚酯漆包圆铝线	QZL-1 QZL-2				
	聚酯漆包扁铜线	QZB				
	聚酯漆包扁铝线	QZLB				
聚酯亚胺漆包线	聚酯亚胺漆包圆铜线	QZY-1 QZY-2	F		在含水密封系统中易水解（用于密封的电机、电器时必须注意）	适用于高温电机、致冷设备电机、干式变压器的绕组和电器、仪表的线圈
	聚酯亚胺漆包扁铜线	QZYB				

类别	名　　　称	型号	耐热等级	优　点	局 限 性	主要用途
聚酰胺酰亚胺漆包线	聚酰胺酰亚胺漆包圆铜线	QXY-1 QXY-2	H	（1）耐热性优，热冲击性能及软化击穿性能优； （2）耐刮性优； （3）在干燥和潮湿条件下耐电压击穿性能优； （4）耐化学药品腐蚀性能优		适用于高温重负荷电机、牵引电机、致冷设备电机、密封式电机干式变压器的绕组和密封式电器、仪表的线圈
聚酰胺酰亚胺漆包线	聚酰胺酰亚胺漆包扁铜线	QXYB	H			适用于高温重负荷电机、牵引电机、致冷设备电机、密封式电机干式变压器的绕组和密封式电器、仪表的线圈
聚酰亚胺漆包线	聚酰亚胺漆包圆铜线	QY-1 QY-2	H	（1）耐热性优； （2）热冲击性能及软化击穿性能优，承受短期过载负荷； （3）耐低温性优； （4）耐溶剂及化学药品腐蚀性能	（1）耐刮性尚可； （2）耐碱性差； （3）在含水密封系统中容易水解； （4）漆膜受卷绕应力容易产生裂纹（浸渍前需在150℃左右加热1h以上，以消除应力）	适用于耐高温电机、干式变压器的绕组
聚酰亚胺漆包线	聚酰亚胺漆包扁铜线	QYB	H			适用于耐高温电机、干式变压器的绕组

表 3-1-4　　Q、QQ 型及 QZ 型漆包线规格

裸线直径（mm）	漆包线最大外径（mm）			漆包线质量（kg/km）				
	Q	QQ	QZ、QZL、QY	Q	QQ	QZ	QZL	QY
0.05	0.065	—	—	0.018	—	—	—	—
0.06	0.075	0.09	0.09	0.026	0.028	0.028	0.01140	0.029
0.07	0.085	0.10	0.10	0.036	0.037	0.037	0.01458	0.039

裸线直径	漆包线最大外径（mm）			漆包线质量（kg/km）				
（mm）	Q	QQ	QZ、QZL、QY	Q	QQ	QZ	QZL	QY
0.08	0.095	0.11	0.11	0.046	0.047	0.047	0.01828	0.050
0.09	0.105	0.12	0.12	0.058	0.059	0.059	0.02241	0.063
0.10	0.102	0.13	0.13	0.072	0.074	0.074	0.02690	0.076
0.11	0.103	0.14	0.14	0.087	0.087	0.087	0.03111	0.092
0.12	0.140	0.15	0.15	0.104	0.104	0.104	0.03721	0.108
0.13	0.150	0.16	0.16	0.120	0.120	0.120	0.04302	0.126
0.14	0.160	0.17	0.17	0.140	0.140	0.140	0.04931	0.145
0.15	0.170	0.19	0.19	0.161	0.161	0.161	0.05918	0.167
0.16	0.180	0.20	0.20	0.183	0.183	0.183	0.06646	0.189
0.17	0.190	0.21	0.21	0.206	0.206	0.206	0.07415	0.213
0.18	0.200	0.22	0.22	0.230	0.230	0.230	0.08222	0.237
0.19	0.210	0.23	0.23	0.256	0.256	0.256	0.09081	0.264
0.20	0.225	0.24	0.24	0.285	0.285	0.285	0.09968	0.292
0.21	0.235	0.25	0.25	0.314	0.314	0.314	0.10916	0.321
0.23	0.255	0.28	0.28	0.376	0.376	0.376	0.1334	0.386
0.25	0.275	0.30	0.30	0.443	0.443	0.443	0.1555	0.454
0.27	0.31	0.32	0.32	0.519	0.519	0.519	0.1793	0.529
0.29	0.33	0.34	0.34	0.598	0.598	0.598	0.2046	0.608
0.31	0.35	0.36	0.36	0.685	0.685	0.685	0.2138	0.693
0.33	0.37	0.38	0.38	0.775	0.775	0.775	0.2604	0.784
0.35	0.39	0.41	0.41	0.871	0.871	0.871	0.2984	0.884
0.38	0.42	0.44	0.44	1.025	1.025	1.025	0.3478	1.04
0.41	0.45	0.47	0.47	1.195	1.195	1.195	0.4012	1.21
0.44	0.49	0.50	0.50	1.374	1.374	1.374	0.4582	1.39
0.47	0.52	0.53	0.53	1.566	1.566	1.566	0.5192	1.58
0.49	0.54	0.55	0.55	1.701	1.701	1.701	0.5618	1.72
0.51	0.56	0.58	0.58	1.846	1.846	1.846	0.6168	1.87
0.53	0.58	0.60	0.60	1.992	1.992	1.992	0.6638	2.02
0.55	0.60	0.62	0.62	2.144	2.144	2.144	0.7114	2.17
0.57	0.62	0.64	0.64	2.302	2.302	2.302	0.7614	2.34
0.59	0.64	0.66	0.66	2.466	2.466	2.466	0.8127	2.50
0.62	0.67	0.69	0.69	2.720	2.720	2.720	0.8935	2.76
0.64	0.69	0.72	0.72	2.897	2.897	2.897	0.9485	2.94
0.67	0.72	0.75	0.75	3.173	3.163	3.163	1.0181	3.21
0.69	0.74	0.77	0.77	3.374	3.374	3.374	1.1080	3.41
0.72	0.78	0.80	0.80	3.637	3.640	3.640	1.2010	3.70
0.74	0.80	0.83	0.83	3.882	3.882	3.882	1.2814	3.92
0.77	0.83	0.86	0.86	4.196	4.196	4.196	1.2821	4.24
0.80	0.86	0.89	0.89	4.427	4.527	4.527	1.4867	4.58

裸线直径	漆包线最大外径（mm）			漆包线质量（kg/km）				
（mm）	Q	QQ	QZ、QZL、QY	Q	QQ	QZ	QZL	QY
0.83	0.89	0.92	0.92	4.870	4.842	4.842	1.5941	4.92
0.86	0.92	0.95	0.95	5.227	5.227	5.227	1.7059	5627
0.90	0.96	0.99	0.99	5.721	5.709	5.709	1.8612	5.78
0.93	0.99	1.02	1.02	6.107	6.107	6.107	1.981	6.16
0.96	1.02	1.05	1.05	6.525	6.493	6.493	2.1055	6.56
1.00	1.07	1.11	1.11	7.069	7.069	7.069	2.3166	7.14
1.04	1.12	1.15	1.15	7.643	7.620	7.620	2.4982	7.72
1.08	1.16	1.19	1.19	8.240	8.240	8.240	2.6850	8.32
1.12	1.20	1.23	1.23	8.860	8.860	8.860	2.8786	8.94
1.16	1.24	1.27	1.27	9.50	9.510	9.510	3.081	9.95
1.20	1.28	1.31	1.31	10.16	10.161	10.161	3.2893	10.4
1.25	1.33	1.36	1.36	11.02	11.021	11.021	3.5547	11.2
1.30	1.38	1.41	1.41	11.91	11.912	11.912	3.8360	12.1
1.35	1.43	1.46	1.46	12.84	12.832	12.832	4.1262	13.0
1.40	1.48	1.51	1.51	13.81	13.819	13.819	4.4276	14.0
1.45	1.53	1.56	1.56	14.81	14.802	14.802	4.720	15.0
1.50	1.58	1.61	1.61	15.84	15.847	15.847	5.0617	16.0
1.56	1.64	1.67	1.67	17.13	17.130	17.130	5.4658	17.3
1.63	1.71	1.73	1.73	18.51	18.456	18.456	5.8800	18.6
1.68	1.77	1.79	1.79	19.82	19.843	19.843	6.13123	20.0
1.74	1.83	1.85	1.85	21.22	21.262	21.262	6.7506	21.4
1.81	1.90	1.93	1.93	23.11	23.030	23.030	7.3168	23.3
1.88	1.97	2.00	2.00	24.93	24.845	24.845	7.886	25.2
1.95	2.04	2.07	2.07	26.73	26.730	26.730	8.4626	27.0
2.02	2.12	2.14	2.14	28.77	28.659	28.659	9.065	29.0
2.10	2.20	2.23	2.23	30.88	31.002	31.002	9.820	31.3
2.26	2.36	2.39	2.39	32.37	35.892	35.892	11.324	36.1
2.44	2.54	2.57	2.57	34.54	41.802	41.802	13.161	42.2

表 3-1-5　　　　高强度聚酯漆包扁铜线及铝线

扁铜线标称尺寸（mm）		最大绝缘厚度（mm）	
a 边尺寸	b 边尺寸	$A - a$	$B - b$
0.2~0.9	2.0~2.83 3.05~4.4 4.7~10.0	0.09	

扁铜线标称尺寸（mm）		最大绝缘厚度（mm）	
a 边尺寸	b 边尺寸	$A - a$	$B - b$
1.0 ~ 1.16	2.0 ~ 2.83 3.05 ~ 4.4 4.7 ~ 10.0	0.10	
1.25 ~ 1.95	2.0 ~ 2.83 3.05 ~ 4.4 4.7 ~ 10.0	0.11	
2.10 ~ 2.83	2.0 ~ 2.83 3.09 ~ 4.4 4.7 ~ 10.0	0.12	
扁铝线标称尺寸（mm）		0.11	0.14
1.16 1.25 ~ 1.95	3.28 ~ 4.4	0.11 0.12	0.14
2.1 2.26 ~ 2.83	4.7 ~ 5.1	0.13 0.14	0.16

表 3 - 1 - 5 中，$A - a$ 为 a 边绝缘厚度；$B - b$ 为 b 边绝缘厚度。各种扁线绝缘厚度的表示方法如图 3 - 1 - 3 所示。

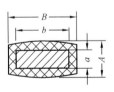

图 3 - 1 - 3 扁线绝缘厚度表示方法

（2）绕包线。用玻璃丝、绝缘纸或合成树脂薄膜紧密绕包在导电线心上，形成绝缘层。也有在漆包线上再绕包绝缘层的。除薄膜绝缘层外，其他的绝缘层均须胶粘绝缘漆浸渍处理，以提高其电性能、机械性能和防潮性能，所以它们实际上是组合绝缘。绕包线的特点是绝缘层比漆包线厚，能较好地承受过电压及过载电负荷，一般用于大中型电机及其他电工产品。根据绕包线的绝缘结构，可分成纸包线、薄膜绕包线、玻璃丝包线、玻璃丝包漆包线等。薄膜绕包线中，由于采用的薄膜制品的不同，又分为聚酯薄膜绕包线和聚酰亚胺薄膜绕包线两种。玻璃丝包线中，又有单玻璃丝包线及双玻璃丝包线之分。另外由于浸渍处理时采用的胶粘绝缘漆品种不同，玻璃丝包线又分许多品种，常用的有醇酸胶粘漆浸渍的和硅有机胶粘漆浸渍的两种。常用绕包线品种、规格、特性及主要用途见表 3 - 1 - 6 ~ 表 3 - 1 - 9。

表 3 - 1 - 6　　　　常用绕包线的品种、特性及主要用途

类别	名　称	型号	耐热等级	优　点	局　限　性	主要用途
纸包线	纸包圆铜线 纸包圆铝线 纸包扁铜线 纸包扁铝线	Z ZL ZB ZLB	A	浸在变压器油中使用时耐电压击穿性优	绝缘纸容易破裂	用作油浸变压器的绕组
薄膜绕包线	玻璃丝包聚酯薄膜绕包扁铜线		E	（1）耐电压击穿性好； （2）绝缘层的机械强度高	绝缘层较厚	用于大型高压电机的绕组
	聚酰亚胺薄膜绕包圆铜线 聚酰亚胺薄膜绕包扁铜线	Y YB	H	（1）耐热性及耐低温性优； （2）在高温时耐电压击穿性好； （3）绝缘层比玻璃丝包线薄	在含水密封系统中易水解	用于高温运行的轧钢电机、牵引电机、深井油泵电机及其他特种电机和干式变压器的绕组
玻璃丝包线及玻璃丝包漆包线	双玻璃丝包圆铜线 双玻璃丝包圆铝线 双玻璃丝包扁铜线 双玻璃丝包扁铝线	SBEC SBELC SBECB SBELCB	B	（1）过负荷性优； （2）耐电晕性优	（1）弯曲较差； （2）耐潮性较差； （3）绝缘层较厚	用于发电机、中大型电机牵引电机和干式变压器的绕组
	单玻璃丝包聚酯漆包扁铜线 单玻璃丝包聚酯漆包扁铝线 双玻璃丝包聚酯漆包扁铜线 双玻璃丝包聚酯漆包扁铝线 单玻璃丝包聚酯漆包圆铜线	QZSBCB QZSBLCB QZSBECB QZSBELCB QZSBC	B	（1）过负荷性优； （2）耐电晕性优； （3）耐潮性好	（1）弯曲性较差； （2）绝缘层较厚	用于发电机、大中型电动机、特种电机和干式变压器的绕组

类别	名　　称	型号	耐热等级	优　点	局　限　性	主要用途
玻璃丝包线及玻璃丝包漆包线	单玻璃丝包缩醛漆包圆铜线	QQSBC	E	（1）过负荷性优；（2）耐电晕性优；（3）耐潮性优	弯曲性较差	适用于高速中小型电机和油浸式变压器的绕组
	双玻璃丝包聚酯亚胺漆包扁铜线　单玻璃丝包聚酯亚胺漆包扁铜线	QZYSBEFB QZYSBFB	F	（1）过负荷性强；（2）耐电晕性优；（3）耐潮性优	弯曲性较差	适用于高温电机、致冷设备电机、干式变压器的绕组和电器、仪表的线圈
	硅有机漆双玻璃线包圆铜线　硅有机漆双玻璃丝包扁铜线	SBEG SBEGB	H	（1）过负荷性强；（2）耐电晕性优；（3）用硅有机漆浸渍改进了耐水耐潮性	（1）弯曲性较差；（2）硅有机浸渍漆的黏合能力差，绝缘层的机械强度较差	适用于发电机、高温负荷电机、牵引电机、致冷设备电机、密封式电机及其他特种电机和干式变压器的绕组
	双玻璃丝包聚酰亚胺漆包扁铜线　单玻璃丝包聚酰亚胺漆包扁铜线	QYSBECB QYSBCB	H	（1）过负荷性强；（2）耐电晕性优；（3）耐潮性优	弯曲性较差	

表 3 - 1 - 7　　　　　　绕包线型号规格

型　号	规格（mm）	型　号	规格（mm）
Z	1.0 ~ 5.6	Y	2.5 ~ 6.0
ZL	1.0 ~ 5.6	YB	a 边 2.0 ~ 5.6 b 边 2.0 ~ 16.0
ZB	a 边 0.9 ~ 5.6 b 边 2.0 ~ 18.0		
		SBEG	0.25 ~ 6.0
ZLB	a 边 0.9 ~ 5.6 b 边 2.0 ~ 18.0	SBELC	0.25 ~ 6.0

型　号	规格（mm）	型　号	规格（mm）
SBECB	a 边 0.9 ~ 5.6 b 边 2.0 ~ 18.0	QQSBC	0.53 ~ 2.50
SBELCB	a 边 0.9 ~ 5.6 b 边 2.0 ~ 18.0	QZYSBEFB	a 边 0.9 ~ 5.6 b 边 2.0 ~ 18.0
QZSBCB	a 边 0.9 ~ 5.6 b 边 2.0 ~ 18.0	QZYSBFB	a 边 0.9 ~ 5.6 b 边 2.0 ~ 18.0
QZSBLCB	a 边 0.9 ~ 5.6 b 边 2.0 ~ 18.0	SBEC	0.25 ~ 6.0
QZSBECB	a 边 0.9 ~ 5.6 b 边 2.0 ~ 18.0	SBEGB	a 边 0.9 ~ 5.6 b 边 2.0 ~ 18.0
QZSBELCB	a 边 0.9 ~ 5.6 b 边 2.0 ~ 18.0	QYSBEGB	a 边 0.9 ~ 5.6 b 边 2.0 ~ 18.0
QZSBC	0.53 ~ 2.50	QYSBGB	a 边 0.9 ~ 5.6 b 边 2.0 ~ 18.0

表 3 - 1 - 8　双玻璃丝包扁铝线、双玻璃丝包扁铜线
和聚酯漆双玻璃丝包线

扁线标称尺寸（mm）		最大绝缘厚度（mm）			
		双玻璃丝包		聚酯漆双玻璃丝包	
a 边尺寸	b 边尺寸	A - a	B - b	A - a	B - b
0.9 ~ 1.95	2.1 ~ 5.9 6.0 ~ 8.0 8.6 ~ 14.5	0.35 0.39 0.45	0.27	0.44 0.46 —	0.36 0.36 —
2.1 ~ 3.8	2.1 ~ 10.0 10.8 ~ 14.5	0.41 0.44	0.33	0.50 —	0.42 —
4.1 ~ 5.5	4.1 ~ 10.0 10.8 ~ 14.5	0.48 0.53	0.40	0.57 —	0.49 —

表 3 - 1 - 9　硅有机漆浸渍双玻璃丝包扁铜线

扁铜线标称尺寸（mm）		最大绝缘厚度（mm）	
a 边尺寸	b 边尺寸	A - a	B - b
0.9 ~ 1.95	2.1 ~ 2.83	0.35	0.31
	3.05 ~ 4.4		0.32
	4.7 ~ 5.9		0.34
	6.4 ~ 8.0	0.39	
	8.6 ~ 9.3	0.45	
	10.0 ~ 14.5		0.36

第一章　电机概述

扁铜线标称尺寸（mm）		最大绝缘厚度（mm）	
a 边尺寸	*b* 边尺寸	*A － a*	*B － b*
2.1 ~ 3.8	2.1 ~ 2.83	0.41	0.37
	3.05 ~ 4.4		0.38
	4.7 ~ 5.9		0.40
	6.4 ~ 8.0		
	8.6 ~ 9.3		
	10.0 ~ 14.5	0.44	0.42
4.10 ~ 5.5	2.1 ~ 2.83	0.48	0.44
	3.05 ~ 4.4		0.45
	4.7 ~ 5.9 .		0.47
	6.4 ~ 8.0		
	8.6 ~ 9.3		
	10.0 ~ 14.5	0.53	0.49

（3）电磁线的选用。电工产品对电磁线有不同的性能要求，因此，在电机修理时，最好采用与原型号相同的电磁线，不要轻易变更。如没有原型号的电磁线，可根据电机的原耐热等级、模具及电磁线的特性，选择合适的电磁线。电机修理可供选用的电磁线见表 3 - 1 - 10。

表 3 - 1 - 10　　　电机修理可供选用的电磁线

种类	电磁线名称	耐热等级	交流发电机		交流电动机						直流电动机
			大型	中小型	一般用途	通用大型	通用中小型	通用微型	起重辊道型	防爆型	电动工具	轧钢、牵引型
漆包线	缩醛漆包线	E			✓		✓	✓			✓	
	聚酯漆包线	B			✓		✓	✓				✓
	聚酯亚胺漆包线	F			✓		✓	✓	✓		✓	
	聚酰胺酰亚胺漆包线	H		✓		✓	✓				✓	
	聚酰亚胺漆包线	H									✓	
绕包线	玻璃丝包线	B、H	✓	✓	✓	✓	✓		✓	✓		
	玻璃丝包漆包线											
	聚酰亚胺薄腊绕包线	H	✓			✓						✓
	玻璃丝包聚酯薄腊绕包线	E	✓	✓		✓	✓		✓			

注　表中√号表示可供选用的电磁线。

3. 电机引线

由于电机的品种、耐热等级、电压、电流等因素，电机引线的电气性能必须与其相适应，绝缘电阻要求高而稳定。例如，6kV 电机的引线不仅要求耐电晕和表面电阻高，而且还要考虑安装时的刮、挤、弯折等机械外力，因此还要求有一定的机械强度。JXHQ、JVR、JHXT、JBX 型电机引出线规格见表 3 – 1 – 11 ~ 表 3 – 1 – 14。

表 3 – 1 – 11   JXHQ 型电机引出线规格

标称截面（mm^2）	导电线心结构		外 径（mm）	质 量（kg/km）	铜 重（kg/km）
	根 数	单线直径（mm）			
0.2	10	0.15	3.3	14	1.4
0.35	20	0.15	3.4	16	3.3
0.5	16	0.20	3.6	19	4.6
0.75	24	0.20	3.8	23	6.9
1.0	32	0.20	3.9	26	9.2
1.5	48	0.20	4.2	32	13.7
2.5	19	0.41	5.3	52	22.6
4	19	0.52	5.8	71	36.4
6	19	0.64	6.4	96	55.8
10	19	0.82	8.1	154	90.5
16	49	0.64	9.8	233	143.2
25	98	0.58	12.1	362	235.6
35	133	0.58	3.1	462	319.8
50	133	0.68	15.4	635	439
70	189	0.68	17.8	864	626.2
95	256	0.68	19.9	1148	859.2

表 3 – 1 – 12   JVR 型电机、电器用丁腈聚氯乙烯绝缘引出线规格

标称截面（mm^2）	导电线心结构		导电线心在20℃时的直流电阻（Ω/km）		绝缘标称厚度（mm）	电线最大外径（mm）	电线计算质量（kg/km）
	根 数	直径(mm)	铜 心	镀锡铜心			
0.06	7	0.10	337	364	0.4	1.2	1.7
0.10	12	0.10	197	202	0.4	1.35	2.3
0.12	16	0.10	143	151	0.4	1.4	2.7
0.15	19	0.10	124	127	0.4	1.45	3
0.2	12	0.15	85.7	89.6	0.4	1.6	3.7

标称截面 （mm²）	导电线心结构		导电线心在20℃时 的直流电阻（Ω/km）		绝缘标 称厚度 （mm）	电线最 大外径 （mm）	电线计 算质量 （kg/km）
	根 数	直径(mm)	铜 心	镀锡铜心			
0.3	16	0.15	64.3	67.2	0.5	1.9	5.3
0.4	23	0.15	43.9	46.8	0.5	2.1	6.8
0.5	28	0.15	36.7	38.2	0.5	2.2	7.8
0.6	34	0.15	30.0	31.6	0.7	2.7	11
0.7	40	0.15	25.4	26.9	0.7	2.9	12
0.8	45	0.15	22.5	23.9	0.7	2.9	13
1.0	32	0.20	17.8	18.9	0.7	3.0	16
1.2	38	0.20	15.1	15.9	0.7	3.3	18
1.5	48	0.20	11.9	12.6	0.7	3.4	21
2.0	49	0.23	8.82	9.33	1.0	4.5	32
2.5	49	0.26	6.92	7.30	1.0	4.8	39
3	49	0.28	5.96	6.30	1.0	5.0	44
4	77	0.26	4.40	4.65	1.0	5.2	54
5	98	0.26	3.46	3.65	1.0	6.0	68
6	77	0.32	2.92	3.07	1.0	6.6	79

表 3－1－13　　　　　JHXT 型电机引出线规格

标称截面 （mm²）	导电线心结构			铜线质量 （kg/mm）	硅橡皮绝 缘厚度 （mm）	外 径 （mm）	电线质量 （kg/km）
	根数	直径 （mm）	绞线直径 （mm）				
0.75	19	0.23	1.15	7.2	1.25	4.4	27.43
1.0	19	0.23	1.30	9.22	1.25	4.5	30.45
1.5	19	0.32	1.60	13.9	1.25	4.8	37.25
2.5	40	0.26	2.34	23.8	1.5	5.0	58.36
4	40	0.32	2.88	36.2	1.75	7.4	85.88
6	40	0.39	3.51	53.6	2.0	8.5	118.5
10	40	0.52	4.68	95.4	2.0	9.7	173
16	84	0.49	6.10	145	2.0	11.0	238.9
25	133	0.49	7.35	230	2.0	12.4	337.8
35	133	0.58	8.7	322	2.0	13.7	438.2
50	133	0.68	10.2	443	2.5	16.2	613.5
70	189	0.68	12.5	629	2.75	19.0	849.7
95	259	0.68	14.2	860	3.0	21.2	1125.2
120	888	0.41	17.2	1070	3.25	24.7	1406.4
150	1159	0.41	18.4	1392	3.5	26.4	1774
185	1300	0.43	23.2	1720	3.75	31.7	2228
240	1648	0.43	23.9	2170	4.0	32.9	2715

表 3–1–14　　　　　**JBX 型电机引出线规格**

标称截面（mm²）	镀锡导电线心结构			铜线质量（kg/km）	锡层质量（kg/km）	丁基橡皮绝缘厚度（mm）	外径（mm）	电线质量（kg/km）
	根数	直径	绞线直径					
0.5	16	0.2	0.94	4.6	0.16	1.1	3.9	28.7
0.75	19	0.23	1.15	7.24	0.23	1.1	4.2	33.5
1.0	19	0.26	1.3	9.24	0.25	1.1	4.3	36.9
1.5	19	0.32	1.6	14.0	0.34	1.1	4.6	44.6
2.5	49	0.26	2.34	23.8	0.62	1.1	5.3	62.4
4	49	0.32	2.88	36.1	0.90	1.1	5.9	79.6
6	49	0.39	3.51	53.7	1.3	1.1	6.5	103.6
10	49	0.52	4.68	95.6	1.8	1.1	7.7	157.2
16	84	0.49	6.10	144.5	2.5	1.4	9.7	239.2
25	133	0.49	7.35	230	4.0	1.4	11.0	340.8
35	133	0.58	8.17	321	5.2	1.8	13.1	480.3
50	133	0.68	10.2	444	7.0	1.8	14.7	625.2
70	189	0.68	12.55	630	10.0	1.8	17.0	848.1
95	259	0.68	14.28	864	13.0	2.0	19.1	1168.3

4. 电机用电刷

电机用电刷（简称电刷）用于各种电机的换向器或集电环上，作为传导电流的滑动接触件，它是用石墨粉末或石墨粉末与金属粉末的混合物压制而成的。按其材质分有石墨电刷，以字母 S 表示；电化石墨电刷，以字母 D 表示；金属石墨电刷，以字母 J 表示。

电刷安装在换向器或集电环表面，工作时能形成适宜的由氧化亚铜、石墨和水分等组成的表面薄膜，以延长使用寿命。为此，要求电刷具有磨损小、功率损耗和机械损耗小、噪声小等性能。在实际工作中，电刷能否满足要求还要考虑到电机的结构、电刷的安装及运行条件、磁极气隙、电刷是否在中性区等因素。

电刷的正确选用，对电机能否正常运行有密切关系。在更换电刷时，最好采用原来的型号，不要轻易改变，但对于进口电机及无法搞清原来电刷型号时，则要考虑电刷的技术特性及运行条件，包括以下几个方面：

（1）接触电压降。是指电流通过电刷、接触点薄膜、换向器或集电环的电压降。每一种电刷的接触电压降，都有其极限值。如果超过了极限值，滑动接触点的电功率损耗将过大，并引起电刷过热。

（2）摩擦系数。摩擦是电刷运行时必须考虑的一个重要因素，它是电刷发热的原因之一。电刷的摩擦情况，通常用摩擦系数来衡量。圆周速度越大，机械摩擦损耗也越大。因此，用于高速电机的电刷，宜选摩擦系数较小的。否则会使电刷运行过程中引起较大的振动、噪声、接触不良而产生火花，严重时甚至使电刷碎裂。

常用电刷的类别及应用范围见表 3 - 1 - 15。

表 3 - 1 - 15　　　　　　　常用电刷的类别及应用范围

类别	型号	老型号	基本特征	主要应用范围
石墨电刷	S - 3	S - 3	硬度较低，润滑性较好	换向正常，负荷均匀，电压为 80~120V 的直流电机
	S - 6	SQZ - 6	多孔、软质石墨刷，硬度低	汽轮发电机的集电环，80~230V 的直流电机
电化石墨电刷	D104	DS - 4	硬度低，润滑性好，换向性能好	一般用于 0.4~200kW 直流电机、充电用直流发电机、轧钢用直流发电机、汽轮发电机和绕线型异步电动机的集电环、直流电焊机等
	D172	DS - 72	润滑性好，摩擦系数小，换向性能好	大型汽轮发电机的集电环，励磁机、水轮发电机的集电环，换向正常的直流电机
	D207	DS - 7	强度和机械强度较高，润滑性好，换向性能好	大型轧钢直流电机，矿用直流电机
	D213	DS - 13	硬度和机械强度比 D214 高	汽车、拖拉机的发电机，具有机械振动的牵引电动机
	D214 D215	DS - 14 DS - 15	硬度和机械强度较高，润滑、换向性能好	汽轮发电机的励磁机，换向困难、电压在 200V 以上的带有冲击性负荷的直流电机，如牵引电动机、轧钢电动机
	D252	DS - 52	硬度中等，换向性能好	换向困难、电压为 120~400V 的直流电机，牵引电动机、汽轮发电机的励磁机
	D308 D309	DS - 8 DS - 9	质地硬，电阻系数高，换向性能好	换向困难的牵引电动机，角速度较高的小型直流电机，以及电机放大机
	D374	DS - 74	多孔，电阻系数高，换向性能好	换向困难的高速直流电机，牵引电动机，汽轮发电机的励磁机，轧钢电动机

类别	型号	老型号	基本特征	主要应用范围
金属石墨电刷	J102 J164	TS-2 TS-64	高含铜量，电阻系数小，允许电流密度大	低电压、大电流直流发电机，如电解、电镀、充电用直流发电机，绕线型异步电动机的集电环
	J201	T-1	中含铜量，电阻系数比高含铜量电刷大，允许电流密度较大	电压在60V以下的低电压、大电流直流发电机，如汽车发电机、直流电焊机、绕线型异步电动机的集电环
	J204	TS-4		电压在40V以下的低电压、大电流直流电机，汽车辅助电动机，绕组型异步电动机的集电环
	J205	TSQ-5		电压在60V以下的直流发电机，汽车、拖拉机用的直流启动电机，绕线型异步电动机的集电环
	J203	T-3	低含铜量，与高、中含铜量的电刷相比，电阻系数较大，允许电流密度较小	电压在80V以下的大电流直流充电发电机，小型直流牵引电动机，绕线型异步电动机的集电环

（3）电流密度。电流密度增加，电刷的功率损耗也随之增加。当电流密度超过额定值时，由于发热过剧，摩擦系数增大，很容易引起火花，导致电机甚至不能正常运行。

（4）圆周速度。当圆周速度超过最大值时，随之而来的是接触电压降急剧增加、摩擦系数急剧降低，产生火花、磨损增加等。因此在选用电刷时可遵照下列原则选用：①圆周速度高的电机用电化石墨电刷或电墨电刷；②圆周速度低的电机用金属电墨电刷；③圆周速度为90m/s以上的汽轮发电机和圆周速度在70m/s以上的直流电机，必须选用特殊的电化石墨电刷。

（5）施于电刷上的单位压力。施于电刷上的单位压力过小或过大是不利的（过大摩擦系数增大，过小易出现火花），一般应按电刷种类和运行情况而定。同一台电机各电刷上的单位压力应力求均匀，以免引起个别电刷过热或火花增大。

常用电刷的主要技术特性及运行条件见表3-1-16。

表 3 – 1 – 16   常用电刷的主要技术特性及运行条件

型号	一对电刷接触 电压降（V）	摩擦系数 不大于	额定电流密度 （A/cm^2）	最大圆周速度 （m/s）	使用时允许的 压力（kPa）
S – 3	1.9	0.25	11	25	19.6 ~ 24.5
S – 6	2.6	0.28	12	70	21.6 ~ 23.5
D104	2.5	0.20	12	40	14.7 ~ 19.6
D172	2.9	0.25	12	70	14.7 ~ 19.6
D207	2.0	0.25	10	40	19.6 ~ 39.2
D213	3.0	0.25	10	40	19.6 ~ 39.2
D214	2.5	0.25	10	40	19.6 ~ 39.2
D215	2.9	0.25	10	40	19.6 ~ 39.2
D252	2.6	0.23	15	45	19.6 ~ 39.2
D308	2.4	0.25	10	40	19.6 ~ 39.2
D309	2.9	0.25	10	40	19.6 ~ 39.2
D374	3.8	0.25	12	50	19.6 ~ 39.2
D102	0.5	0.20	20	20	17.7 ~ 22.6
D164	0.2	0.20	20	20	17.7 ~ 22.6
D201	1.5	0.25	15	25	14.7 ~ 19.6
D204	1.1	0.25	15	20	19.6 ~ 24.5
D205	2.0	0.25	15	35	14.7 ~ 19.6
D203	1.9	0.25	12	20	14.7 ~ 19.6

二、绝缘材料

绝缘材料又称电介质，在直流电压作用下，绝缘材料中只有极微小的电流通过，其电阻率（亦称电阻系数）大于 $10^9 \Omega/cm$。其主要作用是在电气设备中把导电体隔离开，使电流按预定的路径流通。因此，绝缘材料应具有：①良好的介电性能、较高的绝缘电阻和耐压强度；②耐热性要好，不会因长期受热而引起性能变化；③良好的导热、冷却、耐潮、防雷电、防霉和较高机械强度以及加工方便的特点。

绝缘材料在长期使用中，在温度、电、机械等物理化学方面的作用下，其绝缘性能逐渐变差，称为绝缘老化。当绝缘老化到一定程度后，就不能再继续使用。尤其当绝缘材料受潮，同时又经受过高温与过高的电压，就会失去绝缘能力而导电，这称为绝缘击穿。因此，在电工产品中，为确保长期安全运行，需对允许最高工作温度作若干规定。目前我国绝缘材料的耐热等级分为 7 个级别，见表 3 – 1 – 17。

表 3 – 1 – 17　　　　　　　绝缘材料的耐热等级

级　别		绝　缘　材　料	极限工作温度（℃）
Y	0	天然纤维的纺织品，以醋酸纤维和聚酰亚胺为基础的合成纺织品，以及易于分解和熔化点较低的塑料（脲醛树脂）	90
A	1	工作于矿物油中和用油或油树脂复合胶浸过的 Y 级材料，有漆包线、漆布、漆丝的绝缘及油性漆、沥青漆等	105
E	2	聚酯薄膜和 A 级材料复合、玻璃布、油性树脂漆、聚乙烯醇缩醛高强度漆包线、乙酸乙烯耐热漆包线	120
B	3	聚酯薄膜经树脂黏合或浸渍涂覆的云母、玻璃纤维、石棉、聚酯漆、聚酯漆包线	130
F	4	以有机纤维材料补强和石棉带补强的云母片制品，玻璃丝和石棉纤维为基础的层压制品，以无机材料作补强和石棉带补强的云母粉制品，化学热稳定性较好的聚酯和醇酸类材料，复合硅有机聚酯漆	155
H	5	无补强或以无机材料为补强的云母制品，加厚的 F 级材料，复合云母、有机硅云母制品，硅有机漆、硅有机橡胶聚酰亚胺复合玻璃布、复合薄膜、聚酰亚胺漆等	180
C	6	不要用任何有机黏合剂及浸渍剂的无机物，如石英、石棉、云母、玻璃和瓷材料等	180 以上

1. 绝缘材料的分类及性能指标

（1）分类及型号。电工常用绝缘材料按其化学性质不同，可分为无机绝缘材料、有机绝缘材料和混合绝缘材料。

若按其应用或工艺特征，可划分为 6 大类，见表 3 – 1 – 18。

表 3 – 1 – 18　　　　　　　绝缘材料的分类

分类代号	名　　称	分类代号	名　　称
1	漆、树脂和胶类	4	压塑料类
2	浸渍纤维制品类	5	云母制品类
3	层压制品类	6	薄膜、黏带和复合制品类

电工绝缘材料的统一型号由 4 位数字组成。

第一位数字是分类代号，见表 3－1－18。

第二位数是表示同一分类中的不同品种。常用的品种有：第 1 类绝缘材料中的浸渍漆用 0 表示，瓷漆用 3 表示，硅钢片漆用 6 表示；第 2 类材料中的漆布（漆绸）用 2、4 表示；半导体漆布用 6 表示，漆管用 7 表示；第 3 类材料中的层压板用 0 表示，层压玻璃布板用 2 表示，纸管用 5 表示，玻璃布管用 6 表示，纸棒用 7 表示，玻璃布棒用 8 表示；第 4 类材料中的木粉填料压塑料用 0 表示，玻璃纤维填料压塑料用 3 表示；第 5 类材料中的柔软云母板用 1 表示，塑形云母板用 2 表示，云母带用 4 表示，换向云母板用 5 表示，衬垫云母板用 7 表示，云母箔用 8 表示；第 6 类材料中的薄膜用 0 表示，薄膜绝缘纸及薄膜玻璃漆布复合箔用 5 表示。

第三位数字即耐热等级代号，见表 3－1－17。

第四位数字为同类产品的顺序号，用以表示配方、成分或性能上的差别。

由于云母的种类较多，因此云母制品的型号，除白云母制品外，在第四位数字的后面附加一位数字，1 表示粉云母制品，2 表示金云母制品。

（2）性能指标包括绝缘耐压强度、抗张强度和比重。

1）绝缘耐压强度：绝缘物质在电场中，当电场强度增大到某一极限值时，就会击穿。这个使绝缘击穿的电场强度称为绝缘耐压强度（又称介电强度或绝缘强度），通常以 1mm 厚的绝缘材料所能耐受的电压值（kV）表示。

2）抗张强度：绝缘材料每单位截面积能承受的拉力。

3）比重：绝缘材料 1cm^3 体积的重量。

2. 绝缘材料的选用

修理电机时一般应选用和原来一样的绝缘材料，如没有合适材料或无法弄清原来是何种材料时（如空壳电动机），前一种情况应选用和原来绝缘材料相似的材料或选用性能更高材料；后一种情况，可按电机铭牌上规定的绝缘等级选用，否则会影响电机修理的质量及修理后电机的使用寿命。常用的绝缘材料的品种、特性及用途见表 3－1－19。

表 3－1－19　　　　常用绝缘材料的品种、特性及用途

类型	名　称	型　号	耐热等级	特　性　及　用　途
（一）绝缘漆类	沥青漆	1010	A	耐潮性好，供浸渍不要求耐油的电机线圈
	油改性醇酸漆	1030	B	耐油性和弹性好，供浸渍在油中工作的线圈和绝缘零部件

类型	名　　称	型　号	耐热等级	特　性　及　用　途
（一）绝缘漆类	丁基酚醛醇酸漆	1031	B	耐潮性、内干性较好，机械强度较高，供浸渍线圈，可用于湿热地区
	三聚氧胺醇酸漆	1032	B	耐潮性、耐油性、内干性较好，机械强度较高，且耐电弧，供浸渍在湿热地区使用的线圈
	环氧脂漆	1033	B	耐潮性、耐油性、内干性较好，机械强度较高，耐电弧，供浸渍在湿热地区使用的线圈
	环氧醇酸漆	H30－6	B	耐热性、耐热性较好，机械强度高，黏结力强，可供浸渍用于湿热地区的线圈
	环氧无溶剂漆	110	B	黏度低，击穿强度高，储存稳定性好，可用于沉浸小型低压电机、电器线圈
	环氧无溶剂漆	111	B	黏度低，固化快，击穿强度高，可用于滴浸小型低压电机、电器线圈
	环氧无溶剂漆	9101	B	黏度低，固化较快，体积电阻高，储存稳定性好，可用于整浸中型高压电机、电器线圈
	聚酯浸渍漆	Z30－2	F	耐热性、电气性能较好，黏结力强，供浸渍 F 级电机、电器线圈
	不饱和聚酯无溶剂漆	319－2	F	黏度较低、电气性能较好，储存稳定性好，可用于浸渍小型 F 级电机、电器线圈
	有机硅浸渍漆	1053	H	耐热性和电气性能好，但烘干温度较高，供浸渍 H 级电机、电器线圈和绝缘零部件
	聚酯改性有机硅漆	W30－P	H	黏结力较强，耐潮性及电气性能好，烘干温度较 1053 低，用途与 1053 漆相同
	聚酰胺酰亚胺浸渍漆	PAI－2	H	耐热性优于有机硅漆，电气性能优良，黏结力强，供浸渍耐高温或在特殊条件下工作的电机、电器线圈

第一章　电机概述

类型	名 称	型 号	耐热等级	特 性 及 用 途
（一）绝缘漆类	晾干醇酸灰瓷漆	1321	B	晾干或低温干燥，漆膜硬度较高，耐电弧性和耐油性好，用于覆盖电机、电器线圈及绝缘零部件表面修饰
	醇酸灰瓷漆	1320	B	烘焙干燥，漆膜坚硬，机械强度高，耐电弧和耐油性好，用于覆盖电机、电器线圈
	环氧脂灰瓷漆	163	B	烘焙干燥，漆膜硬度大，耐潮、耐霉、耐油性好，用于覆盖电机、电器线圈，可用于湿热地区
	晾干环氧脂灰瓷漆	164	B	晾干或低温干燥，漆膜坚硬，耐潮、耐霉、耐油性好，用于覆盖电机、电器线圈，可用于湿热地区
	晾干有机硅红瓷漆	167	H	晾干或低温干燥，漆膜耐热性高，电气性能好，用于覆盖耐高温电机、电器线圈或绝缘零部件表面修饰
	有机硅红瓷漆	1350	H	烘焙干燥，漆膜耐热性、电气性能比167好，且硬度大，耐油，用途与167漆相同
	油性硅钢片漆	1611	A	在400～500℃下干燥快，漆膜厚度均匀、坚硬、耐油，供涂覆一般小型电机、电器用硅钢片
	醇酸硅钢片漆	9161	B	在300～500℃下干燥快，漆膜有较好的耐热性和耐电弧性，供涂覆一般电机、电器用硅钢片，但不宜涂覆用磷酸盐处理的硅钢片
	环氧酚醛硅钢片漆	114	F	附着力强，在200～300℃下干燥快，漆膜有较好的耐热性、耐潮性、耐腐蚀性和电气性能，供涂覆大型电机、电器用硅钢片，且适宜涂覆用磷酸盐处理的硅钢片和其他硅钢片
	有机硅钢片漆	W35-1	H	漆膜耐热性和电气性能优良，供涂覆高温电机、电器用硅钢片，但不宜涂覆磷酸盐处理的硅钢片
	聚酰胺酰亚胺硅钢片漆	PAI-Q	H	漆的涂覆工艺性和干燥性好，漆膜附着力强，耐热性高，耐溶剂性优越，供涂覆高温电机、电器用的各种硅钢片

类型	名　称	型　号	耐热等级	特　性　及　用　途
（二）浸渍纤维制品类	油性漆绸（黄漆绸）	2210 1112	A	具有较好的电气性能和良好的柔软性，2210 适用于电机、电器薄层衬垫式线圈绝缘；2212 耐油性好，适用于在有变压器或汽油气侵蚀的环境中工作的电机、电器的薄层衬垫或线圈绝缘
	油性玻璃漆布（黄玻璃漆布）	2412	E	耐热性较 2210、2212 漆好，适用于一般电机、电器的衬垫和线圈绝缘，以及在油中工作的变压器、电器的绝缘
	沥青醇酸玻璃漆布	2430	B	耐潮性较好，但耐苯和耐变压器油性差，适用于一般电机、电器的衬垫和线圈绝缘
	醇酸玻璃漆布	2432	B	耐油性较好，并具有一定的防霉性，可用作油浸变压器、油断路器等线圈绝缘
	环氧玻璃漆布	2433	B	具有良好的耐化学药品腐蚀性、耐湿热性和较高的机械、电气性能，适用于化工电机、电器的槽绝缘、衬垫和线圈绝缘
	有机硅玻璃漆布	2450	H	具有较好的耐热性，良好的柔软性，耐霉、耐油和耐寒性好，适用于 H 级电机、电器的衬垫和线圈绝缘
	有机硅防电晕玻璃漆布	2650	H	具有稳定的低电阻率，耐热性好，适于作高压电机定子线圈的防电晕材料
	油性漆管	2710	A	具有良好的电气性能和弹性，但耐热性、耐潮性和耐霉性差，可作电机、电器和仪表等设备引出线和连接线的绝缘
	油性玻璃漆管	2714	A	
	醇酸玻璃漆管	2730	B	具有良好的电气性能和机械性能，耐油性和耐热性好，但弹性稍差，可代替油性漆管作电机、电器和仪表等设备引出线和连接线的绝缘

类型	名　　称	型　号	耐热等级	特　性　及　用　途
（二）浸渍纤维制品类	有机硅玻璃漆管	2750	H	具有较高的耐热性和耐潮性，良好的电气性能，适用作 H 级电机、电器等设备的引出线和连接线的绝缘
	硅橡胶玻璃丝管	2751	H	具有良好的弹性、耐热性和耐寒性，机械性能良好，适用于在 −60～180℃工作的电机、电器和仪表等设备的引出线的连接线的绝缘
（三）层压制品类	酚醛层压纸板	3020	E	电气性能好，耐油性好，适于做电工设备中的绝缘结构件，并可在变压器油中使用
		3021	E	机械强度高，耐油性好，适于作电工设备中的绝缘结构件，并可在变压器油中使用
		3022	E	有较高的耐潮性，适于作高湿度条件下工作的电工设备中的绝缘构件
	酚醛层压玻璃布板	3230	B	机械性能、耐水和耐热性比层压纸板好，但黏合强度低，适于做电工设备中的绝缘结构件，并可在变压器中使用
	苯胺酚醛层压玻璃布板	3231	B	电气性能、机械性能和黏合强度均比酚醛层压玻璃布板好，适于作电机、电器中的绝缘结构件
	环氧酚醛层压玻璃布板	3240	F	具有很高的机械强度，电气性能好，耐热性和耐水性较好，浸水后的电气性能较稳定，适于作要求高机械强度、高介电性能以及耐水性好的电机、电器的绝缘结构件，并可在变压器油中使用
	有机硅环氧层压玻璃布板	3250	H	电气性能和耐热性好，机械强度较高，供作耐热和湿热地区 H 级电机、电器的绝缘结构件
	二苯醚层压玻璃布板	3251	H	具有优良的耐热性和机械性能，耐辐射，耐腐蚀，能熄灭电弧，适于作 H 级电机、电器的绝缘结构件

类型	名　称	型　号	耐热等级	特　性　及　用　途
（三）层压制品类	聚胺酰亚胺层压玻璃布板	—	H	具有良好的机械性能、电气性能和耐热、耐辐射性，适于作 H 级电机、电器的绝缘结构件
	防电晕环氧玻璃布板	—	F	具有较稳定的低电阻，适于作高压电机槽部的防电材料
	酚醛纸管	3520	E	电气性能好，适于作电机、电器的绝缘结构件，可在变压器油中作用
		3523	E	具有良好的机械加工性，适于作电机、电器的绝缘结构件，可在变压器油中作用
	环氧酚醛玻璃布管	3640	F	具有高的电气性能和机械性能，耐潮湿和耐热性较好，适于作电机、电器的绝缘结构件，可在高电场强度、潮湿环境或变压器油中使用
	有机硅玻璃布板	3650	H	具有高的耐热性，耐潮性好，适于作 H 级电机、电器的绝缘结构件
	酚醛纸棒	3720	E	具有一定的电气性能和机械性能，适于作电机、电器及其他电工设备中的绝缘结构件，并可在变压器油中使用
	环氧酚醛玻璃布棒	3840	F	具有良好的电气性能和机械性能，适于作电机、电器及其他电工设备中的绝缘结构件，可在湿热地区及变压器油中作用
（四）压塑料类	酚醛塑料	40130	A	表面光泽性好，吸湿性小，耐霉性好，可塑制湿热地区使用的低压电机、电器和仪器仪表的绝缘零部件
	酚醛玻璃纤维塑料	4330	B	具有优良的电气性能和机械性能，热变形温度较高，耐霉性好，适用于塑制湿热地区使用的电机、电器的绝缘零部件

类型	名　称	型　号	耐热等级	特　性　及　用　途
（五）云母制品类	醇酸纸柔软云母板	5130	B	供作低压交直流电机的槽绝缘和端部层间绝缘
	醇酸纸柔软粉云母板	5130－1	B	
	醇酸玻璃柔软云母板	5131	B	用作于一般电机的槽绝缘和端部层间绝缘
	醇酸玻璃柔软粉云母板	5131－1	B	
	环氧纸柔软粉云母板	5136－1	B	用作电机的槽绝缘及匝间绝缘
	环氧玻璃柔软粉云母板	5137－1	B	用作低压电机的槽绝缘和端部层间绝缘或外包绝缘
	环氧薄膜玻璃柔软粉云母板	5138－1	B	用作高压电机定子绕组匝间和换位绝缘或其他衬垫绝缘
	醇酸柔软云母板	5133	B	用于高压电机定子绕组匝间和换位绝缘或其他衬垫绝缘
	有机硅柔软云母板	5150	B	用作 H 级电机槽部或端部的层间绝缘
	有机硅玻璃柔软云母板	5151	H	
	有机硅玻璃柔软粉云线板	5151－1	H	
	醇酸塑型云母板	5230	B	用于直流电机换向器的 V 形绝缘环和电器的绝缘结构件
	虫胶塑型云母板	5231	B	
	醇酸塑型云母板	5235	B	用于温升较高、转速较快的直流电机换向器的 V 形绝缘环和绝缘结构件
	虫胶塑型云母板	5236	B	
	有机硅塑型云母板	5205	H	用于耐热电机、电器和仪表的绝缘结构件
	醇酸纸云母带	5430	B	耐热性较高，但防潮性较差，可作直流电机电枢绕组和低压电机线圈的线包绝缘
	醇酸绸云母带	5432	B	
	醇酸硅塑云母带	5434	B	
	环氧聚酯玻璃粉云母带	5473－1	B	热弹性较高，在室温下储存期可达6个月，但介质损耗较大，可代替醇酸云母带作电机的匝间绝缘和端部绝缘，但不宜作高压电机的主绝缘

第三篇　电机检修

类型	名　　称	型　号	耐热等级	特　性　及　用　途
（五）云母制品类	环氧玻璃粉云母带	5438－1	B	含胶量大，厚度均匀，固化后电气及机械性能较好，但室温下储存期较短（半个月），故需低温储存，适用于模压或液压成型的高压电机绕组绝缘
	有机硅玻璃云母带	5450	H	耐热性高，主要用于要求耐高温的电机或牵引电机的绕组绝缘
	有机硅玻璃粉云母带	5450－1	H	
	虫胶换向器云母板	5535	B	用于一般直流电机换向器的片间绝缘
	环氧换向器粉云母板	5536－1	B	用于汽车电机和其他小型直流电机换向器的片间绝缘
	磷酸铵换向器金云母板	5560－2	H	用于耐高温直流电机换向器的片间绝缘
	醇酸衬垫云母板	5730	B	用作电机、电器的衬垫绝缘
	虫胶衬垫云母板	5731	B	
	环氧衬垫粉云母板	5737－1	B	
	磷酸铵衬垫云母板	5760－2	H	用作耐高温电机、电器的衬垫绝缘
	醇酸纸云母箔	5830	B	用于一般电机、电器的卷烘绝缘和磁极绝缘
	醇酸纸粉云母箔	5830－1	B	
	虫胶纸云母箔	5830	B	
	虫胶纸粉云母箔	5831－1	B	
	醇酸玻璃云母箔	5832	B	用于要求机械强度较高的电机、电器的卷烘绝缘和磁极绝缘
	醇酸玻璃云母箔	5833	B	
	环氧玻璃粉云母箔	5836－1	B	
	有机硅玻璃云母箔	5850	H	用于 H 级电机、电器的卷烘绝缘和磁极绝缘

第一章　电机概述

类型	名 称	型 号	耐热等级	特 性 及 用 途
（六）薄膜及复合制品类	聚酯薄膜	6020	E	可用作低压电机、电器的匝间绝缘、端部包扎绝缘和衬垫绝缘，电磁线的线包绝缘，E 级电机的槽绝缘
	芳香族聚酰胺薄膜	—	H	可用作 F、H 级电机的槽绝缘
	聚酰亚胺薄膜	—	C	可用作 H 级电机和微电机的槽绝缘、电机、电器线组和起重电磁铁的外包绝缘以及电磁线的线包绝缘
	聚酯薄膜绝缘纸复合箔	6520	E	用于 E 级电机的槽绝缘和端部层间绝缘
	聚酯薄膜玻璃漆布复合箔	6530	B	用于 B 级电机的槽绝缘、端部层间绝缘、匝间绝缘和衬垫绝缘，可用于湿热地区
	聚酯薄膜聚酯纤维纸复合箔	DMD	B	用于 B 级电机的槽绝缘、端部层间绝缘、匝间绝缘和衬垫绝缘，可用于湿热地区
	聚酯薄膜芳香族聚酰胺纤维复合箔	NMN	F	用于 F 级电机的槽绝缘、端部绝缘、匝间绝缘和衬垫绝缘
	聚酰亚胺薄膜芳香族聚胺纤维纸复合箔	NHN	H	用于 H 级电机的槽绝缘、端部层间绝缘、匝间绝缘和衬垫绝缘

三、磁性材料

电机工程常用的磁性材料按其特性通常分为软磁材料和永磁材料（又称硬磁材料）两大类。

1. 软磁材料

软磁材料磁导率高、矫顽力低。在较低的外磁场下，就能产生高的磁感应强度，而且随着外磁场的增大，能很快达到饱和。当外磁场去掉后，磁性又基本消失。软磁材料的品种有电工纯铁和硅钢板两种。

电工用纯铁的主要特征是饱和磁感应强度高、冷加工性好，但它的电阻率低、铁损高，一般只用于直流磁极。

硅钢板的主要特性是电阻率高、铁损低，适用于各种交变磁场的磁路。

硅钢板按其制造工艺不同，分为热轧和冷轧两种。电机工业上常用的硅钢板厚度有 0.35、0.5mm 两种。

2. 永磁材料

永磁材料的矫顽力高，它经饱和磁化再去掉外磁场时，能储存一定的磁能量，可以在较长时间内保持稳定的强磁性。目前电机工业上用得最普遍的永磁材料是铝镍钴合金，常用的有 13、32、52、60 号铝镍钴及 40、56、70 号铝钴钛，主要用来制造永磁电机和微机的磁极铁芯。

第三节　常用轴承知识

1. 轴承

电机的轴承一般分为滚动轴承和滑动轴承两类。滚动轴承装配结构简单，维修方便，主要用于转速小于 1500r/min、功率 1000kW 以下，或转速在 1500～3000 r/min，功率在 500kW 以下的中、小型电机。滑动轴承多用于大型电机。

（1）滚动轴承按滚动体的种类可分为两大类。球轴承（滚珠轴承）的滚动体为球；滚子轴承（滚柱轴承）的滚动体为圆柱。

1）向心推力轴承：能承受径向和轴向联合负载，并可能是以径向负载或轴向负载为主。

2）向心轴承：只能承受径向负载，或能在承受径向负载的同时，承受不大的轴向负载。

3）推力向心轴承：能承受轴向负载，但也能在承受轴向负载的同时，承受不大的径向负载。

4）推力轴承：只能承受轴向负载。

（2）滚动轴承的代号：滚动轴承的代号以 7 位数字组成，各数字表示的意义如下：

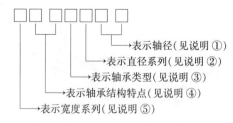

（3）滚动轴承的代号说明：①内径为 20～495mm 的轴承以内径被 5

除的商表示，内径为 10~20mm 的轴承代号见表 3-1-20；②表示直径系列的代号，1—特轻系列，2—轻系列，3—中系列，4—重系列，5—轻宽系列，6—中宽系列，7、8—不定系列，9—内径非标准；③表示轴承类型的代号，0—向心球轴承，1—向心面轴承，2—向心短圆柱滚子轴承，3—向心球面滚子轴承，4—长圆柱滚子轴承或滚针轴承，5—螺旋滚子轴承，6—向心推力轴承，7—圆锥滚子轴承，8—推力球轴承或推力向心轴承，9—推力滚子轴承或推力向心滚子轴承；④用一位或两位数字表示，例如，5—表示外圈有制动槽的，15—表示带防尘盖的；⑤表示宽度系列的代号，1—正常系列，2—宽系列，3、4、5、6—特宽系列，7—窄系列，8、9—特殊系列；⑥轴承的精度等级，在轴承代号数字部分的左面用汉语拼音字母 C、D、E、F、G 表示。其中 C 级精度最高，按排列顺序依次至 G 级最低。

表 3-1-20　　　内径为 10~20mm 的轴承内径代号

轴承内径（mm）	10	12	15	17
代　　号	00	01	02	03

例如：轴承代号 60305 表示一面带防尘盖的单列向心球轴承，中系列，内径为 25mm。

常用滚动轴承规格见表 3-1-21。

常用电机的滚动轴承型号见表 3-1-22~表 3-1-29。

表 3-1-21　　　　　　常用滚动轴承规格

轻　　　　型			尺　寸　（mm）		
滚珠轴承		滚柱轴承	内　径	外　径	宽　度
单列向心滚珠轴承	单列向心推力轴承	单列向心短圆柱			
200	6200	—	10	30	9
201	6201	—	12	32	10
202	6202	—	15	35	11
203	6203	—	17	40	12
204	6204	2204	20	47	14
205	6205	2205	25	52	15
206	6206	2206	30	62	16
207	6207	2207	35	72	17
208	6208	2208	40	80	18
209	6209	2209	45	85	19

轻 型			尺 寸 （mm）		
滚 珠 轴 承		滚柱轴承			
单列向心 滚珠轴承	单列向心 推力轴承	单列向心 短圆柱	内 径	外 径	宽 度
210	6210	2210	50	90	20
211	6211	2211	55	100	21
212	6212	2212	60	110	22
213	6213	2213	65	120	23
214	6214	2214	70	125	24
215	6215	2215	75	130	25
216	6216	2216	80	140	26
217	6217	2217	85	150	28
218	6218	2218	90	160	30
219	6219	2219	95	170	30
220	6220	2220	100	180	34
300	6300	—	10	35	11
301	6301	—	12	37	12
302	6302	—	15	42	13
303	6303	—	17	47	14
304	6304	—	20	52	15
305	6305	2305	25	62	17
306	6306	2306	30	72	19
307	6307	2307	35	80	21
308	6308	2308	40	90	23
309	6309	2309	45	100	25
310	6310	2310	50	110	27
311	6311	2311	55	120	29
312	6312	2312	60	130	31
313	6313	2313	65	140	33
314	6314	2314	70	150	35
315	6315	2315	75	160	37
316	6316	2316	80	170	39
317	6317	2317	85	180	41
318	6318	2318	90	190	43
319	6319	2319	95	200	45
320	6320	2320	100	215	47

第一章 电机概述

表 3 - 1 - 22   **J2、JO2、JQ2、JQ02 系列电动机滚动轴承型号**

机 座 号	同期转速为 3000r/min		同期转速为 1500r/min	
	轴伸端轴承	非轴伸端轴承	轴伸端轴承	非轴伸端轴承
1	204	204	204	204
2	205	205	305	305
3	206	206	306	306
4	208	208	308	308
5	209	309	309	309
6	310	310	2309	310
7	311	311	2311	311
8	314	314	2314	314
9	317	317	2317	317

表 3 - 1 - 23   **JZ 和 JZR 系列电动机滚动轴承型号**

机 座 号		轴伸数	风扇端	接线盒端
	1	单（双）轴伸	6309	6309
	2	单（双）轴伸	6310	6310
	3	单（双）轴伸	6312	6312
JZ 和 JZR	4	单轴伸	6315	6314
	4	双轴伸	6315	6315
	5	单轴伸	42616	6316
	5	双轴伸	42616	42616
	6	单轴伸	42620	6320
JZR	6	双轴伸	42620	42620
	7	单轴伸	42620	42620
	7	双轴伸	42620	42620

表 3 - 1 - 24   **JZ 和 JOZ 系列电动机滚动轴承型号**

机 座 号	同期转速为 3000r/min		同期转速为 1500r/min 及以下	
	轴伸端轴承	非轴伸端轴承	轴伸端轴承	非轴伸端轴承
1	204	204	204	204
2	205	205	305	305
3	206	206	306	306
4	208	208	308	308
5	309	309	309	309
6	310	310	310	310
7	311	311	6311	311

表 3-1-25   JRQ 和 JSQ 系列异步电动机滚动轴承型号

机 座 号	同期转速（r/min）	轴伸端轴承	滑环端轴承
14	1500、1000、750、600	2324	324

表 3-1-26   J、JS 和 JR 系列异步电动机滚动轴承型号

机座号	同期转速（r/min）	轴伸端轴承	滑环端轴承	第三轴承
11	1500 和 1000	2319	319	
11	750 和 600	2319	319	
12	1500	2319	319	
12	1000	2320	320	
12	750 和 600	2320	320	2314
13	1500	2319	319	
13	1000	2322	322	
13	750 和 600	2322	322	2314

表 3-1-27   Z 系列直流电机滚动轴承的型号

电机型号	轴伸端轴承	换向器端轴承	电机型号	轴伸端轴承	换向器端轴承
Z-2.5	302	302	Z-145	2311	309
Z-5	303	303	Z-205	2313	311
Z-10	305	305	Z-290	2313	311
Z-17.5	306	306	Z-400	2317	314
Z-28.5	308	308	Z-550	2317	314
Z-48	308	308	Z-750	2320	317
Z-68	309	309	Z-1000	2320	317
Z-85	309	309	Z-1320	2320	317
Z-100	2311	309	Z-1750	2320	317

表 3-1-28   ZKK 系列电机扩大机滚动轴承的型号

电机扩大机型号	ZKK3	ZKK5	ZKK12	ZKK25 ZKK50	ZKK70 ZKK100	ZKK11
滚动轴承型号	202	203	206	307	308	411

表 3 - 1 - 29　　　　ZZ 和 ZZK 系列直流电动机滚动轴承的型号

电动机型号	轴伸端轴承	换向器端轴承	电动机型号	轴伸端轴承	换向器端轴承
ZZ - 12、ZZK - 12	307	307	Z - $\frac{41}{42}$、ZZK - $\frac{41}{42}$	42417	42417
Z - 22、ZZK - $\frac{21}{22}$	408	407	ZZK - 62	42620	42620
ZZ - 32、ZZK - $\frac{31}{32}$	410	408	ZZK - 72	42624	42624
ZZ - $\frac{41}{42}$、ZZK - $\frac{41}{42}$	316	313	ZZ - 82、82a	42626	42626

2. 润滑油和润滑脂

常用的机械润滑油有 7 个牌号，电机滑动轴承用润滑油要按电机的功率、转速等因素进行选择，见表 3 - 1 - 30。

表 3 - 1 - 30　　　　　电机滑动轴承润滑油的选择

转速（r/min）	100kW 以下电机	100 ~ 1000kW 电机	1000kW 以上电机
250	30 号机器油	40 号机器油或标准油	40 号机器油或标准油
250 ~ 1000	30 号机器油	30 号机器油	30 号或 40 号机器油或标准油
1000 以上	20 号机器油	20 号或 30 号机器油	30 号机器油

滚动轴承润滑脂要根据使用轴承的类型、尺寸、运转条件（工作温度等）来选择。常用润滑脂的品种、代号及适用场合见表 3 - 1 - 31。

表 3 - 1 - 31　　　常用润滑脂的品种、代号及适用场合

名　　称		代　号	颜　　色	滴点（不低于）（℃）	适用场合
钠基润滑脂	1 号	ZN - 1	深黄色到暗褐色均匀油膏	130	在较高的工作温度、清洁无水分的条件下，用于开启式电动机
	2 号	ZN - 2		150	

名　　称		代号	颜　　色	滴点 （不低于） （℃）	适用场合
钙钠基 润滑脂	1 号	ZGN - 1	黄色到深棕色的 均匀软膏	120	在较高工作温 度、容许有蒸汽的 条件下，用于开启 式、封闭式电动机
	2 号	ZGN - 2		135	
钙基 润滑脂	1 号	ZG - 1	淡黄色到暗褐 色，在玻璃上涂抹 1～2mm 厚的润滑 脂层，在透光检查 时均匀无块状物	75	用于一般工作温 度、与水接触的封 闭式电动机
	2 号	ZG - 2		80	
	3 号	ZG - 3		85	
	4 号	ZG - 4		90	
石墨钙基润滑脂		ZG - S	黑色均一的非纤 维状油膏	80	
钡基润滑脂 3 号		ZB - 3	黄褐色到暗褐色 软膏	150	
复合钙基 润滑脂	1 号	ZFG - 1	淡黄色至暗褐色 光滑透明油膏	180	用于高温、有严 重水分场合的封闭 式电动机
	2 号	ZFG - 2		200	
	3 号	ZFG - 3		220	
	4 号	ZFG - 4		240	
铝基 润滑脂	2 号	ZU - 2	淡黄色到暗褐色 的光滑透明油膏	75	用于高温工作条 件及严重水分的场 合，特别适用于湿 热带型电动机

第二章

发电机检修

第一节　同步发电机的基本知识

一、同步发电机的基本结构

同步电机由建立磁场的转子（定子）和定子两大部分组成。作为发电机用的同步电机，与作为电动机用的同步电机，由于转速和用途不同而总体结构有所不同。从大、小型电机的转子结构特点来看，隐极式与凸极式同步电机的转子也具有明显不同的结构特点。

（一）隐极同步发电机的基本结构

隐极同步发电机没有显露的磁极，且转子能承受较大的离心力，所以多用于高速的汽轮发电机上。

1. 定子

隐极式发电机的定子由定子铁芯、定子绕组、机座和端盖（包括通风冷却需要的风道和风室）等部件组成。

（1）定子铁芯。定子铁芯由 0.5mm 厚的硅钢片叠成，每叠厚 3～6cm 不等。各叠之间留出 10mm 宽的通风槽，以增加定子铁芯的散热面积。在定子铁芯的两端用非磁性材料的压板压紧，整个铁芯固定在机座上。

当定子铁芯外径小于 1m 时，一般用整圆的硅钢片叠成；当外径大于 1m 时，是先将硅钢片冲成扇形，然后在叠装时拼成圆形。

定子铁芯内圆上冲有槽，用于嵌放定子绕组。为了保证绕组的绝缘质量和简化绕组嵌线工艺，现在的定子槽形一般均做成开口槽。

（2）定子绕组。定子绕组是同步发电机进行能量转换的主要部件。大、中型发电机多采用棒形绕组，因定子绕组通过的电流大，为了减小趋肤效应造成的附加损耗，一般线棒不采用大截面的整块铜条，而采用多股相互绝缘的导线并绕组成，在线圈的直线部分还要换位，使线圈每一股线在槽内沿轴线的各段长度上占有不同的位置，以减少因漏磁通而引起的股线间的电动势差和涡流。整个线圈外面包有对地绝缘，其厚度和材料决定于发电机的额定电压。

为了防止绕组突然短路时绕组端部导线之间存在巨大机械应力而引起端部变形，其端部需用线绳绑紧，并紧固在用非磁性钢做成的端箍上。

定子绕组按匝数分，可分为单匝和多匝式，即定子绕组每一个线圈可以是一匝或多匝。

绕组在槽中的布置方式，可分为单层绕组和双层绕组，目前制造的汽轮发电机，均采用双层绕组。

定子绕组在运行中要受到高温、电磁振动、电晕及机械力的影响，因此定子绕组的绝缘应具有电气强度高、机械强度大、化学性能稳定和耐热性良好等特点。

（3）机座和端盖。机座是支撑定子铁芯和绕组的部件，它不但承担发电机的重量，而且要承受正常运行和短路故障时的各种力矩作用，所以机座要有足够的强度和刚度。一般常用钢板焊接而成。端盖用螺栓固定在机座上，端盖一般做成两半，中间用螺栓连接。

为了增加定子的散热能力，通常在定子铁芯中开通槽或在硅钢片上冲成若干圆孔和方孔，铁芯叠装好以后，在铁芯中形成许多轴向平行的管状通风孔。

通风方式有径向通风和轴向通风两种，通过冷气体（空气和氢气）的流动来冷却铁芯。

一般大、中型发电机都采用径向和轴向通风并存的办法，以增加定子铁芯的散热能力。

2. 转子

（1）转子铁芯。隐极式转子由铁芯、护环、中心环及风扇等组成。大功率汽轮发电机的转子圆周速度可高达 $150 \sim 160 \text{m/s}$，在这样高的转速下，转子部件将受到很大的离心力。如果转子结构不牢靠或材料机械强度不够，就会使转子损坏造成严重事故。所以现代高速汽轮发电机的转子均采用整块的具有良好导磁性能的合金钢制造，并与轴锻成一个整体。这种转子的外表为圆柱形，没有显露的磁极，因此称为隐极式。这种转子沿转子铁芯表面全长铣有槽，槽的排列形状有两种，如图 3-2-1 所示，图（a）为辐射形排列，图（b）为平行排列。我国生产的发电机都采用辐射形槽。开槽部分约占圆周的 2/3，另外 1/3 形成一对大齿，大齿的中心就是磁极的中心。

隐极发电机转速较高，直径尺寸受到机械强度的限制。为了满足功率的要求，只有增加长度，因此隐极发电机的转子是一个细长的圆柱体，采

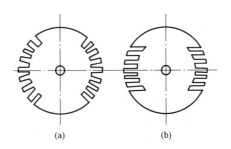

图 3 - 2 - 1　汽轮发电机的转子槽

（a）辐射形排列；（b）平行排列

用卧式安装。

（2）转子绕组。转子绕组（即励磁绕组）为同心式绕组，由两组线

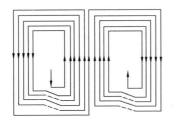

图 3 - 2 - 2　转子线圈接线图

圈串接而成，其接线方法如图 3 - 2 - 2 所示。对一般气体表面冷却的转子线圈，用扁铜线连续绕制，各线圈垫有绝缘（一般采用 0.3mm 厚的云母板）或包上匝间绝缘，绕制好的线圈外形如图 3 - 2 - 3 所示。最后再包上对地绝缘（或将绝缘材料垫在槽内）。由于汽轮机转速很高，因此励磁绕组在槽内需用不导磁、高强度的硬铝楔来压紧。两极转子绕组的端部排列如图 3 - 2 - 4 所示。

由于绕组端部承受很大的离心力，因此必须采用护环和中心环，给予可靠地固定，如图 3 - 2 - 5 所示。护环可把转子绕组端部套紧，而中心环则用以支持护环和防止绕组端部轴向移动。

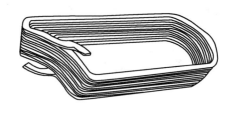

图 3 - 2 - 3　转子线圈的外形

集电环一般用碳钢制成，热套于隔有云母绝缘的转轴上。其电刷和刷架装在定子外壳上。用以引入转子绕组的励磁电流。

转子两端各安放一只风扇，作为冷却风源。常用的风扇有离心式和旋桨式两种。离心式风扇常用于 25MW 以下的发电机；旋桨式风扇通用于 25MW 以上的发电机。

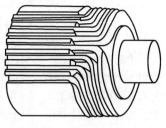

图 3 - 2 - 4　两极转子绕组端部的排列

（二）凸极同步发电机的基本结构

对于速度较低，极对数较多（$q \geqslant 2$、转速为 1500r/min 及以下）的同步发电机，可做成凸极式发电机。

凸极式同步发电机一般用于较大功率的水轮发电机、柴油发电机及各类型的同步电动机。除部分水轮发电机和水泵电动机为立式结构外，大多数都为卧式结构。

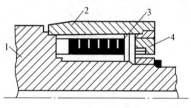

图 3 - 2 - 5　护环
1—转子本体；2—护环；
3—绕组端部；4—中心环

1. 定子

（1）定子铁芯。由于大多数凸极式同步发电机都是极对数大于 2 的中低速电机，因此直径相对较大，有些低速大惯量的发电机的长径比 $\frac{1}{D} < 1$。因此大多数凸极发电机定子铁芯由扇形硅钢片冲制叠成（小容量凸极发电机除外），每隔

4 ~ 5cm 留有通风沟。铁芯两端放置压板，然后用双头螺杆从背部夹紧成为一个整体。整个铁芯固定在机座内圆的定位筋上。同时机座外壳与铁芯外圆间留有通风道。

（2）定子绕组。凸极式发电机的定子绕组型式和结构因发电机容量而定，对大型发电机，多采用双层波绕组和棒形线圈。绕组端部线棒间夹有垫块，用线绳绑于支持环架上固定起来。中、小型发电机定子绕组，多用单层和双层的叠绕组，或用线棒绕组，但多采用多股线并绕的成形绕组。

（3）机座（机架）。中、大型凸极式同步发电机的机座，由环板、立

筋和壁板装焊而成。小型发电机一般采用铸铁整圆机座。

其他部件结构及作用与隐极同步发电机基本相同。

2. 转子

转子主要由轴、转子支架、轮环（即磁轭）和磁极等组成。

（1）磁极。磁极铁芯一般由 1～1.5mm 厚的钢板冲制叠压而成。磁极冲片有各种形状，如图 3 - 2 - 6 所示。在磁极的两个端面上加上磁极压板、用铆钉铆成一个整体。对于没有鸠尾和 T 形尾的磁极铁芯，有时要在铁芯上加工径向螺孔，用螺钉固定在磁轭上。

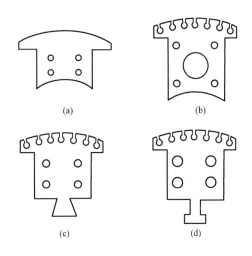

图 3 - 2 - 6　凸极同步发电机的磁极冲片

（a）、（b）用螺钉或螺杆固定的磁极冲片；

（c）、（d）带固定尾部的磁极冲片

励磁绕组多用扁铜排绕制而成，有的高速机组也有采用铝排的。小功率发电机的励磁绕组是用电磁线多层绕制而成。绕好的线圈（大、中型）在匝间垫好绝缘，经过热压成形，再套到带有自身绝缘的磁极铁芯上去。近年来采用了一种较新的绝缘结构，把磁极线圈与极身绝缘一同压制成型。

磁极在转子上的布置为 N 与 S 极间隔排列，每个磁极线圈按其接线连接后，引出两个线头接在集电环上。

磁极铁芯固定在轮环（即磁轭）上。轮环上也开有鸠尾或 T 型等相应形状的槽，装配时用钢键楔紧。中、小型发电机也可用螺钉固定。

近年来，国外小型同步发电机中出现了一种新的结构，就是把磁极与磁轭合冲在一张冲片上，如图3－2－7所示。然后铆装成转子铁芯，装包好磁极自身绝缘，最后用绝缘导线逐圈、逐层、逐极平绕在铁芯上。这种转子消除了第二气隙，并有机械强度高、减少接头的优点。

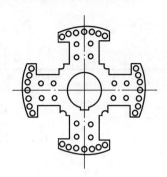

图3－2－7　整张的转子冲片

（2）轮环与支架。大型发电机的轮环由2～5mm厚钢板冲成扇形叠片，并每隔4～5mm留有一通风道，最后用螺杆把各层夹紧，形成一个整体。在中、小型发电机中，轮环常用整块钢板冲片叠成或用铸钢做成。

轮环与轴间由转子支架支撑。转子支架必须有足够的强度，以传递轴的力矩。

（3）阻尼绕组。有不少同步发电机在磁极沿外圆的极面处，穿以铜条，做成鼠笼形，称为阻尼绕组。阻尼绕组的作用是减少并联运行时转子振荡的幅值，对同步电动机而言，还能起到启动绕组的作用。

（三）同步发电机绕组

1．绕组的基本型式和连接

同步发电机绕组的基本型式有三种：分布绕组，嵌放在定子上（极转式）；集中绕组，安装在转子上，作为励磁绕组；笼型绕组，作为阻尼绕组使用。

绕组按定子绕组的端部连接方式，可分为同心绕组、叠绕组和波绕组（同心绕组在大、中型发电机中已不采用）。叠绕组又分为单叠绕组和双叠绕组。

按每极每相槽数和节距，可分为整数槽绕组和分数槽绕组；整距绕组和短距绕组。

按线圈结构形状，可分为盘式绕组和篮式绕组。

定子绕组并联支路数，可为一路，也可多路并联。

电机和外电路的连接，可采用星形接法，也可采用三角形接法，一般发电机都采用星形接法。其特点是，当三相定子绕组接成星形时，它的相电压和线电压之间的关系是

$$\left. \begin{array}{l} \dot{U}_{AB} = \dot{U}_A - \dot{U}_B \\ \dot{U}_{BC} = \dot{U}_B - \dot{U}_C \\ \dot{U}_{CA} = \dot{U}_C - \dot{U}_A \end{array} \right\} \qquad (3-2-1)$$

由于三次谐波是同相位的,所以线、相电压中的三次谐波关系为

$$\left. \begin{array}{l} \dot{U}_{AB3} = \dot{U}_{A3} - \dot{U}_{B3} = 0 \\ \dot{U}_{BC3} = \dot{U}_{B3} - \dot{U}_{C3} = 0 \\ \dot{U}_{CA3} = \dot{U}_{C3} - \dot{U}_{A3} = 0 \end{array} \right\} \qquad (3-2-2)$$

由式(3-2-2)可见,发电机定子绕组接成星形时,在线电压中不存在三次谐波。又由于三相的三次谐波电流同相位,均指向或背向中性点,电流构不成通路,所以在星形接法中不存在三次谐波电流。其基波分量和三次谐波分量之间的相位关系如图3-2-8所示。

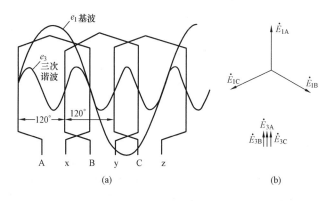

图3-2-8　三相电动势中各相基波分量和三次
谐波分量之间的相位关系
(a)波形图;(b)相量图

2. 绕组的绝缘

绕组绝缘包括股间、匝间、排间、层间和对地绝缘,端部各种支撑用的绝缘构件以及连接线和引出线绝缘。

绕组绝缘结构应具有发电机所需要的耐热等级、足够的耐电强度、良好的机械性能和工艺性能,并要求在规定的环境中长期使用,而其机电性

能不致降低到影响发电机安全运行的水平。

大、中型发电机绕组多采用棒形绕组（或线棒），其绝缘厚度和材料主要由发电机的额定电压来决定。额定电压越高，线棒主绝缘应越厚。但是，这样因考虑电压而设计的绝缘厚度，会影响导线的截面积，太厚的绝缘也会影响线棒的散热性，因此应采用材料和厚度相结合的方法。

高压发电机的定子绕组在通风槽口及端部出槽口处，其绝缘表面的电场分布是不均匀的。当局部场强达到一定数值时，就会出现电晕现象，它有破坏绝缘的作用。因此，在制造或修理时，对高压绕组应采取防晕措施。高压发电机电晕出现的部位及防止措施见表3－2－1和表3－2－2。

表3－2－1　　　高压发电机电晕出现部位及防止措施

部位	防晕（或防止电腐蚀）的措施	工艺要点
绝缘内部电离	采用无溶剂的多胶粉云母带热压成型或无溶剂的少胶带真空压力浸渍，消除内部气隙	多胶带的含胶量必须小于35%，且挥发物小于1%
槽内间隙及通风槽口处电晕	（1）绕组槽部采用低阻防晕层； （2）槽内采用半导体漆（喷或涂）； （3）所有垫条均为半导体玻璃布板 （4）间隙应小于0.3～0.5mm，或充填半导体材料，塞紧，以防止振动后松动； （5）尽量增加防晕层与槽壁的稳定接触点	（1）涂刷工艺，临刷前把漆搅拌均匀； （2）电阻率要稳定； （3）防晕层与绝缘黏结良好。 但采用同内屏防晕，必须严格保证其位置和尺寸
端部出槽口处电晕	（1）采用一级或两级恒电阻率的半导体防晕层； （2）或采用一级、二级碳化硅防晕层； （3）或采用内屏防晕（对地绝缘分次热压才能采用）	
端部异相间及固定件间电晕	端部斜边间隙要保证在工作电压下不发生电晕，采用耐电晕的适形材料，填塞各固定件间的间隙	适形材料可用室温或高温固化胶，采用高温固化胶，需烘焙加热固化

表 3-2-2　　　　　　　　　端部防晕结构（举例）

结构图	结构型式	U_N (kV)	尺寸（mm）				防晕处理项号及说明	
			A	B	C	D	处理项号	项号说明
	一级恒电阻防晕层结构	6.3	50	—	140	—	1, 2	1—低电阻防晕漆（带）$5 \times 10^3 \sim 5 \times 10^4 \Omega$；2—中电阻防晕漆（带）$5 \times 10^7 \sim 5 \times 10^9 \Omega$；3—附加绝缘
		10.5	60~70	—	180	—	1, 2	
		13.8	80~90	250	200	—	1, 2, 3	
	二级恒电阻防晕层结构	15.75	100~120	290	120	120	1, 2, 3, 4	1、2、3同上；4—高电阻防晕漆（带）$10^{11} \sim 10^{12} \Omega$
		18.0	110~130	320	130	140	1, 2, 3, 4	
		20.0	140~160	340	140	150	1, 2, 3	
	碳化硅防晕层结构	13.8	80	250	200	—	1, 2, 3	1、3同上；2—碳化硅中阻防晕层$5 \times 10^9 \sim 5 \times 10^{10} \Omega$ $\beta^* = 1.4 \sim 1.5$；4—碳化硅高阻防晕层$10^{11} \sim 10^{12} \Omega$ $\beta = 0.9 \sim 1.0$
		15.75	100~120	300	250	—	1, 2, 3	
		18.0	110~130	350	300	—	1, 2, 3	
		20.0	140~160	350	150	150	1, 2, 3, 4	

结构图	结构型式	U_N (kV)	尺寸（mm）				防晕处理项号及说明	
			A	B	C	D	处理项号	项号说明
	内屏防晕层结构	18～20	80～120	—	200	200	1，2，3	1—低电阻防晕层 10^3～$10^5\Omega$； 2—中电阻防晕层 5×10^7～$5\times10^9\Omega$； 4—高电阻防晕层 10^9～$10^{10}\Omega$； 5—内屏分三段：10^3～$10^5\Omega$，10^7～$10^9\Omega$，10^{11}～$10^{12}\Omega$

*β 为随外施场强呈非线性变化的系数。

（四）同步发电机的冷却

发电机在运行过程中会由于有各种损失而发热，它直接影响到绝缘材料的使用寿命和发电机的安全运行。如果温升太高，发电机会很快烧毁，更重要的是，发热问题限制了发电机的出力和容量。因此，解决大容量发电机的冷却问题，是提高发电机的电磁负载，使同样的有效材料，能做出更大容量的发电机，而且体积不至过大的关键。

发电机的冷却方式由发电机的容量和经济效益来决定。一般中、小型发电机常用空气冷却。较大容量（25MW 以上）的发电机，采用氢气冷却较为经济，大容量的发电机多采用水内冷和油内冷。

1. 空气冷却

空气冷却发电机的冷却介质是空气，即用内装风扇和外装风扇，通过各部分的冷却风道，利用自然对流方式对发电机进行冷却。容量略大一些的同步发电机，可以在外面加装通风机来冷却。水轮发电机容量虽然较

第二章　发电机检修

大，但它的直径大、体积大、轴向长度短，也可采用空气冷却。以上的冷却方式称为开启式空气冷却。

开启式空气冷却方式，虽把空气经专门的过滤器过滤，但仍不能消除空气中的微小杂物，时间长了，同样会使发电机风道阻塞。为了解决这个问题，3MW 以上的发电机中多采用密闭循环通风冷却系统。这种系统的作用是，将发电机的热空气引入机坑冷却，然后用风机将冷却后的空气再打入发电机中去，完成一个密闭的循环。这样，可大大减少微粒尘灰进入机体。

发电机内部空气冷却风路系统有轴向通风、径向通风、轴向分段通风、交叠轴向通风等几种型式。

2. 氢气冷却

以氢气为冷却介质优点很多，因为氢气比重较空气小 14.5 倍，而导热率较空气大 7.4 倍。空气冷却时，通风的摩擦损耗一般约占发电机总损耗的 40%。而氢气因流动性好，其通风损耗仅是空气冷却的 $\frac{1}{7}$ 左右，因而转子温升可降低一半。

采用氢气冷却，要求发电机密封性很严，其机壳要有足够的强度，以免氢气和氧气结合而引起爆炸。为此，氢冷发电机的转轴的密封采用油密封，使发电机的动、静部分形成一层油膜，以便把空气和氢气隔开。为了达到密封的目的，油压应比氢压高。为了提高发电机容量和冷却效果，氢气压力应略大于大气压力。

氢内冷发电机的结构和冷却系统与空气冷却发电机组基本相似，区别只在于氢冷的冷却器是安装在机壳里，以保证氢气的纯度。因为大型汽轮发电机的转子直径小而轴向长度长，中部的热量不易散出，转子冷却比较困难，所以 25MW 以上的汽轮发电机多采用氢内冷。这样可使电机容量提高 10% ~ 15%。

氢冷系统有氢内冷和氢外冷两种。

3. 水内冷

水内冷是利用经过处理过的水作冷却介质，直接通过导线的内孔来冷却。油和水的比热和导热系数比氢气更大，冷却效果更好，发电机的容量可提高 2 ~ 4 倍，还可节省大量的铜材。

采用水内冷时，导线要做成空心的，用洁净的冷水通入导线的内孔来冷却，因为绕组上有电压，所以冷却水必须通过一段绝缘水管接到绕组上去。在绕组的端头上有特殊的水管接头，通过一段塑料管子接到进水、出水总管上去。

转子采用水内冷时，要有进水装置，从而把水引到高速旋转的转子上去，还要有进水盒与出水盒，以便把水引进励磁绕组并把水再引出来。这样发电机的结构就更为复杂。

现代大容量的汽轮发电机已广泛地采用定子绕组水内冷和转子绕组水内冷，称为双水内冷发电机。水内冷发电机绕组导线的截面，如图 3－2－9 所示。

二、同步发电机的工作原理

以 2 极发电机为例，同步发电机的工作原理如图 3－2－10 所示。A－X、B－Y、C－Z 为定子铁芯槽中嵌放的三相对称绕组，它们彼此相差 120°电角度。转子磁极绕组中通以直流电流，转子与定子间有较小的气隙。当发电

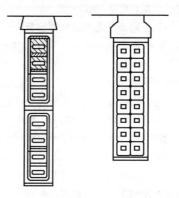

图 3－2－9　水内冷发电机的
绕组导线截面

机转子通电励磁并由原动机拖动旋转时，根据电磁感应原理，导线切割磁力线，在定子绕组中产生感应电动势。

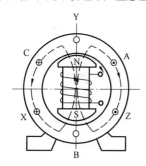

图 3－2－10　同步发电机
的原理图

在设计时，适当选择转子磁极的形状，使得励磁绕组流过电流时，空气隙中的磁感应强度大致按正弦规律分布。转子旋转时，就能得到一个在空间按正弦规律分布的旋转磁场。对于固定不动的定子绕组来讲，这个旋转磁场将在定子三相绕组中感应产生正弦交流电动势。由于定子三相绕组是对称的，因此三相绕组中的感应电动势也是对称的。三相绕组接成 Y 形，电能即可向三相负载输送。其频率与发电机极对数和转子转速成正比。我国电网的标准频率为 50Hz，为了保持频率不变，转速必须恒定，要求原动机必须有调速装置。

当转速恒定时，发电机的电动势与绕组的匝数和转子的励磁电流成正比。

对一台发电机来说，定子及转子绕组的匝数是一定的，所以要改变发电机的输出电压，就只能调节发电机转子的励磁电流。

汽轮发电机在高转速下运行比较经济，所以汽轮发电机的极数一般都是 2 极或 4 极。而水轮发电机，因其转速较低，每分钟只有几十转到几百转，因此它的极对数较多。

三、同步发电机的电枢反应

同步发电机空载时，发电机内只有一个同步旋转磁场——旋转磁极的磁场。如果接上负载，三相绕组中就会产生三相电流，这个三相对称电流又产生另一个旋转磁场——电枢旋转磁场。因此，负载时在同步发电机的气隙中，同时存在两个旋转磁场。这两个磁场以相同的转速、相同的转向旋转着，彼此没有相对运动。此时，这两个旋转磁场相叠加就构成负载时的合成旋转磁场。由于电枢旋转磁场的产生，使气隙中磁场的大小和位置与空载时相比发生了变化，这种作用称为电枢反应。

电枢反应的作用（增磁、去磁或交磁），决定于电枢磁场和磁极磁场两者在空间上的相对位置。而两个磁场之间的相对位置又取决于定子电动势 $\dot{E}$ 和电枢电流 $\dot{I}$ 之间的相位差 φ。

以下讨论 $\dot{I}$ 与 $\dot{E}$ 同相位、$\dot{I}$ 比 $\dot{E}$ 滞后 90°和 $\dot{I}$ 比 $\dot{E}$ 超前 90°三种特殊情况下的电枢反应。

（一）$\dot{I}$ 和 $\dot{E}$ 同相位的电枢反应

$\dot{I}$ 与 $\dot{E}$ 同相时的电枢反应即 $\varphi = 0$ 时的电枢反应，现以 2 极同步发电机为例，其原理示意图如图 3－2－11 所示。定子绕组每一相假设由一匝组成，励磁磁通势 $\dot{F}_f$ 为正弦分布，并与磁极轴线为对称轴，在原动机的带动下，以同步转速 n_1 按逆时针方向旋转。旋转磁极磁场将在定子三相绕组中产生对称的三相感应电动势 $\dot{E}$。在图中所画的瞬间，A 相绕组内的感应电动势为最大值。当电流 $\dot{I}$ 与 $\dot{E}$ 同相位，该瞬间 A 相绕组中的电流亦将达到最大。

当定子绕组中通过三相对称电流时，产生一个电枢旋转磁场。由图 3－2－11（a）中各电流的方向可以看出，电枢旋转磁通势 $\dot{F}_a$ 的方向与转子磁极轴向相垂直并指向上方。由于电枢磁通势与励磁磁通势都以同步转速 n_1 旋转，因此它们之间的相对位置是不变的。由图 3－2－11（a）还可以看出，电枢磁通势 $\dot{F}_a$ 在空间总是比励磁磁通势滞后 90°。其合成磁势

$\dot{F}_R$ 如图 3 – 2 – 11（d）所示。

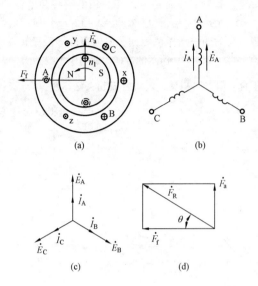

图 3 – 2 – 11　$\dot{I}$ 与 $\dot{E}$ 同相时的电枢反应

（a）感应电动势及电流方向；（b）电动势和电流的正方向；

（c）电动势和电流的矢量图；（d）合成磁势 $\dot{F}_R$

　　这种电枢磁通势 $\dot{F}_a$ 的轴线在空间垂直于磁极轴线（相差 90°），称为交轴（或横轴）电枢磁通势。由交轴磁通势产生的电枢反应，称为交轴电枢反应。

　　对主极磁场而言，交轴电枢反应在前极尖起去磁作用；在后极尖则起助磁作用。但对整个气隙磁场来说，它使气隙中的合成磁通势 $\dot{F}_R$ 的轴线方向相对于 $\dot{F}_f$ 逆着转子旋转方向移动了一个角度 θ［图 3 – 2 – 11（d）］。

　　（二）$\dot{I}$ 与 $\dot{E}$ 的相位差为 90°

　　此时电枢反应可出现两种情况，即 $\dot{I}$ 滞后 $\dot{E}$ 90°电角度或 $\dot{I}$ 超前 $\dot{E}$ 90°电角度。这两种电枢反映所产生的后果是完全相反的。

　　如果发电机带有纯电感性负载，并且不考虑电枢绕组电阻的作用，那么电流 $\dot{I}$ 的相位比 $\dot{E}$ 滞后 90°（即 $\varphi = 90°$；因三相电动势是对称的，只分析一相即可）如图 3 - 2 - 12 所示。当 A 相绕组电动势达到最大值，而 A 相电流的瞬间值不是最大而是零，其三相电动势和电流的相量图如图 3 - 2 - 12（c）所示。当磁极位于图 3 - 2 - 12（a）所示的位置时，各相导体电动势方向为图中所示的方向，但电流要等磁极转过 90°的电角后，才具有图 3 - 2 - 12（b）所示的方向。此时电枢磁通势的轴线恰好和主极轴线相重合，但方向相反，$\dot{F}_a$ 对磁极起去磁作用。合成磁通势 $\dot{F}_R$ 的数值比 $\dot{F}_f$ 小，如图 3 - 2 - 12（d）所示。这时的电枢反应称为直轴（纵轴）去磁电枢反应。

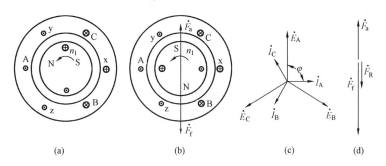

图 3 - 2 - 12　　$\dot{I}$ 比 $\dot{E}$ 滞后 90°的电枢反应

（a）感应电动势的方向；（b）转子转过 90°电角度后电流的方向；

（c）电动势与电流的相量图；（d）合成磁通势 $\dot{F}_R$

相反，如果发电机带有纯电容性负载，如不考虑电枢绕组电阻的影响，那么 $\dot{I}$ 在相位上就比 $\dot{E}$ 超前 90°电角（即 $\varphi = 90°$），如图 3 - 2 - 13（c）所示。所以电流要比电动势提前 90°达到最大值，即转子还处在图 3 - 2 - 13（a）所示的位置时，电流提前 90°先到达最大值，如图 3 - 2 - 13（b）所示的位置，电枢磁通势轴线与主极重合，但方向相同，对励磁磁场产生助磁作用。合成磁通势 $\dot{F}_R$ 的数值比 $\dot{F}_f$ 的大，如图 3 - 2 - 13（d）所示。这时的电枢反应称为直轴（纵轴）助磁电枢反应。

（三）$\dot{I}$ 与 $\dot{E}$ 的相位差小于 90°时的电枢反应

对于发电机的负载来讲，纯电感负载和纯电容负载是不存在的，所以不论是电感性和电容性负载送电时（φ 为任意角度），电枢反应的作用一定介于交轴和直轴电枢反应之间。

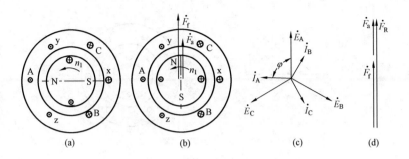

图 3 – 2 – 13 $\dot{I}$ 比 $\dot{E}$ 超前 90°时的电枢反应

(a) 感应电动势方向；(b) 感应电流超前电动势 $\dot{E}$ 90°电角；

(c) 电动势与电流的矢量图；(d) 合成磁通势 $\dot{F}_R$

先分析 $\dot{I}$ 滞后于 $\dot{E}$ 的情况（电感性负载），即 $0 < \varphi < 90°$，这时定子绕组电动势和电流的相量图如图 3 – 2 – 14（a）所示。此时的三相电枢电流 $\dot{I}_A$、$\dot{I}_B$、$\dot{I}_C$ 可分解成直轴和交轴两个分量，其中 $\dot{I}_{Aq}$、$\dot{I}_{Bq}$、$\dot{I}_{Cq}$ 分别与 $\dot{E}_A$、$\dot{E}_B$、$\dot{E}_C$ 同相。它的大小关系是

$$\left.\begin{array}{l} I_{Aq} = I_A \cos\varphi \\ I_{Bq} = I_B \cos\varphi \\ I_{Cq} = I_C \cos\varphi \end{array}\right\}$$

由于三相对称，所以 $I_A = I_B = I_C = I_a$，$I_{Aq} = I_{Bq} = I_{Cq} = I_q$。故上式可写为

$$I_q = I_a \cos\varphi \qquad (3 – 2 – 3)$$

式中　I_q——交轴电流分量；

　　　I_a——电枢电流；

　　　φ——$\dot{E}_0$ 与 $\dot{I}_a$ 之间的夹角。

直轴电流分量 $\dot{I}_{Ad}$、$\dot{I}_{Bd}$、$\dot{I}_{Cd}$ 在相位上分别比 $\dot{E}_A$、$\dot{E}_B$、$\dot{E}_C$ 滞后 90°，它们的关系是

$$\left.\begin{array}{l} I_{Ad} = I_A \sin\varphi \\ I_{Bd} = I_B \sin\varphi \\ I_{Cd} = I_C \sin\varphi \end{array}\right\}$$

或改写成

$$I_d = I_a \sin\varphi \qquad (3 – 2 – 4)$$

第一章　发电机检修

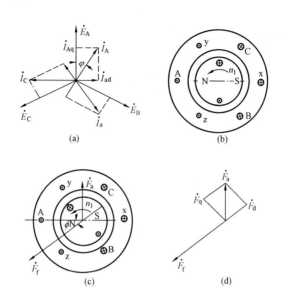

图 3 - 2 - 14 $0 < \varphi < 90°$（滞后）时的电枢反应

（a）电动势和电流的相量图；（b）感应电动势的方向；（c）电流
的方向落后 $\dot{E}_0 \varphi$ 电角；（d）合成磁通势 $\dot{F}_R$ 及其分量 $\dot{F}_d$ 与 $\dot{F}_q$

这两组电流分量和三相电枢电流的关系是

$$\left.\begin{array}{c} \dot{I}_{Aq} + \dot{I}_{Ad} = \dot{I}_A \\ \dot{I}_{Bq} + \dot{I}_{Bd} = \dot{I}_B \\ \dot{I}_{Cq} + \dot{I}_{Cd} = \dot{I}_C \end{array}\right\}$$

或改写为

$$\dot{I}_q + \dot{I}_d = \dot{I}_a \qquad (3 - 2 - 5)$$

这样，就可以把电枢电流 $\dot{I}_a$ 所建立的电枢磁通势 $\dot{E}_a$ 看作两个磁通势 $\dot{F}_d$ 和 $\dot{F}_q$ 的合成磁通势。电流 $\dot{I}_d$ 的相位比 $\dot{E}_0$ 滞后 $90°$ ［见图 3 - 2 - 14 （a）］，因此磁通势 $\dot{F}_d$ 相当于纯电感负载时的电枢反应，对励磁磁场起去磁作用；同样 $\dot{I}_q$ 与 $\dot{E}_0$ 同相位，磁通势 $\dot{F}_q$ 相当于 $\varphi = 0°$ 时的纯电阻负载时的电枢反应，使气隙磁场相对于主磁场扭歪一个角度 θ。

应用同样的方法可以得知：当 $0 < \varphi < 90°$（超前）时，$\dot{I}_{\mathrm{a}}$ 超前 $\dot{E}_0$ 一个角度 φ。由它产生的电枢反应磁通势 $\dot{F}_{\mathrm{a}}$ 介于交轴电枢反应与直轴助磁电枢反应之间。$\dot{F}_{\mathrm{a}}$ 由 $\dot{F}_{\mathrm{d}}$ 和 $\dot{F}_{\mathrm{q}}$ 两个磁通势分量组成，其中 $\dot{F}_{\mathrm{d}}$ 为直轴助磁磁通势，$\dot{F}_{\mathrm{q}}$ 为交轴磁通势。

四、同步发电机的运行特性

三相同步发电机的运行特性，是指同步发电机稳态对称运行（转速和频率不变）的情况下，电动势 E_0、端电压 U、电枢电流 I_{a}、功率因数 $\cos\varphi$ 及励磁电流 I_{f} 等相互之间的关系。这些关系可通过发电机相量图和各种特性曲线来表示。

（一）同步发电机空载运行特性

空载运行特性是在发电机为额定转速 $\left(n = \dfrac{60f}{p}\right)$，电枢空载（$I_{\mathrm{a}} = 0$）的情况下，空载电压（$U_0 = E_0$）与励磁电流 I_{f} 的关系曲线 $U_0 = f\left(I_{\mathrm{f}}\right)$。

空载特性曲线可以用试验的方法画出来，其试验原理接线图如图 3-2-15 所示。在试验时发电机转速应是额定转速，定子端开路，见图 3-2-15。然后逐步调节电阻 R_{a} 的阻值使励磁电流增大，U_0 升高，分段记录 U_0 和 I_{f} 的数值。直到发电机端电压升高到额定电压的 1.3 倍时为止。然后再分段增加 R_{a} 的数值，使励磁电流下降，U_0 减小，直到 I_{f} 等于零为止，分别记下 U_0 和 I_{f} 的数值。根据所测得的数据，可以画出一条上升的曲线和一条下降的曲线，然后取平均值，就得到发电机的空载特性曲线，如图 3-2-16 所示。

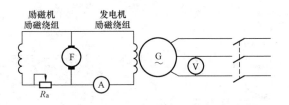

图 3-2-15　同步发电机空载试验的原理接线图

由于 E_0 与 Φ_0 成正比，励磁电流 I_{f} 与励磁磁通势成正比，所以发电机的空载曲线实质上就是发电机的磁化曲线。该曲线的下部接近一条直

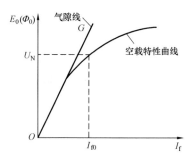

图 3 - 2 - 16 同步发电机的
空载特性曲线

线，主要是当磁通 Φ_0 较低时，整个磁路处于不饱和状态，绝大部分磁通势消耗在气隙上。与空载曲线下部相切的直线 $\overline{OG}$ 称为气隙线。随着 Φ_0 的增大，铁芯部分逐渐饱和，空载曲线逐渐弯曲。

（二）短路特性

同步发电机短路特性曲线也可以用试验的方法画出，短路特性试验接线图如图 3 - 2 - 17 所示。试验时，发电机的转速保持同步转速，调节励磁电流 I_f，使电枢的短路电流从零开始，直到 $1.25I_e$（I_e 为额定电流）为止，记录对应的短路电流 I_K 和励磁电流 I_f 的值，即可得到短路特性曲线，如图 3 - 2 - 18（a）所示。

由于电枢电阻 r_a 比电抗小得多，可以忽略不计，所以短路电流可认为是纯电感性的，短路电流 $\dot{I}_K$ 滞后电动势 $\dot{E}_0$ 90° 电角度，如图 3 - 2 - 18

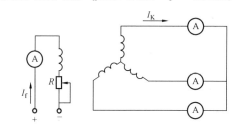

图 3 - 2 - 17 同步发电机的短路试验

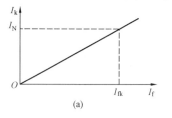

(a)

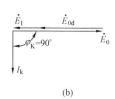

(b)

图 3 - 2 - 18 短路特性和相量图

（a）短路特性曲线；（b）短路时的相量图

(b）所示。因此，电枢反应磁通势为直轴去磁磁通势。由于去磁作用，使发电机的磁路处于不饱和状态，而使短路特性为一条直线。

（三）负载特性

负载特性曲线是指转速为同步转速，负载电流和功率因数为常值时，发电机的端电压与励磁电流之间的关系 $U = f(I_f)$。

不同功率因数时的负载特性曲线如图 3-2-19 所示。它包括空载特性曲线（曲线 1），零功率因数曲线（曲线 2），功率因数 $\cos\varphi = 0.8$（滞后）时负载曲线（曲线 3），功率数 $\cos\varphi = 1$ 时的负载曲线（曲线 4）。

由负载特性的关系式 $U = f(I_f)$ 可知，当负载为电感性负载时，其电枢反应有去磁作用，使端电压下降，要想维持端电压为额定值，必须增加励磁电流 I_f 的值。

零功率因数负载特性曲线，也可用试验的方法画出，其试验接线图如图 3-2-20 所示。试验时可用三相可调的纯电感负载，调节励磁电流和负载的大小，使负载电流总保持一常值（如 I_e），记录不同励磁电流下发电机的端电压，即可得到零功率因数负载曲线（见图 3-2-19 曲线 2）。O点相当于发电机短路电流 I_k 等于额定电流 I_e 时的短路情况。

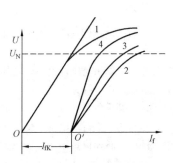

图 3-2-19　负载特性曲线

1—空载特性曲线；2—零功率因数曲线；3—$\cos\varphi = 0.8$（滞后）负载曲线；4—$\cos\varphi = 1$ 负载曲线

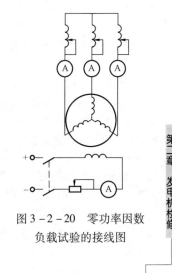

图 3-2-20　零功率因数负载试验的接线图

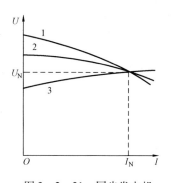

图 3 - 2 - 21　同步发电机
的外特性曲线

1—$\cos\varphi = 0.8$ 感性；2—$\cos\varphi = 1$；
3—$\cos\varphi = 0.8$ 容性

（四）外特性曲线

外特性表示发电机的转速保持同步转速，励磁电流和负载功率因数不变时，发电机的端电压和负载电流的关系，即当 $n = n_0$、$I_f =$ 常数、$\cos\varphi =$ 常数时，$U = f(I)$。

不同功率因数时，同步发电机的外特性曲线如图 3 - 2 - 21 所示。从图中可以看出，在感性负载与纯电阻负载时，外特性是下降的（曲线1、曲线2）。这是由于电枢反应的去磁作用及定子电阻和漏抗而引起的电压降所致。但在容性负载时，电枢反应是助磁的，气隙磁通反而增加，因此端电压 U 反而升高（曲线3）。

在额定负载电流下，发电机端电压、功率因数为额定值时的励磁电流称为额定励磁电流 I_{fN}，此时保持励磁电流与转速不变，逐步卸去负载，在卸载过程中，对于感性负载，会使端电压上升，当负载完全卸去，端电压升高到 E_0；对容性负载，当卸载后，端电压降低到 E_0。端电压的变化对额定电压比值的百分数称为电压调整率，即

$$\Delta U = \frac{E_0 - U_N}{U_N} \times 100\% \qquad (3 - 2 - 6)$$

感性负载的电压调整率为正值，容性负载的电压调整率则为负值。

（五）调整特性

发电机在运行过程中，负载是不断变化的。如果是感性负载，当其增加时，由于电枢反应的去磁作用，势必造成端电压下降，为维持端电压不变，必须增加励磁电流。如果是容性负载，在其负载增加时，由于电枢反应的助磁作用，会使发电机端电压上升，这时为了保持端电压不变，必须适当减少励磁电流。总之，当同步发电机的同步转速保持不变，负载变化时，其励磁电流的调整曲线，称为发电机的调整特性，即当 $n = n_0$、$U =$ 常数、$\cos\varphi =$ 常数时，$I_f = f(I)$。

发电机调整特性曲线，如图 3 - 2 - 22 所示。图中曲线 1 为感性负载调整曲线；曲线 2 为纯电阻负载时负载调整曲线；曲线 3 为容性负载的调整曲线。

五、同步发电机的励磁方式

（一）励磁系统的性能要求及其种类

1. 对励磁系统的要求

向同步发电机励磁绕组供给励磁电流的整套装置，称为励磁系统。励磁系统是同步发电机的重要组成部分，它分为励磁功率系统和励磁调节系统两部分。

由于励磁系统是同步发电机

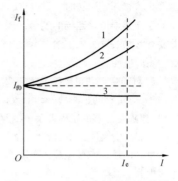

图 3 - 2 - 22　发电机的调整特性

运行状态的控制系统，它本身的工作情况直接影响同步发电机的工作情况。所以对励磁系统总的要求有：①应具有较高的运行可靠性和良好的技术性能；②要求线路和结构简单、高度维修方便及具有较高的效率。除了这些共同的要求以外，对于发电机与电动机还分别有不同的技术要求。

（1）对同步发电机励磁系统的要求有：

1）励磁系统要有足够的功率，其电压和电流均留有一定的余量。

2）励磁系统应装有电压整定调节装置，能满足发电机电压整定范围的需要。一般要求对额定电压有 ±5% 的调节范围，而且有一定的自动调节能力。

3）电力系统突然甩负荷时，应能对发电机实行强行减磁，以避免发电机端产生过高的电压。当发电机定子绕组出现匝间短路故障时，励磁系统能灭磁，以免事故扩大。

4）应能通过励磁系统，使电网中并联运行的各机组的无功功率得到合理和稳定的分配。

5）要求励磁系统有较快的反应速度，以提高电力系统的静态稳定。同时，也要求励磁系统在电力系统发生短路故障或其他原因使发电机端电压严重下降时，能对发电机进行强行励磁，使发电机在很短的时间内，把励磁电压升高到一定的数值。反映励磁系统强行励磁能力的两个技术数据是励磁系统的顶值电压和励磁电压增长速度。

6）在一些大、中功率同步发电机中，还要求励磁系统能根据运行要求，对发电机实行最大和最小励磁限制。

7）在自励系统中，励磁电功率是取自发电机的端电压。由于当发电机由静止状态开始运转时，发电机的端电压为零，没有励磁功率，发电机电压的建立必须依靠磁场的剩磁，剩磁一旦消失，就无法建立空载电压，因此要有起励装置，先供给发电机起始励磁，使发电机磁场充磁，逐步建立起一定的电压。

（2）对同步电动机励磁系统的要求有：

1）要有足够的励磁功率和电压、电流的余量。

2）要求有足够的励磁调节范围及调节的稳定性。

3）对采用异步启动的同步电动机，为了避免励磁绕组在开路情况下感应产生高电压，击穿绝缘，必须将励磁绕组分段开路或在励磁绕组回路中串接电阻，其阻值约为励磁绕组电阻的 7~10 倍，并接成通路，当转速接近同步转速以后，再将电阻切除，投入励磁。

4）同步电动机停机时，应能灭磁。

2. 励磁系统的种类及适应范围

同步电机的励磁方式很多，其分类见图 3 - 2 - 23。各类常用励磁系统的适用范围见表 3 - 2 - 3。

（二）他励式励磁方式

他励式励磁方式包括直流励磁机、交流励磁机以及旋转半导体励磁系统。

1. 直流励磁机

直流发电机用作励磁电源时，称为直流励磁。直流发电机励磁系统有并励式、他励式和复励式等。

（1）并励式励磁系统。直流励磁机和同步发电机装在同一轴上，励磁机装在靠近发电机的一端，其原理接线图如图 3 - 2 - 24 所示。1 是同步发电机励磁绕组，2 是励磁机的并励绕组。

调节电阻 RP_n 的大小，可调励磁机的输出电压，从而调节了发电机的励磁电流。这种调节方式为手动调节。

（2）他励式励磁系统。他励式直流励磁机的原理接线图如图 3 - 2 - 25 所示。这种励磁系统由两台直流发电机组成，它们都与发电机同轴，图中 1 为主励磁机，它的励磁绕组由副励磁机 3 供电，副励磁机是一台并励直流发电机，调节串联在副励磁机的励磁电路中的电阻，就可以调节主励磁机的电压，从而调节了发电机的电压。

这种励磁系统既可以手动调节，也可以自动调节，或者两者兼备。这种系统，可使励磁电压增长速度加快，且在低压调节时很方便，电压也较稳定。缺点是设备复杂，运行可靠性较差。

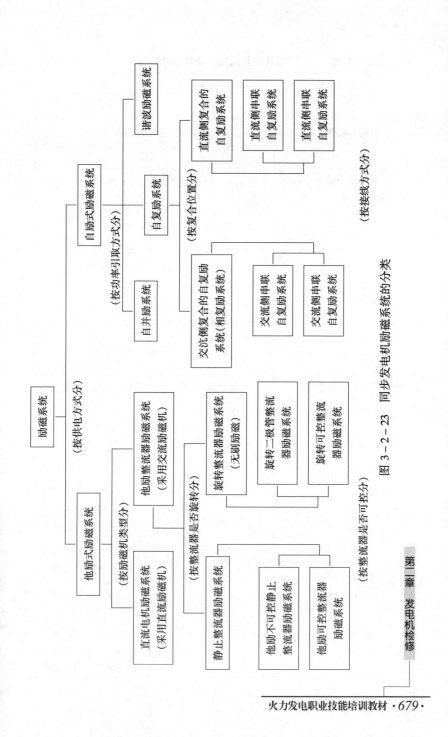

图 3 - 2 - 23　同步发电机励磁系统的分类

表 3-2-3   各种常用励磁系统的适用范围

系统名称	励磁类型及方式	适用范围
直流电机励磁系统	并励式主励磁机	中容量水轮发电机、调相机及 125MW 以内的汽轮发电机
	他励式主励磁机复励式主磁机	大容量水轮发电机及调相机
他励不可控静止整流器励磁系统	采用交流励磁机及静止整流器	100MW 及以上的汽轮发电机
他励晶闸管励磁系统	交流励磁机供可控硅整流	要求励磁顶值电压倍数及电压增长速度较高的大容量发电机
无刷励磁系统	旋转整流器（大型）	大容量汽轮发电机、调相机及用于特殊环境的电动机
	旋转整流器（小型）	特殊用途或用于特殊环境的低压小型发电机
自并励系统	可控整流	各级容量发电机、调相机、电动机和中频发电机
不可控相复励系统	不可控相复励系统	低压小型发电机
可控相复励系统	可控相复励系统	中、小容量发电机及变频机
直流侧并联自复励系统	直流侧并联自复励系统	中容量汽轮发电机及水轮发电机
双绕组电抗分流励磁系统	交流侧串联自复励系统	低压小型水轮发电机
交流侧串联自复励系统	交流侧串联自复励系统	要求励磁顶值电压倍数及电压增长速度较高的大容量发电机
直流侧串联自复励系统	直流侧串联自复励系统	大、中容量发电机
谐波励磁系统	谐波励磁系统	低压小型发电机
直流励磁机与整流器励磁混合系统	直流励磁机加功率电流互感器	旧机组技术革新（如已运行的同步发电机因提高出力，以致原有直流励磁机容量不够时）
	直流励磁机加励磁变压器	

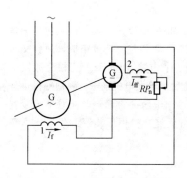

图 3 - 2 - 24　并励式励磁系统

1—同步发电机励磁绕组；

2—励磁机的并励绕组

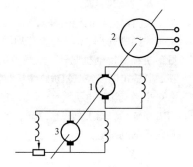

图 3 - 2 - 25　他励式励磁系统

1—主励磁机；2—主发电机；

3—副励磁机

（3）复式励磁系统。目前应用较多的是复式恒压励磁系统，如图3 - 2 - 26所示。其励磁机的励磁由电压校正器进行控制。电压校正器由电流互感器、变压器和整流器组成一个电反馈系统。当发电机负载增加时，电流增加（电压会降低），互感器电压增高，同时，变压器的输出电压增高，经整流后，反馈到励磁机的并励绕组，使励磁机输出电压增高，发电机端电压稳定在整定值上。

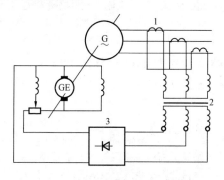

图 3 - 2 - 26　复式恒压励磁系统

1—电流互感器；2—变压器；3—整流器

随着同步发电机单机容量的日益增大，制造大电流、高转速的直流励磁机愈来愈困难，目前我国制造的最大励磁机容量为 6MW，转速为3000r/min。

2. 交流励磁机

交流励磁机的他励整流器励磁系统如图 3-2-27 所示。它包括一台交流主励磁机 GE1，一台交流副励磁机 GE2 和整流装置组成。两台交流励磁机都与发电机同轴。主励磁机是一个中频（100Hz）三相交流发电机，其输出电压经三相桥式整流器整流后供给发电机励磁。副励磁机也是一个中频交流发电机（500Hz），它的输出电压一方面经晶闸管整流装置 TRE 整流后，给主励磁机励磁，另一方面经自励恒压装置 E 供给它本身所需要的励磁电流。

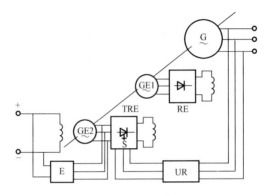

图 3-2-27　交流励磁机励磁系统

G—主发电机；GE1—主励机；GE2—副励机；UR—电压调整器；

E—自励恒压器；TRE—晶闸管整流器；RE—硅整流器

主发电机接有调压装置，由电压调整器 UR 根据主发电机 G 的电压偏差，经可控整流器进行自动调整。该励磁系统的优点是省去了换向器，所以被广泛采用。

3. 无刷励磁系统

无刷励磁系统的原理接线图如图 3-2-28 所示。它是一种旋转半导体励磁系统。交流励磁机采用动枢式结构，半导体整流装置与电枢同轴，并且直接接到主发电机的励磁绕组上，从而取消了集电环导电装置。同轴旋转的还有副励磁机的磁极 GEF（永久磁铁），见图 3-2-28 中的虚线框部分。副励磁机为一永磁式交流发电机，它的电压经可控整流器 TRE，供给主励磁机的磁极以产生励磁电流（主励磁机的励磁绕组在定子上）。

当发电机工作时，负载电流和端电压的波动使励磁调节器 GE 发出不同的电压信号，控制副励磁机电枢回路上的晶闸管整流装置 5，使主励磁

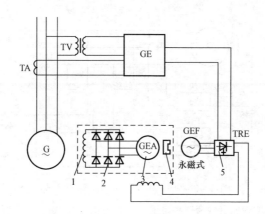

图 3 - 2 - 28　无刷励磁系统原理图

机的磁场得到相应的调节，从而达到稳定发电机端电压的目的。

这种励磁系统的最大特点是没有换向器和集电环，所以称它为无刷励磁系统。它具有无滑动接触、无火花、无电刷粉尘、运行可靠等优点。这对环境中含有可燃气体的场合尤为重要。因此，它已广泛地应用于大型汽轮发电机组、水轮发电机、航空高速发电机以及要求防腐、防爆、防尘的特种同步发电机上。

（三）自励式励磁方式

1. 直流侧并励自复励系统

自励式励磁系统的种类很多，这里只讨论三种比较典型的励磁系统。

自复励磁系统如图 3 - 2 - 29 所示。它有两套整流装置供给发电机励磁电流。一套是接在发电机端的励磁变压器 TGE，经晶闸管整流装置 TRE 供给，叫自励部分。另一套是由输出电流经功率电流互感器和硅整流装置 TR 供给，叫复励部分。因两部分都在直流侧并联，所以叫直流侧并励自复励系统。

当发电机空载时，其励磁电流由 TGE 经 TRE 单独供给，负载时由励磁变压器 TGE 和自动励磁调节器 GEA 共同供给。由于 GEA 的电流与负载电流的大小成正比，因此能起到自动调压的作用。

自动励磁调节器 GEA 的主要作用是，当发电机端电压和负载电流波动时，自动调节晶闸管整流装置 TRE 的导通角，使发电机端电压保持恒定值。

2. 双绕组电抗分流式励磁系统

双绕组电抗分流自励恒压励磁系统如图 3 - 2 - 30 所示。这种系统的

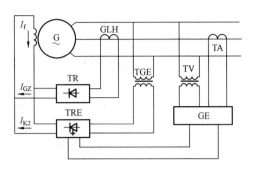

图 3 - 2 - 29　直流侧并励自复励系统

发电机定子槽中嵌有两套三相绕组,一套为主绕组 W1,另一套为附加绕组 W2(副绕组)。一般副绕组多采用单层绕组并滞后主绕组 10°～20°电角度。在发电机中性点接有分流电抗器 LS,励磁绕组 WGE 由 W2、LS 串联并经整流器 RE 整流后,供给励磁电流。

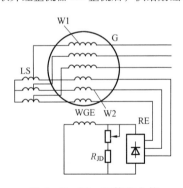

图 3 - 2 - 30　双绕组电抗分流式励磁绕组

发电机启动时,由于转子有剩磁,在副绕组中感应电动势将滞后于主绕组中电动势 10°～20°,再经电抗器移相,使副绕组电流滞后于主绕组电动势近 90°,经整流后供给励磁绕组励磁,并在转子磁极上建立磁场,电压逐步建立直至额定值。

负载运行时,由于定子电流经电抗器 LS,在其上产生电压,该电压与副绕组电压叠加,使励磁电流增大,使电枢反应的去磁作用得到补偿,从而使发电机的端电压基本上保持恒定值。

3. 谐波励磁系统

谐波励磁是指利用发电机气隙磁场中的三次及其倍数次谐波进行自励,通常简称为谐波励磁。

由于铁磁饱和的影响,同步发电机的磁场曲线略带平坦。同时,转子磁极形状和定子铁芯内圆开槽也造成气隙不均匀。这些因素的存在,使气隙磁场不再按正弦曲线分布,而变成相似的梯形波。即除了正弦基波外,还会有许多高次谐波，其中三次谐波含量最大。

谐波励磁系统，就是将储存于气隙磁场中的谐波功率引出来，供给主机励磁。方法是在发电机定子槽的最上方（即靠近槽口处）专门嵌放一套三次谐波绕组，其线圈的节距取定子绕组的极距的 $\frac{1}{3}$，每极下三个线圈串联成一个线圈组，如图 3-2-31 所示。谐波绕组串联匝数可按下式初步估算：

$$(k_{dp3} W_3) = \frac{U_{fe}}{30} (k_{dp1} W_1) \qquad (3-2-7)$$

式中　U_{fe}——发电机励磁电压；

　　$k_{dp1} W_1$——主绕组每相串联有效匝数；

　　$k_{dp3} W_3$——谐波绕组串联有效匝数。

根据功率的需要，谐波绕组可为单相或三相。

目前应用的一种谐波励磁系统原理图如图 3-2-32 所示。

在发电机启动后，由于剩磁的作用，在谐波绕组中感应出一定的三次谐波电动势，经整流器 RE 整流后（这时可控硅 TRE 是关闭的），送入主极绕组中励磁，从而建立了主极磁场及三次谐波磁场，如此往返循环，互相激励，使发电机空载电压逐渐建立起来。可以认为，励磁电流 I_f 与三次谐波电动势成直线关系，但随着励磁电流的增加，磁路趋向饱和，三次谐波电动势 E_{03} 和励磁电流成曲线关

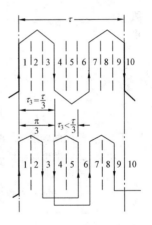

图 3-2-31　谐波绕组的
连接（$\tau = 9$ 槽）

系增长，而两者有一交点，即电压平衡后，空载电压达到稳定值。

谐波励磁系统具有一定的自动补偿电枢反应去磁作用的能力（即复励能力），负载时（一般都是滞后功率因数的感性负载），由于一般发电机的磁极采用极弧系数 $a > \frac{2}{3}$ 且有均匀的（或接近均匀）气隙，直轴电枢反应磁场中的三次谐波分量 B_{ad3} 与励磁磁场中的三次谐波分量 B_{f3} 是同方向的。交轴电枢反应磁场中的三次谐波分量也较大。电枢反应中的这些三次谐波分量使负载时气隙中三次谐波磁场增强。这样，负载时谐波绕组里感应出的合成三次谐波电动势为

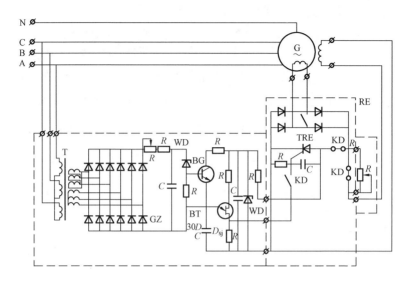

图 3 – 2 – 32   晶闸管分流的谐波励磁系统

$$E_{3h} = \sqrt{(E_{03} + E_{ad3})^2 + E_{aq3}^2} \qquad (3-2-8)$$

式中 E_{03}——励磁磁场中三次谐波分量 B_{f3} 在谐波绕组里感应的电动势；

   E_{ad3}——直轴电枢反应磁场中三次谐波分量 B_{ad3} 在谐波绕组里感应的电动势；

   E_{aq3}——交轴电枢反应磁场中三次谐波分量 B_{aq3} 在谐波绕组里感应的电动势。

E_{3h} 比空载时三次谐波电动势 E_{03} 大，所以发电机负载时励磁电压会自动升高，励磁电流便自动增大，使发电机电压自动维持在一定水平。

在励磁回路直流侧与励磁绕组并联一个可控硅分流调节器 TRE（见图 3 – 2 – 32），当发电机突然减载，端电压升高或电压波动时，就会反映到晶闸管触发电路中去，其触发电路可及时调整晶闸管的导通角，给励磁绕组分流，抑制了发电机的端电压的波动。

第二节   发电机的检修内容

一、发电机正常检修周期及检修项目

（一）检修周期

（1）发电机大修一般情况 5 年进行 1 次，小修 1 年进行 1 次。

（2）根据设备运行情况，检修间隔需改变时，应提前提出申请。

（二）发电机正常大修项目和试验项目

（1）发电机解体，抽出转子。解体前进行正反水冲洗。

（2）检修发电机定子、转子、出线、冷却器。

（3）分解交流励磁机和永磁机。

（4）检修交流励磁机和永磁机定子、转子、冷却部分。

（5）发电机定子充气查找漏气。

（6）发电机转子做气密试验。

（7）发电机转子风路做通风试验。

（8）检温计的检查处理。

（9）过渡引线、出线套管及出线罩的检查处理。

（10）滑环及刷架、电刷的检查处理。

（11）发电机本体热工表计校验拆装。

（12）发电机回装，转子就位。

（13）发电机气体置换。

（14）发电机冷却系统检修

（15）发电机励磁系统检修

（16）发电机各项技术数据测量

（17）发电机出口 TV 及中性点变压器检查。

（18）组装后查找漏气，试运行。

（19）发电机做空载及短路试验。

（三）发电机正常小修项目

（1）检查、清扫发电机引出线（从人孔处进入检查，每年检查清扫一次）。

（2）检查、清扫发电机滑环、刷架、刷握、引线及更换电刷。

（3）检查、清扫交流励磁机各部分及滑环刷架、刷握、引线，并更换电刷。

（4）定子线棒反冲洗，引出线反冲洗。

（5）处理缺陷和其他应修项目。

（6）查找漏气并进行处理。

（7）根据设备情况做电气预防性试验。

（8）试运行。

二、发电机正常大修

（一）大修前的准备工作

（1）大修前 3 个月，应将大修中所需要的备品、备件、特殊材料计划上报上级主管部门；一般材料在大修前 45 天上报；国外备件应在大修前 6 个月上报。

（2）大修前 45 天制订大修项目计划，上报上级主管部门，其内容应包括大修项目、消除缺陷项目、特殊项目、经批准的技术改进项目。

（3）根据大修项目计划，于大修前 30 天制定出大修进度表，上报上级主管部门，其内容应包括检修项目、人员分工、负责人、工时定额、进度、安全及技术措施。

（4）制定大修特殊项目和改进项目措施，报上级主管部门批准。

（5）大修前，应将常用工具、专用工具、备品、备件、材料备齐登记，指定专人负责保管，并设专用箱运至现场。

（6）检修中所用图纸、资料、表格、记录本准备齐全，指定专人负责记录。

（7）组织检修人员学习检修工艺规程、安全规程、特殊项目和改进项目措施及有关规定。

（二）发电机解体

1. 解体前的工作

汽轮发电机解体前，为了掌握情况，应查阅上次大修记录台账，进行比较分析，从中发现问题，制定处理方案，对设备的原始状况进行必要的测量试验工作，记录下各技术数据。如果不这样做或者忽略了这一步，会使检修工作变成盲目的拆拆装装，因而不能保证检修质量和达到预期的效果。另外，进行仔细的检查和测试，可以积累检修技术资料，不断总结经验，逐步提高检修工艺水平。一个检修工或检修技术人员，都应善于和勤于做基础性的记录、整理和搜集资料的工作，才能积累丰富的经验。

测量检查项目一般包括：①定子和转子的间隙；②密封部分的严密性；③气体冷却系统循环通道是否畅通；④循环水系统管道是否畅通；⑤电气绝缘性能及其外表检查；⑥停机前有关部位的振动数据、温度、温升等。

发电机解体前还应检查、了解下列工作是否已进行完毕：

（1）排氢工作是否已全部做完；水内冷系统的冷却水是否已排尽。

（2）试验班的拆前试验工作是否已完毕。

（3）发电机冷却器进出口水管阀门是否已关闭，冷却水源是否全部切断。

（4）汽轮机部门的工作是否已具备发电机解体条件。

2. 解体

（1）解体注意事项包括：

1）解体前必须做好详细的测量和准确的记录。

2）拆开各引线接头、各部件前，应做好记录，拆下后的螺钉、垫块、销钉、垫圈及较小零件，必须分类、记数、妥善保管。

3）管道拆开后，应用白布封闭严密牢靠。

4）解体后的发电机，为保证安全，现场无人工作时，必须用帆布盖严。

5）全部解体后，应由检修负责人和专责保管人清点全部零件，过数登记核对无误后保管。

（2）抽转子前各部件的拆卸过程如下：

1）先将发电机与汽轮机、励磁机的联轴器拆开，再拆开油、水管路。

2）拆开励磁机及滑环电缆头，将电缆抽出。拆开励磁机基础螺钉，将励磁机吊到专用的检修场所。

3）取出滑环上的碳刷，拆开并吊走滑环上的刷架。

4）拆开发电机端盖和密封瓦。

5）对于把推力盘式密封瓦外壳固定在端盖上的氢冷发电机，应首先拆开端盖上的人孔门，分解密封瓦，然后才能拆卸端盖和内护板。对于把推力盘式密封瓦外壳固定在主轴承上的氢冷发电机，可以先拆开端盖和内护板，然后再拆卸密封瓦，此时应测量风挡与转子的间隙，还应测量定子与转子的空气间隙。

（3）发电机的解体步骤。由于发电机结构上的差异，尚不能定出统一的解体步骤，但有一基本原则，即不能使设备由于解体方法不当而损坏，一般的解体步骤如下：

1）拆开发电机与其他设备的连接。

2）拆开固定设备的销子、地脚螺钉和引线。

3）拆开各类锁环、连键，确认连接系统已解开。

4）吊走各单元设备。

5）解体发电机本体。

（三）发电机抽转子

发电机抽转子是检修发电机工作中的重要一环，这种大件设备的起吊、抽移工作，参加人员较多，工作人员之间需配合协调，动作一致，才能不损伤发电机定子、转子和其他部位。因此必须事先做好准备工作，仔细检查所用设备和专用工具，统一指挥人员的手势口令方法，确保起吊的安全。

抽转子时应做好以下工作：

（1）抽转子前，应在定子绕组端部垫上胶皮垫，以防擦伤定子绕组。

（2）不伤害转子小齿和绕组，应检查并调整转子大齿，使之在上下位置上。

（3）抽装转子过程中，人员的分工要明确，发电机的汽、励两侧均应安排有经验的人员监视定子、转子间的气隙，转子在抽出过程中，定子膛内应配备专人扶持转子端，以防止转子来回摆动，撞伤定子铁芯和绕组，扶持轴端进入定子膛内的人员绝对不能携带任何硬物、金属器件，以防其掉入定子铁芯膛内，造成事故隐患。

（4）转子拉出定子膛后起吊时，钢丝绳不得直接套在转子上，应围绕转子铁芯在钢丝绳下垫好木衬条，以防钢丝绳磨损转子表面。

（5）放置转子时，不允许用护环、风扇、滑环等作为支撑点或受力点，转子支架应垫在铁芯本体或轴颈处，转子轴颈、滑环工作面要用布、多孔塑料板、石棉布保护包扎，以防碰伤。

抽转子的方法有以下 3 种，分述如下。

（1）接轴法抽转子。其工作步骤如下：

1）用行车吊起转子励磁机端，取出轴承座下的绝缘垫，并在轴承座下垫上截面为 $10\text{mm} \times 60\text{mm}$ 的两根铁板条，与发电机轴平行铺设作为滑轨。

2）在作为滑轨的铁板条上涂上润滑剂，铁板条末端应向上弯起，挂在轴承座台板的凹沟内，以防抽转子时铁板条滑跑。

3）用钢丝绳在励磁机侧将倒链固定在基础钢梁上，位置在支架中央与发电机转子轴线重合处，另外再用较长的钢丝绳绕励磁机侧的轴承座并挂在倒链挂钩上，该倒链是用来拉引转子轴承座的。

4）将汽轮机端吊转子工具的钢丝绳吊住联轴器内侧，躲开穿接长轴螺栓的位置，钢丝绳接触处垫上毛毡，调整吊具丝杆，使转子处于水平位置且间隙均匀，松下大钩。

5）吊起转子汽轮机端，调整行车大钩位置，保证定子与转子间气隙均匀，然后拉倒链，此时行车相应跟着发电机转子移动。

6）拉出一段距离后，用横跨发电机基础的工字梁垫起发电机汽轮机侧的联轴器，拉出的距离应到钢丝绳接近定子绕组时为止。

7）用行车将假轴吊来，为保证转子联轴器不被碰伤，在假轴与联轴器结合面加纸垫，然后用螺栓连接好。

8）用行车在假轴处吊起转子，拆除下部垫的工字梁，指挥拉倒链，此时被吊转子被拖着向前移动，待转子拉出至起吊重心位置，再用工字梁在假轴处支住转子，腾出行车在转子重心处吊起转子，然后移动行车，将转子吊出，放在专用支架上。此时应清理工作现场，先初步检查一下转子、定子铁芯及端部绕组有无异样、碰伤和其他缺陷，然后将转子用白布包严，定子两端用帆布盖严，抽转子的工作完成，等待进一步的检查。

（2）滑板法抽转子。其工作步骤如下：

1）用行车先后在汽轮机、励磁机两侧将转子吊起，装好悬吊钢丝绳和花篮螺钉，把转子放到悬吊的钢丝绳上。

2）拆除励磁机侧轴承座，从励磁机侧往定子膛内下部放入胶皮垫或纸垫（可用 0.5mm 厚的青壳纸），其长可盖到两头端部绕组，其宽度为 1/4 定子周长。

3）在胶皮垫或纸垫上面放入弧形铁板，该铁板略长于铁芯，且弧度与铁芯内部吻合，并在汽轮机侧用铁丝把弧形板拉紧，把抽转子用的专用滑靴块用绳索牢固地绑于汽轮机侧转子铁芯正下方距铁芯边缘 100mm 的位置，拉转子的吊环固定在励磁机侧轴端上，并将倒链的挂钩挂在吊环上，倒链的固定点应在轴中心线上。

4）用行车在汽轮机端把转子稍微吊起，取下悬吊钢丝绳，把转子调整到水平及左右气隙均匀后，拉紧倒链，将转子慢慢从定子膛内抽出，此时行车也随着前移，直至转子重心移出后，在转子铁芯下部垫好支架，将转子放在支架上。

5）拆去倒链，在转子重心处将转子吊起，慢慢将转子从定子内抽出。

（3）滑车法抽转子。其工作步骤如下：

1）用行车将转子稍微吊起，在轴颈处垫好支架，把转子放在支架上，如有专用工具则可将专用的反正扣钢丝绳挂在定子外壳大盖的螺钉孔上，并将转子吊起，在转子和钢丝绳接触面应垫 2~3mm 厚的石棉垫。

2）取出下瓦，吊走轴承座。

3）拆除下大盖、内护板。

4）往定子膛内下部同发电机定子长度（包括端部绕组在内）相等的，宽为定子周长 1/4 的两层 0.5mm 厚的青壳纸或 2mm 厚的塑料垫，然后放入弧形铁板，长度略长于铁芯，且曲率与铁芯内径吻合，弧形铁板用专用孔在汽轮机侧拉紧，其表面涂上润滑油。

5）在励磁机侧将专用轨道铺好，装上小车。

6）用行车将励磁机侧端部吊起，取掉专用的反正扣钢丝绳，将转子放在小车上。

用同样的方法拆开发电机汽轮机侧轴承，取下上盖和上瓦，用专用工具把转子吊起，取下瓦和下盖，在轴颈处装好内部滑车，内部滑车系专用滑块。用行车将汽轮机侧端部吊起，取掉专用反正扣钢丝绳，将间隙水平调好，移动小车将转子向励磁机侧移动，当内部滑车及滑块可靠地落在铁芯弧形铁板上时，可放下转子，此时转子全部重量由内外滑车承受。再用倒链拖动小车，将发电机转子平稳地向励磁机移动，一直到转子重心移出后，停止拖动，然后找好转子重心，吊起转子，用行车将转子慢慢吊出。

（四）发电机定子的正常检修

汽轮发电机本体的检查需进入发电机定子膛内工作，因此应细心、谨慎。进入前首先在绕组端部和定子膛内铺设塑料垫，进入发电机定子膛内的工作人员应检查是否穿戴钉的鞋、口袋内有无金属制品及与工作无关的物品，钮扣是否牢固，特别是金属物件应避免落入发电机通风沟内，如有上述情况则不得入内。每天检修完需清点工具，绝不允许在发电机内遗留任何物件，并应用帆布遮盖，必要时贴上封条。

定子正常检修的项目包括：

1）检查端盖、护板、导风圈、衬垫等。

2）检查定子铁芯、槽楔、通风沟等。

3）检查和清扫定子绕组引出线及套管。

4）检查紧固螺钉和绕组绝缘、绑线、垫块等，然后进行清扫。有时定子端部绕组重绑后的喷绝缘漆以及端部垫块、槽内槽楔的更换也包括在检修项目中。

5）定子膛及其他各部位吹扫、清理。

6）定子线棒防晕情况检查，必要时电气试验及处理。

7）定子线棒端部绑扎、压紧部位检查及必要的防磨损处理。

8）定子线棒、并头套、水接头、绝缘引水管等漏水、渗水痕迹检查及处理。

9）定子端部结构件（槽口垫块、间隙垫块、适形材料、绑扎带、绝缘引水管、绝缘大锥环、绝缘支架、内外可调绑环、径向支持环及其螺杆螺母、汇水环及固定支架螺栓等）检查及处理。

10）定子出线、中性点包括出线套管、接线端面、互感器、箱罩等清扫、检查及电气试验。

在极特殊的情况下，还可能有更换线棒、修理定子绕组绝缘、重焊端部接头、修理铁芯等工作量大、技术复杂的检修工作。

1. 定子绕组的检修

（1）定子绕组本身的松动。汽轮发电机经过长期运行，绑绳和槽楔常因干缩而发生松弛，这是促成绕组松动的根本原因，如果槽部或端部绕组松动，运行中发电机将会发生振动，如果再遇上外部故障短路时，绕组会严重变形，甚至击穿。所以在检修时，对于槽楔松动应加衬垫或给以更换，更换时，要使用专用工具将槽楔打出，以免损坏绕组和铁芯。

（2）定子绕组绝缘的破损、流胶、膨胀、龟裂、油污和剥落。在检查定子绕组绝缘有无破损、流胶、膨胀等现象的同时，还应特别注意线棒从线槽中引出地点的绝缘状况。对并头套处的绝缘，应检查有无发脆、过热、变色等不良现象，如有，应查明原因并进行处理。

（3）定子端部绕组的检修。对定子端部绕组主要检查以下几项：

1）检查端部绕组的固定情况。由于端部绕组仅在个别部分固定，其余大部分是悬空的，所以是发电机机械强度比较薄弱的地方，保证端部绕组固定良好，对发电机运行的可靠性来说，比槽中绕组的固定更有意义。端部绕组绑线不太松弛时，可在绑线下部塞入绝缘纸板垫紧；若松弛严重，则应重新用新绑线绑扎牢；端部绕组间的木质隔离垫块干缩破裂时，应更换新垫块，重新绑扎牢固；如端部绕组变形部分下垂，下垂绕组与非磁性环间发现有间隙时，应用木垫块垫紧，再用绑线绑牢。新换绑线和垫块后，应涂刷一层防潮漆和防油绝缘漆。

2）处理端部绕组绝缘的膨胀。由于端部绕组绝缘是用手缠绕的，热压处理也不够，尤其是绕组曲折的地方，极易发生绕组绝缘的膨胀，这种情况是很危险的，因为它将在绝缘内部形成空气泡，在强电场的作用下，空气泡中将发生电离现象，产生臭氧及氮氧化合物，使绝缘遭受腐蚀，腐蚀到一定程度，绝缘就被击穿。因此这种膨胀如果得不到及时处理，就会严重地影响机组的安全运行。

端部绕组的绝缘膨胀不太严重时，可用加强绝缘的方法处理：去掉膨胀处表面一二层绝缘，加热排除里面的潮气，然后涂刷绝缘漆，再在表面缠二三层胶合云母带，最后半叠绕地缠一层绸蜡带，用白布带扎紧，涂刷绝缘漆后即可。

3）处理端部绕组表面防护漆层的脱落。定子端部绕组表面防护漆层脱落的情况是常见的，若端部绕组绝缘并无破坏，仅仅是漆层脱落，则可重喷绝缘漆层；若原有漆层脱落严重，则应将原有剩余漆层除去后，重喷二三次，里层喷防潮漆，外层喷防油漆。

4) 检查端部有无从轴承向绕组溅油的情况。检查定子绕组若有从轴承向绕组溅油的情况，切不可麻痹，应查明进油的原因，一般应注意密封瓦的装配和密封系统是否严密。

5) 由于发电机在运行中密封瓦间隙偏大，油压调整不好，运行环境空气污染，使得发电机定子内会出现大量的油污和灰尘，这些污染物可导致端部绝缘、端部绑线受损。所以常用的清洗工具是电动或手动喷枪，喷射绝缘清洗液，用小毛刷蘸清洗液、酒精、四氯化碳，刷净不易清洗的绕组端部部位，最后用蘸有上述液体的清洁白布擦净绕组端部。

(4) 水接头处的检查。目前国内投入运行的大容量的机组，包括国产和进口的 200、300、500、600MW 机组，定子线棒采用水内冷的较多，由于水接头开焊后漏水造成事故也时有发生。因此，水接头处的检查必须认真进行，并进行水压试验、通流试验和电位外移试验。

2. 定子铁芯的检修

(1) 检查定子铁芯是否松弛，表面有无锈斑。在铁芯表面、通风沟内和硅钢片组的通风孔内发生锈点是铁芯松弛的主要症状。铁芯上的锈点是由于铁芯硅钢片叠片松弛时，硅钢片间发生振动，引起硅钢片漆膜脱落，造成局部短路的结果。若发现有这种锈斑，应清理干净，涂上绝缘漆；有条件时，铁芯硅钢片之间可灌漆或垫塞云母片，然后将其加紧；锈斑严重时，应考虑进行铁芯的发热试验。

(2) 检查铁芯表面绝缘及槽楔碳化焦脆现象。铁芯表面绝缘有过热变色现象及槽楔有碳化焦脆现象，主要是由于组成铁芯的硅钢片间的绝缘破坏，运行中损耗增加而导致剧烈发热造成的。造成这种硅钢片绝缘损坏的原因还有很多，如铁芯被撞伤或通风沟处的硅钢片有皱褶，又被金属屑堵塞或集有灰尘形成半导体层，使此处的硅钢片发热增加，逐步使绝缘老化，因而导致缺陷越来越严重。如果发热现象不明显，但又怀疑铁芯内部存在问题时，则应进行铁芯的发热试验。如确有短路，则应重新修理铁芯发热处。

(3) 检查通风沟的通风情况。通风沟应无异物堵塞，通风良好，槽楔的通风沟和风道的方向应一致，槽楔应无断裂、凸出及松动，用小锤敲打应无空声，再用小锤敲打每个通风沟内的小工字铁隔片，检查其是否紧固。

(4) 检查机壳的焊缝。机壳的焊缝应良好无损坏，机壳应无裂痕，机壳内应无异物，地脚螺钉应无松动，固定部件应完好，温度计、热电偶等连线应正确和完好。检查内护板应无变形、无裂缝。

（5）检查引线连接板。引线连接板应无变形，出线套管应完整无损。

发电机定子铁芯是构成磁回路和固定定子绕组的重要部件，要求定子铁芯导磁好、损耗低、刚度好、振动小，并且在结构及通风系统布置上能在运行中有良好的冷却效果。为此在发电机抽出转子大修时，要对铁芯进行认真的检修和正常的维护。一般情况下，发电机铁芯是不会发生故障的，大修时仅仅对铁芯进行外观检查和正常维护。正常维护的主要项目有：用压缩空气吹扫铁芯，用汽油、四氯化碳、丙酮等清洗汽轮机、励磁机两端铁芯上的油污，检查铁芯上有无锈点、铁芯有无松弛的地方，通风槽有无堵塞，铁芯两端槽口和通风槽处有无硅钢片皱褶、铁芯硅钢片有无短路、表面绝缘是否有过热变色现象，铁芯有无机械碰伤，铁芯压指有无损坏变形，铁芯两侧压圈有无裂纹、压圈外紧固螺钉有无松动，铁芯背部导风板有无损坏，等等。若上述项目经认真检查均未发现问题，大修时铁芯的检修和维护即告结束，若发现问题严重，则应列为铁芯故障检修，发电机的铁芯若以前有过修补和嵌过假齿的，大修时一定要对铁芯进行发热试验。

（五）发电机转子的正常检修

汽轮发电机的转子是由转子本体、绕组、护环、中心环、风扇等部件通过严格的工艺组装成的。转子本体是整块合金钢锻造加工的，转子绕组被槽楔压在转子槽中，端部绕组被护环保护起来。由于运行时转子高速转动，使转子本体、护环等部件承受很大的机械应力，因此对转子的刚度和强度要求是很严格的。在庞大转子上稍有变化，如稍微改变一下平衡重块的位置，都会引起机组的强烈振动，从这个角度上看，转子又是一个很精密的部件。

鉴于转子部件装配工艺的严格要求，其结构又精密，因此正常情况下转子的检修是以检查和试验为主的，只有当发现转子内部有故障时，才考虑是否需要解体检修。

1. 转子的检修项目

（1）测量和检查护环与转子本体的空气间隙，做好测量数据的记录。

（2）检查槽楔是否有松动现象，对转子本体是否有位移。

（3）检查转子本体和护环表面是否有过热或放电痕迹。

（4）检查护环、中心环、风扇等部件是否有松动、位移、裂纹甚至断裂现象。

（5）检查轴端密封盖板螺母、引线固定螺钉、平衡重块、风扇座的固定螺钉等坚固件有无松动和断裂现象。

（6）检查滑环的磨损，根据磨损的情况，确定是否需要车光。

（7）进行转子各部分的清扫和擦拭。

2. 转子的常规试验项目

（1）用 1000V 绝缘电阻表测转子绕组绝缘电阻（水内冷发电机用 500V 及以下绝缘电阻表测量），其值在室温时不低于 0.5MΩ。

（2）测转子绕组的直流电阻，记入技术台账，以便历年比较。

（3）做转子绕组的交流耐压试验，试验电压为 1000V，时间为 1min。

（4）做转子匝间短路试验，隐极式转子大修时或局部修理槽内绝缘后及局部更换绕组并修好后，试验电压为 $5U_N$，但不低于 1000V，不大于 2000V。显极式和隐极式转子全部更换绕组并修好后，显极式转子交接时，额定励磁电压 500V 及以下者为 $10U_N$，但不低于 1500V；500V 以上者为 $2U_N + 4000V$。

（5）做转子风压试验，用以检查转子中心孔是否有漏气现象。

除上述检查外，若发现转子有匝间短路的现象，应另外按规程做静态、动态的交流阻抗试验和转子匝间短路试验，通过示波器可监视匝间短路的变化情况。

3. 转子检修的注意事项

（1）转子本体上不能随便钻孔、焊接，以免破坏转子的刚度和强度。

（2）工作中不能破坏转子的平衡，否则要重新找平衡，现场找平衡是件十分麻烦的工作，需要用汽轮机拖动进行。

（3）各部件拆卸应原拆原装，不可随意更替，若必须更换时，应使待更换零件与原来的零件在材质、大小、重量等方面完全一样，否则将会破坏转子的平衡，使机组运行产生振动，甚至不能投入运行。

4. 转子部件的检查方法和修理

（1）转子绕组的检查。在转子端部花鼓筒的孔洞中，用玻璃反光镜检查转子端部绕组的绝缘和垫块的紧固情况。若绕组绝缘老化，有破碎脱落，应进行匝间短路试验确定有无短路故障，然后再确定是否需要取套箍进行修理。端部转子绕组的匝间短路故障较常见，主要是因为转子线槽里是用热匝绝缘套作槽衬，而且上面又有槽楔紧压，固定得非常牢固，而转子绕组的端部是悬空的，在转子运转时，由于振动和绕组本身的热胀冷缩，绝缘容易破碎而脱落，这样反复多次，导致短路故障发生。

发生转子绕组端部匝间短路故障后，一般按其严重程度来确定是否需要取下套箍进行处理。

第三篇 电机检修

（2）护环的检查及修理。发电机运行时，由于机组的开停、负荷的变化、转子的挠度和振动，使嵌装在转子绕组端部的拐弯处的绕组产生很大的交变机械应力，这将使得嵌装面和中心环都处在不利的运行条件下，因此导致中心环飘偏、护环位移以及弹性中心环弹性槽部分断裂等现象。

遇以上情况时，应及时更换新中心环。对装配下的护环与芯环进行超声波探伤和着色探伤，如探伤发现护环存在缺陷，可请上级金属总督部门进一步试验查明。经鉴定不能使用时，也应更换新护环。

（3）风扇叶片的检查及修理。对于风扇叶片的检查应注意风扇叶片是否完整无变形，并用小锤轻轻敲打，听其声音有无破裂。还应检查叶片安装是否牢固，当敲打时声音清脆，说明风扇叶片牢固，如声音嘶哑，则可能该叶片已松动。对松动的叶片，应从转子上取下，进行详细的检查，若是叶片断裂，则应更换新叶片。

300MW 汽轮发电机转子风扇采用单级轴流式风扇。风扇由风扇座环、风扇叶片、固定螺母等组成。风扇座环套于转子两端，由优质合金钢锻件制成，环外圆周上等距离开有固定风扇叶片的销孔。风扇叶片为硬合金铝模锻件，调质后经表面抛光及钝化处理，风扇叶片为机翼型，在叶柄上有一安装角定位孔，叶柄尾部加工有螺纹，螺纹前的圆柱面段与风叶座环上销孔之间为动配合。

因为风扇的结构特殊，拆卸与装配时要对号入座。每次检修时都要对每片叶子进行金属探伤，此外还需对叶片进行外观检查。由于风叶外径大于定子腔内径，因此发电机抽转子时，汽轮机侧叶片必须先拆除。

在发电机转子检修时，装在中心环与轴柄之间的导风叶也应该检查。导风叶为尼龙铸塑件，而且汽轮机、励磁机两端的导风叶方向相反。

（4）转子滑环的检查及修理。对转子滑环的检查主要是看其表面是否光滑，有无磨损及凹凸不平的现象，看其通风孔是否清洁，滑环的状态和滑环对轴的绝缘以及引出线与轴的绝缘是否完好。磨损严重的滑环应车光。对滑环附近引线外露部分的积污应引起足够的重视，这些地方的积污会引起绝缘电阻的下降，有时甚至会造成励磁回路接地故障。

滑环的使用寿命主要是由滑环材料、加工质量和现场的维护情况决定的。因此，正确地维护发电机是使滑环寿命延长的主要因素之一。维护滑环时，应注意以下几点：

1）滑环上的碳刷应符合厂家规定的技术标准，碳刷的牌号应相同。

2）碳刷被刷握弹簧压在滑环表面，每个碳刷的刷握弹簧压力应相同，若不相同应及时调整，并对磨短了的碳刷及时给予更换。为保证碳刷和滑环的接触面，每次更换的碳刷个数不应过多。

3）碳刷在刷握中上、下应活动自如，但前、后、左、右不能有框动现象。若碳刷尺寸略大于刷握时，可将碳刷在砂纸上仔细地磨小，但绝不能磨成上大下小，造成运行时的卡涩现象。

4）经常保持滑环表面和碳刷的干净，定期吹扫磨下的炭粉。

5. 大修后转子密封试验

对于氢冷汽轮发电机转子，检修后应进行密封试验，这主要是为了检查转子绕组与导电件、导电杆与滑环引线的连接螺钉、轴中心孔等部位有无泄漏现象。如有泄漏，会使氢气的补给量增加，同时在漏氢处可能着火，造成事故。泄漏的原因主要是由于密封垫变质或失去弹性，或者有时密封垫未压紧。遇到这种情况，应及时更换新的密封垫。

转子密封试验方法是在转子励磁机侧接端堵头法兰处接好压力表和压缩空气入口阀门等，然后向中心孔通入清洁、干燥的压缩空气，直到压力达到 $3 \times 10^5 Pa$，保持压力进行检查，如6h漏气不超过 $0.5 \times 10^5 Pa$，则转子密封合格。在上述的空气压力管路中。应通入氟利昂，用专用的卤素检漏仪进行漏气检查，检查时，要逐一仔细检查转子轴两端中心孔、连接转子引线和滑环的连接螺孔、连接内引线和转子绕组的两个连接螺钉孔。

当发现压力下降时，可先用浓度合适的肥皂水检查工具管路阀门和轴孔盖板处有无密封不良漏气的现象，在确认工具和轴孔盖板均无漏气后，如此时压力还在降低，则应用手感觉导电螺钉及盖板下可能有较大的漏气处。如果发现漏气处，应更换螺钉和橡皮垫，更换时应保证导电螺钉和其他绝缘垫的完整，不可将其他绝缘垫等零件损坏。如用密封胶，则应检查其填充情况。拆卸时应注意将螺钉零件做好记号，修复后再按各记号装回原位。细小螺钉及零件一经拆下即应精心保管，防止丢失。

进行转子密封试验所使用的压缩空气必须是清洁、干燥的。如果其湿度过大，必须经除湿干燥处理后，方可通入转子，否则将使试验后的转子绝缘水平下降。如果有条件，可以采用高纯氮气来进行转子密封试验，尤其是要求高的大型机组，采用高纯氮比采用压缩空气效果要好得多。

（六）冷却通风、冷却系统检修与试验

发电机在运行中，由于存在各种损耗，会引起各部分温度的升高，发电机各部分除了采用耐热性能优良的绝缘材料外，还必须采用良好、合理的冷却系统，用以对发电机进行有效的冷却，提高发电机的电磁负载，充分利用有效材料，进而提高发电机的极限容量。对于发电机的冷却，无论采取何种冷却方式，总的原则是能够使冷却介质作用到各个发热部位去，使最热点得到最强的冷却，维持发电机各部位的温升比较均匀，且不超过温升限度，同时要求所有的冷却通风系统尽可能简单，消耗功率要少。当前随着电网容量不断增大，大容量发电机的不断投入运行，发电机冷却通风问题显得尤为重要，为此，对冷却通风系统的检修必须引起高度重视。

1. 冷却系统检查、检修与试验

（1）空冷发电机冷却系统检查、检修与试验。空气冷却系统一般应用于 3MW 以下的小型机组，冷却系统主要设备是空气冷却器。空气冷却器安装在机座下的热风区，由许多铜管组成，铜管的两头穿在花板的孔内，用胀管器张接在花板上，管板与端盖形成水室，管内通冷却水，为了增加散热表面积，铜管外面焊有镀锡的薄铜片或绕成螺旋状的细铜线。发电机的小修以及日常维护时，都应检查冷却器，打开端盖，检查冷却器铜管是否堵塞、泄漏、结垢等，并予以必要的检修处理。发电机大修时，冷却器应进行捅刷和水压试验，捅刷铜管可用专用工具，也可用高压清洗机进行，要严防水漏溅进发电机造成发电机受潮。冷却器的水压试验用一般水压机即可，试验标准应按制造厂的说明或现场检修工艺规程进行，一般可按 0.3MPa 的压力、时间 1h 的要求进行试验。对于新冷却器，水压试验按压力 0.4MPa、时间 1h 的要求进行。若水压试验不合格，则应检查出泄漏的铜管，必要时对每根铜管逐个加水压，找出泄漏铜管，若为胀口漏水，可用胀管器补胀一下，若为其他部位漏水或补胀后，仍然是胀口漏水，则应更换铜管。冷却器堵塞的管子数目一般不应超过总管数的 10%，另外对冷却器铜管要检查是否脱锌。

（2）氢冷发电机冷却系统检查、检修与试验。氢冷发电机的结构和风路系统与空冷机组基本相似，只是氢冷却器不是安装在机座下的热风区，而是安装在发电机的机座内，以减少氢气的容积。为了防止氢气泄漏，整个发电机要求有很好的密封。发电机的定子结合面，如机座与端盖的合缝面，一般用密封橡胶条和橡胶圈进行密封。近年来，广泛采用液体密封胶充填在定子结合面上的凹槽内加压密封，效果较好，通常用的液体密封胶有 730、609 和 295 – ZD 密封胶。发电机转轴伸出端盖孔处装有油密封瓦，以压力油注入密封瓦和转轴的间隙来阻止氢泄漏。氢冷却器与发电机端盖之间的气密封为橡胶板。氢冷发电机用氢作为冷却介质，氢与氧的混合物是易爆气体，因此在发电机停机后，应将机内氢气排净，方可开始解体检修。氢冷却器的检查、检修、试验与空气冷却器一样。在冷却器检查、检修、试验的同时还要进行发电机整体的找漏及密封试验。对于发电机转子，要检查转子绕组与导电杆、导电杆与滑环引线的连接螺钉及轴中心孔的堵头等是否有泄漏现象，并应做转子密封试验。试验时将转子励磁机侧轴头堵板拆下，装上打风压专用工具和压力表，向转子内通入 0.2MPa 的干净空气，经过 8 ~ 10h 后，压力不应下降。发电机检查完毕，冷却系统及密封系统回装完工后，应进行整体密封试验，并用检漏仪或肥皂水进行检漏。

（3）水氢氢冷却系统检查、检修与试验。水氢氢冷却是指发电机定子绕组的冷却用水冷却，定子铁芯和转子用氢气冷却。通常情况下，转子绕组采用氢内冷方式，而定子铁芯和转子铁芯采用氢外冷方式。目前世界上大多数电机制造厂在制造百万千瓦级以下的汽轮发电机时，均采用水氢氢冷却方式，我国目前电网中运行的大机组（200 ~ 600MW）大多采用这种冷却方式。

上述所有冷却系统都必须认真仔细地进行检查、检修和试验。检查、检修和试验的项目如下：

1）检查并检修所有冷却系统，包括水冷、氢冷管道和阀门，应无渗漏。

2）停机后，给发电机定子冷却水路反冲洗。冲洗后应做流量试验，试验结果要与标准流量比较，应不低于标准流量的（或原始流量）95%，注意应保证发电机定子绕组每个水支路都畅通。对定子绕组出线套管，也应做通水流量试验，以确保套管冷却水畅通。

3）检查定子绕组进出水管夹板，应无松动。

4）检查定子绝缘、聚四氟乙烯引水管有无老化、裂纹，接头是否松动，螺母有无裂纹、渗水现象，损坏的聚四氟乙烯引水管必须更换，更换后应进行水压和流量试验，水压标准为 0.5 ~ 0.7MPa，历时 4h，并检查流量。

5）检查汇水管以及水接头是否有渗水现象，检查汇水管、进水管、出水管、排气管、排污管的连接焊口处有无裂纹，固定是否牢固。

6）检查过渡引线末端和出线套管上端连接处有无龟裂破损。设计装有两道密封圈，阻止氢、水互窜。目前，国产橡胶密封垫抗老化性能差，运行中一旦龟裂破损，氢气即漏入水中而被带走。因此漏氢量大的机组，如发现定子内冷水中含氢，大修中水压试验时要特别检查此处密封圈的状况，如已失去弹性应立即更换，并经水压试验合格后，再包好绝缘。

7）检查并检修氢气冷却器，捅刷冲洗冷却器铜管并做水压试验。冷却系统中，冷却水的泄漏是最为常见的故障，漏水是由于线棒及载流部分的振动以及冷却系统元件连接处的缺陷造成，如焊接不好、铸造材料有砂眼、管接头质量低劣、安装工艺不好等。漏水点在对定子绕组及冷却系统的气密试验过程中就可发现。冷却水系统的另一缺陷是，由于从冷却凝结水中析出的盐类堵塞，或由于水质问题（过滤网损坏后）堵塞了管子的通流截面，使水阻增大。此时必须用 85~90℃ 的凝结水冲洗绕组，认真检查，更换过滤网。

紫铜和不锈钢接头更换或处理后的焊接，以及紫铜接头和紫铜板烟斗状接头的焊接均采用 LAg-45 银焊条进行气焊，焊接温度在 660~725℃之间，焊前必须仔细清理接头。对定子空心铜导线和紫铜板烟斗状接头的焊接以及定子铜线股间的封焊，均采用 LAg-1 银磷铜焊，焊接温度在 650℃ 左右。焊接前后将铜线接触面残渣污物清理干净、打磨，并将导线内积水吹净，在将水接头套入铜线时，接头不宜套进过多，一般套进 15mm 左右，以免端部阻力增加，产生水流不畅。气焊时采用中性火焰，将铜线烧至暗红色时即可焊接，且堆焊时间不应过长，要防止焊料流入空心导体内。焊水接头时一般先焊下面，再焊两侧，最后焊上面。要求焊缝光滑平整，焊好后做水压试验，合格后将焊缝处的焊料轻轻去掉，然后用柠檬酸溶液洗净焊缝，以防腐蚀铜线，再用填充泥将接头填平补齐，最后包绝缘带并涂环氧漆固化。凡修理过的线棒应做流量试验并与历史值比较，误差小于 10% 为合格。

（4）水水氢冷却系统的检查、检修与试验。水水氢冷却的发电机是指定、转子绕组都用水冷却，定子铁芯和结构件用氢冷的冷却方式。采用此种冷却方式的发电机，其定子绕组冷却与水氢氢发电机类同，其主要特点是转子为水冷却，水的冷却效果比氢好，所以转子绕组温升较低，温度分布均匀。转子绕组内没有通风结构，维持水循环的功率小得几乎可以忽略不计，发电机内的氢只用来冷却定子铁芯和转子表面等发热部件，因而氢压可降低，为此转子风扇可减小，通风损耗也较小。机内氢冷却器可以从铁芯背部移置机座下面，使机座外形尺寸减小。对发电机静止部分和转动部分的密封可以降低要求，但转子水路比较复杂，而且易出现故障。为此对转子水内冷发电机，转子冷却系统的检查、检修和试验更为重要。

水内冷转子绕组常采用电路串联、水路并联的方式。水内冷转子的水路系统一般有两种，与发电机的冷却方式和结构布置设计等有关。冷却方式不同，采用的水路系统也不一样。采用水水空冷却方式时，发电机不需要像氢冷发电机那样设置密封机座、端盖轴承、轴密封装置等，因此，可以采用中心孔进水，出水箱出水的水路系统。一般的水路是从励磁机侧进水汽轮机侧出水（也可在励磁机侧同时进出水）。当发电机采用氢冷时，由于两侧轴端设置了密封系统，转子进出水口只能同时设在励磁机侧，从轴端的中心孔进出水或从中心孔进水，偏心孔出水。转子水回路的路径是，冷却水通过进水装置，从外部水系统静止的管道引到高速旋转的转子中，进水装置中设置水密封，用以防止冷却水渗漏。水从进水口流向转子轴向中心孔衬套，经辐向水管进入汇水箱，再通过绝缘引水管把水分成许多支路，经金属引水管进入转子绕组。冷却水在转子绕组内循环，把励磁损耗的热量吸收，成为热水，然后从绕组出口，通过金属引水管及绝缘引水管由汇水箱排出，或通过中心孔套管、转轴偏心孔将水排出。发电机的转子是高速旋转体，要把冷却水引入转子，冷却转子绕组后再可靠地排出，需要一整套水路构件，主要有水冷转子绕组、金属引水管（引水拐脚）、进水箱（汇流箱）、出水箱（汇流箱）、绝缘引水管、接头及进出水装置。由于转子水系统的特殊性，机组大小修时，它的检查、检修和试验项目如下：

1）检查金属引水箱及接头，应无渗漏。

2）检查进出水箱应无裂纹、渗漏，如有，应检修，检修后做 5～6MPa 水压试验并保证无渗漏。检查清洗进水箱密封垫圈，应无老化变形，如有，应检修，并更换其密封垫。

3）由于高速旋转的转子进水箱与静止不动的水套之间采用盘根密封，允许有少量滴水，以起润滑作用，同时另备有盘根冷却管，作为因故障断水时冷却盘根之用，故应检查进出水支座盘根，应无老化、损坏。

4）为增加支座的随动性，减轻密封盘根的磨损，转子进水管与外接水管之间放置了橡胶减振垫套，故应检查、检修减振环或减振套。

5）检查并试验进水法兰及支架的对地绝缘电阻。

6）检查绝缘引水管，应无老化。

7）检查冷却水的质量。在水冷发电机中，水作为载热体的同时，还必须有良好的电绝缘性，此外还要控制其他一些参数指标，以使发电机在长期运行中，产生较少的电腐蚀和机械杂质，防止因积垢而产生的阻塞。因此，其水质应符合以下标准：

（a）电导率 $\leqslant 2\mu S/cm$（在 20℃时）；

（b）pH 值在 7.5～8.5 之间；

（c）硬度小于 $2\times10^{-6}\left(\dfrac{1}{2}Ca^{2+}+\dfrac{1}{2}Mg^{2+}\right)$；

（d）含氧量小于 10×10^{-6}（体积比，V/V）；

（e）交流泄漏电流密度小于 $1mA/cm^2$，直流泄漏电流密度小于

0.75mA/cm^2；

（f）水中无机械杂质；

（g）水速、水温和水中含氨量有一定量的控制。

8）外部水系统的检修。水内冷汽轮发电机的外部水系统一般用闭式循环系统。闭式循环系统是由水泵（耐腐蚀泵）、水冷却器、过滤器、定子绕组、转子绕组、水箱等串联连接。绕组进水要保持恒定，不能间断，因此，水泵和水冷却器都各有两台并列安装，一台运行，另一台备用。为了保证通过绕组的水量稳定，必须保证绕组进水的水压稳定。为了提高外部水系统的防腐能力，应采取一定的措施：①系统中所有通流路径采用不锈钢管；②以不锈钢阀门代替其他阀门；③水箱用不锈钢板焊制以及选用铜泵等。为了提高水质，可采取下列措施：①定期换水和排污，以防铜线内孔结垢；②定期反冲洗，去除铜管内壁及转弯角的污物；③水中加"MBT"缓蚀剂；④用联氨、氨气去氧，以减少水中的含氧量；⑤用柠檬酸进行冲洗，以去除堵塞物。

2. 通风系统检查、检修与试验

发电机的通风系统实质上是属于发电机冷却系统的一部分。发电机的通风系统通常以定子铁芯的风路来分类。有轴向通风系统、径向通风系统和轴向—径向混合通风系统。其中轴向通风系统又分为全轴向和半轴向通风系统。径向通风系统又分为单边进风、两边进风以及多流式径向通风系统。另外，为了改善和提高通风效率，扩大进出风压差，提高对气隙气流动压的利用，隔开了冷热风区，避免了两者短路。对于气隙取气系统来讲，采用了气隙隔板。

中、小容量的空冷发电机，如 TQC 系列的发电机，采用轴向分段、周向分区、多流式径向通风系统。这种通风系统两端均装置了离心式风扇，设有导流器，定子机座壁上备有若干个风罩，在定子的径向风道中，每相邻一对风道形成一组气流进出风路。TQC 系列的发电机采用表面通风系统，这种系统的主要冷却措施是在转子大齿上开轴向风道，风道上嵌有槽楔，楔上有辐向孔。大齿的风道在转子旋转时起离心风扇作用，把风从两端抽入，再由辐向孔排入气隙。TQ 系列的发电机采用轴向分段、多流式通风系统。它的通风系统与前苏联 TZ 系列通风系统相似。在发电机两端均装设离心式风扇和导流器，其中导流器使部分动压头转换成静压头，以提高风扇的效率。它的定子铁芯分为若干进风区和出风区，每个进风区或出风区由若干个通风道组成。进风区和出风区的各个通风道结构相同，在机座背部装有通风管和隔板形成进出风区。QF 系列的发电机采用多流

第二章　发电机检修

式的径向通风,其定子风路在结构上基本与 TQ 系列相同,转子的冷却方式与 TQC 系列相似。

在氢气表面冷却的发电机中,定子常采用径向通风系统。在这种系统中,铁芯沿轴向分成几个冷热风区,一部分冷却气体自铁芯背部径向流出,另一部分直接由气隙进入热风区。铁芯较长时,还可以分成更多的进出风区。径向通风又分为压入式和抽出式闭路循环通风系统。压入式系统中,冷却气体在风扇作用下被压入定、转子,由热风区流出,经冷却器冷却后又进入风扇。这种系统可使定子绕组及铁芯的端部得到较好的冷却,是目前我国应用较多的一种通风系统。在抽出式系统中,冷却气体被风扇从有效部分抽出,然后经冷却器冷却后再进入铁芯背部,这种系统常用于定、转子绕组均为水内冷、铁芯为氢外冷的发电机中。此种冷却通风方式常用于 100MW 以下的发电机中。

定子氢内冷最常用的通风系统是,冷却气体在高压风扇(高压离心风扇或多级风扇)的作用下,从定子绕组的一端进入轴向风道,流经定子线棒全长后,从另一端排出。冷却气体由冷却器出来后,一部分进入定子绕组轴向风道;另一部分进入铁芯轴向风道,以冷却铁芯;第三部分从护环下面进入转子绕组的轴向风道,冷却气体被高压风扇从定、转子的另一端抽出后进入冷却器被冷却。这是全轴向通风系统。除了全轴向通风系统外,还有半轴向和径轴向通风系统。定子氢内冷的轴向通风系统大多与转子采用氢内冷的轴向通风系统配套使用。

300MW 以上的大容量发电机,如哈尔滨电机厂的 QFSN - 300 - 2 型发电机和东方电机 QFSN - 300 - 2 型发电机,采用的是径向多流式通风系统。

目前,我国生产的 100、200、300、600MW 大型发电机以及国外生产的 300、500、600、1200MW 大型发电机,其转子都采用气隙取气内部斜流式通风冷却方式,它利用转子本身的功能来维持氢气的内部循环,其通风能力几乎与转子的长度无关,而且还能够保证转子绕组的温度分布比较均匀。与气隙取气配套,在大机组(主要指 300MW 以上的机组)上,又广泛采用改善通风效果的径向气隙隔板(环)和轴向气隙隔板。为了综合利用各种冷却方式的优点,300MW 以上的汽轮发电机往往采用水氢氢冷却方式。单机容量若再加大,转子冷却紧张的矛盾就更加突出。由于氢气已用到 $0.4 \sim 0.5$MPa,再靠提高氢压加强冷却,效果不大,只有利用通风系统的改进,进一步提高冷却效果。所以随着单机容量的加大,水氢氢冷却的汽轮发电机也越来越重视气隙隔板的应用。对于定、转子耦合通风系统，单机容量300MW以上的汽轮发电机采用了径向气隙隔板，可使它的容量提高15%～20%，由于充分利用风扇的压头来加强通风，所以通风损耗增加，而效率提高。径向气隙隔板（环）有效地制止了气隙中冷热风之间的混合，使进风温度降低，同时，它还使进出风区形成高压区和低压区，利用风扇的压头加大了流经转子风道的风量。目前国内生产的300MW汽轮发电机，仅仅在定子两侧端部装有气隙隔环，隔环所用的材料都是由刚性的玻璃胶布板和柔性的（弹性的）橡胶制成（300MW机组均采用橡胶制成的隔环），隔环向气隙突出的高度为气隙长度的一半。径向隔板（环）要装于定子两侧端部外及转子各风区的分界面上。

对于通风系统的检查、检修与试验，在大小修，特别是在机组大修时，要认真组织，加强管理。其检查、检修及试验项目如下：

（1）检查各路风道、风沟、风斗，应无阻塞。用压缩空气吹扫所有风路，如有异物需清除，对于有风斗的转子要分区做通风风量试验。对于损坏的风道、风沟给予修复。对于有风斗的转子，大修抽出转子后要立即用专用橡胶塞塞紧，以防落进异物。

（2）检查风区隔板有无损坏，如有，应修复。

（3）检查气隙隔板有无松动、断裂，在抽转子时要注意空气间隙不得碰坏气隙隔板或隔环。

（4）从外观检查转子风扇的风叶座、风扇环、风叶，应光洁、无裂纹及机械损伤。按图纸上检修前的标记，检查风叶的位置和角度。用手感（必要时可涂色）检查风叶座与风扇环接触是否密实、不松动、不翘动。装好风叶后用铜棒敲击风叶，听声检查是否有裂纹，并做探伤检查。

（5）检查垫片是否翻动锁紧。用力矩扳手紧固风叶。

（6）紧固所有螺钉及销钉，应无松动。

（7）用塞尺检查、调整风扇间隙。

（七）氢、水、油系统的检修

1. 发电机氢系统的检修

氢冷发电机漏氢将降低冷却效果，影响机组出力，增加发电成本，并且可能造成火灾，甚至爆炸事故，威胁发电机的安全运行。因此，氢冷发电机大修必须认真做好密封装置的检修和氢系统检漏工作。由于氢冷发电机增设了转轴的油密封装置，因此在端盖拆装方面与空冷发电机略有不同。对于油密封装置固定在端盖上的氢冷发电机，在发电机停机排氢完毕并化验合格后，应先拆开端盖上的小挡板，拆卸密封瓦的进出油管及密封瓦，然后才能拆卸端盖。发电机大修组装后，应进行整体密封试验，以保证发电机的密封良好。密封试验应在发电机静止状态下进行,试验时应向密封瓦供油,为了防止机壳内进油,必须在机壳内的试验风压按规程规定达到一定压力后,才能逐步调整油压,且油压随风压的升高而配合升高,宜升到运行油压。一般最终油压比风压高 30 ~ 50kPa,并设专人监视油压、风压的变化,以免发生意外。试验使用的压缩空气必须清洁干燥,在通入发电机前必须通过干燥器和过滤器。

试验中,要记录 1h 压力的下降量,发电机一昼夜(24h)的漏气量 ΔV,按下式计算

$$\Delta V = \frac{\Delta PV}{K} \times 24 \qquad (3-2-9)$$

式中　ΔV——发电机 24h 系统漏气量,m^3;

ΔP——1h 的压力下降值,Pa

V——氢气系统容积,m^3;

K——试验压力与额定运行压力之比。

按式(3-2-9)粗略计算 1h 内压力下降(额定压力风压试验)应不超过 133Pa 时,可以认为合格,试验时间不得少于 4h。

试验时还应该向氢冷却器通水并保持运行压力,以避免冷却器损坏。在整个风压试验过程中,用 U 形水银压力计记数值,并用肥皂水(或检漏计)检查发电机端盖所有结合面、人孔、冷却器与机壳接合面、定子测温元件引出线端子板等所有有可能漏氢的部位。

对于油密封装置即密封瓦,要仔细进行检查,检查其间隙是否符合规定,其瓦壳是否有电腐蚀现象。对于氢冷却系统的所有管线,大修时均做仔细清除污垢,检查是否畅通,是否有漏气现象。所有法兰的橡皮垫应作认真检查,有问题应更换。

2. 氢冷发电机密封系统的检修

氢冷发电机密封系统的检修质量关系到发电机的安全运行,应十分重视。它的密封面主要有 3 个,其一是机座和端盖之间的密封面(包括上、下端盖的接合面),其二是其他部件的密封面,其三是轴颈的密封面。

(1)机座和端盖之间的密封。大型发电机氢压高达 0.3MPa,机座与端盖之间及上、下端盖接合面之间的密封结构是在上、下端盖的接合面上的鸠尾槽中放入中等硬度的丁腈橡胶条(其直径与鸠尾槽相配合)构成的,或是在接合面的沟槽内,在室温下填入液体密封胶。为了有效地进行检修,检修前必须调查了解运行中发电机的密封工况,做到检修前心中有数。检修时拿掉胶条,刮掉原液体密封胶,清理干净并仔细检查接合面应

无严重损伤，密封材料（胶条）若老化变质或有损伤，应更换，并涂新的密封胶。在此同时还应检查端盖有无变形。检修后，在装复端盖的过程中，螺钉拧紧程度应均匀。

（2）其他部件的密封。在发电机密封系统中，除机座和端盖之间的密封外，还有其他部件的密封，如冷却器连接片、人孔、定子测温元件端子板、发电机风温测温表等。这些部件的密封对发电机氢压保持也非常重要。

（3）发电机的油密封。氢冷发电机的油密封装置装在转轴伸出端盖处，它将油压略高于机内氢压的压力油，循环注入密封瓦与转轴之间的间隙，以阻止氢气漏出。密封瓦是氢冷发电机密封氢的关键部件，按结构划分，密封瓦分为有盘式和环式两种，盘式密封瓦结构复杂，制造、安装和调整难度较大，发生故障概率较大，所以近年来发电机制造厂基本已不采用盘式密封瓦，特别是大型机组，都采用环式密封瓦。环式密封瓦有单流浮动环、双流浮动环、三流浮动环、带中间回油浮动环、带冷却器短形浮动环、端面减负荷浮动环等多种，但最常用的是单流和双流浮动环两种，其主要特点是瓦体结构简单，制造安装和调整较方便，运行可靠，故障概率少，为此，近年来 100～300MW 氢冷发电机和 600MW 发电机均采用双流环式油密封结构，如图 3-2-33 所示。氢气侧与空气侧各有一股油注入密封瓦，氢气侧油自成一密封的循环系统，因此避免了因溶有空气的油流入氢气侧，而使机内氢气纯度下降。氢气侧油中将溶入氢，但达到饱和程度后，就不再继续溶入，所以氢也就不致被油无限制地带走。这就改善

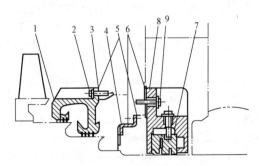

图 3-2-33　环式油密封结构图

1—端盖内侧挡油环；2—绝缘套管；3—橡胶绝缘垫片；4—挡油片；5—固定螺钉；
6—橡胶绝缘垫；7—密封瓦；8—密封瓦座；9—绝缘套管

了单流环式密封瓦两侧共用一股油的缺点。同时，双流环式密封瓦中任一股油因故暂时断油时，另一股油可维持向密封瓦供油，从而大大提高了运行的可靠性，其油路如图 3-2-34 所示，两股油靠平衡阀来维持其压力相等，使两股油在密封油隙处的油交换量降到最小，因而可避免氢气侧油受污染。检修时，力求密封瓦氢气侧和空气侧两侧的轴向合力相等，以避免运行时密封瓦贴靠在任何一侧的座壁上。密封瓦各部间隙是决定其运行性能的重要因素，为此密封瓦与轴和瓦座的间隙必须调整合格，瓦与轴的径向间隙，双侧以不超过 0.02~0.25mm 为宜，密封瓦装好后，用一小铁棍轻轻地拨动几下，能拨动后，再放定位螺钉。瓦与瓦座的轴向间隙，双侧以 0.15mm 为宜。为防止密封油进入机内，内油挡及密封油挡板的径向间隙可按下列数值控制：下间隙不大于 0.05mm，左右间隙不大于 0.15mm，上间隙不大于 0.20~0.25mm，油

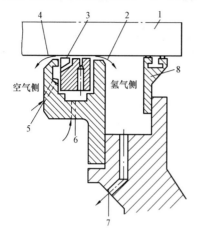

图 3-2-34　双流环式密封瓦
1—转轴；2—氢气侧进油；3—密封油；4—空气侧出油；5—空气侧进油；6—氢气侧进油；7—氢气侧出油；8—油封

挡及密封瓦座上下两半组装前，其水平结合面应进行研刮，使其间隙在小于 0.05mm。检修密封瓦时，要认真检查瓦的工作状况，瓦的钨金层应当紧密地贴合在瓦胎上。当工作面受压，在钨金和钢的界面上出现渗油时，表明钨金已脱胎。钨金附着的紧密度可用煤油试验法来确定。钨金的工作面应当是光洁、平滑、无研痕且无由于过热面造成钨金局部熔化、局部表面硬度增高的现象等。对于轻度的表面缺陷，可用刮刀修刮处理。当钨金有脱胎、疏松、碎裂或熔化时，密封瓦钨金要重新浇铸，再进行加工。发电机在运行中密封瓦的止动销及其槽壁也经常发生损坏，为了保证止动销装置能可靠工作，止动销及其槽的受力面要用 45 号钢制作并经热处理。一般止动销的工作部分做成正方形，槽壁、槽底与止动销之间要有 1.0~2.0mm 的间隙。

　　密封瓦的组装要在机组的转子找中心结束之后进行。在装配过程中，要根据原始记录测量间隙，并把实测间隙记录在案。

3. 氢冷发电机水、油系统检修

氢冷发电机水、油系统的检修如同发电机的其他系统一样，它的检修质量同样关系到发电机的安全可靠运行。

（1）发电机的水系统检修。前面已讲到了发电机冷却系统的检修，其中对于水冷却的发电机检修也做了较详细的讲解。下面仅对发电机的整个水系统检修的特点及内容加以说明，并提出防止水系统故障的措施。发电机的水系统较为复杂，它包括发电机定、转子冷却水系统，发电机气、水冷却器，发电机水系统的内、外管道，阀门以及箱、泵等其他管道附件。由于水系统的检修工艺、应用材质各不相同，因此在检修中要认真仔细，分别对待。除发电机内部冷却水系统需大修时检修外，其余水系统的设备也应结合机组检修进行定期大、小修，特别是对水系统的结垢、腐蚀、漏水等情况进行检修，并对机组在运行中的各种水质进行监测，对金属的焊接质量进行检验，对水系统及各部件进行水压、流量试验，对水管道系统进行冲洗等。如发现问题，应深入分析并采取适当的措施。

1）对于发电机定子水系统，必须在运行中定期、定时监视、记录其槽内电阻温度或每个线棒的出水温度，根据测量值与以往工况下的测量值或其余槽的测量值进行比较，分析导线内部水路有无堵塞。

2）严格要求检修质量，确保发电机内冷水无任何杂物进入。

3）定期分析、化验水质，确保除盐水质合格。

4）水内冷供水管路应并联装设两个过滤网，一路运行，另一路备用或检修，以保证滤网经常处于完好状态。

5）检查定子绕组的端部和鼻部固定是否牢靠，确保运行中不发生由于端部、鼻部振动而导致鼻部导线断股漏水的情况。

6）定期测量内冷水箱顶部水的含氢量，及早发现内漏。

7）严格控制内冷水的水质，使其符合有关标准，不添加缓蚀剂时，$pH > 7.6$（25℃）；添加缓蚀剂时，$pH > 6.8$（25℃）。

8）内冷水系统中的冷水箱（集水箱），尤其是添加缓蚀剂后，不适于溢流运行，以保持缓蚀剂的适当浓度。必要时从冷水箱底部进行定期排污。

9）内冷水系统的管、阀连接部件的法兰密封垫的尺寸应合适，以免密封垫内径偏小突入水流中，长期被水冲刷，老化掉块，堵塞水路。

10）定期清洗与检查水路内的滤网，以防滤网一旦破裂，使异物进入水路，造成水路堵塞。

11）发电机大小修时，应对定子、转子绕组进行反冲洗。大修时应做水流量试验。

（2）发电机油系统的检修。发电机密封瓦的供油系统用以保证不间断地提供密封瓦所需要的密封油，以密封发电机内的氢气，因此是保证发电机可靠运行的十分重要的系统。为了保持油压与氢压之间的压力差，一般双流环式密封瓦的供油系统内装有压差阀和平衡阀。压差阀根据氢压大小自动调节油压，平衡阀起自动控制作用，使氢气侧与空气侧油压相等。每当发电机大小修时，都应认真检查压差阀和平衡阀的调节性能，以保证其运行正常。此外，密封油系统其他部件也应做必要的检修。发电机油系统漏油，对发电机运行危害有：①油雾弥漫于机内，使氢气纯度降低，严重影响发电机的绝缘强度；②油雾进入定子及转子通风道（或通风孔）中沉积为油垢，影响发电机的散热和通风；③油雾附着在定子端部绕组上，对绝缘，特别是对绕组沥青云母绝缘起溶解腐蚀作用；④将主油箱中含水的油带入发电机内，使氢冷发电机内氢气湿度增高，对于大型发电机，还会导致转子护环出现应力腐蚀裂纹和降低定子端部绕组绝缘表面电气强度。

一般来讲，漏油的原因和处理办法如下。

1）平衡阀、压差阀工作性能不佳，机组运行中不经常监视和控制密封油箱的油位。如果平衡阀的灵敏度降低，动压差在 1500Pa 以上，则空、氢气两侧的窜油量将会增大，若氢气侧油压过高，则将增加向空气侧的窜油量，使耗氢量增大，若空气侧油压过高，将增大向氢气侧的窜油量，这时密封油箱油位升高，当自动排油电磁阀失灵时，密封油箱漏油，如果漏入发电机内，则导致机内氢气纯度下降，并使端部绕组绝缘污染和护环应力腐蚀，双流环式密封瓦也就失去了应有的功能。因此，机组正常运行时，密封油箱油位应控制在较低（约2/3）的水平。手动补油时，阀门不宜开得过大，以防漏油后来不及关阀。在实践中，由于平衡阀结构不良，工艺不佳，调整不当，检修时又不遵照要求，运行中油质不洁（含水）等，都影响平衡阀的灵敏度。压差阀与平衡阀一样，要求其跟踪性能灵敏可靠，以保证油氢压差始终处在 0.05～0.08MPa 范围内。

如果对氢压的变化反应迟缓，甚至拒动，在油氢压差过小时，就会减少进入密封瓦的油流，使瓦温升高；当油氢压差过大时，就会增加进入密封瓦的油流，导致回油量增大，使密封油漏入机内，造成污染。可见，为防止机组运行中漏油，首先应保证平衡阀和压差阀的制造工艺良好，其次是检修（安装）质量和运行维护，以及经常监视和控制密封油箱的油位。

2）内挡油盖油封梳齿、挡油扳安装不良，起不到油封作用。从密封瓦喷出来的氢气侧回油，虽经转轴甩油沟多次甩油到油腔壁，但部分油顺着转子轴仍往机内流，由轴向进入发电机内的途中，受到挡油板和内挡油盖的油封梳齿迷宫的阻力，但由于油压高于氢压，风扇前为负压区，仍有密封油通过梳齿间隙抽入机壳内。为了使各合口和圆周间隙均达到有关规程的要求，所有密封部件和密封座均应认真安装，并调整好间隙。

3）密封瓦与大轴的间隙超过标准（过大）时，若氢压调整不当，油会窜入发电机内，造成污染。为了密封油系统正常，在发电机检修时要采取以下技术措施：

（a）选用优质的平衡阀和压差阀，并按工艺安装和调整，使双流环式密封瓦通过增、减空气侧回路上的压差阀配重片调整氢压达到 0.05 ~ 0.08MPa。严格监视调整氢气侧回油路上的平衡阀压差值，应小于 1500Pa。

（b）检修后的油箱油位应在 2/3 处。

（c）检修好交、直流油泵，油冷却器以及各油管路、阀门、滤网等。

（d）密封油品质必须合格。

（e）对于新更换的油管路或焊接后的油管应进行油冲洗。

4. 水内冷发电机水系统的检修

在拆卸水内冷发电机时，应首先拆除转子进水支座，然后拆励磁机，同时还应将转子甩水盘及定子进出水管法兰拆除。其他部分的拆除基本上与空冷发电机相同。在装复时，应在转子装入膛内，找准中心后，再装进水支座及甩水盒。

（1）定子和转子水路冲洗。为了清除定子、定子机壁冷却元件和转子水路中积存的杂质和污垢，每次停机大、小修时都需要用清洁的凝结水和压缩空气冲洗定子和转子水路，用 0.3 ~ 0.5MPa 的压缩空气吹扫定子和定子机壁水冷元件，用 0.5 ~ 0.7MPa 压力的压缩空气吹扫转子回路。吹扫分为正向吹扫和反向吹扫。反向吹扫是从定子的总出水管法兰处进入，然后再通入清洁的凝结水进行冲洗。对于定子和定子机壁水冷元件，必须反复进行正反冲洗，直到出水中无黄色杂质和水质分析合格为止。对于转子，则是从出水环上的出水孔逐一吹入压缩空气，吹净积水后，再以清洁的凝结水冲洗，一般只进行反冲洗，直到排水清洁，无黄色杂质并水质分析合格为止。有时因为有较大的异物进入转子水路，反冲洗多次无效，则可进行正冲洗或正、反冲洗交替进行。冲洗转子时，冲洗好一半后，转子转动 180°，再继续冲洗其余的部分。无论正冲洗还是反冲洗，在整个冲洗过程中都要清理滤网上的杂质和异物，并设专人监督。

（2）检查绝缘引水管及进行水压试验。检查定子绕组端部夹紧螺栓，应无松动，水接头引出水管处绝缘包扎无开裂，定子绝缘引水管应无损坏，槽楔紧固，无松动、断裂、变色等现象。若绝缘引水管开裂，表面有严重碰伤或磨损（深度超过 0.5mm）时，应更换绝缘引水管。检查定子绝缘引水管接头，应无松动、开焊或渗水现象。转子绝缘引水管的检查及水压试验仅在大修时进行，检查时首先拉下小护环，分步进行试验，对于采用丁腈橡胶作绝缘引水管的，因其寿命短，抗老化能力差，一般大修时必须更换。对用聚四氟乙烯绝缘引水管的转子，则应检查转子绝缘水管，应无老化、变形及裂纹，应固定牢固无松动，水、电连接处焊接良好。还应检查三通管有无裂纹脱扣，如采用铜质三通，应更换为不锈钢的。上述检查可在抽出转子后，与水压试验同时进行。对定子、定子壁冷却元件，大修时应进行水压试验，压力为 0.5MPa、保持 8h（或按制造厂要求），小修时，试验水压为 0.5MPa、时间为 4h。做转子水压试验时，应将转子出水环上的出水口用闷头螺钉堵塞，试验压力为 0.35MPa、保持 2～4h（或按制造厂要求）。试验时的压力表应经过校验合格，加压前应将整个水路中的空气排净，加压压力应缓缓上升，避免突然升压。

（3）更换绝缘引水管，对于水氢氢发电机组的定子绝缘引水管，发电厂应该储备有合格的备件，机组大修需更换时，应将需更换的引水管两端接头处做好标记，以免更换时接错水路而烧毁绕组。更换的水管应与原来的一样长，并检查接头螺扣是否正常，紫铜垫要放正，不能与相邻水管交叉。水管装复应进行总体水压试验和流量试验，检查无渗漏现象，再包扎接头处绝缘。对于双水内冷机组的绝缘引水管，出现老化、漏水、爆破或大修中发现各种原因造成的损坏时，应更换备用引水管，并对引水管按制造厂的标准进行水压试验。更换定子引水管的方法与前述相同。更换转子绝缘引水管时，应先拆卸保护绝缘引水管的小护环（各型机组的小护环结构不同，故拆卸前应查阅图纸，制订具体方案），取下固定绝缘引水臂的绝缘垫块，做好记号并进行水压试验，找出泄漏的绝缘水管，剥去接头处的绝缘物，拆下损坏的绝缘引水管，并在绕组的接头和进出水箱接头处做好标记，特别是进出水箱都在一端的机组，更应做好标记，以防接错。截取新的绝缘引水管（应比旧的长 1～2mm），装上接头，做单根绝缘引水管的水压试验，并对对应的绕组进行一次反冲洗和流量试验（冲洗和试验时，水管和压缩空气管可以直接接到绕组的接头上）。然后将水管装复，每一支路的进出小孔必须与进出水箱环上的孔相对应，不允许水管有交叉、重叠现象。水箱装复后，应进行整体水压试验，检查各接头和水管不漏水后，包扎接头处绝缘，装复绝缘垫块，最后按工艺装复护环。

（4）冷却器、滤网的清洗。为防止发电机定子内冷却水断水，内冷水及其冷却水的滤网应及时清洗和检查，损坏后应及时更换。发电机大、小修时，应清除冷却器杂物水垢，以保证冷却效果，最好在发电机过夏前将冷却器彻底清除一次。另外冷却器若有漏水现象，应立即排除。

（5）水内冷发电机空心铜导线的清洗。水内冷发电机长期运行后，由于水质的原因，空心导线会发生不同程度的腐蚀、结垢和堵塞。为了保证发电机的出力及安全稳定运行，当发现发电机空心铜导线有腐蚀、结垢或堵塞时，发电机必须大修，而且在大修时应特别仔细清洗空心导线。一般情况下采取以下办法：

1）高温凝结水清洗。当发现发电机冷却凝结水流量显著低于额定值时，可能有较严重的堵塞现象，可用 85～95℃的凝结水冲洗绕组，经 0.5～1h，然后化验冲洗凝结水的含盐量，以判断冲洗效果。

2）化学清洗。对已经腐蚀沉积严重的铜导线进行化学清洗。取 3%～4%柠檬酸，用三乙醇胺调出 pH 值 3.5、温度为 35～40℃的溶液，进行循环冲洗 10～12h（流速 0.8～1.2m/s），然后用清水冲净。

3）空心导线的纯化处理。机组大修或化学清洗后，使用纯化剂（磷酸酸钠、联胺等）对空心导线内表面进行纯化处理，使空心导线内壁形成一层保护膜，用以改善抗腐蚀性能。

（6）水内冷发电机定子空心导线严重堵塞故障的处理。当发电机在运行中，发现定子绕组某槽温度异常增高时，应停机检查。首先对定子绕组单根空心导线进行水流量试验，当某槽空心导线的水流量为其余各槽空心导线的 $\frac{1}{2}$～$\frac{1}{4}$ 时，必须将水、电接头解开进行检查。若有异物堵塞，可根据具体情况，在空心导线头部锯下 3～5mm，清除堵塞物，若通水试验流量与正常导线一样，即可焊好水、电接头。若堵塞现象发生在导线槽部较深位置，则应取出导线处理。

（7）防止水内冷发电机漏水、断水、堵塞、过热的技术措施如下：

1）运行中发现漏水现象，且判明是发电机定、转子漏水时，应立即停机处理。

2）为防止转子绕组拐角断裂漏水，应结合大修，至少将 QFS－50－2 型及 QFZ－100－2 型机 6 号绕组和 QFS－125－2 型的 5～7 号绕组的出水拐角改为不锈钢材质。

3）发电机大、小修时，水内冷发电机的绕组应进行反冲洗并进行水压试验。运行中的水内冷发电机装有反冲洗阀门，应定期倒换定子绕组水的流向，以消除水回路的积垢。

4）装配定子绕组绝缘引水管时，应尽量使水管不交叉接触，引水管之间及其与端罩之间均应保持一定距离，其值不得小于 20mm，以免因相互磨损或对地放电而引起漏水。如有交叉接触者，必须用绝缘带绑扎牢固。

5）对定子绕组的温度应经常进行监视和分析（最好定期做温升试验），对温升异常的绕组，应结合检修，拆开引水管接头，分路测量流量，并进行冲洗。如仍无效，则应拆开绕组的焊接头，逐根或逐股进行冲洗，直到流量恢复正常。必要时，再用柠檬酸加以酸洗。

6）目前规定转子复合绝缘引水管的使用期限一般不超过 2 年。更换绝缘引水管时，应由经过专门培训的人员进行装配，以确保工艺质量。

7）为了防止定子压圈冷却铜管严重氧化阻塞而过热，应定期测量每根钢管进出水温差，以便及时进行冲洗或酸洗。此外，检修中还应注意检查定子铁芯压圈有无局部过热、颜色发蓝、鼓包、裂纹等情况。

8）在水冷系统上进行操作时，应采取严格的安全措施，如换水操作中发生误操作及水冷却器检修后未排除空气等，可造成断水跳闸事故。

9）检修中应加强施工管理，注意工艺质量，并严格执行质量检查及验收制度，防止杂物遗留在水路内引起阻塞，烧坏绕组。

（八）励磁系统的检修

1. 大型发电机对励磁系统的要求

励磁系统是大型发电机的重要组成部分。励磁系统的特性对电力系统及发电机的运行性能有十分重要的影响。它一般由励磁功率单元及励磁调节器两部分组成，它的重要任务是根据电网及发电机运行的需要，向发电机励磁绕组提供大小可调的直流电流。为了保证发电机在各种状态下均能安全运行，大型发电机对励磁系统总的要求如下：

（1）励磁系统应具有良好的励磁电源（永磁励磁机、交流励磁机、励磁变压器及整流器等），自动电压调节器，手动控制单元，灭磁、保护、监视装置和仪表等。

（2）能提供给发电机各种运行状态下所需的励磁电流，并能稳定发电机的输出端电压为给定值。

（3）具有一定的调差率，以保证并联机组间无功功率的稳定分配（正调差）或补偿发电机带无功负荷时升压变压器的电压降落（负调差），一般调差率为 ±10%。

（4）自动电压调节器中要有完善的确保机组安全运行的过电流、过电压、低励、欠励、过励等综合保护功能的设施，以及可提高电力系统暂态稳定的电力系统稳压器（PSS）。

（5）并列运行中，一台调节器发生故障时，能自动将其切除，此时另一台调节器仍能保证发电机正常运行。

（6）调节器要有手动调节功能，以保证发电机励磁电压能从20%空载励磁电压到110%额定励磁电压范围内稳定平滑地调节。

（7）自动电压调节器应保证发电机能在70%~110%空载电压额定值的范围内稳定平滑地调节。

（8）发电机在空载运行状态下，自动电压调节器和手动控制单元的给定电压变化速度应每秒不大于发电机额定电压的1%，不小于0.3%。

（9）自动电压调节器应保证发电机端电压调差率可以在±10%范围内进行调整，应保证端电压静差率小于1%。

（10）在空载额定电压情况下，当电压给定阶跃响应为±10%时，发电机电压超调量应不大于阶调量的50%，摆动次数不超过3次，调节时间不超过10s。

（11）当发电机突然从零起升压时，自动电压调节器应保证其端电压超调量不超过额定值的15%，调节时间应不大于10s，电压摆动次数不大于3次。

（12）发电机空载运行状态下，自动电压调节器应保证频率变化1%时的发电机端电压变化率不大于±0.25%。

（13）自动电压调节器应具有远方和就地给定装置及电压互感器断相保护。

（14）整流器励磁系统应设转子过电压保护，并对运行中可能发生的有害过电压可靠动作。

（15）励磁系统应装设自动灭磁装置。系统中运行的发电机，当其磁场电流不超过额定值时，在发电机回路内部或外部发生短路以及发电机空载强励情况下，灭磁装置必须保证可靠灭磁。

（16）励磁系统中应设有必要的信号及保护装置，以防止和监视励磁系统各种故障扩大。

（17）发电机在额定工况下运行时，励磁系统各主要部件温升不得超过允许值。

（18）励磁系统强行切除率不应大于0.5%。

（19）当发电厂厂用直流和交流电压偏差不超过−15%~10%，频率偏差不超过−6%~4%时，励磁系统应保证发电机能在额定工况下连续运行。

2. 励磁系统的检修与试验

发电机和电力系统的正常运行状态以及事故情况下的暂态特性都与励磁系统检修与试验密切相关。高质量的检修与试验不仅可以保证发电机及电力系统运行的可靠性和稳定性，而且还可以有效提高发电机及电力系统的技术经济指标。

(1) 交流励磁机的检修试验。交流励磁机的检修与试验基本上与交流发电机的检修与试验类似，但也有它的特殊试验项目。

1) 空载特性试验：在额定转速时，先测量空载特性，然后将交流励磁机与硅整流装置连接，整流装置输出为零时，逐步增加励磁机输出电压至最大值，然后降到零，在此过程中，记录电压的上升、下降特性曲线并与以前的试验记录比较，检查有无明显变化。试验时测量励磁机励磁电流、交流输出电压及整流电压，试验最大整流电压可取强励顶值电压。

2) 负载特性试验：负载特性试验一般可以在发电机开路、短路试验的同时，测量励磁机励磁电流，绘出励磁机负载特性曲线并与以前的比较，应无明显变化。

3) 短路特性试验：发电机为额定转速时，将整流装置直流侧短路，测量交流励磁机励磁电流、电枢电流及整流电流并作出短路特性曲线。短路试验时，短路电流最大值可取转子额定电流值。

4) 空载时间常数的测定：交流励磁机在额定转速及空载额定电压下，将晶闸管输出电压突然降到零，测量交流励磁机输出电压经硅整流装置自然灭磁情况下的衰减曲线，计算励磁机包括励磁引线及整流元件的空载时间常数。

5) 负载时交流励磁机时间常数：负载时交流励磁机的时间常数可结合强行励磁试验进行实测。

由于交流励磁机负载时间常数较空载时间常数小得多，需要实测交流励磁机负载时间常数。交流励磁机负载时间常数的测定可以在交流励磁机以发电机转子为负载、发电机为空载额定电压的情况下进行。试验时，将晶闸管调节器的输出电压突然降到零，测量励磁机输出直流电压的衰减曲线，计算交流励磁机负载时间常数。

(2) 直流励磁机的检修与试验。直流励磁机的检修与试验主要是转子部分（包括整流子）检修，较为复杂。整流子部分易发生故障，检修整流子时，要用砂纸打磨，用专用小刀刮低片间及其他部位升高的绝缘，若整流子磨损过大，则必须上车床加工外圆，整流子车好外圆后，将片间云母的整个高度刮低 1.5~2mm，使用专用小刀将整流片上的棱角去掉。磁极绕组及铁芯的检修较为简单。直流励磁机的试验主要是测量整流子的片间电阻以及检修后的找中心工作。

（3）副励磁机的检修试验。三机（发电机、主励磁机、副励磁机）系统的大型汽轮发电机，以前多采用感应式中频副励磁机，但该机故障概率较大。目前大型发电机的副励磁机广泛采用铝镍钴永磁发电机。在永磁发电机的检修中，特别要注意永磁发电机的转子保护，由于转子上装有供电枢励磁的稀土钴永磁钢，此稀土钴永磁钢是一种粉末冶金，强度低且脆，容易破裂，所以为防止永磁钢在检修时碎裂，检修时转子必须加保护板。对于永磁式副励磁机的试验，除按制造厂的规定进行绝缘及温升试验外，还需进行特性试验。试验时，永磁机为额定转速，测定空载时的端电压，然后接入晶闸管整流装置，晶闸管整流装置接等值负载，逐步减小晶闸管整流装置的控制角，增加输出电流到强励电流值，随即降到零。强励时，永磁机的端电压值应不小于空载时电压的 85%，永磁机能输出的最大电流应满足强励的要求。

（4）整流装置的检修试验。风冷整流装置应检修风机，检查验证它的工作状况，通风是否良好，风机备用电源的切换是否正常。对水冷装置，应检查、检修各支水路，应保证水流量和冷却水的水质合格，检查装置中的硅整流元件，电容器、电阻以及接线是否有发热变色现象，接线是否松动和脱落，并对整流柜及柜内元件进行清扫。整流装置中如有串、并联元件，应进行均流、均压检查和测试。装置的具体试验项目如下；

1）测量反向电压：整流装置在正常运行条件下，可用高内阻电压表测量反向电压值，串联元件的反向电压平均差应不超过 10%。

2）整流元件均流试验：整流装置在额定励磁电流时，用直流钳形电流表测量每个整流元件的电流，均流系数一般不低于 85%；整流装置间的均流系数也不应低于 85%。

3）整流元件的温升试验：发电机在额定励磁电流时，整流元件（二极管）的管壳温升不应超过 50℃。

（5）监视装置和仪表的检修试验。励磁系统的监视装置和仪表的检修试验可完全按保护检验条例和仪表校验规程执行。

（6）励磁调节器的检修试验。一般情况下，励磁调节器不进行较大的检修试验，也不需要进行特殊的维护，日常只需要对装置的表计和信号以及冷却风机进行监视。正常情况下，装置随发电机组大修进行检修试验。运行中因故障被迫退出运行而且一时查不出故障的情况下，应将调节器开环。用感应调压器代替机端电压输入调节器，然后以综合放大单元（以下简称综放）输出为界，从指示表计（综合放大输出电压表）的读数判定故障是在综放以前还是在综放之后的单元，若是在综放之后的单元，故障可能在右移相触发单元，借助双踪示波器和万用表，采用倒推法，先看晶闸管直流侧波形及每一晶闸管上的阳极电压和脉冲波形，确定故障相别，然后检查故障相的"移相触发"各有关点的波形，找出故障点。一般容易出现的故障是元件损坏或接触不良、焊接不好。若是综放以前的故障，也可用倒推法先"综放"单元，后"电压放大"单元，再"电压测量"单元，逐级把没有故障的单元排除，把有故障的范围一步一步缩小，最后找出故障并予以处理。如果故障后要更换元件，应重新调整试验该单元的特性。

整个调节装置在机组大修时应进行一次全面的检修试验。首先清除灰尘，从外观上检查元件，然后对调节器进行全面的检查试验，记录有关特性，校验有关整定值并与原始记录相比较，发现相差较大的地方，应考虑元件损坏或性能变化，必要时给予更换。经大修试验后的调节器，在第一次投运前做一些必要的模拟试验，经试验正常，才能投入运行。

大型发电机组的整流励磁系统具体线路有差别，不同类型的励磁装置有各自的调试要求，下面仅讲一下共性的试验。

1）测量单元的试验：

（a）测量单元特性曲线。改变测量变压器输入侧交流电压，测量输出直流电压或直流电流对输入电压的特性曲线，由此可计算测量单元放大倍数

$$k_m = \frac{\Delta U_o}{\Delta U_i} \quad 或 \quad k_m = \frac{\Delta I_o}{\Delta U_i} \qquad (3-2-10)$$

式中 k_m——放大倍数；

ΔU_o、ΔI_o——测量单元输出电压、电流变化量；

ΔU_i——测量单元输入电压变化量。

如果用比较桥回路，则调节运行点的电阻位置在最大值（最大值相当于发电机空载电压为额定电压时的电阻值），测量输入—输出特性曲线，计算放大倍数，计算时宜选用空载额定电压时的工作段。

（b）时间常数测定。测量单元输出必须与放大器连接或接等值负载。突增 ΔU 及突降 ΔU，测量单元输出电压的上升及下降特性曲线。如放大单元为磁放大器，则测量输出电流的特性曲线，测量单元的时间常数应不大于 20～40ms。

（c）调差测定。现代大型发电机均采用无功调差，测量单元输入电压与有功电流无关，只随无功功率的改变而改变。调差率一般取3%～4%。调差率的检查可在发电机带负荷时进行，应先检查调差电流互感器的极性，然后改变发电机的负荷（带纯无功及纯有功），检查调差率是否符合要求。

2）放大单元的试验：

（a）稳态特性及放大倍数。对于比例放大器，放大倍数应整定在实际运行位置，加入直流信号，测量输入电压对输出电压的特性曲线，整个工作区应在线性部分。对于比例积分微分（PID）调节器，试验时先将积分及微分回路退出，测量比例放大环节的特性曲线，计算比例放大倍数，投入积分回路（积分时间常数整定在运行位置），测量带积分回路的输入—输出特性，计算稳态放大倍数（如为纯积分回路，放大倍数为无穷大）。对于磁放大器，其特性需在偏置电压为最大、最小及运行位置分别进行测量。

（b）幅频特性及相频特性。对于PID调节器或比例积分调节器（PI），在参数调整好以后，需测量放大器的幅频特性及相频特性。测量时，由超低频发生器输入不同频率的低频信号，测量输出电压对于输入电压的幅值比及相位移。幅值比及相位移的测量，可用专用仪器或双踪示波器测量。绘制出对数幅频特性及相频特性曲线。

3）移相及晶闸管整流单元的试验：试验时，晶闸管整流装置带电感负载（如果没有合适的电感负载，可以用电阻负载代替，但每次试验用的负载应相同），在额定电压时，可取负载电流略大于5A，改变控制电压，测量移相角及整流电压，绘制移相特性及整流电压特性曲线。移相特性曲线可用三相的平均值，也可以用某一项的值，但三相应基本对称。

4）稳压单元的测验：

（a）稳压范围测定试验。稳压单元带相当于实际额定电流的等值负载，根据稳压范围的要求，改变电源电压，测量稳压单元的输入、输出电压值。在要求的稳压范围内，输出电压变化应不超过1%。

（b）外特性曲线测试。输入电压为额定值，改变负载电阻，使负载电流从零到额定范围内变化，测量输出电压的变化，电压变化率应不超过1%。

（c）短路特性测试。对有过载保护和短路保护的稳压单元，测量外特性时可以短时将输出电流调到最大值，并将输入端子短路，检查过载保护及短路保护的动作情况。稳压电源的最大输出电流不小于实际额定电流的2倍。

(d) 输出纹波电压的测量。输入、输出电压均为额定值，负载电流为额定值，用示波器或交流毫伏表测量纹波电压，纹波电压应小于10mV。

5）低励磁限制单元的试验：

(a) 动作特性试验。发电机并网运行，低励单元输入按正常接线连接，输出不接入调节器，分别在有功功率为零（$P=0$）及额定功率P_N时调整发电机无功功率Q值，按要求的$P-Q$动作曲线，使低励回路从低电平翻转在高电平。如果制造厂没有提供低励运行时的$P-Q$曲线，可按发电机不同有功功率时的静稳定极限曲线及发电机端部发热条件确定低励限制动作曲线。对于正常运行时没有进相要求的发电机，一般可按有功功率$P=P_N$时允许无功功率$Q=0$、$Q=0.2\sim0.3$、Q_N（额定无功功率）来整定低励单元动作曲线。

(b) 实际动作试验。低励限制回路整定好以后，将输出接入调节器，在一定的有功功率（如$P=1/2P_N$）时，降低转子电流，使低励限制动作，低励限制动作后，发电机无功功率应无明显摆动。

6）转子过电压保护的试验：转子过电压保护装置需施加实际的高电压测量动作电压值，其动作电压（峰值）一般可为转子额定电压值的4~5倍。

(7) 发电机灭磁系统的检修与试验。发电机容量的增大及采用了强行励磁后，发电机的快速灭磁成为迫切需要解决的问题。目前大型发电机都采用了DM型灭磁开关及灭磁系统。对于整个灭磁系统的检修试验，主要是结合机组大小修时进行。检修时应对灭磁开关的动、静触头，灭弧系统及灭弧栅，操动机构及二次操作回路设备进行检修。在灭磁开关的检修过程中，各部件的装配与调整尤为重要。装配与调整不当，直接影响其灭磁性能，甚至造成灭磁开关拒跳、拒合现象。为此灭磁开关在检修后要进行手动、电动分、合闸试验及远方操作分、合闸试验。它的电气操作回路在检修中要进行试验并检查有关接线。另外灭磁熔断器也要检查。

(九) 测温装置的检修及质量标准

发电机在运行中，定子绕组与铁芯的风温、油温、水温等均需要测温装置来监测，以便运行人员随时掌握发电机的运行状况，及时进行必要的调整，以保证其正常运行。

测温装置的检修首先是外观检查，测温元件是否完好，电阻丝有无损伤、紊乱、腐蚀现象，其次检查测温装置本身是否存在指标不准、内部断线、元件损坏现象。最后用250V绝缘电阻表测试测温元件绝缘状况并检查元件引出线、电缆线路有无开路、短路以及绝缘损坏现象。一般情况下，测温元件对地绝缘电阻应不小于 $10M\Omega$，线路绝缘不小于 $0.5M\Omega$。对发现已损坏的测温元件、装置，能在运行中更换的要立即更换，对在运行中不能修复、更换的要记录在案，待停机大小修时彻底处理。但发电机铁芯、定子线棒的测温元件的更换必须结合发电机大修更换线棒时才能处理。

测量装置的验收标准如下：

（1）在 0℃ 时所测测温元件电阻值 R_0 应符合出厂规定的数值，其偏差不超过 ±0.1%。

（2）R_{100}/R_0 比值应符合技术特性要求。

（3）分度校验时，每一校验点的温度偏差应不超过技术特性所列数据。

三、发电机的故障检修

（一）发电机定子的故障检修

1. 发电机定子线棒的故障检修

（1）线棒接头开焊的检修。线棒接头的焊接方法以往多为锡焊，两根线棒末端的铜股线并好后，被一个铜并头套套住，在套中打入铜楔块，并头套四面有孔，作为焊接时注入焊锡之用。此类机组接头开焊的故障比较多，特别是容量较大、整根线棒采用一只并头套的机组，由于其接头几何尺寸较大，受加热设备的限制，焊锡往往加热不透，因而难以充分焊牢，也就容易发生开焊事故。

随着焊接技术和制造工艺的不断发展，线棒端头多采用银焊和磷铜焊，尤其是多股扁铜线篮形绕组，更应如此。这种焊接方法简单、速度快、允许工作温度高（熔点大于 700℃），采用这种焊接方法基本消灭了接头开焊、焊接不良引发的事故。所以对于锡焊的多股扁铜线编织的线棒接头，应尽可能改为银焊。近几年投入运行的机组，如 50、100、200、300、500、600MW 机组，无论定子线棒是氢冷还是水冷，均采用银焊工艺。资料统计表明，银焊后的机组基本没发生过开焊事故。

银焊的焊接施工工艺如下：

1）将发电机底部的排气、排油管口堵住，以免落进脏物。

2）拆下端部紧固零件和垫块，并做好标记，以便做到原拆原装（必要时也可采取新工艺固定端部和绑扎线圈、垫块）。

3）剥开接头的并头套绝缘物，并记录所拆下绝缘材料的规格、包扎层数及包扎方法，采取预热措施（或用石棉布、石棉绳、石棉泥等包住端部及相邻的端部接头，以防烧坏周围绝缘），因为银焊时加热温度较高，应做好防火和隔热的工作。

4）用气焊（小火嘴）对并头套加热至200℃，用专用铁盘放在并头套下方，盛接熔下的焊锡，此时并头套即可松动，用手锤将并头套向内轻轻敲打，即可拔出两侧楔块，并取下并头套。待线棒端头冷却后，用锉或砂纸清除每根导线上的焊锡及氧化物，清除长度约为20mm左右，若股线已烧断，应用银焊接长。

5）将扁铜股线头弯曲（应注意焊接后接头的长度不能比原来的长度增加过多，以免装复时距风挡板或端盖过近），清理接头上的毛刺及残余溶剂等杂物。对于结构为分段焊接的接头，应注意包好或垫好股间绝缘，以防止股间短路。

6）测量直流电阻，合格后在接头上涂填充泥。填充泥可用绝缘漆加云母粉，或云母粉、石英粉各50%调制，也可用环氧树脂与适量的云母粉及石英粉调制而成。涂好填充泥后用半叠包方法包一层玻璃丝带，再包扎绝缘带（层数根据额定电压而定），最外层再包一层玻璃丝带，并涂上绝缘漆，近来50MW以上的老机组，锡焊改银焊后广泛使用了模压成型的绝缘盒，取代了绝缘带结构。

7）配装垫块，更换已损坏的绝缘垫块，装复零件。

8）进行有关电气试验，合格后，焊接工作结束。

目前国内投入运行的大容量机组，包括国产和进口的200、300、500、600MW机组，定子线棒采用水内冷的较多，由于水接头开焊后漏水造成的事故也时有发生。水接头开焊后，应用银焊焊接，但焊接工艺要求很高，焊接时一定要保证质量，不能渗漏，不能堵塞水路。焊接后要进行水压试验和通流试验，并进行电气有关试验，特别要对包扎后的焊头处做电位移试验。

线棒接头焊接质量检验是一项非常重要的环节。通常质量检验要进行外观检查和直流电阻检查。水冷线棒还要检查水压和流量。

外观检查主要是用小反射镜进行，利用小反射镜检查焊头内侧的焊接情况，另外要检查整个焊头表面的污迹和凹坑情况，利用细金属丝进行检查，以断定这些毛病是在外表面上还是穿过整个焊接头的透孔。内部焊接情况可利用电流加热的方法进行检查，试验时的电流密度取80%～100%的额定值范围内，发热3～5min即可发现问题。准确的发热时间按下式确定

$$t = \frac{150}{j^2}(45 - \theta) \qquad (3-2-11)$$

式中　t——发热时间；

j——试验时的电流密度，A/mm^2；

θ——周围环境温度，℃。

试验开始之前，在所有线棒焊头上（开焊后修复焊接的焊头上），涂上变色温度为 45℃ 的 Ia 型粉红色变色漆（粘上颜色为白、黄色的变色纸），按变色漆颜色的变化确定焊接的缺陷（漆的粉红色变为深色，白、黄变色纸变为红色），有缺陷的焊头要重新焊接。最后用电桥测量直流电阻，偏差值小于原阻值的 2% 为合格。水冷线棒的接头除了进行上述检查外，还要进行水压和水流量试验。

通过上述检测手段，若发现焊接质量有问题，其原因可以从下几个方面查找：

1）焊接部位加热温度不足及焊料凝固速度太快。

2）焊缝接合面脏污使铜线氧化层未清除。

3）鼻部的配合过于紧密（间隙小于 0.1mm），使焊料难以流入。

4）并头套上工艺孔的位置不合理，焊料注入困难。

（2）部分更换线棒。发电机不论在运行中或在预防性试验中，发生线棒绝缘击穿时，就需要更换备用线棒（备用线棒要用专用的托架存放，并且要一年做一次绝缘试验）。如果是下层线棒被击穿，则必须取出一个节距的上层线棒后，才能将被击穿的下层线棒取出更换。为了保证检修工作的顺利进行，更换线棒前必须进行详细的部署和充分的准备。

对于沥青浸胶云母带绝缘的线棒，其绝缘在冷状态下是脆性的，取出和嵌放时容易受损，因此在取出和嵌放线棒前，可用直流电焊机给线棒通电，将线棒加热到 80℃ 左右，根据现场经验，可利用涂在线棒表面的白蜡来判断线棒温度，白蜡熔化即表示温度已经达到要求，也可用远红外测温仪进行温度测量。加热后的线棒弹性增加，可减轻其受损的程度，但对环氧粉云母热弹性胶绝缘的线棒则不必加热。旧线棒取出后（不论是取出的线棒或备用线棒，搬运时需用托板托住直线部分，以防止直线部分绝缘损坏或变形），应放在专用的平台上。为了取出被击穿的下层线棒（简称底线），必须先取出压住它端线的全部上层线棒（简称面线）。这些取出的面线还需利用，故在取出面线时就应非常小心，尽量使其不受损伤。线棒取出后，应仔细进行检查，修补破损线棒。不论对留用的线棒还是备用线棒均需做耐压试验。

第一章 发电机检修

1）从槽中取出线棒：拆除待取线棒的垫块、绑带、夹紧板等，打出槽楔，并按顺序编号、记录，妥善保管以利装复。剥去接头处绝缘，烫开接头，用压缩空气吹扫槽内、槽口，清理铁芯、槽口的漆膜、毛刺等。对于300MW机组还要取掉槽口处的橡胶挡风块。

取线棒时先从线棒两端直线部分的空隙入手，将两端慢慢稍微抬起，如线棒较紧，用手抬不起来，可以用软质绳索或带子从槽口处上、下层线棒间穿过，绑在木棒上向上抬起1~2mm，然后将线棒从两端向膛中心移动200~300mm，在相应的通风槽内的上下层线棒之间穿过第二道绳索。穿绳索时可用φ0.5mm钢丝或φ1.5mm铜丝作为引线将绳索拉过线棒，如此再穿第3、4、…根绳索，直到整根线棒穿好等间距的绳索。在穿钢丝和绳索时，如因间隙太小而感到阻滞时，不得硬拉，以免将线棒表面保护带和半导体漆损坏。绳套穿好后，分别套在长约0.6m左右长的木棒上，木棒的一端支承在附近的铁芯上，另一端用手提着，在统一指挥下，同时均匀用力使线棒上抬直至取出。此时处于线棒两端的人，除了随着提取外，还要掌握线棒的直线部分和槽口绝缘。由于300MW机组定子线棒对地绝缘与防晕层采用一次成型结构，即线棒直线部分在主绝缘外包一层低电阻石棉带，以保持线棒与铁芯槽壁的低电位，槽外线棒至端部半叠包一层非线性碳化硅高阻玻璃丝带和两层附加绝缘，为此，在提取线棒时要格外小心仔细。

对100MW以上电压高、容量大的机组，在更换部分线棒时，为了保证线棒绝缘免受损伤，应使用专用取线棒工具，这样可使线棒直线部分受力均匀，易从槽中提出，穿过线棒的绳索按同样松紧绑在一根与线棒等长的钢管上，利用横担上的螺杆将线棒拉出，各螺杆的上提速度应相等，以保证线棒受力均匀。横担与拉紧杆的数量应按机组铁芯长短与线棒在槽内松紧来决定。一般两根拉杆的间隔为500~600mm。

2）往槽中嵌放线棒：损坏线棒从槽中取出后，对铁芯进行详细的检查和清理，必须时对铁芯进行修理。嵌线前应再一次检查槽内是否清洁，对待下线的线棒（备用线棒）应进行试验并合格，分清上层线棒还是下层线棒，是汽轮机侧还是励磁机侧均核查无误后，量好两端伸出槽口的长度，做好记号，然后开始下线。对沥青浸胶绝缘的线棒仍需要加热软化，对存放多年的沥青浸胶绝缘的线棒，还要进行几何尺寸核对，必要时要对线棒加热模压整形。嵌放时，将线棒端部渐伸线放平，将线棒从励磁机侧慢慢穿入，线棒进入膛内应立即转到嵌线方向，使线棒的两个侧面与铁芯槽口的两个侧面平行，以防绝缘被铁芯槽口擦伤。入槽时，先将线棒一端入槽，再向直线部分加压，使整个线棒入槽。待整个线棒入槽后，检查并调整两端伸出槽口部分的长度，至符合原始记录后，再向线棒的直线部分均匀加压，将线棒压紧。压紧线棒可用几副螺杆千斤顶进行，压紧线棒时安在线棒上垫以木制垫板，用千斤顶上鞍压住垫板，另一端顶在垫木上，旋动扳手柄即可将线棒压紧。垫板的宽度应比上鞍的槽宽小 1mm 左右，垫板的厚度应使线棒压紧后，仍高出 20～30mm，垫板的长度最好与线棒直线部分相接近（如为几块拼接时，块数要尽可能少）。沿线棒直线部分每隔 500～600mm 装一千斤顶，操作时应尽量使各千斤顶施加的压力相等。如线棒加温，须待线棒冷却后再拆下千斤顶和垫块。检查槽内无异物，垫好槽条打进槽楔，进行耐压试验并合格，然后，进行线棒接头焊接、测试、包扎绝缘及涂漆。注意 50MW 以上机组在绝缘包扎完后要进行电位移试验。全部嵌线工作结束后，再进行整体交、直流耐压试验及其他规程规定的有关试验。检修工作结束后，应对发电机的冷热风道、汇流管的水接头部位、挡风块以及工作现场进行一次全面检查和清理，检查有无杂物（特别是小金属件）遗留在定子风道内。

（3）线棒绝缘损坏的局部修理。当发电机在运行或预防性试验中发生定子线棒绝缘击穿并因故不能更换备用线棒，或不需要换线棒时，可以采用一些简易可行的局部修理方法。

1）线棒重包绝缘：当发电机发生上层线棒绝缘击穿事故，而电厂又没有备用线棒，且线棒的铜线又没有损坏时，可以将绝缘损坏的线棒重包绝缘。重包绝缘的工艺取决于所采用的绝缘种类、线棒的电压大小和现有的绝缘材料等情况。如果电厂没有烘压整根线棒的专用模具，则可能自行制作 V 形压模工具，对整个线棒重包绝缘。对于电压为 6.3kV 及 10.5kV 的汽轮发电机定子线棒，采用不浸胶的环氧粉云母带连续绝缘时，其重包绝缘工艺如下：

（a）将线棒放在绝缘支架上，用电工刀清理掉老的主绝缘。但要防止股线绝缘受到损伤。

（b）主绝缘的清除从端部开始，剥掉主绝缘的同时，从线棒鼻部起每隔 300～400mm 用斜纹布带将股线扎紧。

（c）对剥除主绝缘后的线棒进行检查试验，清除裂纹、撞伤、压痕、断线以及股线短路。

（d）用四氯化碳、工业酒精等擦洗整个线棒，保证线棒清洁干净。

（e）沿整个线棒长度用斜纹布带半叠包扎紧线棒，线棒槽部包上氟塑带，在 105℃时加压 3h，并在如图 3－2－35 所示的 V 形压模中冷却到

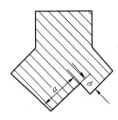

图 3 - 2 - 35　V 形压
模外形图
a—线棒的宽；
b—线棒的长

也可按下式确定

环境温度。冷却以后按图纸检查线棒槽部的相应
尺寸。

（f）线棒加压核对尺寸后，要再一次检查试
验股线是否短路。

（g）将线棒放在绝缘支架上，拆去斜纹布带，
进行主绝缘包扎。主绝缘的第一层粉云母带是将
线棒全长按包 400 ~ 500mm 的长度，间隔 200mm，
分段进行半叠包扎，从线棒的励磁机端开始直到
汽轮机端，以保证线棒绝缘的连续性。注意，在
包主绝缘的每一层粉云母带时都要尽力拉紧。

粉云母带包扎层数 n 可参照发电机线棒图纸，

$$n = \frac{b}{kd} \qquad\qquad (3 - 2 - 12)$$

式中　b——图纸上的绝缘单侧厚度；

　　　d——所用粉云母带的厚度；

　　　k——由缠绕方法决定的系数（对于半叠包的粉云母带，k 取 2）。

（h）主绝缘包完后，放入 V 形压模中加压，先对压模均匀加压，然
后从压模中间向两端逐一加压，即逐一拧紧模具上的螺钉，此时令压模温
度升高到 110 ~ 115℃，同时将线棒压到给定尺寸，在 110℃ 温度下保持
3h，直至绝缘固化。

（i）检查线棒成型质量，合格后，在线棒端部的粉云母带上再半叠包
一层玻璃丝带。

（j）对线棒进行有关试验并进行半导体漆涂刷，线棒直线部分（槽
部）刷电阻为（$10^3 \sim 10^5$）Ω/cm^2 的半导体漆，刷漆长度等于有效铁芯
长并每端延伸 40 ~ 50mm。在线棒端部槽口内 210mm 的长度上刷电阻为
（$10^7 \sim 10^9$）Ω/cm^2 的半导体漆，并且要盖住槽刷的漆表面，覆盖长度为
20 ~ 25mm。

2）线棒端部防护绝缘的修复：当发电机上层线棒端部防护绝缘损坏
后，不必取出线棒就能修复。修复的办法是在端部的损坏处拆掉绑线及垫
块，去掉损坏的玻璃丝带，并清理干净后重包绝缘，再刷漆即可。线棒端
部出槽口防护绝缘的修复与上述方法类同。

3）线棒端部主绝缘的修复：由于种种原因，线棒端部主绝缘也常有
损坏现象。损坏严重的必须更换备用线棒，损坏深度不超过绝缘厚度的，

可以局部修复。具体方法是在绝缘损坏处削成长度不小于 50mm 的锥形坡口（线棒的各个面均做成锥形坡口），用工业酒精或四氯化碳将坡口擦净，并用云母粉和环氧树脂混合后填平坡口，待其固化后包上粉云母带。注意新包绝缘与旧绝缘要妥善搭接。

2. 发电机定子铁芯故障的检修

（1）定子铁芯松动的修理。发电机大修抽出转子后，定子铁芯松动是很容易发现的。在铁芯表面，通风槽内发生锈点是铁芯松动的重要标志。由于冷却气体循环的关系，铁芯松动严重时还能将铁锈吹到绕组端部。铁芯上的锈点是由于冲击磁束的作用使铁芯因松动而振动，引起硅钢片摩擦露出金属面氧化的结果。锈点较多的地方是铁芯较凹的地方，而不一定是铁芯松动严重的地方，这是因为松动的硅钢片振动摩擦时产生的粉末被冷却气体吹到凹的地方。因此，发电机大修中发现有锈点现象时，应对铁芯进行全面检查。检查可用专用小刀进行，查找到铁芯松动的地方即进行修理。修理时，首先用硬质绝缘材料，如竹或胶木等做成的铲子，将锈点小心刮掉，用压缩空气吹掉锈末。如果铁芯轭部或齿部松动，可用专用小刀或小螺钉刀将松动的硅钢片拨开，然后用 0.05 ~ 0.5mm 厚的云母片插入塞紧（视松动程度来确定云母片厚度）。当硅钢片松动严重时，在松动的硅钢片间用 1 ~ 3mm 厚的绝缘纸板或胶木插入塞紧，但插入时一定要将绝缘纸板或胶木板修得和插入处的齿形轮廓一致，还要防止相邻的硅钢片受到损伤。把所有松弛的铁芯处理完后，用喷枪在铁芯表面喷一层防潮绝缘漆。为了防止云母片或楔子在发电机运行时脱落，可将靠近云母片或楔子的硅钢片微折，使硅钢片压紧云母片和楔子。有条件时可在云母片和楔子插入前涂上环氧漆。

铁芯轭部松动的修理还可以采用在铁芯的背部插入楔块的方法，即用厚度为 2 ~ 3mm、宽度略宽于风道片的两根小"I"字钢，前端锉成斜面，长度不超过铁芯轭部高度的楔块插入轭部，楔块应从硅钢片与风道片的小"I"字钢之间插入，使其撑紧小"I"字钢。若铁芯松动严重，不要用很厚的楔块，而应在轴向不同位置插入多个楔块。铁芯齿部松动可从齿部插入，但要注意楔块的厚度为 1 ~ 3mm，长度要比齿部铁芯短 2 ~ 3mm，宽度比齿部稍窄，最好与齿形轮廓一致；若铁芯齿部松动严重，应查明原因并处理，处理的方法是在轴向不同位置插入多个楔块，并注意插入楔块前最好在楔块上涂环氧漆，而且插入时不要碰伤线棒绝缘和邻近铁芯。

如果铁芯边端叠片松动，则可在边端叠片和齿压条（压指）之间的间隙内打入无磁性钢楔条，并用 3AT 电焊条将钢楔条焊接到齿条上。如

第二章　发电机检修

果边端铁芯叠片的齿是由两根齿压条压紧的,则每个齿压条的楔条应单独打入,齿与风道条之间只允许打入磁性铜楔条,同时要用电焊条把楔条焊到风道条上,但要避免铁芯熔化。

(2) 定子铁芯硅钢片皱褶和短路的修理。定子铁芯硅钢片背部靠发电机外壳上的鸽尾键固定,因此只要铁芯外部或内部有一处短路,就会形成涡流环路。发电机大修抽出转子后,若有机械碰伤现象并形成表面短路,则可用刮刀将硅钢片边缘形成短路的铁刺去掉,使硅钢片片与片分开,再把修理处清理干净,然后涂刷一层防潮绝缘漆。若硅钢片某段沿通风道侧皱褶时,首先要把皱褶处清理干净,涂刷一层硅钢片漆,然后将皱褶的硅钢片一一恢复过来,在恢复过程中要逐片清理边缘毛刺,皱褶硅钢片全部恢复后,再把突出的部分用锉刀修平,然后用压缩空气吹净,最后涂刷一层防潮绝缘漆。引起定子铁芯局部短路的原因也有可能是定子铁芯或定子绕组测温元件的引线在铁芯部分绝缘破坏所造成。因此,铁芯局部短路处理后,还要认真检查测温元件引线的绝缘电阻。若铁芯短路点多或面积偏大时,处理后必须做铁芯发热试验。

(3) 定子铁芯齿部损坏的修理。发电机铁芯齿部的松动以及机械损伤没有得到及时修理,就会加剧松动,甚至产生裂纹或折断。铁芯齿部松动多发生在铁芯两端,故障的齿数多少不等。修理有裂纹的齿部硅钢片时,应先用凿子清除掉断裂部分,再用砂轮磨平刃边和尖角,然后进行涂漆处理。修理折断的齿时,先取出有关槽的线棒(如折断的数量少,可不取出线棒),清理修平,然后插入云母片和涂刷适当厚度的环氧漆,并经铁芯试验合格即可。硅钢片折断造成的空隙应用环氧树脂和石英粉(一般石英粉为70%)调制物填满,也可在空隙处配上垫块。一般硅钢片折断的长度不等,空隙的深度也不规律,如采用垫块时可先做个纸样,配制一块毛坯垫块,再放到铁芯上修配对齐。配垫时,其轴向应配得紧些而且垫块上要涂刷环氧树脂,然后敲进铁芯,固定方法可利用槽楔固定。所有上述修理方法修复的铁芯均不可影响线棒的拉出或嵌入。

(4) 定子铁芯局部烧损的修理。发电机定子线棒绝缘对地击穿或相间击穿时产生的电弧会烧损附近的铁芯,尤其是运行时发生相间接地短路,短路电流相当大,铁芯烧损将更为严重,而且硅钢片和线棒中的铜均会熔化,形成坚硬的铜铁熔渣黏结在铁芯上。严重时,熔化点处周围的硅钢片绝缘、风道处的小"I"字钢均被烧损。在这种情况下铁芯必须认真修理,其修理方法如下:取出铁芯损坏处的线棒,将两旁未受损伤的线棒用绝缘纸板和胶皮盖好,其周围的通风孔用布条塞住,然后进行铁芯损坏处的切削打磨工作，先用平头的尖头凿子、刮刀，小砂轮（包括各种异型砂轮）、钻头、铣刀等工具切削被熔焊的硅钢片，将被电弧熔焊的硅钢片以及绝缘遭到破坏的地方应全部去掉，直到铁芯绝缘良好时为止。若铁芯熔焊的地方在铁芯齿部一带，而铁芯背部未遭破坏，并且铁芯损坏面积不大，可以用在铁芯齿部塞填充物的办法修理，具体方法是将损坏的铁芯切削后，用小砂轮等工具清除棱角和毛刺，再用压缩空气吹扫干净，然后喷一层防潮绝缘漆，最后在被切削处，用人造树胶（环氧树脂与石英粉混合）等绝缘材料填充并整形。如果铁芯熔焊的地方过大，不能用填充的办法修理时，则用镶补假铁芯的办法修理，其修理方法如下：

1）进行铁芯发热试验，确定修理范围，按照本节所述方法清除熔焊铁芯并处理干净。

2）对故障影响区域中绝缘已损坏的硅钢片进行分层喷漆、垫云母片处理。处理时一定要将绝缘损坏的铁芯松开，用专用工具将硅钢片一一撑开（撑开点的位置根据垫塞云母片需要而定），撑开后垫云母片和向硅钢片间隙喷 1611 硅钢片漆。喷漆时可用医用针头和针管进行，也可用较低的压缩空气吹送的办法进行。

3）将松开铁芯时找出的风道条及压指打进铁芯，以挤紧硅钢片。由于硅钢片垫有云母，其厚度有所增加，使压指可能打不进原有的风道条，此时，可将风道条做成两半楔形，上下两半刨有止口，可防止打进压指时上下两半错位。风道条和压指都应固定牢靠。

4）进行铁芯发热试验，检查铁芯修理质量，对发现的问题再次处理。

5）制作假铁芯，用 0.3～0.5mm 厚黄铜叠片，中间用 0.1～0.2mm 厚的无碱玻璃丝布加衬，再用环氧树脂黏合在一起。采用黄铜叠片是因为黄铜不导磁且散热性能好。要求黄铜板用三氯化铁加浓硝酸配制的溶液清洗。用环氧树脂采用高温黏合配方黏合，先按比例将 6101 环氧树脂及邻甲苯二丁酯混合均匀，搅拌加热至 120～130℃，再加入苯二甲酸酯均匀搅拌，待温度降至 80～90℃，再次加热到 115℃以上，在此同时将酸洗后的黄铜板、无碱玻璃丝布及压模（两块平铁板和夹紧螺钉）也预热至 120℃左右，用配好的环氧树脂涂刷在黄铜板和玻璃丝布上，每刷一层，叠一层铜板，一直叠够所需厚度，用压模压紧后进行高温固定，120℃保持 6h，再升至 160℃保持 4h，让叠块自然冷却，此时黄铜板和玻璃丝布已黏合为一整体。

6）切削成型处拓模：为使假铁芯与铁芯相配合，可用牙科打样膏进行拓模。对于形状比较复杂的铁芯坑，为了安装方便，假铁芯可以做成几个部分，拓模也相应分成几部分，按拓模加工假铁芯，修理并打磨假铁芯铜片毛刺。

7）镶嵌假铁芯：将假铁芯镶进铁芯坑内，为防止通过假铁芯造成原铁芯短路，假铁芯与原铁芯坑硅钢片之间垫云母，并用环氧树脂将假铁芯与原铁芯硅钢片黏结。为防止假铁芯松动，可在假铁芯上钻几个小孔，用黄铜螺钉销子将假铁芯与风道条、压指等连在一起，铜销子打入时要加绝缘。

8）进行全部铁芯清理并做铁芯发热试验：对于大容量机组，假铁芯制作材料可用玻璃布层压板，要仿照已挖去的铁芯损坏处外形和尺寸制作，假铁芯的油脂要用汽油清洗，晾干，再涂刷环氧树脂，接着紧紧地装到挖去的铁芯上。注意，较长的假齿块要用专门制作的加长槽楔固定，槽楔长度要长于假齿块，要求每端有 35～40mm 长的裕度支撑在没有损坏的定子铁芯上。

（二）发电机转子故障的检修

1. 护环的检修、拆装

在汽轮发电机转子大修期间，一般不拆装护环，但必须检查护环外表上有无裂纹、熔化、灼伤。检查护环口端面、通风孔（并接式护环的连接出口）等部位的表面，以及中心环的弹性元件、护环和中心环的固定件有无轴向位移。还要检查中心环与转轴、护环与中心环的连接部位有无接触腐蚀现象出现。

在转子各部件中，护环直径最大，它所受的应力也最大。护环一般用能承受很大应力的无磁性锰铬合金钢锻造，其抗拉强度达（80～100）× 10^4kPa，屈服点为（60～90）× 10^4kPa。护环大都用整体式的，但也有的护环是用两段无磁性钢组合成的。护环是热套在转子铁芯本体和中心环上的，其作用是使转子绕组在离心力作用下，不致沿径向位移。

护环有三种配合方式：①在中心环与转子本体止口上均有配合的称两端配合式；②仅是中心环上有配合的称脱离式；③仅在转子本体止口上有配合的称悬挂式。东方电机厂、哈尔滨电机厂、上海电机厂制造的 QFSN－300－2型 300MW 发电机护环采用了悬挂式护环—中心环结构，见图 3－2－36（a）。护环的材料为磁性冷锻奥氏体合金钢，即 18Mn、18Cr、0.5N 锻钢，其一端与转轴本体端头出口热套连接固定，另一端则与中心环热套连接。护环的轴向固定采用环链结构，见图 3－2－36（b）。环链用不锈钢制成，呈开口圆环状，镶嵌于转轴本体端头护环搭接面上的环链槽中。

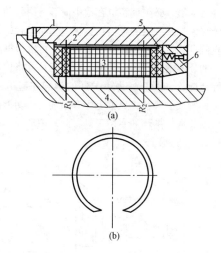

图 3 - 2 - 36　悬挂式护环—中心环
及环链结构
（a）悬挂式护环—中心环结构；（b）环链结构
1—环链；2—护环；3—绕组端部；
4—轴柄；5—弹簧；6—中心环

在检修过程中一旦发现问题，就必须拆下护环。护环拆装以前，必须了解它的配合方式和结构，熟悉制造厂的转子部件图纸和制造厂家及主管部门有关拆装护环的规程。为防止因护环偏心引起振动以及当负荷不对称时负序电流引起的配合面上的电灼伤，要求护环与转子本体、护环与中心环之间都有较紧密的配合，配合面的分离转速应大于超速时的转速。护环与转子本体以及护环与中心环之间的配合过盈量，因结构和所用材质的不同而异，对本体直径为 0.9m 及以下的转子，过盈量一般为其配合处直径的 0.15% ~ 0.2% ；对本体直径大于 0.9m 的转子，其值为 0.2% ~ 0.25% 。

大多数机组的护环和中心环是同时拆装的。300MW 机组护环和中心环也是同时拆装的。拆卸护环前，要检查有无装配标记，当无标记时，要在护环与转子本体及护环与中心环之间的接合处，用钢字做记号，汽轮机、励磁机两侧的记号应有区别（一般应在护环后部端面上对着磁极轴线的转子齿部打上标记），然后再拆去固定护环、中心环用的零件，如环链、螺母等。拆卸环链应使用专用工具，将环链收缩到转子本体端的环链槽内，为避免环链变形，必须证实链在槽中能够自由移动，并确定环链的开口位置。为此首先拧紧环链的末端在直径上相向布置的螺栓，其余的螺栓依次拧紧，直到顶到位为止。环链是否顶住，可以根据测量顶压螺栓压不进转子本体端的环链槽内，则应装上装护环工具，将护环向转子本体拉进少许，直到环链能松动为止。为了护环的拆卸和起吊，在护环上套装 $6\text{mm} \times 100\text{mm}$ 扁铁制成的套箍，且箍上焊有吊环。一切拆卸护环的准备工作完成后，就可安装拆装护环的专用工具，此时护环加热就可开始，其专用工具如图 3 - 2 - 37 所示。

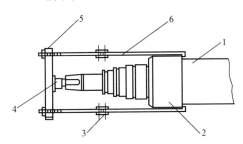

图 3 - 2 - 37　拆装护环专用工具

1—发电机转子；2—护环；3—接长板；

4—千斤顶；5—连接片；6—拉杆

拆护环时，套箍应装在护环与中心环重心所在的位置，在转子轴头用 10mm 以上铝板或铜板保护轴头，调整和扳紧拉杆，使护环稍稍吃上拉力，然后用火焊加热护环。一般用 8 ~ 12 个大号火焊把，为使加热均匀，沿护环圆周均匀划分每把火焊的加热范围，并使其沿之字形来回加热。为防止因局部过热损坏护环的金属组织，首先加热护环中间段，并以远红外测温仪和热电偶温度计测量其温度。当温度约为 200 ~ 250℃ 时或用纯锡条试验其能熔化时，可停止加热，扳紧拉杆螺母（或千斤顶杆），同时根据敲击护环所发声音的改变，判断护环是否已离开配合点，当护环止口与转子本体配合面开始松动时，应检查吊绳的重心，使护环沿圆周均匀吃力，此时便可迅速操作千斤顶把，拉出护环。护环拉出后，应立放并用石棉布包扎好，以使护环慢慢冷却。

在用加热法拆卸护环（中心环）时，为防止加热时烧坏转子的端部绕组和槽口等处的绝缘，应用石棉绳堵住转子中心环上的所有孔洞，以及护环表面的通风孔等。护环加热时间不能过长，一般控制在 40 ~ 50min，若第一次取拉护环失败，则在进行第二次拆护环前，一定要等第一次加热的护环完全冷却才能进行。为避免护环材料机械强度的急剧降低,其加热温度不要超过材料的极限加热温度,见表3-2-4。

非磁性护环禁止用明火加热,应用50~60Hz电源进行感应加热,其专用工具为挠性感应加热器。

表3-2-4　　　护环与中心环材料的线膨胀系数和极限加热温度

材　　料	线膨胀系数	极限加热温度（℃）
无磁性钢	17×10^{-6}	250
磁性钢	12×10^{-6}	300

在护环准备套装到转子本体上之前,要将整个护环,特别是它的配合面上的尘土、油污、锈斑等一一清除干净,并仔细观察其表面缺陷,予以消除。同时在护环下绝缘板上涂以石蜡,与拆卸护环一样,用行车水平吊起护环,并调整对好轴中心线,用火焊加热护环,加热方法与注意事项也与拆护环时相同,待护环温度升高到200~250℃时,利用内径千分尺测量护环嵌装配合处内径膨胀尺寸,其值等于或大于配合处直径加上其工艺间隙(0.5~0.6mm)后,利用行车将护环迅速装进转子本体有标志的位置,使其定位。此时,停止加热并可用枕木沿护环各部撞击,接着迅速装上装护环工具,拧紧拉杆螺栓,用塞尺测量护环与转子本体间的间隙(沿圆周4个对称点上间隙的尺寸相差应不超过0.20mm)。护环套入后,在转子上保持到护环完全冷却,此时再拆掉装护环工具。

装护环时要注意保证护环与中心环嵌装配合处先冷却,必要时用两个焊把继续加热转子与护环配合处。此外,在护环套装前,环链要在转子本体上的槽中找平,并用直径1.5~2mm的钢丝将其扎紧,护环进到环链位置时,剪断钢丝。

护环拆下后,先用丙酮擦净,然后检查其所有配合面及护环与中心环的内表面,对其进行磁力探伤。如存在局部裂纹,可用油石或装有细颗粒的砂轮机轻轻打磨,其深度一般不大于0.2mm,然后再探伤,以证明裂纹是否消除,再借助20~25倍放大镜用肉眼观测校核,如发现仍有缺陷,先用15%的硝酸酒精溶液对护环作预处理,然后再打磨检查,打磨要在裂纹最集中的地方进行。如果在酸洗后立即进行打磨检查而不能发现裂纹,那就需在酸洗后经过24h,再用20~25倍放大镜检查观测一次。

用局部磨去金属的方法只能去掉护环表面个别的凹痕、单条裂纹以及较小的裂纹。在护环配合面外的表面上，允许局部磨去的深度不能大于 2mm，大面积磨去深度不大于 0.2mm，总面积不能超过 $5000mm^2$。在护环的配合面上，允许磨去的总面积不能超过 $400mm^2$，局部磨去的深度不能大于 2mm。注意，只有在必须消除网状的腐蚀裂纹时，护环表面允许车削。

为了防止产生腐蚀裂纹，护环的内外表面在打磨检查后均应刷防腐瓷漆。

由于转子绕组端部短路导致护环内表面局部烧伤时，损坏的中心点要用细颗粒砂轮磨到裂纹全部消除。打磨部位必须平缓地过渡到基本面上，裂纹消除以后，打磨部位应做酸洗，并用 20～50 倍放大镜检查观测。允许打磨的深度不能大于 2mm。

（1）中心环的拆装与检修。中心环为优质合金钢锻件，它由护环支持，与转轴轴柄之间留有适当间隙，作为转子端部绕组的冷却气体通道。中心环内侧沿周围方向设置多个弹簧，从轴向支承转子绕组端部绝缘端板。

中心环在检查时一般不拆下，只是对中心环的弹性部分、中心环配合面以及转子轴上的配合面进行金属探伤和测量。个别的缺陷可用局部磨去金属的方法来消除。当中心环上有裂纹时，中心环必须换掉。当中心环在轴上或护环在中心环的公盈减小时，也必须换掉。

（2）风扇的检修与拆装。300MW 汽轮发电机转子风扇采用单级轴流式风扇。风扇由风扇座环、风扇叶片、固定螺母等组成。风扇座环装于转子两端，由优质合金钢锻件制成，环外圆周上等距离开有固定风扇叶片的销孔。风扇叶片为硬合金铝模锻件，调质后经表面抛光及钝化处理，风扇叶片为机翼型，在叶柄上有一安装角定位孔，叶柄尾部加工有螺纹，螺纹前的圆柱面段与风叶座环上销孔之间为动配合。

因为风扇的结构特殊，拆卸与装配时要对号入座。每次检修时都要对每片叶子进行金属探伤，此外还需对叶片进行外观检查。由于风叶外径大于定子膛内径，因此发电机抽转子时，汽轮机侧叶片必须先拆除。

在发电机转子检修时，装在中心环与轴柄之间的导风叶也应该检查。

（3）发电机转子大轴的检修。发电机大修时，特别是在事故后，应检查大轴有无磁化现象，发现严重磁化时，必须立即进行退磁，使轴磁通密度降到 10×10^{-4}T 以下，一般退磁方法有直流退磁法和交流退磁法两种。

2. 转子绝缘故障的检修

发电机运行时，转子绝缘将承受机械、热、电等因素的综合作用。当发电机启动或负荷变化时，转子热状态也将变化。由于导体和绝缘的膨胀系数不同，将引起剪切和拉伸应力，当发电机超速时，转子绕组最外层线匝将受到很大的离心力，机械力作用下的绝缘受到热胀冷缩会引起磨损。此外，汽轮发电机转子大，绕组电流密度高，在正常运行情况下，不均匀的温度分布和故障条件下的不平衡电流，都可能造成局部过热，加速绝缘分解老化。当发电机强励和自动灭磁时，转子绕组首末匝线圈将承受过电压、高磁场的作用。因此，转子绝缘性能对运行可靠性具有极大的影响。

转子绝缘故障的检修主要包括转子接地、匝间短路、线圈槽和槽口绝缘损坏、护环绝缘和引线绝缘受损等的检修。

（1）转子接地修理。发电机转子绕组接地和绝缘电阻过低是转子常见故障，必须高度重视并及时消除。造成上述故障的原因有绕组受潮，滑环处有大量碳粉、灰尘、油污堆积，护环内绕组端部大量积灰。由于运行中通风、热膨胀的影响，槽绝缘和槽口处槽套保护层绝缘以及引线绝缘老化、龟裂、断裂，甚至脱落，使槽口处槽套的云母也逐步脱落、断裂和大量积灰。因此当发电机转子出现绝缘电阻过低或一点接地故障时，应组织有关人员尽快查清原因，给予消除，否则会造成转子两点接地，使故障扩大。一般情况下，绝缘电阻低于规程规定时，应首先清理滑环与转轴接合处的碳粉、灰尘和油污，并用干净的布将此处擦净，必要时可用热风干燥。若经以上处理无效，则考虑用通以不大于转子额定电流的直流电流进行干燥，直到绝缘电阻恢复合格为止。如经干燥，绝缘电阻无上升趋势，则要考虑护环内绕组端部是否大量积灰，为此需拆护环，清理护环内积灰和干燥扇形瓦。

发电机转子绕组发生一点接地后，虽然仍能运行，但不安全，若又发生另一点接地，即构成了两点接地，此时，可能烧损转子绕组、铁芯和护环，并可引起机组强烈振动和转子轴磁化等严重事故。所以，当转子绕组发生一点接地时，应立即采取措施，投入两点接地保护装置，并争取机会停机检修，使其恢复正常运行。

1）转子绕组接地分类：按其接地的稳定性，转子绕组的接地故障可分为稳定接地和不稳定接地；按其接地的电阻值，可分为低阻接地（金属性接地）和高阻接地（非金属性接地）。

稳定接地是指转子绕组的接地与转速、温度等因素均无关，这种接地容易测试和修理。不稳定接地可分为下列几种情况：

（a）高转速接地。当发电机的转子静止或低速旋转时，转子绕组的绝缘电阻值正常，但是，随着转速升高，其绝缘电阻值降低，当达到一定转速时，绝缘电阻值下降至零（或接近于零）。这种情况，大多数是由于在离心力的作用下，线圈被压向槽楔底面和护环内侧，致使有绝缘缺陷的线圈接地所造成的。一般这类接地点多数发生在槽楔和两侧护环下的上层线匝上。

（b）低转速接地。当发电机的转子静止或低速旋转时，转子绕组的绝缘电阻值为零（或接近于零），但是，随着转速的上升，其绝缘电阻值有所升高，当达到一定的转速时，绝缘电阻上升到正常数值。这种情况，大多数是由于在离心力的作用下，线圈离开槽底向槽面压缩，致使接地点消失。一般这类接地点多数发生在槽部的下层或槽底的线匝上。

（c）高温接地。当发电机转子的温度较低时，其绝缘电阻值正常，但是，随着温度升高，其绝缘电阻值降低，当达到一定的温度时，绝缘电阻值下降至零（或接近于零）。这种情况，大多数是由于转子绕组随着温度上升而伸长（膨胀），当伸长到一定的数值时，便发生了接地，一般这类接地点多数发生在转子线匝的端部。

2）查找转子绕组接地的方法：可根据稳定接地和不稳定接地的两种情况分别叙述。

（a）查找稳定接地点的方法。当判定接地点在转子绕组时，可以采用直流压降法查找接地点，该法能确定接地点的接地电阻值、接地点在转子绕组中距滑环的大概距离。其测试接线如图 3－2－38 所示。在转子绕组 WR 两端的滑环 1、1′ 上施加直流电压后，测量 U、U_1 和 U_2（即电压表 V、V1 和 V2 的读数），然后按式（3－2－13）计算接地点的接地电阻，即

$$R_g = R_v \left(\frac{U}{U_1 + U_2} - 1 \right) \qquad (3-2-13)$$

式中　U——在两滑环间测量的电压，V；

U_1——正滑环对轴（地）测量的电压，V；

U_2——负滑环对轴（地）测量的电压，V；

R_g——接地点的接地电阻，Ω；

R_v——电压表的内阻，Ω。

当 R_g 为零时，接地点距 1（＋）、1′（－）滑环的大概距离可按式（3－2－11）计算，即

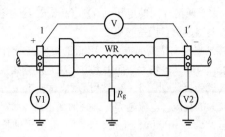

图 3 – 2 – 38   直流压降法接线图

$$L_+ = \frac{U_1}{U_1 + U_2} \times 100(\%) \left.\begin{array}{c}\\[2em]\end{array}\right\}$$
$$L_- = \frac{U_2}{U_1 + U_2} \times 100(\%) \qquad\qquad (3 – 2 – 14)$$

式中 L_+、L_-——接地点距 1（+）、1′（–）滑环的距离与转子绕组总
长度 L_Σ（距离）的比值。

因为转子绕组的总电阻为 $R_\Sigma = \rho \dfrac{L_\Sigma}{S}$，当导线电阻率 ρ 和截面 S 为一定
时，绕组的总电阻与其总长度 L_Σ 成正比，即 $L_\Sigma = KL_\Sigma$，测量时，因流经
转子绕组的电流 I 为一定值，其电压降与相应的电阻成正比，所以 $U = IL_\Sigma$
$= IKL_\Sigma$，同理，$U_1 = IKL_1$、$U_2 = IKL_2$。所以，接地点距 1 滑环的大概距
离为

$$L_+ = \frac{U_1}{U_1 + U_2} = \frac{IKL_1}{IKL_1 + IKL_2} = \frac{L_1}{L_1 + L_2} = \frac{L_1}{L_\Sigma}$$

同理可求得 $L_1 = \dfrac{L_2}{L_\Sigma}$，即

$$L_1 = L_+ L_\Sigma ; L_2 = L_- L_\Sigma \qquad\qquad (3 – 2 – 15)$$

式中 L_1、L_2——接地点距 1、1′正负滑环的大概距离；

L_Σ——转子绕组的总长度。

由式（3 – 2 – 12）和式（3 – 2 – 13）计算出 L_1、L_2 后，根据转子绕
组的几何尺寸，即可分析确定接地点沿转子轴向和径向的大概位置。

当 R_g 不为零时，考虑 R_g 上压降的影响，可按上述办法计算出 L_1 和
L_2 的长度，当采用该法测量时，要注意三点：①要用同内阻、同量程的
电压表测量 U、U_1 和 U_2，电压表的内阻不应小于 $10^5\,\Omega$；②要用铜布刷在
滑环上直接测量电压，以减小误差，测量的两滑环对轴（地）电压之和

第二章 发电机检修

（$U_1 + U_2$）不应大于两滑环间的电压（U）；②当 R_g 约为零时，$U \geqslant U_1 + U_2$，否则，要查明引起测量误差的原因。

（b）确定接地点轴向位置的方法。用测量接地点距滑环的距离来确定接地点的位置，有时误差较大。而用大电流法直接查找接地点的轴向位置比较准确，其试验接线如图 3 - 2 - 39 所示。试验方法为在转子本体两端轴口上通入较大的直流，电流越大，其灵敏度越高，如对于 50MW 的发电机转子，需通入 500 ~ 1000A 的电流，此时，沿转子轴长度的电位分布如图 3 - 2 - 39 中曲线 3 所示，而对于转子轴绝缘的滑环（1、1'）和绕组 WR，其电位与接地点的电位相同，如图 3 - 2 - 39 中的直线 4 所示。所以，在测量时，只需将检流计 G 的一端接滑环 1，另一端接探针 5，并将探针沿转子本体轴向移动，监视检流计的指示。当移动到检流计的指示值为零（或接近于零）时，该处即为绕组接地点 k 所在断面的轴向位置。测量时，由于所加的电流值、检流计灵敏度以及接地电阻值的不同，会出现不同的零值区。例如，当探针从左侧开始向右移动到 C 点时，检流计的指示值为零；而当探针从右侧开始向左移动到 D 点时，检流计的指示值示为零，则实际的接地点约在 C、D 两点中间的 k 点。

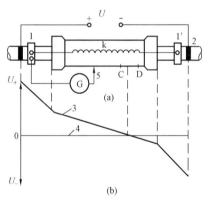

图 3 - 2 - 39　查找接地点轴向位置的试验接线

（a）试验接线；（b）电位分布

1、1'—滑环；2—轴头；3—沿转子轴长度的电位分布
曲线；4—转子滑环与绕组电压；5—探针

（c）确定接地点径向位置的方法。查找接地点径向位置的试验接线如图 3 - 2 - 40 所示。其试验方法为将直流电流加在转子本体的两个磁极

（或称大齿）上，其电流不小于 500A，将检流计 G 的一端接滑环 1，另一端 2 沿着转子上已经确定接地点轴向位置的圆周移动，找到检流超高频指示值为零的点，若有两个点检流计的指示为零时，应将直流电源 U_- 改换位置，即改加至与磁极中心线垂直的、两个对称的小齿上进行试验。再找出检流计指示为零的点，前后两次零值重合处，即为接地点 k 的径向位置。

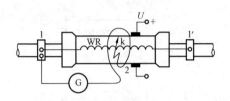

图 3 - 2 - 40　查找接地点径向位置的试验接线

轴向与径向接地点截面的交线，即为接地点的具体槽位。此时取下转子护环，对转子绕组 WR 施加直流电，用电压表测量接地槽线圈每匝对轴（地）的电位，电压表指示值为零（或接近于零）时的线匝即为接地线匝。在转子轴上施加直流大电流时要注意：①当所施加电流在 500 ~ 1000A 时，接线与轴要接触紧密、牢固，以防止烧坏转子轴；②不得突然断电，严防过电压损坏转子绕组绝缘。为此，在转子轴上施加直流时，必须将连接转子绕组的两滑环短路。

（d）查找不稳定接地点的方法。因不稳定接地的状况不同，可采用不同的方法将不稳定接地变成稳定接地后，再用查找稳定接地点的方法测试。

对于转子绕组随转速而变化的不稳定接地，可将转子旋转到接地转速时，用直流压降法测量其接地电阻，并根据直流电阻值的大小，再采用查找稳定接地点的方法测量。对于转子绕组随温度变化的不稳定接地，可将其绕组通入较大的直流，使其受热伸长（膨胀）到接地状态（至接地温度）时，也采用直流压降法测量其接地电阻。然后，再采用查找稳定接地点的方法测试。对于转子绕组随转速和温度而变化的不稳定接地，可将转子绕组在转动下加热，并用直流压降法测量其接地电阻。在发生接地的转速和温度下，加交流电压使其击穿造成稳定接地，其试验接线如图 3 - 2 - 41 所示，施加的电压 U 应不超过转子绕组的额定电压，电流以接地电阻值的大小而定（一般为 3 ~ 10A）。用电流表作监视，指示灯

第二章　发电机检修

HL亮时，立即断开电源开关S，施加电压后，要注意监视是否有冒烟或焦味等异常情况。接线时应将电源地线连接转子轴，相线接至滑环1。图 3 - 2 - 41 中采用隔离变压器 T、调压器 AV 分级逐步升压进行试验。有时为了降低交流阻抗，将相线同时加至两滑环 1、1′ 上（如图 3 - 2 - 29 中虚线所示）进行试验。同时还要注意转子轴与滑环的连线要接触紧密、牢固。

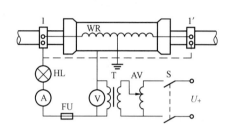

图 3 - 2 - 41　交流烧穿法的试验接线

对于上述几种情况，如有制造不成稳定接地的状态时，就要在接地情况下，采用直流压降法测量接地电阻，并计算出接地点距滑环的大概距离。

3）转子绕组接地的检修：转子绕组接地点位置确定后，视接地点在端部引线部位还是在槽部或护环底部而决定修理方法。一般接地位置在端部引线部位时，应尽量在不拆护环的情况下，进行故障部位的清理和绝缘的包扎修补。若故障点在护环底部，则拆下护环进行绝缘修复。若故障在槽部，还需打出槽楔进行修理。找出故障点后，首先要清理故障点（接地点）周围的线圈和绝缘，然后修补后扎好绝缘。一般修理转子绝缘用云母板、塑料云母板、无碱玻璃丝带、硅有机漆等。如线圈铜线烧损严重，还应用银焊条补焊或补接新铜线。

（2）转子绕组匝间短路修理。转子绕组的匝数较多，若是个别的线匝短路，对发电机的安全运行不会产生大的影响，可以继续在额定状态下运行。但是，当短路线匝数较多，即发生大量的线匝被短路时，发电机将会随着转子电流的增大而产生剧烈振动，从而直接影响发电机的安全运行。在这种情况下，必须停机检修。首先应对转子进行有关试验，以确定短路匝数及位置，转子绕组常存在不稳定的匝间短路，可通过测量不同转速下的交流阻抗，并按阻抗变化的情况来判定。

将静止的转子绕组阻抗与正常转子的已知阻抗（厂家提供的阻抗数

据）或上次大修时所测数据相比较，就可以查出是否有匝间短路。用于比较的测量工作应当在同一电压及相同的转子温度（转子穿入定子内或抽出定子外面；套上护环或拆下护环，等等）下进行。

按照所测量的冷态直流电阻及所使用的专用仪器，同样可以发现匝间短路。例如，可以用比较短路特性曲线、转子额定电流的大小以及在转子状态十分正常和在所给的修理周期内测量绕组的直流电阻值，来估算短路匝数。

在拆下护环后，为查明匝间短路，可将绕组接入交流电压为（2.5～5）×nV 的电源（n 为绕组的总匝数）上。根据手感到的发热状况可确定短路匝数，也可在绕组拐角处用电压表测量相邻两线匝之间的电压降后，确定匝间短路部位。

如匝间短路点在端部，可用特制专用工具将短路线匝略微撬开一点检查，短路消失后，用刷有有机硅漆做黏合剂的云母板垫入匝间，压平撬开的线匝即可。若短路点在槽内直线部位，且短路点在槽中部，就要根据短路的严重程度，打出槽楔，修理匝间绝缘，或安排专业厂家进行彻底大修。若短路点在靠近槽楔的孔匝处，可打出槽楔取出楔下垫条，从端部在短路线匝之间沿槽插进一根适当厚度的压板或扁钢通条。注意，通条头部要锉成斜面，两边为圆角，宽度比导线窄 2～3mm。将通条插入短路点处检查，短路消失后，将通条抬起，再沿通条塞入 0.5～1mm 的绝缘垫条，抽出通条，在端部绕组和垫条间涂绝缘漆，测试短路确已消失，将铜线压平压紧，打入槽楔，再进一步测试短路点是否消失。

300MW 汽轮发电机转子绕组的直线部分匝间绝缘采用经过长期运行考验的 3240 环氧玻璃布板，经打毛处理，其厚度为 0.8mm。匝间绝缘按设计尺寸加工通风孔后，用环氧胶粘剂与导体热压黏结为一体，由它的结构可看出它的电气强度，虽然不像机械性能和耐热性那么高，但它的抵抗过电压能力还是很强的。

端部匝间绝缘采用聚酰亚胺薄膜聚酰胺纤维纸复合箱，它除具有机械、耐热、电气强度高等特点外，还具有一定的柔韧性。端部匝间绝缘胶黏剂选用 204 缩醛—有机高分子黏合剂，上述匝间绝缘的组合可以说明 300MW 汽轮发电机转子匝间绝缘是相当可靠的。

（3）护环绝缘修理。转子端部绕组径向用护环固定。300MW 汽轮发电机转子绕组端部与护环间绝缘采用扇形瓦，它是由 8 块扇形瓦拼成的圆筒绝缘体，共两层，内部层接缝相互错开，扇形瓦为环氧玻璃布压制成形，厚度为 3.5mm。鉴于热套护环时会产生灼热和机械摩擦力的作用，为此外层扇形瓦的外表面还敷有铜网,根据经验,一般情况下扇形瓦不易损坏,但由于扇形瓦材料性能所限,再加上氢气湿度大,运行时间长后,其表面就易吸灰,因此引起转子绝缘降低。值得注意的是在处理转子匝间绝缘或转子绝缘太低需拆护环时,就要对扇形瓦进行检修,即清理灰尘,加以干燥。应该指出的是,在拆装护环时要特别保护好扇形瓦,不使其损坏,严格按拆装护环工艺进行。

(4)槽口及引线绝缘的修理。槽口绝缘的损坏一般发生在运行年代较长的机组上,这些机组由于运行日久,槽口处槽套的保护层老化、断裂,槽套为云母剥落,在剥落云母处形成的间隙中又大量积灰,使转子绝缘电阻降低或造成接地。但300MW发电机转子槽口是经过特殊绝缘处理的,在汽轮机、励磁机两端的槽口处增设了局部附加绝缘,为此一般情况下槽口绝缘非常可靠,不易损坏,但是机组运行日久后,也有损坏的可能,如果槽口绝缘套以及附加绝缘普遍损坏,则应在恢复性大修时更换槽套和附加绝缘;个别损坏时,一般可进行局部修理。具体方法:拆去端部和槽口处的绝缘垫块,吹净积灰,擦去污渍。吹灰时压缩空气压力不宜太大,一般以 $(1 \sim 2) \times 10^5 Pa$ 为好,可用很薄的竹片、环氧树脂板或小毛刷刷去(特别注意不要损坏槽绝缘),再用压缩空气吹掉。测量绝缘电阻值应稳定,且应大于 $1 M\Omega$,然后进行槽口绝缘修补。

用醇酸漆和云母粉调和的填充泥涂塞在槽口绝缘损坏处的缝隙内以及绕组与本体之间的转角处,使之形成一个圆角,以增加绕组与转子本体间的爬电距离。然后包 $2 \sim 4$ 层厚0.1mm的玻璃丝带,将填充泥形成的圆角全部包进,且第一、二层不要包得太紧,以免将填充泥挤出,玻璃丝带不要包得过长,以免影响散热。新包玻璃丝带上应涂绝缘漆。所有槽口绝缘损坏处理后,给端部绕组喷一层 H_{30-2} 环氧漆。300MW发电机转子槽口还应重新固定局部附加绝缘,干燥后,垫好端部与槽口垫后,再测量一次绝缘电阻,合格后即可包护环绝缘,准备装复护环。

转子引线绝缘损坏一般发生在有转轴表面上引线的机组,而转子引线从中心孔引出的机组,其引线绝缘损坏的可能性很少。300MW汽轮发电机组转子引线是由大轴中心孔引出的,转子绕组引线由径向导电螺钉、轴向导电杆及软引线等组成。轴向导电杆置于转轴中心孔内,借助励磁机端的导电螺钉与集电环连接,而通过护环侧的导电螺钉与软引线连接。软引线与转子绕组的顶匝线圈相连接,径向导电螺钉为铬青铜棒,与导电杆用管螺纹连接,与集电环或软引线用铜合金连接螺钉接合。导电螺钉外圆周包绝缘,但与密封圈相接触的一段外圆周表面不包绝缘,使密封圈直接与该外圆表面接触，以防氢气沿绝缘渗出。转轴上没有支承螺母结构，通过绝缘垫圈压住导电螺钉，以承受转子旋转时导电螺钉自身的离心力，使导电螺钉牢固固定。

轴向导电杆为铬青铜棒，装在环氧玻璃绝缘套筒之内。它由两个半圆形导电杆组成，其间相互绝缘，每一半导电杆与转子绕组的一个极的线圈软引线相连接，导电杆的绝缘套筒外径按转轴中心孔尺寸配制，并固定于中心孔内。软引线由 0.5mm 厚的多层软铜带组成，其两端镀银，与径向导电螺钉连接的一端有一圆孔，与转子绕组连接的一端则与一连接块铆接后焊牢，该连接块则通过 Ω 形接缝与线圈焊接。软引线包绝缘后经烘焙固化，置于轴柄上正对转轴大齿中心线位置的引线槽中，并用引线槽楔固定，在引线槽内及引线槽下面均设有保护性绝缘垫条。发电机集电环及引线和发电机转子绕组引线如图 3 – 2 – 42 和图 3 – 2 – 43 所示。

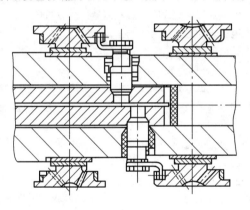

图 3 – 2 – 42　集电环及引线图

鉴于 300MW 汽轮发电机转子引线与图 3 – 2 – 43 所示结构相同，所以引线绝缘损坏概率很小。但软引线部分外包绝缘在转子大小修时要认真检查，一旦发现绝缘破损，就必须用粉云母带及无碱玻璃丝带包扎。

（5）发电机转子对地绝缘电阻的监测。发电机转子对地绝缘电阻的监测可按发电机所处两种状态进行：①发电机处于检修、备用状态及检修前后机组停止运转后和启动前；②发电机运行时。检修、备用时主要是用绝缘电阻表测量绝缘电阻。通过绝缘电阻的监测能发现转子导电部分影响绝缘的异物、绝缘局部或整体受潮和脏污、绝缘击穿和严重缺陷。运行时

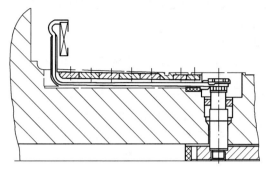

图 3 - 2 - 43 转子绕组引线

的监测手段主要是投入转子一点接地、两点接地保护和负序过电流保护，当励磁回路发生一点接地故障时，可发信号；励磁回路发生两点接地故障时跳闸以及发电机表面过电流时跳闸。

四、发电机电气试验

（一）发电机预防性试验

发电机的预防性试验是判断发电机能否继续运行，预防发电机损坏及保证安全运行的重要手段。凡电力系统运行的发电机都应定期做预防性试验。其项目及标准如下：

1. 测量定子绕组的绝缘电阻、吸收比或极化指数

测量周期为 1 年或小修、大修前后进行。

（1）定子绕组的绝缘电阻值自行规定。额定电压为 5000 ~ 12000V，用 2500 ~ 5000V 绝缘电阻表，额定电压大于 12000V；用 5000 ~ 10000V 绝缘电阻表。量程一般不低于 10000MΩ，水内冷定子绕组用专用绝缘电阻表测量。若在相近似条件（温度、湿度）下，绝缘电阻值降到历年正常值的 1/3 以下时，应查明原因，交流耐压试验合格的发电机，当其绝缘电阻折算至运行温度后（环氧粉云母绝缘的发电机在常温下）不低于其额定电压 1MΩ/kV 时，可不经干燥投入运行。但在投运前不应再拆开端盖进行内部作业。

（2）各相或各分支绝缘电阻值的差值不应大于最小值的 100%。

（3）吸收比或极化指数，沥青浸胶及烘卷云母绝缘吸收比不应小于 1.3 或极化指数不应小于 1.5；环氧粉云母绝缘吸收比不应小于 1.6 或极化指数不应小于 2.0，水内冷定子绕组自行规定，200MW 及以上机组按推荐测量极化指数。

（4）水内冷发电机测量汇水管及引水管的绝缘电阻，阻值应符合制造厂的规定。

2. 测量定子绕组的直流电阻

定子绕组的直流电阻应在大修时、出口短路后测量。

（1）各相或各分支的直流电阻值，在校正了由于引线长度不同而引起的误差后，相互间差别以及与初次（出厂或交接时）测量值比较，不得大于最小值的 1.5%。

（2）直流电阻应在冷态下测量，绕组表面温度与周围空气温度之差应不大于 ±3℃。

（3）当采用压降法时，通入电流不得大于额定电流的 20%。

（4）发电机相间（或分支间）直流电阻差别及其历年的相对变化大于 1% 时，应引起注意。

3. 定子绕组直流耐压试验和泄漏电流测量

测量周期为 1 年或小修时、大修前后、更换绕组后进行。

（1）全部更换定子绕组并修好后进行，试验电压为 3 倍额定电压。

（2）局部更换定子绕组并修好后进行，试验电压为 2.5 倍额定电压。

（3）发电机大修前已运行 20 年及以下者，试验电压为 2.5 倍额定电压。

（4）发电机大修前已运行 20 年以上并与架空线直接连接者，试验电压为 2.5 倍额定电压。

（5）发电机大修前已运行 20 年以上不与架空线直接连接者，试验电压为 2～2.5 倍额定电压。

（6）发电机小修时和大修后进行，试验电压为 2 倍额定电压。

（7）在规定的试验电压下，各相泄漏电流的差别不应大于最小值的 100%；最大泄漏电流在 20A 以下者（水内冷定子绕组在 50μA 以下者），相间差值与历次试验结果比较，不应有显著的变化。

（8）泄漏电流不随时间的延长而增大。

（9）试验应在停机后清除污秽前热状态下进行。处于备用状态时，可在冷态下进行。氢冷发电机可在充氢后氢纯度为 96% 以上，或排氢后含氢量在 3% 以下时进行，严禁在置换过程中进行试验。

（10）试验电压按 0.5 倍额定电压分阶段升高。每阶段停留 1min，录取泄漏电流值。

（11）不符合第（7）（8）两项之一者，应尽可能找出原因消除（但并非不能运行）。

(12) 泄漏电流随电压不成比例显著增长时，应注意分析原因。

(13) 试验时，微安表应接在高压侧，并对出线套管表面加以屏蔽。

(14) 水内冷发电机汇水管有绝缘者，应采用低压屏蔽法接线；汇水管直接接地者，应在不通水和引水管吹净条件下进行试验。冷却水质应透明纯净，无机械混合杂物。导电率在水温20℃时要求：开启式水系统不大于 $5.0 \times 10^2 \, \mu S/m$；独立的密闭循环水系统为 $1.5 \times 10^2 \, \mu S/m$。

4. 定子绕组交流耐压试验

定子绕组交流耐压试验在大修前、更换绕组后进行。

(1) 发电机大修前或全部更换定子绕组后的试验。试验电压标准见表 3 - 2 - 5。

表 3 - 2 - 5　　　发电机大修前或全部更换定子绕组后的试验电压

容量（kW 或 kVA）	额定电压 U_N（V）	试验电压（V）
小于 1000	36 以上	$2U_N + 1000$　但最低为 1500
1000 及以上	6000 以下	$2.5U_N$
	6000 ~ 18000	$2U_N + 3000$
	18000 以上	按专门协议

(2) 发电机大修前或局部更换定子绕组后的试验。其试验电压标准见表 3 - 2 - 6。

表 3 - 2 - 6　　　发电机大修前或局部更换定子绕组后的试验电压

项　　目	试验电压
运行 20 年及以下者	$1.5U_N$
运行 20 年及以下与架空线路直接连接者	$1.5U_N$
运行 20 年及以下不与架空线路直接连接者	$(1.3 \sim 1.5) \, U_N$

(3) 试验应在停机后清除污秽前热状态下进行。处于备用状态时，可在冷态下进行。氢冷发电机试验条件同直流耐压试验。

(4) 水内冷发电机应在通水的情况下进行试验；进口机组按厂家规定试验；水质要求同直流耐压试验测试。

(5) 有条件时，可做超低频（0.1Hz）耐压试验，试验电压峰值为工频试验电压峰值的 1.2 倍。

(6) 发电机紧急事故检修时，若因特殊原因按试验标准耐压有困难时，经主管局批准，将故障线圈拆除后，留下线圈的耐压及修复后的整体耐压标准可以适当降低。

（7）对于运行年久的发电机，试验电压可根据具体情况适当降低。

5. 测量转子绕组的绝缘电阻

转子绕组的绝缘电阻应在小修和大修中对转子清扫前、后进行测量。

（1）绝缘电阻值在室温时一般不小于 $0.5M\Omega$。

（2）水内冷转子绕组绝缘电阻值在室温时，一般不应小于 $5k\Omega$。

（3）采用 1000V 绝缘电阻表测量。水内冷发电机用 500V 及以下绝缘电阻表或其他测量仪器。

（4）对于 300MW 以下的隐极式发电机，当定子绕组已干燥完毕，而转子绕组未干燥完毕或定子绕组已符合启动要求，如果转子绕组的绝缘电阻在 75℃ 时不小于 $2k\Omega$，或在 20℃ 时不小于 $20k\Omega$ 时，可允许投入运行。

（5）300MW 及以上的隐极式发电机，转子绕组的绝缘电阻值在 10 ~ 30℃ 时应不小于 $0.5M\Omega$。

6. 测量转子绕组的直流电阻

（1）应在冷态下进行测量，直流电阻与初次（交接或大修）所测结果比较，其差别一般不超过 2%。

（2）对显极式转子绕组还应对各磁极线圈间的连接点的直流电阻进行测量。

7. 转子绕组支流耐压试验

转子绕组交流耐压试验在显极式转子大修时和更换绕组后进行；隐极式转子拆卸套箍后，局部修理槽内绝缘和更换绕组后进行。

（1）显极式和隐极式转子全部更换绕组并修好后，试验电压：额定励磁电压 500V 及以下者为 $10U_N$，但不低于 1500V；500V 以上者为 $2U_N + 4000V$。

（2）显极式转子大修时及局部更换绕组并修好后，试验电压为 $5U_N$，但不低于 1000V，不大于 2000V。

（3）隐极式转子局部修理槽内绝缘后及局部更换绕组并修好后，试验电压为 $5U_N$，但不低于 1000V，不大于 2000V。

（4）隐极式转子拆卸套箍只修理端部绝缘时，可用 2500V 绝缘电阻表测量绝缘电阻。

（5）隐极式转子若在端部有铝鞍，则在拆卸套箍后做绕组对铝鞍的耐压试验。试验时将转子绕组与轴连接，在铝鞍上加电压 2000V。

（6）全部更换转子绕组工艺过程中的试验电压值按制造厂规定。

8. 测量发电机和励磁机的励磁回路所连接的设备（不包括发电机转子和励磁机电枢）的绝缘电阻

交接时和大修时用 2500V 绝缘电阻表，小修时用 1000V 绝缘电阻表，测量其绝缘电阻值不应低于 0.5MΩ。回路中有电子元件设备的，试验时应将插件拔出或将其两端短路。

9. 发电机和励磁机的励磁回路所连接的设备（不包括发电机转子和励磁机电枢）的交流耐压试验

大修时试验电压为 1kV，也可用 2500V 绝缘电阻表测绝缘电阻代替耐压试验。

10. 测量发电机组和励磁机轴承以及转子进水支座的绝缘电阻

大修时用 1000V 绝缘电阻表在安装好油管后进行测量，其绝缘电阻值不得低于 0.5MΩ。对氢冷发电机还要测量内外挡油盖的绝缘电阻，其值应符合制造厂规定。

11. 采用高内阻（不小于 100kΩ/V）的交流电压表测量发电机的轴电压

（1）发电机的轴承油膜被短路时，转子两端轴上的电压一般应等于轴承与机座间的电压。

（2）发电机大轴对地电压一般小于 10V。

12. 测量灭磁开关的并联电阻

大修时所测结果与初始值比较应无显著差别，且电阻值应分段测量。

13. 测量灭磁电阻器（或自同期电阻器）的直流电阻

测量结果与铭牌或最初测得的数据比较，其差别不应超过 10%。

14. 测量转子绕组的交流阻抗和功率损耗

（1）大修时，隐极式转子应在静止状态下的膛外或膛内以及不同转速下测量转子的交流阻抗和功率损耗，显极式转子应对每一个转子绕组测量。

（2）每次试验应在相同条件、相同电压下进行，试验电压峰值不超过额定励磁电压（显极式转子自行规定）。

（3）本试验可用动态匝间短路监测法代替。

（4）在相同试验条件下，与历年数值比较，不应有显著变化，相差 10% 应引起注意。

15. 测量空载特性曲线

（1）大修后或更换绕组后，测量的数值与制造厂前测得的数据比较，测量误差在允许范围以内。

（2）在额定转速下的定子电压最高试验值水轮发电机为 $1.5U_N$（以不超过额定励磁电流为限），汽轮发电机为 $1.3U_N$。

（3）对于有匝间绝缘的发电机，最高电压持续时间为 5min。

（4）对于发电机变压器组，当发电机本身的空载特性（及匝间耐压）在制造厂出厂（或首次投运）试验报告中有说明时，大修时可以带主变压器试验，电压加至定子额定电压值的 110%。

（5）新机交接未进行本项试验时，应在 1 年内做不带变压器的 $1.3U_N$ 空载特性曲线试验。

16. 测量三相稳定短路特性曲线

（1）更换绕组后（或必要时），测量的数值与制造厂出厂（或以前测得的）数据比较，其差别应在测量误差允许的范围以内。

（2）对于发电机－变压器组，当发电机本身的短路特性在制造厂出厂（或首次投运）试验报告中有说明时，可只录取整个机组的短路特性，其短路点应设在变压器高压侧。

（3）新机交接未进行本项试验时，应在 1 年内做不带变压器的三相稳定短路特性曲线试验。

17. 检查相序

发电机改动接线时应做相序检查，其结果应与电网的相序一致。

18. 测量发电机的定子开路时的灭磁时间常数

（1）在发电机空载额定电压下，测量发电机定子开路时的灭磁时间常数，其值与出厂试验或更换灭磁开关前相比较，应无明显差异。

（2）对发电机－变压器组，可带空载变压器同时进行此项试验。

19. 测量定子残压

发电机在空载额定电压下，自动灭磁装置分闸后应测量定子残压。

（二）特殊试验项目、要求

1. 发电机定子绕组绝缘老化鉴定试验

（1）新机投产后第一次大修有条件时可对定子绕组做试验，并取得初始值。累计运行时间 20 年以上，且运行或预防性试验中绝缘频繁击穿时，需对发电机定子绕组进行试验。

（2）进行绝缘老化鉴定时，应对发电机的过负荷及超温运行时间、历次事故原因及处理情况、历次检修中发现的问题以及试验情况进行综合分析，对绝缘运行状况作出评定。

（3）当发电机定子绕组绝缘老化程度达到如下各项状况时，应考虑处理或更换绝缘，所用方式包括局部绝缘处理、局部绝缘更换及全部线棒更换。

1）累计运行时间超过 30 年（对于沥青云母和烘卷云母绝缘为 20 年），制造工艺不良者，可以适当提前更换。

2）运行中或预防性试验中，多次发生绝缘击穿事故的应全部更换。

3）外观和解剖检查时，发现绝缘严重分层发空、固化不良、失去整体性、局部放电严重及股间绝缘破坏等老化现象，应全部更换。

4）鉴定试验结果与历次试验结果相比，出现异常并超出规定的应更换。

（4）鉴定试验时，应首先做整相绕组的绝缘试验，一般可在停机后热状态下进行，若运行或试验中出现绝缘击穿，同时整相绕组试验不合格者，应做单根线棒的抽样试验，抽样部位以上层线棒为主，并考虑不同电位下运行的线棒。抽样量不做规定。

2. 定子铁芯试验

（1）重新组装或更换、修理硅钢片后要对铁芯进行试验，在磁通密度选用 1T 时，试验持续时间为 90min，在磁通密度选用 1.4T 时，试验持续时间为 45min。

（2）试验时用红外热像仪测温。

（3）磁密在 1T 下齿的最高温升不大于 25℃，齿的最大温差不大于 15℃，单位损耗不大于 1.3 倍参考值，在 1.4T 下自行规定。

（4）对运行年久的发电机自行规定温升、温差。

3. 定子绕组端部手包绝缘施加直流电压试验及注意事项

（1）直流试验电压为 U_N。

（2）手包绝缘引线接头，汽轮机侧隔相接头测试结果一般不大于 20μA，100MΩ 电阻上的电压降值为 2000V。

（3）端部接头（包括引水管锥体绝缘）和过渡引线并联块，测试结果一般不大于 30μA，100MΩ 电阻上的电压降值为 3000V。

（4）该项试验适用于 200MW 及以上的国产水氢氢汽轮发电机。

（5）可在通水条件下进行试验，以发现定子接头漏水缺陷。

（6）一般情况下，发电机出厂时已进行该项试验，若未进行时，投产后应尽快试验。

（7）对于 200MW 以上的国产水氢氢发电机，试验时，试验部位应包一层锡铂纸（厚度为 0.01~0.02mm）。100MW 以下发电机试验部位可不包锡铂纸。

4. 转子通风试验

（1）对于氢内冷发电机转子大修后要进行该项试验。

（2）对每一个风区应分别试验，试验时先向某一风区通风并用风速表测量每一个通风孔的出风值。

（3）测量某一风区某一通风孔出风值时，其他通风孔必须用专用橡皮塞堵塞。

5. 发电机进相试验

（1）试验前，要在定子边端铁芯和端部结构件（如阶梯齿、压指、压圈等）上埋设测温和测磁元件（热电偶、测磁线圈）。

（2）在发电机定子、转子二次回路接入有关试验表计。

（3）对试验发电机的继电保护装置应做改动或临时拆除。

6. 发电机的异步运行试验

（1）异步运行试验时，定子电流不得超过1.1倍额定电流。

（2）定子端部结构件及边段铁芯温度不超过下列允许值：①有制造厂预埋测温元件者，以制造厂规定的为准；②无制造厂预埋、而后埋热电偶测温元件者，最高点允许温度为130℃；③有些发电机使用的绝缘漆允许温度低于130℃，则以该绝缘漆的允许温度为准；④电屏蔽、磁屏蔽的允许温度以制造厂规定的温度为准，压圈的允许温度为200℃。

（3）转子表面温度不得大于130℃。

（4）失磁异步运行时间不应大于30min。

（5）失磁后迅速（在15~20s内）将负荷减到允许值。

（6）为使试验符合发电机实际运行情况，试验开始前发电机应处于满负荷稳定状态。

（7）试验应从低负荷开始，每点按试验要求结束后，再逐点升高负荷，直至达到极限点，为使试验有实际意义和节省时间，最低负荷可从40%额定有功负荷开始。

（8）试验时，应测量每一负荷点的定子端部结构件和边端铁芯温度、转子损耗（或温度）、定转子回路各电气量及平均转差和内功率角，并记录各量的波形图或数字打印记录。

（9）试验时，因需从系统吸收无功电流，会引起系统的电压下降，所以有时会影响系统的静稳定，故一般要求发电机的端电压不低于0.9额定电压。

7. 定子槽部绕组防晕层对地电位试验

（1）运行中检温元件电位升高、槽楔松动或防晕层损坏时试验。

（2）试验时对定子绕组施加额定交流相电压值，用高内阻电压表测量绕组表面对地电压值，应不大于10V。

（3）有条件时可用超声法探测槽放电。

8. 发电机定子绕组端部模态振型试验

（1）新机交接时，绕组端部整体模态频率在94～115Hz范围之间为不合格。

（2）已运行的发电机，绕组端部整体模态频率在94～115Hz范围之内，且振型呈椭圆为不合格；振型不是椭圆，应结合发电机历史情况综合分析。

（3）线棒鼻端接头、引出线和过渡引线的固有频率在94～115Hz范围之内为不合格。

（4）200MW及以上汽轮发电机应进行试验，其他机组不做规定；应结合历次测量结果进行综合分析。

五、同步发电机特性试验

（一）发电机的温升试验

1. 温升试验的目的及有关基本知识

（1）温升试验的目的。发电机在运行时，本身要消耗一部分能量。这部分能量包括机械损耗、铁芯损耗、铜损耗和附加损耗等。这些损耗基本上都变成热能，使发电机各部分的温度升高。因此，在发电机中均采用冷却系统进行冷却，以使各部分的温度不超过相应部件或材料的允许温度，如果超过允许温度，将使这些部件或绝缘材料老化、损坏，影响发电机的安全运行。所以在发电机带负荷运行时，控制其各部分的温度在允许范围内，是保证发电机长期安全稳定运行的重要条件。

发电机的温升试验，就是在发电机带负荷运行情况下，测量其各种电量和各部分的温升，通过试验达到如下目的：

1）发电机在额定状态运行时，确定其额定负荷能力。

2）为发电机提供运行限额图。

3）测量发电机各部分的温度分布，确定发电机的温度分布特性。

4）测量定子绕组的绝缘温升，研究绝缘温升所反映的绝缘老化状况。

5）了解发电机定子、转子在不同负荷时的温升情况。

6）掌握发电机巡测装置及其他有关仪表的指示数值与带电测量的定子绕组平均温度的差别。

总之，通过试验要达到对运行机组的温升情况心中有数，以确保其长期安全稳定经济运行。

（2）发电机的允许温度。发电机各部分的允许温度，应以制造厂提供的数据为依据。如无此依据时，可按照发电机的绝缘等级与冷却方式执行我国的国家标准。

发电机额定工况运行时，B级绝缘的允许温度、温升，分别见表3-2-7~表3-2-9，F级绝缘的允许温升参见GB/T 20834—2007《发电/电动机基本技术条件》。

表3-2-7　　空气间接冷却绕组的发电机温升限值
（GB/T 7064—2017）

部件	测量位置和测量方法	冷却介质为40℃时的温升限值	
		热分级130（B）	热分级155（F）
定子绕组	槽内上下层线棒间埋置检温计法	85	110
转子绕组	电阻法	间接冷却：90 直接冷却：75（副槽），65（轴向）	115 100（副槽），90（轴向）
定子铁芯	埋置检温计法	80	105
集电环位置	温度计法	80	105
不与绕组接触的铁芯及其他部件	这些部件的温升，在任何情况下都不应达到使绕组或邻近的任何部件的绝缘或其他材料有损坏危险的数值		

表3-2-8　　氢气间接冷却的发电机温升限值
（GB/T 7064—2017）

部件	测量位置和测量方法	冷却介质为40℃时的温升限值		
		氢气绝对压力（MPa）	热分级130（B）	热分级155（F）
定子绕组	槽内上、下层线棒埋置检温计法	0.15MPa及以下	85	105
		>0.15MPa≤0.2MPa	80	100
		>0.2MPa≤0.3MPa	78	98
		>0.3MPa≤0.4MPa	73	93
		>0.4MPa≤0.5MPa	70	90
转子绕组	电阻法	—	82	105

部件	测量位置和测量方法	冷却介质为40℃时的温升限值		
定子铁芯	埋置检温计法	—	80	100
不与绕组接触的铁芯及其他部件	这些部件的温升，在任何情况下不应达到使绕组或邻近的任何部位的绝缘或其他材料造成损坏危险的数值			
集电环位置	温度计法	—	80	100

表3-2-9   氢气和水直接冷却的发电机冷却介质温度限值
（GB/T 7064—2017）

部件	测量位置和数量方法	冷却介质	温度限值	
			热分级130（B）	热分级155（F）
定子绕组	直接冷却有效部分的出口处的冷却介质检温计法	水	90	90
		氢气	110	130
	槽内上、下层线棒间埋置检温计	水	90[a]	90[a]
转子绕组	电阻法	氢气 转子全长上 径向出风区数目[b] 1 和 2 3 和 4 5~6 7~14 14 以上	100 105 110 115 120	115 120 125 130 135
		水 在此温度下，将保证绕组最热点温度不会过高	90	90
定子铁芯	埋置检温计法	—	120	140

部件	测量位置和数量方法	冷却介质	温度限值	
			热分级 130 (B)	热分级 155 (F)
不与绕组接触的铁芯及其他部分	这些部件的温度，在任何情况下不应达到使绕组或邻近的任何部位和绝缘或其他材料造成损坏危险的数值			
集电环位置	检温计法	—	120[c]	140

[a] 埋置检温计法测得的温度，并不表示定子绕组最热点的温度，若冷却水和氢气的最高温度分别不超过有效部分出口处的限值（90℃和110℃），则能保证绕组最热点温度不会过热，埋置检温计法测得的温度还可用来监视定子绕组冷却系统的运行。当在定子绕缘引水管出口端未装设水温检温计时，则仅靠定子线棒上下层间埋置的检温计来监视定子绕组冷却水的运行温度，此时，埋置检温计的温度限值不应超过90℃。

[b] 采用氢气直接冷却的转子绕组温度限值，是以转子全长上径向出风区的数目来分级。端部绕组出风，在每端算一个风区，两个相反方向的轴向冷却气体的共同出风口可作为两个出风区计算。

[c] 集电环位置的绝缘部件，其绝缘等级与此温度限值相适应。

表 3-2-7 和表 3-2-8 的允许温度仅适用于额定工况，当发电机的运行点偏离额定电压和频率时，发电机的温升和温度将会逐渐超过规定值。

（3）发电机的温升。发电机各部分的温度与冷却介质的温度及各种损耗有关。一般情况下，各种温升与相应的损耗成正比。当发电机的转速为恒定时，其机械损耗也恒定，而铁芯损耗和铜损耗则分别与电压和电流的平方成正比。因此，定子、转子绕组和定子铁芯的温度可分别表示为

定子绕组铜温为

$$\theta_{SCU} = \theta_{in} + \Delta\theta_m + \Delta\theta_{Fe,N}\left(\frac{U_S}{U_N}\right)^2 + \Delta\theta_{CU,N}\left(\frac{I_S}{I_N}\right)^2 + \Delta\theta_{iN}\left(\frac{I_S}{I_N}\right)^2 \quad (3-2-16)$$

转子绕组铜温为

$$\theta_{1CU} = \theta_{in} + \Delta\theta_{i,N}\left(\frac{I_1}{I_{i,N}}\right)^2 \quad (3-2-17)$$

定子铁芯温度为

$$\theta_{sFe} = \theta_{in} + \Delta\theta_m + \Delta\theta_{Fe,N}\left(\frac{U_S}{U_N}\right)^2 + \Delta\theta_{CU,N}\left(\frac{I_S}{I_N}\right)^2 \quad (3-2-18)$$

式中　θ_{in}——冷却介质的入口平均温度，℃；

$\Delta\theta_m$——额定转速下机械损耗引起的温升，℃；

$\Delta\theta_{Fe,N}$——额定电压下，铁芯损耗在定子铁芯中引起的温升，℃；

$\Delta\theta_{CU,N}$——额定电流下，铜损耗在定子绕组中引起的温升，℃；

$\Delta\theta_{i,N}$——额定电流下，定子绕组的绝缘温降，即定子绕组铜温与其绝缘外表温度之差，℃；

U_N——定子电压的额定值，V；

I_N、$I_{i,N}$——定子电流和转子电流的额定值，A；

U_S——定子电压的试验值，V；

I_S、I_1——定子电流和转子电流的试验值，A。

（4）发电机的基本温升曲线。通常将温升与电流平方的关系曲线，称作基本温升曲线。发电机的基本温升曲线包括定子绕组温升曲线、转子绕组温升曲线和定子铁芯温升曲线。从式（3-2-17）可看出，转子绕组的温升主要是由铜损确定的，而铜损与电流的平方成正比，因此，转子绕组温升曲线将是一组通过原点的直线，如图3-2-44所示。但由于受定、转子间表面摩擦的影响，在低负荷时温升曲线稍有弯曲，故作温升试验时，一般选取 $0.5P_N$ 以上的负荷来录取转子绕组的温升曲线。

另外，从式（3-2-16）和式（3-2-18）可看出，定子绕组的温升和定子铁芯的温升包括不变的和可变的两部分。不变部分的温升（$\Delta\theta_m + \Delta\theta_{Fe,N}$）一般约20℃左右，如图3-2-44所示。可变部分的温升是由定子电流所引起，当电压一定时，其温升与电流的平方成正比。同时可看出，定子绕组的温升比定子铁芯的温升要高，如图3-2-44所示。

2. 温升试验的要求和准备

（1）温升试验的基本要求主要有：

1）为了保证温升试验测量的数据准确，所有测量表计均应采用0.5级及以上的表计。

2）温升试验是一项较长时间的热稳定试验，且每一种负荷下，转子电流均要保持稳定，其变化范围不应超过1%；同时定子电压、电流及功率亦可以保持稳定，其变化范围不应超过3%。所以，试验期间应将自动电压调整器切除。

3）试验中要准确整定各点负荷及有关影响发电机温升的参数（氢压、进口风温，定、转子冷却水进口水温等），并在测试过程中要严格维持各有关运行参数不变。

4）在每一种负荷下，每隔15min记录一次各有关参数，直到1h内各

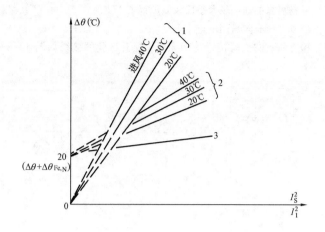

图 3 - 2 - 44　基本温升曲线
1—转子绕组；2—定子绕组；3—定子铁芯

部分的温度变化不超过 1℃ 为止。

5）整个试验过程中，应严密监视，在任何情况下，定子和转子的温度不得超过最高允许温度，否则应立即减负荷、降低电流，使其迅速降温。

（2）温升试验前的准备工作主要有：

1）首先要对所有埋入式检温计和测温元件进行校验，以确保温升试验的准确性和发电机的正常运行。如检温计表头指示不准时，可用电桥测量检温计的直流电阻来确定温度。

2）试验前要对定子和转子绕组的直流电阻进行测量，以便在带电测量其平均温度时，用此电阻值作基准进行换算。

3）在转子回路上接一个标准分流器和一块直流毫伏表，同时准备一对铜刷和一块直流电压表，以便在集电环上测量转子电压。

4）在定子回路上接三块电压表、三块电流表、两块单相功率表、一块三相功率因数表和一块频率表。

5）在发电机旁装设温度巡测仪一台，以测量定子铜温、铁温、冷热风温。其中水冷机组在发电机冷却水采样门处应装设冷、热水温度计各一只，以测量水温。

6）打开发电机的中性点接地线，同时退出横向差动保护，在中性点处接上高压带电测温电桥，并设置专用绝缘台。

7）准备可靠的通信联系手段及温度计若干支。

8）准备好所有测量用的记录表格。

9）检查所有的试验接线正确无误。温升试验的接线如图 3 - 2 - 45 所示。

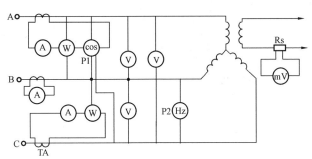

图 3 - 2 - 45 温升试验的接线

P1—功率因数表；P2—频率表；Rs—分流器电阻

3. 温度的测量

（1）转子绕组温度的测量。转子绕组的温度通常先用电压降落法测量其直流电阻，然后换算求得，即用接入转子回路的标准分流器，采用毫伏表测量电流，用直流电压表在转子两集电环上测量电压，算出直流电阻后，再按式（3 - 2 - 19）算出温度

$$\left.\begin{array}{l} \theta_o = KR_H - K_C \\ K_C = \dfrac{K + \theta_C}{R_C} \end{array}\right\} \tag{3-2-19}$$

式中 R_H——热态电阻，Ω；

      θ_o——冷却介质出口平均温度，℃；

      R_C——冷态电阻，Ω；

      θ_C——冷却介质入口平均温度，℃；

      K——常数，铜为 235，铝为 225；

      K_C——冷态系数。

（2）定子绕组温度的测量。对于间接冷却的发电机，定子绕组的温度通常用埋入式检温计测量，但由于埋入式检温计通常都埋在定子槽中上、下层线棒绝缘之间，它测量的是铜导体绝缘外表面的温度。而根据国内外直接在定子绕组铜上和绝缘层外实测温度的结果和理论分析表明，上、下层线棒间的绝缘层内也有温降。故温升试验时，检温计测出的温度，要加上绝缘温降后，才是埋设检温计处绕组铜导体的温度。

绝缘温降的大小与许多因素有关，在额定负荷下，一般可用式（3-2-20）估算，即

$$\Delta\theta_{i1} = K_1\theta_i \qquad (3-2-20)$$

式中　$\Delta\theta_{i1}$——绝缘温降，℃；

　　　K_1——系数，取 0.5~0.6；

　　　θ_i——绝缘槽壁温降设计值，℃。

另外，检温计的指示值还受检温计的长度、宽度、两侧面是否被风吹拂、埋设工艺、埋设位置以及绝缘层是否老化等影响，因此在温升试验前，必须根据具体情况，对检温计进行必要的核对性试验。为此，目前常采用带电测量定子绕组的局部和平均温度来核对检温计，以便得出比较切合实际的允许温度值。

对于直接冷却的发电机，可从定、转子绕组装设的进、出水温度计，直接测量出绕组的温升。

（3）定子铁芯温度的测量。定子铁芯的温度通常用埋设于铁芯齿部或槽部的检温计测量。

（4）直接测量定子绕组的铜温。由于绝缘温降的影响，埋设于定子槽中上、下层线棒绝缘之间的检温计，不能准确地测量定子绕组铜导体的温度，为了正确合理地规定发电机的允许温度限值，有必要对定子绕组的铜温进行直接测量。

直接测量定子绕组铜导体的温度，可利用旧线棒剥去局部绝缘，在铜导体上埋测温元件，在带电的情况下进行测量。

从发电机的结构和测量的安全来看，埋测温元件的线棒应选在紧靠中性点的第一根上层线棒。

（5）带电测量定子绕组的平均温度。在温升试验时，有必要带电测量定子绕组的平均温度，但这种方法不能反映铜的最高发热点的温度，只能用来校验检温计的准确性。

带电测温一般采用 XQJ4 型高压带电测温电桥，该电桥由双臂电桥本体、滤波器、标准电阻、检流计和电阻箱等部件组成。测温原理如图 3-2-46 所示。电桥操作见使用说明书。

另外，标准电阻 R_N 应根据冷态电阻 R_C 的范围选择，如表 3-2-10 所示。

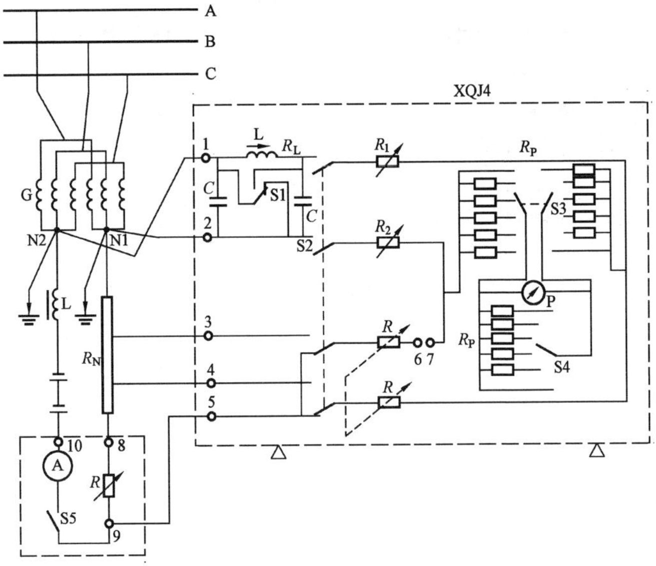

图 3 - 2 - 46 XQJ4 型电桥带电测温原理图

R_N—标准电阻；L—线圈电感；N1、N2—定子绕组中性点

表 3 - 2 - 10 　　　　　　 R_N 的选择范围

R_C （Ω）	R_N （Ω）	工作电流 （A）
0.001 ~ 0.01	0.001	6 ~ 10
0.01 ~ 0.1	0.01	6 ~ 10
0.1 ~ 1.0	0.1	3 ~ 5

　　热态电阻 R_H 由式 （3 - 2 - 21） 计算，即

$$R_H = R'_H - R'_L \qquad (3 - 2 - 21)$$

式中　R_H——扣除引线电阻后的热态电阻；

　　　　R'_H——包括引线电阻在内总的热态电阻；

　　　　R'_L——引线电阻，试验时应进行实测。

　　定子绕组的平均温度可按式 （3 - 2 - 19） 计算，即

$$\theta_{av} = \theta_H = KR_H - K$$

　　定子绕组的平均温升可按式 （3 - 2 - 22） 计算

$$\Delta\theta_{av} = \theta_{av} - \theta_i \qquad (3 - 2 - 22)$$

式中　$\Delta\theta_{av}$——定子绕组的平均温升，℃；

　　　θ_{av}——定子绕组实测的平均温度，℃；

　　　θ_i——冷却介质的入口平均温度，℃。

4. 温升试验和数据处理

（1）温升试验。发电机的温升试验，通常在0.5额定负荷以上，选取4~5种负荷进行。在每一种负荷下，机组稳定后均要对各种电量进行测量，同时读取各部温度及试验用装设的测温元件的温度，直至各部分的温度稳定为止。

（2）发电机调整特性曲线的绘制。发电机的调整特性曲线，是指在不同的功率因数下，转子电流和定子电流间的关系曲线。该曲线为制定发电机的运行限额图等提供数据。

调整特性曲线的做法：保持定子电压为额定，选取0.6、0.7、0.8、0.9、1.0倍额定有功功率，在每一种有功功率下，调整发电机转子电流，分别在不同的功率因数（0.7、0.8、0.9）下，同时读取转子电流和定子电流，从而获得发电机的调整特性曲线，如图3－2－47所示。

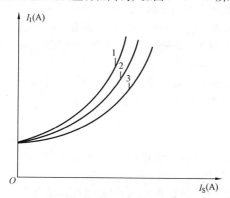

图3－2－47　发电机的调整特性曲线

1—$\cos\varphi = 0.7$；2—$\cos\varphi = 0.8$；3—$\cos\varphi = 0.9$

（3）温升试验的数据处理应做到：

1）为减小测量误差，在温度稳定后，每一数值读取3次，以平均值为准。

2）当各种负荷下的进风温度不同时，在绘制基本温升曲线时，要按式（3－2－23）和式（3－2－24）统一校正到同一进风温度下绘制。

定子绕组温升校正公式为

$$\left.\begin{array}{c} \Delta\theta_S = \Delta\theta'_S + K_S \\[2mm] K_S = \Delta\theta'_S \dfrac{\theta_2 - \theta_1}{235\ (1+m)\ +\theta_1} \end{array}\right\} \qquad (3-2-23)$$

转子绕组温升校正公式为

$$\left.\begin{array}{c} \Delta\theta_1 = \Delta\theta'_1 + K_1 \\[2mm] K_1 = \Delta\theta'_1 \dfrac{\theta_2 - \theta_1}{235\ (1+n)\ +\theta_1} \end{array}\right\} \qquad (3-2-24)$$

式中 $\Delta\theta'_S$、$\Delta\theta'_1$——试验时实测的定、转子绕组温升,℃;

         $\Delta\theta_S$、$\Delta\theta_1$——校正到额定进风温度下的定、转子绕组温升,℃;

         θ_1、θ_2——试验时的进风温度和换算温度,℃;

         K_S、K_1——定、转子绕组温升的校正系数;

         m、n——系数,对空冷发电机,$m=0.45$,$n=0.9$,对氢冷发电机,当氢压为 $(0.3 \sim 0.5)\times10^4 \mathrm{Pa}$ 时,$m=0.25$,$n=0.55$,氢压 $\geqslant 5\times10^4 \mathrm{Pa}$,$m=0.15$,$n=0.4$,当转子为内冷时,$n\approx0$。

(4) 基本温升曲线的绘制。由于定、转子的温升都主要是由铜损引起的,而铜损与电流的平方成正比,故根据温升试验的数据,将定、转子绕组的温升校正到同一进风温度后,求出温升与定、转子电流平方的关系,即可绘出基本温升曲线,如图 3-2-44 所示。

(5) 发电机运行限额图的绘制。发电机的运行限额图,就是发电机的电压为额定电压,在不同的功率因数和进风温度下,在允许温升限额范围内,定子允许输出的有功功率和无功功率的关系曲线。该图绘制步骤如下:

1) 根据温升试验结果确定发电机功率受限制的因素,如首先受到转子允许温度 θ_1 的限制。

2) 由冷却介质进口温度 θ_i,求出转子绕组的温升 $\Delta\theta_1$ ($\Delta\theta_1 = \theta_1 - \theta_i$)。

3) 由图 3-2-44 基本温升曲线上查出转子绕组温升为 $\Delta\theta_1$ 时,相应的转子电流 I_1 值。

4) 由转子电流 I_1,从图 3-2-47 调整特性曲线上查出某一功率因数 ($\cos\varphi$) 下的定子电流 I_S 值。

5) 由式 (3-2-25) 可算出定子电流为 I_S、功率因数 $\cos\varphi$ 时,定子输出的有功功率和无功功率。

$$\left.\begin{array}{c} P = \sqrt{3}\,U_N I_S \cos\varphi \\[2mm] Q = \sqrt{3}\,U_N I_S \sin\varphi \end{array}\right\} \qquad (3-2-25)$$

式中　P——发电机输出的有功功率，kW；

Q——发电机的无功功率，kvar；

U_N——发电机定子额定电压，kV；

I_S——发电机定子电流，A；

$\cos\varphi$——发电机的功率因数。

6）重复4）、5）两项步骤，由转子电流 I_1，求出不同功率因数下的定子电流值及定子输出的有功功率和无功功率值。

7）重复2）~6）步骤，以不同的冷却介质入口平均温度 θ_i，求出相应的转子绕组温升、转子电流、定子电流及定子输出的有功功率和无功功率值。由此一组数据即可绘出发电机的运行限额图，如图3-2-48所示。

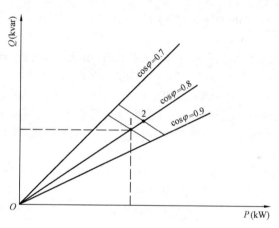

图3-2-48　发电机的运行限额图

1、2—$\theta_i = 40℃$

5. 试验分析及运行说明

（1）试验分析。对发电机试验数据和所绘制的基本温升曲线、运行限额图等性能特点进行分析，即可得出发电机的运行限额，以供运行和检修时参考。

当需要对发电机进行较全面的鉴定性试验或对冷却系统进行改造时，可用气量和水量分析法测量发电机的各项损耗，来分析运行限额受限制的原因，从而采取相应的措施和做某种规定。

对于大型直接冷却的发电机，进行温升试验时，除测量定、转子绕组和定子铁芯温度外，还应对定子绕组端部结构件的压指、压圈和边段铁芯的漏磁和温度进行测量，以便进行综合分析和判断。

此外，进行温升试验时，对下述情况可做如下分析：

1）如果进出风温差不大，而发电机的温度却较高，这可能是冷、热风路有短路或冷、热风道间隔热不良所造成。

2）如果进出风温差较大，而发电机的温度较高，这可能是通风沟堵塞，风量不足所造成。

3）如果进出水温差小，而发电机的温度却较高，进水温和进风温温差大，这可能是冷却器积污、冷却效率降低所造成。

4）如果进出水温差大，而发电机的温度却较高，进水温和进风温温差大，这可能是冷却器的通水管道有堵塞或水门开度不够、流量不足所造成。对于新机，则可能是冷却器的设计不良、冷却面积不够所造成。

（2）运行说明如下：

1）发电机投入运行后、未做温升试验前，如无异常现象，即可按发电机的铭牌数据带负荷运行。但不允许超过额定数值运行。

2）如果经过温升试验，证明发电机在温升方面确有较大裕度，对发电机的结构所进行的分析亦说明确能超过额定数值运行时，应将所做的试验记录连同结构分析（国内产品应附制造厂的意见）一并报上级有关主管部门批准。

3）经过改进后提高出力的发电机，需通过温升试验和其他必要的试验，以及进行技术分析鉴定，来确定提高出力后的运行数据。按提高出力数据运行的方式经上级有关部门批准后，可作为发电机正常运行方式。

4）定子和转子绕组及定子铁芯的最大允许监视温度，为发电机在额定进风温度及额定功率因数下，带额定负荷连续运行时所产生的温度。这些温度根据温升试验的结果来确定，其值应在绝缘等级和制造厂所允许的限度以内。

5）为使沥青云母绝缘的发电机能在较好的条件下工作，当发电机不带全负荷运行时，最好保持定子绕组的温度在 $60 \sim 80$℃ 之间。

6）如果间接冷却的发电机尚未进行温升试验，则当进风温度高于或低于额定值时，定子电流的允许值应按下述原则确定。

（a）当进风温度高于额定值时，定子电流值可按表 3 - 2 - 11 掌握。发电机进风温度最高不允许超过 55℃。

表 3 - 2 - 11　　　　　发电机进风温度与定子电流的关系

发电机进风温度		进风温度每升高 1℃ 定子电流较额定值降低
额定进风温度为 35℃	额定进风温度为 40℃	
35 ~ 40℃		1.0%
40 ~ 45℃	40 ~ 45℃	1.5%
45 ~ 50℃	45 ~ 50℃	2.0%
50 ~ 55℃	50 ~ 55℃	3.0%

（b）当进风温度低于额定值时，每降低 1℃，允许定子电流升高额定值的 0.5%，此时转子电流也允许有相应的增加。

7）定子与转子电流的增加，对于容量在 18MVA 及以下的发电机，允许增加至进风温度较额定值低 15℃ 为止；对于容量超过 18MVA 以上的发电机，则允许增加至进风温度较额定值低 10℃ 为止。如进风温度再降低时，电流也不得再增加。

8）氢气冷却的发电机，其进风温度，对间接冷却的为 20 ~ 40℃，对直接冷却的为 35 ~ 46℃。

9）定子内冷水的进水温度，一般应保持有 40 ~ 45℃，运行中进水温度的波动范围不应超过 10℃。

（二）发电机的负序温升试验

发电机在三相负荷不平衡或不对称故障状态下运行时，定子绕组中就会出现负序电流，此负序电流将在转子本体中感应出 2 倍工频的电流，使发电机转子本体部件发热甚至烧伤。因此，发电机承受负序电流的能力（简称负序能力），是发电机的重要性能指标之一，它对发电机的设计、制造和运行都有很大影响。

1. 负序电流对发电机和系统的影响

（1）负序电流在转子本体中产生附加损耗引起发热烧坏转子。发电机在负荷不平衡或不对称故障状态下运行时，定子绕组中的负序电流将在转子本体中感应出 2 倍工频的电流，由于集肤效应，该电流将沿转子表面经大齿、小齿、护环、槽楔及阻尼绕组流过，所以在这些部件中将产生附加损耗并引起发热，尤其是产生的局部高温，严重时将使转子部件烧损。

（2）负序电流产生附加力矩增加机组振动。发电机带不平衡负荷运行时，由于正序气隙旋转磁场与负序气隙旋转磁场之间相互作用所产生的 2 倍工频附加电磁力矩，将同时作用在转子转轴和定子机座上，从而引起转子和定子铁芯振动，故会增加机组的振动，严重时会导致金属疲劳和

第二章　发电机检修

械损伤。

（3）负序电流使异步电动机的效率降低、出力下降。当负序电流在系统阻抗上形成的负序电压加到异步电动机的端点时，会在电动机绕组上产生大的负序电流，使定子绕组局部过热、转子损耗增加、效率降低、出力下降，使异步电动机的运行性能恶化，严重时会造成异步电动机烧坏事故。

（4）负序电流对通信线路引起高频干扰。发电机带不平衡负荷运行时，其负序气隙旋转磁场将在转子本体中感应出 2 倍工频的附加电流，此附加电流将在定子绕组中感应出一系列奇次谐波的电流，在转子绕组中感应出一系列偶次谐波的电流，随着谐波次数增高，其幅值减小。定子高频电流在输电线上，会产生高频磁场，对邻近输电线路的弱电流通信线路产生高频干扰，影响其正常运行。

2. 负序电流 I_2 的计算

发电机的不对称故障多数属于不对称短路，如单相对地短路（中性点接地系统）、两相间短路等。此时，流经有关回路的暂态电流中有很大的直流分量和负序电流分量。负序电流分量 I_2 值的大小，与网络接线和短路点的位置等有关。下面列出几种计算 I_2 值的简易公式，供参考。

（1）单相对地短路。当发电机单相，如 A 相对地短路，其余两相开路时，A 相电流有效值为 I_A，$I_B = I_C = 0$。根据对称分量法得

$$I_1 = I_2 = \frac{1}{3}I_A \qquad (3-2-26)$$

式中　I_1、I_2——定子绕组中的正、负序电流有效值，A；

　　　　I_A——A 相短路电流的有效值，A。

（2）两相间短路。当发电机发生两相短路，其余一相开路时，正序和负序电流的有效值相等，即

$$I_1 = I_2 = \frac{1}{\sqrt{3}}I_{k2} \qquad (3-2-27)$$

式中　I_{k2}——定子绕组两相短路的电流值，A。

（3）发电机-变压器组高压侧一相断线。变压器为 D、y 接线，中性点不接地的发电机-变压器组，当高压侧一相断线时，可用下式计算 I_1 和 I_2 有效值

$$I_1 = I_2 = I_A = I_C = \frac{1}{2}I_B \qquad (3-2-28)$$

式中　I_B——发电机电流最大一相（如 B 相）的电流有效值；

I_A、I_C——另两相（如 A、C 相）的电流有效值。

如发电机发生的不对称故障与上述情况不同时，可进行具体分析，用对称分量法来求得正序和负序电流值。

3. 限制发电机不平衡负荷的因素及承受负序电流的能力

（1）限制因素。发电机带不平衡负荷运行时，由于定子绕组中负序电流的存在，从而引起转子的发热和机组的振动。

对于汽轮发电机而言，转子是隐极式的，气隙磁阻相差不大，磁场较均匀，故引起的振动较小，而危害较大的则是转子的局部高温。

对于水轮发电机而言，转子是凸极式的，气隙大小不一样，造成磁阻不均匀，因此振动较严重，而发热对转子影响较小。

由上可知，对于汽轮发电机，转子的耐热性能，即承受负序电流的能力，是限制发电机不平衡负荷的主要因素。表 3 - 2 - 12 为转子各部件允许温度。

表 3 - 2 - 12　　　　　　　　转子各部件允许温度

材　料	长期允许温度（℃）	瞬时允许温度（℃）	部　件
转子钢	130	450	本体（包括大小齿）
护环钢	130	420	护　环
硬　铝	115	200	槽　楔
铝青铜	130	250	槽　楔
紫　铜	130	220	槽内阻尼条
紫　铜	150	300	阻尼端环

（2）承受负序电流的能力。发电机承受负序电流的能力，分为长期的和瞬时的两种。由各部件长期允许最高温度所决定的负序能力，称为稳态负序能力；由各部件瞬时允许最高温度所决定的负序能力，称为暂态负序能力。承受负序电流的能力，通常是通过负序温升试验，测量出转子各部件的温度，并由此部件的允许温度来确定。

稳态负序能力一般是以转子表面金属材料的温度不超过转子绕组绝缘所允许的温度而定出来的，通常以负序电流的标幺值 $I_{2*} = \dfrac{I_2}{I_N}$ 表示。

暂态负序能力一般根据转子表面金属材料短时允许的温度而定，通常以负序电流标幺值的平方与其持续时间的乘积来表示，即

$$I_{2*}^2 t = K \qquad\qquad (3 - 2 - 29)$$

式中 I_{2*}——负序电流的标幺值；

　　　t——负序电流持续的时间，s；

　　　K——转子承受暂态负序电流能力的常数。

4. 不平衡负荷时转子的过热部位

对发电机进行负序温升试验，主要是确定转子部件的局部过热点及其温度。但是，由于负序电流所形成的电磁场和温度场的分布，用数学方法解析清楚很不容易，所以，目前主要是由试验来确定。

负序温升试验表明，转子绕组内 2 倍工频电流导致的过热点，一般位于转子本体两端（占转子本体全长的 10% ~20% 的区段）电流由轴向变为切向（电流由此拐弯）的部位及转子本体与护环嵌装的部位，如图 3 - 2 - 49 所示。

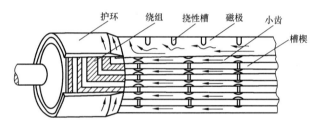

图 3 - 2 - 49　2 倍频电流过转子表面的路径

过热点在很大程度上与转子部件装配时的工艺有关，有时同类型电机过热点并不相同。在选择测温部位时，主要应注意护环与转子本体嵌装面、转子槽楔与小齿（尤其靠近转子极面的槽楔与小齿）搭接面、转子极面横向沟边缘及沟底。

5. 负序能力的试验方法

负序能力的试验方法可分为稳态负序能力试验方法和暂态负序能力试验方法两种。

确定发电机负序能力，较为真实、准确的方法是，发电机在额定工况下运行稳定后，在定子上加稳定的负序电流，测量转子表面各部件和绕组的温度，求得稳态负序能力；或者发电机在额定工况下运行稳定后，定子上突然进行不对称短路，测量转子表面各部件和绕组的温升，求得暂态负序能力，但是，实际上这两种方法是难于做到的。所以，只能采取近似的试验方法。

（1）稳态负序温升试验。确定稳定负序能力的方法是做几次间接的试验，使这几次试验总损耗值的代数和尽量与真实情况下的损耗相等，同时假设转子表面温升也是这几次试验温升的代数和，并由此温升求得负序能力。

发电机在额定方式运行时的总损耗 ΣP_1 叫正序损耗。它包括空载损耗 $P_{Fe} + P_M$（铁损耗加机械损耗）、短路损耗 ΣP_k 和励磁损耗 P_{II}。即

$$\Sigma P_1 = P_{Fe} + P_M + \Sigma P_k + P_{II} \qquad (3-2-30)$$

当发电机同时又带有负序电流时，还有负序损耗 P_2，此时，总损耗为

$$\Sigma P = P_{Fe} + P_M + \Sigma P_k + P_{II} + P_2 \qquad (3-2-31)$$

以上各项损耗均转化为热量，可根据现场的具体试验条件，分别采用不同的方法测得。

发电机的稳态负序温升试验是通过空转温升试验、负序温升试验和额定方式下的正序温升试验，并假设温升为代数相加而求得负序能力的。

1）空转温升试验：发电机定子、转子绕组均开路，在正常冷却条件下，保持转子额定转速，待各部温度稳定后由转子表面埋设的测温元件测量其各部件的温升。空转试验时的损耗为机械损耗 P_M，试验得到的转子表面温升为 $\Delta\theta_M$。

2）负序温升试验：发电机转子保持额定转速，在定子绕组上外加额定频率的稳定负序电流，或使定子绕组两相短路并加励磁获得负序电流。试验时保持正常冷却条件。

外加稳定负序电流法，是由另一台发电机或调压器给定子外加反相序的额定频率电流，也就是负序电流，待各部温度稳定后，分别测取转子各部件的稳定温升。此时的损耗包括机械损耗 P_M 和负序损耗 P_2，试验所测得的转子表面温升为 $\Delta\theta_2$。但此试验要求有较大容量和合适电压的外加负序电源。

若无上述电源时，可采用两相稳定短路法加负序电流。两相短路试验的短路电流 I_{k2} 应从小到大，逐步增加。负序电流按下式计算

$$I_2 = \frac{I_{k2}}{\sqrt{3}} \qquad (3-2-32)$$

将每点负序电流相应的两相短路电流以 I_{k2} 调整好后，定时测量定子两相短路电流、开路相的电压 U_k、转子电流 I_1 和转子上各测点、转子绕组、冷却介质的温度，直到热稳定为止。

3）正序温升试验：正序温升试验是发电机在额定工况下运行时进行的，与发电机正常温升试验基本相同，但此时必须测量转子各部件的稳定温升。这时的损耗为总损耗 ΣP_1。它在转子表面产生的温升为 $\Delta\theta_1$。可以

看出，将正序与负序试验损耗之和减去空转试验的损耗，恰好与真实情况下的损耗值相等，即

$$\Sigma P = \Sigma P_1 + (P_M + P_2) - P_M = \Sigma P_1 + P_2 \qquad (3-2-33)$$

假设转子各部件总的温升为 $\Delta\theta$，则

$$\Delta\theta = \Delta\theta_1 + \Delta\theta_2 - \Delta\theta_0 \qquad (3-2-34)$$

式中　$\Delta\theta_1$——正序温升试验转子各部件的温升；

　　　$\Delta\theta_2$——负序温升试验转子各部件的温升；

　　　$\Delta\theta_0$——空转温升试验转子各部件的温升。

将转子各部件所测得的温升值，分别与该部件长期允许的温升限值相比较，即可求得稳态负序能力。

此外，在两相稳定短路试验时，其损耗中还包括有正序电流所产生的损耗和转子励磁损耗，但此两种损耗较小，可略去不计。

（2）暂态负序温升试验。发电机的暂态负序能力为 $I_{2*}^2 t = K$，目前以试验求取暂态负序能力的方法，主要有两相突然短路温升法和两相短路突加励磁法。

1）两相突然短路温升法：两相突然短路温升法的试验接线如图 3-2-50 所示。短路相为 B、C 相。其试验步骤如下：

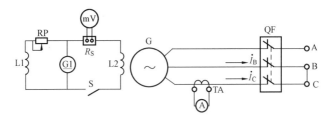

图 3-2-50　两相短路负序温升试验接线

（a）首先记录转子最热点和其他测点的初始温度。

（b）先合断路器 QF，再合开关 S，调节电位器 RP，迅速增加励磁电流，使定子两相短路电流达到预定的值后，将 RP 的位置做好标记，立即切断断路器 QF，测量发电机的空载电压。同时测量各电气参数和各测点温度。

（c）维持发电机空转，使转子最热点的温度冷却到接近于初始温度，调节电位器电阻至预定值。

（d）启动录波器和其他试验表计后，立即合上断路器 QF，录取转子最热点温度与时间的特性曲线及各电气参数值，并监视其最热点温度不超

过限额值。

（e）到 60s 后切断励磁开关 S，当录取的特性曲线出现下降后，停止录波。此时，记录发电机各测点的温度及各电气参数的稳定值。

如果施加暂态负序电流 I_2 后，在 60s 转子最热点的温度还低于其允许值，可适当增大 I_2 的数值，重复上述步骤，直至接近其允许温度为止。

2）两相短路突加励磁法：当发电机达到额定转速时，在转子回路中突然施加励磁电流，其试验接线与两相突然短路法相同，如图 3 - 2 - 50 所示。其试验步骤如下：

（a）首先记录转子最热点和其他测点的初始温度。

（b）合上励磁开关 S 和断路器 QF。

（c）调节电位器电阻 RP，迅速增加励磁电流，使定子两相短路电流达到预定值后，立即切断开关 S，而 RP 的值保持不变，同时测量各电气参数和各测点温度。

（d）维持发电机空转，将转子局部最热点的温度冷却到接近于初始温度。

（e）启动录波器和其他试验表计后，立即合上励磁开关 S，录取转子最热点温度与时间的特性曲线及各电气参数值，并监视其最热点温度不超过限额值。

（f）到 60s 后切断励磁开关 S，记录发电机各测点的温度及各电气参数的稳定性。

取不同的 I_2 值，重复上述步骤，使 60s 内最热点的温度接近其允许温度为止。

3）暂态负序能力 R 值的确定。

（a）根据上述试验，绘出转子最热点温度与时间的特性曲线，如图 3 - 2 - 51 所示。

（b）以转子某部件的允许温度 θ_1 为限额，由纵坐标的 θ_1 点，作平行于横轴的直线，分别与不同负序电流时的特性曲线的绝热线（直线部分延长线）相交于点 1、2、3，由这 3 点分别作横轴的垂线，与横轴相交于 t_1、t_2、t_3，如图 3 - 2 - 51 所示。

则暂态负序能力按下式计算

$$K_1 = I'^2_{2*} t_1, K_2 = I''^2_{2*} t_2, K_3 = I'''^2_{2*} t_3 \cdots$$

取各次的算术平均值，即

$$K_{av} = \frac{1}{n} \sum_1^n K_i \qquad (3 - 2 - 35)$$

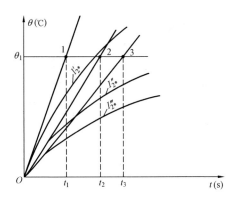

图 3 - 2 - 51　转子部件最热点
温度与时间的特性曲线

式中　K_i——第 i 次时间所得值。

若 K_1、K_2、K_3、…的分散性较大，在计算 K 值的平均值时，要以负序电流标幺值较大的所测的数值为主要依据。

此外，若在发生不对称故障前，发电机已按国标带有稳态负序电流运行时，允许的暂态最高负序温升还需减去已带有的稳态负序温升。

发电机的负序能力，应遵守制造厂的规定，若无制造厂规定时，可按表 3 - 2 - 13 的规定或通过负序温升试验来确定。

表 3 - 2 - 13　　　　　　发电机的负序能力标准

负　序　能　力		稳态 I_{2*}	暂态 $I_{2*}^2 t$
间接冷却	空　冷	0.1	15
	氢　冷	0.1	10
直接冷却	≤350MVA	0.08	8
	>350 ~ 900MVA	$0.08 - \dfrac{S_N - 350}{3 \times 10^4}$	$0.08 - 0.00545\ (S_N - 350)$
	>900 ~ 1250MVA	$0.08 - \dfrac{S_N - 350}{3 \times 10^4}$	5
	>1250 ~ 1600MVA	0.05	5

注　S_N 为额定视在功率（MVA）；I_{2*} 为定子负序电流标幺值。

（3）试验注意事项如下：

1）试验时，温度要严格控制，不得超过各部件规定的允许值。

2）暂态负序温升试验，每次试验的持续时间不要超过60s。

3）突然两相短路瞬间，定子开路相的过电压倍数不能超过规定值。

4）I_2的试验值应根据机组情况而定，不要过大，否则会损伤定子绕组端部。

5）试验人员应精力集中，当发现有异常现象时，应立即通知试验负责人员，停止试验。

（三）发电机的异步运行试验

1. 失磁的基本概念

（1）概述。发电机转子回路或励磁系统发生故障，造成发电机转子励磁磁通势消失的事故称为发电机失磁。发电机失磁后最简单的处理就是解列停机，消除故障后再点炉开机。这样虽然比较安全，但机炉起停操作较繁，且造成附加消耗与机组寿命的损耗。为此要进行失磁异步运行试验，在可能条件下，采取适当措施，使失磁机维持异步运行一段时间，利用这段时间处理故障，恢复励磁，重新正常运行。

同步发电机失磁异步运行，是发电机事故状态下的一种过渡运行方式，属于非正常运行工况。根据事故部位与起因不同，可分为以下几种失磁方式：①转子绕组短路（有经半导体整流元件短路、经直流励磁机电枢短路、直接短路三种）失磁；②转子绕组经电阻（灭磁电阻或同期电阻）闭路失磁；③转子绕组开路失磁。

发电机失磁后，发电机正常运行工况即遭破坏，由于发电机磁通势、电动势消失，发电机所发无功功率逐步降到零，转而从系统吸收无功，导致发电机端电压大幅度下降，有功功率随之下降，机械功率过剩，产生加速功率，使发电机超速，最终失步。这类似于静稳定破坏的情况。失步后的发电机发出异步功率，在适当的条件下，可逐步达到稳态异步运行工况。这时发电机以转差率s超速运行，继续向系统发出一定的异步有功（此处"异步"指与发电机转速不同步，但与系统频率是同步的），同时从系统吸收发电机所需励磁无功。在转子回路中感应出频率为sf的感应电动势（f为系统频率），若转子闭合则产生频率为sf的感应电流。此时，由于发电机转子铁芯沿圆周不对称，有纵横轴之分，再加上转子回路闭合时，还有转子回路的影响，使转子在超速的同时，还要按转差率的规律发生摇摆，转子相对定子磁场每滑过一个周期（360°）摇摆两次，发电机的有功、无功、定子电压、定子电流也相应地摆动两次，摆动的频率

为 $2sf$。

（2）失磁异步运行对发电机与系统的影响有：

1）失磁发电机失步后，过渡到异步运行工况，发电机转子超速运行，并有摇摆，运行不平稳。特别是转子短路失磁方式下，严重时会因转子摇摆发出轰鸣声，危及机组安全。

2）发电机定子铁芯端部漏磁增大，引起边段铁芯与端部铁构件发热。

3）发电机定子磁场与转子发生相对运行，在转子上形成涡流，引起转子发热。

4）某种情况下，特别是转子开路失磁方式，会发生转子过电压。

5）发电机电气参数摆动，转子电压、电流按频率 sf 摆动，定子电压、电流与有功、无功按频率 $2sf$ 摆动，对系统产生扰动。

6）失磁发电机吸收大量无功，导致相邻系统局部无功短缺，电压下降并摆动。

7）失磁发电机端电压大幅度下降并摆动，影响厂用系统正常运行。

8）引起系统潮流摆动，影响系统正常运行。

（3）发电机失磁异步运行的限制因素有：

1）发电机转子的转差率与摇摆都要尽可能小，转差率 s 必须小于 1%。

2）发电机定子端部温升不能超过允许限额，这一限制可通过控制异步运行时间长短来实现，可在现场试验中进行温升测量。一般铁芯与压指不得超过 130℃，压圈不得超过 180℃。

3）失磁发电机转子损耗 ΔP_S 值必须小于额定励磁损耗的 2/3，P_S 为失磁机所发异步有功功率。

4）发电机端电压应达到额定电压的 85%，以保证厂用电系统维持运行。

5）失磁机与系统应有足够强的联系，使与失磁机相邻的局部系统能承受失磁机造成的无功缺额与电气参数扰动。

2. 失磁试验

（1）试验目的。失磁试验的目的是现场实测发电机，在各种不同失磁方式下动态过程、异步运行状态的运行特性和整个过程对电力系统的影响、对失磁机本身的影响、对厂用电系统的影响以及对相邻机组的影响，从而为发电机失磁异步运行规程的制定提供依据。

（2）试验方法如下：

1）失磁故障的模拟常用以下几种方法：

（a）跳开发电机励磁系统中半导体整流柜交流侧电源开关，造成发电机转子绕组经半导体整流元件闭合状态下的失磁方式。

（b）跳开发电机灭磁开关，造成发电机转子绕组经灭磁电阻（或同期电阻）闭合状态下的失磁方式。

（c）跳开直流励磁机的励磁电源（或备用直流励磁机的动力电源），造成发电机转子绕组经直流励磁机电枢绕组闭合状态下的失磁方式。

（d）跳开发电机灭磁开关，预先退出灭磁电阻联动开关，造成发电机转子开路状态下的失磁方式。此方式下有转子过电压问题，必须有完善的转子过电压保护装置（如 ZnO 非线性电阻）。

2）试验步骤：根据机组实际情况，一般选做二三种失磁方式，每种方式进行 1~2 次试验，每次试验按下述步骤进行：

（a）启动模拟失磁故障的程序操作开关，形成某一方式的失磁，并提前启动记录仪。

（b）失磁保护出口连接片预先退出，失磁保护动作时不跳主断路器，而是启动发电机自动降出力装置，将发电机出力降至额定出力的 50% 以下，使失磁机进入稳态异步运行。

（c）进行温升试验（此项不一定每次都进行）。

（d）恢复励磁，将发电机拉入同步，重新调整到正常运行工况。

3）测量内容包括：

（a）失磁机：有功、无功、功角，定子电压、电流，转子电压、电流，厂用电电压、电流，主变压器高压侧电压，用 0.5 级表计读数记录，并用记录仪对以上参数进行全过程录波，同时录下失磁保护动作信号。此外还要进行转子损耗与定子端部温升的测量。

（b）相邻机：有功、无功，定子电压、电流，用控制室盘表读数记录。

（c）潮流分布：用盘表测量主要出线潮流。

（d）相邻系统母线电压：用各测量点盘表读数记录。

（3）试验注意事项如下：

1）汽轮发电机组升降出力调整要求灵活可靠。

2）试验中锅炉运行人员要加倍注意配合调整稳定燃烧，控制汽温、汽压在允许范围之内，特别是在降出力到一定程度投油助燃的过程中，要防止灭火。

3）试验中要严格控制下列参数不得超过规定限值：

（a）高压母线电压不得低于额定值的 95%。

（b）6kV 厂用电平均值不得低于 5.1kV。

（c）定子电流按运行规程限制。

（d）定子端部温升与转子损耗按标准与规定限值。

（e）转差 s 必须小于 1%。

（f）灭磁电阻或转子过电压保护装置不得超温。

（g）机组振动不得超限。

4）失磁机运行监控盘上加装反向无功表，供运行操作人员试验中监视无功。

5）电厂运行负责人根据试验方法要求，事先拟定试验期间的运行方式、操作程序、安全措施及反事故措施。

（4）试验实例。以国产 TQN - 100 - 2 型发电机为例。

国产 TQN - 100 - 2 型发电机进行了多次失磁试验（大连三厂 1 号机、清河电厂 2 号机、霍州电厂 3 号机、浑江电厂 3 号机等）。试验在转子绕组分别经硅整流器、自同期电阻及备用直流励磁机电枢闭路的失磁方式下进行。现场试验结果表明：失磁动态过程平缓，对系统扰动不大。在50% 额定有功下异步运行时，失磁机定子电压平均值维持在 8.5kV 以上，定子电流的平均值小于额定电流的 1.1 倍，平均转差小于 0.3%，转子损耗约为额定励磁损耗的 1/3。30min 温升试验测得：定子端部温度最高处为小压圈端面上，未超过 90℃。失磁后发电机减出力速度快，对系统和厂用电是有利的。试验表明，20s 将负荷减至 50% 额定值是可以实现的，热力系统也是可以承受的。为了减轻对厂用电的压力，失磁保护动作时还可以切除部分厂用电设备。

结论：国产 TQN - 100 - 2 型发电机失磁时，可在 50% 额定负荷下，转子闭路失磁异步运行 30min。其中以转子经灭磁电阻或同期电阻闭路为最适宜。

3. 失磁计算

现场试验可以直接取得发电机失磁的第一手资料，是很有价值的。但是受现场条件限制，很难进行全面的充分的试验，而且系统与发电厂运行中也不允许进行大量试验，只能选取典型方式，进行少量试验，取得一些必要的数据。大量的数据必须依靠计算的方法来得到。用数学模拟的方法，借助计算机对电力系统的动态数学模型进行全面计算分析。通过计算可以得到失磁暂态过程与过渡到异步运行状态最后恢复励磁，将发电机拉入同步的整个动态过程各有关参量的变化规律，同时又很容易考虑各种有关条件的变化对失磁的影响，从而对失磁进行详尽的、充分的计算研究，寻找出其规律性。

　　例如，对神头一电厂捷克制 210MW 机组失磁进行了计算分析，除定子端部温升外其他所有参量均可由计算方法求得，此处用曲线来列举转子经灭磁电阻闭路失磁方式下，部分参量的变化情况。图 3 - 2 - 52 为失磁发电机运行参数曲线，功率基值取 1000MVA。图 3 - 2 - 53 为失磁发电机等值阻抗轨迹曲线。计算表明：神头一电厂捷克制 210MW 机组失磁故障下，采用转子经灭磁电阻闭路方式，维持 50% 额定有功，异步运行一小段时间以处理故障，然后再恢复正常运行是可行的。

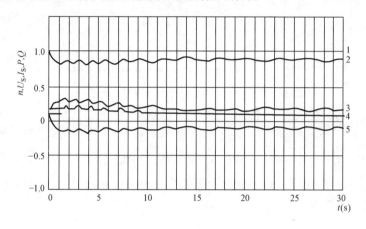

图 3 - 2 - 52　失磁发电机运行参数曲线

（起始点 P =200MW，10s 后降至 100MW）

1—转速 n = f（t）；2—定子电压 U_S = f（t）；3—定子电流 I_S = f（t）；

4—有功功率 P = f（t）；5—无功功率 Q = f（t）

（四）发电机的进相运行试验

1. 进相运行的基本概念

（1）关于进相运行的要求。随着超高压电网的发展和城市市区供电电缆的增加，高压线路充电无功功率已成为电网运行的主要问题之一，一些地区由于低谷时段电压高，已经威胁着电力设备的安全运行。因此，利用发电机进相运行吸收电网无功功率，调整系统运行电压是很必要的，也是十分经济的。为此，有计划地安排发电机进相运行试验，确定进相运行限制曲线，制定进相运行规程，全面开展发电机进相调压工作是很有必要的。

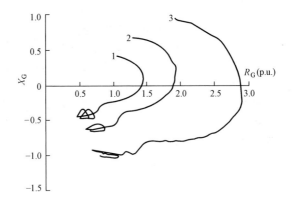

图 3 - 2 - 53　失磁发电机等值阻抗轨迹曲线

1—$P = 200$MW；2—$P = 150$MW；3—$P = 100$MW

（2）进相运行的特征。发电机正常运行时，一般是既发出有功功率 $P_G > 0$，又发出无功功率 $Q_G > 0$，运行点表示在 PQ 平面图上位于第 I 象限，如图 3 - 2 - 54（a）中之 A 点。这时，对应的相量图中定子电压 $\dot{U}$ 领先于定子电流 $\dot{I}$，领先的角度 φ 称作功率因数角，在此处为正值。这种工况称为滞相运行。

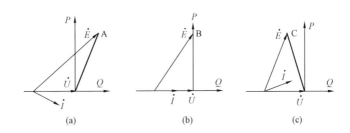

图 3 - 2 - 54　发电机 PQ 平面图与相量图

（a）滞相运行；（b）零无功；（c）进相运行

当发电机发出的有功功率不变，而降低励磁使发出的无功功率逐渐减小时，运行点 A 就向左偏移，到达 B 点时 $Q_G = 0$，如图 3 - 2 - 54（b）所示。这时，对应的相量图中 $\dot{U}$ 与 $\dot{I}$ 同相位，功率因数角 $\varphi = 0$，这种工况为零无功，是滞相运行与进相运行的分界线。

发电机运行点继续向左移动时，运行点进行第Ⅱ象限，如图 3 - 2 - 54 (c) 中之 C 点。这时，发电机发出有功功率、吸收无功功率，对应的相量图中，$\dot{I}$ 领先于 $\dot{U}$，功率因数角为负值，即 $P_G > 0$，$Q_G < 0$，$\varphi < 0$。这种运行工况称为发电机进相运行。

进相运行的特征有：①发电机发出有功功率、吸收无功功率；②运行点表示在 PQ 平面上时位于第Ⅱ象限；③发电机相量图中定子电流相位领先于定子电压相位；④发电机功率因数角为负值。

(3) 进相运行的限制因素主要有以下几点：

1) 发电机定子电压下降时进相范围的限制。发电机端电压 U_G 与高压母线电压 U_B 之差为 $\Delta U = U_G - U_B$，可由变压器高压侧无功输出 Q_T 与变压器电抗 X_T 来估算

$$\Delta U = \frac{Q_T X_T}{U_B} \qquad (3 - 2 - 36)$$

即 ΔU 与 Q_T 成正比。

当进相运行时，Q_T 为负值，ΔU 也为负值，发电机电压下降。且进相越深，Q_T 负得越多，即发电机电压下降越严重。而又规定进相运行时，发电机组厂用电电压应保持在额定值的 90% 以上，所以必须相应限制进相范围。

2) 发电机定子电流越限对进相范围的限制。发电机运行规程对发电机定子电流 I_G 有严格的规定，进相运行时必须遵循这一规定。发电机定子电流与发电机视在功率 S_G 及定子电压有下列关系

$$I_G = \frac{S_G}{U_G}$$

进相运行时，随着进相深度加大，S_G 增大而 U_G 下降，故 I_G 增大趋势明显，必须限制进相范围使 I_G 满足运行规程。

3) 静稳定对进相范围的限制。发电机的静稳定性与发电机电动势大小成正比。当发电机进相运行时，发电机电动势下降，使其静稳定性亦下降，所以要确定静稳定性所对应的进相范围限制。

4) 动稳定（暂态稳定）对进相范围的限制。进相运行属于系统正常运行的一种方式，所以进相运行时必须保证系统的动态稳定性。进相运行时会使系统的动态稳定性变差，所以必须校核稳定对进相范围的限制。系统中动稳定现场试验影响面太大，对系统冲击也很大，一般很少进行，主

要靠计算机模拟计算来完成。

5）励磁调节系统正常调节范围对进相运行的限制。发电机励磁系统本身的结构与调试中整定的运行特性决定了它的正常调节范围，使发电机进相运行只能在此范围中进行，从而也限制了发电机的进相范围。

6）发电机定子端部温升对进相范围的限制。发电机转子磁通势与定子磁通势共同作用在发电机定子端部形成的漏磁场，切割定子端部铁构件与定子端部铁芯，造成涡流损耗，引起定子端部发热。进相运行时，由于转子磁通势减小而与定子磁通势在定子端部互相抵消的作用减小，使合成漏磁通变大，从而使涡流损耗加大，造成定子端部发热加剧。所以要根据允许的定子端部温度来限制进相范围。

2. 进相运行试验方法

进相试验主要有两个方面：①要试验进相运行对系统的调压作用；②要实测进相运行的限制范围。试验中选择发电机 50% ~100% 额定有功出力范围中的四挡有功出力，在每一挡有功出力下，保持有功出力不变，在一定条件下调整励磁、变化无功出力，进行试验。

（1）调压作用试验。此项试验中，自动励磁调节器投入，强励、低励限制与失磁保护退出，分别在四挡有功出力下进行调压试验。

首先调整好起始状态，试验机组与相邻机组均调整到正常运行状态。然后，保持进相试验机有功出力为某一挡不变，并保持相邻机组有功、无功出力均不变，调节被试机励磁，使其无功上升至 50% 额定有功出力，作为第一测量点，测量记录有关运行参数，接着再逐渐降低无功出力至相当于 25%、0、−25%、−50% 额定有功出力的运行点，逐点测量记录，最后恢复到起始正常状态。测量参数包括：

1）进相机：有功功率 P、无功功率 Q、定子电压 U_s、定子电流 I_s、功率因数角 φ。

2）相邻机：P、Q。

3）母线电压：高压母线、6kV 厂用电、相邻厂站高压母线。

（2）静稳定及运行特性试验。此项试验中励磁调节器为手动方式，强励、低励限制与失磁保护退出。分别在四挡有功出力下进行此项试验。

首先调整好起始状态，进相机与相邻机均调整到正常运行状态，记录运行参数。然后，保持进相机该挡有功不变，调整励磁使其无功出力缓缓下降，无功出力每下降 20Mvar 左右测量记录一次运行参数，直至发电机对高压母线功角 δ 达到 70°。完成一次试验后，增加励磁，至恢复正常运行状态。试验过程中，相邻机有功出力不变，调整无功出力以使高压母线电压尽量维持额定电压。

测量参数包括：

1）进相机：P、Q、U_S、I_S、φ、δ。

2）母线电压：高压母线、6kV 厂用电。

（3）温升试验。此项试验中，投自动励磁调节器，投强励与失磁保护，低励限制仍退出。分别选定二三个适当的进相运行点与二三个正常运行点，进行此项试验。利用预先埋设在定子端部压圈、压指和铁芯上的热电偶及铁芯中原有测温元件进行温度测量。

按选定的运行点调整好机组，即开始温升试验，每 15min 测量记录一次，每个运行点约需 2h。试验中维持的被试机的有功、无功不变，相邻机组的调节应满足高压母线电压维持不变的原则。

测量参数包括：

1）温度：边段铁芯、压圈、压指、氢气、冷却水温度。

2）进相机电气参数：P、Q、U_S、I_S、φ、δ。

（4）低励限制试验。此项试验中，励磁调节器投自动，强励、低励限制与失磁保护均投入，分别在四挡有功出力下进行此项试验。在各挡有功出力下，调整好初始正常运行状态后，维持有功出力不变，降低励磁进相到一定程度后，注意观察记录低励限制单元的动作点与动作特性。四次试验得到四个动作点，连成一条低励限制实测动作线，可观察到低励限制单元工作是否稳定可靠，有无摇摆等异常现象。

（5）试验注意事项包括：

1）运行监视盘上要增设试验用发电机反向无功表，试验中运行操作人员降低励磁要缓慢进行，以免过调。

2）静稳定试验中，功角 δ 接近 70°时，调节要特别缓慢，尽量控制不超调，以免滑极。万一发生滑极，立即迅速恢复励磁，把发电机拉回同步，若拉不回来则降低有功出力，直至拉回同步，再恢复出力。

3）试验中相邻机自动励磁调节器应正常投入。

4）试验中各测点温度限额：铁芯、压指 130℃，压圈 180℃，达到限额时要立即中断该项试验。

5）试验中发生异常现象应遵照运行规程处理。

3. 进相运行限额图

（1）进相运行限额图的绘制。通过试验与计算可以得到六条进相运行的限制范围曲线，画在 PQ 平面图上，如图 3 - 2 - 55 所示。图中，曲线 1 为定子电压限制线，曲线 2 为定子端部温升限制线，曲线 3 为动稳定限

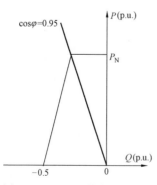

制线，曲线 4 为静稳定限制线，曲线 5 为定子电流限制图，曲线 6 为励磁调节限制线，综合限制范围为公共区，即曲线 1 右侧的范围。

（2）某些大机组允许进相运行能力如下所述。

1）国外大型汽轮发电机进相运行能力：国际上对发电机进相运行尚无统一标准，但各国有些实用规定，一般至少都满足下列要求：

（a）在额定有功下进相运行时功率因数可达 0.95。

（b）在空载下进相运行时进相无功可达 0.5（p.u.）。用 PQ 平面图表示如图 3 - 2 - 56 所示。

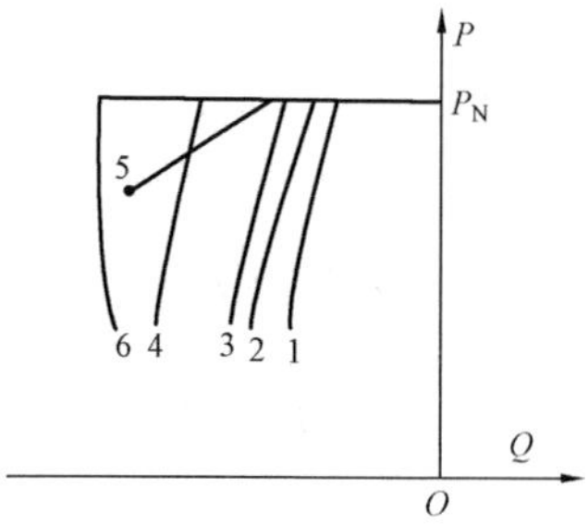

图 3 - 2 - 55　进相运行
限制范围曲线

1—定子电压限制线；2—定子端部温升限制线；3—动稳定限制线；4—静稳定限制线；5—定子电流限制图；6—励磁调节限制线

2）国内进相运行允许范围：国内对进相运行的研究与试验表明，进口机组与国产的非双水内冷机组，一般都能满足图 3 - 2 - 56 所示的进相允许范围。当发电厂与系统联系不够紧密时，可能在稳定与定子电压两方面限制得更多一些。如漳泽电厂位于系统边缘，其 210MW 苏制机组进相运行允许范围如图 3 - 2 - 57 所示。图中，曲线 ab 段为额定有功限制线，bc 段为动稳定限制线，cd 段为定子电压限制线。

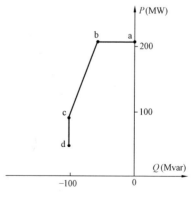

图 3 - 2 - 56　国外大型汽轮发
电机进相运行允许范围

图 3 - 2 - 57　漳泽电厂 210MW
机组进相运行允许范围

国产双水内冷汽轮发电机因受定子端部温升限制，一般不允许进相运行。

（3）水轮发电机进相运行能力尚无一般规律，需按实际情况进行计算与试验来确定。

4. 进相运行的调压效果

进相运行是调整电源点附近局部系统电压偏高的有效手段。按照系统的电压—无功特性，当发电机进相运行减少系统的无功出力时，系统的电压就相应下降，变化率与系统的结构和容量相关。以山西电网为例，根据系统计算与试验研究，主网中心部分的大机组进相运行时，每吸收 100Mvar 无功，可使局部系统主网电压下降 $1\% \sim 5\%$；主网边缘部分的大机组进相运行时，每吸收 100Mvar 无功，可使局部系统主网电压下降 $3\% \sim 5\%$。

六、大型汽轮发电机的主要故障及预防措施

近几年国内 100MW 以上容量的汽轮发电机的主要故障类型有：①发电机定子、转子绝缘故障；②发电机氢油系统故障；③发电机定子、转子冷却水系统故障；④发电机滑环系统故障。这四类故障约占发电机总故障台次的 80%，所以认真分析这些故障的内在原因，采取必要的预防措施，对发电机的安全稳定运行有着重要作用。

（一）发电机定子的故障及预防措施

1. 定子端部绕组短路故障及预防措施

（1）故障特点及原因分析如下：

1）发生在引出线与水接头绝缘的短路故障，该故障的特点是：

（a）短路发生在绕组电位较高处。

（b）短路点是绝缘相对薄弱的部位。

（c）发生短路的机组存在油污严重、湿度偏高的运行工况。

（d）短路点在油污容易溅上的一侧，励磁机端为右侧，汽轮机端为左侧，说明与油污有关。

（e）短路故障与制造厂的制造质量不稳定有关。

（f）短路故障在有些电厂重复发生，说明短路故障与运行条件有关。

故障的主要原因是端部绝缘薄弱的部位经不起长期的油污与水分的侵蚀。故障部位的引线与过渡引线都是手包绝缘；水电接头绝缘是下线后包扎的，绝缘的整体性与槽部对地绝缘相比，有很大差距。制造工艺不稳定也比较容易使该部分绝缘质量下降。在运行中当油污与湿度严重时，整体

性较差的绝缘被侵蚀，绝缘水平逐渐下降，使绝缘外的电位接近或等于导线电位，这时处于高电位的不同相引线间就开始放电，当氢气湿度偏高时，放电强度不断增强，直到相间短路，造成严重故障。对于水电接头绝缘来说，还可能通过涤玻绳爬电，由粘满油污及水分的涤玻绳搭桥，使两相短路。高质量的绝缘可较好地抵御油污、水汽侵蚀，但当油污十分严重，氢气湿度高度饱和时，发电机绝缘也会因受侵蚀而发生相间短路。

2）发生在渐开线部位的短路故障：发生在渐开线部位短路故障的原因之一是故障部位留存有异物（如检修工具、金属屑等），当异物留存在渐开线部位时，绕组受到电动力作用而产生振动，磨损绝缘，造成发电机定子绕组短路、接地或绕组端部固定不紧，整体性差，垫块、绑线受电磁振动磨损绝缘，造成接地、短路，引线水路被堵造成引线过热也可导致短路或相邻的水电接头绝缘薄弱，绝缘引水管磨损破裂也会引起定子绕组短路或槽楔松动、槽楔下垫条窜出刺伤端部绕组的绝缘，也会引起短路。

（2）预防措施。产品设计制造方面的措施（运行机组有此类缺陷也应改造）：

1）提高定子绕组端部绝缘水平：

（a）引线手包绝缘的绝缘材料应有较高的介电强度和防油、水侵蚀的性能；

（b）引线手包绝缘要有合适的层数和过渡，每层半叠绕包扎完后需刷绝缘漆，保证绝缘的连续性，包扎后要严格按烘焙工艺烘焙使其固化良好；

（c）引线之间应有足够的放电距离；

（d）水电接头处导线绝缘要伸入绝缘盒内处理好搭接处，严格防止漏包或出现薄弱点；

（e）绝缘盒必须填充严实、密封良好，绝缘盒应采用带两道凸缘的绝缘盒，以防止油水进入绝缘盒；

（f）涤玻绳要用漆浸透，并防止滑入接口，施工中防止污染涤玻绳，使涤玻绳有较高的表面和体积电阻，防止爬电；

（g）引线手包绝缘处要消除金属尖角，防止尖端放电；

（h）励磁机端引线与汇流管，绝缘引水管与内端盖，绝缘引水管与引线间都应有足够的间距；

（i）对励磁机端引线及励磁机、汽轮机端水电接头要进行绝缘表面电位或泄漏电流试验，以保证包扎绝缘质量。

2）加强定子绕组端部和引线的固定。定子绕组端部与引线固定不良，在运行中会磨损绝缘，使绝缘水平下降，在机内或机外突然短路时也会产生有害变形，使机组无法继续运行，所以必须要有良好的固定。主要措施有：

（a）增加端部压板，使每一线棒都有较好的固定；

（b）在鼻端增加切向支撑板，以加强端部的固定；

（c）改进槽口垫块结构，保证与线棒的接触面，以改进槽口处的固定；

（d）增加引线间的垫块与包扎，改进引线固定，防止出现 100Hz 的固有频率，对支撑单薄的引线增设支撑梁，以加强固定；

（e）用环氧层压板时要注意防止其变形和撕裂；

（f）水电接头处的绝缘盒内必须填充满，以防止导线磨断；

（g）当绝缘引水管与引线距离过近时，要设法将其固定；

（h）定子绕组（包括槽内部分）松动一般均伴随有"黄粉"出现，此时可用红外线灯对出现"黄粉"的部位和附近的绑线松动处进行烘烤加温，使端部绑线变软并用加工好的环氧斜楔将松动的绑线打紧，用环氧树脂浸渍，再进行烘烤，使环氧树脂固化，当然最根本的是在制造厂把好质量关。制造厂在设计、材料使用及工艺上采取措施提高发电机绕组端部的固定强度，防止绕组松动并注意绕组固有频率应避开电磁共振；应安排测定子端部绕组固定频率。

3）防止定子绕组内冷水路渗漏。定子绕组水路渗漏虽不一定很快造成定子端部相间短路，但渗漏本身会使氢气进入水路，影响水路正常运行。此外，长期渗漏也会增大氢气湿度，影响绝缘，使绝缘水平下降，所以应采取防止渗漏的措施。

4）防止异物遗留在机内。具体措施包括：在每一工序后要有明确有效的清理工艺，包括焊接、金加工、压装及下线工序。

（3）提高运行质量的措施如下：

1）防止油污染定子绕组端部：定子端部绕组引线或水接头的绝缘，一般情况下有足够的绝缘强度。但是油污侵蚀，特别是在含水及脏物的油污侵蚀下，会使绝缘水平不断下降，这是造成事故的主要原因。所以，加强发电机密封瓦及氢、油、水系统管理，根除油污污染定子端部绕组是在运行中必须采取的主要措施之一。

2）控制制氢装置及发电机中的氢气湿度：发电机氢气湿度大、含水量高是造成事故的另一原因，同时也会导致护环产生应力腐蚀。随着电机容量增大，氢压增高，容易使相对湿度变大，为防止护环开裂和定子发生相间短路事故，应严格控制氢气湿度。

3）控制机内的冷却介质的温度：真正危害发电机绝缘与护环的是氢气相对湿度，为使相对湿度维持在较低的水平，还必须设法控制机内的冷却介质温度，具体措施如下：

（a）定子绕组为水内冷的机组，最低冷却水温应略高于冷氢的温度，对200MW机组来说，应维持在40~45℃之间，过去认为越低越好的想法是错误的，因为温度过低会引起绝缘水管结露，绝缘受潮，同时由于温度变化过大而使绝缘受损，此外水压应略低于氢压，一般可低0.05MPa，以防止水渗漏到氢气中。

（b）冷氢的温度不应过低，对200MW及以上发电机来说，应保持在40~45℃之间，200MW以下发电机，应保持在20~45℃之间，以防止绕组表面结露，过低的冷氢温度将使相对湿度过高。此外在停机时应尽可能保持机内温度，因为停机时过低的机内温度会给绝缘和护环造成危害，尤其是护环，停机时有较高的应力，湿度高时易产生应力腐蚀。这一点在执行中有一定困难，因为在机内无加热装置，但可采取加热定子绕组冷却水以及关闭氢气冷却器冷却水的措施。

（c）氢气冷却器的冷却水温不应低于20℃，否则当氢气通过冷却器时会发生结露或使相对湿度偏高，这样的氢气进入通风回路将危害绝缘与护环。

4）注意防止发电机出口短路：近年来发电机出口短路时有发生，主要原因是周围环境的水蒸气（高压加热器、扩容器等热力设备泄漏）窜入发电机封闭母线，或高压变压器电缆头爆炸等造成发电机出口短路，因此应引起注意并采取相应的防范措施。

（4）加强对运行工况的监测。具体措施有：

1）安装绝缘局部放电监测仪。

2）监测氢气湿度。

3）监测水系统中含氢量。

4）安装绝缘过热监测仪。

（5）进行端部绝缘表面电位试验。由于已运行的机组可能存在端部绝缘比较薄弱的情况，加上运行水平还未跟上，油污、水汽侵蚀绝缘的情况有可能存在。为防止发电机定子绕组端部事故的发生，应在大修时对引线与水电接头作"表面电位"检查，做到对端部绝缘状况心中有数，及时从加强绝缘和提高运行质量两方面采取措施。

2. 定子铁芯故障的处理及预防措施

定子铁芯故障虽不是一种频繁发生的故障，但这类故障的发生会造成极大的损失。而且随着国内一批大容量机组已进入老龄阶段，这类故障也有增多的趋势。

（1）定子铁芯损坏的形式。定子铁芯损坏的形式有6种，下面分别加以介绍。

1）铁芯压装松弛：铁芯压装松弛的原因主要是由于硅钢片上的漆膜干缩，在振动的影响下硅钢片互相摩擦，致使漆膜破坏。氢冷发电机密封瓦长期漏油也会造成硅钢片绝缘损坏，硅钢片涡流增大，发热严重。此外，设计制造时铁芯压紧力不够，定子压圈固定螺母松脱也是原因之一。例如神头二电厂进口的捷克500MW发电机，由于设计制造的因素，运行一段时间后发现定子铁芯压圈的固定螺母松动。重新压装紧固后，可使用专用工具进行检查，专用小刀的外形尺寸见图3-2-58。

2）定子铁芯齿部的局部过热：毛刺、连片、撞痕、凹坑、压装松弛造成绝缘破坏都是产生过热的原因。用肉眼观察时，根据定子内膛表面和定子背部以及压圈和齿压条与有效铁芯的接触部位的热变色和漆膜炭化现象，就可断定是铁芯的局部过热。

3）扇形齿部折断：铁芯叠片压装不紧时，个别铁芯冲片振动引起片间齿部折断。

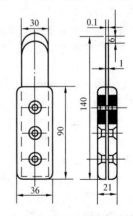

图3-2-58 检查定子铁芯压装紧密度的专用小刀的外形尺寸

4）定子膛内硬物打伤铁芯：如常熟300MW发电机转子上的平衡螺钉在运行中脱落（平衡螺钉没有很好地用洋冲眼固定在转子上），打在定子铁芯齿上损坏了铁芯。

5）硅钢片材质差：个别发电机的定子铁芯在设计制造时，选用了性能参数较差的硅钢片，当发电机空载试验时电压较高，铁芯进入深度饱和区且时间相对较长，使铁芯片间绝缘过热。加上运行中多种因素的影响，逐渐加剧铁芯片间绝缘的损坏，最终导致铁芯的烧损。

6）定子绕组两点接地造成铁芯损坏：由于一些发电机定子接地保护

存在死区,当保护死区内有一点接地时没有任何显示,机组继续运行,但在这种情况下定子绕组的其他位置再有接地点时,就会形成两点接地而烧损定子铁芯。

（2）定子铁芯检查及修理方法如下:

1）定子铁芯压片紧密度的检查:定子铁芯叠片压装的紧密度检查,可用肉眼观察或专用工具(见图3－2－58所示)测试的方法。肉眼观察可发现在铁芯冲片与紧固件相互发生位移的表面上的锈蚀(铁锈)。应该特别注意检查两端的叠片组,因为汽轮发电机运行时,两端叠片组的温升最高。在用专用小刀检查压装紧密度时,用力压刀柄,刀口从背部和定子膛侧插入铁芯的深度不应超过4mm。

2）修理方法:定子铁芯的修理工作在抽出转子后进行。打出修理部分的槽楔,必要时要取出定子线棒。

（a）消除有效铁芯压装松弛。由固定压圈拉杆螺母松动造成的定子铁芯边端叠片组压装松弛(在没有齿部过热时),用拧紧上述螺母的办法来消除。每4个螺母一组,转圈地逐一拧紧所有的螺母,直到压紧压圈为止。然后,把所有螺母焊到肋板上进行止动或用其他锁紧螺母的方法锁紧螺母。

如果用拧紧压圈的办法不能消除铁芯压装松弛,那么可采用专用压紧工具(如哈尔滨电机厂的卧式压力机)加压后再紧。对中小型发电机也可应用斜面原理,采用无磁性钢凸凹对装斜楔条(斜度为1:30~1:40)代替原来的压指或风道条以坚固铁芯。

（b）有效铁芯过热损坏的消除。过热会破坏有效铁芯硅钢片的漆膜。当硅钢片的漆膜损坏不严重时,可以打出风道条使齿张开,用环氧漆涂刷硅钢片,漆膜的厚度要适当,并插入预先涂了同一环氧漆的薄云母片。在拔去风道条的位置打入涂刷了环氧漆的玻璃布层压板楔条,紧密地楔紧相邻的铁芯叠片组。为避免楔条的错位或脱落,可将边缘的一片冲片折弯,扣住楔条。

定子齿部漆膜绝缘损坏过大时,可用风钻从齿尖往下钻至漆膜损坏的界面上,并把损坏的铁芯片清除,再用小直径细砂轮将槽的底面摩擦成矩形。打磨时,砂轮顺硅钢片的圆周方向进行,并用真空吸尘器连续地清除加工部位。然后打出风道条及压指,在硅钢片间垫以涂绝缘漆的薄云母片。按照已挖出的铁芯段的外形和尺寸,用0.5mm厚的黄铜板(表面涂绝缘漆)组装成一整体,做成假齿,装回铁芯损坏部位。最后以带斜度(1:30)的凹凸斜楔对代替风道条或压指打入铁芯段之间,挤紧硅钢片。

铁芯处理后要做铁芯发热试验进行鉴定。太原一电厂在 20 世纪 70 年代曾用此方法修复过一台 50MW 氢冷发电机的定子铁芯，该机修补用的假齿径向高 485mm，最宽处 350mm，涉及 4 个铁芯段。用上述方法处理后连续运行了 20 多年。

（3）预防措施如下：

1）发电机抽转子检修后回装时，应进行认真的检查，防止杂物遗留在定子膛内。

2）检修时对发电机定转子的结构部件，应重点检查有无松动和裂纹等缺陷。端部各紧固件必须用绝缘材料或无磁性材料制成，紧固后应做好锁紧措施。

3）对定子铁芯检查中发现有疑点时，应进行定子铁芯发热试验。对检查、试验发现的铁芯短路点应及时消除。

4）当发生定子一点接地时，必须按规定及时停机处理。200MW 发电机的定子接地保护应动作于跳闸。

5）做好发电机继电保护和检测装置的可靠维修工作。当运行中继电保护或检测装置报警时，应遵照事故处理的有关规定果断而迅速地正确处理，不能无根据地怀疑信号误动，更不能硬拖硬拼，以免事故扩大，造成对设备的重大损坏。

3. 定子绕组防晕的现场处理

发电机定子绕组运行中发生电晕放电影响安全运行，而且电晕会增加绕组有功损耗，加速绝缘老化损坏，因此为保证发电机可靠运行，延长其使用寿命，应注意定子绕组防晕。下面介绍某厂两台 200MW 水氢氢冷发电机定子绕组现场进行防晕处理的方法。这两台发电机运行已 10 多年，在大修试验时，当试验电压升到 $0.9U_N$ 时就出现明显的电晕现象，U_N 为发电机额定电压。

分析产生电晕的原因主要是原防晕结构的参数选择不当；防晕结构成型的工艺参数（固化时间及温度）不合理。

为消防电晕，对发电机定子绕组端部进行了改进，如图 3 - 2 - 59 所示，其参数见表 3 - 2 - 14。其中，$1.5U_N$ 时防晕层最大电位梯度 $E_m = 0.5kV/cm$，故不会产生电晕；$1.7U_N$ 耐压时防晕层表面损耗 $W_m = 0.4W/cm$，所以不会产生过热；$1.7U_N$ 耐压时防晕层表面最大电位梯度 $E_m = 0.8kV/cm$，防晕层末端对导体的电压 $U_f = 12.5kV$，所以不产生闪络放电。

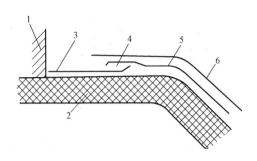

图 3-2-59　端部防晕结构示意图

1—定子铁芯；2—定子绕组；3—低阻防晕层；

4—高低阻搭接层；5—高阻防晕层；

6—附加绝缘及覆盖漆

表 3-2-14　　各电压等级的端部防晕结构参数

额定电压 （kV）	防晕层	线性电阻率 （Ω）	非线性系数 （cm/kV）	防晕层长度 （mm）
6.3	低阻层	$10^3 \sim 10^5$	0	50
	中低阻搭接层			20
	中阻层	$10^7 \sim 10^9$	$1.0 \sim 1.2$	150
10.5	低阻层	$10^3 \sim 10^5$	0	70
	中低阻搭接层			20
	中阻层	$10^7 \sim 10^9$	$1.0 \sim 1.2$	150
13.8	低阻层	$10^3 \sim 10^5$	0	90
	中低阻搭接层			20
	中阻层	$10^7 \sim 10^9$	$1.0 \sim 1.2$	190
15.75	低阻层	$10^3 \sim 10^5$	0	$120 \sim 180$
	中低阻搭接层			20
	中阻层	$10^7 \sim 10^9$	$1.0 \sim 1.2$	190
18	低阻层	$10^3 \sim 10^5$	0	$130 \sim 180$
	中低阻搭接层			20
	中阻层	$10^7 \sim 10^9$	$1.0 \sim 1.2$	250

続表

額定電壓 （kV）	防暈層	線性電阻率 （Ω）	非線性系數 （cm/kV）	防暈層長度 （mm）
20	低阻層	$10^3 \sim 10^5$	0	240～380
	中低阻搭接層			20
	中阻層	$10^6 \sim 10^7$	1.0～1.1	130
	中高阻搭接層			20
	高阻層	$10^8 \sim 10^9$	1.2～1.3	170

　　低阻層採用室溫固化的線性半導體漆。高阻層採用玻璃纖維帶塗刷室溫固化的非線性半導體漆。附加絕緣採用玻璃纖維塗刷室溫固化的無溶劑膠。覆蓋漆採用耐弧紅瓷漆（室溫固化）。

　　對於槽部破損部位，為保證與原絕緣層厚度一致，仍採用石棉帶塗刷線性半導體漆（室溫固化）進行局部修補。

　　防暈處理工藝及試驗由於受現場條件的限制，只能採用塗刷型工藝。槽部處理工藝如下：

　　1）將破損部位的邊緣剪成規整的縫合邊。

　　2）在破損部位塗刷半導體漆。

　　3）用石棉線將預先裁好的石棉帶與原防暈層縫合。

　　4）將破損部位表面塗刷半導體漆，並在室溫下固化24h。

　　端部處理工藝如下：

　　1）將原防暈層清理掉並保證表面平整。

　　2）在低阻層部位塗刷線性半導體漆，並在室溫下固化24h。

　　3）在高阻及高低阻搭接層（重疊搭接）部位塗刷非線性半導體漆，再半疊繞玻璃纖維帶，在玻璃纖維帶外塗刷非線性半導體漆，並在室溫下固化24h。

　　4）在附加絕緣部位塗刷無溶劑膠，然後半疊繞玻璃纖維帶，最後在玻璃纖維帶外塗刷無溶劑膠，並在室溫下固化24h。

　　5）在附加絕緣外塗刷耐弧紅瓷漆，並在室溫下固化24h。

　　在現場對處理後的線圈進行試驗。對槽部修補處進行表面電阻測量，其結果均在 $10^3 \sim 10^5 \Omega$ 範圍內，符合要求。並且表面平整，與原結構黏結良好。

　　當 $1.5U_N$ 時進行電暈試驗，無電暈產生；當 $1.7U_N$ 時進行60s耐壓試

第一章 發電機檢修

验，没有过热及闪络放电现象。

（二）发电机转子的故障及预防措施

发电机转子故障主要包括转子匝间短路、转子接地、滑环损伤、转子护环损伤、轴电压、大轴磁化等。由于大轴磁化最主要的原因是转子匝间短路及两点接地，所以本节将这两个问题结合起来讨论。另外转子匝间短路或两点接地，也是造成发电机振动的一个主要原因。

1. 发电机转子滑环损伤

过去集电环—电刷装置的火花故障不是一种频发性故障，也不是一种很难分析判断的故障。但根据最近的事故统计资料表明，近年来由于环火造成发电机滑环烧坏的恶性事故却逐渐增多，这种情况不能不引起对这一问题的重视。

（1）滑环损坏的主要原因。发电机转子滑环损坏的主要原因有：

1）滑环表面粗糙。

2）碳粉堆积，通风不良。

3）电刷更换不及时。

4）刷握与滑环或刷握与电刷之间的间隙太大，电刷容易卡涩。

5）由于振动，电刷被振坏。

6）电刷质量不良或混用不同牌号的电刷。

7）运行中碳粉和转子轴瓦漏出的油混合在一起，不仅影响滑环的绝缘，还会过热起火，最终损坏滑环。

8）高速旋转的转子引线的绑绳松脱，与静止的电刷搅在一起影响了电刷和滑环的接触，形成环火。

除上面分析的原因外，另一重要原因是，随着转子冷却技术的不断提高，转子的实际电流密度也有所增加，而相应的监测手段却未跟上，所以造成滑环烧损的事例越来越多。为此对这种故障进行深入的研究是很有必要的。

（2）预防措施主要有：

1）运行维护方面的预防措施：新碳刷在使用时，必须按照滑环外圆尺寸认真进行适形磨弧，运行中应对滑环碳刷装置定期进行巡视检查，当一次更换碳刷的数量较多而且励磁电流较大时，在更换后的 3~5 天内应增加巡视检查的次数，以便在出现轻微的火花时能够迅速消除，当发现较大的火花故障时，应迅速减小励磁电流。如果不见好转，应立即灭磁和解列，以免酿成恶性事故。一旦发现环火已经形成，甚至发生起火故障时，必须及时地灭磁解列，以便将故障造成的损失减小到最低程度。目前发电机组所采用的转子回路一点接地保护装置，分为速跳式和报警式两种。而同类机组所采用的转子回路两点接地保护装置存在较大的盲区（或称死区），而在此死区内发生一点接地的可能性较大，因此，对大容量机组采用速跳式一点接地保护较为安全。

2）改进措施：加强检修维护，每次停机维修时重点检查转子引线绑绳。采用专用弯头，吹尽滑环里圈的积灰。

在滑环—碳刷装置的进出口处，应装设测量进、出风温的电阻温度计，并将信号引入控制室的巡回检测报警装置，以便于运行人员对进、出风温及进、出风温差进行监测。并注意进风口与出风口不应相距太近，以防止进风、出风短路，造成冷风温度过高。

应对碳刷与风扇罩之间的间隔环的组装结构及组装程序进行改进。具体做法是：先将固定间隔环的钢环用平头螺钉固定在风扇罩的端板上，在刷架定位后最终组装间隔环。改进后的优点是，解决了原结构间隔环与固定钢环相互固定而不能随时拆装的缺点。当需要对靠风扇侧碳刷盒进行调整时，只需拆下间隔环即可。而且为便于间隔环的安装，固定螺孔应改为周向长条孔。

为便于刷架位置的调整，应将其底脚的把合螺孔改成轴向长条孔，以利于调整刷架的轴向位置。同时，应将绝缘夹板与刷架固定螺孔改成横向长条孔，以利于调整刷架的横向位置。

3）维护管理方面：加强碳刷管理，建立发电机、励磁机碳刷维护、检查和碳刷更换记录本，责任明确落实到人。

电气分厂领导和专业管理人员也需设置检查记录本，对运行维护和更换情况进行抽查并做好检查记录。

电机专业检查人员应结合机组大小修对碳刷进行检查和更换，并及时更换滑环上已经磨短的碳刷，做好更换记录。

发电机组运行时应不定期地对碳刷之间负载电流分配情况和碳刷的弹簧压力进行测量和检查，并及时做好记录。

对需要更换的碳刷备品进行仔细检查，保证每块碳刷质量良好，换上去后使用时正常可靠。同时对刷握的内壁进行检查和清理，将不光和有毛刺处锉平。

加强对运行维护人员的培训管理。

2. 发电机转子护环损坏

护环是发电机的重要转动部件之一，德国、瑞典、丹麦、加拿大等国家都发生过多起因护环裂纹、护环断裂飞逸而造成的恶性事故。国内辽宁电厂出现过护环飞裂的恶性事故。江油、陡河、沙岭子、北京热电厂、徐州热电厂也有护环因严重的应力腐蚀出现裂纹，被迫更换。因此必须予以足够的重视，防患于未然。

（1）护环应力腐蚀的原因。护环发生应力腐蚀的原因大致依赖于材质对应力腐蚀的敏感性。一般认为18Mn18Cr护环抗应力腐蚀能力较强，而18Mn5Cr护环耐应力腐蚀开裂和氢脆裂纹的能力差。

产生应力腐蚀的因素是拉应力和腐蚀介质，两者同时存在就会产生应力腐蚀。制造加工、装配及正常运转中产生的应力，护环上有应力集中的部位；转子旋转弯曲在护环纵向产生的拉应力等属于前者。

腐蚀介质产生于三个方面：

1）机组运转产生电晕，使周围空气电离形成臭氧，再与空气中的氮结合形成硝酸根离子、氯离子。

2）氢气引起氢脆问题。

3）氢气湿度问题，转子空心导线漏水，氢冷器漏水以及新补入湿度较大的氢气等，使氢气湿度增大，这些都提供了存在腐蚀介质的条件。

（2）护环应力腐蚀的预防措施有：

1）运行维护方面：为减轻和防止护环应力腐蚀，电厂应制定措施，消除向机内漏水的缺陷；发电机氢气湿度应保持在合格范围内；杜绝在各种工况下线棒结露；加强对护环的金相检查。

2）采用表面涂层的办法：采用表面涂层也是一种有效的预防应力腐蚀的方法。一般可涂油漆或环氧树脂等，但在装配面处无法保护。上海材料研究所研制了一种C型复合涂层效果很好。此外，还可改进设计，避免易引起应力集中的尖角、孔洞等。

3）发电机护环的无损检测：目前有多种不同的检测方法和技术用于护环。有些方法可以在不抽转子的情况下使用；另一些方法只有将转子从定子中抽出才能使用，但不需要从转子上取下护环，这样可以避免在护环拆卸和装复过程中损伤护环、绕组及其他转子部件；还有一些方法需要从转子上取下护环。由于不拆卸护环，检测方法只限于渗透、涡流和外表面的宏观检查，包括热装区在内的内表面超声检查。通过这些检查以寻找护环的缺陷，以便尽早进行维修处理避免事故发生。如通用电气—阿尔斯通公司研制的自动超声波检查装置就是该类装置的一种。这种装置在某些场合可以进行护环的状态检测，无需抽出转子。使用时将仪表头部插入护环与定子之间的间隙中，而传感器的输出端接入电子计算机。按装置的辨别能力，可以鉴别2.5mm当量的任何裂纹。

3. 发电机轴电压及预防措施

（1）轴电压的来源及后果主要有：

1）磁不对称引起轴电压：由于定子叠片接缝、转子偏心、转子或定子下垂会产生不平衡磁通。变化的磁通会在转轴—座板—轴承构成的回路中感应出电压。感应电压将在任何低阻回路产生大电流，引起相应的损坏。

2）轴向磁通：由于剩磁、转子偏心、饱和、转子绕组不对称产生旋转磁通，在轴承和转子部件中感应单极电压，该电压将在轴承和轴密封中引起大电流和相应的破坏。

3）静电荷引起的轴电压：在汽轮机低压缸内，蒸汽和汽轮机叶片摩擦而产生的静电电荷形成静电场而导致轴电压。轴电压值有时高达500~700V。

4）作用于转子绕组上的外部电压使轴产生电动势：由于静止励磁装置电压源或转子绕组不对称，轴与轴承（地）间的电压被加到油膜上，如果击穿，将发生电荷放电，产生斑点，损坏轴瓦和密封瓦的表面。

轴电压引起的危害主要有：①损坏轴表面及轴承钨金；②加速润滑油的老化，促使机械磨损加剧，导致轴承进一步毁坏；③损坏氢气密封瓦、传动齿轮、油泵等。

（2）预防措施主要有：

1）保证滑环侧轴承、密封瓦装置及励磁机对地绝缘良好。

2）对于静态励磁，应从结构上及回路上增加电容元件等抑制措施。

3）大轴可靠接地。运行经验表明，常规的接地系统不能有效地消除静止励磁引起的高频轴电压。因此发展新型的接地装置是解决静止励磁系统产生轴电压的有效措施。

4）改进设计并在运行中加强转子电流、振动的监视。对于300MW以上机组应采取动态匝间短路监视方法，防止运行中转子严重匝间短路。

5）对于300MW以上机组应装设在线监视轴电压装置。

4. 发电机转子匝间短路、大轴磁化及退磁

相对来讲发电机转子匝间短路是一类比较频繁发生的转子故障，当运行中短路磁通势较大时，往往会伴随有严重的大轴磁化。

（1）发电机转子匝间短路及接地的危害、产生原因及预防措施有：

1）转子匝间短路的危害：发电机匝间短路会造成磁路不平衡，引起机组振动增大而被迫停机。严重时短路电弧会烧伤转子绝缘，并进一步发展为多处匝间短路和接地，烧坏转子铜线，烧伤转子护环，造成大轴

磁化。

2）匝间短路和接地的起因有：

（a）转子端部绕组匝间绝缘薄弱，运行中热应力和机械离心力的综合作用，使绝缘损坏造成匝间短路。当两个线圈之间绝缘损坏时，则整个线圈短路。进而扩大到烧坏护环下的扇形绝缘瓦接地。

（b）氢（空）内冷转子如通风冷却不良，使匝间绝缘过热损坏，造成匝间短路，严重时烧坏槽绝缘或护环下绝缘接地。

（c）由于制造时加工工艺不良，转子绕组铜线有毛刺，运行时在各种力的作用下刺伤绝缘，引起匝间短路。

（d）转子护环下绕组间绝缘垫块松动，在运行中受热应力和离心力的综合作用，垫块在转子绕组边缘产生往复运动，由于线棒侧面裸露，垫块与铜线摩擦下来的铜末导致匝间引弧发热，使匝间复合纸绝缘被烧伤、炭化，最后形成永久性匝间短路。

（e）发电机内氢气湿度严重超标或密封油大量漏入机内，使转子绝缘恶化。

（f）制造过程遗留的金属物运行中受热应力和机械应力的作用损坏转子绝缘，造成匝间短路。

3）转子匝间短路的预防措施有：

（a）加强对转子匝间绝缘的检查试验。在运行中加强对转子电流和转子轴振动的监视。对氢内冷转子，由于其结构特点比较容易产生匝间短路，应在机内装设匝间短路动态探测线圈，进行在线监测，及时发现问题，防止转子匝间短路发展为两点接地，减小故障的危害。

（b）大容量发电机运行中应投入转子接地保护并动作于跳闸。

（c）检修中应注意防止异物进入通风孔内。

（2）发电机大轴磁化的原因、危害及预防措施有：

1）磁化的原因：发电机由于转子匝间短路会产生不平衡轴向磁通，匝间短路越严重（短路的匝数越多），不平衡轴向磁通越大，见图3-2-60转子匝间短路时轴向不平衡磁通分布图，凡不平衡磁通通过的地方均会发生磁化。由于发电机转子、汽轮机转子、汽轮机缸体等的材料成分含有镍铬等元素，属硬磁材料，所以一旦被磁化后均保持很大剩磁。

2）发电机组磁化的危害：发电机、汽轮机一旦被磁化，其轴向剩磁将产生单极电动势，在单极电动势的作用下，若轴承油膜破坏或汽轮机动静部分发生接触摩擦时，就可能产生较大的轴向电流，从而烧伤轴瓦。

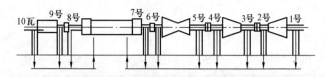

图 3 – 2 – 60 转子匝间短路时轴向不平衡磁通分布图

3) 预防措施有:

(a) 当转子绕组发生一点接地时,应立即查明故障地点、性质,如系稳定金属短路,应尽快停机处理。

(b) 发电机与汽轮机之间的接地碳刷运行中一定要投入运行。

(c) 经常检查励磁机侧轴承绝缘和油管绝缘,使之保持良好的绝缘状态。

(3) 发电机退磁。发电机转子、发电机端盖、汽轮机低压转子及缸体等部件被磁化,一定要及时采取措施进行退磁。一般认为剩磁在 10×10^{-4}T 以下即为退磁成功。简单的测定可以用大头针进行试验,如吸不住就没有问题,若吸得住就要进一步退磁。磁性强度的测量可采用 CD – 3 型直流高斯计,该仪表的测量误差为 $\pm 2.5\%$。目前较为常用的退磁方法有交流退磁和直流退磁。这两种方法所依据的基本原理是一致的。就是周期性地改变缠绕在被磁化部件上的退磁线圈中的电流方向,并逐渐减小电流数值,亦即周期交变地减小磁场强度,使被磁化部件沿磁化曲线回到坐标原点(即 $H = 0$ 时,剩磁 $B_r = 0$ 或 $B_r < 10 \times 10^{-4}$T)。下面分别给出两种方法的接线和适用范围。

1) 直流退磁:发电机转子汽轮机、励磁机侧大轴、汽轮机转子、低压缸轴头等处的退磁采用直流退磁法。具体做法是,在欲退磁的部件上绕以退磁线圈,在其上通以直流电流,开始,线圈上的电流方向应该使它在欲退磁部件上所建立的磁场方向与原来的剩磁方向相反。周期改变电流方向,并且同时均匀地逐渐减小电流数值,亦即周期性地逐渐减小磁场强度,使磁化部件中的剩磁逐渐减小。在接近于 $B = f(H)$ 曲线的坐标原点附近时,应进一步减小磁场强度 H 的变化量,以便找出 H 的变化量,找出 $H = 0$ 的某一合适点使 $B_r \approx 0$ 或很小。这样便完成一次直流退磁。图 3 – 2 – 61 为退磁线圈绕制图。绕制线圈磁通势估算公式为

$$B = \mu_0 H = \mu_0 \frac{F_W}{L} \qquad (3 - 2 - 37)$$

由此可得退磁磁通势为

$$F_{W} = \frac{BL}{\mu_0} \qquad\qquad (3-2-38)$$

式中　B——磁感应强度，T；

　　　H——磁场强度，A/m；

　　　F_W——磁通势，A；

　　　L——此处指绕双层线圈的轴长（单层线圈为 $L/2$）；

　　　μ_0——系数，$\mu_0 = 4\pi \times 10^{-7}$ H/m。

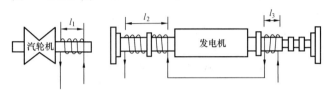

图 3-2-61　退磁线圈绕制图

　　直流退磁电气接线如图 3-2-62 所示，图中 S 为双投开关，L 为退磁线圈，直流电源可采用电焊机或调压器与晶闸管整流元件组合成的直流源。

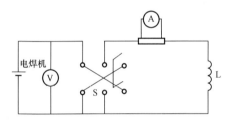

图 3-2-62　直流退磁的电气接线图

　　采用直流退磁方法退磁，如果选择的退磁磁通势大小合适（产生的磁感应强度为剩磁的 5~10 倍），则可得到较好的效果。该方法适用于发电机转子、汽轮机转子等大尺寸物体的退磁。

　　2）交流退磁：将欲退磁的部件置于励磁线圈中，然后将励磁电流升到一定数值，提起退磁件同时逐渐减小电流数值。当电流降到零时，即完成交流退磁。显然，一次交流退磁过程相当于进行多次交变地周期性改变电流方向和减小数值的直流退磁。交流退磁法较直流退磁法简单，省时间。发电机转子、护环心环部位可利用其转子本身的绕组进行交流退磁，参见图 3-2-63，退磁效果明显。但由于交流的集肤效应及消耗功率大等缺点，故交流退磁法适用于尺寸较小的部件退磁。

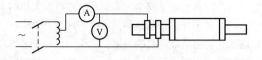

图 3-2-63　转子本体交流退磁接线图

（三）水内冷发电机漏水、断水故障及预防措施

1. 发电机定子漏水故障及预防措施

（1）发电机定子漏水的部位和原因分析如下：

1）定子空心导线的接头封焊处漏水，其原因是焊接工艺不良，有虚焊、砂眼。

2）空心导线断裂漏水，断裂部位有的在绕组端部，有的在槽内直线换位处。其原因主要是空心铜线材质差；绕组端部处固定不牢，产生 $100Hz$ 的振动，使导线换位加工时产生的裂纹进一步扩大和发展。

3）聚四氟乙烯引水管漏水。绝缘引水管本身磨破漏水的一个原因是引水管材质不良，有砂眼（从外表看无异常，且水应试验合格，但内壁有砂眼）。另一个原因是绝缘引水管过长，运行中引水管与发电机内端盖等金属物质摩擦而导致水管磨破漏水。

4）压紧螺母稍有松动就会导制定子漏水。

（2）预防措施如下：

1）改进水电接头结构，改进焊接工艺，增加焊缝检验工序，确保焊接质量。

2）定子绕组的端部和鼻部应固定牢靠，并使其避开 $100Hz$ 共振频率。

3）定期测量内部水箱顶部的含氢量，以便及早发现定子绕组内漏，最好装设漏氢在线监视装置，当内冷水系统含氢量超过 3%（体积含量）时应加强监视，若超过 20%，应立即停机检查。

4）定子绝缘引水管应采用质量可靠的绝缘引水管，机内引水管应避免交叉相碰或与其他部件相碰。若交叉相碰，应该用无碱玻璃丝带拉开距离，或用浸漆的涤纶毡适形材料隔开，或用硅橡胶带在中间隔开，固定牢靠。

5）绝缘引水管的长度要合适，对地距离（内端盖）不得小于 20mm。

6）改进漏水监测装置，采用可靠灵活的漏水报警装置，如湿度差动检漏仪或补偿式发电机检漏仪。发电机运行时严禁检漏装置退出运行。

7）认真仔细做好发电机定子漏水部位的查找检验工作。

为了确保水内冷发电机定子安全可靠运行，在机组大修时都要对其进行水压试验，以检验定子绕组水回路的严密性。这是一项十分重要和细致的工作，稍有疏忽，就会造成严重的后果。因为工作马虎未能发现并消除渗漏点，投运后就可能引起绝缘损坏事故，甚至扩大到烧损绕组、烧损铁芯。而对漏水部位判断不正确，不更换线棒就能处理的漏水缺陷却更换了线棒，造成人力、物力的浪费。因此要严肃认真、十分仔细地进行水压试验，特别注意以下几点：

1）定子绕组灌水时，应注意放气排空，保证被试的定子绕组全部充满水，切不能只有一部分线圈中有水，而另一部分线圈却充的是气。

2）水压试验用的监视压力表计应完好准确，管道要畅通。

3）所加的水压大小和持续时间应按制造厂的规定进行。

4）在升高水压过程中，发电机定子两端应有专人守候监测，观察各部位有无异常。若发现有渗漏水现象，应消除后才能继续升压。当升至规定的水压值时，全面检查各焊接头处有无渗漏现象。整个试验过程中，每隔一定时间要对各部位有无渗漏水现象进行一次全面检查。

5）检查定子绕组空心铜线水电接头是否存在渗漏缺陷，最好与绕组端部绝缘表面电位测试（电位外移法）同时进行。

6）若发现有渗漏点，要详细做好记录，包括漏水的接头编号、漏水特点，以便分析比较。为进一步确定漏水的具体部位，可将漏水接头处绝缘剥去，有时甚至需要烫开空心股线排两侧的实心股线焊头，并将漏水部位擦干或烘干后再重新升压试验。仔细观察首先出现水印的部位，必要时可撬动一下空心股线的位置，观察水印出现的位置有无变化。

7）用氟利昂检漏，在定子绕组回路内充以氟利昂检漏仪接头逐个进行检测。这种方法的灵敏度比水压试验高。

2. 发电机转子漏水及预防措施

（1）转子漏水的部位和原因分析如下：

1）转子绕组引水拐角断裂：这类故障较多，其原因是转子绕组引水拐角在运转中因受自重的离心力作用产生径向位移，使引水拐角产生一个很大的静应力，QFS－300－2 型发电机转子绕组引水拐角实测为229.5MPa，QFSS－200－2 型转子引水拐角计算应力为136.4MPa。与此同时转子由于自身重量的作用会产生静挠度，转子转动时使引水拐角产生一个交变的径向和轴向相对位移。当引水拐角位于转子垂直的正上方和正下方时，因转子挠度产生的相对位移绝对值最大，但方向相反。当引水拐角位于转子轴线两侧的水平位置时，因转子挠度产生的径向和轴向相对位移为零。也就是说，转子每转一周，引水拐角因转子静挠度产生的径向轴向相对位移完成一个循环周期，由此产生的交变应力也循环了一个周期，其交变应力的频率与转子的转速一致。这个动应力对 QFS – 300 – 2 型发电机转子实测为 ±14.3MPa，对 QFSS – 200 – 2 型发电机转子，其计算值为±25.5MPa（单幅）。而一般工业铜的屈服极限为 90 ~ 100MPa，抗拉极限为 220 ~ 230MPa。因此铜拐角的强度安全裕度很小，在运行中很容易产生断裂漏水故障。

2）转子绕组绝缘引水管破裂漏水：绝缘引水管在运行中承受水的离心力产生的高水压作用，其压力 p_r 大小与转速 n 的平方及绝缘引水管处旋转半径成正比。

对于转速为 3000r/min 的汽轮发电机，取水的密度为 $1g/cm^3$，则离心水压力

$$p = \frac{r^2}{19.86}(\text{kg} \cdot \text{f}/\text{cm}^2) \approx \frac{r^2}{200}(\text{MPa}) \qquad (3 - 2 - 39)$$

QFS – 300 – 2 型发电机转子绝缘引水管在额定转速下，水的离心压力为 6.3MPa，受力是比较大的，因此比较容易破裂漏水。

3）转子空心导线对接处和空心铜线与不锈钢拐角对接焊接处两种渗漏水故障的原因是焊接工艺质量不良。

4）小护环下的空心铜线断裂渗漏水：主要原因是小护环结构不合理，小护环较长，在每次更换绝缘引水管拆装小护环时，容易造成绝缘垫块变形，为了使小护环能套上，对变形的垫块进行修刮，这样便会造成绝缘引水管及转子空心铜线上下（径向）压填不实的弊病。在机组起停过程和正常过行中，由于转子自重挠度的影响导致空心铜线疲劳断裂漏水。

5）转子进水箱环上周向密封盖漏水：此类故障一般均发生在 QFS – 125 – 2 型发电机上，主要原因是密封环结构设计不合理。密封盖高40mm，而水箱环的厚度仅为 32mm，安装时密封盖上沿 2mm 凸沿，盖底外露水箱环内 6mm。从转子中心流经径向孔进入水箱的水，在离心力的作用下，将对凸出的盖底进行冲刷，久之，便会在盖底形成沟槽和孔洞，造成漏水。也有的箱环密封盖因有气孔砂眼造成漏水。

6）转子端部绕组与其上过渡线匝交错处匝间短路起弧烧熔铜导线而漏水：QFS – 100 – 2 型发电机转子曾发生过渡线匝交叉处匝间短路，其 5号大线圈引出线的过渡线匝压过 6 号大线圈的最上面后与 6 号小线圈连接。过渡线匝与其下的 6 号线圈的最上匝之间间隔 14 匝，匝间电位差约

为 18V。过渡线匝与其下线匝存在剪切受力，在转子高速运转中，其线匝在离心力作用下将过渡线匝挤向大护环，线匝间的绝缘受到交变剪切力作用，为此制造时在 6 号线匝的最上匝与外包护环绝缘之间的空档加适当厚度的垫块，来承受部分离心力。由于故障点附近垫块松动，错位严重，起不到分担离心力的作用，使得线匝间绝缘经常承受交变剪切力及启动冲击力作用而磨损铜线产生铜末，导致电弧烧熔空心铜导线造成漏水。

（2）预防措施如下：

1）将转子铜导线引水拐角更换为 1Cr18Ni9Ti 不锈钢引水拐角。改造时注意提高异种金属焊接工艺质量，防止焊接部位开裂渗漏。

2）用钢丝编织绝缘引水管替换原复合绝缘引水管。

3）为防止 SQF－50－2 型发电机转子小护环过长，其下空心导线裂纹漏水，可将整体式小护环改为分段式，并在两个小护环间加装花鼓筒支撑环，这样可以大大改善绝缘引水管及水电接头的固定状态。

4）为防止 QFS－125－2 型发电机转子励磁机端水箱环上的密封盖漏水，可将密封盖高度改为 36mm，盖底比水箱环内径凸出 1～2mm 就够了。这样既可满足拆卸的要求，又不致遭水流的过度冲刷，改善了密封盖的运行条件。同时密封盖应选用合格的 H68 或 H622 黄铜加工制成，防止产生砂眼漏水。

5）为防止 QFS－100－2 型发电机转子端部绕组与过渡线匝交错处匝间短路烧熔铜导线而导致的故障，在有条件时结合机组大修，可考虑拆下护环检查端部情况，特别是过渡引线区域，检查垫块有无松动错位，绝缘有无磨损现象。

6）改进漏水检测装置，安装可靠灵敏的漏水报警装置，如 SCJ－2 型湿度差动检漏仪或补偿式发电机检漏仪。发电机运行时严禁退出漏水检测装置。

7）认真仔细做好发电机转子漏水部位的查找检验。

8）一旦确认发电机已经漏水，如检漏仪和转子一点接地同时发信号，应立即停机，不能拖延。

3. 水内冷定子绕组堵塞故障及预防对策

（1）水内冷定子绕组堵塞故障及原因分析。定子水内冷发电机的定子绕组由于空心导线堵塞导致局部过热，最终损坏绝缘。导线断裂漏水故障，600、300、125MW 等机组均发生过。

此类故障的发生原因，可分为机械杂物堵塞和结垢性堵塞两种。机械杂物堵塞是由于橡皮垫和石棉填条的碎末、树脂碎粒、进水滤网冲破后产生的碎块等机械杂质被冷水带入空心导线造成局部堵塞，使流经这些空心导线的冷却水流量大大减少，甚至中断，从而导致个别线棒的温度迅速升高。还有的 300MW 发电机由于出线套管水接头处被变形的圆锥形垫片堵塞了水路，加上被污染的斜纹布带结成团堵在已变形的铜垫圈与球头之间造成严重缺水，在运行中发生过渡引线铜管烧熔事故。结垢堵塞是由于冷却水质长期不合格，导电度、硬度、pH 值、含氧量和含氨量超标，都可能使铜的氧化物迅速生成，形成的胶状物质使空心导线的通流截面逐步减小，同时大幅度降低了其热交换能力，长此下去，会使线圈温度普遍升高。

定子绕组空心导线堵塞故障的主要原因是机械杂物堵塞，有的则是机械杂物和结垢性堵塞两个因素同时作用的结果。即铜的氧化物形成的胶状物质黏附在空心导线内壁使其通流面积减小，这样冷却水流量大幅度减小，从而使该线棒的温度异常升高。

制造上留下的缺陷也是堵塞产生的一个重要因素，有的故障阻塞部位是在线棒弯形处，空心导线已被挤扁，如果此处的空心导线正好又是一个接头，就会造成通流截面减小，情况更为严重。

在发生定子线棒局部过热时，如不及时采取相应措施，线棒温度将继续升高，当堵塞段的温度升高到 130～140℃ 左右时，空心导线中的冷却水将迅速汽化，形成汽阻，造成冷却水中断，致使整个线棒的温度急剧升高，由于高温下铜的机械强度的降低和汽体的不断膨胀，最终可能使空心导线鼓泡胀裂，造成漏水、绝缘损坏和定子接地。

（2）预防措施包括：

1）重视发电机内冷水系统的管理和清扫，防止异物进入或遗留在水箱、冷却器和管道中；水系统管路中各橡皮垫，在每次大修时必须更换，最好更换为聚四氟乙烯垫，要注意工艺质量，并保证法兰压紧后橡皮垫的内孔大于法兰内径；为防止冷却水进水口滤网破裂，应将其改为用厚 0.8mm 的不锈钢板冲 1.0mm 小孔的结构。

2）严格做好内冷水质的监督和控制，保证冷却水质的各项指标均符合规程要求和制造厂的规定。对水质长期达不到要求的，125MW 及以上发电机应加装专用的冷却水去离子器。必要时还可对冷却水箱充氮进行保护。

3）加强对发电机线棒温度的监视、记录和分析工作，以便及时发现个别线圈的最高温度，还应注意分析线圈间温差的变化，以便及时发现空心导线堵塞的早期征兆。

4）为便于及时发现定子绕组局部温度异常，要求 200MW 及以上发电机的温度巡测装置应带有温差报警功能。这样可以在发电机任何工况（例如低负荷）、任何冷却介质温度（例如较低的介质温度）下，当定子绕组水路内有局部堵塞时，即使线圈的最高温度尚未越限，也能依靠温差（每槽线圈层间检温计所测的温度与线圈出水端水接头上检温计所测温度之差）监测功能发现异常并发出信号，以便能及时采取对策消除故障。该装置温差大于 8K 时应仔细检查，当温差大于 12K 或水接头出水温度或槽内检温计超过 90℃时，应立即减负荷并待机处理（见 GB/T 7064—2017《隐极同步发电机技术要求》）。

5）在发电机大、小修期间应认真进行定子水路的反冲洗工作，如大小修间隔较长，其间应酌情增加反冲洗次数。

6）一旦发现个别定子线圈温度异常升高，说明该线圈已有部分空心导线堵塞，应加强监视，并适当提高进水压力，增大冷却水流量，必要时还应适当控制发电机定子电流，以避免故障线圈的温度继续升高，并及时安排反冲洗。

7）如果反冲洗无效，线圈温度继续升高达到上限或"温差极大"报警，为避免发生事故，应控制发电机定子电流，并及时安排停机处理。

8）出线套管水接头的球面接角要求保证严密，最好不加垫圈，如因泄漏而必须加装垫圈时，一定要采取措施固定好锥形垫圈，防止装偏或受力后变形堵塞水路。

（四）氢、油系统的故障及预防措施

对已投产的国产大型汽轮发电机来讲，特别是早期的氢冷发电机，漏油、漏氢是普遍存在的一个问题。为此各制造厂都采取了一定的改进措施。上海电机厂优化型 QFSN - 300 - 2 型机对油系统的改进是：把原来的双流式单盘密封瓦改为双流双环式密封瓦，降低了氢压（额定氢压0.31MPa），减少氢气消耗量，降低油温升。哈尔滨电机厂 QFSN - 300 - 2型机的氢、水、油系统的改进是在着重研究和总结了引进美国西屋公司600、300MW 汽轮发电机的氢、水、油系统经验基础上进行的。该系统采用了新研制仿西屋的氢气减压阀来取代以往的电磁阀式自动补氢装置，既省电又安全。采用了仿西屋的防爆型浮球式液位控制器，监视发电机内积存油、水液体的情况，及时报警排除油水积液。由于漏油、漏氢问题影响的因素很多，无论是新机还是老机都应引起重视。

1. 发电机漏氢及消除措施

（1）发电机漏氢的部位及原因分析。发电机氢气密封系统故障主要特征是发电机漏氢量大，日补氢量超标。GB/T 7064—2017 规定中 G.5.7、G.6.5、G6.6 的内容。当内冷水系统中含氢量（体积含量）超过 3%，应加强对发电机的监视。当含氢量超过 20%，应立即停机处理。当发电机轴承油系统或主油箱内氢气体积含量超过 1% 时，应停机处理。当封闭母线外套内氢气含量超过 14% 时，应停机找漏。漏氢大的主要原因有：

1）密封瓦油路堵塞（如油滤网堵，平衡阀、差压阀卡涩）等使密封油压降低。

2）密封瓦与轴之间及密封与瓦座之间的间隙大。

3）氢气冷却器、人孔盖板、热工出线端子板等的密封胶条老化有裂纹。

4）密封瓦与端盖的结合面（立面）不严格（如螺钉没有拧紧，密封胶垫质量不良）。

5）出线套管有砂眼、出线套管法兰浇注黏结材料质量差、密封垫未垫好或有裂纹。

6）转子导电螺钉处漏氢；密封垫质量不好或未垫好。

7）氢气冷却器铜管破裂。

8）定子空心导线或冷却水管（主要是聚四氟乙烯管）破裂，由于氢压比水压高，氢气串入回路中，从水箱漏出机外。

（2）消除漏氢的措施有：

1）机壳各结合面消除漏氢措施包括：

（a）机座与两侧端罩之间的结合面积大，密封难度大，是防漏的薄弱环节。用橡胶条或塑料密封不是封氢的长久之计。彻底解决的办法是沿整合面用 5~6mm 厚的钢板加焊 U 形密封罩，而且在新机安装时就实施，东北新华、富二、锦州、通辽等电厂就采用了这种办法。东方电机厂的机组从第一台在辛店电厂安装开始就在该结合面外圈加焊 5mm 厚 U 形密封罩。此后东方电机厂随设备提供这种密封罩，供电厂安装时采用。为满足监视需要，密封罩上应加装压力表以及上下部的通气阀门。排氢操作时可从下部气门通入二氧化氮，从上部气门赶出残留氢气。目前一些机组如哈尔滨 300MW 优化机型已将机座与端罩改为整体式机座结构。这从根本上取消了此两道结合面，有利于氢气密封。

（b）端盖与机座的结合面和上、下半端盖的结合面也是重要的密封面。密封面的粗糙度需达到▽5~6，平面度需在 0.03~0.05mm 以内。

（c）出线罩与机座之间的结合面不论用密封胶或橡胶板、橡胶条，均因该处温度较高，易老化而失效。彻底的解决办法是将该结合面直接焊死，保证焊接质量，消除漏氢通道。

（d）出线罩法兰与出线套管台板的结合面。因二者的材质不同，该处又受定子端部漏磁影响，温度较高，故受热后膨胀变形。再加上密封材料受热易老化，此结合面原密封结构不能保证封氢效果。原铝合金台板需要换为1Cr18Ni9Ti不锈钢板，并和出线罩在里侧用奥237不锈钢焊条焊死，效果更佳。

（e）用塑料密封胶封氢，优点是工艺简便，运行中可以随时补注；缺点是密封胶从注胶槽口挤出后会进入机内回油通道，时间一久密封胶易老化干硬，即使补注也无效。加上端盖水平结合面靠近轴承里角处结合强度差，致使此处漏气漏油，因此从制造厂的角度应对端盖水平结合上存在的缺点加以改进，同时提供耐用、时间持久的优质密封胶。

（f）用橡胶条改善端盖密封也可取得一定的效果。采用橡胶条的做法是：先把端盖上注胶槽的槽棱倒角，再放入直径等于槽宽的橡胶圆条，胶条突出槽外部分需加切削，使胶条的截面积在不受力的情况下，略大于槽本身的截面积。端盖均匀紧固后用5丝（即$50\mu m$）塞尺塞过为好。胶条接头用平头对接，靠挤压封死。

（g）机座端部上固定端盖的螺孔，有的可能在制造过程中穿透，而后经补焊处理。如补焊不严或运行中受振而脱开，则成为漏氢气的途径。为查找这些泄漏的螺孔，可用一中心开孔试验螺钉逐次拧入固定螺孔，检查是否漏气。

2）密封瓦及密封瓦座消除漏氢措施包括：

（a）密封瓦座与端盖的垂直结合是最易漏氢的结合面之一。改进的办法是增加该结合面橡胶密封垫的强度，如使用硬丁腈橡胶密封垫时，内加一层帆布，整圈厚度8mm，均匀一致，并且开孔规矩，或将该密封垫改为两橡皮板中间夹一层环氧玻璃布板（厚5mm），总厚度9mm，均匀一致，且将紧固螺钉改用25Cr52MOV合金钢。使结合面紧固性增强而又不致使密封垫鼓起而漏氢。

（b）密封瓦与轴和瓦座的间隙必须调整合格。

（c）组装上下半端盖时，要保证水平法兰接缝对齐，防止因错口不平使密封垫受力不均。上下半端盖结合面采用橡胶条密封时，要把两半盖结合后受挤压突出的橡胶条顺端盖垂直面留出约1~2mm裕度后割齐，使装配密封瓦座后此处结合严密不漏。

3）出线套管消除漏氢措施包括：

（a）出线套管穿过出线台板处的密封是防止漏氢的关键部位之一。

由于漏入机内的密封油多积存于此处，上述橡胶圈、橡胶垫极易受油浸泡而变质失效。此处需用耐油的橡胶圈和橡胶垫加以双重密封。

(b) 出线套管上端出线铜杆与过渡引线的连接在装配时应避免别劲受力而使套管密封遭到破坏。出线套管瓷件的上下端与出线铜杆之间均用橡胶垫密封，并借助下端出线杆上螺母的紧力，使两端橡胶垫受压而封氢。但下端密封用橡胶垫如层数过多，在螺母紧力作用下，易相互偏斜移位而引起漏氢。富拉尔基二厂按下端出线杆实际尺寸，只选用两层橡胶垫，并将原铜质平垫圈改为带垂直外沿的铜垫，以限制胶垫偏移，收效较好，可供借鉴。

(c) 出线套管内的导电杆与上下端出线杆之间焊接不良时，也会出现漏氢。查漏发现后如现场无法补焊解决，即需要换新套管。

4) 氢气冷却器及氢系统消除漏氢措施包括：

(a) 每次大修，氢气冷却器应单独进行水压试验。试验压力为 0.49MPa（5kgf/cm^2）表压，以 0.5h 无渗漏为合格；氢气冷却器上下法兰与机壳结合处需结合紧密。此处出现间隙不等、结合面不平时，可换用厚垫或配用不同厚度的密封垫来解决。

(b) 运行中发现冷却器个别铜管漏氢时，可在不停机情况下堵管处理。先将直径比铜管内径约大 1~2mm 的软胶球 2~3 个送到铜管最下端的管板口，堵住下口，再将环氧树脂倒入该管，直至灌满。待树脂固化后，在上管板口打入铜楔即可。如铜管裂口较大，下部仍用软胶球堵死；往管内灌注树脂时，为克服氢气流上吹作用，使用由普通打气筒改制成的压注工具，将树脂浇注剂压入铜管最底部，当灌注到裂口外时，可听到"扑扑"声，此时停止压注，待树脂固化后，上管口用铜楔封住。

(c) 氢管路上连接法兰的密封垫要使用丁腈橡胶或其他耐油橡胶制作的整体件，避免使用拼接而成的密封垫。氢管路上使用的衬胶阀，长期在点接触挤压下衬胶易老化破裂而漏氢，可考虑改用弧形面接触的隔膜阀，不仅耐用、关闭严密，而且橡胶隔膜易于更换。

5) 转子消除漏氢措施包括：

(a) 每次大修，转子抽出后都应进行查漏试验。一般从励磁机端中心孔通入干燥清洁的压缩空气，试验压力为 0.49MPa（5kgf/cm^2），6h 允许压力下降不大于起始压力的 20% 为合格。

(b) 转子进行风压查漏试验时，重点应检查滑环下导电螺钉的密封情况。判断该处是否漏气的方法是使螺钉位置垂直向上，将无水酒精倒在上面，观察有无小气泡出现。同时还要检查中心孔固定螺钉及汽轮机端中心孔堵板的密封情况，只有漏气处全部处理好后，才能恢复风压试验。试验合格后回装励磁机侧中心孔堵板时，应保证此处严密不漏气。

2. 发电机油密封装置漏油及消除措施

（1）发电机漏油的危害。发电机漏油主要是指油密封装置工作不正常，将大量密封油漏入发电机内。发电机密封油漏进机内虽然不会马上造成发电机故障，但漏进的密封油及油气长期与发电机绕组和半导体防晕层接触，由于油的侵蚀和溶解作用而使绝缘强度和防晕性能大大降低，会造成绝缘故障。由于油的浸泡，定子槽楔下的垫条会也因电磁振动而窜出刺伤定子绕组端部绝缘，造成接地故障。此外漏油污染了发电机内各部件，增加了定期检修的清理工作，也影响了定子、转子的通风冷却。漏油还会影响氢气的纯度。因此对发电机漏油要引起重视，积极采取措施消除漏油。

（2）防止发电机油密封漏油的主要措施有：

1）密封瓦与轴和瓦座的间隙必须调整合格。瓦与轴的径向间隙，双侧以不超过 0.2 ~ 0.25mm 为宜。瓦装好后，应防止卡瓦，在放定位螺钉前，用一小铁棍能轻松地拨动瓦即可。为延长密封瓦的使用寿命，新换瓦可先在合口处垫以 0.1mm 厚的黄铜垫，按上述尺寸研刮。运行日久，间隙增大后可取消此垫，再适当研刮，继续使用。密封瓦与瓦座的轴间隙，以按双侧 0.1mm 掌握为宜。如间隙过大，应及时补焊瓦面乌金并研刮调整合适。

2）为防止密封油进入机内，内油挡及密封瓦挡板的径向间隙可按下列数值控制掌握：下间隙不大于 0.05mm，左右间隙不大于 0.15mm，上间隙不大于 0.25 ~ 0.30mm。油挡及密封瓦座上下两半组装前，其水平结合面应进行修研，使其间隙不大于 0.05mm。

3）有条件时最好将密封瓦改为双环双流式密封瓦，可以提高密封瓦的浮动性，减少瓦对转子轴的摩擦扰动，既可避免因密封瓦摩擦引起的轴的振动，又可保证密封瓦面与轴径维持较小的间隙，减小氢气侧回油量。

4）为保持密封油系统的正常工作，密封油箱的安装位置应比主油箱高 500mm 左右，使前者能将油全部排入后者，压差阀的位置应比密封油箱高 500mm，以免密封油箱或氢气侧回油管满油时，油进入压差阀配重室。压差阀、平衡阀应装在接近运转层处，以便调整操作。

5）密封油箱上的丝扣接头和丝扣阀应改为焊接和法兰阀。

6）密封油箱回油氢管不应有向下的坡度，它接到机壳上的位置应尽量提高。密封油箱回氢管和密封油回油管的坡度应加大一点。

7）选用合格的平衡阀和压差阀。如平衡阀可采用哈尔滨引进西屋技术研制的新型平衡阀。保证平衡阀自动跟踪，调节压差在 100mm 水柱以内。压差阀采用国产新型转动式压差阀（采用金属波纹管作为差压的敏感元件），或在原压差阀上并联一只 KFDB12 型差压调节阀亦可提高跟踪性能，提高调节灵敏度。

8）将压差阀、平衡阀调试合格，保证双流环式密封瓦正常工作。压差阀的作用应使空气侧油压高于机内氢压约 0.049MPa（0.5kgf/cm²），并能跟踪变化。平衡阀的作用应使氢气侧油压跟踪空气侧油压，保持二者尽量相等，最大相差不超过 150 × 9.8Pa。氢气侧与空气侧油压达到平衡的具体表现是密封油箱既不排油也不补油，或者排补油的间隔时间很长。如果平衡阀的性能不能满足要求，需适当控制旁路门的开度加以补救时，只要能保持密封油箱既不排油也不补油，即说明两股油流在密封瓦上已达到或接近平衡。为监视平衡的运行状况，在机组控制盘上应装设小量程的压力表（0 ~ 200 × 9.8Pa），用以指示氢气侧—空气侧油压差。

9）保持油质良好、无杂物，不仅是密封瓦，而且也是压差阀与平衡阀正常工作的条件之一。油系统增装刮板式自清洗滤油机，在运行中对油质进行净化处理。

10）当平衡阀失灵，手动控制油压运行时，要避免氢气侧油压比空气侧油压超过太多。否则，氢气侧回油量成倍增加，来不及排走便漏入机内；同时，氢气侧油窜入空气侧，会带走大量氢气。

11）保证氢气侧回油通道畅通无阻是防止机内进油的重要一环。发电机内部的回油腔、回油孔应改进扩大。机外回油管径可加粗至 φ76mm，管路坡度尽量加大，并防止出现弯曲。

12）密封油箱的油位在正常运行时，需保持较低位置，约为 2/3，并应注意监视，防止油满罐时往机内进油或空罐时向外跑氢。

13）将自动补油、排油电磁阀改用进口西屋浮球阀结构，自动跟踪进行补排油。

（五）氢冷发电机氢气湿度超标的综合治理

1. 氢气湿度大的危害

氢气湿度过大会导致发电机绝缘水平下降，造成绝缘击穿事故。国内已有 20 多台 200 ~ 300MW 氢冷发电机发生过定子绕组端部绝缘击穿事故。氢气湿度过高能加速转子护环的应力腐蚀损坏。

由于氢气湿度超标，机内气体比重增大，将使发电机通风损耗增大，其高值与低值相比较，每年可多耗几十万甚至几百万千瓦·时电能。因此为保证大型氢冷发电机安全经济运行，必须严格控制超标危害的认识，并会同发电机检修氢油水系统有关专业人员共同综合治理。

2. 发电机内氢气湿度超标的原因

（1）发电机内的氢气来自制氢站，国产制氢装置大多是仿制前苏联的 DQ 型电解槽，制氢系统也大都相似，用水冷却器除湿，去湿效果很差，一般产出的氢气湿度（如无特别注明，均为绝对湿度）较大，夏季约为 $10g/m^3$（常压下），冬季为 $5g/m^3$（常压下），这样的湿度对发电机的绝缘将造成极大的威胁，特别是机组置换为氢气后再次启动时，由于机内充入制氢站送来的新氢气，湿度达 $5\sim10g/m^3$，当在冬季启动、升压、试验、并网、带负荷时，将是非常危险的。发电机内氢气的相对湿度为

$$相对湿度（\%）=\frac{测定含湿度\times机内绝对压力倍数}{测定时该氢温下的饱和水蒸气含量}\times100\%$$

例如充入的氢气湿度为 $6g/m^3$ 时，机内氢压为 0.3MPa，定子内冷水在循环，机内氢气温度为 25℃ 时（25℃ 时氢气的饱和水蒸气含量为 $23.16g/m^3$），此时机内氢气的相对湿度达到 100%。从而可以看出来发电机定子绕组及聚四氟乙烯管上已经结露，如绝缘包扎不严密，随时可能发生短路事故。

（2）发电机空气侧密封油系统不完善，空气侧密封油取自主油箱。由于汽轮机透平油系统受到汽封间隙大、汽封调节器的调节灵敏度及跟踪性能的影响以及其他辅机泄漏造成透平油带水、油质乳化，使用这样的油源做发电机密封油是造成氢气湿度大的另一个主要原因。个别发电机曾从干燥器中每天放出 $500\sim1000g$ 水甚至更多，问题的严重性可想而知。

（3）平衡阀与差压阀跟踪调节性能差，密封瓦空气、氢气两侧相互窜油，以致将含有大量水分的密封油流入氢气侧，由于氢气侧密封油在机内氢气侧回油腔内飞溅，油中的水分亦将挥发到发电机内，造成氢气湿度增大。国产氢冷发电机组采用双流环式密封瓦，其设计意图是通过系统内的差压阀和平衡阀的调节作用，使密封油始终高于机内氢压一定的数值，同时又使空气、氢气侧密封油各自成闭合循环回路。既起到了密封作用，又可阻止直接接触空气。含水量一般较大的空气侧密封油窜入机内是导致氢气的纯度和湿度恶化的主要原因。然而，当前国产机组密封油系统中广为应用的两阀均不太理想。现场反映其跟踪性差，以致在启动初期多数不能投入。有的电厂运行中也不能投入使用，便采用手动调节。造成这种状况的主要原因有两个：①现场的油质太差，平衡阀和压差阀容易卡涩，失去跟踪和调节的功能；②设计制造不良。YPE 和 PTQ 型平衡阀设

计的灵敏度为 1.5kPa，也就地说在运行中，空气、氢气两侧油压差至少为 1.5kPa。取此数据，并假设空气侧密封油压大于氢气侧，两者的含水量分别为 500mg/L 和 25mg/L。有人对 200MW 机组进行理论计算，得出每天由于密封瓦窜油带入发电机内的水量达 558g，远远大于在正常情况下由补氢带入机内的水量（29g）。此外，平衡阀的性能还影响氢气侧密封油泵的补、排油，对发电机氢气湿度也有间接的影响。

早期出厂的氢冷发电机一般配 YTQ 型和 YCF 型油氢压差阀，跟踪调节性能差，往往在起停机过程中必须辅之以手动调节旁路门，稍不慎就有满油和断油之虞。而且这种压差阀是串联接入空气侧密封油量全部供油系统内，有两个缺点：①全部空气侧密封油量全部通过电压差阀，氢油两侧的压力无论哪一侧稍有变化都会造成压差阀动作，油压波动，由于流过电压差流量大，这个波动的冲击将造成调节的失稳，同时也将导致平衡阀调节精度的失稳；②由于串联接入的压差阀稳定性、跟踪性差，运行人员为了安全起见，总是增大油氢压差的范围，使密封瓦氢气侧回油增大，以至造成向发电机内大量漏油。对照分析进口机组压差阀大多是并联接在空气侧油泵的进出口油管上，相当于并联在空气侧密封油泵的再循环系统上。

（4）氢气冷却器漏水。

（5）发电机定（转子）绕组漏水。

（6）发电机原配氢气干燥器除湿能力差，基本没有干燥除湿的作用。

3. 氢气湿度的标准

1996 年 5 月，电力部召开了"降低国产大型氢冷发电机氢气湿度"研讨会，对发电机氢气湿度标准进行了深入的讨论。并以安生技〔1996〕60 号文颁发了会议纪要。

（1）为了能够使氢气湿度的计量更加直观和通用，推荐逐步以露点表示法代替目前采用的绝对湿度表示法。

（2）对氢气湿度和相关参数的限制标准做如下调整：

1）发电机充氢、补氢用的氢气在常压下的允许温度为露点温度 $t_d \leqslant -50℃$。

2）DL/T 651—2017《氢冷发电机氢气湿度技术要求》中 5.1 的内容。

3）密封油的含水量：对 300、600MW 及新建 200MW 的氢冷发电机，油中含水量小于等于 500mg/L；对已投产的 200MW 的氢冷发电机，油中含水量小于等于 1000mg/L。

如果发电机内氢气湿度过低，气体太干燥，会造成绝缘收缩，引起固定结构松弛，甚至绝缘垫块会产生裂纹。所以，上述标准中明确规定了氢气湿度的下限值。

4. 发电机内氢气湿度超标综合治理措施

（1）在制氢站加装氢气湿度干燥除湿装置，严把氢源湿度关。有些电厂安装的制冷式除湿机，其出口的氢气绝对湿度在常压下降到 $1g/m^3$ 左右。有些电厂在电解槽口处安装分子筛氢气吸附干燥装置或活性铝干燥器，其后的氢气绝对湿度在常压下为 $0.5g/m^3$（露点为 $-25℃$）以下。电力规划设计总院已将 QGZ 系列分子筛氢气干燥装置列入制氢站的典型设计中。

（2）在发电机氢系统内加装高效能的氢气除湿装置，主要有：

1）冷凝式干燥器：该干燥器应用冰箱制冷原理，依靠发电机转子风扇前后压差，使机内一部分氢气进入干燥器的冷凝器，使之降温到氢气中水气露点以下，此时氢气中的水气就凝结成水或霜，从而达到干燥、除湿的目的。

2）自动循环再生吸附式干燥器：该干燥器应用传统的干燥剂吸附原理，借助发电机转子风扇压差或干燥器自身风机，使一部分氢气通过干燥器中的干燥剂，将氢气中的水气吸附下来，从而达到干燥的目的。

（3）氢油密封系统进行局部改进，并更换一些不合格的配套部件。

1）更换不合格的平衡阀和压差阀。

2）氢气侧回路控制箱的补排油的电磁阀更换为氢气系统专用的浮筒阀。

3）将密封油系统的冷油器更新为可靠合格的冷油器。

4）将空气侧密封油源由原来的汽轮机主油箱供油改为由发电机密封瓦空气侧回油 U 形管回油装置供油，该回油装置如能增加一台小型滤油机则可进一步改善油质。

5）在氢密封油系统中增设真空脱气除湿装置。

6）补氢系统管道最低处应加排污门，定期排放。

7）检查发电机内部各挡板间的互通性，各死角处均应能可靠地排放油污或水。

8）目前，也有些研究单位在研制一些新型的油挡以解决发电机大量进油的问题。如氢气侧微正压油挡、接触式悬浮油挡等都有一些产品在现场试用，这些都是十分有益的尝试。

（4）解决透平油带水的问题，主要措施有：

1）坚持按标准检修调整汽轮机的轴封和轴承油挡的动静间隙。

2）加大轴封系统管道直径，改善轴封供汽调整门的调节特性，取消由除氧器经轴封供汽。低压轴封改由高、中压轴封的第二道泄汽供给。

3）汽轮机透平油系统加装净化精处理装置。

从发电机氢油密封系统的设计来看，国产引进型 300MW 和 600MW 机组还是比较完善的，这对于现有的 200MW 机组的密封油系统的改进有许多可借鉴之处。

（六）防止发电机轴系振动的措施

对于大容量发电机，因受轴的应力值的限制，制造厂不能仅增大容量，同时还需要增大转轴的长度，这样转轴就成了柔性的。所以对大型汽轮发电机组的振动问题应引起足够的重视。

汽轮发电机的轴系振动产生的后果是严重的。按照国家标准 GB/T 7064—2017《隐极同步发电机技术要求》规定：对 200MW 以下的机组，只测轴承座的机轴振动，对 200MW 及以上的机组，要求同时测轴承座振动和轴振动。对 2 极发电机，轴承座振动值小于 $38\mu m$ 为良好，小于 $75\mu m$ 为合格，超过 $118\mu m$ 应立即停机。轴振相对位移（括号内为绝对位移值）峰值小于 $80\mu m$（$100\mu m$）为良好，小于 $165\mu m$（$200\mu m$）为合格，超过 $260\mu m$（$320\mu m$）应立即停机。升降速过临界转速或超速时的振动值均不得超过立即停机限值。

引起轴系振动的原因是复杂的：有来自轴系内部的，如轴系中心不正、轴系平衡不良、中低压转子接长轴后刚性弱、存在质量不平衡等（如平圩 2 号 600MW 汽轮发电机投产期间出现过大振动而无法进行，主要原因是轴系平衡不良）；有来自外部的因素，如由于转子槽通风不平衡引起的热弯曲、轴承排烟不畅、油膜振荡引起机组振荡，等等。有机械方面的原因也有电气方面的原因，如发电机转子护环移位、转子绕组层间短路、定转子磁路不平衡问题引发的转子不平衡而引起的振动，等等。有制造质量有问题，也有运行维护不当所致。这里讲的主要是由发电机方面的因素引起的振动，并给出相应的诊断方法。

1. 转子匝间短路引起的振动

（1）转子匝间短路引起轴振动的特点。正常运行时的发电机转子（以 2 极机为例），其磁场是均匀对称的，所以当转子出现严重的匝间短路时，磁场的对称性会遭到破坏，使转子各方向所受应力不均匀，最终导致轴系振动变化异常。

转子匝间短路引起机组振动的主要特点有：

1）发电机转子匝间短路时，带上负荷时振动大，无负荷时振动正常。匝间短路消除，振动恢复正常。

2）有功功率和无功功率增大均使振动增大，有功功率的影响更大一些。有功功率和无功功率对振动的影响都有时滞现象，而无功功率的时滞现象更加明显。

3）转子为水内冷式的发电机转子对匝间短路引起振动较敏感。而空冷或氢冷转子相对不敏感，因为后者冷却介质之间热交换比较均匀，所以短路时热弯曲较小。

4）发电机转子匝间短路虽然影响了轴承振动，但仍属于电气故障，所以电气运行参数会有所反应。只不过有时反应明显，有时反应不明显。所以对于这种缺陷应将振动诊断与电气诊断结合起来进行。

除此之外，冷却风温、水温对转子振动也有影响，温度越高振动越大。

（2）静态诊断试验。转子匝间短路的试验及检查方法有：

1）直流电阻法。

2）静态转子交流阻抗的测定及比较。

3）交、直流电位法。

4）开口变压器与相位表、功率表、示波器法。

5）发电机转子平衡块位置检查。

6）联轴器螺栓探访。

（3）动态诊断试验。发电机转子匝间短路往往随发电机转速或所带负荷而改变，因此，除了上述静态的诊断试验外，动态下的综合诊断分析也是非常重要的。其方法有：

1）空载时的空载、短路试验。

2）空载时转子动态交流阻抗诊断。

3）负荷情况下，匝间短路动态监测线圈或单导线—积分电路法。

4）负荷情况下，振动与有功、无功、励磁电流关系的分析。

5）负荷情况下，振动与发电机定子冷却水温、机内冷热氢温关系的分析。

6）切换备用励磁机试验。

7）轴承座的振动频谱分析。

2. 转子热不平衡引起的振动

转子热不平衡主要是由于下列原因引起的：

（1）发电机转子的通风结构不合理。

（2）发电机转子的通风沟、槽堵塞，或转子冷却水回路堵塞。

（3）转子匝间短路也会使转子产生热不平衡，引起轴系振动。

3. 转子大轴与密封瓦摩擦引起的振动

（1）密封瓦与转子轴颈摩擦引起振动。广东沙角电厂三台 660MW 汽轮发电机为水氢氢冷，无刷励磁机为氢冷。在启动调试过程中，发电机两侧轴承（9、10 号轴承）振动大（励磁机末端无支撑，而是悬臂装在发电机末端）。先后采用调整机组对轮中心、密封瓦间隙以及密封油油温等措施，并在现场进行了高速动平衡，使机组在 3000r/min 时振动有所降低。但在稳定运行一段时间后，振幅开始爬升，且呈周期性波动。分析振动特性，振动频率主要为工频，振幅及相位随时间呈周期性变化，其激振力性质是转子不平衡力。在排除原始机械不平衡因素后，判断是转子存在旋转性的不稳定不平衡。因在 9、10 号轴承均有密封瓦，如密封瓦不能自由浮动，则极易与转子上的原始残余不平衡量相叠加，使机组产生周期性振动。

（2）轴颈与密封瓦摩擦振动机理。摩擦振动是汽轮发电机组常见的一种振动。随着机组的大型化，发电机和励磁机越来越多地采用氢冷方式，其端部设计有密封瓦，为了减少漏氢量，密封瓦与转子的间隙普遍较小，极易发生摩擦。

从摩擦的发展趋势来看，最常见的有两种，一种是经过一段时间后，动、静部分脱离接触，转子恢复正常。但经过一段时间后，摩擦可能会再发生。另一种是摩擦使转子弯曲，弯曲又进一步使摩擦加剧，出现越磨越弯、越弯越磨的恶性循环。上述摩擦都是旋转部件与静止部件由于冷热或热态时的几何偏心或转子振动过大而造成的，如转子与汽封片、转子与隔板以及转子与汽缸之间的摩擦，且都有一个共同的特征，即在频谱分析中可以发现大量的高频分量，且轴心轨迹及波形均发生畸变。而沙角电厂 1 号机发生的摩擦与常见的摩擦有明显的区别，从振动特征，频谱中无大量高频分量，轴心轨迹和波形未发生明显的畸变。产生上述差别的原因是，这种摩擦是旋转部件之间发生的摩擦，即摩擦发生在密封环与转子之间，虽然密封环的径向自由浮动受到限制，但仍然可以有一定的自由度，且周围存在密封油，故其摩擦的程度较轻，不一定反映出高频分量或波形畸变。

一般来讲，旋转部件无论是与静止部件还是与活动部件之间的间隙，所产生的转子热弯曲方向变化周期很短，而且转子热弯曲的数值也是一个剧烈的增长过程。但旋转部件与活动部件之间发生摩擦时，例如密封环与轴颈之间存在密封油膜，此时转子热弯曲方向周期将明显延长，而且由于接触压力、线速度、表面光洁度和材料等因素是一定的，所以转子上的热不平衡量是基本不变的。

（3）消除故障的措施。由于该机进行过高速动平衡，其转子上的残余不平衡量已很小，因此，消除振动故障的措施主要是围绕消除密封瓦与转子的摩擦而展开的。为了消除上述摩擦，曾先后采取了提高密封油、润滑油温度以及调整密封瓦间隙（已调整至原设计值的上限）等措施，但效果不理想，于是考虑减小密封环与密封瓦之间的摩擦力，具体方案是在密封瓦瓦座两侧端面处增加注油口并引入高压油来平衡密封环的水平推力，使密封环能够在密封瓦支座内自由浮动，从而避免与轴颈发生径向摩擦。

（七）防止发电机设备损坏的一些规定及措施

"安全生产，预防为主"是企业安全生产的基本方针。对于电力工业来讲，其特点是产、供、销一次完成及面向社会的公益性，安全尤为重要。防止发电机设备损坏，一方面要制定出反事故措施，层层落实，另一方面要加强对设备的日常维护和监督工作，防患于未然。对发电机设备损坏事故的管理实际上是对设备的安全性管理，它不仅包括日常的设备检修、维护和按计划周期进行的预防性维修以及事故后的抢修，而且还应包括预知维修——即根据设备运行时间和设备的实际状况确定维修项目，也就是从静态管理发展到动态管理。

加强设备的全过程管理，做好发电机选型、选厂和监督制造，把好设备出厂验收、安装及调试验收的质量关。

原电力部（水电部、能源部）历来对预防发电机事故非常重视，针对各个时期发电机故障的特点，制订了相应的反故障措施，如1982年水电部以（82）电生技字第138号文印发了《100MW及以上发电机组励磁系统预防事故的技术措施》。生产司以（82）电生技字58号文印发了《发电机反事故措施》。1986年水电部又以（86）电生火字第193号文印发了《1986年水电部发电机反事故技术措施》和《发电厂厂用电动机反事故技术措施》。

1987年水电部以（87）电生火字第8号文印发了《防止国产氢冷发电机封闭母线爆炸事故技术措施》。

1988年水电部以（88）电生火字17号文印发了《防止20万kW氢冷发电机漏氢漏油细则》。

1989年能源部印发了《能源部1989年发电机反事故技术措施补充规定》。对1982年、1986年的反事故技术措施进行了补充。

1991年能源部会同机电部以电发（1991）87号文印发了《防止200、300MW汽轮发电机定子绕组端部发生短路技术改进措施》和《国内四大电机厂提出的改进措施》。

近年来，又抓了氢冷发电机氢气湿度超标的综合治理，制定了发电机内及制氢装置氢气湿度标准。并推荐以露点表示法代替目前采用的绝对湿度表示法，与国际接轨，提出了氢气湿度的综合治理措施。

上述这些都是加强发电机技术管理，提高设备技术状况，防止发电机事故的重要措施。工作人员应该认真学习，严格遵照执行。

制造厂有关发电机的技术条件、技术要求、维护检修技术指南以及原电力部颁发的有关电机运行规程等，都是搞好发电机技术管理必须遵循的技术文件，必须认真学习、遵照执行。

采取合理的检修周期、项目、逐步开展状态检测维修（预知检修）。

重视氢、油、水系统的综合管理。大型汽轮发电机的管理涉及汽轮机化学、仪表、热工等专业的问题，已不是单纯有电气专业知识者即可胜任，因此要有一种大专业管理的概念，这就要求工作人员多学习，多吸收相关专业的知识，同时要注意和各相关专业搞好综合、协调，齐心协力才能管好、用好发电机。

七、大型汽轮发电机的运行维护

发电机的稳定运行不但对电力系统的安全供电十分重要，而且对发电机本身的安全也是十分重要的。如果发电机不能按规定的标准和方式运行，就有可能对发电机造成损坏，所以应对发电机的运行维护特别加以重视。

（一）发电机运行中电压和频率范围的规定

电力系统在运行中由于无功不足造成电压下降或无功过剩使电压升高，都会造成电压波动。而有功功率失去平衡会使频率波动，也影响电压波动。电压和频率的波动都会给发电机带来影响。在保持有功不变的情况下，电压升高要增加励磁电流，使励磁绕组温度升高，还会使定子铁芯磁通密度增大、温度升高，对发电机的绝缘也不利。而降低电压运行会降低稳定性，影响电力系统安全，如输出功率不变则定子电流要增大，定子绕组发热增加，温度升高，单元机组还会造成厂用电压下降，影响发电厂辅机的工作性能（电动机的力矩与电压平方成正比）。频率升高虽然对电网无不良影响，但电机在制造时转子的机械强度有一定限制，频率高，发电机转速加快，离心力大，极易使转子部件损坏。频率降低则有许多坏处，由于转速慢使发电机冷却性能变坏，温度升高，为保持电动势不变，又要增加励磁电流，同时铁芯易饱和，另外频率降低还可能引起汽轮机叶片断裂，所以发电机运行中对电压和频率变动的范围都有一定规定。图3-2-64绘出了发电机运行时电压、频率偏差范围。

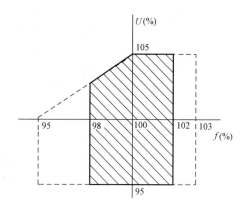

图 3 - 2 - 64　电压、频率偏差范围

图 3 - 2 - 64 中阴影部分是发电机在额定功率因数下运行，这时在电压变化 ±5% 范围和频率变化 ±2% 范围时发电机应能输出额定功率。发电机的温度和温升则随着电压和频率偏离额定值而增加，当发电机连续运行在阴影边界时其温升约提高 10K。

当发电机在额定功率因数下运行时，电压变化范围为 ±5%，频率变化范围为 −5% ~ +3%（对应于图中虚实边界线之间的影响而缩小，制造厂都规定了这种情况下的输出功率运行时间和发生次数）。

（二）发电机运行中的温度和温升

汽轮发电机运行时要产生损耗，这些损耗都转变为热能，使发电机各部分的温度升高。温度升高对发电机的绝缘影响很大，发电机绕组绝缘结构所采用的材料在温度的作用下，其机械、电气、物理等性能都将逐渐变坏。如果温度升高到一定程度，绝缘材料的特性会发生本质的变化，甚至失去绝缘能力，详见同步发电机特性试验部分。

应当注意的是温度限值并不一定是发电机运行的实际温度。发电机在运行中的实际温度是多少，还与发电机的冷却介质的进水、进氢温度和发电机的设计温升有关。所以不能认为温度没有超过规定值就确定发电机无问题。所以运行中要对发电机各部位温度与往常温度进行比较，发现有异常升高应引起注意。

水内冷发电机线圈如果断水是十分危险的。300MW 发电机定子有 60 槽，由于 60 个线圈的引水管都从汇流管引出，如果有一路引水管或线圈的水路不通，在总流量中只占 1/60，这从定子冷却水流量指示表计上是不容易区别出来的。所以发电机每个线圈和出水的检温元件就成为既监视发电机线圈温度和水温，又反映线圈冷却水通流情况的重要设备。因此要随时通过装于集控室的发电机温度巡测装置监视发电机定子线圈和引出线套管的温度，发现异常立即判断处理。

另一个需要注意的问题是，当某一个线圈或某一个出线套管完全断水时，它的测温元件并不一定能反映温度高，这是由测温元件安装的位置和结构决定的。所以对仅装有测温元件的出线套管应随时注意冷却水流量和温度的变化情况。

（三）发电机的振动

发电机的振动值是正常运行的重要指标，应定期进行测试，国标规定的 2 极电机振动标准如表 3 - 2 - 15 所示。

表 3 - 2 - 15　2 极电机的振动允许值

测 轴 承 座 （mm）		
垂　直	水　平	轴　向
0.03	0.03	0.038

表 3 - 2 - 15 中发电机的振动允许值是额定转速下单独运行时双倍振幅值。

300MW 发电机规定轴承位置的三个方向的两倍振幅不应大于 0.03mm。

（四）发电机集电环和电刷的运行维护

集电环和电刷是发电机最重要的设备之一，必须保持在良好的运行状态。

不同型号的电刷在不同的圆周速度具有不同的特点和使用要求，所以必须加强对其的维护。除了在安装时调整好电刷与集电环之间的间隙（2～4mm），并在正常运行时开启强迫通风装置外，还应经常检查集电环和电刷的磨损程度，清理集电环部分的通风孔、引线螺钉部分沉积的碳粉和油污，要保护电刷通流的均匀性，选择质量好的电刷产品。并注意消除由于气垫作用造成电刷通流不良的情况，除保持油环表面螺旋沟良好而起到改善电刷接触性能的作用外，还可以在电刷上开通风孔以进一步改善电刷运行条件。

（五）发电机漏氢的监测

运行中定期检查定子水路含氢量，如发现水中含氢量骤然增加，应立即查找原因。

为了检测运行时的漏氢情况，应对发电机封闭母线（包括中性点封闭母线柜）、定子冷却水系统、发电机汽轮机侧、励磁机侧油室和出线附近空间进行认真检测，检测出异常情况时及时处理，防止由于漏氢引起的爆炸等事故的发生。

要经常监测发电机氢气压力、密封油压力和定子冷却水流量。发电机的漏氢量不应超出规程规定。

第三节　大型汽轮发电机继电保护装置的配置与作用

为了在发电机自身故障时能及时切除故障,减小发电机损坏程度,当电网故障时不致损坏发电机,发电机配置有继电保护装置,配置保护的原则是根据大机组的特点和自身结构特点以及与电网的配合而决定的。

一、大型发电机继电保护的特点

(1) 大型发电机与中小型机组相比,对电网的安全运行影响更大。尽管电网不断扩大,但机组突然因故障停运,必将给电网造成功率严重缺额,从而带来许多不安全因素。这就要求保护要高度可靠,不误动、不拒动。

(2) 发电机由于容量增大,自身造价昂贵,一旦损坏仅修复本体就需要大量费用,所以要求保护能及时灵敏的切除和反映机组故障,以减小发电机的损坏程度。

(3) 发电机由于制造结构上的需要也对保护提出了新要求。例如过去中小型发电机的匝间保护均采用横差原理实现,而现在发电机中性点出线只有三个端头,这就要求匝间保护采用新原理。为了防止由于定子绕组断水造成的危害就需增设防止断水的保护。

(4) 大型发电机电气参数许多方面不同于中小型发电机,例如次暂态电抗增大要求保护更灵敏。

(5) 发电机组作为单元式机组,机电炉启动和运行是统一的,发电机－变压器组的保护需要与机炉保护相配合。

综上所述,发电机对继电保护的基本要求就是较过去的保护更快速、更灵敏、更可靠,原理更合理,保护更完善齐全。

二、保护的组成

发电机配置的保护有故障保护和异常运行保护。

发电机的保护和主变压器、高压厂用变压器的保护组成了整套发电机－变压器组的继电保护装置,其保护配置如表 3 – 2 – 16 所示。

表 3－2－16　　　　　　发电机－变压器组保护配置表

	保护名称	主　要　作　用	基　本　功　能
发电机	纵联差动	保护定子绕组及引出线相间短路故障	全跳闸
	匝　间	保护定子绕组匝间短路故障和相间故障	全跳闸
	定子接地	反映定子绕组单相接地故障	全跳闸
	逆功率	反映发电机从系统吸取功率	全跳闸
	失　磁	反映发电机失去正常励磁	全跳闸或切换励磁
	转子一点接地	反映励磁回路发生一点接地故障	发信号或跳闸
	转子两点接地	反映励磁回路发生两点接地故障	全跳闸
	断　水	保护发电机定子冷却水中断	25s 全跳闸
	负序过电流	保护发电机转子表层的过电流	全跳闸
	正序过电流	主保护的后备保护和反映外部故障引起的过电流	全跳闸
	强行励磁	限制发电机强行励磁的时间	10s 全跳闸
	过电压	反映发电机定子绕组过电压	全跳
主励磁机	纵　差	保护定子绕组相间短路故障	全跳闸
	过电流	反映主励磁机定子绕组和发电机转子过电流，纵差保护的后备保护	全跳闸
主变压器	差　动	反映变压器相间故障和 220kV 侧单相故障	全跳闸
	过励磁	保护变压器由于绕组加电压过高引起的过励磁	全跳闸
	气　体	反映变压器内部故障	全跳闸
	主变压器通风	反映变压器需增加冷却通风	启动备用冷却器
	阻　抗	后备保护	跳闸

	保护名称	主 要 作 用	基 本 功 能
主变压器	冷却器全停	反应冷却器电源全部消失冷却器全停	10min 全跳闸
	零序方向速断	反应外部单相接地引起的过电流	跳闸
	零序方向过电流	反应外部单相接地引起的过电流	跳闸
	零序方向过电压	保护变压器因单相接地引起的过电压	跳闸
	主变压器间隙放电	保护变压器因单相接地引起的过电压	跳闸
高压厂用变压器	差 动	保护变压器相间短路故障	全跳闸
	气 体	反映变压器内部故障	全跳闸
	高压侧过电流	主保护的后备保护和反映低压侧引起的过电流	先跳低压侧断路器后跳主断路器
	低压侧过电流	分别反映厂用 6kV 各段过电流	跳开本段工作断路器
	冷却器全停	反应冷却器电源全部消失冷却全停	跳开低压侧 6kV 两段工作断路器联动备用电源断路器合闸供电
发电机 K 变压器	差 动	保护发电机、主变压器、高压厂用变压器范围内的相间短路故障	全跳闸
	断路器失灵	当保护动作而断路器拒动时起作用	跳开线路对侧断路器
	空负荷	防止运行中线路对侧断路器误跳造成汽轮机超速	全跳闸
	热工保护	反应机、炉保护动作	作用于电气部分跳闸
220 kV 线路保护	光纤纵差	保护线路全线间、接地短路	快速断开线路两侧断路器
	光纤方向	保护线路全线间、接地短路	快速断开线路两侧断路器
	接地距离	线路接地故障的后备保护	跳闸
	相间距离	线路相间故障的后备保护	跳闸
	重合闸		一次重合闸
	非全相	反应非全相运行	跳开主断路器并作用于汽轮机甩负荷

作用于跳闸的保护在功能上主要又分为两种情况。第一类保护动作后，跳开发电机－变压器组主断路器、发电机灭磁开关和本单元机组厂用6kV段的工作电源断路器，同时作用于主汽门关闭。这类保护包括主变压器、高压厂用变压器和发电机－变压器组的差动保护、差动速断保护，发电机差动保护，主变压器和高压厂用变压器的重瓦斯保护，发电机转子的两点接地保护，发电机定子匝间保护和定子电流速断保护、负序电流速断和转子电流速断（即励磁机过电流速断）保护等。

第二类保护动作后，跳开发电机－变压器组主断路器、发电机灭磁开关和本单元机组厂用6kV段工作电源断路器，同时作用于汽轮机甩负荷。这类保护包括有发电机的过电压、转子回路过电流、定子过电流、负序过电流、逆功率、断水、强行励磁、定子接地保护和主变压器的过励磁、冷却器全停保护以及热工保护和发电机空负荷保护等。

三、配置保护的介绍

1. 纵联差动保护

纵联差动保护能快速而灵敏的切除保护范围内的相间短路故障，所以作为发电机和变压器的主保护，发电机－变压器组差动保护配置情况如图3－2－65所示。

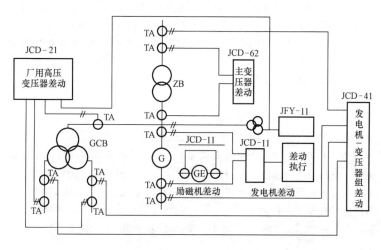

图3－2－65　发电机－变压器组差动保护配置示意图

大型发电机组在发电机与主变压器之间无断路器，但由于机组容量大，设备重要，所以，除发电机、主变压器和高压厂用变压器分别装设差

第二章　发电机检修

动保护外，还装设了发电机－变压器组的差动保护，实现了快速保护的双重化。提高了保护的可靠性、快速性和灵敏度，确保满足大机组快速切除故障的要求。

（1）发电机差动保护。保护的测量电流取自装于发电机机端出线套管和中性点出线套管上的电流互感器，其保护范围即是发电机出线套管以内发生的相间故障。保护采用了由鉴别波宽原理构成的 JCD－11 型差动继电器作为测量元件，继电器具有比率制动特性，整定动作电流小于发电机额定电流（取 $I_{OP} \approx 0.4I_N$）所以大大提高了保护的灵敏度，是发电机定子绕组相间短路的主保护。为了提高保护的可靠性，降低误动的可能，保护还增设了负序电压元件闭锁环节。

（2）主变压器差动保护。保护采用了二次谐波制动原理的 JCD－62 型晶体管差动继电器构成，测量电流分别取自主变压器低压侧套管电流互感器和高压侧电流互感器。它的实际保护范围包括了主变压器本体、主变压器至 220kV 小间架空导线、小间进线套管和线路侧断路器，能快速切除上述范围内的故障。它与气体保护一样是主变压器的主保护。

为防止电流互感器饱和时差动继电器拒动，增设了差动速断元件，速断元件动作值可取变压器额定电流的 7~9 倍。

（3）高压厂用变压器差动保护。高压厂用变压器与发电机之间虽无断路器，但为了提高灵敏度，所以单独装设了独立的差动保护。它由高压厂用变压器高压侧套管电流互感器和安装于厂用 6kV 两分支段配电柜内的电流互感器组成测量比较电流，保护范围包括高压厂用变压器本体和高压侧共箱封闭母线，采用 JCD－21 型差动继电器，并装设了电流速断元件和负序电压闭锁元件。

（4）鉴于主励磁机容量大及其重要性，独立装设了由 JCD－11 型差动继电器构成的保护，用以保护主励磁机定子绕组的相间故障。

（5）发电机－变压器组的差动保护。保护是将发电机中性点电流互感器、线路侧电流互感器和高压厂用变压器 6kV 两段配电柜内电流互感器的电流接入 JCD－41 型比率制动的差动继电器构成了大差动，所有上述范围内（包括发电机封闭母线）的相间故障和线路侧的单相故障均能快速切除。这样发电机、主变压器和高压厂用变压器就实现了双重快速保护。

由于差动保护是所装设备的主保护，所以差动保护动作后均跳开主断路器、发电机灭磁开关和厂用 6kV 两段工作电源开关。同时给热控系统发出脉冲去关闭主汽门（主励磁机差动保护动作作用于汽轮机甩负荷）。

2. 发电机的匝间保护

300MW 发电机定子绕组为双星形接地，每相两个并联分支，每分支有 10 个线圈。由于定子绕组线棒只有一匝，所以不存在同一槽内的同一线圈内部匝间短路的可能性，但可能发生同相两并联分支间或各分支同相相邻两线圈之间的短路故障。由于在全部 60 槽中仍有 12 槽是上下层线棒为同相（每相为四槽），这些线棒在出槽口处相交叉距离近，运行中由于振动可能发生绝缘损坏，另外鼻端同相相邻线棒如绝缘处理不好发生爬电现象，也可以引起匝间短路（或接地），因此尽管发电机在制造时对定子绕组绝缘十分重视，但仍有必要装设防止匝间短路的保护。300MW 发电机采用了负序功率闭锁的零序电压匝间保护。构成示意如图 3 - 2 - 66所示。

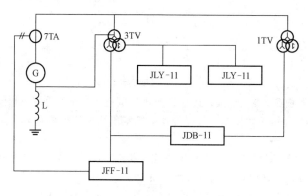

图 3 - 2 - 66　匝间保护配置示意图

3TV 为匝间保护专用的电压互感器，其一次绕组中性点与发电机中性点直接连接，发电机中性点经消弧线圈 L 接地，当发电机发生单相接地故障时，因并未破坏三相对中性点电压的对称性，所以电压互感器二次开口三角绕组无电压输出，而发电机发生匝间短路时，开口三角绕组有零序电压 $3U_0$ 输出。绕组上接有两个 JLY - 11 型滤过式电压继电器，为了提高可靠性，防止区外故障时保护误动作，由发电机出口电流互感器二次电流和 3TV 二次电压接入的 JFF - 11 型负序方向继电器作为保护的闭锁元件。保护还设有防止专用电压互感器 3TV 断线的断线闭锁装置。

发电机匝间保护按躲过正常运行时开口三角绕组的不平衡电压整定，

一般取 3～5V，匝间保护动作后作用于机组全停。

3. 发电机定子接地保护

定子接地是发电机的常见故障之一，大型发电机由于结构复杂，造价昂贵，所以对定子单相接地时的电流数值大小规定严格，同时要求配置完善的保护。发电机采用中性点经消弧线圈接地欠补偿运行的方式，接地时流经发电机故障点的电流小于 1A，同时配置了 100% 的定子接地保护装置。其构成如图 3-2-67 所示。

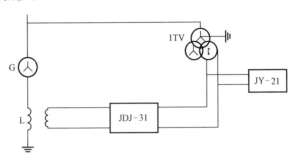

图 3-2-67　定子接地保护配置示意图

保护由两大部分组成。JY-21 型电压继电器接于发电机机端电压互感器 1TV 开口三角绕组，起保护发电机定子绕组靠近机端方向接地时作用。

JDJ-31 型继电器是利用比较发电机机端三次谐波电压和中性点三次谐波电压的原理构成，正常运行时，中性点三次谐波电压大于机端三次谐波电压，继电器不动作，当接地点发生在离中性点侧约 50% 以内的范围时保护继电器动作。

JY-21 和 JDJ-31 共同构成了发电机的 100% 定子接地保护，其构成如图 3-2-68 所示。

4. 发电机的逆功率保护和空负荷保护

逆功率保护和空负荷保护都是为保护汽轮机不受损害而装设的。

（1）逆功率保护。当汽轮机主汽门关闭而发电机出口断路器未断开时，发电机将从电网吸取功率，变为电动机运行，汽轮机会由于鼓风损失使其叶片过热，长时间就可能损坏叶片，所以装设了逆功率保护，以防止发生这类故障。逆功率保护整定一般取额定功率的 3%～5%，保护动作后短延时发出信号，经较长延时（2～3min）作用于断路器跳闸。保护采用 JNG-11 型功率继电器作测量元件。

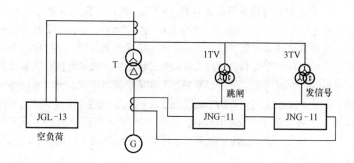

图 3 - 2 - 68　逆功率、空负荷保护配置示意图

（2）空负荷保护是根据汽轮机需要新增设的一项保护措施。如太原第一热电厂 300MW 单元机组主变压器高压侧经 220kV 线直送冶峪变电站，厂内无 220kV 配电母线，因此可能存在如下问题：当冶峪变电站侧的 300MW 机组的线路进线断路器由于某种原因断开时，会出现 300MW 单元机组突然全部甩负荷的现象，将引起汽轮机超速，空负荷保护就是为防止这种情况下汽轮机超速而设置的。在冶峪变电站进线断路器与电厂内设备无直接联锁的情况下，保护是利用测量厂内单元机组负荷电流数值来实现的，当测量线路无电流时保护动作，同时向热控发出脉冲，作用于汽轮机甩负荷关汽门。所以它实际上是一个低电流保护，其原理和接线并不完善。改进办法可采用由冶峪变电站断路器跳闸后向电厂传输一个已跳闸信号并用负荷电流闭锁来实现。

有必要指出的是，空负荷保护仅仅是防止汽轮机超速的一项辅助性措施，它是否能起作用，最终决定于汽轮机调速系统是否能正确动作。

5. 发电机的过电压和强行励磁保护

（1）过电压保护是为保护发电机定子主绝缘不致因过电压损坏而设置的。运行中由于各种原因（如采用静止硅整流励磁装置的发电机励磁调节器比较复杂，有可能出现意外）造成发电机过电压数值和持续时间超过允许值，对发电机绝缘构成威胁。过电压时定子铁芯背部漏磁急剧增加，会引起局部过热甚至造成局部烧伤，发电机过励磁还会造成变压器过励磁。

发电机过电压保护定值应根据发电机性能确定，300MW 发电机主绝缘的工频耐压水平为可承受 60s 的 125% 额定电压试验；保护可按 120% 额定电压整定。

（2）发电机强行励磁保护是这样考虑的，当发电机因外部故障或其他原因电压降低时，强行励磁功能将起作用，300MW 发电机励磁系统的强行励磁顶值倍数可达到 2 倍，使发电机的励磁大大增加，这对提高发电机和系统的电压水平有利，但过长时间强行励磁将造成发电机励磁系统长时间过电流，同时考虑定子绕组绝缘水平的承受能力有限，所以装设了强行励磁保护。保护采用两个 JZY – 11 型正序电压继电器分别接于两组电压互感器上（防止电压互感器断线时误动），当发电机电压降至 85% 额定电压时动作，经 10s 延时作用于跳闸，这样就把发电机被强行励磁的时间限制在 10s 之内。

6. 发电机的失磁和过电流保护

（1）失磁保护。大型发电机失磁将造成系统电压下降、无功缺额，破坏系统稳定，并对发电机本身造成不利，同时大型发电机由于励磁调节环节和励磁回路复杂，存在发生失磁的可能性，所以要装设失磁保护。300MW 发电机上装设了由两个 JPZ – 11 型偏移阻抗继电器和一个 JFY – 11 型负序电压继电器组成的失磁保护。在机组具备条件时，失磁保护动作可先经短时限切换励磁，再经长时限作用于跳闸。

（2）负序过电流保护。发电机配置有反时限负序过电流、定时限负序过电流和负序电流速断、负序过负荷保护。反时限电流保护动作时限随着负序动作电流的增大而减小，保护特性好，所以是有效防止转子被负序电流烧伤的主要保护。同时为了提高可靠性，还增设了负序定时限过电流保护，其负序电流动作值与反时限保护相同，仅动作延时长。负序电流速断元件在负序电流达到其定值时能快速切除故障。除负序电流过负荷保护作用于发信号外，其他负序电流保护动作后均作用于跳闸。

（3）正序过电流保护。发电机的正序过电流保护也装设有反时限过电流、定时限过电流、电流速断和过负荷元件。除过负荷元件作用于发信号外，其他元件均作用于跳闸。

发电机过电压、强行励磁、正序过电流、负序过电流、失磁保护配置示意图如图 3 – 2 – 69 所示。

7. 转子一点和两点接地保护

发电机在运行中转子绕组发生一点接地的情况较多，发生一点接地虽然由于形不成回路无环流，但可造成励磁回路对地电压升高，此时如再有绝缘薄弱处发生接地，即形成发电机转子两点接地。发电机转子发生两点接地将在被短路的部分绕组内形成环流，出现过热，还会使气隙磁通失去平衡，引起转子振动，造成严重后果。300MW 发电机上装设了应用测量

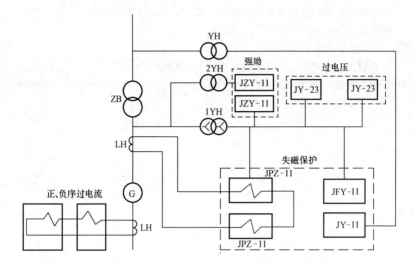

图 3 - 2 - 69　过电压、强励、正序、负序过电流、失磁保护配置示意图

发电机励磁回路对地导纳原理构成的 JZJ - 41 型转子一点接地保护继电器，动作后发出信号。并装有采用电桥平衡原理构成的 JZJ - 31 型转子两点接地保护继电器，在转子发生一点接地后投入两点接地保护，两点接地保护作用于机组跳闸。

8. 发电机的断水保护

为了防止由于定子绕组断水造成发电机烧毁，300MW 发电机上装设了定子绕组断水保护，当定子冷却水流量降低至 11.6m^3/h 时，保护动作跳开发电机各侧断路器，并作用于汽轮机甩负荷。

9. 机组的断路器失灵保护

断路器失灵保护是指发生故障时，故障元件的保护动作、而其断路器操动机构失灵、拒绝跳闸时，通过故障元件的保护作用于相邻元件断路器使之跳闸以切除故障。300MW 发电机 - 变压器组经 220kV 线路直送冶峪变电站，在单元机组保护动作而其断路器（例如 201 断路器）失灵拒动时则应跳开冶峪变电站侧的本线路的进线断路器以切除故障。保护采用 220kV 侧电流作为测量元件，当机组保护出口继电器动作而失灵保护电流元件测量得故障电流未消失（说明断路器拒动）时，经一较短延时启动远跳回路，通过线路光纤通道跳开对侧断路器。

发电机的保护可根据各种保护的不同作用和故障及异常性质执行不同

的功能。在机炉条件允许的情况下，部分异常运行保护动作后可只跳开主断路器而维持机组继续带厂用电运行。

提示 本章第一、二节适合初、中级工阅读、学习，第二、三节适合高级工阅读、学习。

第三章

异步电动机检修

第一节　结构原理及用途

一、分类

三相异步电动机的结构简单牢固，工作可靠，维修方便，价格便宜。因此，广泛用于工业、农业、交通等行业。

异步电动机按转子结构可分为笼型和绕线型电动机。其中笼型异步电动机又可分为单笼型、双笼型和深槽式三种。

异步电动机按定额工作方式可分为连续定额工作、短时定额工作和断续定额工作的电动机；按防护类型分为开启式、防护式（防滴、网罩）、封闭式、密闭式和防爆式电动机；按尺寸范围可分为大型、中型、小型和微型电动机。

二、型号及用途

三相异步电动机的型号用汉语拼音大写字母、国际通用符号和阿拉伯数字来表示。以中小型电动机为例，产品全型号的组成和排列顺序如下：

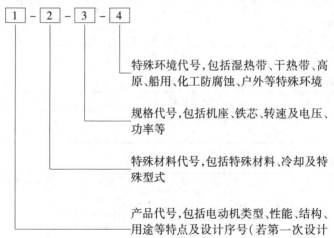

$$\boxed{1} - \boxed{2} - \boxed{3} - \boxed{4}$$

特殊环境代号，包括湿热带、干热带、高原、船用、化工防腐蚀、户外等特殊环境

规格代号，包括机座、铁芯、转速及电压、功率等

特殊材料代号，包括特殊材料、冷却及特殊型式

产品代号，包括电动机类型、性能、结构、用途等特点及设计序号（若第一次设计的产品，则序号不表示）

如 Y 系列异步电动机：

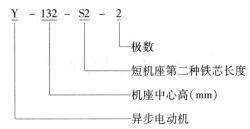

中小型电动机的类型、特殊材料代号、特殊环境代号分别见表 3-3-1~表 3-3-3。

表 3-3-1　　　　　　　中小型电动机类型代号

序号	电机类型	代号
1	异步电动机（笼型及绕组型）	Y
2	异步发电机	YF
3	同步电动机	T
4	同步发电机（除汽轮发电机、水轮发电机外）	TF
5	直流电动机	Z
6	直流发电机	ZF
7	汽轮发电机	QF
8	水轮发电机	SF
9	测功机	C
10	交流换向器电动机	H
11	潜水电泵	Q
12	纺织用电机	F

表 3-3-2　　　　　　　特殊材料代号

汉语代号	汉语拼音代号	汉语代号	汉语拼音代号
"铝"线 "水"冷	L S	"风"力	F

表 3-3-3　　　　　　　特　殊　环　境　代　号

汉语代号	汉语拼音代号	汉语代号	汉语拼音代号
按热带电工产品标准生产用	T	"船"（海）用	H
"湿热"带用	TH	化工防"腐"用	F
"干热"带用	TA	户"外"用	W
"高"原用	G		

三相步电动机的型号、结构和用途。

三相异步电动机的型号、结构和用途见表 3 - 3 - 4。

表 3 - 3 - 4　　　　　三相异步电动机的型号、结构和用途

名　　称	型号（新）	型号（老）	结构特征	用　　途
小型三相异步电动机（封闭式）	Y（IP44）	JO2	自扇冷却，封闭式结构，能防止灰尘、水滴大量进入电机内部	作一般用途的驱动源，即用于驱动对启动性能、调速性能及转差率无特殊要求的机器和设备；亦可用灰尘较多、水土飞溅的场所
小型三相异步电动机（防护式）	Y（IP23）	J2	自冷式，防护式机构，能防止水滴或其他杂物从与垂向成 60° 的范围内落入	同上，但必须用于周围环境较干净、防护要求较低的场所
变极多速三相异步电动机	YD（IP44）	JDO2	同 Y 系列（IP44）	同 Y 系列（IP44），驱动要求有 2～4 种分级变化转速设备
高转差率三相异步电动机	YH（IP44）	JHO2	转子采用高电阻系数的铝合金，期刊结构同 Y 系列（IP44）	用于传动飞轮力矩较大、具有冲击性负荷，启动及反逆转次数较多的设备

第三章　异步电动机
检修技术

名　　称	型号（新）	型号（老）	结构特征	用　　途
高效率三相异步电动机	YX（IP44）		同 Y 系列（IP44），只是改变了电磁参数，使用高导磁低损耗硅钢片，以降低损耗、提高效率	用于驱动长期连续运行、负载率较高的设备
绕线转子三相异步电动机（封闭式）	YR（IP44）	JR02	转子为绕线型的封闭式结构，能防止灰尘及水滴大量进入电机内部	用于驱动启动转矩高而启动电流小及需要小范围调速的设备，可用周围围灰尘多、水土飞溅、环境恶劣的场所
绕线转子三相异步电动机（防护式）	YR（IP23）	JR2	转子为绕线型的防护式结构，能防止水滴从上方垂直方向成 60° 的范围内进入电机内部	同 YR（IP44），但必须在周围环境较干净、防护较低的场合使用
低振动、低噪声三相异步电动机	Y2C（IP44）	JJO2	同 Y 系列（IP44）	用于驱动精密机床及需要低噪声、低振动的各种机械设备
船用三相异步电动机	Y－H（IP44或IP54）	JO2－H	机座材料、接线盒结构符合船舶使用特点，其余同 Y 系列（IP44）	用于海洋、江河一般船舶上的机械传动

名　称	型号（新）	结构特征	用　　途	
户外型三相异步电动机	Y－W（IP54 或 IP55）	JO2－W	在 Y 系列（IP44）结构基础上，加强结构材料，加强结构密封和采取零部件防腐措施	用于户外轻腐蚀环境的各种机械传动
化工防腐蚀型三相异步电动机	Y－F（IP54 或 IP55）	JO2－F	同 Y－W 系列	用于经常或不定期在一种或二种以上化学腐蚀性质环境中的各种机械传动
隔爆型三相异步电动机	Y－B（IP54 或 IP55）	BJO2	电动机必须符合有关防爆特殊技术要求，主要零部件要符合隔爆要求	用于煤矿井下固定设备的一般传动，作为工厂有最大实验安全间隙不小于Ⅱ B 级，引燃温度不低于 T4 组的可燃性气体或蒸汽与空气形成的爆炸性混合物的设备传动
增安型三相异步电动机	YA（IP54）		电动机符合防爆性环境等通用要求及爆炸性环境增安型要求。（1）爆炸混合物自燃极限温度不低于 450℃时功率等级与机座号对应关系同 Y 系列（IP44）（2）爆炸混合物自燃极限温度不低于 200℃～300℃ 时功率等级与机座号对应关系比 Y 系列（IP44）降低一级	用于石油、化工、化肥、制药、轻纺等企业中具有二类爆炸危险的场所中的各种机械传动

名　称	型号（新）	型号（老）	结构特征	用　途
电磁调速三相异步电动机	YCT	JZT	由 Y 系列（IP44）三相异步电动机与电磁滑差离合器组成	用于要求恒转矩或风机型负载的无级调速传动。其控制功率较小，调速范围较广，调速精度较高
旁磁式制动三相异步电动机	YEP（IP44）	JZD	转子非伸轴端装有分磁块及制动装置并与电动机组成一体，其余结构同 Y 系列（IP44）	适用于频繁启动、制动的一般机械，作为起重运输机械、升降工作机械及其他主传动或辅助传动用
电磁式制动三相异步电动机	YEJ		由 Y 系列（IP44）三相异步电动机与电磁制动器（IP23）组成	求迅速、准确停车的或辅助传动用
齿轮减速三相异步电动机	YCJ	JTC	由 Y 系列（IP44）电动机与齿轮减速器直接耦合而成	用作驱动低速、大转矩的设备，并只准使用联轴器或正齿轮连接
摆线针轮减速三相异步电动机	YXJ	JXJ	由 Y 系列（IP44）电动机与摆线针轮减速器组合而成	

名　称	型号（新）	型号（老）	结构特征	用　途
立式深井泵用三相异步电动机	YLB（IP44）	JLB2/DM/JTM	在电动机一端装有单列向心推力轴承，能承受一定的轴向力；转子轴为空心轴，端装有防逆盘以防电动机逆向旋转	驱动立式深井泵
启动冶金用三相异步电动机	YZR（IP44或IP54）	JZ2	机座号 112～132 为封闭自冷式，其余为封闭自扇冷却。转子为铸铝锰合金。机座号 112～160 为圆柱轴伸；机座号 180～400 为圆锥轴伸；机座号 200 及以上有的风扇端与轴伸端轴承型号、规格不同，绝缘登记为 FH 级	IP44－F 级绝缘电动机用于一般环境起重运输机械传动；IP54－H 绝缘电动机用于冶金辅助设备的传动
起重冶金用三相异步电动机	YZR	JZR	除转子为绕线型外，其余同上	

名称	型号(新)	型号(老)	结构特征	用 途	
井用潜水三相异步电动机	YQS2	JQS/YQS	GB 2818—1991	为充水式密封结构，即定子、转子、绕组、轴承均在水中长期工作。上下端各装有水润滑径向滑动轴承，下端还装有水润滑止推轴承，以承受轴向力及防止轴向窜动。电动机各上口接合面以O形密封圈或密封胶密封。轴伸端端装有防砂密封装置	与井用潜水泵配套组成井用潜水电泵，是农业灌溉、工矿企业供水和高原山区抽取地下水的先进动力设备
电动阀门用三相异步电动机	YDF (IP44)		JB 2195—1977	同Y系列（IP44）	用作驱动电动阀门，要求高启动转矩和最大转矩的场合
力矩三相异步电动机	YCJ		JB/T 6297—1992	强迫通风冷却；笼型转子铸铝，采用高电阻合金材料	用于要求恒张力、恒线速度传动（卷绕特性）或恒转矩传动（导辊特性）的场合

异步电动机新老产品代号对照见表3－3－5、表3－3－6。

表3－3－5　　　电动机产品代号（GB/T 4831—2016）

序号	产品名称	产品代号	代号汉字意义
1	三相异步电动机	Y	异
2	分马力三相异步电动机	YS	异三
3	绕线转子三相异步电动机	YR	异绕
4	立式三相异步电动机（大、中型）	YLS	异立三
5	绕线转子立式三相异步电动机（大、中型）	YRL	异绕立
6	大型二极（快速）三相异步电动机	YK	异（二）
7	大型绕线转子二极（快速）三相异步电动机	YRK	异绕（二）
8	电阻启动单相异步电动机	YU	异（阻）
9	电容启动单相异步电动机	YC	异（容）
10	电容运转单相异步电动机	YY	异运
11	双值电容单相异步电动机	YL	异（双）
12	罩极单相异步电动机	YJ	异极
13	罩极单相异步电动机（方形）	YJF	异极方
14	三相异步电动机（高效率）	YX（YE2）	异效
15	三相异步电动机（超高效率）	YE3	异效（超）
16	电阻启动单相异步电动机（高效率）	YUX	异（阻）效
17	电容启动单相异步电动机（高效率）	YCX	异（容）效
18	电容运转单相异步电动机（高效率）	YYX	异运效
19	双值电容单相异步电动机（高效率）	YLX	异（双）效
20	三相异步电动机（高启动转矩）	YQ	异起
21	高转差率（滑差率）三相异步电动机	YH	异（滑）
22	多速三相异步电动机	YD	异多
23	通风机用多速三相异步电动机	YDT	异多通
24	制冷机用耐氟三相异步电动机	YSR	异三（氟）

序号	产品名称	产品代号	代号汉字意义
25	制冷机用耐氟电阻启动单相异步电动机	YUR	异（阻）（氟）
26	制冷机用耐氟电容启动单相异步电动机	YCR	异（容）（氟）
27	制冷机用耐氟电容运转单相异步电动机	YYR	异运（氟）
28	制冷机用耐氟双值电容单相异步电动机	YLR	异（双）（氟）
29	屏蔽式三相异步电动机	YP	异屏
30	泥浆屏蔽式三相异步电动机	YPJ	异屏浆
31	制冷屏蔽式三相异步电动机	YPL	异屏冷
32	高压屏蔽式三相异步电动机	YPG	异屏高
33	特殊屏蔽式三相异步电动机	YPT	异屏特
34	力矩三相异步电动机	YLJ	异力矩
35	力矩单相异步电动机	YDJ	异单矩
36	装入式三相异步电动机	YUL	异（装）（入）
37	制动三相异步电动机（旁磁式）	YEP	异（制）旁
38	制动三相异步电动机（杠杆式）	YEG	异（制）杠
39	制动三相异步电动机（附加制动器式）	YEJ	异（制）加
40	电磁调速三相异步电动机	YCT	异磁调
41	换向器（整流子）式调速三相异步电动机	YHT	异换调
42	齿轮减速三相异步电动机	YCJ	异磁减
43	谐波齿轮减速三相异步电动机	YJI	异减（谐）
44	摆线针轮减速三相异步电动机	YXJ	异线减
45	行星齿轮减速三相异步电动机	YHJ	异（行）减
46	三相异步电动机（低振动精密机床用）	YZS	异振三

序号	产品名称	产品代号	代号汉字意义
47	单相异步电动机（低振动精密机床用）	YZM	异振密
48	电动阀门用三相异步电动机	YDF	异电阀
49	离合器三相异步电动机	YSL	异三离
50	离合器单相异步电动机	YDL	异单离
51	三相电泵（机床用）	YSB	异三泵
52	单相电泵（机床用）	YDB	异单泵
53	木工用三相异步电动机	YM	异木
54	钻探用三相异步电动机	YZT	异钻探
55	耐振用三相异步电动机	YNZ	异耐振
56	滚筒用三相异步电动机	YGT	异滚筒
57	管道泵用三相异步电动机	YGB	异管泵
58	辊道用三相异步电动机	YG	异辊
59	变频调速三相异步电动机	YVF	异变频
60	压缩机专用变频调速三相异步电动机	YYSP	异压缩频
61	压缩机专用高效率三相异步电动机	YYSE2	异压缩效
62	水泵专用变频调速三相异步电动机	YSP	异水频
63	水泵专用高效率三相异步电动机	YSE2	异水效
64	风机专用变频调速三相异步电动机	YFP	异风频
65	风机专用高效率三相异步电动机	YFE2	异风效
66	铸铜转子超高效率三相异步电动机	YZTE3	异铸铜效（超）
67	磨煤机用三相异步电动机	YTM	异筒煤
68	三相异步振动电机	YZO	异振动
69	高效率三相异步振动电机	YZOX	异振动效
70	带空－空冷却器封闭式高压三相异步电动机	YKK	异空空

序号	产品名称	产品代号	代号汉字意义
71	带空－水冷却器封闭式高压三相异步电动机	YKS	异空水
72	带空－空冷却器封闭式绕线转子高压三相异步电动机	YRKK	异绕空空
73	带空－水冷却器封闭式绕线转子高压三相异步电动机	YRKS	异绕空水
74	起重及冶金用三相异步电动机	YZ	异重
75	起重及冶金用多速三相异步电动机	YZD	异重多
76	起重及冶金用电磁制动三相异步电动机	YZE	异重制
77	起重及冶金用减速三相异步电动机	YZJ	异重减
78	起重及冶金用变频调速三相异步电动机	YZP	异重频
79	起重及冶金用电磁制动变频调速三相异步电动机	YZPE	异重频制
80	船用起重用变频调速三相异步电动机	YZP－H	异重频一船
81	辊道用变频调速三相异步电动机	YGP	异辊频
82	塔式起重机用变频调速三相异步电动机	YZTP	异重塔频
83	起重及冶金用绕线转子三相异步电动机	YZR	异重绕
84	起重及冶金用涡流制动绕线转子三相异步电动机	YZRW	异重绕涡
85	起重及冶金用强迫通风型绕线转子三相异步电动机（管道通风式）	YZRG	异重绕管
86	起重及冶金用强迫通风型绕线转子三相异步电动机（自带风机式）	YZRF	异重绕风
87	起重及冶金用电磁制动绕线转子三相异步电动机	YZRE	异重绕制

序号	产品名称	产品代号	代号汉字意义
88	起重专用绕线转子三相异步电动机	YZR－Z	异重绕一专
89	起重及冶金用绕线转子双速三相异步电动机	YZRS	异重绕双
90	船用起重用绕线转子三相异步电动机	YZR－H	异重绕一船
91	起重及冶金用减速绕线转子三相异步电动机	YZRJ	异重绕减
92	起重用锥形转子制动三相异步电动机	YEZX	异制锥行
93	起重用双速锥形转子制动三相异步电动机	YEZS	异制锥双
94	起重用锥形绕线转子制动三相异步电动机	YREZ	异绕制锥
95	建筑起重机械用锥形转子制动三相异步电动机	YEZ	异制锥
96	塔式起重机用涡流制动绕线转子双速三相异步电动机	YZRSW	异重绕双涡
97	塔式起重机用（电磁制动）多速三相异步电动机	YZTD（E）	异重塔多（制）
98	升降机用电磁制动三相异步电动机	YZZ	异重制
99	平车用双值电容单相异步电动机	YZLP	异重双平
100	起重用隔爆型电磁制动三相异步电动机	YBZE YBZSE	异爆重制 异爆重双制
101	起重用隔爆型双速三相异步电动机	YBZS	异爆重双
102	起重及冶金用隔爆型变频调速三相异步电动机	YBZP	异爆重频
103	起重用隔爆型锥形转子制动三相异步电动机	YBEZ YBEZX	异爆制重 异爆制重行
104	立式深井泵用三相异步电动机	YLB	异立泵
105	井用（充水式）潜水三相异步电动机	YQS	异潜水

序号	产品名称	产品代号	代号汉字意义
106	井用（充水式）高压潜水三相异步电动机	YQSG	异潜水高
107	井用（充油式）潜水三相异步电动机	YQSY	异潜水油
108	井用潜油三相异步电动机	YQY	异潜油
109	井用潜卤三相异步电动机	YQL	异潜卤
110	装岩机用三相异步电动机	YI	异（岩）
111	轴流式局部扇风机（通风机）	YT	异通
112	正压型三相异步电动机	YZY	异正压
113	增安型三相异步电动机	YA	异安
114	增安型高启动转矩三相异步电动机	YAQ	异安起
115	增安型高转差率（滑差率）三相异步电动机	YAH	异安（滑）
116	增安型多速三相异步电动机	YAD	异安多
117	增安型电磁调速三相异步电动机	YACT	异安磁调
118	增安型齿轮减速三相异步电动机	YACJ	异安齿减
119	电梯用增安型三相异步电动机	YATD	异安梯电
120	电动阀门用增安型三相异步电动机	YADF	异安电阀
121	隔爆型三相异步电动机	YB	异爆
122	隔爆型绕线转子三相异步电动机	YBR	异爆绕
123	隔爆型高启动转矩三相异步电动机	YBQ	异爆起
124	隔爆型高转差率（滑差率）三相异步电动机	YBH	异爆（滑）
125	隔爆型多速三相异步电动机	YBD	异爆多
126	起重用隔爆型多速三相异步电动机	YBZD	异爆重多
127	隔爆型制动三相异步电动机（杠杆式）	YBEG	异爆（制）杠
128	隔爆型制动三相异步电动机（附加制动器式）	YBEJ	异爆（制）加

序号	产品名称	产品代号	代号汉字意义
129	隔爆型电磁调速三相异步电动机	YBCT	异爆磁调
130	隔爆型齿轮减速三相异步电动机	YBCJ	异爆磁减
131	隔爆型摆线针轮减速三相异步电动机	YBXJ	异爆线减
132	电梯用隔爆型三相异步电动机	YBTD	异爆梯电
133	电动阀门用隔爆型三相异步电动机	YBDF	异爆电阀
134	隔爆型屏蔽式三相异步电动机	YBP	异爆屏
135	隔爆型泥浆屏蔽式三相异步电动机	YBPJ	异爆屏浆
136	隔爆型高压屏蔽式三相异步电动机	YBPG	异爆屏高
137	隔爆型制冷屏蔽式三相异步电动机	YBPL	异爆屏冷
138	隔爆型特殊屏蔽式三相异步电动机	YBPT	异爆屏特
139	管道泵用隔爆型三相异步电动机	YBGB	异爆管泵
140	起重用隔爆型三相异步电动机	YBZ	异爆重
141	立式深井泵用隔爆型三相异步电动机	YBLB	异爆立泵
142	装岩机用隔爆型三相异步电动机	YBH	异爆（岩）
143	耙斗式装岩机用隔爆型三相异步电动机	YBB	异爆（耙）
144	隔爆型轴流式局部扇风机（通风机）	YBT	异爆通
145	链板运输机用隔爆型三相异步电动机	YBY	异爆运
146	绞车用隔爆型三相异步电动机	YN	异爆绞
147	回柱绞车用隔爆型三相异步电动机	YBHJ	异爆回绞
148	采煤机用隔爆型三相异步电动机	YBC	异爆采
149	矿用隔爆型三相异步电动机	YBK	异爆矿
150	掘进用隔爆型三相异步电动机	YBU	异爆（掘）
151	掘进机用隔爆型水冷三相异步电动机	YBUS	异爆（掘）水

第三章　异步电动机检修

序号	产品名称	产品代号	代号汉字意义
152	输送机用隔爆型三相异步电动机	YBS	异爆输
153	矿用一般型三相异步电动机	YKY	异矿一
154	风机用隔爆型三相异步电动机	YBF	异爆风
155	高效率隔爆型三相异步电动机	YBX	异爆效
156	高效率增安型三相异步电动机	YAX	异安效
157	隔爆型变频调速三相异步电动机	YBBP	异爆变频
158	增安型变频调速三相异步电动机	YABP	异安变频
159	隔爆型（水冷）三相异步电动机	YBKS	异爆空水
160	输送机用隔爆型（水冷）三相异步电动机	YBSS	异爆输水
161	输送机用隔爆型多速三相异步电动机	YBSD	异爆输多
162	乳化液泵用隔爆型三相异步电动机	YBRB	异爆乳泵
163	粉尘防爆型三相异步电动机	YFB	异粉爆
164	无火花型三相异步电动机	YW	异无
165	石油井下用三相异步电动机	YOJ	异（油）井
166	仪用轴流单相异步风机	YIF	异（仪）风
167	电影放映机用异步电动机	YYJ	异影机
168	电影洗片机用异步电动机	YYP	异影片
169	双轴伸空调器用电容运转电动机	YSK	异双空
170	单轴伸空调器用电容运转电动机	YDK	异单空
171	电容运转风扇电动机	YSY	异扇运
172	电容运转转页式风扇电动机	YSZ	异扇（页）
173	罩极风扇电动机	YZF	异罩风
174	电容运转内转子吊扇电动机	YDN	异吊内
175	电容运转外转子吊扇电动机	YDW	异吊外
176	电容运转排气扇用电动机	YPS	异排扇
177	罩极排气扇用电动机	YPZ	异排罩
178	电容运转波轮式洗衣机电动机	YXB	异洗波
179	电容运转滚筒式洗衣机电动机	YXG	异洗滚
180	洗衣机甩干用电动机	YYG	异衣干

表 3 - 3 - 6　　　　　　异步电动机型号中汉语拼音单字母含义

名　　称	字母含义	名　　称	字母含义	名　　称	字母含义
三相异步	Y	高启动转矩	Q	高快速	K
铝　线	L	双笼型	S	起重、整流、冶金	Z
多　速	D	防爆型	B	高转差率	H
绕线式	R	封闭式	O		

（一）高效异步电动机

1. 高效异步电动机简介

高效电动机是指通用标准型电动机具有高效率（符合 GB 18613—2012《中小型三相异步电动机能效限定值及能效等级》二级标准以上，国际 IE3 IE4）的电动机。高效电机从设计、材料和工艺上采取措施，例如采用合理的定、转子槽数、风扇参数和正弦绕组等措施，降低损耗，效率可提高 2%～8%，平均提高 4%。2002 年，中国电动机总容量约 400GW，其中近 80% 为中小型，年用电量 660TWh。中小型电动机平均效率 87%，国际先进水平为 92%，中国中小型电动机节电潜力约为 12TWh。

从节约能源、保护环境出发，高效率电动机是现今国际发展趋势，美国、加拿大、欧洲相继颁布了有关法规。欧洲根据电动机的运行时间，制定的 CEMEP 标准将效率分为 eff1（最高）、eff2、eff3（最低）三个等级，从 2003～2006 年间分步实施。最新出台的 IEC 60034 - 30 标准将电机效率分为 IE1（对应 eff2）、IE2（对应 eff1）、IE3、IE4（最高）四个等级。我国承诺从 2011 年 7 月 1 日起执行 IE2 及以上标准。

随着我国加入 WTO，我国电机行业所面临的国际社会的巨大竞争压力和挑战日益加剧。从国际和国内发展趋势来看，推广中国高效率电动机是非常有必要的，这也是产品发展的要求，使我国电动机产品跟上国际发展潮流，同时也有利于推进行业技术进步和产品出口的需要。据统计，2002 年我国电动机耗电占全国耗电量的 60% 以上，其中小型三相异步电动机耗电约占 35%，是耗电大户，所以开发中国高效电动机是提高能源利用率的重要措施之一，符合我国发展的需要，是非常必要的。

目前我国工业能耗约占总能耗的 70%，其中电动机能耗约占工业能耗的 60% ~70%，加上非工业电动机能耗，电动机实际能耗约占总能耗的 50% 以上。而现今高效节能电动机应用比例低。根据国家中小电动机质量监督检验中心对国内重点企业 198 台电动机的抽样调查，其中达到 2 级以上的高效节能电动机比例只有 8%。这对整个社会资源产生了极大的浪费。

有机构做过计算，如果将所有电动机效率提高 5%，则全年可节约电量达 765 亿 kWh，这个数字接近三峡 2008 年全年发电量。所以说节能电机行业的发展空间大、需求性强。政策方面，国家标准化管理委员会于 2012 年发布了强制性标准 GB 18613—2012。

2. 高效异步电动机特点

（1）效率高，IE2 比 IE1 平均高 3%，IE3 比 IE1 平均高近 5% 左右。

（2）需使用更多高质量的材料。IE2 比 IE1 电动机成本高 25% ~30%，IE3 比 IE1 电动机成本高 40% ~60%。

（3）由于运行温度较低，电动机寿命更长，可降低维护成本。

（4）典型设计情况下启动电流较大些。

（5）转子惯量较大。

（6）额定负载下转速较高，转差率较小。

3. 高效异步电动机节能措施

电动机提高效率的措施。电动机的节能是一项系统工程，涉及电动机的全寿命周期，从电动机的设计、制造到电动机的选型、运行、调节、检修、报废，要从电动机的整个寿命周期考虑其节能措施的效果，国内外在这方面主要考虑从以下几个方面提高电动机的效率。节能电动机的设计是指运用优化设计技术、新材料技术、控制技术、集成技术、试验检测技术等现代设计手段，减小电动机的功率损耗，提高电动机的效率，设计出高效的电动机。电动机在将电能转换为机械能的同时，本身也损耗一部分能量，典型交流电动机损耗一般可分为固定损耗、可变损耗和杂散损耗三部分。可变损耗是随负荷变化的，包括定子电阻损耗（铜损）、转子电阻损耗和电刷电阻损耗；固定损耗与负荷无关，包括铁芯损耗和机械损耗。铁损又由磁滞损耗和涡流损耗所组成，与电压的平方成正比，其中磁滞损耗还与频率成反比；其他杂散损耗是机械损耗和其他损耗，包括轴承的摩擦损耗和风扇、转子等由于旋转引起的风阻损耗。

（1）定子损耗。降低电动机定子 I^2R 损耗的主要手段实践中采用较多的方法是：

1）增加定子槽截面积，在同样定子外径的情况下，增加定子槽截面积会减少磁路面积，增加齿部磁密；

2）增加定子槽满槽率，这对低压小电动机效果较好，应用最佳绕线和绝缘尺寸、大导线截面积可增加定子的满槽率；

3）尽量缩短定子绕组端部长度，定子绕组端部损耗占绕组总损耗的 $1/4 \sim 1/2$，减少绕组端部长度，可提高电动机效率。实验表明，端部长度减少 20%，损耗下降 10%。

（2）转子损耗。电动机转子 I^2R 损耗主要与转子电流和转子电阻有关，相应的节能方法主要有：

1）减小转子电流，这可从提高电压和电动机功率因素两方面考虑。

2）增加转子槽截面积。

3）减小转子绕组的电阻，如采用粗的导线和电阻低的材料，这对小电动机较有意义，因为小电动机一般为铸铝转子，若采用铸铜转子，电动机总损失可减少 10% ~ 15%，但现今的铸铜转子所需制造温度高且技术尚未普及，其成本高于铸铝转子 15% ~ 20%。

（3）铁耗。电动机铁耗可以由以下措施减小：

1）减小磁密度，增加铁芯的长度以降低磁通密度，但电动机用铁量随之增加。

2）减少铁芯片的厚度来减少感应电流的损失，如用冷轧硅钢片代替热轧硅钢片可减小硅钢片的厚度，但薄铁芯片会增加铁芯片数目和电动机制造成本。

3）采用导磁性能良好的冷轧硅钢片降低磁滞损耗。

4）采用高性能铁芯片绝缘涂层。

5）热处理及制造技术，铁芯片加工后的剩余应力会严重影响电动机的损耗，硅钢片加工时，裁剪方向、冲剪应力对铁芯损耗的影响较大。顺着硅钢片的碾轧方向裁剪，并对硅钢冲片进行热处理，可降低 10% ~ 20% 的损耗等方法来实现。

（4）杂散损耗。如今对电动机杂散损耗的认识仍然处于研究阶段，现今一些降低杂散损失的主要方法有：

1）采用热处理及精加工降低转子表面短路。

2）转子槽内表面绝缘处理。

3）通过改进定子绕组设计减少谐波。

4）改进转子槽配合设计和配合减少谐波，增加定、转子齿槽，把转子槽形设计成斜槽，采用串接的正弦绕组，散布绕组和短距绕组可大大降低高次谐波；采用磁性槽泥或磁性槽楔替代传统的绝缘槽楔、用磁性槽泥填平电动机定子铁芯槽口，是减少附加杂散损耗的有效方法。

（5）风摩耗。风磨损占电动机总损失的25%左右。摩擦损失主要有轴承和密封引起，可由以下措施减小：

1）尽量减小轴的尺寸，但需满足输出扭矩和转子动力学的要求。

2）使用高效轴承。

3）使用高效润滑系统及润滑剂。

5）采用先进的密封技术，如有无弹簧的新密封使用情况的报道，称通过有效减少与轴的接触压力，可使以6000r/min转动的45mm直径的轴降低损耗近50 W；流动损失是由冷却风扇和转子通风槽引起的，用于产生空气流动来冷却电动机。流动损失一般占电动机总损失的20%左右。整个电动机的流体力学及传热学分析较复杂，其复杂程度甚至超过航天飞机部件分析，好的流体力学和传热学设计会极大提高电动机的冷却效率并降低流动损失。

（二）超高效异步电动机

美国于21世纪初又出现了更高效率的所谓"超高效电动机"。一般而言，高效电动机与普通电动机相比，损耗平均下降20%左右，而超高效电动机则比普通电动机损耗平均下降30%以上。因为超高效电动机的损耗较高效电机有更进一步下降，因此对于长期连续运行、负荷率较高的场合，节能效果更为明显。要实现从普通电机到超高效电机的效率提高，除了增加硅钢片和铜线的用量以及缩小风扇尺寸等措施外，还必须在新材料的应用、电机制造工艺以及优化设计等方面采取措施，以控制成本和满足电机结构尺寸的限制。国外很多企业在这些方面开展了积极的研究，并取得了一些进展。一般电工钢片经加工成铁芯压装入机座后，铁耗大幅度增加，而英国Brook Hansen公司与钢厂合作，应用一新研制成功的电工钢片，加工成铁芯制成电机，铁耗在加工前后变化不大。日本东芝公司是美国高效电机和超高效电机的主要供货商之一。该公司声称由于改进了制造工艺和采用新材料，使高效电机的成本下降了30%，所采取的措施包括：应用特殊的下线工具，提高定子槽满率，增加铜线的截面积；提高制造精度，缩短间隙长度，从而减小励磁电流及其所引起的铜损；采用转子槽绝缘工艺，降低杂散损耗；采用激光铁芯叠压工具，使铁损下降。由于铜比铝的电阻率降低40%左右，所以如果用铸铜转子代替铸铝转子，电动机总损耗将可显著下降。这些年，国际铜业协会在美国能源部的支持下，进行了压力铸铜工艺的研究，现今已解决高温模具的材料以及相关的压铸工艺问题，从而使得有可能较经济的批量生产铸铜转子电动机。2003年6月，德国SEW Eurodrive公司已运用此项压铸技术成功地推出了采用铸铜转子的齿轮电动机系列。意大利科技教育部组织相关机构开展了铸铜转子和铸铝转子的性能数据对比试验项目。该项目由意大利LAFERT电机公司、Thyssen Krupp钢铁公司和法国FAVI铸铜公司合作进行。试验在不改变定、转子槽形，仅改变磁性材料和长度的情况下进行，所得的数据表明，采用铸铜转子，可使电动机的能耗在原有基础上降低15%~25%，电动机效率可提高2%~5%。2018年6月14日，第25届中国昆明进出口商品交易会，云南铜业压铸科技有限公司主产品铸铜转子亮相南博会。但由于转子电阻降低会引起启动转矩下降，因此在设计时应进行其他参数的调整，以使之在提高效率的同时，满足其他主要性能指标。

（三）铸铜转子简介

1. 铸铜转子和铸铝转子的差别

铸铜转子和铸铝转子的主要差别之一就是铸铜转子的电阻比铸铝转子的电阻小。因为铜的电阻率比铝低40%。因此用铸铜代替铝，除电动机转子电阻差别外，电动机的性能和特征都会发生变化。

（1）电动机性能的变化。用铜转子代替铝转子时唯一受影响的参数就是电动机的转子电阻 r_2，约减小40%，和铜/铝的电阻率变化相当。因为电磁转矩直接取决于 r_2，因此在同样转矩的情况下转差将减小。而且因为转子铜耗也取决于 r_2，故也将减小40%。这意味着提高了电机的效率和减少了电动机的损耗。

（2）电动机机械特性变化。如果用铜代替铝，因此将减小电机转子电阻 r_2，这样将会增加曲线的梯度。这意味着在同样转矩的情况下，转差会降低，效率会增高。例：如果使用5.5kW铜质转子笼型电动机，则对于同样的转差，转矩会增加13%。

（3）电动机效率特性的变化。因为减小了转差，转子热损耗也降低，这会增加电动机的效率约1.3个百分点。对其他电动机的多次实验表明如果用铜代替铝，使电动机总损耗下降15%以上，提高电动机效率2%~5%；

（4）电动机寿命增加。电动机温升比较见表3-3-7。电动机的运行温度对电动机的使用寿命有很大的影响，如果降低了电动机的总体发热量，如果认为电动机温度每升高10℃则电动机的寿命减半，那么减小电动机的发热会增加电动机的寿命。因此使用铸铜转子的电动机可以大大增加电动机的使用寿命。当然也有助于电动机设计者减小电动机的尺寸从而增加电动机的功率密度。

表 3 – 3 –7 电动机温升比较

电动机功率	铸铝转子	铸铜转子	温升降低	降低百分率
15 马力（11kW）	64.0℃	59.5℃	–4.5℃	–7%
25 马力（18.7kW）	79.9℃	47.2℃	–32.7℃	–41%

2. 铸铜电动机转子的技术难题

（1）铸铜工艺。铜一直是科学界认为不适合压铸的几种金属之一，利用先进的高温纯铜压铸工艺研制生产的高效节能铸铜转子电动机的核心部件可使电动机效率提高 3% ~ 5%，损耗降低 15% 以上，节约用电 2% ~ 5%。

（2）模具寿命（高温铸铜液对模具产生的热冲击）。模具设计及模具寿命关键技术，模具的设计是实现良好压铸件的重要保证同时也直接和模具的使用寿命相关。

3. 铜转子电动机存在着巨大的节能潜力和发展空间

铸铜转子电动机与传统的电动机相比，具有非常大的优势，目前，国际铜业协会（中国）正在与云南铜业和南阳防爆集团一道研制国产铸铜电动机转子，利用铜所具有的优异的导电性能，使用铸铜转子代替目前广泛使用的铸铝转子，从而明显提高电动机的效率。采用铜转子代替传统的转子将会对电动机行业产生革命性的影响。在当前越来越重视能源的充分利用与持续发展的情况下，铜转子所具有的高效特性具有更大的意义，无论从市场还是技术角度来看，铜转子电动机都具有非常广阔的发展空间。

三、电动机铭牌

电动机的铭牌主要标注电动机的运行条件及各种定额，可作为选择电动机的主要依据。现将铭牌中的各项内容加以说明。

（一）型号

表示电动机的类型、结构、规格及性能等特点的代号。

（二）功率

电动机的额定功率，以字母 P_N 表示。指电动机按铭牌上所规定的额定运行方式运行时，轴端上所输出的额定机械功率。

（三）电压、电流和接法

电压和电流指额定电压和额定电流。异步电动机的电压、电流和接法三者之间是相互关联的。

额定电压以字母 U_N 表示，是指电动机额定运行时，定子绕组应接的线电压。

额定电流以字母 I_N 表示，是指电动机外接额定电压，输出额定功率时，电动机定子绕组的线电流，也就是电动机最大安全电流。

接法是指电动机三相绕组的六根引出线头的接线方法，根据铭牌规定，可以接成星形，即将接线柱 W2、U2、V2 用铜排连接，U1、V1、W1 接电源；也可接成三角形，即将 W2 与 U1、U2 与 V1、V2 与 W1 分别用铜排连接，然后从 U1、V1、W1 三个接线柱接电源。

接线时，必须注意电动机电压、电流、接法三者之间的关系。如该机铭牌上标有电压为 220/380V，电流为 14.7/8.49A，接法 △ – Y，这说明电动机可以接 220V 和 380V 两种电源。电源线电压不同，应采用不同的接线方法，在保证额定输出功率时，可得到不同的定子电流。当电源电压为 220V 时，电动机应接成三角形；当电源电压为 380V 时，电动机就应接成星形。

（四）定额

表示电动机允许的持续运转时间。电动机的定额分为连续、短时、断续三种。

（1）连续。表示电动机可以连续不断地输出额定功率，而温升不会超过允许值。

（2）短时。表示电动机只能在规定时间内输出额定功率，否则会超过允许温升。短时按规定可分为 10、30、60min 及 90min 等四种。

（3）断续。表示电动机短时输出额定功率，但可以多次断续重复。负载持续率为 15%、25%、40% 及 60% 四种，以 10min 为一个周期。

（五）频率

频率指额定频率。铭牌上注明 50Hz，表明电动机应接至频率为 50Hz 的交流电源上。

（六）转速

转速指电动机额定转速。当电动机电源电压为额定电压，频率为额定频率，输出功率为额定功率时，其转速就是它的额定转速。

（七）产品编号

同一规格出厂的电动机数量很多，用编号就可以区别每一个电动机，并便于分别记载各台电动机试验结果和使用情况，用户可根据产品编号到制造厂去查阅技术档案。

（八）温升

温升是检查电动机运行是否正常的重要标志。电动机温升是指在规定的环境温度下（国家标准规定，环境温度为40℃），电动机绕组高出环境温度数值。

电动机在工作过程中，总有一部分耗散能量，在机内变成热，使机体温度逐渐升高。当电动机温度到某一数值时，单位时间内发出的热量等于散去的热量，使电动机温度到稳定状态。在稳定状态下电动机温度与环境温度之差，称为温升。

（九）标准编号

GB为国家标准汉语拼音字头，JG为机电部标准的拼音字头，后面的数字是国家或部颁标准文件的编号，各种型号的电动机均按某种规定标准进行生产。

（十）机座

机座的分类一般以电动机容量与电动机尺寸区分。0.1kW以下机座称为微电动机；折算至100r/min时，连续额定功率不超过0.735kW称为分马力电动机；10号机座以下；中心高80mm≤H≤315mm，或定子铁芯外径125mm≤D_1≤560mm称小型电动机，电动机机座号为11～15；中心高355mm≤H≤630mm或定子铁芯外径650mm≤D_1≤990mm称中型电动机；16号机座以上，中心高H≤630mm，定子铁芯外径D_1>990mm称为大型电动机，不统一编号。

四、结构

三相异步电动机由静止部分和转动部分组成。静止部分叫定子，转动部分叫转子。定子、转子之间留有空隙，一般小型电动机的空隙约为0.35～0.5mm，大型电动机的空隙约为1～1.5mm。

封闭式三相异步电动机的外形如图3-3-1所示，其结构如图3-3-2所示。

（一）定子

定子包括机座、定子铁芯、定子绕组三部分。

（1）机座。机座用铸铁或铝铸成，如图3-3-3所示。它是电动机的主要支架。有的机座在侧壁上有出风口，起通风散热的作用。封闭电动机的机座，

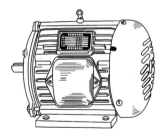

图3-3-1 封闭式三相异步电动机外形

外表面带有散热筋，以增加散热面。

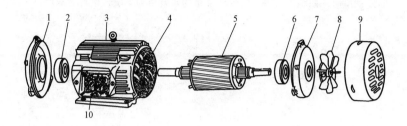

图 3 - 3 - 2　三相异步电动机的结构

1—端盖；2—轴承；3—机座；4—定子；5—转子；6—轴承；
7—端盖；8—风扇；9—风罩；10—接线盒

　　（2）定子铁芯。定子铁芯主要作用为导磁，为了减少铁芯的涡流损耗，中、小型电动机铁芯一般用 0.5mm 厚的硅钢片叠成，片与片之间都有牢固的漆膜绝缘（或氧化膜）。定子铁芯的硅钢片，被冲成圆环形，在内圆上均匀地冲有槽口，其形状见图 3 - 3 - 3（c）。将冲好的定子硅钢片一片片地叠压后，就形成嵌放定子绕组的线槽。

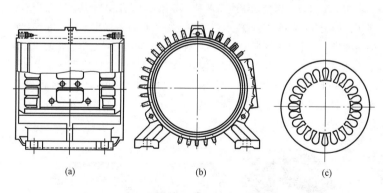

（a）　　　　　　　　　　（b）　　　　　　　　　　（c）

图 3 - 3 - 3　机座

（a）机座侧面；（b）机座；（c）定子铁芯

　　（3）定子绕组。定子绕组由绝缘铜线或绝缘铝线绕成线圈，嵌入定子铁芯的线槽中。它们分成互相独立的三个部分，工作时通入三相电流，因此整个绕组又称三相绕组。三相异步电动机定子绕组的三个起端和三个末端都从机座上的接线盒引出，按国家标准规定，新生产的电动机，接线柱标有 U1、V1、W1、U2、V2、W2 的标号，三相绕组可根据要求接成星形或三角形，如图 3-3-4 所示。绕组的布置可为单层，也可为双层。

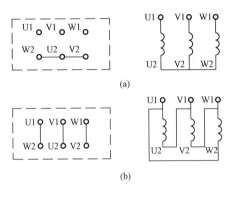

图 3-3-4 三相绕组的连接法
（a）星形连接方式；（b）三角形连接方式

（二）转子

转子由转子铁芯、转子绕组和转轴组成。

转轴是传递功率的，由中碳钢制成，两端的轴颈与轴承相配合，一般支撑在端盖上，轴的伸出端铣有键槽，以固定皮带轮或联轴器，并与被拖动的机械相连。

转子铁芯也是电动机磁路的一部分，也用 0.5mm 厚的硅钢片叠成。转子铁芯固定在转轴或转子支架上。转子铁芯呈圆柱形。

转子绕组分为笼型和绕线型两种。笼型转子的铁芯上均匀地分布着许多槽，如图 3-3-5（a）所示，每一个槽内都有一根裸导条，在伸出两端的槽口处，用两个环形端环分别把伸出两端的所有导条都连接起来。假如去掉铁芯，整个绕组的外形就像一个"鼠笼"，故称笼型转子，如图 3-3-5（b）所示。制造时，导条与端环可用熔化的铝液一次浇铸出来，也可用铜条插入转子槽内，再在两端焊上端环。中、小型异步电动机，一般采用铸铝转子，如图 3-3-5（c）所示。

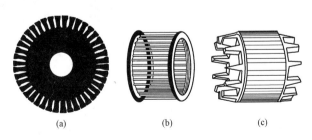

图 3-3-5 笼型转子绕组和铁芯
（a）转子铁芯上布槽；（b）去掉铁芯的绕组外形；（c）转子外形

绕线型转子的绕组和定子相似，是用绝缘导线嵌在槽内，接成三相对称绕组，一般采用星形（Y）连接，三根引出线分别接到转轴上的三个彼此绝缘的集电环（或称滑环）上，再通过电刷把电流引出来，如图3－3－6所示。

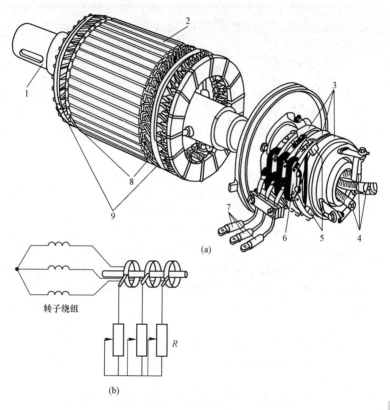

(a)

(b)

图3－3－6 绕线型转子

（a）转子结构；（b）绕组连接示意图

1—转轴；2—转子铁芯；3—滑环；4—转子绕组出线头；5—电刷；

6—刷架；7—电刷外接线；8—三相转子绕组；9—镀锌钢丝箍

绕线型异步电动机的特点是可以通过集电环和电刷在转子绕组回路中接入变阻器，用以改善电动机的启动性能（使启动转矩增大，启动电流减少），或调节电动机的转速。有的绕线型异步电动机还装有提刷短路装置，当电动机启动后并不需要调速时，可扳动手柄，使电刷提起而与集电环脱离，同时将集电环的三只金属环彼此短接起来，这样可以减轻电刷磨损和摩擦损耗，以提高运行的可靠性。

绕线式异步电动机的缺点是结构复杂，价格贵，运行可靠性较差。

为了改善笼型异步电动机的启动性能，除上述普通转子外，还有双笼型转子和深槽转子，其槽形如图3-3-7所示。

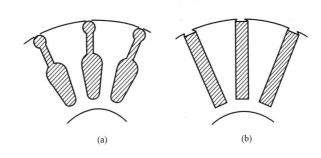

(a)   (b)

图3-3-7 笼型转子槽形

（a）双笼型转子槽形；（b）深槽式转子槽形

（三）其他部件

（1）端盖。由两侧盖与轴承组成。端盖一般由铸铁制成，用螺钉固定在机座两端，其作用是安装固定轴承，支撑转子和遮盖电动机。

（2）轴承盖。一般是铸铁件，用来保护和固定轴承，并防止润滑油外流及灰尘进入，从而保护轴承。

（3）风扇。一般为铸铝件（或塑料件），起通风冷却作用。

（4）风罩。薄钢板冲制而成，主要起导风散热、保护风扇的作用。

五、工作原理

异步电动机旋转磁场模型如图3-3-8所示。在一个可旋转的马蹄形磁铁中，放置一只可自由转动的鼠笼状短路绕组，当转动马蹄形磁铁时，鼠笼就会跟着向相同的方向旋转，且旋转的速度比磁铁的转速稍慢。

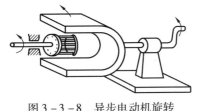

图3-3-8 异步电动机旋转
磁场模型

（一）定子中旋转磁场的产生

当定子绕组中接上三相电源时，就会有三相电流通过，其电流随时间变化的规律如图3-3-9所示。图中i_A、i_B、i_C表示每相电流的瞬时值。取①、②、③、④几个瞬时来研究定子绕组有电流后所产生的磁场变化情况。A、B、C代表每相绕组的首端，X、Y、Z代表每相的末端。如电流从某一相绕组的首端流进，从末端流出，就确定该相电流为正，否则为负。

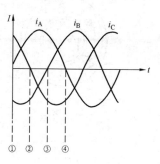

图3-3-9 三相电流随时间变化规律

在瞬时①时，线圈A、X中无电流，线圈B、Y中的电流方向为负，电流从尾Y流进，从头B流出；线圈C、Z电流方向为正，电流从头C流进，从尾Z流出。这时，定子中产生的磁场方向如图3-3-10所示。

在瞬时②时，线圈C、Z无电流。线圈A、X中的电流为正，电流从头A流进，从尾X流出；线圈B、Y中电流方向为负，电流从尾Y流进，从头B流出。这时定子中产生的磁场方向比瞬时①的磁场方向沿顺时针方向转动了60°。

在瞬时③时，线圈B、Y中电流方向为正，线圈C、Z中电流方向为负，电流从尾Z流进，从头C流出。这时，定子中产生的磁场方面又比瞬时②的磁场方向沿顺时针方向转动了60°。

在瞬时④时，线圈A、X中无电流。线圈B、Y中电流方向为正，电流从头B流进，从尾Y流出。线圈C、Z电流方向为负。这时，定子中产生的磁场方向又比瞬时③的磁场方向沿顺时针方向转动了60°。

由于电流不断变化，定子磁场也就不断旋转。当异步电动机定子绕组中接上三相交流电源时，就会产生旋转磁场。

旋转磁场的转速称为同步转速，用n_0表示，它与磁场的磁极对数p及电源频率f的关系为

$$n_0 = \frac{60f}{p} \qquad (3-3-1)$$

旋转磁场的方向取决于通入定子绕组中电流的相序，如果把绕组与电源接线的其中任意两根对调一下，旋转磁场方向随之反转。

（二）转子转动的原理

当三相笼型异步电动机定子绕组产生旋转磁场时，转子中的导体被旋转磁场切割，产生感应电动势（其方向可用右手定则确定）。因为导体两

第三章 异步电动机检修

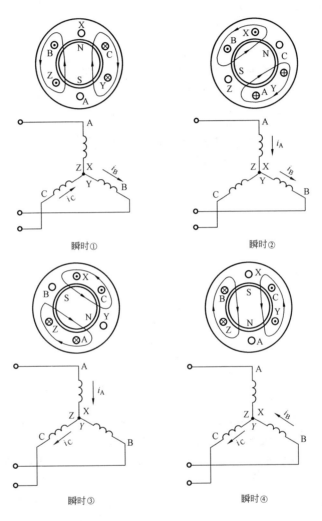

瞬时①   瞬时②

瞬时③   瞬时④

图 3 - 3 - 10 旋转磁场示意图

端短路，因此，有电流通过，这些载流导体在磁场中受磁场作用而产生力，使转子产生与旋转磁场方向相同的电磁转矩而转动。不过转子的转速总比磁场的转速慢一些，也只有这样，转子绕组与旋转磁场之间才有相对运动而切割磁力线，从而产生电磁转矩。故称异步电动机。转子转速 n 与

旋转磁场的转速 n_0 之差，称为转速差（Δn），即

$$\Delta n = n_0 - n \qquad (3-3-2)$$

转速差 Δn 与同步转速 n_0 的比值称为转差率 S，通常用百分数表示

$$S = \frac{\Delta n}{n_0} = \frac{n_0 - n}{n_0} \times 100\% \qquad (3-3-3)$$

电动机转速 n 越高，转差率越小。在额定负载运行时，其转差率一般为 $1\% \sim 6\%$；空载时，转差率为 $0.05\% \sim 0.5\%$。

（三）三相异步电动机的机械特性

由于转子电路具有漏抗，故转子电流在相位上滞后转子电动势一个角度 φ_2，而转矩与角 φ_2 的余弦成正比。理论和实验证明，异步电动机的电磁转矩，与旋转磁场的主磁通 $\varPhi$ 及转子电流的有功分量 $I_2\cos\varphi_2$ 成正比，即

$$M = K\varPhi I_2\cos\varphi_2 \qquad (3-3-4)$$

式中　M——电动机的电磁转矩；

　　　$\varPhi$——气隙中合成旋转磁场的每极磁通量；

　　　I_2——转子每相绕组的电流；

　　$\cos\varphi_2$——转子每相电路的功率因数；

　　　K——异步电动机的转矩常数。

式 $3-3-4$ 中的各个参数，随电动机容量、型号的不同而变化，平时计算某台电动机的转矩是比较困难的。当电动机在额定电压、额定频率、额定转速下运行时，如果忽略电动机各种损耗不计，便可获得电动机与额定功率 P 相对应的额定转矩 M_N。它近似等于电磁转矩。额定转矩 M_N

$$M_N = 975\frac{P}{n} \qquad (3-3-5)$$

式中的 P、n 可以从电动机铭牌中查出。

三相异步电动机的机械特性和电流特性如图 $3-3-11$ 所示。

在电动机启动瞬间，转差率 $S = 1$ 时，启动转矩为 M_Q。启动后，电动机转速不断提高，转矩也不断增加。当达到临界转差率 S_{LJ} 时，转矩达到最大值。由于

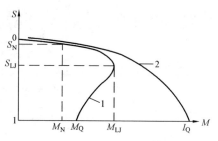

图 $3-3-11$　异步电动机的机械
特性和电流特性

1—机械特性曲线；2—电流特性曲线

最大转矩一般比负载的阻转矩大，电动机继续升速，而随着转速的上升，转矩却急剧下降。当转差率达到额定转差率 S_N（即电动机达到额定转速时），电磁转矩达到额定转矩 M_N 时，电磁转矩和负载的阻转矩相平衡，电动机转速达到稳定状态。笼型异步电动机的启动转矩 M_Q 与额定转矩 M_N 之比约为 $1 \sim 2$，临界转矩 M_{LJ} 与额定转矩 M_N 之比约为 $1.8 \sim 2.5$。异步电动的启动电流 I_Q 很大，一般约为额定电流的 $4 \sim 7$ 倍（图$3-3-11$中的曲线2）。

（四）异步电动机的功率

三相异步电动机的定子绕组对电源来说是一个对称三相感性负载，电动机运行时，每相绕组电流的相位都比该相电压落后一个角度 φ，这个角度的余弦 $\cos\varphi$ 称为这台电动机的功率因数。功率因数与所带负载有很大关系。空载时，功率因数低；满载时，功率因数高。因此，三相异步电动机的输入功率为

$$P_1 = \sqrt{3}IU\cos\varphi \qquad (3-3-6)$$

式中　P_1——输入功率，W；

　　　　I——线电流，A；

　　　　U——线电压，V。

由于电动机运行时有定子和转子绕组的铜损耗、铁芯中的铁损耗、机械损耗（包括摩擦和通风阻力损耗）及附加损耗等，其输出功率 P_2 小于输入功率 P_1，即

$$P_2 = P_1 - \Delta P \qquad (3-3-7)$$

式中　ΔP——电动机在额定功率运行时的总损耗，kW。

输出功率 P_2 与输入功率 P_1 之比的百分数，称为电动机的效率，用 η 表示，即

$$\eta = \frac{P_2}{P_1} \times 100\% \qquad (3-3-8)$$

电动机的输出功率 P_2 可写成

$$P_2 = \eta P_1 \qquad (3-3-9)$$

或

$$P_2 = \sqrt{3}IU\cos\varphi \qquad (3-3-10)$$

P_2 即是电动机铭牌标注的功率。例如，一台 JO2 $-41-4$ 型三相异步电动机，铭牌标出额定电压 380V，额定电流 8.37A，而功率因数和效率两个参数一般不标出，可查有关资料。当 $\cos\varphi$ 为 0.85，η 为 0.85 时，其

输入功率 P_1 为

$$P_1 = \sqrt{3}IU\cos\varphi = \sqrt{3} \times 8.37 \times 380 \times 0.85 = 4682 \approx 4.7(\text{kW})$$

$$(3-3-11)$$

输出功率 P_2 为

$$P_2 = \eta P_1 = 0.85 \times 4.7 = 4(\text{kW}) \qquad (3-3-12)$$

六、异步电动机的一般控制回路

（一）直接启动电路

1. 按钮点动电路

按钮点动控制三相电动机启停电路见图 3－3－12，多用于升降平台及地面操作行车等场合。其工作原理是：按下按钮 SB，交流接触器 KM 线圈获电，主触点 KM 动作，电动机 M 转动；松开按钮 SB，KM 线圈失电，主触点断开，电动机 M 停转。

2. 热继电器过载保护电路

因生产机械操作频繁、负载过大，使电动机定子绕组中长时间流过较大的电流，而这种较大的电流又不能熔断熔丝，乃至引起电动机定子绕组过热，严重时会烧毁定子绕组。

采用热继电器过载保护电路则可避免上述故障，电路如图 3－3－13 所示。KT 为串入主电路中的热继电器，当电动机 M 过载时，KT 内部热元件发热，使双金属片弯曲，推动 KT 动断触点断开，使交流接触器 KM

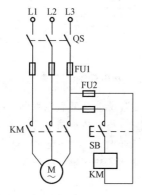

图 3－3－12　按钮点动电路

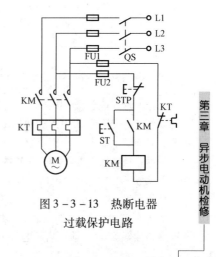

图 3－3－13　热断电器
过载保护电路

第三章　异步电动机检修

线圈断电，主触点 KM 断开，电动机 M 停转，从而杜绝了过载烧毁绕组的故障。

待过载故障排除后，按一下热继电器"复位"按钮，再按启动按钮 ST，电动机又能启动。

（二）降压启动电路

1. 自动串联电阻启动三相电动机电路

三相电动机启动时，在定子绕组中串入电阻，由于它们产生电压降，所以加在定子绕组上的电压低于电源电压，待启动之后再将电阻短接，使电动机在额定电压下运行，达到降压启动之目的。

图 3－3－14 为一种自动串联电阻启动三相电动机的电路图。

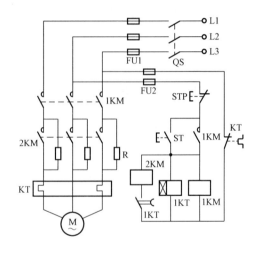

图 3－3－14　自动串联电阻启动三相电动机电路图

工作原理：按下启动按钮 ST，交流接触器线圈 1KM 获电吸合，其主触点动作，将电阻组 R 串入电动机定子绕组，电动机被降压启动。与此同时，时间继电器 1KT 线圈也获电，并进入延时计时。待延时时间到达整定值后，1KT 触点闭合，使 2KM 线圈得电。2KM 主触点动作将启动电阻组 R 短接，使电动机全电压运行。

按下 STP，电动机停止运转。

2. 手控接触器Ｙ－△降压启动电路

手控接触器Ｙ－△降压启动电路如图 3－3－15 所示。

按下 ST丫，交流接触器 KM 得电，其动合触点闭合，使 KM丫得电，其动断触点断开，确保 KM丫正常吸合，其主触点 KM丫动作，电动机定子绕组接成星形降压启动。当电动机 M 转速达到或接近额定转速的 70% 时，再按下 ST△切断 KM丫线圈电源，动断触点 KM丫恢复闭合状态，同时由于 ST△是复合按钮，其动合触点接通 KM△线圈电源，其辅助触点闭合，自锁。主触点 KM丫释放，KM△闭合，电动机进入△形接法全额运行。

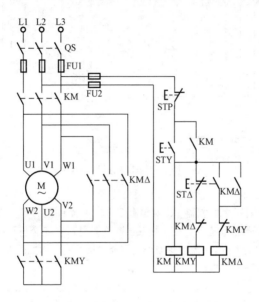

图 3 – 3 – 15　手控接触器丫 – △降压启动电路

3. 自动自耦降压启动器电路

本例采用时间继电器计时自动对自耦变压器进行切换，电路如图 3 – 3 – 16 所示。

工作原理：按下启动按钮 ST，交流接触器 KM1、时间断电器 1KT 得电动作，KM1 动合辅助触点闭合自锁，6 个主触点同时闭合，自耦变压器投入，电动机 M 降压启动。与此同时，1KT 按整定时间延时。待整定时间过后，1KT 动断触点断开，使 KM1 失电释放，KM1 主触点断开，TA 脱离；KM1 的动断辅助触点闭合，1KT 的动合触点接通，使 KM2 线圈获电，其动合触点闭合，自保；KM2 动断辅助触点断开，1KT 线圈失电。KM2 主触点闭合，电动机全压运转。按下停止按钮 STP，电动机 M 停转。

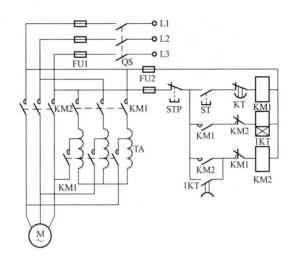

图 3 – 3 – 16　自动自耦降压启动器电路

4. PC 控制三相电动机降压启动电路

利用可编程序控制器 PC 内部有多个定时元件的特点，采用三级延时，确保Y形接法状态下，交流接触器断开时电弧在完全熄灭后的最佳时间内，使△形接法时交流接触器得电闭合，从而使电动机进入△形接法可靠运行状态。电路如图 3 – 3 – 17 所示。

图 3 – 3 – 17 中，（a）为主电路，属常见的Y – △降压启动电路；（b）为采用 FX2 – 40MR 型 PC 设计的Y – △降压启动自动控制系统的电路梯形图；（c）为该系统的外部接线图。

工作原理：ST 为启动按钮，STP 为停止按钮。按下 ST，X401 接通，输出继电器 Y430 接通并自保，电源接触器 KM 接通，同时定时器 T451 开始计时（设定时间为 10s，视电动机功率大小确定），主控辅助继电器 M100 接通，并通过其动合触点的闭合，使输出继电器 Y431 接通，外接Y接 KM1 吸合，电动机 M 被接成Y启动。Y431 动合触点闭合，使"防火花延时 1"的辅助继电器 M101 接通并自保。当定时器 T451 到达整定时间后，动断触点 T451 断开，Y431 失电，这时外接的 KM1 线圈失电，M 的Y接断开，但电动机因惯性作用仍在继续旋转。Y431 的失电，使定时器动合触点 T453 和 T452 接通。在 T452 延时 1s 后，其动合触点 T452 闭合，使输出继电器 Y432 接通并自保，外接的△接交流接触器 KM2 得

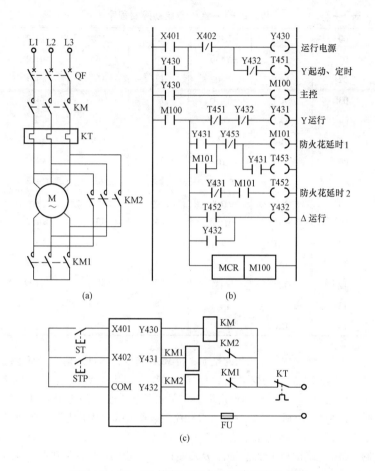

图 3 - 3 - 17   PC 控制三相电动机降压启动电路

（a）主电路；（b）电路梯形图；（c）系统外部图

电，M 接为△接运行，此时 T451 失电释放。T453 延 3s 后，其动断触点
T453 断开，辅助继电器 M101 失电释放，定时器 T452、T453 失电释放。
按下 STP，动断触点 X402 断开，Y430 失电释放，KM 失电释放，电动
机停转。此时辅助继电器 M100 失电释放，Y432 失电释放，KM 失电释
放，操作结束。

　　PC 用于Y - △降压启动控制程序如表 3 - 3 - 8 所示。

第三章　异步电动机检修

表 3 – 3 – 8　　　　　　PC 用于丫 – △降压启动控制程序

00	LD	X401	15	AN1	T453
01	OR	Y430	16	OUT	M101
02	AN1	Y402	17	AN1	Y431
03	OUT	Y430	18	OUT	T453
04	AN1	Y432	19	K	2
05	OUT	T451	20	LDI	Y431
06	K	10	21	AND	M101
07	LD	Y430	22	OUT	T452
08	OUT	M100	23	K	1
09	MC	M100	24	LD	T452
10	LDI	T451	25	OR	Y432
11	AN1	Y432	26	OUT	Y432
12	OUT	Y431	27	MCR	M100
13	LD	Y431	28	END	
14	OR	M101			

在设计梯形图时，采用的是 MC 和 MCR 指令，其目的是一方面能达到丫 – △降压启动自动控制和有可靠的功能，另一方面使编程容易。T452 时间设定为 1s，T453 时间设定为 2s，保证了电动机 M 经 T451 的 10s 延时，将 KM 断电后，再经 1s 才外接交流接触器 KM2，从而能顺利使 M 定了绕组的丫 – △自动切换。在图 3 – 3 – 17（c）中，利用 KM1 和 KM2 控制回路中它们的动断触点互锁，从而使丫 – △切换的可靠性得到进一步的保证。

PC 控制比电磁式控制更加安全可靠，而且设计紧凑、体积小、功能全、抗干扰性能强、在技术上较为先进。

5. LOGO! 模块控制自耦变压器降压启动电路

利用 LOGO! 模块进行三相电动机的自耦变压器降压启动，可以避免自耦变压器和电动机的损坏，其电路如图 3 – 3 – 18 所示。

该控制电路采用 230R 型模块的 6 个输入点、4 个输出点。其 L1、N 端直接接交流电源 L、N；11、12 端分别接启动按钮 ST、停止按钮 STP；14 接热继电器的动合触点 KT。输出端 Q1、Q2、Q3、Q4 分别接接触器 KM1、

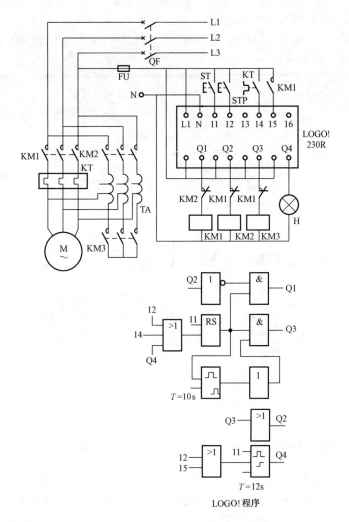

图 3 - 3 - 18 LOGO！模块控制自耦变压器降压启动电路

KM2、KM3 的线圈和报警指示灯 H。15 接接触器 KM1 的动合辅助触点。

操作：按下 ST 按钮，Q2、Q3 端输出控制信号，KM2、KM3 线圈通电，电动机串接自耦变压器 TA 进行降压启动，延时电路计时。待延时时间到后，Q2、Q3 断开，KM2、KM3 线圈断电，TA 退出运行；Q1 接通输出电压使 KM1 线圈通电，电动机全压运行。如果在设定的时间内自耦变压器 TA 未切除，则指示灯 H 发亮，同时 Q1、Q2、Q3 全断开。在正常运行状态下，按下 STP 按钮，Q1、Q2、Q3、Q4 全部变成低电位，电动机 M 停转，H 灯灭。

6. 三相电动机延边△形降压启动电路

三相电动机延边△形降压启动电路如图 3 - 3 - 19 所示。

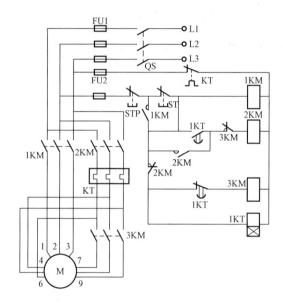

图 3 - 3 - 19   三相电动机延边△形降压启动电路

按下启动按钮 ST，1KM 线圈获电动作并自保。与此同时 3KM、时间继电器 1KT 线圈获电，电动机绕组接成延边三角形降压启动。1KT 的整定时间到达之后，延时断开的动断触点断开，使 3KM 线圈失电释放，其动断辅助触点闭合。同时，KT 的延时闭合动合触点闭合，2KM 线圈获电吸合并自锁。3KM 主触头释放，2KM 主触头闭合，电动机绕组由延边三角形转换为三角形接法，启动结束，运转开始。

此例电路适用要求启动转矩较大的场合。

（三）制动电路

1. 三相电动机点动制动电路

很多机械不仅要求停车快准，而且对点动还要求制动，以提高效率及定位精度。本例介绍三相电动机点动制动，电路如图 3 - 3 - 20 所示。

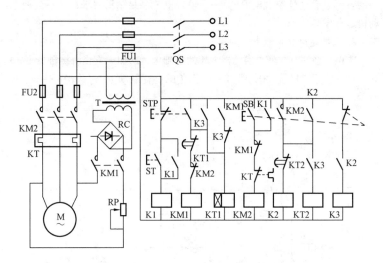

图 3 - 3 - 20　三相电动机点动制动电路

工作过程如下：

（1）启动。按下启动按钮 ST，中间继电器 K1 得电并自保，与此同时，其动合接点 K1 闭合使交流接触器 KM2 线圈得电吸合，其主触头 KM2 动作，使电动机 M 启动运行。

（2）正常停车。按下 STP，K1 失电释放，KM2 相继失电，交流接触器 KM1 与时间继电器 KT1 同时得电。KM1 的主触头将经整流器 RC 输出的直流与电动机 M 的两相定子绕组接通，经 3 ～ 4s 延时后，KT1 的延时释放触点断开，KM1 线圈失电释放，切断直流，电动机 M 停转。

（3）点动控制。按下点动按钮 SB，KM2 线圈得电吸合，电动机 M 运转。与此同时，中间继电器 K2 得电自保；而中间继电器 K3 则由于 SB 被按下，SB 的动断触点被断开而得不到电。当松开 SB，电动机 M 失电，此时 K3 得电，制动接触器 KM1 得电，电动机 M 获得直流而被制动。此时，时间继电器 KT2 得电并开始计时。如果两次点动时间间隙小于 KT2 的整定时间（2 ～ 3s），其断延时触点 KT2 不断开，这时按下 SB 即为点动，松开 SB 即为制动；如果两次点动的间隔时间大于 KT2 的整定时间或点动定位结束，KT2 动断触点定时打开，自动将 KM1 主触点断开，使制动结束。

第三章　异步电动机检修

RP 为变阻器。调试方法：从大到小调整 RP，使通入电动机 M 绕组内的直流电流（M 空载电流的 3~5 倍）既能满足制动要求，又不会使电动机过分发热。

2. 三相电动机能耗制动电路

本例是在原有的磁力启动器 KM 的基础上，增加一只交流接触器 KMB 和一只硅整流二极管 VD，组成一个简单的能耗制动电路，如图 3-3-21 所示。

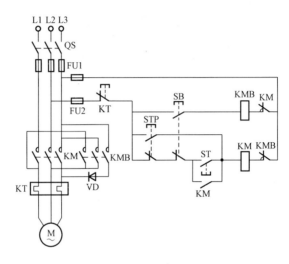

图 3-3-21　三相电动机能耗制动电路

当需要制动时，按下制动按钮 SB，其动断触点断开，KM 失电释放，电动机 M 停电；KM 动断触点闭合，KMB 吸合，主触点闭合，经 VD 作半波整流的直流电流与电动机绕组接通，产生制动力矩，迅速使电动机转子停下来。当松开 SB，KMB 失电释放，制动过程告终。

选用 VD 的耐压值必须大于电源电压 1.4 倍，额定电流必须大于电动机的启动电流。由于是非连续制动，可以不加散热片。

3. 单向晶闸管能耗制动电路

三相电动机采用单向晶闸管能耗制动，其电路如图 3-3-22 所示。

按下启动按钮 ST，接触器 KM 闭合，电动机启动运转。电源通过 1RP、二极管 VD1 对电容器 C3 充电。当 C3 两端的电压达到稳压二极管 VD2、VD3 的稳压值时，VD2、VD3 导通，C3 两端电压稳定在该电压值。

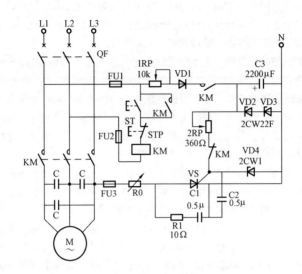

图 3 - 3 - 22　单向晶闸管能耗制动电路

此时因 KM 的动断辅助触点已被分断，C3 上的电压无法加到晶闸管 VS 的控制上，VS 处于关断状态。

按下停止按钮 STP，KM 失电释放，电动机 M、电容器 C3 均与交流电源脱开，KM 的动断触点恢复闭合，C3 通过 2RP、VS 控制极阴极放电，VS 被触发导通。于是，L1 相交流电流经电动机绕组、熔断器 FU3、可调电阻 R0、VS 整流，从而对电动机实行能耗制动。

调节电位器 2RP 的大小，可改变 C3 的放电时间，也就是改变 VS 的导通时间（可在 1 ～ 4s 范围调节）。调节 R0 的阻值大小，可以改变制动电流的大小。R0 可用功率较大的电炉丝多根并联使用。

为了吸收电动机停电时产生的流涌电压，在电动机的三相上都装有容量为 2μF、耐压为交流 400V 的电容器。R1、C1 为 VS 过电压吸收网络。VS 的额定电流应选择大于电动机空载电流的 7.5 倍，其耐压应在 700V 以上。

七、异步电动机继电保护的配置与作用

（一）电动机的故障、不正常工作状态及保护方式

在电力生产和工矿企业中，使用了大量的电动机。发电厂厂用设备大部分用的是异步电动机，但厂用低速磨煤机、大容量给水泵及水泵房循环

水泵等则采用同步电动机。电动机的安全运行对确保发电厂以至整个工业生产的安全、经济运行具有很重要的意义。因此，根据电动机的类型、容量及其在生产中的作用，装设相应的保护装置。

电动机的故障主要是定子绕组的相间短路，其次是单相接地及一相的匝间短路。

电动机故障的严重后果，不仅是损坏电动机本身，而且使供电电压显著下降，破坏其他用电设备的正常运转。在发电厂甚至会造成停机、停炉的全厂停电事故。因此，在电动机上必须装设相应的保护装置，及时地将故障电动机切除。

实际使用的电动机大部分是中、小容量的，从技术、经济上衡量，电动机保护力求简单、可靠。因此在低压小容量电动机上，一般采用熔断器或自动空气断路器的短路脱扣器作为相间短路保护。容量较大的高压电动机，则装设电磁型电流继电器或感应型电流继电器作为相间短路保护。容量在 2000kW 以上、具有 6 个引出线的重要电动机上则装设纵差保护。

在 380/220V 三相四线制电网中，由于电源变压器的中性点一般是直接接地的，所以发生单相接地时，会产生很大的短路电流。接在该网络上的电动机，应采用三相星形接线的电流保护作为相间故障和单相接地时的保护，并作用于快速跳闸。

3～10kV 的供电网络属于小电流接地系统，高压电动机单相接地后，只有电网的电容电流流过故障点，其危害一般较小。但按规程规定，当接地电容电流大于 5A 时，应装设接地保护，一般作用于跳闸，因为 5A 以上的接地电流足以烧坏电动机铁芯。

电动机的不正常工作主要是各种形式的过负荷。产生过负荷的原因一般有①所带机械过负荷；②电源电压和频率的下降而引起的转速下降；③一相断线而造成两相运行；④电动机启动和自启动时间过长，等等。长时间的过负荷将使电动机的温升超过允许值，加速绝缘老化，甚至发展成故障。因此，根据电动机的重要程度、过负荷的可能性以及不正常工作状态等情况，应装设相应的过负荷保护作用于信号、自动减负荷或跳闸。

（二）电动机的纵联差动保护

容量在 2000kW 以上或 2000kW（含 2000kW）以下、具有六个引出线的重要电动机，当电流速断保护不能满足灵敏度的要求时，应装设纵联差动保护作为相间短路的主保护。

纵联差动保护的动作原理是基于比较被保护元件始端电流和末端电流

的相位和幅值的原理而构成的。

为了实现这种保护，在电动机中性点侧与靠近出口端断路器处装设同一型号和同一变比的两组电流互感器 TA1 和 TA2。两组电流互感器之间，即为纵差保护的保护区。电流互感器二次侧按循环电流法接线。设两端电流互感器一、二次侧按同极性相串的原则相连，即两个电流互感器的二次侧异极性相连，并在两连线之间并联接入电流继电器，在继电器线圈中流过的电流是两侧电流互感器二次电流 $i_{\text{I}2}$、$i_{\text{II}2}$ 之差。继电器是反应两侧电流互感器二次电流之差而动作的，故称为差动继电器（KD）。图 3 - 3 - 23 所示为电动机纵差保护单线原理接线图。

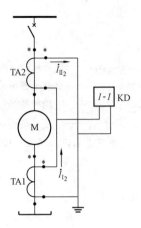

图 3 - 3 - 23 电动机纵联差动保护单线原理接线图

在中性点不接地系统供电网络中，电动机的纵差保护一般采用两相式接线，用两个 BCH - 2 型差动继电器或两个 DL - 11 型电流继电器构成。如果采用 DL - 11 型继电器，为躲过电动机启动时暂态电流的影响，可利用出口中间继电器带 0.1s 的延时动作于跳闸。

电动机纵差保护原理接线图如图 3 - 3 - 24 所示。电流互感器应具有相同的特性，并能满足 10% 误差要求。

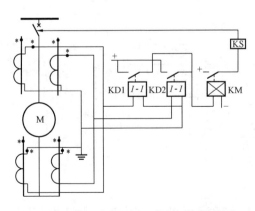

图 3 - 3 - 24 电动机纵差保护原理接线图

保护装置的动作电流按躲过电动机额定电流来整定（考虑二次回路

接线），即

$$I_{\text{act}} = K_{\text{reL}} \frac{I_{\text{N}}}{n_{\text{TA}}} \qquad (3 - 3 - 13)$$

式中　K_{reL}——可靠系数，当采用 BCH - 2 型继电器时取 1.3，当采用 DL - 11

型继电器时取 1.5~2；

　　　I_{N}——电动机的额定电流；

　　　n_{TA}——电流互感器的变比。

保护装置的灵敏度可按下式进行计算

$$K_{\text{sem}} = \frac{I_{\text{K}\cdot\text{min}}}{n_{\text{TA}} I_{\text{act}}} \qquad (3 - 3 - 14)$$

式中　$I_{\text{K}\cdot\text{min}}$——系统最小运行方式下，电动机出口两相短路要求灵敏系

数不小于2。

（三）电动机的电流速断保护和过负荷保护

目前，中、小容量的电动机广泛采用电流速断保护作为防御相间短路
故障的主保护。高压电动机及容量在 100kW 以上的低压电动机，对于不
易遭受过负荷的电动机，如给水泵、凝水泵、循环水泵的电动机，保护装
置可采用 DL - 11 型电流继电器构成电流速断保护。保护通常采用两相式
不完全星形接线，如图 3 - 3 - 25（a）所示。当灵敏度能够满足要求时，
优先采用两相电流差接线，如图 3 - 3 - 25（b）所示，保护装置动作瞬时
作用于跳闸。为了在电动机内部以及在电动机与断路器之间的电线上发生

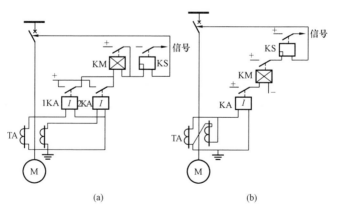

(a)　　　　　　　　　　　　(b)

图 3 - 3 - 25　由 DL - 11 型继电器构成的电流速断保护

（a）两相式接线；（b）两相电流差接线

第三篇　电机检修

故障时，保护装置均能动作，电流互感器应尽可能装在靠近断路器处。

对于容易过负荷的高压电动机及 100kW 以上的低压电动机，如排粉机、磨煤机、碎煤机以及灰浆泵等的拖动电动机，则采用具有反时限特性的 GL-10 系列电流继电器来构成保护，如图 3-3-26 所示。继电器的瞬动元件作用于断路器跳闸，作为电动机的相间短路保护，继电器的反时限元件根据拖动机械的特点，可作用于跳闸，也可作用于减负荷或发信号，作为电动机的过负荷保护。保护装置的接线方式，根据具体情况以满足灵敏度为原则，可采用两相式不完全星形接线，也可采用两相电流差接线，图 3-3-26（a）所示为两相式接线。对于没有直流操作电源的变电站等，还可采用交流操作的保护，图 3-3-26（b）所示为两相电流差接线的交流操作保护原理图，保护的操作电源由接在电流互感器二次回路上的中间变流器 TAM 提供。由于 GL-10 型断电器的触点容量大，故可直接作用于跳闸回路而毋须采用中间继电器。

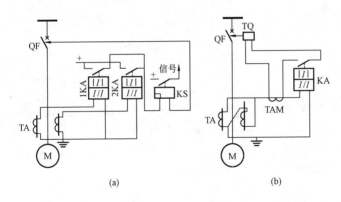

(a)   (b)

图 3-3-26 由 GL-10 型继电器构成的电动机保护

(a) 直流操作的两相式接线；(b) 交流操作的两相电流差接线

（四）电动机的单相接地保护

1. 中性点不接地电网的单相接地电流

（1）正常运行时的情况。图 3-3-27 所示为一中性点不接地电网。为便于分析，假定负荷电流为零，用集中电容 $C_A = C_B = C_C = C_0$ 表示电网三相对地电容。这三个电容相当于一对称星形负荷，此负荷的中性点就是大地。一对称电源接一对称负荷时，电源中性点与负荷中性点电位相等，并且都等于零。正常时三相分别流过很小的电容电流 $\dot{I}_{A(C)}$、$\dot{I}_{B(C)}$、

$\dot{I}_{C(C)}$，它们都各自超前于相应的电压90°，如图3-3-27（b）所示。由于电源和负载都是对称的，所以正常运行时电网无零序电压和零序电流。

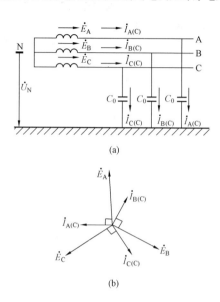

(a)

(b)

图3-3-27　中性点不接地电网正常运行时的电流和电压

（a）电容电流的分布图；（b）相量图

（2）当电网发生单相接地故障，如图3-3-28所示，L-3在A相D点金属性接地时，各相对地电压为

$$\dot{U}_A = 0$$

$$\dot{U}_B = \dot{E}_B - \dot{E}_A = \sqrt{3}\dot{E}_A e^{-j150°} \qquad (3-3-15)$$

$$\dot{U}_C = \dot{E}_C - \dot{E}_A = \sqrt{3}\dot{E}_A e^{150°}$$

电源中性点对地电压为

$$\dot{U}_N = -\dot{E}_A \qquad (3-3-16)$$

于是，电网将出现零序电压，即

$$3\dot{U}_0 = \dot{U}_A + \dot{U}_B + \dot{U}_C$$

$$= 0 + \dot{E}_B - \dot{E}_A + \dot{E}_C - \dot{E}_A$$

$$= (\dot{E}_B + \dot{E}_C) - 2\dot{E}_A \qquad (3-3-17)$$

$$= -3\dot{E}_A$$

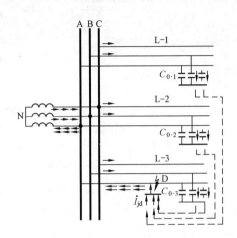

图 3 – 3 – 28 中性点不接地系统
单相接地时电容电流的分布

各电压相量图如图 3 – 3 – 29（a）所示，可见这时中性点电压发生了位移。

由图 3 – 3 – 27 可知单相接地时电容电流的分布也发生了变化。由于
$\dot{U}_A = 0$，所以各条线路的 A 相对地电容电流为零，其他两相的电容电流
则经大地、故障点、故障线路和电源而构成闭合回路。由于各线路三相电
容电流之和不为零，所以将出现零序电流。

以线路 L – 1 为例，该线路 B、C 两相对地电容电流为

$$3\dot{I}_{0.1} = \dot{I}_{B.1(C)} + \dot{I}_{C.1(C)}$$

$$= j\omega C_{0.1}\dot{U}_B + j\omega C_{0.1}\dot{U}_C$$

$$= j\omega C_{0.1}\sqrt{3}\dot{E}_A e^{-j150°} + j\omega C_{0.1}\sqrt{3}\dot{E}_A e^{j150°}$$

$$= -j3\dot{E}_A\omega C_{0.1}$$

$$= -j3\dot{U}_0\omega C_{0.1}$$

$$(3-3-18)$$

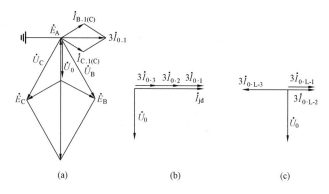

图 3 - 3 - 29　中性点不接地电网
A 相接地时的相量图

（a）电压相量图；（b）电容电流相量图；（c）线路始终端零序电流相量图

式（3 - 3 - 18）中 $\dot{I}_{B.1(C)}$ 和 $\dot{I}_{C.1(C)}$ 分别为线路 L - 1 上 B 相、C 相对地电容电流，零序电流的大小取决于该线路每相对地的电容 $C_{0.1}$，其相位则超前于 $\dot{U}_0$ 90°，如图 3 - 3 - 29（a）所示。同理，线路 L - 2 和 L - 3 非故障相总的电容电流 $3\dot{I}_{0.2}$ 及 $3\dot{I}_{0.3}$ 分别为

$$3\dot{I}_{0.2} = -j3\dot{E}_A\omega C_{0.2} = -j3\dot{U}_0\omega C_{0.2} \qquad (3 - 3 - 19)$$

$$3\dot{I}_{0.3} = -j3\dot{E}_A\omega C_{0.3} = -j3\dot{U}_0\omega C_{0.3} \qquad (3 - 3 - 20)$$

其中 $C_{0.2}$、$C_{0.3}$ 分别为线路 L - 2、L - 3 的对地电容。流过故障点的总电流为各条线路对地电容电流的总和，即

$$\dot{I}_{act} = 3\dot{I}_{0.1} + 3\dot{I}_{0.2} + 3\dot{I}_{0.3}$$

$$= j3\dot{U}_0\omega(C_{0.1} + C_{0.2} + C_{0.3}) \qquad (3 - 3 - 21)$$

$$= j3\dot{U}_0\omega C_{0.\Sigma}$$

式（3 - 3 - 21）中 $C_{0.\Sigma} = C_{0.1} + C_{0.2} + C_{0.3}$ 为全电网的一相对地总电容。以上电容电流的相量图如图 3 - 3 - 29（b）所示。

将电网中所有接地线路、不接地线路的对地电容电流用箭头表示在图 3－3－28 中，从该图中可得出以下结论：

（1）非故障线路（L－1、L－2）的零序电流（分别以 $3\dot{i}_{0.\text{L}-1}$，$3\dot{i}_{0.\text{L}-2}$ 表示）就是本线路的对地电容电流，即 $3\dot{i}_{0.\text{L}-1}=3\dot{i}_{0.1}$、$3\dot{i}_{0.\text{L}-2}=3\dot{i}_{0.2}$，方向由母线流向线路，这个电流将通过装在线路始端的零序电流互感器一次侧而反应到二次侧。

（2）故障线路始端的零序电流 $3\dot{i}_{0.\text{L}-3}$ 为

$$3\dot{i}_{0.\text{L}-3}=3\dot{i}_{0.3}-\dot{i}_{\text{act}}$$
$$=-(3\dot{i}_{0.1}+3\dot{i}_{0.2}) \tag{3－3－22}$$

即 $3\dot{i}_{0.\text{L}-3}$ 为本线路的电容电流与接地点故障电流之差。它是全电网非故障线路对地电容电流的总和，其数值较每条非故障线路的零序电流值为大，其方向由线路流向母线，恰与非故障线路中零序电流的方向相反，这个电流也将通过装在线路始端的零序电流互感器一次侧而被反应到二次侧。各线路零序电流相量图如图 3－3－29（a）所示。

综上所述，中性点不接地电网发生单相接地时，故障线路和非故障线路始端的零序电流的大小不同，方向也不同。电网中电流、电压的这些特点是考虑设计保护的依据。

2. 电动机的单相接地保护

中性点不接地电网供电的 3～10kV 高压电动机，当接地故障电流大于 5A 时，会烧坏电动机铁芯，所以应装设单相接地保护装置。

电动机单相接地保护的原理接线图如图 3－3－30 所示，它是由零序电流互感器 TA0 和零序电流继电器 KA0 以及中间继电器 KM 和信号继电器 KS 所组成。继电器 KA0 可采用 DL－11 型电流继电器或 DD－11 型接地继电器。

DD－11 型接地继电器有较高的灵敏度。该继电器除了采用反作用力矩较小的弹簧外，还在铁芯上加了一个补偿

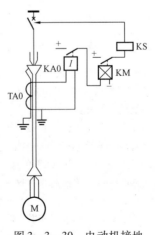

图 3－3－30　电动机接地
保护原理接线图

线圈，该线圈经过电容 C（$C = 0.5\mu F$）而构成闭合回路，如图 3 - 3 - 31（a）所示。该回路的容抗大于感抗，为容性回路。

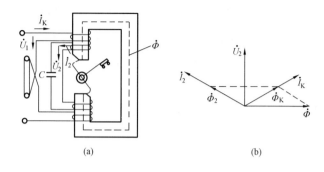

图 3 - 3 - 31　DD - 11 型接地继电器

（a）内部接线图；（b）补偿线圈作用相量图

补偿线圈的作用可用图 3 - 3 - 31（b）来说明。继电器可看成是一只互感器，继电器的工作线圈为一次绕组，补偿线圈为二次绕组。$\dot{\Phi}$ 为工作线圈和补偿线圈产生的合成磁通，这个磁通在补偿线圈两端产生电压 $\dot{U}_2$，$\dot{U}_2$ 超前 $\dot{\Phi}$ 90°。在 $\dot{U}_2$ 的作用下，在补偿线圈和电容 C 的闭合回路中流过电流 $\dot{I}_2$，$\dot{I}_2$ 超前 $\dot{U}_2$ 一个角度（不是纯容性回路，有一定的电阻存在），由 $\dot{I}_2$ 产生的磁通 $\dot{\Phi}_2$ 和 $\dot{I}_2$ 同相，于是就可求出工作线圈中的磁通 $\dot{\Phi}_K$，$\dot{\Phi}_K = \dot{\Phi} + \dot{\Phi}_2$。由相量图可以清楚地看到，有了补偿线圈后铁芯中的合成磁通 $\dot{\Phi}$ 比没有补偿线圈时工作线圈产生的磁通 $\dot{\Phi}_K$ 的数值大得多，铁芯中有了较大的磁通就能对 Z 形舌片产生较大的力矩，继电器动作就更加灵敏。

在安装零序电流互感器和电缆头时应注意：①电缆头要与固定电缆头的金属构架绝缘起来；②电缆头的保安接地线（如图 3 - 3 - 30 所示）应穿过 TA0 的铁芯窗口后再接地，且接地线应与电缆外皮的铠甲、零序电流互感器的铁芯绝缘起来。这样安装之后，电缆外皮铠甲中流过的电流与电缆头保安接地线中的电流大小相等、方向相反，因此在零序电流互感器铁芯中不会产生磁通，对其二次绕组不会有影响。

（五）电动机的低电压保护

发电厂厂用电系统 380V 和 3～6kV 母线一般都装设有低电压保护，

装设的目的是当母线电压降低时，将一部分不重要的电动机及按生产过程要求不容许和不需要自启动的电动机从电网中切除，以保证重要电动机的自启动和加速电网电压的恢复。

为了实施低电压保护，一般将厂用电动机分为三类：Ⅰ类是重要电动机，例如给水泵、循环水泵、凝结水泵、引风机和给粉机等电动机，一旦停电会造成发电厂出力下降甚至停电，这类电动机不装设低电压保护，电压一恢复尽快让其自启动，但当这些重要电动机装设有备用设备自动投入装置时可装设低电压保护，以 9~10s 的时限动作于跳闸。Ⅱ类是不重要电动机，如磨煤机、碎煤机、灰浆泵、热网水泵、软水泵等，暂时断电不致影响发电厂机、电、炉的出力。这类电动机应装设低电压保护，当母线电压降低时，首先将它们从电网中切除。其动作时限与电动机的速断保护配合即可，一般为 0.5s 动作于跳闸。Ⅲ类则属于那些电压消失时间较长时，由于生产过程或技术保安条件不容许自启动的重要电动机。在这类电动机上也要装设低电压保护，但其动作电压取得较低，一般为 $(0.4 ~ 0.45) U_N$，而动作时限取 9~10s。

电动机低电压保护举例，按以上原则装设的低电压保护接线展开图如图 3-3-32 所示。KV1~KV4 接在电压互感器二次相间电压上。KV1、KV2、KV3 和 KT1 构成不重要电动机的低电压保护；KV4 和 KT2 则为重要电动机的低电压保护。

当母线电压降至 $(0.6~0.75) U_N$ 时，KV1~KV3 动作，其动断触点闭合，通过 KM1 的动断触点启动 KT1，经 0.5s 延时后 KT1 延时触点闭合，将正电源加到 LTM1 跳闸母线上，于是接到该母线上的不重要电动机全部跳闸。当母线电压继续下降到 $(0.4~0.45) U_N$ 时，则 KV4 动作，其动断触点闭合，启动 KT2，经 9s 延时触点闭合，将操作正电源加到第二组跳闸母线 LTM2 上，把重要电动机全部切除。

当电压回路发生一相断线时，KV1~KV3 中相应相的电压继电器返回，其动断触点闭合，通过其他两个电压继电器的动合触点启动 KM1。KM1 动作后，用其一个动断触点去断开 KT1 和 KT2 的操作电源闭锁低电压保护，用它的另一个动合触点去发"电压回路断线"信号。

当电压互感器一次侧隔离开关有误操作时，其动合辅助触点 Q 自动断开电压继电器的交流回路和直流操作电源，解除低电压保护。当直流操作回路熔丝熔断时，KMN 监视继电器返回，其动断触点闭合，发直流回路熔丝熔断信号。

电动机 EOCR 保护举例。EOCR 是韩国 SAMWHA 公司的新型带微处

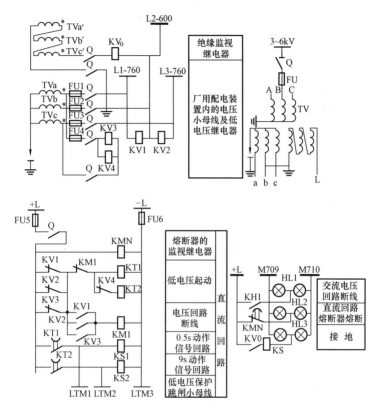

图 3 – 3 – 32   3 ~ 6kV 厂用电动机低电压保护展开图

理器的电动机保护器，市场上流行的有 EOCR – SS 型和 EOCR – 3DD 型两种，其接线图见图 3 – 3 – 33。

该产品对电流使用范围分有 05 型（0.5 ~ 5A）、30 型（3 ~ 30A）、60 型（5 ~ 60A）、100 型（10 ~ 120A），可根据电动机的额定电流选用。超过 60A 的，可选 05 型与电流互感器匹配使用，其接线方法如图 3 – 3 – 33。产品各参数如下：

1）启动延时时间：EOCR – SS 型在 0.2 ~ 30s 内调整；EOCR – 3DD 型在 1 ~ 200s 内调整。

2）跳闸动作时间：EOCR – SS 型为 0.2 ~ 10s；EOCR – 3DD 型为 0.5 ~ 25s。

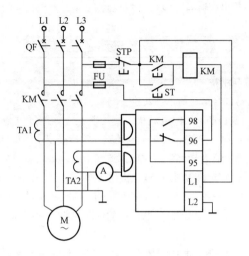

图 3 – 3 – 33　EOCR 电动机保护电路

3）精确度：电流误差 ±5%，时间误差 ±5%。

4）控制电压：分 110、220、440V 三种。

5）复位方式：手动复位或其他方式。

6）使用环境温度：–20 ~ 70℃；相对湿度 45% ~ 85%。

7）功率损耗：<2W。

8）缺相保护：在 4s 内动作。

9）反相保护：EOCR – 3DD 在 0.1s 内动作。

10）转子堵转保护：EOCR – 3DD 在启动延时时间后立即动作。

11）三相电流不平衡保护：相间电流差值不超过 50%，延时 8s 动作。

　　EOCR 系列保护器件，具有无机械误差和磨损、耐冲击振动、体积小、功耗低、功能全、安装调试简单、维护工作量小以及使用范围广等特点。它可以通过电脑进行远程控制，一次保护动作后，待故障排除或已知故障类别后，通过手动复位，电动机才能重新开车。EOCR – 3DD 型带微处理器保护器，具有记忆功能，可以显示"断相"及过电流程序，起到保护作用，为故障的分析与排除提供了方便。

　　操作方便，按下启动按钮 ST，交流接触器 KM 吸合，电动机 M 启动。按下停止按钮 STP，电动机 M 失电停止。在电动机工作中如果出现过电流、断相，通过电流互感器 TA 检测信号，经延时后自动切断 KM 线圈电压，达到了保护电动机之目的。

一、运行与维护

（一）电动机启动前的准备及检查

（1）新的或长期不用的电动机，使用前都应该测量电动机绕组间和绕组对地绝缘电阻。对绕线式转子电动机，除检查定子绝缘外，同时还应检查转子绕组及滑环对地和滑环之间的绝缘电阻，每施加 1kV 工作电压不得小于 1MΩ。通常对 500V 以下电动机用 500V 绝缘电阻表测量，对 500 ~ 3000V 电动机用 1000V 绝缘电阻表测量，对 3000V 以上电动机用 2500V 绝缘电阻表测量。一般三相 380V 电动机的绝缘电阻应大于 0.5 MΩ 时方可使用。

（2）检查铭牌所示电压、频率、接法与电路电压等是否相符，接法是否正确。

（3）检查电动内有无杂物。用干燥的压缩空气（≤202.7kPa）吹净内部，也可使用吹风机或手风箱（皮老虎）等来吹，但不能碰伤绕组。

（4）检查电动机的转轴是否能自由旋转。对于滑动轴承，转子的轴向串动量每边约 2 ~ 3mm。

（5）检查轴承是否有油。一般高速电动机应采用高速机油、低速电动机应采用机械油。滚珠轴承常用的润滑脂为复合钙基、钙钠基脂及锂基润滑脂。

（6）检查电动机接地装置是否可靠。

（7）对绕线式电动机还应检查滑环上的电刷表面是否全部贴紧滑环，导线是否相碰，电刷提升机械是否灵活，电刷的压力是否正常。

（8）对不可逆转的电动机，需检查运转方向是否与该电动机运转指示箭头方向相同。

（9）对新安装的电动机，应检查地脚和轴承螺母是否拧紧，以及机械方面是否牢固。检查电动机机座与电源线钢管接地情况。

经过上述准备工作和检查后方可启动电动机。电动机启动后应空转一段时间，在这段时间内应注意轴承温升，不能超过有关的规定，而且应该注意是否有不正常噪声、振动、局部发热等现象，如有不正常现象需消除后才能投入正常运行。

（二）电动机在运行中的维护

（1）应经常保持清洁，不允许有水滴、油污或飞尘落入电动机内部。

（2）注意负载电流不能超过额定值。

（3）经常检查轴承发热、漏油等情况。一般在更换润滑脂时，将轴承及轴承盖先用煤油清洗，然后用汽油洗干净，或用电气速干清洗剂清洗干净并晾干，润滑脂容量应为轴承室容积的 $1/2 \sim 2/3$。

（4）电动机各部分最高允许温度和允许温升，根据电动机绝缘等级和类型而定。

（5）电动机在运转中不应有摩擦声、尖叫声和其他杂声，如发现有不正常声音应及时停车检查，消除故障后才可继续运行。

（6）对绕线式电动机，应检查电刷与滑环间的接触情况与电刷磨损情况。如发现火花时应清理滑环表面，可用 00 号砂布磨平滑环，并校正电刷弹簧压力。

（7）各种型式电动机都必须使其通风良好。电动机的进风口与出风口必须保证畅通无阻。

（8）电动机定期加油，参照厂家说明结合电动机运行环境制定有效的加油制度。

（三）电动机的启动及停车

（1）在供电电路许可的情况下，一般笼型电动机可采用全压启动。如果在供电电路不许可的情况下，则采用降压启动。常用的降压启动设备有自耦变压器、电抗器、星－三角启动器、延边三角启动器等。

（2）绕线式电动机启动时，应将启动变阻器接入转子电路中。对有电刷提升机构的电动机应将电刷放下，并断开短路装置，然后合上定子电路开关，开始扳动变阻器手柄，根据电动机转速的上升程度，将手柄慢慢从启动位置扳到运转位置。当电动机达到额定转速后，提起电刷，合上短路装置，这时启动变阻器回到原来位置，电动机的启动完毕。电动机停车时，应断开定子电路内的开关，然后将电刷提升机构扳到启动位置，断开短路装置。

（3）电动机的启动要严格执行部颁《厂用电动机运行规程》中电动机起停次数的规定，正常情况下，允许冷态启动 2 次，每次间隔不小于 5min；允许热态启动 1 次。只有在处理事故时以及启动时间不超过 $2 \sim 3h$ 的电动机可以多启动 1 次。

（四）异步电动机常见问题及处理方法

三相异步电动机常见故障现象及处理方法分别叙述如下：

1. 不能启动

(1) 故障原因有:

1) 电源未接通。

2) 控制设备接线错误。

3) 电压过低。

4) 定子绕组相间短路、接地或接线错误以及定、转子绕组断路。

5) 转子绕线电动机启动误操作。

6) 熔丝选小而烧断。

7) 过电流继电器整定值定得太小。

8) 负载过大。

9) 传动机械有故障。

10) 单相启动。

11) 转子绕线电动机所接启动电阻太小,或被短路。

12) 电源到电动机之间的电源线有短路。

13) 改极重绕后,槽、线配合不当。

14) 小型电动机润滑脂太硬或装配太紧。

15) 电机轴承卡涩或损坏。

(2) 处理方法如下:

1) 检查开关、熔断器、接触器触头及电动机引出线头,查出问题后,修复。

2) 核对接线图,校正接线。

3) 检查电网电压,如太低,应与有关部门联系,如电源线过细造成压降太大,则应更换合适的电源线。

4) 检查找出断路、短路部位进行修复,如果是接线错误,经过检查后,进行纠正。

5) 检查滑环短路装置及启动变阻器的位置,启动时应分开短路装置,串接变阻器。

6) 按电动机容量配上合适的熔丝。

7) 重新计算整定值,按新整定值整定。

8) 重新选择容量较大的电动机。

9) 修理传动机械,消除故障。

10) 检查电源线、电动机引出线、熔断器、开关的各对触头,找出故障点后,修复。

11) 按要求计算配置新启动电阻或修理消除启动电阻短路故障。

12）查明短路点后，进行修复。

13）适当车小转子直径，重新选择合理的绕组型式和节距，重新计算绕组参数。

14）选择合适的润滑脂，提高装配质量。

15）更换电动机轴承。

2. 电动机外壳带电

（1）故障原因有：

1）接地不良。

2）电动机绝缘受潮。

3）绝缘严重老化。

4）绕组端部顶端盖接地。

5）引出线绝缘破损。

6）接线板有污垢。

7）电源线和接地线搞错。

（2）处理方法如下：

1）找出原因，采取相应措施进行纠正。

2）进行烘干处理。

3）老化的绝缘要更新。

4）拆下端盖，找出接地点，绕组接地点要包扎绝缘和涂漆，端盖内壁要垫绝缘纸。

5）包扎或更新引出线。

6）清理接线板。

7）纠正接线。

3. 绝缘电阻低

（1）故障原因有：

1）绕组受潮或被水淋湿。

2）绕组绝缘沾满粉尘、污油。

3）电动机接线板损坏。

4）引出线绝缘老化破损。

5）绕组绝缘老化。

（2）处理方法如下：

1）进行加热烘干处理。

2）清洗绕组粉尘、油污，并经干燥、浸渍处理。

3）修理或更换接线板及接线盒。

4）重新包扎引出线或更换新引出线。

5）经鉴定可以继续使用时，可经清洗、干燥、重新浸漆处理，如绝缘老化不能安全运行时，应更换绝缘。

4. 电动机空载或负载时，电流表指针不稳、来回摆动

（1）故障原因有：

1）转子绕组电动机一相电刷接触不良。

2）转子绕组电动机集电环短路装置接触不良。

3）转子绕组一相断路。

4）笼型转子开焊或断条。

（2）处理方法如下：

1）调整刷压和改善电刷与集电环的接触面。

2）检修或更换短路装置。

3）用校验灯、万用表等检查断路处，排除故障。

4）采用开口变压器等检出断条并排除故障。

5. 电动机启动困难，加额定负载后，电动机的转速比额定转速低

（1）故障原因有：

1）电源电压过低。

2）△形绕组误接成Y形。

3）笼型转子开焊或断条。

4）绕线转子电刷接触不良。

5）绕线转子电动机启动变阻器接触不良。

6）定、转子绕组局部线圈接错。

7）重绕时匝数过多。

8）绕线转子一相断路。

（2）处理方法如下：

1）测量机端电压，如过低进行相应处理。

2）将Y形改接成△形。

3）查明开焊或断条后，进行修理。

4）调整刷压，修理电刷与集电环的接触面。

5）修理启动变阻器接触部位。

6）查明接错处，改正。

7）按正确绕组匝数重绕。

8）查明断路处，然后排除故障

6. 电动机空载电流不平衡

（1）故障原因有：

1）重绕时，三相匝数不均。

2）绕组首尾端接错。

3）电源电压不平衡。

4）绕组有故障（如匝间有短路，某线圈极性接反）。

（2）处理方法如下：

1）拆除重绕，注意匝数。

2）查明首尾端重接改正。

3）测量电源电压，查明原因并排除。

4）拆开电动机查明错误或故障，改正或排除。

7. 空载电流三相平衡但增大

（1）故障原因有：

1）重绕时，绕组匝数不够。

2）Y形接线误接成△形。

3）电源电压过高。

4）电动机装配不当（如装反，定、转子铁芯未对齐，端盖螺钉固定不匀称使端盖偏斜或松动等）。

5）火烧法拆线，使铁芯过热。

6）气隙不均或增大。

（2）处理方法如下：

1）拆除重绕，重新计算，选用合理匝数。

2）将绕组接线改正为Y形。

3）测量电源电压，过高时查找原因并解决。

4）检查装配质量，重新按要求装配。

5）检修铁芯或重新计算绕组匝数，进行补偿。

6）调整气隙，或更换新转子，或重新计算绕组匝数，重绕。

8. 电动机振动

（1）故障原因有：

1）转子不平衡。

2）风扇不平衡。

3）气隙不均。

4）轴承磨损，间隙不合格。

5）基础强度不够或地脚松动。

6）转轴弯曲。

7）铁芯变形或松动。

8）联轴器或皮带轮安装不合要求。

9）绕线转子的绕组短路。

10）笼型转子开焊或断路。

11）机壳强度不够。

12）定子绕组故障（短路、断路、接地、连接错误等）。

（2）处理方法如下：

1）检查原因，经过清扫，紧固各部螺钉后，校静、动平衡。

2）检修风扇，校正其几何形状和校平衡。

3）调整气隙，使之符合规定。

4）检查轴承间隙，磨损严重时，更换新轴承。

5）加固基础，重新打平地脚并紧固地脚螺钉。

6）校直转轴。

7）校正铁芯，然后重新叠装并固紧铁芯。

8）重新找正，必要时检修联轴器或皮带轮。

9）查出短路处，进行修理。

10）查出开焊或断路处进行补焊或更换笼条。

11）找出薄弱点，进行加固，增大其机械强度。

12）拆开电动机，查出故障，进行修理。

9. 集电环发热或火花过大

（1）故障现象有：

1）电刷牌号不符。

2）集电环椭圆或偏心。

3）电刷压力太小或刷压不均。

4）电刷被刷握卡住。

5）集电环表面污垢。

6）集电环表面粗糙。

7）电刷数目不够或截面积过小。

（2）处理方法如下：

1）采用制造厂规定牌号的电刷或用性能相近的电刷代用。

2）车削或磨削集电环，调整偏心。

3）检修刷握及弹簧，调整刷压。

4）修磨电刷，使之在刷握内灵活，间隙均匀。

5）清除污物，用干净布沾汽油擦净集电环表面。

6）车削或磨削集电环表面，使其粗糙度达到要求。

7）增加电刷数目或增大电刷接触面积，使电流密度符合工作要求。

10. 电动机运行时，声音不正常

（1）故障现象有：

1）气隙不均匀。

2）定、转子相蹭。

3）转子蹭绝缘纸或槽楔。

4）轴承磨损，有故障。

5）改极重绕时与槽配合不当。

6）定、转子铁芯松动。

7）轴承缺少润滑脂。

8）风扇碰风罩。

9）风道堵塞。

10）电压太高或不平衡。

11）重绕时，每相匝数不等。

12）绕组有故障。

（2）处理方法如下：

1）调整气隙。

2）定、转子硅钢片有突出的应锉去，如轴承损坏应重新装配，更换轴承。

3）修剪绝缘纸或检修槽楔。

4）检修或更换新轴承。

5）校验定、转子槽配合。

6）检查松动原因，重新进行压装紧固处理。

7）清洗轴承，重新按要求添加润滑脂。

8）修理风扇及风罩，使其尺寸正确，并重新安装。

9）清理通风道。

10）测量电源电压，查明电压过高或不平衡的原因，然后进行处理。

11）重新绕制，使各相匝数相等。

12）查明故障，进行修理。

11. 轴承过热

（1）故障现象有：

1）轴承损坏。

2）润滑脂过多或过少。

3）油质不好，含有杂质。

4）轴承与轴颈配合过松或过紧。

5）轴承与轴承室配合过松或过紧。

6）油封过紧。

7）轴承盖偏心与轴相擦。

8）电动机两侧端盖或轴承盖未装平。

9）电动机与传动机构连接偏心。

10）皮带过紧。

11）轴承型号选小，轴承过载。

12）轴承间隙过大或过小。

13）滑动轴承油环转动不灵活。

14）润滑油太稠或润滑脂针入度不够。

（2）处理方法如下：

1）更换轴承。

2）检查油量，润滑脂容量不宜超过轴承内容积的70%。

3）更换洁净润滑脂或润滑油。

4）过松时，采用农机2胶黏剂或低温镀铁处理，过紧时，适当车削轴颈，使之符合配合公差要求。

5）过松时，轴承室镶套，过紧时重新加工轴承室，使之符合配合公差要求。

6）修理或更换油封。

7）修理轴承盖，使之与轴的间隙合适且均匀。

8）按正确工艺装端盖或将轴承盖装入止口内，然后均匀紧固螺钉。

9）重新找正，校准电动机与传动机构连接的中心线。

10）调整传动皮带张力，使之符合要求。

11）重新选择合适的轴承型号。

12）更换新轴承。

13）检修油环，使其尺寸正确，或更换油环。

14）更换黏度合适的润滑油或更换针入度较高的润滑脂。

12. 电动机温升过高或冒烟

（1）故障现象有：

1）电动机过载。

2）单相运行。

3）电源电压过高。

4）电源电压过低。

5）定、转子相蹭。

6）通风不畅。

7）绕组表面粘满尘垢或异物，影响散热。

8）电动机频繁启动或正反转次数过多。

9）拖动的生产机械阻力过大。

10）进风温度过高。

11）环境温度过高。

12）火烧拆线，使铁芯过热，铁损增大。

13）绕线转子线圈接头松脱或笼型转子开焊或断条。

14）重绕后绕组浸渍不良。

15）绕组接线错误。

16）绕组匝间短路、相间短路或绕组接地。

（2）处理方法如下：

1）测量定子电流，如超过额定电流，需降低负载或更换较大容量的电动机。

2）检查熔断器、开关及电动机，排除故障。

3）如电网电压过高，应与有关部门联系解决。

4）如为电源线压降过大引起，应更换合适的电源线；如为电网电压过低，应与供电部门联系解决。

5）检查原因，如轴承间隙超限，更换轴承，如轴承与轴颈、轴承座松动，应修轴颈及轴承座；如轴弯，应校直轴，如铁芯松动或变形，应修理铁芯。

6）如风扇损坏，应修理或更换风扇；如通风道堵塞，应清除风道污垢、灰尘及杂物，移开遮挡进出风口的物件。

7）清扫或清洗电动机，消除尘垢或异物，并使电动机通风沟畅通。

8）根据生产需要选择合适型号的电动机。

9）检修生产机械，排除故障。

10）检查冷却水装置是否有故障，然后检修，排除故障。

11）改善环境温度，隔离电动机附近高温热源、给电动机遮阳、不许电动机在日光下暴晒。

12）做铁芯检查试验，检修铁芯，重新涂漆叠装铁芯，如铁芯磁性变坏，应重新设计定子绕组，予以补偿。

13）查明原因，查出绕线转子松脱处加以修复，对笼型转子铜条补焊或更换钢条，对铸铝转子，则更换转子或改为铜条转子。

14）要采取两次浸漆工艺，最好采用真空浸漆措施。

15）Y形接线电动机误接线△形，或△形接线电动机误接成Y形，必须立即停电改接。

16）查找出短路或接地的部分，按绕组修理方法予以修复。

二、电动机检修周期及项目

（一）检修周期

发电机、锅炉所属设备的电动机，其检修周期与主机、锅炉的检修周期基本相同。对于外围大部分电动机（即非机炉附属电动机，如化学设备、各种泵房设备）以及机炉部分重要电动机，比如定子泵、氢冷泵，可以根据自身运行状况安排定期的大小修或进行状态检修。安排定期的大小修，通常电动机的大修（抽出转子）周期一般为 1.5 年 1 次，电动机的小修周期一般为半年 1 次，或与被驱动的机械同时进行。状态检修是指电机运行时出现的一些缺陷可能影响自身或系统的安全而进行的有针对性的检修，其通常无周期可言，项目也以针对出现的缺陷为主。在绕组烧坏或发生其他故障不能继续运行时，即应进行大修。电动机大修后应全面恢复其原有结构及性能。

重要的及运行条件较差的或不重要的运行条件较好的电动机，大小修周期可适当缩短或延长。

（二）电动机的检修项目

电动机的检修项目分为正常检修项目和故障检修项目，具体如下：

1. 正常检修项目

正常检修项目又分大修和小修。

（1）大修。指需要将电动机解体或拆离基础才能进行的修理工作。大修的标准项目如下：

1）擦拭电动机外壳，清理积灰，积油。

2）电动机的解体及抽出转子，解体前测量电动机的重要数据如空气间隙等（无条件的可不测）。

3）定子修理，包括铁芯、线圈的检修。

4）转子修理，包括笼条或线圈，集电环等的检修。

5）机械部件的修理，包括转轴、端盖和机座的检修。

6）轴承的修理（轴瓦清洗和换油）。

7）启动装置的修理。

8）风道及冷却系统的检修。

9）电动机的组装，装配时测量电动机的重要装配数据，如空气间隙（无条件的可不测）、轴承的配合尺寸等。

10）为消除日常记载及拆修过程中发现的各种缺陷而必须做的工作。

11）大修中电动机的电气预防性试验。

12）大修后的试用和验收。

（2）小修。一般指电动机不解体就地可以进行的检修工作。小修标准项目如下：

1）擦拭电动机外壳，局部补漆。

2）测量电动机的空气间隙（无条件的可不测）。

3）检查轴承（轴瓦、分解瓦、筒子瓦），拆下外轴承盖检查润滑脂，缺少给予补充。

4）检查及拧紧松动的螺栓，有短缺要补全。

5）处理接线端子，修理出线盒及风扇。

6）检查研磨电刷、集电环或换向器，或更换电刷，修理短路装置。

7）小修中的电气预防性试验。

8）检修后的启动及验收。

2. 故障检修项目

（1）局部更换或重绕电动机的定子、转子绕组。

（2）更换引线及引线的重新绝缘。

（3）车镟滑环及滑环故障的处理。

（4）更换对轮或键。

（5）电镀、喷镀、涂镀、电动机轴、套。

（6）处理重大缺陷及其他费时费工的工作。

（三）检修前的准备

（1）查阅所要检修的电动机台账，订出检修计划，列出标准、特殊、改进及消缺项目。

（2）参加检修人员，要在检修前对所有检修的设备安装地点、检修方法、专用工具、工艺标准及安全措施进行学习了解，做到心中有数。

（3）准备好检修用的工具、材料，清点数目，运至检修现场，设备由专人保管。

（4）对专用工具及备品备件，需要检修前 1 周全部准备好。对检修用的起重设备，需经分管部门试验合格。

（5）不要在高温、多尘、多水、多油的环境中拆装，尽量选择通风良好并干燥清洁的地方进行检修。

三、电动机的正常检修

电动机检修质量好坏，与检修的各个环节的质量把关都有密切的关系，因此电动机检修质量把关应该贯穿于检修全过程，具体步骤如下所述（这里侧重电动机大修，小修结合其项目可比照进行）。

（一）电机检修前的数据记录

检修前的数据记录具体包括：

（1）测量定子、转子间隙。

（2）测量轴瓦间隙，一般应测 3 点间隙，塞尺塞入的深度为全长的 2/3 为宜。

（3）测量轴承的振动值。

（4）电机各部温升。

（二）电机检修过程及质量把关

1. 电机解体

首先应做好端盖装配记号，然后检查好抽转子工具是否牢固可靠，抽时要注意监视，并保持定子、转子间隙均匀，不得碰伤线圈、铁芯、滑环、轴颈、风扇及引线等。对绕线型转子应在钢丝绳拴住的位置预先垫好胶皮板或木板。转子抽出后应放置稳妥，轴颈、轴瓦用破布包严或盖好，以防生锈。在抽转子的过程中，如发生异常现象，应记录下来，以便检修中消除。抽转子后，对转子进行初查，发现问题记录，以便清扫后详细检查。

2. 定子检修

定子检修包括：

（1）外观。检查电动机定子外壳、大盖、地脚应无开焊、裂纹和损伤变形。

（2）表面。定子各部无灰尘、积灰和油垢（检修时禁止用汽油、苯类擦拭线圈。如果油垢过厚可用竹片或木板外包破布擦洗，禁止使用金属片）。

（3）铁芯。检查铁芯各部，应紧固完整，没有过热变色、锈斑、磨损、弯曲、折断、堆倒、变形和松动等异常现象。必要时用铁损试验检查铁芯，要详细查看铁芯与机壳筋键结合是否牢固可靠，有否开焊和位移等异常现象，通风沟、孔应畅通无阻。

（4）槽楔。检查槽楔与槽应结合的紧固，牢实的压住线圈，用小锤或螺钉刀检查，应无空振声，槽口一段楔子尤其应紧固。如果松动超过槽楔全长的1/3以上，必须退出重新打紧。全部更换槽楔后应刷漆或喷漆，并按规程做耐压试验。槽口楔子伸出铁芯长度适当，一般100kW以上的电动机为10～15mm，100kW以下的电动机为5～10mm为宜。退出槽楔时，禁止使用螺钉刀退出槽楔，如果电动机定子绕组是上次大修新换的线圈，经过一个大修周期的运行，线圈在电动力的作用下，基本上已压实，在这种情况下，应退出绝缘槽楔，分别在两端槽口及中间各打一段50mm长的绝缘槽楔压紧线圈，其余部分抹槽楔泥。但是抹前必须将槽楔泥与固化剂搅拌均匀，防止有的地方已固化，有的地方没有固化，运行中被转子磁力吸掉。

（5）线圈。定子线圈表面漆膜应完整、平滑光亮，无变色、过热、破裂和脱落现象。线圈绝缘应紧固，无擦伤断裂、焦脆和老化现象。从通风孔或风道口处检查线圈绝缘应平直完整，引线、小辫接头处绝缘应严密紧实，没有断裂、枯焦、酥脆等现象。漆膜脱落严重的，应在彻底清扫后，重新喷原质绝缘漆。对绝缘缺陷应做好记录考察，或经领导决定更换绝缘，或换用备品线圈。线圈端部、端部连线和鼻部引线的固定应稳固可靠。所有垫块、隔木及绑线均应齐全规正，紧固不松动。端环应紧固，绝缘完好，无破裂或磨损。端环与所有端部线圈都应紧固接触。当端部线圈伸出铁芯端面长度大于250mm时，应装设两道端环。

（6）引出线。引出线铜鼻子与导线的焊接应可靠，焊锡丰满，导线无折断，引线板或绝缘子应牢固正确、绝缘良好，无破损、裂纹及脱料现象。

（7）电动机端部。为减小电动机绕组各元件在运行中的振动，防止油、水、灰进入绝缘内，减小大修时清扫工作量，应对未喷过环氧树脂的电动机端部喷环氧树脂。环氧树脂的配制比例：环氧树脂（6101）:固化剂（651）:甲苯=100:50:①50②100。

说明，①指刷环氧树脂时的稀释剂量；②为喷环氧树脂时的稀释剂量。

（8）电动机接线检查。电动机引线铜接线柱丝扣良好，螺钉、垫片无短缺，相与相及相对地绝缘距离符合要求。主接线及接地线螺钉紧固符合相应力矩要求；接线盒密封良好。

3. 转子检修

（1）转子各部应无灰尘、积灰和油垢。

（2）转子各部：

1）笼型转子的铜条与短路环应紧固可靠，没有断裂和松动，焊口应丰满、接触良好，无开焊、假焊、裂纹及断裂现象。如果铜条断裂，需在断裂处铲成坡口，进行银焊，焊接时，应将铁芯和附近的缝隙孔、沟用石棉布或石棉绳包好、堵严，以防烧伤铁芯和焊料熔渣流入。

2）对绕线型转子线圈的检查除与定子线圈的检查项目相同外，还应检查转子两端钢扎绑线，应紧固可靠，没有松动、移位、断裂、过热、变色、开焊和焊锡熔化现象。绑线下绝缘应完好、无破损，转子铁芯紧固，磁束段之间支持件（小工字铁）应紧固，没有位移、松动、折断及甩出的现象。铁芯与转轴紧密配合、无位移。对绕线型转子的滑环及电刷装置的检修除与发电机滑环及电刷装置的检修项目相同外，还应检查举刷装置，应动作灵活可靠，触头接触良好。短路环扳把位置正确。并注明"启动""运行"和"停止"字样。对绕线型转子，使用 500V 绝缘电阻表测定线圈对铁芯、钢扎线对铁芯及线圈绝缘电阻测量，阻值不低于 $1M\Omega$，转子线圈直流电阻不平衡的百分数不大于 2%。

（3）风扇、叶片应紧固，铆钉齐全、紧固可靠，无松动及裂纹，用小锤敲击声音应清脆，不嘶哑，平衡块紧固无位移。

（4）大轴滑动面应清洁、光滑如镜，无椭圆、锥形、碰伤、麻点、锈斑及粗糙或呈暗色。

（5）转子轴与对轮配合处应光滑，无明显划痕，轴头无裂纹。顶针孔完好、无损坏，键与键槽配合良好。

（6）对轮应无磨损、伤痕和裂纹，与轴配合应为基轴制，二级精度，第三种过渡配合，大型电动机采用压入或重迫配合，中型电动机采用迫入或轻迫配合，小型电动机采用轻迫或推入配合。

4. 轴承检修

（1）滑动轴承检修项目如下：

1）轴承室内应无油污杂物，各部干净见本色。

2）检查轴瓦：瓦胎与钨金应紧密结合，无松动或脱胎现象。钨金应圆滑光亮、无严重磨损、偏心、裂纹、重皮、砂眼和碰伤等现象。如果间隙超过规定或钨金脱胎，需采用补挂钨金，或适当磨去上、下瓦结合面的方法进行处理，具体见故障检修的有关内容，必要时更换备品瓦，使间隙达到表 3 - 3 - 9 所示标准。

表 3 - 3 - 9　　　　　　　　　　各种类型的轴瓦间隙

轴颈（mm）	套筒式轴承				分装式轴承	
	1000r/min 及以下时		1000r/min 及以上时		间隙	与轴径百分比
	最小	最大	最小	最大		
18 ~ 30	0.04	0.093	0.06	0.118		
30 ~ 50	0.05	0.012	0.075	0.142		
50 ~ 80	0.065	0.135	0.095	0.175	0.15 ~ 0.20	0.26
80 ~ 120	0.08	0.16	0.12	0.21	0.20 ~ 0.25	0.22
120 ~ 180	0.10	0.195	0.15	0.25	0.25 ~ 0.35	020
180 ~ 250					0.35 ~ 0.45	0.18
250 ~ 350					0.45 ~ 0.55	0.17

注　1. 套筒式轴瓦的新瓦间隙，应不大于轴径的：1000r/min 以下电动机为 $\frac{1}{1000}$ ~ $\frac{1.5}{1000}$；1000r/min 以上电动机为 $\frac{1.5}{1000}$ ~ $\frac{2}{1000}$。

2. 轴瓦经运行后，最大间隙应不大于轴径的：对 100mm 以上的轴为轴径的 $\frac{3}{1000}$；对 100mm 以下的轴为轴径的 $\frac{4}{1000}$。

3. 轴瓦与大轴水平两侧间隙应为顶部间隙的 0.5 ~ 1.0 倍，不准超出此范围。

3）测量轴瓦与大轴间隙及轴瓦与轴承盖的紧力。

（a）套筒式轴瓦间隙用塞尺测量，塞尺插入深度为轴瓦轴向长度的 2/3 以上。

（b）套筒式轴瓦与大盖的配合采用 2 级精度的轻迫（H 级）配合，即 GB 标准为 gC 或 GC，有冲击负荷的电动机须采用迫入（T 级）配合，即 GB 标准为 8b 或 GB。

（c）供油槽应畅通无阻地供给润滑油，回油槽和回油孔应清洁无堵塞，放油孔及丝堵应不渗油。

（d）分装式轴瓦间隙用压铅丝法测量，具体说明如下：令间隙为 S，则 S 值可按下列方法算出（两道钨金瓦）：

$$S = 0.5 \times (b_1 + b_2) - 0.25 \times (a_1 + a_2 + a_3 + a_4) \quad (3 - 3 - 23)$$

$$[b_1 - (a_1 + a_2)/2] - [b_2 - (a_3 + a_4)] \leqslant 10\% \quad (3 - 3 - 24)$$

式中　a_1、a_2、a_3、a_4、b_1、b_2——铅丝数值和位置，如图 3 - 3 - 34 所示。

分装式轴瓦与轴承盖紧力用压铅丝法确定（一道钨金瓦），具体说明如下：如图 3 - 3 - 34 令紧力为 S，则 S 值可按下列方法算出。

$$S = b - 0.25 \times (a_1 + a_2 + a_3 + a_4) \qquad (3 - 3 - 25)$$

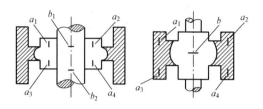

图 3 - 3 - 34　轴瓦间隙用压铅丝法测量

轴瓦钨金面与轴的接触（用着色法检查）应沿整个轴瓦下部全长（轴向）60°圆弧内，每平方厘米 5 个点以上，上瓦 2 个点以上，不得出现片面间点接触的情形，瓦套与轴承座或轴承盖及分装式轴瓦的结合面，均应严密接触，用着色法检查，每平方厘米不少于 2 个色点，用 0.05mm 塞尺检查，不得塞入。

油环应圆滑、平正，无损伤、漂偏、椭圆和局部磨损等现象。

滑动轴承的轴向串动量为轴径的 4% 左右，两端轴领与轴面端面间隙必须均匀一致。

轴承座的油标应清洁干净，不渗油。轴承盖、轴封、油档应严密不漏油，轴瓦顶丝紧固，拧入瓦套深度应为轴瓦厚度的 1/2 以上。

（2）滚动轴承检修过程如下：

1）检查轴承：用四氯化碳或汽油彻底清洗，除去油泥和污垢，擦干后仔细检查各部，保持架应坚固有力铆钉完好、齐全及无损伤，每个珠粒或滚柱圆滑光亮、活动自如，内外滑套滑道清洁光亮，无损伤、斑痕及麻点和金属剥离等不良现象。用手扳转整个滚动轴承，应转动灵活，无咬住、制动、摇摆及转动不良和轴向串动等缺陷。加添或更换润滑油脂时，油量应控制在轴承室容积的 $\frac{1}{2} \sim \frac{2}{3}$ 之内。

用塞尺在珠粒及外环间的非负载区测量滚动轴承径向及轴向间隙，应符合表 3 - 3 - 10、表 3 - 3 - 11 规定数值。

新滚动轴承间隙如果超出上述表中所规定者，经详细检查该轴承确无其他缺陷时，其允许间隙暂时可按最大磨损允许值的 50% 作为取舍之标准。

表 3 - 3 - 10　　　　　　　　　轴承径向允许间隙　　　　　　　　　　mm

轴承内径	新单列滚球	新滚柱	磨损最大允许值
20 ~ 30	0.01 ~ 0.02	0.03 ~ 0.05	0.10
30 ~ 50	0.10 ~ 0.02	0.05 ~ 0.07	0.20
50 ~ 80	0.01 ~ 0.02	0.06 ~ 0.08	0.20
80 ~ 120	0.02 ~ 0.03	0.08 ~ 0.10	0.30
120 ~ 150	0.03 ~ 0.04	0.10 ~ 0.20	0.40

表 3 - 3 - 11　　　　　单列向心滚动轴承轴向允许间隙　　　　　mm

轴承内径	200 系列轴承	300 系列轴承
30 ~ 50	0.12 ~ 0.22	0.13 ~ 0.23
50 ~ 65	0.14 ~ 0.25	0.17 ~ 0.28
65 ~ 80	0.19 ~ 0.32	0.23 ~ 0.38
80 ~ 100	0.25 ~ 0.43	0.29 ~ 0.50
100 ~ 120	0.26 ~ 0.46	0.32 ~ 0.56

2）轴承的拆卸与装配。拆卸滚动轴承常用的方法有下列几种：

（a）钩拉法。此法与拆卸皮带轮相似，选择大小合适的拉具（两脚或三脚均可），使拉具脚钩紧扣轴承内圈，校正拉具，然后转动螺杆进行顶拉。如因锈死拉不动，可用汽油浸泡，若配合太紧，可在轴承前后约100mm 处的轴上包扎石棉，用 100 ~ 120℃ 的热机油淋轴承内圈 1 ~ 3min，趁轴承热胀时拉出。

（b）导板法。它是钩拉法的改进，将拉钩改成导板，导板内径比轴肩直径大 2mm。这样可以克服钩拉钩容易滑脱及各方拉力不平衡的缺点。

（c）切割法。此法仅用于轴承烧毁，或其他原因引起而用前三种方法无法去下，即内环与轴抱死的情况，用割把切割内环，这里要注意不能伤轴。

轴承拆下来以后，先刮去废油，然后用煤油或汽油洗净，再用清洁布（不能用棉纱头）擦干，按前述方法检查轴承的好坏。

轴承装配一般用冷压法或热套法，前者应用专用的轴承装配器，选择和轴承大小相应的套筒，绝缘的将轴承压入。热套法是将轴承放在干净的机油中加热到 100 ~ 110 ℃，经 10 ~ 15min 后取出，立即套到轴上，用工具压住内圈，推压到轴承位置；或用轴承加热器将轴承加热到 90 ~ 100℃，然后将轴承推压到轴承位置。

轴承复位后，抹上干净的润滑脂。润滑脂的指标主要为滴点、针入度、氧化安定性及低温性能。轴承工作温度应低于润滑脂滴点 10 ~ 30℃，转速较高时选用针入度较大的润滑脂，负荷较重时则选择针入度较小的润滑脂。润滑脂的充填量约为轴承室的 $\frac{1}{2}$ ~ $\frac{2}{3}$。常用的润滑脂为复合钙基、钙钠基脂及锂基润滑脂。

5. 冷却系统检修

彻底清扫除掉风筒、风道内外各部灰尘脏物，检查各部应完整严密、不漏泄，螺钉齐全拧紧，检查并调正风挡间隙，对滚动轴承电动机的风挡与风扇的轴向间隙，应保持 6 ~ 8mm 以内，对滑动轴承电动机的风挡与风扇的轴向间隙，应不大于转子最大串量加 6 ~ 8mm，对螺旋式风扇电机的风挡与风扇的径向间隙，应不大于 3 ~ 4mm。轴封间隙应圆滑均匀，顶部间隙应大于轴瓦间隙。

拆开冷却器两端盖并做好相应记号，清扫端盖和冷却器。吊出冷却器要水平式垂直放置，垫好垫木。清扫端盖内的锈蚀并清除防锈漆，清扫冷却器铜管内部，水冷却器可用圆柱式尼龙刷固定在直径较小的铜管上，蘸水清扫清除管内壁的淤泥。风冷却器可不用蘸水。铜管外部及散热片，在电机解体的状况下可用水或碱水进行清扫。冷却器管胀口应无裂纹、砂眼和渗漏。冷却器的水压拨到试验孔，要仔细检查橡胶密封垫的情况，更换时要注意其螺栓孔的位置应恰当，不准偏斜和孔径过大，胶垫上下密封胶，筋骨螺栓不能拧得太紧。空气冷却器的试验水压是工作压力的 1.5 ~ 2 倍，30min 无渗漏，一般为 0.3 ~ 0.4MPa。

6. 组装及检查、修理接地线

电动机组装应经详细检查，确定内部无遗物后方可进行。按拆卸时的方法步骤、逆拆时的顺序，将电动机全部组装好，销子严密，螺钉齐全，拧紧并锁住。组装过程中或组装后，测定转子空气间隙，要求最大值与最小值之差与平均值之比不大于 10%，否则应调正至合格为止。同时检查风路、油路要畅通，不得出现装配错误，以免影响以后维护及冷却润滑。

检查、修理、连接接地线，接地线应与大地（接地网）和电动机机壳良好接触，接触平面平整、不受力，接地线截面合乎规定，整个地线各部分无压伤、折断及裂纹，要求地线长度尽量短。

7. 试运行及验收

电动机试运行，应空载试运 2h，检查转向应正确，转速正常，各部无异音，不过热、不漏油后，再连接对轮，带机械部分试转 1h 以上。如果新换轴瓦，试运时间还应适当延长。

电动机在试转启动时，分别记录空载电流和启动时间，要求电动机空载电流与原来相符，一般高压电动机不大于额定电流的 20% ~ 30%；低压电动机不大于额定电流的 30% ~ 50% 为宜。电动机带负荷启动时间应与文前相符，如果超过 20% 则应查明原因，设法消除，否则不应投入运行。

电动机检修中、组装前、组装后应严格执行三级验收制，必须经过检修人员自检自验和班长、技术员的检查验收，对 500kW 以上大型电动机尚应由分场或车间有关人员进行验收，直至经试运行良好为止。电动机验收应按下面几条进行：

（1）运行正常：

1）出力达到铭牌要求。

2）电动机各部位温升在容许范围内（环境温度为 40℃时），见表 3 - 3 - 12。

3）绕线式异步电动机滑环运行时基本无火花或只有部分小火花。

4）电动机声音正常，无大的振动，其轴承振动不得超过表 3 - 3 - 13。

表 3 - 3 - 12　　　　　　　　电动机允许温升值　　　　　　　　℃

电机部位	A 级绝缘		E 级绝缘		B 级绝缘		F 级绝缘		H 级绝缘	
	温度计法	电阻法	温度计法	电阻法	温度计法	电阻法	温度计法	电阻法	温度计法	电阻法
定子绕组	55	60	65	75	70	80	85	100	105	125
转子绕组	55	60	65	75	70	80	85	100	105	125
定子铁芯	60		75		80		100		125	
集电环	60		70		80		90		100	
换向器	60		70		80		90		100	
滚动轴承	55		55		55		55		55	
滑动轴承	40		40		40		40		40	

表 3 - 3 - 13　　　　　　　　　　　　轴承振动标准

每分钟转数（r/min）	3000	1500	1000	750 以下
振动值（mm）	0.05	0.85	0.10	0.12

（2）结构完整无损，零部件齐全完好：

1）外壳上有符合规定的铭牌。

2）绕组、铁芯、槽楔等无老化、松动、变色等现象。

3）轴承不漏油，机脚、端盖、风扇完整无损。

4）外表清洁，螺栓齐全紧固。

（3）技术资料齐全准确，有履历卡片、检修及试验记录。

四、三相交流异步电动机故障检修

（一）交流电动机的故障特点和分析方法

三相交流异步电动机的故障可分为两大类：一类是电磁方面的故障，大多发生于绕组，如绝缘损坏、导体及其回路接触不良、断线、短路及接线错误等；另一类是机械方面的故障，如轴承、端盖、铁芯等零部件的松动、磨损、变形、断裂及润滑不良等。区分这两类故障，一般可以这样进行：当电动机通电运转时，故障现象存在，切断电源后，故障仍然存在，说明是机械方面的故障；若切断电源后，故障现象随之消失，就说明是电磁方面的故障。分析电动机故障，一般应进行下列工作：

（1）了解电动机的结构和历史，查询故障前后的运行情况。

（2）检查机械零部件的情况，如机座、端盖是否破裂，转轴是否弯曲，风扇是否损坏等。

（3）检查轴承情况，将转轴上下左右摇动，如有较大松动或窜动，表示轴承有问题。用力转动转子，看其转动是否灵活，有无卡涩现象。

（4）检查绕组绝缘情况，可用绝缘电阻表测试是否有接地、断路或相间短路的现象。

（5）经过上述检查未发现重大问题时可将电动机通电运转，进一步观察故障现象。如发生断路器跳闸、熔丝熔断、内部打火、绕组冒烟有焦臭味、发出嗡嗡声、转动缓慢或甚至不能启动，这时应先检查外部接线。若无问题，则表示电动机内部有故障，需拆开进行检查。

电动机发生故障的原因，可能是一个，也可能有两个或多个，机械原因可能引起电磁故障，电磁原因也可能诱发机械故障。因此，电动机发生故障时，要了解全过程，仔细观察出现的故障现象，尽可能测量有关数据，然后进行综合分析，便可确定故障原因，找出故障部位。下面就定子绕组、转子及铁芯和机械部件等方面的不同问题加以叙述：

（二）定子绕组的故障与检修

定子绕组的故障又可分为绕组绝缘电阻偏低、绕组接地、绕组短路、绕组断路、绕组接线错误等几方面的问题。

1. 绕组绝缘电阻偏低和处理

（1）绝缘电阻偏低的原因。所谓绝缘电阻偏低，是指绕组对地或相间绝缘电阻大于零却低于合格值。如不进行处理而投入运行，就有被击穿烧坏的可能，电阻的合格值，对额定电压 1kV 以下的电动机为 $0.5M\Omega$，1kV 以上的电动机为 $1M\Omega/kV$（热态）。绝缘电阻偏低的原因，一般有以下几个方面：

1）绕组受潮：电动机较长时间的停用或储存，受周围潮湿空气、雨水、盐雾、腐蚀性气体及灰屑油污等侵入，使绕组表面附着一层导电物质，引起绝缘电阻下降。

2）绝缘老化：使用较长时间的电动机，受电磁机械力及温度的作用，主绝缘开始出现龟裂、分层、酥脆等轻度老化现象，或者原来绝缘处理不良，经使用后绝缘状况变得更差。

3）绝缘存在薄弱环节：如所用的绝缘材料质量不够好，厚度不够或在嵌线时被损伤等，以致整机或某一相绝缘电阻偏低。

（2）绝缘电阻的检测。检查绝缘电阻一般用绝缘电阻表测量，额定电压 500V 以下的电动机，用 500V 绝缘电阻表；500 ~ 3000V 的电动机，用 1000V 绝缘电阻表；3000V 以上的电动机，用 2500V 绝缘电阻表。

使用绝缘电阻表时，必须放平稳，以免影响测量机构的自由转动，连接线必须用绝缘良好的单根导线，两根线不能绞缠在一起，也不要与电动机或地面接触。摇测前，应分别做一次开路及短路试验，即连接线开路，摇动手柄，表针应指向"∞"处，然后将两根线碰接，轻摇手柄，表针应指向"0"处，否则说明表有问题，需检修好才能使用。接线时，从绝缘电阻表接地端子（E 或 N）引出的一根线接于机壳上，线路端子（L）接于绕组线头。摇测时，转速要均匀稳定，约 120r/min，待表针稳定后再读数。

（3）绕组的干燥处理。绕组绝缘电阻偏低，大多数是由于绕组受潮，一般要进行干燥处理。对于绝缘轻度老化或存在薄弱环节的绕组，干燥后还要再进行一次浸漆与烘干。下面介绍常用的干燥方法：

1）烘房（烘箱）干燥法：对于备有烘房或烘箱的地方，这是最简便的方法，它适于任何受潮程度的电动机。将受潮电动机放入烘房内，温度由低到高逐渐调节到100℃左右，即可连续进行到烘干为止。

2）热风干燥法：此法适用于任何型式及受潮程度的电动机。用红砖砌成夹层干燥室，夹层中填以石棉粉等隔热材料，利用鼓风机将电热丝产生的热量变成热风，吹拂电动机，将潮气带走，如图3-3-35所示。

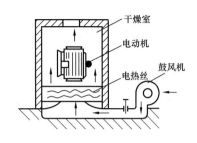

图3-3-35　热风干燥法

用改变电热丝的接法或数量来调节温度；利用风道阀门调节风量。电热丝的功率P

$$P = 0.105CV\ (t_2 - t_1) \qquad (3-3-26)$$

式中　C——空气的定压比热容，可取0.31J/（g·℃）；

　　　V——干燥室容积，m^3；

　　　t_1——环境温度，℃；

　　　t_2——进口热风温度，一般取$t_2 \leqslant 95$℃。

3）光热干燥法：容量较小及轻度受潮的电动机，可利用红外线灯泡或普通白炽灯泡的光热效应进行烘烤。此法简单易行，改变灯泡大小、数量或距离，即可改变烘烤温度。

4）电流干燥法：电流干燥法的特点是电动机内部强度高于外部温度，故干燥迅速有效。对于被水浸泡的电动机，为防止绝缘膨胀、被击穿或者采用直流电时可能产生电解作用，一般不采用此法干燥。如要采用，应先用前述方法烘干到一定程度后，再用电流法干燥。

（a）笼型电动机。干燥笼型电动机采用单相交流电或直流电，用调压器、变阻器或改变绕组接法来调节电流，一般控制在被烘电动机额定电流的50%～70%（通常每1kW取1A），所需电压约为电动机额定电压的7%～15%，因此电源容量S

$$S = 0.001 \times (0.07 \sim 0.15)\ U_N \times (0.5 \sim 0.7)\ I_N \qquad (3-3-27)$$

式中　S——干燥电源容量，kVA；

　　　U_N——电动机额定电压，V；

　　　I_N——电动机额定电流，A。

电流干燥法的典型接线如图3-3-36所示，其中图（a）用于6个出线头的大、中型电动机，图（b）用于只引出3个线的电动机，图（c）用于小型电动机。采用串联接法时，三相绕组应按图3-3-36（a）连接，即其中一相反接，使三相感应电动势同向，总反电动势增大，在同样电压下绕组电流比正接法减小$\frac{1}{3}$ ~ $\frac{1}{2}$，从而可以直接采用220V单相电源烘烤10kW以下的电动机。对100kW以下的电动机，用交流弧焊机做电源可以满足要求，调节十分方便。

采用电流法干燥时，一般宜将转子抽出，以利潮气外逸。如果放入转子以减小定子电流，则应将转子堵住。在定子内放入与铁芯长度相等的铁管也能起到限制电流的作用，如用220V电烘烤10kW电动机，在定子内放入170mm长，直径60×2mm的钢管5根，电流可控制在9A左右。

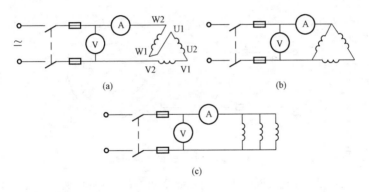

(a)　　　　　(b)

(c)

图3-3-36　笼型电动机电流干燥接线图
（a）串联；（b）串并联；（c）并联

（b）绕线型电动机。将转子绕组串接水电阻，堵住转子，定子绕组接三相电源，其电压为额定值的15% ~ 20%，调节水电阻，使定子、转子电流约为各自额定值的50% ~ 70%。如果缺乏从定子绕组通电所需的电压，也可以改为从转子供电。其电压为转子绕组并路电压的15% ~ 20%。

当转子直接短路时，可以同笼型电动机一样，从定子绕组加单相交流或直流电进行干燥。绕线电动机采用交流电干燥时，应特别注意监视转子端部钢绑线的温度不超过95℃。

5）铁损干燥法：这种方法是在定子铁芯上绕以励磁线圈并通入单相交流电，使定子铁芯产生磁滞及涡流损耗而发热，如图 3 - 3 - 37 所示。交流电源通过刀开关 Q 和熔断器 FU 接到线圈两端，电压及电流可分别用万用表及钳形电流表测量。此法适用于大型电动机，能量消耗小。绕线前将转子抽出，定子内膛清扫干净，绕线方向要保持一致，所需线圈匝数 W

$$W = 45U/S_{Fe} \qquad (3 - 3 - 28)$$

式中　U——电源电压，V；

　　　S_{Fe}——铁芯截面积，cm^2。

励磁电流 I

$$I = （1.5 \sim 2.5） \pi D/W \qquad (3 - 3 - 29)$$

式中　D——定子铁芯平均直径，cm。

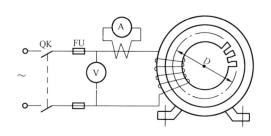

图 3 - 3 - 37　定子铁损干燥接线图

根据算得的电流值，即可选择绝缘导线的截面。线圈绕好后，通电前要测量电动机绕组及励磁线圈的绝缘电阻，在铁芯上中下 3 个部位安放 3 支温度计，它们的感温球要紧贴铁芯，并用油灰粘封，升温速度为 5 ~ 8℃/h，最高温度控制在 90℃ 左右，要特别注意上部温度，以免局部过热。改变圈数或周期性地切断电流可调节干燥温度。

（4）干燥处理的注意事项：

1）干燥前应将电动机吹扫干净，如采用电流干燥，机壳必须接地，以防触电。

2）对封闭式电动机，当整机通电加热时，应拆开端盖以散出潮气。否则潮气停留在电动机内部，当绕组温度下降后，潮气侵入绕组，使绝缘电阻再度下降。

3）干燥电动机时，除保留必需的通风排气口外，应将电动机与周围空气隔绝起来，以减少热损失。

4）干燥时要用温度计测量绕组温度，升温速度一般不大于 10℃/h，绕组的最高加热温度控制在 100～110℃。

5）在干燥过程中，每隔 1h 测量并记录一次温度、电流及绝缘电阻（摇测绝缘电阻时要断电）。开始时，由于绕组温度的提高及潮气的大量扩散，绝缘电阻呈下降状态，降到某最低值后，便逐渐回升，最后 3～5h 内趋于稳定或微微上升，当绝缘电阻达到 5MΩ（380V 电动机）以上时，干燥即可结束。

2. 绕组接地故障和检修

（1）绕组接地的原因。绕组接地俗称碰壳，这时电动机启动不正常，机壳带电，熔丝熔断，用绝缘电阻表测量时绝缘电阻为零。绕组接地的原因有以下几种：

1）绝缘热老化：电动机使用日久，或经常超负荷运行，导致绕组及引线的绝缘热老化，如绝缘发黑、枯焦、酥脆、剥落等，降低或丧失绝缘强度而引起电击穿接地。

2）机械性损伤：嵌线时主绝缘受到外伤，线圈在槽内松动，端部绑扎不牢，冷却介质中尘粒过多，使电动机在运行中线圈发生振动、摩擦及局部位移而损坏主绝缘。

3）局部烧损：由于轴承损坏或其他机械故障，造成定子、转子相擦，铁芯产生局部高温，烧坏主绝缘而接地。

4）铁磁损坏：槽内或线圈上附有铁磁物质，在交变磁通作用下产生振动，将绝缘磨破（洞或沟状），若铁磁物质较大，则产生涡流，引起绝缘的局部热损坏。

（2）接地故障的检查。首先用绝缘电阻表或万用表确定故障相，然后采用下列方法查找接地点。

1）校验灯法：拆下端盖，抽出转子，将一只 40～100W 灯泡串接于 220V 相线与绕组之间，如图 3-3-38 所示，这时灯泡正常发光，用木（竹）片敲击或撬动槽口处线圈，灯闪时的撬动处即为接地点。

2）电流烧穿法：在线圈与铁芯之间加低压电源，小容量电动机通以 2 倍额定电流 30s，大容量电动机通以 0.2～0.4 倍额定电流，高压电动机限制在 5A 以内，其接线如图 3-3-39 所示。图中 TA 为自耦调压器，TL 为行灯变压器，电流可用钳形电流表测量。通电后，仔细观察定子内膛、槽口等部位，冒烟或绝缘有焦痕处即为接地点。

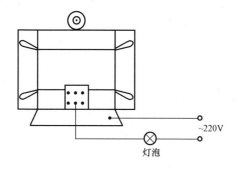

图 3 - 3 - 38　用校验灯查找接地点

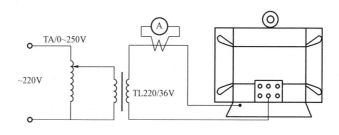

图 3 - 3 - 39　电流烧穿法接线图

3）电流定向法：将故障相（例如 U 相）首末端（U1、U2）并联加直流电压，可用 6～12V 蓄电池并串联可调电阻 RP，控制电流为 0.2～0.4 倍额定电流，线圈内的电流方向如图 3 - 3 - 40 所示。可见故障所在槽内的电流一同流向接地点。将小磁针逐槽移动，磁针改变方向处即为接地点所在的槽。再将磁针沿该槽轴向移动，磁针在故障点 g 处会改变指向。

4）电压降法：此法适用于金属性接地的高压电动机，其接线如图 3 - 3 - 41 所示。测试可用交流或直流电，用交流电时应将转子抽出。调节变阻器（用交流时是调压器）使电压表（可用万用表电压挡）指示适当数值，因 $U_1 + U_2 = U$，1 点至接地点 g 的距离与电压降成正比，即

$$L_1 = U_{1g} / (U_1 + U_2) = U_1 / U \times 100\% \qquad (3 - 3 - 30)$$

式中　L_1——绕组首端至接地点的距离占绕组总长度的百分数。

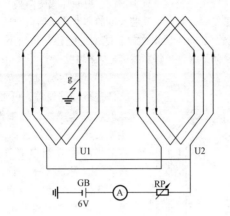

图 3 – 3 – 40　电流定向法

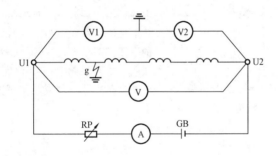

图 3 – 3 – 41　电压降法接线图

（3）接地故障的修理。

1）局部修理：如果接地点在槽口等易见处，可将绝缘垫片或天然云母插入铁芯与线圈之间，用绝缘带包扎好，涂以自干绝缘漆即可。如果损坏在槽内上层边，可打出槽楔，修补槽绝缘，或将线匝翻出槽外处理。若接地点在槽底，则需抬出一个节距的线圈边。此时应将绕组加热软化，操作要小心，处理完毕应浸漆一次。

2）面层嵌线法：这是更换部分故障线圈的好方法。其工艺过程如下：将线圈加热到110℃左右，对单层绕组，迅速将损坏线圈拆除，用压板将原来压在坏线圈上面的那一部分绕组端部轻打、下压，留足新线圈面层嵌放的空位，并将留下的绕组整形，然后换上新的槽绝缘，将新线圈嵌

第三章　异步电动机检修

入槽内。对双层绕组，应趁热打出槽楔，剪断坏线圈两端并迅速拆除，然后补充适当的槽绝缘，用等于铁芯长度的薄铁片从槽口中把保留的上层线圈边下压到槽底，其面上留出嵌放新线圈的空位，将留下的线圈整好形后，放入新的层间绝缘，再将新线圈嵌入槽中。

3）废弃法：找出接地点后，如果无法进行局部修理，可将该线圈切除，包好两端头绝缘，将相邻两线圈跨接串联起来，所以废弃法又叫跨接修理法。当故障线圈内部有匝间短路时，须将线圈端部割断，并分匝包好绝缘，如图 3 - 3 - 42 所示。将故障线圈 2 剪断，用跨接线把线圈 1、3 连接起来。废弃法适用于单路星形绕组，一般切除匝数不得超过 10%，切除线圈后，电动机出力要降低。对多路星形或三角形接法的绕组，为了保持磁通分布的平衡，需相应切除其他支路的完好线圈，故不宜采用废弃法修理。

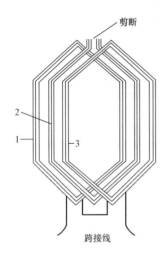

图 3 - 3 - 42　废弃法修理

废弃法是一种应急修理方法，事后应采取补救措施，及早替换下来重修。

（4）高压绕组接地的局部修理。

1）取出故障线圈。首先割断线圈端部绑绳，取下垫块，退出故障线圈槽中的槽楔。如果接地点在上层边，只要翻出槽外即可处理；若接地点在下层边，则需抬出一个节距内的线圈上层边，才能取出故障线圈。取线圈时，先在端部斜边部位穿入几根棉绳或白布带（如直线部分较长，再从径向通风槽穿入棉绳，使中部与两个端部同时受力），然后用电焊机通以 1.5 倍额定电流加热，当线圈表面温度约 80℃时（手摸略感烫手），立即断电，趁热打出槽楔，用木棒略为抬起上层边，将两端的棉绳移近槽口处，使左、中、右三点同时着力，将线圈边抬出。若仍抬不出，应分析原因，不要猛力硬抬，如温度不够，应重新加热。注意不使其端部产生大的变形，也不要损坏抬出边的绝缘。

2）修理故障线圈。剥去直线部分的统包绝缘并延伸至端部，其尺寸如图 3 - 3 - 43 所示。

其中 A 取 50 ~ 100mm，斜坡长度 L

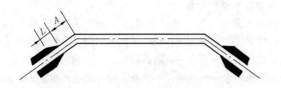

图 3 – 3 – 43　故障线圈边的绝缘处理

$$L = 10 = U_N/200 \qquad\qquad (3 - 3 - 31)$$

检查匝间绝缘完好后，先刷 1410 号云母带漆，再连续半叠包 5032 号沥青云母带，注意上下层对缝要错开，包扎要紧密，如云母带已干，可边包边刷 1410 号漆，包到原来厚度后，最外面半叠包一层白布带。

新绝缘也可用玻璃丝带包扎。先在已抹净的待包处刷一层环氧树脂胶；用 20mm × 0.1mm 无碱玻璃纤维带半叠包到原来厚度为止，边包边涂环氧树脂胶，注意斜坡部分要搭接好，包完后在 90℃ 下烘烤 4h。

线圈包好绝缘后须按标准进行耐压试验。只处理上层边的线圈，可在直线部分包锡箔纸，导线与铁芯同时接地，用反加压（即高压加于锡箔纸上）法进行，耐压标准见表 3 – 3 – 14。耐压合格后，表面刷 1211 号沥青气干漆。

表 3 – 3 – 14　　局部更换线圈时的交流耐压标准

试验阶段	试验电压
除去故障线圈后的其余线圈	$0.75\,(2U_N + 1.0)$
备用线圈放入槽内前	$2.25U_N + 2.0$
备用线圈放入槽内后与旧线圈连接前	$2U_N + 10$
全部连接好以后	$1.5\,U_N$

3）清扫定子槽和处理其余线圈的表面绝缘，然后按标准进行耐压试验。

4）将修复的线圈（或备用线圈）嵌入槽内，并对它进行耐压试验。

5）嵌入所有抬出槽外的线圈边，打入槽楔，焊好连接线，对全部绕组进行耐压试验，并用电桥测量绕组的直流电阻，三相电阻互差不应超过 2%。

6）包好端头及连接线绝缘，配置端部垫块，扎好绑绳，端部涂漆或喷漆。

3. 绕组短路故障和检修

(1) 绕组短路的原因。绕组短路分为相间短路及匝间短路。其中相间短路包括相邻线圈短路及极相组连线间的短路。绕组短路严重时，负载情况下电动机根本不能启动。若短路匝数少，电动机虽能启动，但电流很大且三相不平衡，于是电磁转矩不平衡，使电动机产生振动，发出嗡嗡响声；短路匝中流过很大电流，使绕组迅速发热、冒烟，发出焦臭味甚至烧坏。

1) 相间短路：相间短路多发生在低压电动机及铁芯为半开口槽的高压电动机中，故障部位主要在绕组端部、极相组连线之间或引出线处。造成相间短路的原因有：

(a) 绕组端部的隔极纸或槽内层间绝缘放置不当或尺寸偏小，形成极相组间绝缘的薄弱环节，被电场强行击穿而短路。

(b) 线鼻子焊接处绝缘包扎不好，裸露部分积灰受潮引起表面爬电而造成短路。

(c) 低压电动机极相组连线的绝缘套管损坏，高压电动机烘卷式绝缘的端部蜡带脆裂积灰，从而引起相间绝缘击穿。

2) 匝间短路：匝间短路的主要原因有以下几点。

(a) 漆包线的漆膜过薄或存在弱点。

(b) 嵌线时损伤了匝间绝缘，或抽出电动机转子时碰破了线圈端部的漆膜。

(c) 长期高温运行使匝间绝缘老化变质。

(2) 短路故障的检查可采用如下方法：

1) 万用表或绝缘电阻表法：将三相绕组的头尾全部拆开，用万用表或绝缘电阻表测量相间电阻，其阻值为零或很小时即为短路相。

2) 电阻法：用电桥（或万用表电阻挡）测量三相绕组的直流电阻，阻值过小的一相可能存在短路。

3) 电流与电压降法：先用电流平衡法找准故障相，其接线如图3-3-44所示，电源变压器T可采用36V行灯变压器或交流电焊机。每相串接一只电流表，通电后记下电流表的读数，电流过大的一相即存在短路。然后将故障相的极相组间连线剥开，并加上50~100V交流电压，用万用表测量每个极相组的电压降，如图3-3-45（a）所示，压降过小的一组即有匝间短路。再将该组（例如S1组）的线圈间连线剥开，用同样方法测量各线圈的电压降，如图3-3-45（b）所示，便可找到短路点。严重时，短路匝有明显的变色（发黑）现象。

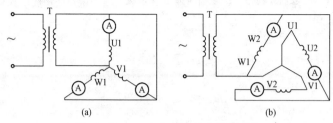

图 3 - 3 - 44　电流平衡法查找短路相

（a）星形接法；（b）三角形接法

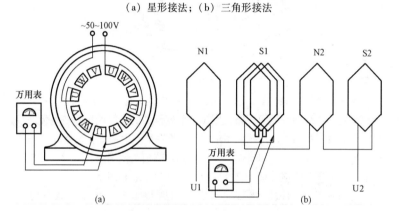

图 3 - 3 - 45　电压降检查法

（a）检查短路极相组；（b）检查短路线圈

4）感应电压法：将 12 ~ 36V 单相交流电通入 U 相，测量 V、W 相的感应电压；然后通入 V 相，测量 W、U 相的感应电压；再通入 W 相测量 U、V 相的感应电压。记下测量的数值进行比较，感应电压偏小的一相即有短路。一台 7.5kW 2 极电动机的实测数据见表 3 - 3 - 15，其中 U 相感应电压最小，说明有匝间短路。

表 3 - 3 - 15　　　　　7.5kW 2 极电动机的实测数据

通电相别	电源电压（V）	感应电压（V）		
		U 相	V 相	W 相
U	24		10	10
V	24	7		9
W	24	7	9	

5）短路侦察器法：短路侦察器由 H 形铁芯及励磁线圈构成，其测量原理如图 3 - 3 - 46 所示。

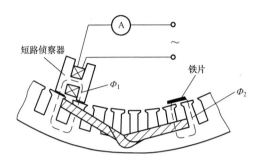

图 3 - 3 - 46　用短路侦察器检查匝间短路

将铁芯跨放在槽口上，励磁线圈通入交流电，产生磁通 Φ_1 与被测线圈相交连，若线圈有匝间短路，则相当于变压器的二次侧短路，电流表便有较大示值，短路电流产生的磁通 Φ_2 使薄铁片产生振动，严重时还发生吱吱声。顺次逐槽移动侦察器，便可找到短路槽。使用该方法时，对三角形接法或多支路绕组，均需把并联点拆开，以切断其回路。

短路侦察器的铁芯弧面应与定子内膛相吻合，其技术数据见表 3 - 3 - 16。

表 3 - 3 - 16　　　　短路侦察技术数据

组合	电源侧				感应侧			
	铁芯截面（cm²）	线径（mm）	匝数	电源电压（V）	铁芯截面（cm²）	线径（mm）	匝数	电压表量程（V）
1	6	0.47	270	36	6	0.23	2700	0 ~ 50
2	8	0.47	2068	220	0.5mm 铁片			

（3）短路故障的修理分为如下 3 种。

1）局部修理：当短路点在槽外且不严重时，可将线匝撬开，在损坏处刷绝缘漆，包绝缘带或垫绝缘物。如短路点在槽内或烧损严重，单独处理损坏匝有困难时，可更换整个线圈，采用面层嵌线法或废弃法，其工艺与修理接地故障相同。

2）穿绕法：绕组仅损坏个别线圈且单根导线较粗时，采用穿绕法较为省工省料，还可以避免损坏其他好线圈。穿绕修理时，先将绕组加热使绝缘软化，然后将坏线圈的槽楔打出，剪断坏线圈两端，将坏线圈的导线一根一根抽出。接着清理线槽，用一层聚酯薄膜复合青壳纸卷成圆筒，插入槽内形成一个绝缘套。穿线前，在绝缘套内插入钢丝或竹签（打蜡）作为假导线，假导线的线径比导线略粗，根数等于线圈匝数。导线按坏线圈总长（加适当余量）剪断，从中点开始穿绕，如图 3-3-47 所示。导线的一端（左端）从下层边穿起，按下 1、上 2、下 3、上 4 的次序穿绕，另一端（右端）从上层边穿起，按上 5、下 6、上 7、下 8 的顺序穿绕。穿绕时，抽出一根假导线，随即穿入新导线，以免导线或假导线在槽内发生移动。穿绕完毕，整理好端部，然后进行接线。

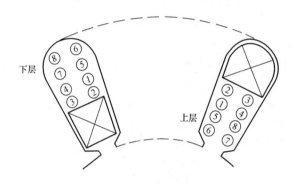

下层

上层

图 3-3-47　穿绕法修理线圈

3）高压绕组匝间短路的修理过程如下：

（a）当短路点在上层边时，可抬出槽外进行修理。如故障在下层边，则需抬出一个节距内的所有上层边，取下故障线圈修理。

（b）按照接地故障的修理方法，将故障线圈取下后，先剥去对地绝缘，然后割去导线烧损部分，修光割口并锉成斜坡，其长度 L 等于铜线厚度 b 的两倍，即 $L=2b$。各线匝的接头应互相错开，如图 3-3-48 所示。

（c）补接新导线。将新铜线对接处锉好，夹银焊片于对接口中间涂上硼砂焊剂，两端用炭精电极夹紧，合上电源开关，调节好电流，经 5～10s，银焊片便熔化，待焊液"打滚"后断开电源（焊接处呈白色时便可松开电极），最后修锉焊接处，使其表面平整，尺寸与原导线相同。

（d）按原来厚度包好匝间绝缘，可用 20mm×0.17mm 醇酸玻璃漆布

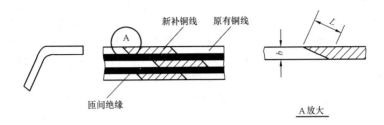

新补铜线　原有铜线

A

匝间绝缘

b L

A放大

图 3 - 3 - 48　线匝断股修理

包扎，也可以塞垫稍宽于导线的绝缘垫条，再用玻璃丝带扎紧，并刷漆烘干。

（e）参照接地故障的修理工艺包好主绝缘，做耐压试验及进行嵌线等工作。

4. 绕组断路故障和检修

（1）绕组断路的原因。绕组一相断路后，对星形接法的电动机，通电后不能自行启动，断路相电流为零。对三角形接法的电动机，虽能自行启动，但三相电流极不平衡，其中一相电流比另外两相约大 70%，且转速低于额定值。采用多根并绕或多支路并联绕组，其中一根导线断线或一条支路断路并不造成一相断路，这时用电桥测量可见断股（或断支路）相的电阻较另外两相为大。造成绕组断路的主要原因有以下几点：

1）电磁线质量低劣，导线截面有局部缩小处，设计或修理时导线截面积选择偏小，以及嵌线时刮削或弯折导线致伤，运行中通过电流时局部发热产生高温而烧断。

2）接头脱焊，多根并绕或多支路并联绕组断股未及时发现，经一段时间运行后发展为一相断路。

3）绕组内部短路或接地故障烧断导线。

（2）断路故障的检查可采用以下 4 种方法。

1）万用表或校验灯法：将三相绕组的头尾全部拆开，用万用表（或绝缘电阻表）测量或用校验灯检查各相绕组，表不通或灯不亮的一相便是断路相。

2）电阻法：用电桥测量各相直流电阻，阻值偏大的那一相可能有断股或支路断路，再分组寻找，便可查出故障线圈。

3）电流平衡法：接线与图 3 - 3 - 44 相同，电流偏小的一相有断线。

4）通断试探法：确定断路相后（例如 U 相），还必须找出断路点。

将电动机极相组连线剥开，用万用表的一根试棒接 U 相首端，另一根依次与每个极相组末端相接，如图 3 - 3 - 49 所示。假如与第一个极相组末端相接时，万用表指针摆动，而与第二个极相组末端相接时表针不动，则说明第二极相组有断路。逐个进行测试，直至找出所有断路的极相组。

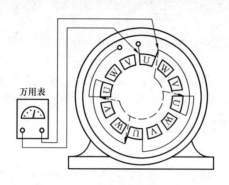

图 3 - 3 - 49　检查断路极相组

找出断路极相组后，再把它的线圈间连线剥开，然后分别探测每个线圈，如图 3 - 3 - 50 所示。如果绕组为多支路并联，还要找出断路点在哪一条支路。

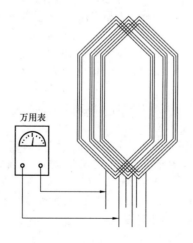

图 3 - 3 - 50　探测断路线圈

（3）断路故障的修理有如下 2 种方法。

1）局部补修：断路点在端部、接头等处，可将其重新接好焊牢，包好绝缘并刷漆即可。如果原导线不够长，可加一小段同线径导线绞接再焊。

2）采用穿绕法、面层嵌线法或废弃法修理，其工艺与前述相同。

5. 绕组接线错误和检查

（1）绕组接线错误主要有极相组或个别线圈接错及引出线首末端接反两种。

1）极相组或个别线圈接错：这是更换绕组时疏忽而造成。少数线圈接反或虽然接线正确，但线圈下反了，都会引起三相电流不对称，少极数电动机的极相组接错，则电动机无法启动。极相组接错，在分数槽电动机中最易发生。在绕制线圈时，将首末端套上不同颜色的套管，可避免接错，或一旦接错亦易于查找。

2）引出线首末端接反：在换接电源线时，由于工作不慎，线头标记错误或不清，使其中一相首末端接反。这时电动机将不能顺利启动，声响较大且达不到额定转速，三相电流不平衡。辨别绕组首末端有电磁感应法及直接试验法两种，一般应优先采用电磁感应法，只有在缺乏仪表时，才使用直接试验法。

（2）接线错误的检查。发现绕组接线错误的现象时，应首先检查三相首末端及其连接是否正确，其次再检查极相组及其连接。

1）绕组首末端的判别可采用直流或交流感应法。

（a）直流感应法。首先用万用表找出每相绕组的两个线头，然后按图 3-3-51（a）接线。一般使用 1.5V 干电池，仪表可用万用表毫安挡。先用电池负极碰触 U2 及 V2，如指针同向偏转，则 U2 与 V2 同极性。再将万用表接 V2，电池负极分别碰触 U2 及 W2，看表针偏转方向是否相同。若相同，便可确定 U2、V2、W2 或 U1、V1、W1 为同极性，即分别为各相的末首端，否则相反。各相首末端确定后，便可以按要求接成星形 [图 3-3-51（b）] 或三角形 [图 3-3-51（c）]。

（b）交流感应法。六个出线端时，按图 3-3-52 接线。将任意两相串联起来，接交流电压表（万用表交流电压挡）或白炽灯泡，第三相接 36V 交流电压（小电动机可直接加 220V）。如电压表有指示数值或灯亮，说明两绕组感应电动势方向相同，即第一相的末端与第二相的首端相连接 [图 3-3-52（a）]；如电压表无指示数值或灯不亮，说明两绕组感应电动势方向相反，相抵消，即两相末端或首端连在一起 [图 3-3-52（b）]。然后将第一相及第二相的末端做好标记，用同样方法确定第三相的首末端。

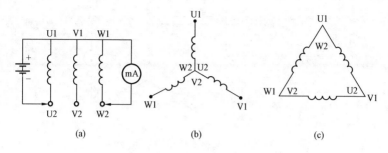

图 3 - 3 - 51   三相绕组极性检查及其连接

（a）检查极性；（b）星形接法；（c）三角形接法

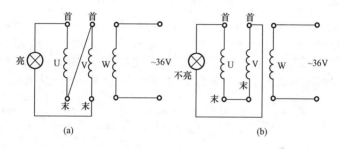

图 3 - 3 - 52   交流感应法检查绕组极性（一）

（a）正串；（b）反串

三个出线端时。当电动机绕组只引出三个线头时，可将交流电压（取额定电压的 10%）加于任意两个端子上（例如 1 ~ 3），然后用万用表分别测量 1 ~ 2 及 2 ~ 3 之间的电压 U_{12} 及 U_{23}（图 3 - 3 - 53）。当极性正确时，电压 U_{12} 与 U_{23} 基本相等并约为电源电压的 1/2。再将电源加于 2 ~ 3（或 1 ~ 2）端子之间，测量电压 U_{13} 及 U_{12}（或 U_{13} 及 U_{23}），同样等于电源电压的一半。

对于绕线式电动机，测试时转子绕组应开路，并可适当提高试验电压。

（c）先用万用表欧姆挡找出三相绕组；将不同相的任意头或尾接成星形，同时将万用表拨到毫安挡最小一挡，接到绕组的两星形点上；将电动机转子慢慢地绝缘转动一圈看万用表指针左右摇摆情况。若指针有摆动，说明不是三个头和三个尾接在一起，这时将其中一相绕组颠倒一下，

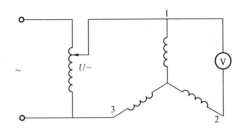

图 3 - 3 - 53　交流感应法检查绕组极性（二）

继续转动转子，直到万用表指针无摆动，这时其中一个星形点上是三个头，另一个星形点上是三个尾。

2）极相组或线圈接反的检查：将低压直流电源（如蓄电池）接于某相绕组两端，用指南针沿定子内圆逐槽移动，如接线正确，指南针在经过该相绕组的每一个极相组时，将反指一次，即在一极相组处指 N，在下一极相组处指 S，如此重复（图 3 - 3 - 54）。若指南针在某个极相组转向不定，便说明该极相组内有线圈接反。依次对另外两相测试，便可找出接错的线圈或极相组。

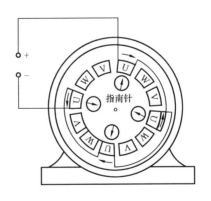

图 3 - 3 - 54　用指南针检查极相组极性

（三）异步电动机转子的故障和检修

1. 笼型转子的故障和检修

（1）笼型转子断条及原因。笼型转子分为铜笼及铝笼两种。铜笼是在转子铁芯槽中穿入铜条，两端与短路环（端环）相焊接而构成。铝笼是在专用的浇注机上一次将铝笼及风叶铸成，生产率高，多用于100kW以下的中小型电动机。

笼型转子的主要故障是断条。铜条断裂的原因除了个别铜条存在先天性缺陷外，主要是由于嵌装时铜条在槽内松动，在运行中受电动力和离心力的交变作用导致疲劳而断裂。另一个原因是铜条与端环的焊接不良而开焊。

铸铝转子断条的主要原因是浇注不良，导条有气孔、夹渣、收缩等内在缺陷，当通过电流时，引起局部高温而烧断。其次是电动机的使用条件恶劣，频繁的正反转及超载运行，使铝条受到机械力的冲击及大电流引起的高温作用而造成断条。

笼型转子断条后，电动机的出力减小，转速下降，定子电流表指针左右摆动。对少量断条可局部补焊，若断条较多，一般需换笼或更换新转子。

（2）断条的检查可用以下3种方法。

1）表面检查法：用肉眼或放大镜仔细观察转子铁芯表面，有裂纹或过热变色即是断条处，断条处通常在槽口附近。

2）铁粉显示法：用电焊机从转子两端环通入低压大电流（150～200A），流过每根铝条中的电流便在其周围产生磁通，将铁粉撒在转子表面，铝条周围的铁芯便能吸引铁粉，在导条上形成均匀、整齐的直线排列，如图3-3-55所示。如果某一导条周围吸引铁粉很少，或甚至不吸引，便说明该导条已断。电流的大小以产生的磁通能使铁粉排列成行为准。

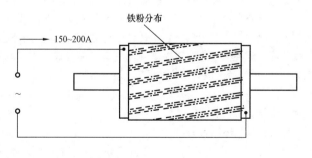

图3-3-55　铁粉检查断条

3）大电流感应法：从端环通入200～400A交流电（小电动机电流适当减小），用高导磁率的钢片或硅钢片做一个门形铁芯（截面6～8cm²），

其上用 $\phi 0.17mm$ 高强度漆包线绕 $800 \sim 1000$ 匝线圈，并接到万用表的低电压挡，如图 $3-3-56$ 所示。当导条完好时，其电流产生的磁通经门形铁芯构成回路，在线圈中感应出电动势，万用表便有指示。逐槽移动铁芯进行测量，当槽内有断条时，万用表的读数就会减小或等于零。

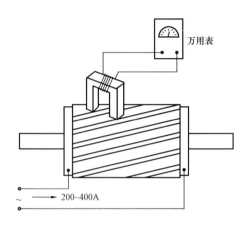

图 $3-3-56$　大电流感应法检查断条

（3）断条的修理可采用以下 3 种方法。

1）补焊：若断条少，断裂处在外表面，可进行补焊。先将铝条断裂处挖大，加热至 $450℃$ 左右，用气焊法进行补焊。焊条配方：锡 63% ，锌 33% ，铝 4% 。

2）换铝条：在铣床上用立式铣刀将断条端部铣一缺口，露出槽形孔，用略小于导条直径的深孔钻头（普通钻头接长）沿导条槽钻穿，然后打入与孔径相同的轧制铝条（性能比铸铝好），两端长出端环各 $5mm$ ，再用氩弧焊或气焊将铝条与端环焊牢（用气焊时注意保护周围的铝风叶不受热熔化），焊好后清理焊渣，并做静平衡试验。

3）换笼：当铸铝转子断条较多，无法补焊及更换铝条时，可将铝熔出后更换为铜笼。熔铝前，应先车去两头的端环，用夹具将铁芯夹紧，以免熔铝后铁芯松散。熔铝有两种方法：

（a）煤炉熔铝。压出转轴，将转子倾斜放在比转子直径大的煤炉中，加热到 $700℃$ 左右（铁芯呈粉红色），铝即逐渐熔出。熔铝后取出铁芯，清除槽中及两端的残铝。

（b）烧碱熔铝。将转子（连轴）垂直浸入浓度为 30% 的烧碱溶液中，加热至 80 ~ 100℃，直到铝全部熔化为止，一般转子需 7 ~ 8h，大转子要 1 ~ 2 天。铝熔出后，用水冲洗铁芯，放到浓度为 0.25% 的工业冰醋酸溶液内煮沸，中和残碱，再用水煮沸 1 ~ 2h，取出洗净并烘干。

熔铝后，用占槽截面积 70% 的紫铜条插入槽内并塞紧，两端用铜环焊牢构成新笼。对于小转子，可将伸出铁芯两端 15 ~ 20mm 的铜条打弯，用铜焊焊牢并堆焊成端环，其截面积不小于原铝环截面积的 70%，大中型转子需装短路环，用氧—乙炔焰钎焊，常用钎料见表 3 - 3 - 17。

焊接时，先在清理好的焊接面涂上熔剂，将端环均匀加热，如图 3 - 3 - 57 所示，当端环温度达到 800℃（呈红色）时，将银焊料触及接头处，钎料便熔化并逐渐填满间隙。一般焊接 4 ~ 5 个接头后，转 180° 焊另一面的接头，如此对应交叉进行，以减小焊接后的残余应力。

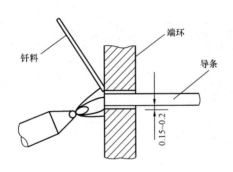

钎料 端环 导条 0.15~0.2

图 3 - 3 - 57　端环与导条钎焊

表 3 - 3 - 17　铜一铜钎焊的常用钎料及熔剂

钎料牌号	熔点（℃）	钎料主要成分所占百分比（%）				熔剂
		铜（Cu）	银（Ag）	锌（Zn）	磷（P）	
铜银钎料 1 号（料 201）	710 ~ 840	93 ~ 91			7 ~ 9	硼砂少量含氟硼酸钾
银磷钎料 1 号（料 204）	640 ~ 815		14 ~ 16		4 ~ 6	
10% 银钎料（料 301）	815 ~ 850	53	10	37		
45% 银钎料（料 303）	660 ~ 725	30	45	25		

钎焊后，端环冷却到 180℃ 左右时，用 10% ~ 15% 柠檬酸水溶液刷洗

焊接处，并用热水洗净熔剂并吹干。补焊或更换铜条的转子需校静平衡，转子圆周线速度达 15m/s，且长度与直径之比等于或大于 1/3 时，则需校动平衡，校动平衡参考后面有关内容。

2. 绕线转子的故障和局部检修

(1) 绕组的故障及检修过程如下所述。

1) 转子绕组与定子绕组一样，也会发生绝缘电阻偏低、接地、短路等故障，其原因及局部检修方法与定子绕组相似。但转子绕组是在旋转状态下工作，有的还要正反转运行，所以对它的绝缘要求较高。为了保证绕组的绝缘质量，局部修理时需按表 3 - 3 - 18 的标准进行各工序的耐压试验。

表 3 - 3 - 18　　　绕线转子局部更换线圈时的耐压标准

试验阶段	试验电压（V）	
	不可逆的	可逆的
修理后的线圈下槽前	0.85（$2U_2 + 3000$）	0.85（$4U_2 + 3000$）
修理后的线圈下槽前	0.85（$2U_2 + 2000$）	0.85（$4U_2 + 2000$）
与旧线圈连接后	$U_2 + 750$	$2U_2 + 750$
修理好后的整个绕组	1.5U_2 但不小于 1000	3U_2 但不小于 1000

注　U_2 为转子额定开路电压。

2) 端部并头套开焊：这是一种焊接质量不良的故障。并头套开焊若肉眼观察不能确定时，可用电桥测量相间电阻，找出阻值偏大的一相或两相，并使电桥准确指零，然后用较软的木板或层压布板，逐个地撬此一相或两相的并头套，同时观察电桥指针，若撬动某一个并头套时指针偏离零位，则表示该并头套接触不良。

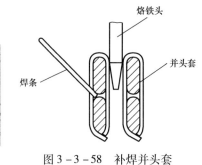

图 3 - 3 - 58　补焊并头套

找出脱焊的并头套后，可采用锡焊料（锡 20%、铅 78.5%、银 1.5%）进行补焊，用松香末、酒精溶液作焊药，将 300 ~ 500W 烙铁的烙铁头磨成扁平状，使它能插入相邻两并头套之间（图 3 - 3 - 58），加热使松香末熔化后，左手拿锡焊条碰触并头套与导条的缝隙之间，边加热边加锡，直到填满为止。对于运行温度较高的转子，并头套开焊不一定是原来焊接不良，而可能是由于锡焊料熔点较低，这时应改用银铜焊料，用氧乙炔焰钎焊。由于银铜焊料熔点较高，焊接时要用棉纱或石棉带包好线圈绝缘，且边焊边浇水冷却，使绝缘不致被高温烧坏。焊好后要将绕组进行烘干。

对于集电环装设在内膛或在粉尘较多的环境下工作的电动机，可在并头套表面刷绝缘漆或用绝缘带扎紧，以减少或防止并头套短路事故。

（2）绑扎钢线故障及检修程序如下：

1）导体与钢线短路：导体与钢线之间的绝缘层，由于老化、脆裂、脱落、刮伤等原因，使导体与钢线接触造成短路。

2）钢线开焊松脱：由于焊接不良，绝缘层收缩，绑扎时拉力过小或过大以及钢线受机械损伤等原因，会使钢线发生位移、松动、脱出或断裂，从而造成事故，有时会刮伤定子绕组端部。

3）绑扎钢线：当绕组局部修理或更换，钢线开焊松脱时，需重新绑扎钢线。绑扎前先在绕组端部表面卷绕绝缘（材质及厚度与原来相同或用两层青壳纸夹 0.17mm 厚的云母板 1～2 层，用玻璃丝带扎紧），然后绑扎钢线。绑扎钢线最好在专用机床上进行，如无机床，可制作一套简易机具进行绑扎，如图 3-3-59 所示。钢线的弹性极限应不小于 $1.57 \times 10^2 Pa$（160kgf／mm²），所加初拉力按表 3-3-19 选取。

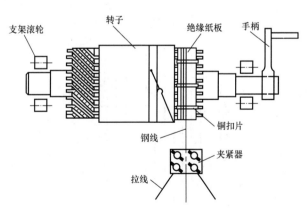

图 3-3-59　绑扎钢线示意图

表3-3-19   钢线绑扎时的初拉力

钢线直径（mm）	拉力（N）	钢线直径（mm）	拉力（N）
0.5	120~150	1.0	500~600
0.6	170~200	2.0	650~800
0.7	250~300	3.0	1000~1200
0.8	300~350	4.0	1400~1600
0.9	400~450	5.0	1800~2000

  钢线的直径、匝数、绑扎宽度及排列方式要尽可能与原来相同，绑扎宽度应比绝缘层宽度小20~30mm。如因材料短缺，需变更钢线直径时，其匝数要与直径的平方成反比例调整，即

$$W' = W \, (d/d')^2$$

式中 W、W'——原绑扎匝数及改绑匝数；

       d、d'——原钢线直径及改后的钢线直径，mm。

  绑扎时，在钢线下每隔一定距离垫一块铜片（先搪好锡），钢线绑扎好之后，将铜片两头弯贴在钢线上，用锡焊牢。钢线的首尾端应分别置于铜片位置处，以便用铜片弯过来将线头卡紧焊牢（图3-3-60）。绑扎后整个表面最高点应比铁芯低2~3mm。

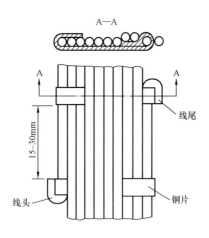

图3-3-60   钢线的首末端处理

  绑扎完毕，用焊锡将钢线焊成整体。对高速电动机，因绑线层较宽，

为减小涡流损耗，一般每 10 匝间用石棉纸隔开，并分别焊成一体。最后对绑线进行 1kV 交流耐压试验，应无放电、击穿等现象。无条件做耐压试验时，也可用 2500V 绝缘电阻表摇测代替。

4）无纬玻璃丝带绑扎：目前，转子端部已普遍采用自黏性无纬玻璃丝带绑扎，它与钢线绑扎相比，可减小绕组端部漏磁，改善电气性能，提高绝缘强度，绑扎工艺简便又节约材料。常用的聚酯无纬玻璃丝带（B 级绝缘）厚度为 0.17mm，宽度为 15mm 及 25mm。

绑扎工艺分为整形、预热、绑扎、固化四道工序。将转子安放在绑扎机上，用夹具（或木槌）将端部整形，在 80℃下加热 1~2h，通过拉紧装置将无纬玻璃丝带拉至转子，在 45r/s 的速度及 343N（35kgf）拉力下进行绑扎。对 100kW 以下的电动机，绑扎厚度为 1~1.5mm（极数少、直径大者取大值）。绑扎后，在绕组的浸漆烘干过程中进行固化，形成强度高、绝缘好的玻璃钢箍。

对于转子直径较小，导线较粗及端部较短的绕组，可以不扎钢线或无纬带，而用一个等于绕组端部口径的钢圈（包以绝缘）置于端头，用纱带扎牢，再浸漆烘干。

3. 成型绕组的全部拆换

绕线转子绕组的全部拆换，除了考虑绝缘问题外，还要考虑机械方面的问题，即转子的离心力及平衡问题。因此，在修理时不要随便改变引出线、风叶片及线圈的位置，以免影响平衡而产生振动。绕组端部要按原样进行绑扎，以保证受离心力作用时不致使绝缘位移或损坏。

小型绕线转子一般采用双层叠绕组，线圈用圆铜漆包线绕制而成，其拆换方法除端部绑扎与校平衡外，其他与定子绕组相似，本节中不再介绍。大中型绕线转子绕组，一般采用单匝波形绕组，由扁铜条弯制而成，两端用并头套连接。下面介绍波形转子成型绕组的拆换方法。

（1）旧绕组的拆除过程如下：

1）拆除绑线：首先将转子搁在牢固的支架上，检查绕组尺寸及损坏情况，做好记录，并绘出必要的草图。然后拆除绑线，如钢线不能回用，可斩断拆除，如能回用，应用烙铁或喷灯熔开扣片焊头，将钢线回绕在木盘上。钢线再回用时，可烧热到 200℃左右，揩去松香、锡渣及其他污物，重新搪锡。

2）焊下并头套：取下钢线后，清除端部外面的绝缘层，用烙铁或喷灯熔开所有并头套，并将并头套及铜楔、风叶片取下擦净，保存备用。

3）抽出铜条：先将所有槽楔打出，在每相首末端做好记号，然后从第1槽（在该槽左右齿上标以"1"）上层边开始拔扁铜条。抽时先用弯形扳手（图3-3-61）将出线侧的端部扳直，从进线侧将铜条拔出，同时记下不同导条的尺寸。上层边全部抽出后，用同样方法拔出下层边，并记下不同导条的尺寸。如果导条在槽中卡死，应查找原因。若是绝缘物塞死，可通电加热使其软化；若因导条不直，应扳直后再拔。

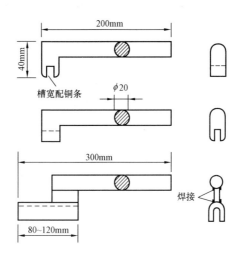

图3-3-61　弯形扳手

　　拔出的导条一般应作退火处理，以清除在拆卸过程中多次弯曲的内应力。方法是将铜条加热到400℃左右，取出迅速浸入水中冷却。退火处理后，刮净绝缘脏物，有条件可酸洗一次，然后进行校正。损坏的铜条最好换新，若无适当新料，可用银铜焊接法修补（不能用磷铜焊）。

　　（2）重包绝缘修理现场无专用卷烘机时，可视具体情况采用下列方法。

　　1）绝缘纸烘包法：将云母纸或胶木纸宽度剪成比铜条直线部分短10mm，长度视所需的厚度而定。在绝缘纸的一边剪去10mm宽的斜边，将剪好的绝缘纸和扁铜条放在平滑的木工作台上（图3-3-62）。

　　首先在铜条直线部分的一面刷胶粘漆（如酚醛胶），从刷漆的一面开始包绝缘纸，绝缘纸从斜边包起，以构成锥体状。边包边刷胶粘漆，最后在外面包一层电话纸。卷包必须平整、紧密，厚度按原来尺寸，或根据槽形尺寸确定，即宽度比槽宽小0.7mm，高度（两根）比槽高小0.9mm。

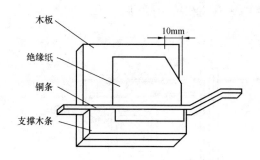

图 3 – 3 – 62　在木工作台上包绝缘

包好绝缘纸后，在 150℃下烘压 7 ~ 8min，冷却至 40℃时，即可取出。经检查合格，清除残渣后，在两端半叠包云母带数层，外面包一层玻璃丝带。包扎时，其 10mm 反锥需搭接在直线部分的绝缘纸上。当转子电压低于 300V 时，端部可只半叠包一层玻璃丝带。

2）绝缘布（带）卷包法：当缺乏大张绝缘纸或没有烘压条件时，500V 以下的导条可采用玻璃漆布或黄蜡布卷包，外面半叠包一层玻璃丝带或白布带，然后浸漆烘干，再用熨斗熨平整，并在 50 ~ 60℃时于外面涂一层石蜡，以便于插装。500V 以上的转子铜条，全长用 0.13mm 厚的沥青云母带半叠包到一定尺寸后，直线部分用 0.2mm 厚的云母纸卷包，卷包的同时用熨斗熨平整。卷包层数：750V 以下包 2 层，1000V 以下包 3 层，1000V 以上包 4 层，最后再半叠包一层电话纸。端部云母带外面半叠包一层黄蜡绸带或玻璃丝带。

（3）嵌线过程如下：

1）放置绝缘：包括槽绝缘与支架绝缘。绕组的对地绝缘已包卷在导条上，槽内放置青壳纸绝缘套，仅作为插入导条时防止擦伤绝缘之用。支架绝缘与耐热等级及转子电压有关，包扎方法因支架形式而异。修理时可按原样修复，或按下述方法进行。

图 3 – 3 – 63 的支架为一个环固定在筋上，先在环上刷绝缘漆，包白布带或玻璃丝带，然后包玻璃漆布或云母带若干层，外面再半叠包一层白布带或玻璃丝带作保护层。图 3 – 3 – 64 的支架上有浅槽，先在槽内刷绝缘漆，然后在整个圆周上缠以比支架宽度宽 3 倍以上的白布带或玻璃丝带，并使白布带或玻璃丝带在支架两侧有同样宽度，然后用绳线将布带扎紧于浅槽上，在扎线上刷绝缘漆，外包绝缘纸板（厚 1 ~ 2mm，宽较支架宽 10 ~ 15mm），每包一层刷一次绝缘漆。包到所需高度后，将布带两边

剪开往上包住纸条，并用粘胶漆粘牢。

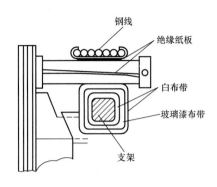

图 3 - 3 - 63　转子端部支架绝缘（一）

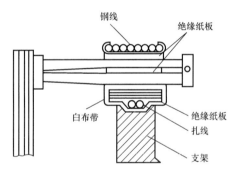

图 3 - 3 - 64　转子端部支架绝缘（二）

2）插导条：根据拆线时的记录及标记，从第 1 槽开始，依次插入下层边导条。由于导条一端已变形，故第一根导条不能插入过深，以免影响最后一根导条的插入，待最后一根导条插入槽内后，才能将全部导条插到规定位置。

下层边导条全部插到位后，在已弯的一端加一道临时扎线，用弯形扳手弯出另一端的形状。弯形时，用一个夹子护住端伸的直线部分，另一个夹子夹住导条进行弯形。由于导条并排排列，最初几条边只能弯出不大的角度，弯到一定程度后，即可将导条弯到所需的斜度，然后再弯接头。全部弯好后，用木槌轻敲导条使其紧贴槽底及支架。下层导条嵌装好后，拆掉临时扎线，在两端导条上包以绝缘纸板及玻璃布带，在槽内垫入层间绝缘条，然后按同样方法插上层导条及弯形工作。两端加临时扎线并打入槽楔锁紧。

（4）并头及焊接。将原拆下的并头套、铜楔、风叶片清理干净重新搪锡，按记录资料及接线图逐个套上并头套，用钳子夹紧并打入铜楔，如图 3 - 3 - 65 所示。需装风叶片的地方，应先将风叶片装入并头套内再套到导条上。并头套的圆孔用来检视套内焊料是否填满。并头套的焊接视具体情况采用烙铁锡焊或氧—乙炔银铜焊。

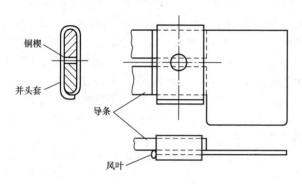

铜楔

并头套

导条

风叶

图 3 - 3 - 65　并头套组装

（5）端部绑扎及校平衡线圈全部嵌装焊接完毕，端部需按原样绑扎钢线或无纬玻璃丝带，然后进行校平衡。它们的工艺方法可分别参阅有关内容。

（6）浸漆与烘干。参阅异步电动机绕组重绕工艺及浸漆与烘干的内容。

（7）检查试验。为了保证修理质量，转子修理与定子一样，修理过程及全部竣工后必须进行必要的检查试验。主要项目也是外观检查、测量绕组直流电阻和绝缘电阻、空载试验及耐压试验。转子绕组交流耐压试验标准如表 3 - 3 - 20 所示。

表 3 - 3 - 20　　绕线转子全部更换绕组时的耐压标准

试验阶段	试验电压（V）	
	不可逆的	可逆的
嵌线前	$2U_2 + 3000$	$4U_2 + 3000$
嵌线后	$2U_2 + 2000$	$4U_2 + 2000$

试验阶段	试验电压（V）	
	不可逆的	可逆的
并头接线后	$2U_2 + 1500$	$4U_2 + 1500$
装配后	$2U_2 + 1000$	$4U_2 + 1000$

注 U_2 为转子开路额定电压，V。

此外，还要测量电动机的变压比，即定子额定电压与转子额定电压之比值。测试时，转子绕组开路，定子加三相对称电源，分别测量定子的端电压及转子集电环之间的电压。对于额定电压为 500V 以下的电动机，应在定子上加额定电压，对额定电压为 500V 以上的电动机，可在定子上加额定电压或较低电压。测得的变压比数值与铭牌额定电压算得的比值相差不超过 ±5%。

4. 集电环的故障和检修

集电环是绕线转子特有的部件，其主要作用是通过电刷将绕组与外电路相连接，以完成启动、运行、制动、调速等功能。因此，集电环部分发生故障，电动机便不能使用。

(1) 集电环的故障及原因有：

1) 电刷冒火：这是比较常见的故障，其原因可归纳为三个方面：

(a) 电刷方面。电刷所用材质不良，内部含有硬质颗粒，刷块与铜辫接触不良，制造质量差。

(b) 集电环方面。集电环直径失圆，环面粗糙、剥离、斑痕及凹凸不平。

(c) 使用方面。电刷选择不当，压力调整不均匀，长期不清扫，刷架调整不好等。

上述三方面原因都会使接触电阻增大、电刷跳动、刷间电流分配不均及集电环局部磨损等，从而引起拉弧产生火花。

2) 短路环接触不良：短路环插入深度不够，刀片夹力偏小；引线与集电环焊接不良，导电杆螺母松动等使接触电阻增大，电流通过时会产生高温灼伤集电环及刀片，同时使转子三相阻抗不平衡，严重时造成缺相，无法启动及运行。

3) 集电环接地短路：由于绝缘套筒老化、集电环松动、引出线接触不良、导电杆绝缘套损坏、刷握移位等，使绝缘受到机械及热破坏，引起局部击穿而接地或短路。因为电动机长期运行，电刷磨下的炭粉积储在集电环之间，导致集电环直接短路亦较为常见。上述故障经认真检查或用绝缘电阻表（万用表）检测便可发现。

（2）集电环的修理。电动机常用的集电环有塑料整体式、组装式及紧圈式三种，环的材料有青铜、黄铜、低碳钢及合金钢等。

集电环发生松动、接地、短路及引线接触不良等故障时，一般经过局部检修便可修复。当环面上有斑点、刷痕、凹凸不平、烧伤、失圆及剥离等缺陷时，可进行一般修理或旋修。如损坏比较严重，无法修复时，则进行更新。

1）局部检修：当发现集电环接地或短路时，首先应清除环间的炭末及积灰，短路故障一般可排除。如短路仍存在，对组装式集电环，可将导电杆拆下，如短路故障消失，说明短路是导电杆绝缘损坏而引起，然后逐根检查导电杆绝缘，并将损坏处修复。如拆下导电杆后故障仍存在，可进一步检查绝缘套与环内径的接触面有无破裂、烧焦痕迹，然后清除破裂或烧焦的痕迹，并适当挖大，测量绝缘电阻合格后，注入环氧树脂胶填平。

对松动的集电环，可在每个环上对称配置三个埋头铜螺钉，螺钉的长度以在绝缘套上刮出一个不穿的沉孔为准（图3-3-66），将螺钉拧紧后，用铜焊烧牢，再放到车床上校正同心后车平磨光。

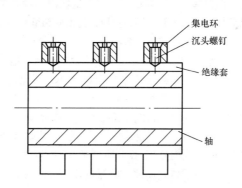

图3-3-66　用螺钉固定松动集电环

2）一般修理：集电环表面轻微损伤，如斑点、刷痕、轻度磨损等，先用细平锉或油石在转动下研磨，注意锉刀压力不要过大且要均匀，以免磨削过多或出现新的不平整。待伤痕消除后，用00号砂纸在高速下抛光，使表面达到▽5~▽6级光洁度便可恢复使用。

3）旋修：当集电环失圆、表面有槽沟，烧伤及凹凸比较严重，沟深达 1mm 且伤面占总面积 20% ~ 30% 时，应将转子放到车床上进行旋修。车削时，车刀要锋利，进刀量为 0.2mm 左右，表面线速度约 2m/s，车削后的偏心度不超过 0.03 ~ 0.05mm，然后用 00 号砂纸抛光，使环面光洁度达到 ▽6 ~ ▽7 级。

4）更换：对塑料整体式集电环，由于配方及模具比较复杂，修理现场一般无条件制作，可购买新品更换或改装成组装式集电环。对组装式集电环（图 3 - 3 - 67）的更换，主要更换环、绝缘、绑带及导电杆。其工艺如下：

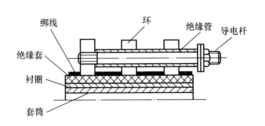

图 3 - 3 - 67　组装式集电环结构

（a）拆卸。拆卸有两种方法，一种是整体拆卸，即用拉钩将集电环从轴上卸下来，解掉绑带，将环压出，铲去绝缘层，衬圈与套筒便可分开。另一种是分件拆卸，先解掉绑带，用拉钩由外到里将环一个一个拉出来，铲去绝缘层，取下衬圈，再将套筒拿下来。

（b）制作零件。主要是环的铸造、绝缘套制作及导电杆加工。新环的材料最好与旧环相同，否则应经过计算，更改尺寸及电刷牌号。衬垫绝缘用 0.2mm 厚的 3240 环氧酚醛玻璃布板或 5230 ~ 5236 型塑性云母片，剪成长度等于衬圈高度、宽度为衬圈周长的 1/3 ~ 1/2 的矩形，叠厚 σ 应为

$$\sigma = 0.5 \times （环内径 - 套筒内径） - （衬圈厚 - 0.5）$$

σ 的单位为 mm，再加上原云母厚度的 15% 收缩量，并用若干层 0.05mm 厚的聚酯薄膜调整其厚度。原导电杆完好时可以利用，若已损坏，可按原样车制。

（c）组装。全部零件准备好并检查合格后，便可进行组装。现介绍一种实用的组装方法。首先做几种模具。一种是半圆垫铁（图 3 - 3 - 68），直径 A 及 B 分别比环的粗车外径及内径大 0.6 ~ 1mm，厚度 C 等于相邻两环间的轴向距离，ϕ 孔略大于导电杆直径。

另一种是胀模 ［图 3 - 3 - 69（a）］ 及定位棒 ［图 3 - 3 - 69（b）］，

胀块做成 4 瓣，用硬木或生铁做成，组合后中间为一锥形孔，与锥形杆相吻合，胀开后的最大外径应大于套筒外径。定位棒的直径与导电杆相同。

第二步，以套筒或衬圈作模具，把加热软化的矩形云母板塑成瓦片形，同时将衬圈直径稍为缩小，使它的对缝叠起来（图 3 - 3 - 70）。

第三步，将环及半圆垫铁依次放入底座内，对准内圆，插入定位棒，把瓦形云母一片一片叠放在环的内壁上，云母接缝要互相错开，然后放入衬圈，对好上下位置，再将胀块放入衬圈内，在锥形杆与胀块的接触面上涂些黄油，将锥形杆插入，如图 3 - 3 - 71 所示。随着锥形杆的压入，胀块向四面扩张，直到衬圈叠缝胀开口对齐为止。此时，将胀模取出，把暂

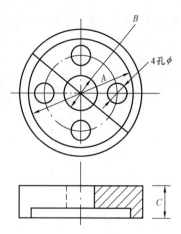

图 3 - 3 - 68　半圆垫铁

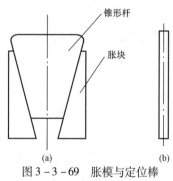

图 3 - 3 - 69　胀模与定位棒
（a）胀模；（b）定位棒

时固定在衬圈上的环送入烘炉中加热（钢环 200～250℃，铜环 170～180℃），并保温 30min 以上，取出放在底座上，将套筒压入，拆下半圆垫铁，冷却后绑扎外露的云母片，刷绝缘漆并烘干。

第四步，将组装好的集电环套装到轴上，进行精车及抛光。

5. 电刷的修理

电刷的修理包括清扫、研磨、调整压力、更换新刷或铜辫等。下面着重介绍铜辫与电刷连接的常用方法。

（1）填塞法。在电刷上钻一个稍大于线径的锥孔或螺孔，把铜辫穿入空心冲头，用 0.2kg 小锤敲击，使线压入孔底，退出冲头，填以 80 目以上的韧性铜粉或铅粉（必要时用银铜粉）。初填 1/3，分 2～3 次填紧。此法简单易行，应用较广。

（2）铆管法。钻一个埋头孔，穿入稍紧的紫铜管，在紫铜管头部绕好铜辫，加垫圈铆紧。也可以将铜垫圈与铜辫焊牢后锉平埋入上层大浅孔

中，再将紫铜管铆紧。此法适用于大尺寸电刷，接触电阻大于填塞法。

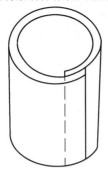

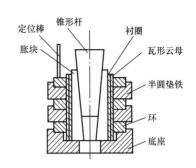

图 3 - 3 - 70　缩小衬　　　　图 3 - 3 - 71　集电环组装
　　　　圈直径

（3）焊接法。先钻一个稍大于线径的小孔，在另一面钻一个大浅孔并镀铜，然后将铜辫由小孔穿入，在对面的大浅孔中焊牢。焊料配方：锡 40%，铅 56.5%，锑 1.5%，焊剂为松香液或氯化锌液。

常用电刷引线规格列于表 3 - 3 - 21 中。

表 3 - 3 - 21　　　　　　　常用电刷引线规格

电　流 （A）	引线截面 （mm²）	线　径 （mm）	引线结构股 × （根/股） × （/根）
6	0.3	1	$7 \times 22 \times \phi 0.05$
8	0.5	1.4	$12 \times 22 \times \phi 0.05$
10	0.75	1.5	$7 \times 20 \times \phi 0.08$
13	1	1.7	$7 \times 30 \times \phi 0.08$
17	1.5	2.3	$7 \times 42 \times \phi 0.08$
24	2.5	2.6	$12 \times 26 \times \phi 0.1$
30	4	4	$7 \times 42 \times \phi 0.13$
38	6	5.4	$7 \times 62 \times \phi 0.13$
50	10	6.7	$12 \times 62 \times \phi 0.13$

（四）铁芯和机械零部件的修理

1. 铁芯的故障和检修

（1）铁芯的故障及原因。铁芯的常见故障是齿端沿轴向外胀，铁芯过热，局部烧损及整体松动。其原因为两侧压圈的压紧力不足，片间绝缘不良使涡流增大，严重接地或定转子相擦，使铁芯局部烧坏或熔化。铁芯松动主要是与机座或支架配合过松、脱焊或定位螺钉松脱等。

（2）铁芯的检修过程如下：

1）表面损伤：用锉刀除去凸出的毛刺，修锉平整后，将连接的硅钢片分开，用汽油刷子洗净表面后，涂上绝缘漆。

2）齿根烧断：由接地故障引起的少量齿根烧断，可将断齿凿掉，清除毛刺后，填以绝缘胶。挖凿时，注意不要损坏绕组。

3）齿段烧坏：这是严重接地故障所致。损坏段在铁芯长度 1/3 以下时，可全部凿掉，填充同尺寸的绝缘布板形成假齿。假齿固定方法：对开口槽可用槽楔固定；对半开（闭）口槽，将假齿刨低 5mm，把两端的齿片弯 90°扣紧或用螺钉固定。

4）铁芯松动：可在机壳上另加定位螺钉将铁芯固定，或用电焊焊牢。

5）齿部沿轴向外胀：这是由于两端压圈的压力不足，如不及时修理，容易损坏槽绝缘及绕组。修理时，按铁芯的尺寸做两块钢圆盘，在铁芯两端用双头螺栓夹紧，使它恢复原形。夹紧压力按 2MPa（20kgf/cm²）计算。

6）铁芯过热：由于片间漆膜老化或脱落而失去绝缘作用，使涡流损耗增大所致。是否需要拆开修理，经温升试验后决定。试验采用涡流加热法，其接线及计算参阅铁损干燥法。

做发热试验时，铁芯温度最好用热电偶测温仪测量，采用酒精温度计时（不能用水银温度计），要多埋几支，一般在通电 60～90min 后，如铁芯温度比环境温度高出 45℃ 或铁芯局部温度相差 30℃，就需将铁芯拆开重刷绝缘漆或作形成氧化膜处理。

拆散铁芯硅钢片时，必须对好定位孔，保持原来的叠装顺序，将需要刷漆的硅钢片去毛刺，用汽油洗净并烘干，然后将用松节油稀释后的1611 号绝缘漆在硅钢片两面薄刷一层（双面总厚度不大于 0.03mm），烘干后便可重新组装。

修理现场有条件时，对小型电动机硅钢片可作形成氧化膜处理。其工艺过程是将去净旧漆膜的硅钢片在炉内加热到 550～580℃，然后通入氧化剂（空气与蒸汽混合物），炉内气体保持 $5 \times 10^4 \sim 10 \times 10^4$ Pa 的压力，经 3h 左右的保温及氧化，硅钢片两面便可形成一层均匀而具有良好绝缘性能及导热性能的氧化膜。

2. 轴承部分的故障检修

在小型电动机中，一般前后轴承均采用滚珠轴承；在中型电动机中，传动端采用滚柱轴承，另一端采用滚珠轴承；大型电动机一般采用滑动轴承。

（1）滚动轴承故障现象与更换过程如下：

1）滚动轴承故障：轴承故障主要表现为过热及异声两种现象。轴承对电动机的运转可靠性有重大影响。使用中，轴承方面的问题仅次于绕组，尤其是大型高速电机。

滚动轴承温度超过95℃，表示轴承已发生过热故障，滚动轴承过热的原因有：

（a）轴承清洗不净，润滑脂不洁，内有杂物而引起内外圈滚道擦伤。使用不合格的润滑脂，内含水分、酸或盐类，轴承锈蚀。

（b）与轴承配合的部件尺寸加工错误，使轴承的径向游隙变小，轴承外圈与端盖轴承室配合过紧；轴承内圈与转轴的配合过盈太大；内外圈可分离的滚柱轴承，内、外圈与另一轴承调错（在轴承制造厂，内外圈按公差分组装配，不能互换）；端盖轴承室椭圆度超差，与轴承外圈的配合不是整个圆柱面接触。另外，轴承内圈与轴颈配合过松（走内圆），以及轴承外圈与端盖轴承孔配合过松（走外圆）。两者产生相对转动，也会引起轴承过热。

（c）机座两端止口不同心或两止口平面不平行，端盖轴承室与止口不同心或止口平面与轴承室中心线不垂直，转轴轴承挡与轴肩端面不垂直，使得轴承内外圈偏斜或不同心，滚动体卡死，滚道局部过负荷，甚至使滚道表面金属疲劳剥落。转轴两端都采用滚珠轴承的电动机的机座、转轴、端盖及轴承盖的轴向尺寸不符图纸，或者转子轴向位置未装配正确，使得轴承在端盖轴承室内的轴向间隙消失，轴承外圈顶死在轴承盖止口上，滚珠卡死（电动机转轴受热伸长后会更严重）。

（d）轴承润滑不良。在轴承的摩擦损耗中，润滑脂的搅拌与固有摩擦损耗占到一半以上（其余部分为轴承的固有摩擦损耗和密封装置的摩擦损耗）。高速电动机误用稠度很高的润滑脂，润滑脂加得太多，会使润滑脂的固有摩擦损耗增大。轴承漏油、润滑脂黏附性能差、轴承滚动面上不能形成良好的油膜，也会使轴承的固有摩擦损耗增大。

（e）轴承质量不佳，如：轴承的径向游隙太小；滚动体及内外圈滚道的几何精度差，甚至有裂纹或锈迹；滚动体与保持圈接触过紧；轴承材质或热处理不良，硬度低，轴承装配中敲打严重，滚动体在滚道表面产生压痕。

(f) 电动机气隙严重不均匀，轴承受到附加的单边磁拉力，负载增大。定、转子铁芯没有对准，轴承受到轴向磁拉力。此时，电动机若降低电压运转，轴承温度会降低。

(g) 封闭扇冷式电动机轴承散热条件不好，端盖本身的温度较高。

(h) 采用两个滚珠推力轴承的立式电动机（如 JT 系列深井水泵用电动机），两轴承间的垫片未配磨好，负载分配不均匀。

(i) 转速高、负载重的滚珠轴承，下列原因也会引起温升高：各个滚珠大小不一，滚珠在保持圈中发生自振，引起保持圈磨损，磨损下来的金属屑又使滚珠与保持圈黏滞在一起，加速磨损；保持圈不平衡，轴承运转时保持圈受不平衡离心惯性力的作用发生偏移，与内圈摩擦；采用液体润滑的轴承，滚珠浸入润滑油内的深度太高，油被剧烈搅拌。

(j) 定子扇形片拼片数选择不当，有轴电流通过轴承。这可用将一端轴承套绝缘后测量是否存在轴电压来判别。

(k) 热套轴承时轴承加热温度过高（超过 100℃），时间过长，未经热稳定处理的轴承金相组织发生变化，内径增大，结果使轴承内圈与转轴产生相对运动。

避免轴承过热的途径有：提高零部件的机械加工质量，保证转子转动灵活、气隙均匀；注意轴承装配工艺，提高转子的平衡精度；合理选用轴承型号、润滑方式及冷却方式；大型高速电动机宜采用径向游隙较大的轴承，以补偿零部件加工误差所引起的轴承内外圈不同心，以及内圈温度较高所引起的热膨胀。

轴承如果过热，通常先探听轴承响声，检查转子是否转动灵活，然后拆洗轴承并观察其滚道表面，检查有关配合尺寸后再采取措施。

完好的轴承在运行中应是声音匀称，响度正常，如有异声则表明轴承出现故障。常见的异声及原因如下：

(a) 明显的滚动及振动声，表示轴承间隙过大。

(b) 声音发哑、声调沉重，是因为润滑剂有杂质。

(c) 不规则的撞击声，说明个别滚珠破裂或脱出。

(d) 口哨式尖叫声并夹有滚动声，表示轴承严重缺油。

滚动轴承发生故障，通常根据产生的原因采取相应的措施便可消除，如果是轴承间隙过大或本身已损坏，一般无法修理，只能更换新的同型合格品。

2）滚动轴承的更换：主要是轴承好坏的鉴别。新的或旧的滚动轴承，主要从三个方面来鉴别其好坏：①径向间隙不超过容许值（表 3 - 3 - 9）；②无破裂、锈蚀、珠痕、变色、剥离、麻点等弊病；③转动灵活，声音匀称。

鉴别完轴承好坏后，如确定需更换轴承，则应参照正常检修的有关内容。

（2）滑动轴承的故障现象与检修过程如下：

1）轴承的故障：滑动轴承的故障主要是发热及漏油。

滑动轴承在运行中温度高于 80℃，就处于不正常的发热状态，其原因是轴瓦内得不到良好的润滑与冷却，具体可分为下列几点：

（a）轴瓦研刮得不好，下轴瓦与轴颈未均匀吻合，轴瓦表面负荷分配不均匀，对轴瓦工作温度的影响很大，尤其是高速电动机，甚至差十几度。此时，下轴瓦仅局部出现磨痕。

（b）轴瓦间隙太小，流过轴瓦的润滑油量减少，不足以带走轴瓦的热量。此时，上轴瓦也会出现磨痕。

（c）轴瓦不洁，润滑油变质，有杂质或水分。润滑油牌号选择不当，黏度过低，油膜承载能力差。

（d）采用油环润滑的轴承，轴承座油面太低、润滑油黏度太低，油环不圆、截面太小、重量太轻，使油环带油量不足。采用强迫润滑的轴承，油压不足 4.9×10^3 Pa（0.5kgf/cm²）。当进油温度低于 40℃ 时，进出油温差一般不超过 12℃，若超过 20℃，则表明油不足或轴瓦不良。

（e）转子不平衡，两台电动机安装耦合不良，转子振动过大，而使轴瓦负载增大。转轴与轴瓦的相对振动振幅超过轴瓦间隙时，油膜不稳定，轴瓦会与转轴产生干摩擦而烧坏。

（f）高速电动机润滑油黏度太高，摩擦损耗增大，轴承座油池内上、下油层间的对流散热作用也减弱。

（g）轴承座有绝缘垫时，轴瓦因有轴电流通过而烧坏者极少。

当滑动轴承发热时，首先应检查油量是否足够，冷却水是否正常，油圈是否转动。如无异常，可对轴瓦进行必要的调整，校正安装偏差。如轴瓦本身损坏，则需拆下来进行修补、研刮或重新浇注。

漏油也是滑动轴承常见故障之一。由于密封不严，油滴或油雾从轴颈与轴承的间隙中散出，脏污电动机绕组，容易造成故障。轴承漏油最主要的原因是密封结构不合理，密封圈不严密或失效，有的属于轴承设计制造缺陷，有的则是使用维护不良所造成。此外，油箱内油位过高，轴承因高温而产生油蒸气，油的黏度太小以及由于风扇过大的抽力而将油吸出等原因，都会产生漏油或油雾溢出的问题。

处理滑动轴承漏油问题，关键在于有良好的密封。对于设计制造上的缺陷，必须进行适当改进或增加附加密封措施才能解决。

2）轴承的检修：滑动轴承的拆装、修理及调整，通常由电动机钳工或普通钳工担任。轴瓦内表面浇注了一层白合金（钨金）或巴氏合金，它的牌号根据电动机功率、轴颈线速度、润滑方式等条件选定。滑动轴承的检修，主要是轴瓦的调整、研刮、修补及浇注等工作。

第一步，检查。首先在轴承盖与轴承座接合处打上记号，便于装配时定位，拆下轴承盖螺钉及定位销，打开轴承盖，取下上轴瓦，将轴吊起 0.2～0.3mm，便可取出下轴瓦。当轴瓦上的合金有下列缺陷之一时，就应重新浇注。

（a）轴瓦间隙过大。说明合金已过度磨损，最大容许间隙按制造厂规定或参照表 3-3-8 的数据。测量间隙参照大修标准的有关内容。

（b）合金表面部分龟裂。

（c）有严重的熔陷痕迹。

（d）合金与瓦底脱离或成块脱落。

（e）有较大气孔、磨伤会影响安全运行时。

第二步，浇注。浇注轴瓦按下列步骤进行：

（a）擦净瓦面，记下合金厚度、油槽数量、位置、形状、宽度及深度等尺寸。

（b）加热熔下旧合金，然后清除瓦底污垢及铁锈，检查瓦底有无裂纹。

（c）将瓦放入 70～80℃ 的苛性钠溶液中，洗净后取出用热水冲洗干净。

（d）挂锡。先用盐酸在瓦底表面涂抹二次，并加热至 250～270℃，用氯化锌溶液作焊药在瓦底上涂镀纯锡，锡层要均匀，厚度达 0.1～0.3mm。

（e）将瓦装入模具，加热到200℃左右，便可进行浇注。

（f）浇注采用不等温浇注，即轴衬采用低温浇注，温度为 110～120℃，胎心采用高温浇注，温度控制在 350～400℃。当合金溶液浇注到轴衬时，作为过渡接触面的锡层刚好熔化，与合金结合后随即凝固，从而获得高质量的轴瓦。合金浇注要留出 8～10mm 的加工余量。轴瓦重新浇注合金后，上下瓦合装，放到机床上搪出要求的孔径。

第三步，开油槽。开油槽的作用，是使润滑油通过油槽分布到整个工作面上，自然形成油楔，产生压力及油膜，以承载外部负荷及冷却轴承。

油槽开在轴承两侧,如图 3 – 3 – 72 所示。各部分尺寸可参考表 3 – 3 – 22 的数据。

表 3 – 3 – 22　　　　　　　　　轴瓦的油槽尺寸　　　　　　　　　mm

d	<60	60～80	80～90	90～110	110～140	140～180
b	4.5	6	7	9	10.5	12
h	1.5	2	2.5	3	3.5	4
t	1.5	1.5	2	2	2.5	2.5

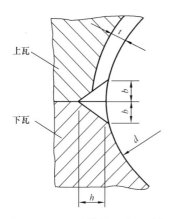

图 3 – 3 – 72　油槽的尺寸及形状

d—轴瓦直径;b—油槽宽度;

h—油槽高度;t—上瓦空开深度

第四步,轴瓦的研刮。当轴瓦加工误差较大,与轴颈吻合不好,有锥度或合金表面有不平点时,需对轴瓦进行研刮,以保证轴瓦与轴颈有较好的贴合面。

研刮轴瓦(下瓦)常用着色法或干研法。采用着色法时,先在轴颈上匀涂极薄的颜色层(红铅粉涂料),使它在下轴瓦上来回转动若干次,然后取出下瓦,这时可看到瓦面上有明显的着色斑点(用干研法是亮点),这些斑点(或亮点)是轴瓦的突出部位,用刮刀削去。刮削时,从最大的斑点刮起,先从一个方向刮,再从另一个方向刮,刀纹要相交,形成网络状。第一次刮完后,进行第二次轴颈着色,在轴瓦上转若干次后再刮削瓦面的凸出点。如此重复研刮,斑点越来越小,数量越来越多,当研刮表面(60°～120°宽)上每平方厘米有两个斑点(或亮点)时,研刮即告完成。这时,轴瓦表面均匀分布着很多小的凹凸点。

第五步,修补合金。当合金质量尚好,间隙符合要求,但在某处有损坏缺陷时,可不重新浇注,而进行局部修补。修补用的合金必须与原合金牌号相同,黏合紧密,修补后运行 24h,用肉眼应看不见修补痕迹。修补方法如下:

(a)将待修补处的旧合金剔除,用汽油洗净,把轴瓦放入炉内加热到 100～150℃。

（b）将修补用的合金熔成 6mm 直径的棒条。

（c）取出已加热的轴瓦，待补处放平，用气焊或电烙铁把合金焊条焊补上去。

（d）焊补合金一般高出原表面 0.3～0.5mm。如高出 1mm 以上，可用细圆锉锉平（注意不要损伤原合金），然后用刮刀研刮到符合要求。

第六步，修理后的检查。轴承修理后，测量各部分尺寸应符合要求，方法见正常检修的有关内容，合金质量良好，轴瓦与轴颈的配合间隙参考电动机检修标准的有关内容，应在表 3-3-8 的范围内。

轴瓦与轴承上盖的间隙大小同两者的配合结构有关。对圆柱形轴瓦，间隙为 0.05～0.15mm；球形轴瓦间隙为 ±0.03mm。轴承密封圈与轴之间的间隙约为 0.1～0.2mm。

第七步，轴承漏油的处理。轴承漏油主要原因是密封不严，因此，处理轴承漏油实质上是修理或改进密封装置的问题。

（a）对迷宫式轴承（图 3-3-73），要检查迷宫密封圈与轴之间的间隙。间隙过大时予以修理或更换，并应在密封圈的下部钻几个回油孔。

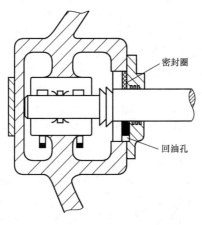

图 3-3-73　迷宫式密封结构

（b）毛毡式密封圈应紧包住轴颈，并且有一定厚度，富有弹性，每次检修时应更换。发现漏油，不要用漆片或油漆之类去涂刷，否则干枯后毛毡变形，失去弹性，反而漏油更甚。可以用聚四氟乙烯塑料代替毛毡，效果更好。

（c）用压力油循环冷却的电动机或高速电动机，轴承内常有油蒸气产生。可在电动机端盖外的轴承上部装一排气管，使油蒸气排出电动机外面。

（d）轴承盖结合面不严，应该研磨。装配时要擦抹干净，必要时加上毛毡，涂以漆片压紧。轴承壳上的窥视孔盖应有弹簧，并加装毛毡密封。

（e）增设空气密封装置。用管子将风扇高压区的空气引入轴承内，使环状密封室的压力比大气压力为高，从而阻止油的外逸。

第八步，轴承修理及装配完毕后，进行油管路的装配。最后测量轴承绝缘电阻，其值不应小于 0.5MΩ。

3. 机械零件的修理

（1）转轴的修理。电动机轴常见的损坏情况有轴弯曲、轴颈磨损、轴裂纹、局部断裂等。造成电动机轴损坏的原因，除轴本身材质不好及强度不够外，轴与轴承、联轴器配合过松，有相对运动，频繁的正反转冲击，拆装时过大的机械碰撞，安装轴线不正也可引起轴的弯曲。下面分别介绍这些故障的修理方法。

1）轴弯曲：轴的弯曲可以在车床上用千分表测出。当弯曲不超过0.2mm 时，一般不矫正，仅作适当磨光。如弯曲较大，则需用压力机矫正或将轴加热后用气锤矫正，再进行车光或磨光。

2）键槽损伤：可先进行电焊，然后车圆重铣键槽，也可以采用铣宽键槽的办法，或转过一个角度后另铣键槽。

3）裂纹或断裂：有裂纹或局部断裂的轴应更换。新轴的钢牌号应与旧轴相同（多数为 35 或 45 号钢）。压出旧轴有两种方法：①转子质量在40kg 以下且轴与铁芯配合不太紧的，可以在铁平台上垂直撞击将轴顶出；②对较重或配合较紧的，用压力机压出。根据测绘旧轴的尺寸加工新轴。加工分两次进行，先车好中间部分，压入铁芯，再车轴承位置及轴伸端，要特别注意保证铁芯外圆与两个轴承位置的同心度。

当裂纹在轴伸处时，可打出坡口，用电焊补焊，后进行精车。补焊时注意不能变形且有足够的强度。

4）轴颈磨损：由于轴承内圈与轴颈的配合公盈过小，在运行中发生轴与内圈相对运动，使轴颈磨损而松动（即走内圆），这时，必须将轴颈补大到原来尺寸。常用的修补方法有：

（a）喷镀或刷镀。利用专门的设备将金属镀在磨损的轴颈上，恢复原来的直径。此法适用于磨损深度不超过 0.2mm 的场合。

（b）补焊。将转轴放在带滚轮的支架上，用中碳钢焊条（例如T506）进行手工弧焊，从一端开始，一圈一圈地补焊，边焊边转动转子，全部补焊完毕，冷却后放到车床上加工到所需尺寸。加工时，注意校正两轴颈与转子外圆的同心度。

（c）镶套。当轴颈磨损较大或局部烧损发蓝退火时，可将轴颈车圆后镶套。套的材料用 30~45 号钢，其厚度为 2.5~4mm，轴与套之间采用 U_8（Jb_3）过盈配合。将套热装至轴上后，放在车床上加工套的外圆。

（d）化学涂镀。此法适用于磨损量不大于 0.05mm 的轴颈，其工艺步骤如下：

第一步，配制溶液。一种是稀盐酸溶液，按 30% 盐酸加 70% 水配成；另一种是硫酸铜、锌粉溶液，重量比例为硫酸铜（固体）40%，锌粉（屑）4%，水 56%。两种溶液分别装入两只玻璃容器中备用。

第二步，清洗轴颈。先用汽油清洗干净，然后用纱布沾少许丙酮（或四氯化碳、无水酒精）将轴颈反复擦抹，待自行晾干。

第三步，将稀盐酸在轴颈上反复涂几次，再把硫酸铜锌粉溶液在其上涂几次，这时盐酸与硫酸铜、锌起化学反应，还原出铜来，轴颈处将牢牢地附着一层暗红色的镀层，厚度可自行掌握。

（e）黏结法：分环氧树脂黏结和尼龙黏结两种。

第一种，环氧树脂黏结。在 6101 环氧树脂中，加 15% 邻苯二甲酸二丁酯搅匀，再加入 7%（冬季为 8%）乙胺固化剂搅匀备用。用干净布蘸丙酮将轴颈抹净，待丙酮挥发后，在轴颈上匀涂一层环氧树脂黏合剂，接着把已加热的轴承（用丙酮擦净内圈）套入轴颈上，并将非配合面上的黏合剂擦抹干净。此法宜粘补磨损量不超过 0.1mm 的轴颈。

拆卸用环氧树脂黏结的轴承，可将旧轴承加热到 300℃ 左右取下。

第二种，尼龙黏结。分热涂及冷涂两种。热涂时，先用碳酸钠（Na_2CO_3）将轴颈洗净，然后用热水冲洗去碱，烘干，用布蘸汽油揩二三次，晾干，用煤油喷灯加热轴颈并不断盘动转子，然后用勺舀 1010 尼龙粉撒上去，如温度适合，尼龙粉会熔化并形成无色透明液膜包在轴颈上，继续撒涂到需要的厚度为止。

冷涂时，先用乙醇或汽油洗净轴颈，将三元尼龙乙醇溶液加热成透明液体，用小毛刷沾尼龙溶液薄薄地刷涂在磨损处，一般要涂几次，达到要求的厚度为止。第一次涂后，放置 3min 左右，自行晾干，到不沾手时涂第二次，涂后在室温下（20℃）36h 可固化，或加热 80℃ 经 1h 可固化。

无论热涂或冷涂，固化后均需打磨或车削，以达到要求的配合公差。

（2）端盖和机座的修理。电动机端盖和机座一般是用生铁铸成的，常见的故障是产生裂纹，其原因多为铸造缺陷或过大的振动及敲击所致。

端盖的另一种故障是内圆磨损，这是由于内圆与轴承外圈配合较松，在运行中产生相对运动（即轴承走外圆），电动机频繁的正反转也会加速端盖内圆的磨损，下面分别介绍修理方法。

1）修补裂缝：有焊接和黏结两种方法。

（a）焊接。采用铸铁焊条或铜焊条补焊。补焊时，需将工件加热到700～800℃，然后用直流弧焊机进行焊接。焊好后，放到保温炉内逐渐冷却，以消除焊件的内应力，减少变形。补焊机座时，注意保护好精加工端面及绕组，不使其受高温与焊渣损伤。补焊后必须保持端盖与机座的同心度。

（b）黏结。采用914室温快速固化环氧黏结剂。黏结剂分为A、B两组，它们与填料的配制比例为A:B:还原铁粉:氧化铝粉＝5:1:6:6。粘补时，先用压缩空气将裂缝处的铁末、尘土等脏物吹净，如有油污必须洗净，然后用刮板将配好的粘补剂压入裂缝中，在25℃下经3h（或20℃经5h）即可达到黏结强度。因黏结剂固化时间较短，每次不要配制过多，以免浪费。对于缺陷面积过大或机座底脚断裂以及螺孔等受力部位，不宜采用这种方法。

2）端盖内圆磨损：端盖轴承室磨损的修补有如下5种：

（a）打麻点，亦叫打"羊冲眼"。用高硬度的尖冲头，在内圆周面上打出均匀的凹凸点，起到缩小内圆直径的作用，使它与轴承外圈配合较紧。此法适用于轻微磨损的小型电动机端盖，是一种临时应急办法，一般不用。

（b）喷镀或刷镀。参阅轴颈的修补。

（c）镶套。将端盖轴承室内圆车大8～10mm，采用第一种过渡配合的公差内镶壁厚为6～7mm的铸铁套，并在结合面处用轴向骑缝螺钉固定，然后放到车床上精车套的内圆，使它与端盖止口同心，且与轴承外圈获得合适的公差配合。

（d）黏结。一种是用优质胶黏结。黏结剂能解决间隙在0.2mm以内的走外圆问题，并且可再次拆卸及黏结。黏结时，先用柴油或煤油洗净端盖及轴承，并充填适当的润滑剂，然后用二氯甲烷或丙酮洗擦端盖轴承室及轴承外圈，彻底去污除尘，再将黏结剂均匀刷涂在端盖内圆及轴承外圈上（注意非配合面不能留有黏结剂），按常规程序装配电动机，让轴承进入端盖轴承室内。紧固各部分螺栓后，手盘转子应转动自如，在常温下经24h或120℃下经8h便可固化。如要加速固化，可在配合面先涂一层固化促进剂，再刷涂黏结剂，电动机装配后2～3h便可固化试机。另一种是尼龙黏结。用三元尼龙乙醇溶液刷涂，其工艺过程参见轴颈的修补。

（e）化学涂镀。与轴颈的化学涂镀相同。

公差与配合标准见表 3 - 3 - 23 ~ 表 3 - 3 - 27。

表 3 - 3 - 23

公差等级的应用

应用场合		公差等级 IT																		
		01	0	1	2	3	4	5	6	7	8	9	10	11	12	13	14	15	16	17	18
量块			——																		
量规	高精度			————————																	
	低精度						——														
个别精密配合			——																		
配合尺寸	特别重要 孔					——————															
	特别重要 轴				——————																
	精密配合 孔								——————												
	精密配合 轴							——————													
	中等配合 孔											——————									
	中等配合 轴										——————										
	低精密配合													——————							
飞配合尺寸															————————						
原材料尺寸										——————————————										

表 3 - 3 - 24　各种加工方法的合理加工精度

公差等级 IT

加工方法	01	0	1	2	3	4	5	6	7	8	9	10	11	12	13	14	15	16	17	18
研磨	■	■	■	■	■	■	■	■												
珩磨						■	■	■	■											
圆磨									■	■										
平磨									■	■										
金刚石车							■	■	■											
金刚石镗							■	■	■											
拉削							■	■	■	■										
铰孔								■	■	■	■	■								
精车精镗									■	■	■									
粗车												■	■	■						
粗镗												■	■	■						
铣										■	■	■	■							
刨、插												■	■							
钻削												■	■	■	■					
冲压												■	■	■	■	■				
滚压、挤压												■	■							
锻造																	■	■		
砂型铸造																■	■			
金属型铸造															■	■				
气割															■	■	■	■	■	■

表 3 – 3 – 25 公差等级的主要应用范围

公差等级	主要应用实例
IT01 ~ IT1	一般用于精密标准量块。IT1 也用于检验 IT6、IT7 级轴用量规的校对量规
IT2 ~ IT7	用于检验工件 IT5 ~ IT16 的量规的尺寸公差
IT3 ~ IT5 (孔为 IT6)	用于精度要求很高的重要配合。例如机床主轴与精密滚动轴承的配合、发动机活塞销与连杆孔和活塞孔的配合。 配合公差很小，对加工要求高，应用很少
IT6 (孔为 IT7)	用于机床、发动机和仪表中的重要配合。例如机床传动机构中的齿轮与轴的配合，轴与轴承的配合，发动机中活塞与汽缸、曲轴与轴承、气阀杆与导套的配合等。 配合公差较小，一般精密加工能够实现，在精密机械中广泛应用
IT7、IT8	用于机床和发动机中不太重要的配合，也用于重型机械、农业机械、纺织机械、机车车辆等的重要配合。例如机床上操纵杆的支承配合、发动机活塞环与活塞环槽的配合、农业机械中齿轮与轴的配合等。 配合公差中等，加工易于实现，在一般机械中广泛应用
IT9、IT10	用于一般要求，或长度精度要求较高的配合。某些非配合尺寸的特殊需要，例如飞机机身的外壳尺寸，由于质量限制，要求达到 IT9 或 IT10
IT11、IT12	多用于各种没有严格要求，只要求便于连接的配合。例如螺栓和螺孔、铆钉和孔等的配合
IT12 ~ IT18	用于非配合尺寸和粗加工的工序尺寸上。例如手柄的直径、壳体的外形和壁厚尺寸，以及端面之间的距离等

表 3 – 3 – 26 各种基本偏差的应用说明

配合	基本偏差	特点及应用实例
间隙配合	a (A)、b (B)	可得到特别大的间隙，应用很少，主要用于工作时温度高，热变形大的零件的配合，如发动机中活塞与缸套的配合为 H9/a9
	c (C)	可得到很大的间隙，一般用于缓慢、松弛的动配合。用于工作条件差（如农用机械），受力

配合	基本偏差	特点及应用实例
间隙配合	c（C）	易变形，或方便装配而需有较大的间隙时。推荐使用配合 H11/c11。其较高等级的配合 H8/c7 适用较高温度的动配合，比如内燃机排气阀和导管的配合
	d（D）	对应于 IT7～IT11，用于较松的转动配合，比如密封盖、滑轮、空转带轮与轴的配合，也用大直径的滑动轴承配合
	e（E）	对应于 IT7～IT9，用于要求有明显的间隙，易于转动的轴承配合，比如大跨距轴承和多支点轴承等处的配合。e 轴适用于高等级的、大的、高速、重载支承，比如内燃机主要轴承、大型电动机、涡轮发动机、凸轮轴承等的配合为 H8/e7
	f（F）	对应于 IT6～IT8 的普通转动配合。广泛用于温度影响小，普通润滑油和润滑脂润滑的支承，例如小电动机，主轴箱、泵等的转轴和滑动轴承的配合
	g（G）	多与 IT5～IT7 对应，形成很小间隙的配合，用于轻载装置的转动配合，其他场合不推荐使用转动配合，也用于插销的定位配合，例如，滑阀、连杆销精密连杆轴承等
	h（H）	对应于 IT4～IT7，作为普通定位配合，多用于没有相对运动的零件。在温度、变形影响小的场合也用于精密滑动配合
过渡配合	js（JS）	对应于 IT4～IT7，用于平均间隙小的过渡配合和略有过盈的定位配合，比如联轴节、齿圈和轮毂的配合。用木槌装配
	k（K）	对应于 IT4～IT7，用于平均间隙接近零的配合和稍有过盈的定位配合。用木槌装配
	m（M）	对应于 IT4～IT7，用于平均间隙较小的配合和精密定位配合。用木槌装配

配合	基本偏差	特点及应用实例
过渡配合	n（N）	对应于 IT4~IT7，用于平均过盈较大和紧密组件的配合，一般得不到间隙。用木槌和压力机装配
过盈配合	P（P）	用于小的过盈配合，p 轴与 H6 和 H7 形成过盈配合，与 H8 形成过渡配合，对非铁零件为较轻的压入配合。当要求容易拆卸，对于钢、铸铁或铜、钢组件装配时标准压入装配
	r（R）	对钢铁类零件是中等打入配合，对于非钢铁类零件是轻打入配合，可以较方便地进行拆卸。与 H8 配合时，直径大于 100 mm 为过盈配合，小于 100 mm 为过渡配合
	s（S）	用于钢和铁制零件的永久性和半永久性装配，能产生相当大的结合力。当用轻合金等弹性材料时，配合性质相当于钢铁类零件的 p 轴。为保护配合表面，需用热胀冷缩法进行装配
	t（T）	用于过盈量较大的配合，对钢铁类零件适合作永久性结合，不需要键可传递力矩。用热胀冷缩法装配
	u（U）	过盈量很大，需验算在最大过盈量时工件是否损坏。用热胀冷缩法装配
	v（V）、x（X） y（Y）、z（Z）	一般不推荐使用

表 3 – 3 – 27　　　　　　　　优先配合选用

优先配合		说　明
基孔制	基轴制	
$\dfrac{H11}{c11}$	$\dfrac{c11}{h11}$	间隙非常大，常用于很松、转动很慢的动配合；要求大公差与大间隙的外露组件；要求装配方便的、很松的配合

优先配合		说　明
基孔制	基轴制	
$\dfrac{H9}{d9}$	$\dfrac{D9}{h9}$	间隙很大的自由转动配合，用于精度非主要要求时或有大的温度变化、高转速或大的轴颈压力时
$\dfrac{H8}{f7}$	$\dfrac{F8}{h7}$	间隙不大的转动配合，用于中等转速与中等轴颈压力的精确传动；也用于装配较容易的中等定位配合
$\dfrac{H7}{g6}$	$\dfrac{G7}{h6}$	间隙很小的滑动配合，用于不希望自由转动，但可自由移动和滑动并精密定位时；也可用于要求明确的定位配合
$\dfrac{H7}{h6}$		均为间隙定位配合，零件可自由拆卸，而工作时一般相对静止不动，在最大实体条件下的间隙为零，在最小实体条件下间隙由公差等级决定
$\dfrac{H8}{h7}$		
$\dfrac{H9}{h9}$		
$\dfrac{H11}{h11}$		
$\dfrac{H7}{k6}$	$\dfrac{K7}{h6}$	过渡配合，用于精密定位
$\dfrac{H7}{n6}$	$\dfrac{N7}{h6}$	过渡配合，允许有较大过盈的更精密定位
$\dfrac{H7}{p6}$	$\dfrac{P7}{h6}$	过盈定位配合，即小过盈配合，用于定位精度特别重要时，能以最好的定位精度达到部件的刚性及中性要求，而对内孔承受压力无特殊要求，不依靠配合的紧固性传递摩擦负荷
$\dfrac{H7}{s6}$	$\dfrac{S7}{h6}$	中等压入配合，适用于一般钢件；或用于薄壁件的冷缩配合，用于铸铁可得到最紧的配合
$\dfrac{H7}{u6}$	$\dfrac{U7}{h6}$	压入配合，适用于可承受高压入力的零件，或不宜承受大压入力的冷缩配合

电动机检修各部件间隙配合标准见表 3 - 3 - 28 ~ 表 3 - 3 - 36。

表 3 - 3 - 28　　　　　　滚珠、滚柱轴承与轴径的配合

轴承内径	负荷性质					
	重型冲击负荷		大型电动机重负荷		中小型电动机轻负荷	
D（mm）	轴径公差（μm）					
以上 ~ 以下	最高	最低	最高	最低	最高	最低
18 ~ 30	+30	+15	+23	+8	+17	+2
30 ~ 50	+35	+18	+27	+9	+20	+3
50 ~ 90	+40	+20	+30	+10	+23	+3
90 ~ 120	+45	+23	+35	+12	+26	+3
120 ~ 150	+50	+25	+40	+15	+30	+5

表 3 - 3 - 29　　　　　加套时，轴与套配合偏差参考值

名义直径		孔（套外径）		轴（外径）	
（mm）		极限的偏差（0.001mm）			
以上	以下	上限	下限	上限	下限
18	30	+23	0	+62	+39
30	40	+27	0	+77	+50
40	50	+27	0	+87	+60
50	65	+30	0	+105	+75
65	80	+30	0	+120	+90
80	100	+35	0	+140	+105
100	120	+35	0	+160	+125
120	150	+40	0	+190	+150

表 3 - 3 - 30　　　　　　滚珠、滚柱轴承与轴径的配合

轴承内径	负荷性质					
	重型冲击负荷		大型电动机重负荷		中小型电动机轻负荷	
D（mm）	轴径公差（μm）					
以上 ~ 以下	最高	最低	最高	最低	最高	最低
18 ~ 30	+30	+15	+23	+8	+17	+2

轴承内径 D（mm）	负荷性质					
	重型冲击负荷		大型电动机重负荷		中小型电动机轻负荷	
	轴径公差（μm）					
30~50	+35	+18	+27	+9	+20	+3
50~90	+40	+20	+30	+10	+23	+3
90~120	+45	+23	+35	+12	+26	+3
120~150	+50	+25	+40	+15	+30	+5

表 3 - 3 - 31   滚珠、滚柱轴承外套和端盖轴承膛孔配合

轴承内径 D（mm）	负荷性质					
	重型冲击负荷		大型电动机重负荷		中小型电动机轻负荷	
	端盖轴承膛孔公差（μm）					
以上~以下	最高	最低	最高	最低	最高	最低
30~50	-20	+7	-8	+18	0	+27
50~90	-23	+8	-10	+20	0	+30
90~120	-26	+9	-12	+23	0	+35
120~150	-30	+10	-14	+27	0	+40
150~180	-30	+10	-14	+27	0	+40
180~250	-35	+11	-16	+30	0	+45
250~260	-35	+11	-16	+30	0	+45
260~315	-40	+12	-18	+35	0	+50

表 3 - 3 - 32   电动机端盖止口和机壳的配合

端盖止口外（内）径（mm）	300	500	800	1000
最大间隙（mm）	0.05	0.10	0.15	0.20

表 3 - 3 - 33   电动机风扇和轴颈的配合（建议采用 " + " 值）

轴的直径 D（mm）	10~18	18~30	30~50	50~80	80~120
孔为 ±0.001mm 时轴径的偏差（mm）	±6	±7	±8	±10	±12

表 3 – 3 –34　　　　电动机靠背轮和轴颈的配合

轴的直径 D（mm）	10 ~ 18	18 ~ 30	30 ~ 50	50 ~ 80	80 ~ 120	120 ~ 180
孔为 ±0.001mm 时 轴径的偏差（mm）	+0 −12	+0 −14	+0 −17	+0 −20	+0 −23	+0 −27

表 3 – 3 –35　　　　　　键和键槽的配合

键的宽度（mm）	1 ~ 3	3 ~ 6	6 ~ 10	10 ~ 18	18 ~ 30
轴键槽偏差（mm）	−5 −45	−10 −55	−15 −65	−20 −75	−25 −95

表 3 – 3 –36　　　端盖轴承座膛孔与外套的配合公差

端盖车旋后孔径（mm）	30 ~ 50	50 ~ 80	80 ~ 120	120 ~ 180	180 ~ 260	260 ~ 360
端盖上孔径为 ±0.001mm 时套外径的偏差（mm）	+35 +18	+40 +20	+45 +23	+52 +25	+60 +30	+70 +35

4. 转子校验平衡

电动机转子校平衡是减少电动机运行时所产生不平衡离心惯性力的一种工艺方法。由于加工和装配误差，会导致电动机转子质量分布不平衡，运行时会产生不平衡离心力，从而使电动机产生有害的振动和噪声。校平衡的目的就是减少电动机运行时的不平衡离心力，使电动机能稳定运行。

新制造的电动机转子，以及转子绕组重绕、换向器重新组装或更换转子部件后，往往需要校平衡。

电动机转子平衡工艺有静平衡和动平衡两种，通常转速在 1000r/min 以上的小型电动机转子需进行动平衡校验；1000r/min 及以下的电动机只做静平衡校验。

对轴伸端带键槽的转子，应按产品技术条件规定，在键槽中装上半键或全键后校平衡。

（1）校正方法。在校静平衡之前，应将静平衡架、水平仪（支架校水平用）、平衡块或平衡垫圈准备好。再根据电动机转子两端轴颈间的距离，调好静平衡架两导轨间的距离和两导轨的水平度误差，使之符合要求，便可以进行校静平衡。转子的不平衡量的校正方法通常有下列两种：

1）在转子部件上预设的平衡槽中（或平衡柱上）加平衡重物，利用改变平衡重物的数量和位置来校正不平衡量。

2）用铆接、螺钉连接或焊接方式，在风扇、转子支架或转子连接片等部件上加配重。

一般电动机最高转速均低于其临界转速的 75%，这种电动机转子称刚性转子。本节介绍的是刚性转子的平衡。

（2）转子的许用不平衡量。转子的不平衡量可以用重径积、偏心距和平衡精度三种量值来表示。

1）重径积 Gr：单位是 N·mm，表示意义是一个质量为 W、偏心距为 e 的不平衡量，可用距旋转中心半径为 r 的不平衡量 G 来等效，即

$$Gr = We \qquad (3-3-32)$$

重径积 Gr 所表示的不平衡程度与转子质量有关，它表示具体给定转子的不平衡量，对平衡操作较为方便。

2）偏心距 e：单位是 μm，表示意义是单面平衡转子重心对转轴的偏移。它所表示的不平衡程度与转子质量无关，是一个绝对量。可表示为

$$e = Gr/W \qquad (3-3-33)$$

式中　Gr——重径积，N·mm；

　　　W——转子质量，kg。

偏心距可用来衡量动平衡机检测精度，便于直接比较。

3）平衡精度 A：单位是 mm/s。其代表意义是单面平衡转子重心的速度，因此平衡精度 A 可用下式计算

$$A = e\omega/1000 \qquad (3-3-34)$$

式中　ω——转子角速度。

电动机刚性转子的不平衡量许用值常用许用偏心距值和平衡精度值来表示。

中、小型电动机刚性转子许用偏心距值可参见表 3-3-37。

中、小型电动机刚性转子平衡等级与许用平衡精度值见表 3-3-38。

表 3-3-37　中、小型电动机刚性转子许用偏心距值表

平衡等级	不同转速同步电动机许用偏心值 e（μm）				适用范围
	3000r/min	1500r/min	1000r/min	750r/min	
I	4.0	8.0	12	16	要求振动特别小的小型电动机
II	10	20	30	40	要求振动较小的小型电动机
III	20	40	60	80	一般电动机

表 3 - 3 - 38　　中、小型电动机刚性转子平衡等级与许用平衡精度值

平衡等级	平衡精度	适 用 范 围
G6.3	6.3	一般电动机转子
G2.5	2.5	特殊要求大、中型电动机转子，小型电动机转子
G1	1	特殊要求小型电动机转子
G0.5	0.4	精密磨床电动机转子

（3）静平衡校验。以下从静平衡用平行导轨技术要求和校静平衡方法两方面进行说明。

1）静平衡用平行导轨技术要求：电动机转子校静平衡一般可在水平平行导轨式静平衡架上进行。静平衡的精度主要决定于电动机轴颈和导轨之间的滚动摩擦，为提高静平衡精度，应尽量减小轴颈与导轨之间的摩擦系数。因此，对于导轨硬度、平直度和轴颈的径向跳动都有一定的要求。

根据相关机械工程手册的推荐，静平衡用平行导轨应符合如下技术条件：

支承面不平度，≤0.005mm；

支承面水平度，0.01 ~ 0.02/1000；

两支承面水平不平行度，≤1mm；

支承面粗糙度，Ra0.4；

支承面的最短长度，大于 7 倍轴颈；

导轨硬度，HRC50 ~ 60。

支承面推荐宽度：

转子质量小于等于 3kg，约 0.3mm；

转子质量 3 ~ 30kg，约 3mm；

转子质量 30 ~ 300kg，约 10mm；

转子质量 300 ~ 3000kg，约 30mm。

对于轴颈加工要求，接触面外圆加工精度不低于 2 级，加工粗糙度为 Ra1.6，径向跳动不大于 0.005 ~ 0.02mm。

2）校静平衡方法如下：

校静平衡时使用平行导轨式静平衡架（图 3 - 3 - 74），将电动机转子两端轴颈置于导轨上，让其自由滚动。当存在不平衡量时，则一定静止在某一固定位置，转子重心必然在轴心的垂线下方。在静止位置的上方加校

正重量或在静止位置的下方去掉一些重量，直至电动机转子在任何位置均能静止时为止。具体的方法说明如下：

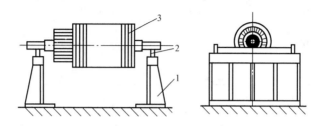

图 3-3-74　平行导轨式静平衡架
1—平衡支架；2—导轨；3—转子

（a）决定不平衡的位置。让转子在导轨上自由滚动，先使转子沿顺时针方向滚动，由于摩擦阻力的原因，转子只能静止在不平衡量最低位置右方点 1 的位置，如图 3-3-75（a）Ⅰ所示。再使转子逆时针方向滚动，同样转子只能静止在不平衡量最低位置左方点 2 的位置，图 3-3-75（a）Ⅱ所示。因此，不平衡量实际位于点 1 和点 2 之间的 M 点，记下这一位置，平衡量应加在 M 点直径相对位置。

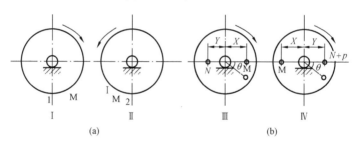

图 3-3-75　校静平衡方法
（a）不平衡量位置的确定；（b）静平衡量的确定
Ⅰ—顺时针滚动；Ⅱ—逆时针滚动；Ⅲ—第一次加重；Ⅳ—第二次加重

（b）第一次试加配重。在 M 点直径相对位置距中心 r 的距离，加一适当平衡量 N，使转子能沿 M 点所在位置转动 θ 个角，角约等于 30°～50°，如图 3-3-75（b）Ⅰ所示，记下这时角度。

（c）第二次试加配重。在第一次加平衡量 N 的位置再添加配重 p，使转子能顺 $N+p$ 配重作用位置转动 θ 角，转动角度和第一次角度相等，如图 3-3-75（b）Ⅱ所示。

（d）确定实际配重。转子在半径 r 处实际配重应为 $N + \dfrac{P}{2}$。

（e）两端轴颈的直径不等时的处理。如果转子两端轴颈的直径不相同，将使转子在平衡架上滚动时歪斜，影响静平衡校验的正确性。为此，可以在直径较细的轴颈上套一个钢圈，它的厚度等于两轴颈半径之差，使两轴颈外径相等。

（4）动平衡检验要求及方法如下：

1）校动平衡基本要求：校动平衡是为了清除转子因质量分布不均而引起的力偶不平衡和静力不平衡，对于刚性转子可在两个校正平面上校正。

校动平衡的基本要求如下：

（a）转子轴颈加工精度及其与转子旋转中心的不同心度应符合规定要求。

（b）一般精度的转子，可用动平衡试验机（或平衡台）支承；平衡精度要求高的宜采用原配轴承进行动平衡。

（c）主要装配部件如换向器、风扇等需先单独进行平衡，对于单独安装的风翼等部件，应预先称重，然后根据重量进行配重。

（d）校正平面应尽量靠近轴承且有较大的半径，以便易于加配平衡重量。

2）在平衡台上进行校动平衡：平衡台实际上是一个机械振动系统，它是由轴承座、共振元件和支架所组成。图 3 - 3 - 76 所示是平衡台的弹性支承。

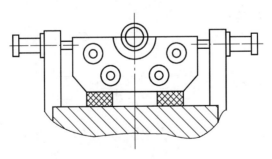

图 3 - 3 - 76　平衡台的弹性支承

校平衡时，将电动机转子置于平衡台上，固定两支承，将电动机转子拖动到支承产生共振频率的转速，然后保持转速不变，并放松一端支承，使它能在一个平面内振动，并测出振幅值。用同样方法测出另一支承的振动。由于支承在共振转速下振幅最大，故在共振转速下测量灵敏度最高。

共振转速可以通过选用不同刚度和厚度的橡胶垫来调整。

在平衡台上进行校动平衡时，只能测出支承的振幅值，不能直接测出不平衡量的大小和相位。因此，在平衡台上进行动平衡时，要用试重周移法来间接测出不平衡量的大小及相位。其方法是：以电动机转子两端的端面为校正平面，将校正平面分为若干等分，将试加重量 G 依次加于一个校正平面的各等分点上，拖动转子至共振转速，分别测出试重在各个等分点上的振幅值，以振幅值为纵坐标，试重在校正点的位置为横坐标，做出振幅值与校正位置之间的关系曲线，如图 3-3-77 所示。

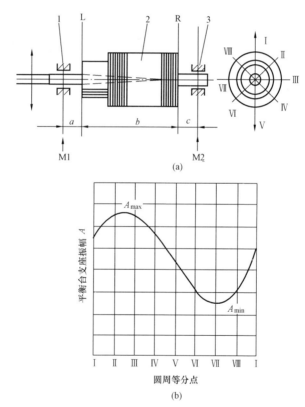

图 3-3-77　试重周移法确定不平衡量
（a）测量示意图；（b）试重周移时振幅曲线
1—松开支承；2—转子；3—固定支承；
L—左校正面；R—右校正面；M1、M2—千分表曲线上振幅最大值所对应的部位即为不平衡量所在位置。在相对180°处，即为加配重位置。

配重质量 Q

当 $$(A_{\max} + A_{\min}) = 2A_0 \qquad (3-3-35)$$

则 $$Q = G \times (A_{\max} + A_{\min}) / A_{\max} \qquad (3-3-36)$$

当 $$(A_{\max} + A_{\min}) / 2 > A_0 \qquad (3-3-37)$$

则 $$Q = G \times (A_{\max} - A_{\min}) / (A_{\max} + A_{\min}) \qquad (3-3-38)$$

式中　A_0——未加配重时，支承的振幅值；

　　　$A_{\max}$——加配重 G 后，支承最大振幅值；

　　　$A_{\min}$——加配重 G 后，支承最小振幅值。

将估算配重质量加上后，如 $A_{\min}$ 仍较大，则可以用增减配重质量的方法，来得到最小振幅值。用同样方法可以测出另一端配重的大小和位置。

当一个校正平面上配重质量较大时，必然会对另一个校正平面的平衡产生影响，则另一个平面需进行二次配重，其配重质量可用下式计算求得

$$Q_{12} = c \times Q_{R1} / (b + c) \qquad (3-3-39)$$

式中　Q_{12}——左校正平面的第二次配重质量；

　　　Q_{R1}——右校正平面的第一次配重质量。

3）动平衡试验机：动平衡试验机是一种校正动平衡的专用设备，它是通过测定支承来求得不平衡量及其相位（软支承型），或是通过测定作用在支承上的离心力来求得不平衡量及其相位（硬支承型）。

（a）软支承型动平衡试验机的原理。刚性转子动平衡时，任一校正平面的不平衡量都会使左右两个支承同时产生振动。如以图 3-3-78 的弹性支承振动系统为例，校正平面 I 上的不平衡量 $m_1 r_1$ 在左、右支承处引起振幅值分别为 $\alpha_{L1} m_1 r_1$ 和 $\alpha_{R1} m_1 r_1$，校正平面 II 上不平衡量 $m_2 r_2$ 在左、右支承处引起的振幅分别为 $\alpha_{L2} m_2 r_2$ 和 $\alpha_{R2} m_2 r_2$。其中 α_{L1}，α_{R1}，α_{L2}，α_{R2} 等是与转子质量、支承位置、校正面位置和转子惯性矩等有关动力的影响系数，可以在试验中加以确定。

在左、右支承处的振幅 A_L 和 A_R 为

$$A_L = \alpha_{L1} m_1 r_1 + \alpha_{R1} m_1 r_1 \qquad (3-3-40)$$

$$A_R = \alpha_{L2} m_2 r_2 + \alpha_{R2} m_2 r_2 \qquad (3-3-41)$$

整理后可得

$$m_1 r_1 = \alpha_{R2} \times A_L / \Delta - \alpha_{L2} \times A_R \Delta \qquad (3-3-42)$$

$$m_2 r_2 = \alpha_{L1} \times A_R / \Delta - \alpha_{R1} \times A_L / \Delta \qquad (3-3-43)$$

式中　$\Delta = \alpha_{L1} \alpha_{R2} - \alpha_{L2} \alpha_{R1}$。

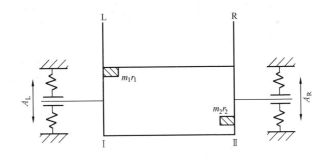

图 3 - 3 - 78　软支承结构不平衡量引起支承振动

因此，只要测得 A_L 和 A_R 和 α_{R1}、α_{R2}、α_{L1}、α_{L2} 等四个系数，即可计算出不平衡量 m_1r_1 和 m_2r_2。软支承动平衡试验机就是通过解算等效运算电路来完成式（3 - 3 - 42）和式（3 - 3 - 43）的运算，直接得出不平衡量。

闪光式动平衡机是一种常用的软支承动平衡机，它是利用闪光确定不平衡位置，利用仪表指示不平衡量，其原理框图如图 3 - 3 - 79 所示。

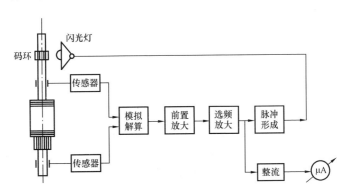

图 3 - 3 - 79　闪光式动平衡机原理框图

当被试转子在旋转时，因不平衡量产生的离心力可分解为水平和垂直两个分力，水平分力使支承架径向摆动，振幅按正弦规律变化，振幅值与不平衡量成正比，振动频率等于转子旋转频率。

支承架的振动使传感器内产生与振幅值成正比的交流电动势信号，输入测量回路经模拟解算电路将信号进行补偿，转换变量后，进入前置放大，再进行选频放大，然后通过整流电路，用微安表指示不平衡量的大小。选频放大器输出信号的另一部分进入脉冲形成回路，产生脉冲电流，使闪光灯发出与转子同步的闪光脉冲，照在套在轴上的码环上，由于同步原因，使不平衡量所在位置的数字看起来是不转的，因此，水平位置上一点的闪光停像就是不平衡位置。

为了消除另一端的不平衡量对校平衡一端的影响，模拟解算电路将两个传感器的输出信号做了适当的相互抵偿，故闪光法能直接分别测出两端的不平衡量。

（b）硬支承结构动平衡试验机的原理。硬支承动平衡试验机对两校正平面上的不平衡量是通过测量支承反力来确定的。两校正平面上的不平衡量产生离心力 F_L 和 F_R，则左、右两支承反力 f_L 和 f_R 可用静力学方法求得。

电动机转子的不平衡量可以分解为一个静力和一个力偶进行平衡校正，这种方法称为静偶不平衡校正法，其力的平衡关系如图 3-3-80 所示，从中可以得到

$$F_L = f_L + (Af_L - Cf_R)/B \qquad (3-3-44)$$

$$F_R = f_R + (Af_L - Cf_R)/B \qquad (3-3-45)$$

由式（3-3-44）及式（3-3-45）可以看出，不平衡量产生的离心力 F_L 和 F_R 仅与支承反力 f_L、f_R 及几何尺寸 A、B、C 有关，支承反力由动平衡机传感器测出后，即可构成等值的运算电路，只要将 A、B、C 几何尺寸送入电路，就可以通过试验很快求得 F_L 和 F_R 的数值，因此使用比较方便。

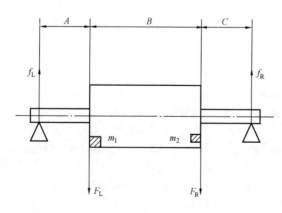

图 3-3-80　硬支承动平衡机中力平衡关系

5. 定子、转子相擦（又称扫镗）

为了提高产品的技术经济指标，异步电动机的气隙都很小，当电动机加工或装配不良时，就容易发生定子、转子相擦，尤其是大型电动机。

定子、转子相擦，往往在短时间内就使电动机遭到严重损伤。如铁芯齿倒斜、绕组绝缘擦伤、铁芯摩擦处局部过热、冲片短路，甚至使绕组局部烧坏。

（1）端盖式电动机定子、转子相擦原因如下。

1）采用滚动轴承的中小型电动机，定子、转子相擦的原因如下：

（a）电动机转动部分与静止部分的间隙不够，致使转子风叶碰挡风板或外风罩，转子钢丝箍擦定子绕组端部，转子铁芯擦定子绕组槽楔。

（b）气隙不均匀。由气隙不均匀产生的单边磁拉力，使定子与转子在气隙小的那一边相互吸引，促使气隙变得更加不均匀，两者互为因果而成恶性循环。这样，若转轴刚度不够或轴承径向间隙较大，转子就被吸向定子而直接碰擦。

（c）轴承保持器损坏，或轴颈磨损及电动机端盖轴承室磨损引起转子偏心造成定子、转子摩擦。

（d）电动机内的铁屑、毛刺未彻底清除，电动机通电后铁屑吸入气隙并顺着磁力线竖立起来，使定子、转子间接相擦，在铁芯表面形成不连续的条状伤痕。开启式电动机甚至可在气隙内观察到火花。

铁芯表面的漆膜剥落，铸铝转子槽口齿须中甩出残存的铝末，在热状态下松散的铁芯冲片间挤出热塑性漆，定子、转子铁芯表面生锈，转子绕组的浸渍漆未烘干而甩漆，也都会在铁芯表面引起犹如相擦的痕迹。

电动机气隙太小，封闭式电动机笼型转子工作温度过高而使热状态下的气隙减小，会加剧上述因素的影响。

2）电动机气隙的不均匀度，主要决定于定子、端盖、转子、轴承的配合间隙及其同心度，涉及许多工艺问题：

（a）零部件的加工方法不合理，工模具磨损或机床精密度不够，以致造成零部件的同心度及垂直度达不到要求：①机座两端止口与铁芯内圆不同心（这往往是决定性因素）；②端盖轴承室与止口不同心；③转子铁芯外圆与转轴轴承挡不同心；④机座止口平面与铁芯内圆的中心线不垂直；⑤端盖止口平面与轴承室中心线不垂直。

（b）零部件尺寸不合格或结构设计不合理，相互的配合间隙过大。如机座止口与端盖止口配合过松、铁芯外圆与机座配合过松、轴承外圈与端盖轴承室配合过松。

（c）定子铁芯内圆不加工的电动机，铁芯内圆的几何形状不规则，冲片本身的椭圆度大，叠压用胀胎与冲片配合过松，或外压装铁芯外圆烧焊或搬运不当，使铁芯内圆变形。

（d）由于铸铁结构不对称（指开孔和壁厚），刚度差，加工过程中夹持力过大，切削用量过大，或者粗、精加工未分开，搬运中受碰撞，而使得零部件变形。如机座或端盖止口变椭圆、转轴弯曲，在小型电动机中也偶尔发生。

（e）滚动轴承外圈对内圈的径向跳动过大。新装配的电动机，轴承的径向跳动都很小（9号机座以下的电动机不超过0.03mm，11~15号机座的电动机不超过0.06mm），此疵病在制造厂只是偶尔发生，但在用户中因轴承磨损而使其径向游隙过大却并不少见。

（f）端盖与机座采用销钉定位的电动机（如14~15号机座电动机），端盖螺钉和定位销松动，气隙对称性破坏。

3）气隙不均匀，可先区分下列三种情况，再分析原因；

（a）定、转子中心线偏离，如图3-3-81（a）所示。最大气隙与最小气隙的位置相差180°，沿圆周各点的气隙大小不随定子、转子相对位置不同而改变；定子、转子相擦的痕迹在定子上只有一边，在转子上却分布于整个圆周。

（b）转子偏心如图3-3-81（b）所示。将转子转过半转，定子圆周上最大气隙与最小气隙的位置会互换；转子上的擦痕在圆周上只有一边。

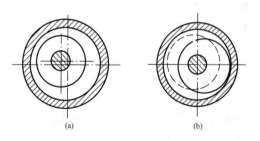

(a)　　　　　　　　(b)

图3-3-81　气隙不均匀

（a）定子、转子中心线偏离；（b）转子偏心

（c）定、转子中心线倾斜。铁芯两端最小气隙的位置相差180°，定子上的两个擦痕恰好在对角线位置，转子上的擦痕在铁芯两端。

（2）座式轴承电动机。大型座式轴承电动机由于结构上的特点，下述原因也会引起定子、转子相擦：

1）轴瓦间隙过大，轴瓦外圆与轴承座的间隙过大，在单边磁拉力作用下转子被定子吸向一边。测定转子开路电压时可观察到此现象。

2）机座刚度不够，电动机启动时铁芯的弹性变形过大（可测铁芯外圆的振幅来判别，振幅不得超过气隙值的 5%）此时，定子相擦位置一般在铁芯上方水平倾角为 45°处。对于制造完工的电动机，车小转子以增大气隙，对避免定子、转子相擦有一定效果。大型焊接机座的刚度计算，往往需借鉴同类产品的制造经验。采用梯形机座，可加强 45°方向的刚度。

3）底板刚度不够或底板没有牢固地紧固在基础上，电动机启动时，底板弹性变形过大（可测底板振幅来判别）。

4）转子外圆与转轴轴承挡不同心。在缺乏大型卧式车床的情况下，大型电动机转子外圆是在立车上与转子支架内圆一起精车。热套转轴时，若转子支架加热不匀，或转轴与转子支架的键槽配合加工不良，会引起此疵病。

5）机座底脚固定螺钉未拧紧，机座与底板的接触面太小（由底板不平或机座两底脚不在向一平面上所造成），电动机启动时，机座在磁拉力作用下产生位移（这可从电动机运转前后气隙均匀度有无变化看出）。轴承座未妥善固定，转子振动过大。电动机运转前，装好机座及轴承座与底板之间的定位销，可削弱这些疵病的影响。

6）采用扇形片的转子铁芯，铁芯与支架之间的斜键未在单独加热铁芯的状态下打紧，电动机运行中铁芯变形。

（3）防止电动机定子、转子相擦的方法有：合理选择气隙大小和零部件尺寸的公差配合；改进机械加工工艺，保证零部件的同心度和尺寸精度；提高铁芯的制造质量；注意电动机内部清洁；尽可能不采用嵌线、浸漆后再加工铁芯表面的工艺方法，以免铁屑落入绕组和铁芯的通风槽内。其中关键是保证电动机内部的清洁度、定子铁芯内圆的整齐度、定子铁芯内圆与机座止口的同心度。加强电动机检查维护，特别是轴承维护，对过热、异音现象及时检查处理，以免损坏轴承，引起定子、转子相擦烧坏电动机。

五、异步电动机绕组重绕工艺

（一）记录数据

在拆除旧绕组之前，必须详细记录铭牌、绕组、铁芯数据，以便备制线模、选用线规、绕线嵌线和验算绕组时参考。

1. 绕组数据

在拆除旧绕组前，应查明绕组型式、并绕导线根数、绕组节距、并联支路数、导线直径、每槽导线数、绝缘等级及连接方法等，并绘出绕组展开图及接线图，记下绕组端部伸出长度等。

2. 铁芯数据

测出定子铁芯外径、内径、铁芯长度、定子铁芯槽数及槽形尺寸。槽形尺寸可在线圈拆出后，用一张较厚的白纸，放在定子槽口上，然后用手指在纸上按压，使白纸上印有槽形痕迹，再用绘图的分规逐项测出槽形尺寸。

将以上记录的各项数据和铭牌数据填入修理记录单，修理记录单见表3-3-39。

表3-3-39　　　　　三相异步电动机修理记录单

送修单位：_____

铭牌数据：

型式_____功率_____转速_____接法_____

电压_____电流_____频率_____定额_____

绝缘　　　　出厂　　　　制造　　　　出厂
等级_____编号_____厂_____日期_____

绕组数据：	铁芯数据：
绕组型式_____	定子铁芯外径_____
线圈节距_____	定子铁芯内径_____
并联支路数_____	定子铁芯长度_____
导线直径_____	定子槽数_____
并绕根数_____	
每槽导线数_____	
线圈匝数_____	
线圈端部伸出长度_____	

绕组展开图

接线图	槽形尺寸	线圈尺寸

（二）拆除旧绕组

绕组冷态时很硬，必须采取适当措施后才能将其拆除。通常采用以下几种方法。

1. 通电加热法

通电加热时需将转子抽出，用三相调压器或电焊机向定子绕组通电。其电压一般不超过额定电压的 50%，电流不超过额定电流的 2 倍。根据设备情况，可以三相绕组一起通电，也可以单相绕组、一个极相组或单个线圈通电。待绝缘软化，绕组端部冒烟时，即可切断电源，打出槽楔，然后拆除绕组，用锯条取槽楔如图 3 - 3 - 82 所示。这种方法适用功率较大的电动机。如绕组中有短路或断路故障、局部线不能加热时，可采用涂刷溶剂的办法使绕组绝缘熔化后再拆除。

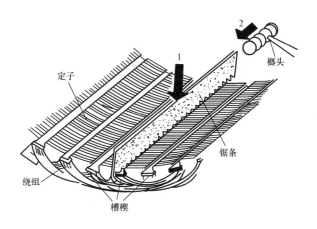

图 3 - 3 - 82　用锯条取槽楔

2. 烘箱加热法

绕组可以用烘箱加热，也可用煤球炉加热。

3. 火烧法

（1）用木柴火烧加热，将电动机定子架空立放，在腔中加木柴燃烧，使绝缘软化烧焦后乘势拆除。

（2）用煤气、乙炔或喷灯加热，拆除绕组。

采用火烧法时，火势不宜太猛，时间不宜太长，以烧焦绝缘物为止。此法虽简单易行，但会破坏硅钢片表面漆膜，使铁损增大。

4. 溶剂溶解法

用丙酮50%、甲苯45%、石蜡5%配成溶剂。配制时，先将蜡加热熔化，再加入甲苯，最后加丙酮搅匀即成。使用时，把电动机定子立放在有盖的铁箱内，用毛刷将溶剂刷在绕组上，然后加盖密封，保持1~2min，待绝缘软化后即可拆除。溶剂价格较贵且有毒，一般用于微型电动机绕组的拆除。

拆除旧绕组时，应保证不损坏铁芯。拆完后，一定要清理槽内的残留物，并整理好铁芯。

（三）绕制线圈

1. 选择线模

在绕制电动机的线圈前，应根据原旧线圈的形状和尺寸或根据需要更动的节距来制作或选择线模。其选择、制作、计算方法如图 3 - 3 - 83 所示。

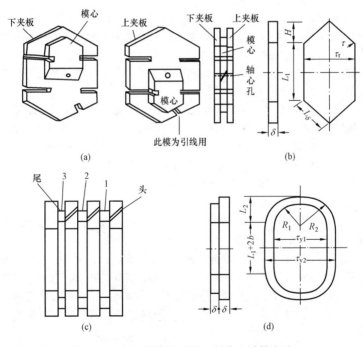

图 3 - 3 - 83　线模的选择、制作、计算方法
（a）菱形线模外形；（b）菱形线模尺寸；
（c）线圈组线模；（d）弧形线模尺寸

第三章　异步电动机检修

2. 绕制线圈的方法

在绕制线圈前，必须先搞清楚所要绕制的线圈的极相组数及每相的线圈数。根据线模、线圈型式和自己嵌线的熟练程度，可采用以下三种方法中的一种绕线圈。

（1）一次绕一只线圈。

（2）一次绕一个极相组的线圈，这样在接线时，可减少接头并避免线圈反接的错误。

（3）一次把属于一相的所有线圈连续绕成，中间不剪断，把极相组之间的连线放长一些，并套上套管。这样可省去一次接线工序，也减少了焊头。

绕线时，把导线放在线盘架上，线模固定在绕线机上，便可以开始绕线，如图 3 – 3 – 84 所示。

3. 绕制线圈的注意事项

（1）导线应排列整齐，避免交叉混乱，交叉混乱会造成嵌线困难，并容易造成匝间绝缘压伤，从而造成匝间短路故障。多根导线并绕时，应尽可能地使几根导线同时进入第二层，以保证排列整齐。在选择和制作线模时，应注意使线槽的宽度等于并绕导线直径之和的整数倍。

（2）导线的直径必须符合原线圈的设计要求，导线用得太粗，会使下线发生困难，同时也浪费了导线；导线用得太细，绕组电阻增大，会影响电动机性能。已经修过的电动机，如发现电动机性能上有弱点，可做适当调整。例如一台异步电动机，如果有电动机定子温升过高的现象，而空载电流又不大，可略加粗导线直径，减少一点线圈匝数，这样可以适当降低定子温升，又不会使磁路过于饱和。

（3）线圈的匝数要符合要求，不能有差错。特别是大型电动机，若线圈匝数有差错，会直接影响电动机三相电流的平衡。

（4）绕线时必须保护导线绝缘，不允许有破损，否则会造成匝间短路。在绕制过程中，如果遇到导线不够，需要连接时，它的焊接处应选择在线圈的端部，不准选择在线圈的直线边上，否则导线有可能嵌不进槽中，即使能嵌进槽中，一旦因焊接不良而断路时，也不易修理。

4. 不同直径导线的代用

在绕制线圈时，如果没有原线圈规格的导线，可以用不同规格的导线并绕。代用并绕导线的截面积应与原线圈导线截面积相等或接近，代用导

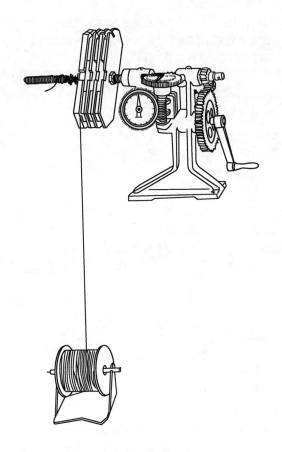

图 3 - 3 - 84　散嵌成组线圈的绕制

线的直径为

$$d' = \sqrt{\frac{n}{n'} \cdot d}$$

(3 - 3 - 46)

式中　d'——代用导线的直径，mm；

n——原线圈导线的并联根数；

n'——代用导线的并联根数；

d——原线圈导线的直径。

5. 不同金属导线的代用

（1）以铝线代替铜线。铝线的电阻系数为铜线的1.6倍。为了使绕组改为铝线后的电阻值基本保持不变，必须使铝线的截面积为原铜线截面积的1.6倍。即

$$S_{Al} = 1.6 S_{Cu} \qquad (3-3-47)$$

式中　S_{Al}——铝导线截面积，mm^2；

　　　　S_{Cu}——铜导线截面积，mm^2。

所以代用后铝导线直径为

$$d_{Al} = \sqrt{1.6} d_{Cu} = 1.26 d_{Cu} \qquad (3-3-48)$$

式中　d_{Al}——铝导线直径，mm；

　　　　d_{Cu}——铜导线直径，mm。

按式（3-3-48）求得铝线直径后，如仍按原匝数绕制，可能造成槽满率过高，甚至无法下线。因此在槽满率超过80%时，还必须适当缩小铝导线截面积，并同时相应地降低容量使用。

（2）以铜线代替铝线。以铜线代替铝线时，可将代用铜线的截面积缩小。即

$$S_{Cu} = \frac{1}{1.6} S_{Al} \qquad (3-3-49)$$

所以代用后铜线的直径为

$$d_{Cu} = \sqrt{\frac{1}{1.6}} d_{Al} = 0.8 d_{Al} \qquad (3-3-50)$$

6. 成形线圈的制作

大、中型交流电动机的定子线圈都做成成形线圈。成形线圈一般由矩形截面的导线制成。一些大、中型交流电动机广泛采用框式成形线圈，如图3-3-85所示。这种线圈接头较少，尽管每只线圈可能由多匝组成，但每只线圈只留有两个端头在嵌线后连接成绕组。

（1）绝缘处理包括股间绝缘、匝间及排间绝缘的处理。

1）股间绝缘：一根有效导体中并联的导体数称股数。功率较大的电动机，每条支路的电流较大，为了制造方便，常常把一条支路的导体分成数股，这样既便于成形，也可减小一些附加铜耗。股间绝缘一般依靠电磁线本身的绝缘层，不必另加绝缘。

2）匝间绝缘及排间绝缘：线圈匝间绝缘总面积是相当大的，因而出现故障的可能性也比较大。另外线圈制作过程中，要经过绕线、拉形、复

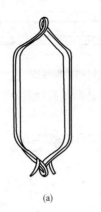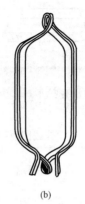

(a)   (b)

图 3 - 3 - 85　框式线圈

（a）普通框式线圈；（b）分片的框式线圈

形、烘压、嵌线等过程，均有可能使匝间绝缘受到损伤，一旦出现匝间短路故障，会立即扩大故障范围，直至对地击穿。又因为匝间绝缘除了承受额定运行的匝间工作电压外，还会遇到数值非常大的大气过电压和操作过电压，所以，要求匝间绝缘有足够的机械强度和电气强度。

　　单排线圈只有匝间绝缘；双排线圈除了有匝间绝缘外，还有排间绝缘。排间最大电压等于一个线圈的工作电压。同样，还要考虑上面所述及的过电压，因此绝缘需要加强。匝间绝缘的选择可根据首匝可能出现的最大过电压 U_S 来选择。U_S 值一般应大于匝间工作电压的 20 倍，但小于 $0.35U_N$（U_N 为电动机的额定线电压）。框式线圈匝间绝缘及试验电压、结构见表 3 - 3 - 40。

　　（2）制作方法。框式高压线圈根据不同的绝缘结构型式，采用不同的固化成形工艺，其制作要点如下：

　　1）绕线：成形线圈是采用扁导线制造，截面积尺寸一般比较大，需用机动绕线机绕制。先将导线在绕线模上绕成梭形，如图 3 - 3 - 86 所示。在绕制的同时，完成匝间绝缘和排间绝缘的包扎或垫放。由于鼻端转角处及直线与端部相连的转角等处在以后的拉形工序中易于损伤，因此这几处匝间绝缘需要加强。可适当增加垫条层数或包扎的层数，或增加机械补强材料（如聚酯薄膜或其他 B 级以上的薄膜材料）。

　　2）拉形：将绕好的梭形半成品基本拉成所需要的形状。拉形应在拉

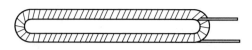

图 3 – 3 – 86　　绕好的梭形线圈

形机上进行。如没有拉形机，也可制造简便的拉形模，如图 3 – 3 – 87
所示。

表 3 – 3 – 40　　　　框式线圈匝间绝缘结构及试验电压

首匝冲击电压 U_S（V）	匝间绝缘结构型式	匝间绝缘双边厚度（mm）	试验电压 U_{ef}（V）
500 ~ 1000	聚酯漆包双玻璃丝包线	0.5	500
	双玻璃丝包线，垫 0.17、5432 粉云母垫条	0.6	
1001 ~ 1500	聚酯漆包双玻璃丝包线，垫 0.17、5438 粉云母带	0.67	800
	双玻璃丝包线，隔匝半叠包一层 5438 粉云母带	0.7	
1501 ~ 2000	聚酯漆包双玻璃丝包线，同匝半叠包一层 5438 粉云母带	0.8	1000
	双玻璃丝包线，每匝半叠包一层 5438 粉云母带	1.0	

　　3）复形：把线圈端的形状都校准到相同的正确形状，以保证嵌线后
定子线圈端部尺寸的正确和整齐。复形工序是在专用复形模上进行的，复
形模的外形如图 3 – 3 – 88 所示。

　　4）股间及匝间胶化：在包扎对地绝缘以前，需对股间及匝间绝缘进
行热模压胶化，使其排列整齐，提高机械强度，消除匝间或股间间隙。框
式线圈匝间热模压胶化工艺参数见表 3 – 3 – 41。

　　5）包扎对地绝缘：一般采用 25mm 宽的多胶玻璃粉云母带，采用半
叠包，搭缝处要均匀、紧密，包扎厚度应考虑压缩量。

　　6）防晕处理：高压电动机的通风口及端部出槽口处附近常发生电晕
现象，其后果会使绝缘变脆，加速老化，降低绝缘的使用寿命，因此需要

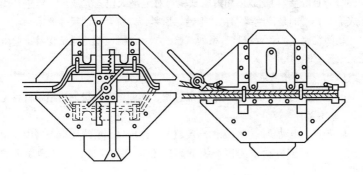

图 3 – 3 – 87　拉形模结构示意图

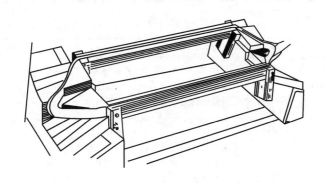

图 3 – 3 – 88　复形模的外形图

进行防晕处理。其方法是：在线圈表面涂半导体漆，或是绝缘层内部及外部加半导体屏蔽层。

表 3 – 3 – 41　　框式线圈匝间热模压胶化工艺参数

股间黏合剂或匝间胶化材料	工　艺	热模压工艺参数	
		温度（℃）	时　间（min）
双玻璃丝包线带自黏性聚酰亚胺或酯薄膜（导线）	热压，使自黏薄膜黏结	180～190	5～10
匝间包扎环氧玻璃粉云母多胶带	半叠包扎，热压	180～190	5～10

7）对地绝缘固化成形和耐压试验：对地绝缘包扎完成后，要进行固化成形。其目的是使绝缘固化，把绝缘压紧，以符合嵌线尺寸要求。

线圈绕制完后，要进行一系列试验，框式线圈匝间绝缘结构及试验电压见表3-3-40。

（四）制放槽内绝缘

电动机槽内的绝缘应按绝缘等级选用，不同绝缘等级的槽绝缘材料见表3-3-42。

较老式的电动机的槽绝缘的高度超过气隙槽口，嵌线后折入槽中，用槽楔压紧。新型电动机的槽绝缘的高度不高出气隙槽口，在槽楔下加垫条。

表3-3-42　　　　　不同绝缘等级的槽绝缘材料

型号	基座号	绝缘等级	材料	总厚（mm）	伸出铁芯最小长度（mm）
Y	63-71	F	聚酯薄膜聚酯纤维非织布柔软复合材料：型6641（F-DMD）或聚芳酰胺、聚芳砜，与聚酯薄膜复合的柔软复合材料，型号分别为6642、6643、6644	0.20	5
Y	80-112	F	聚酯薄膜聚酯纤维非织布柔软复合材料：型6641（F-DMD）或聚芳酰胺、聚芳砜，与聚酯薄膜复合的柔软复合材料，型号分别为6642、6643、6644	0.25	7
Y	132-160	F	聚酯薄膜聚酯纤维非织布柔软复合材料：型6641（F-DMD）或聚芳酰胺、聚芳砜，与聚酯薄膜复合的柔软复合材料，型号分别为6642、6643、6644	0.30	10
Y	180-280	F	聚酯薄膜聚酯纤维非织布柔软复合材料：型6641（F-DMD）或聚芳酰胺、聚芳砜，与聚酯薄膜复合的柔软复合材料，型号分别为6642、6643、6644	0.35	12

型号	基座号	绝缘等级	材料	总厚（mm）	伸出铁芯最小长度（mm）
Y	315－355	F	聚酯薄膜聚酯纤维非织布柔软复合材料：型 6641（F－DMD）或 聚芳酰胺、聚芳砜、与聚酯薄膜复合的柔软复合材料，型号分别为6642、6643、6644	0.40	15

　　两端槽口外部的绝缘有三种处理方法，如图 3－3－89 所示。图（a）是不另外加强；图（b）是反折加强但不伸入槽口；图（c）是反折加强并伸入槽口。

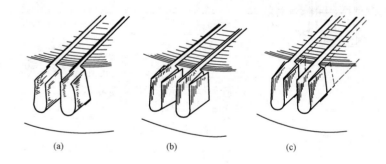

　　　　　　(a)　　　　　　　　　　(b)　　　　　　　　　(c)

图 3－3－89　散嵌线圈绝缘

（a）不另外加强；（b）反折加强但不伸入槽口；

（c）反折加强伸入槽口

　　对于大、中型电动机及高压电动机，槽绝缘的处理应根据工作电压的高低来选择。不同电压等级的电动机，其成形线圈的绝缘规范及单边对地绝缘厚度见表 3－3－43～表 3－3－46。

　　（五）嵌线

　　对于电动机修理不太熟练的人员，在嵌线前应搞清楚绕组展开图，从而找出嵌线工艺的规律。

表3-3-43　　　500V半开口成形线圈槽绝缘规范

（以漆包扁线或双玻璃丝包扁线的绝缘层
作为匝间绝缘，对地绝缘为B级粉云母带）

槽内部分	项号	名　　称	规格	绕法	宽度（mm）	高度（mm）
	1	胶纸	0.05 × 25	疏绕	0.20	0.1
	2	铜线松散或浸漆量			0.20	$0.1x$
		一个线圈边的绝缘厚度			0.40	$0.1 + 0.1x$
	3	槽绝缘	0.45		2×0.45	3×0.45
	4	槽底垫条				1.00
	5	层间垫条				2.00
	6	装配间隙			0.40	0.40
	7	槽形允许公差			0.40	0.40
	8	槽口高度				4.00

槽高方向绝缘所占空间$9.35 + 0.2x$；
槽宽方向绝缘所占空间2.1

端线部分	项号	名　　称	规格	绕法	宽度（mm）	高度（mm）
普通线圈	9	无碱玻璃丝带	0.10	半叠包	0.40	0.40
	10	线圈公差			0.20	$0.05x$
	11	铜线松散或浸漆量			0.25	$0.10x$
		总绝缘厚度			0.85	$0.40 + 0.15$
相边线圈	12	无碱玻璃丝带	0.10	半叠包	0.40	0.40
	13	玻璃漆布带	0.15	半叠包	0.60	0.60
	14	线圈公差			0.20	$0.05x$
	15	铜线松散或浸漆量			0.25	$0.10x$
		总绝缘厚度			1.45	$1.00 + 0.15x$

注　x为每个线圈边内沿线圈高度的导线根数。

表 3 - 3 - 44　　　**6000V 开口成形线圈槽绝缘规范**

（以聚酯漆包双玻璃丝包线或三玻璃丝包线作为

匝间绝缘，对地绝缘为 B 级粉云母带）

槽内部分	项号	名　称	规格	绕法	宽度 (mm)	高度 (mm)
	1	铜线松散或浸漆量			0.20	0.05x
		内部绝缘厚度			0.20	0.05x
	2	云母带	0.14 × 25	半叠包 10～11 层	4.50	4.50
	3	聚酯薄膜	0.04 × 25	半叠 包层	4.70	
		总绝缘厚度			0.20	4.50 + 0.05x
	4	线圈公差				0.60
	5	槽底垫条	1.00			1.00
	6	层间垫条	1.50			1.50
	7	楔下垫条	0.5			0.50
	8	装配间隙			0.20	0.50
	9	槽形允许公差			0.40	0.40
	10	槽口高度				4.00
	槽高方向绝缘所占空间 17.5 + 0.10x；槽宽方向绝缘所占空间 5.5					
端线部分	11	铜线松散或浸漆量			0.30	0.05x
		内部绝缘厚度			0.30	0.15x
	12	云母带	0.14 × 25	半叠包 6 层	3.36	3.36
	13	搭接增厚尺寸			1.60	1.60
	14	聚酯薄膜	0.04 × 25	半叠包 1 层	0.16	0.16
		总绝缘厚度			5.42	5.12 + 0.05x

注　1. 对 3000V 级的线圈，只需将表中对地绝缘厚度由 4.5 改为 2.8；3.396 改为 2；搭接增厚尺寸 1.6 改为 1.0；其余均相同。

　　2. x 为每个线圈边内沿高度方向的导线根数。

表 3 – 3 – 45 　　　　**6000V 开口成形线圈槽绝缘规范**

（匝间垫云母板，对地绝缘为 B 级粉云母带）

槽内部分	项号	名　称	规格	绕法或垫法	宽度（mm）	高度（mm）
	1	云母板	0.17	垫一条		$0.17z$
	2	铜线松散或浸漆量			0.20	$0.05x$
		内部绝缘厚度			0.20	$0.05x + 0.17x$
	3	云母带	0.14 × 25	半叠包 10～11 层	4.50	4.50
	4	聚酯薄膜	0.04 × 25	半叠包 1 层		
		总绝缘厚度			4.70	$4.50 + 0.05x + 0.17x$
	5	线圈公差			0.20	0.60
	6	槽底垫条	1.00			1.00
	7	层间垫条	1.50			1.50
	8	楔下垫条	0.50			0.50
	9	装配间隙			0.20	0.50
	10	槽形允许公差			0.40	0.40
	11	槽口高度				4.00

槽高方向绝缘所占空间 $17.5 + 0.10x + 0.34z$；
槽宽方向绝缘所占空间 5.5

端线部分	项号	名称	规格	绕法或垫法	宽度（mm）	高度（mm）
	12	云母板	0.17	垫·条		$0.17z$
	13	铜线松散或浸漆量				$0.05x$
		内部绝缘厚度				$0.05x + 0.17z$
	14	云母带	0.14 × 25			3.36
	15	搭接增厚尺寸				1.60
	16	聚酯薄膜	0.04 × 25			0.16
		总绝缘厚度				$5.12 + 0.05x + 0.17z$

注　1. 对 3000V 级的线圈，只需将表中对地绝缘厚度 4.5 改为 2.8；3.36 改为 2；搭接厚尺寸 1.6 改为 1.0；其余均相同。

　　2. z 为每个线圈边内的匝间垫条数。

　　3. x 为每个线圈边内沿高度方向的导线根数。

表 3 – 3 – 46　　6000V 开口成形线圈槽绝缘规范

（隔匝半叠包片云母带一层作为匝间绝缘，对地绝缘为 B 级粉云母带）

槽内部分	项号	名　称	规　格	绕法或垫法	宽度(mm)	高度(mm)
	1	云母带	0.14×25	隔匝半叠包1层	0.56	$0.45z$
	2	铜线松散或浸漆量			0.20	$0.03x$
		内部绝缘厚度			0.76	$0.45z + 0.03x$
	3	云母带	0.14×25	半叠包 $10 \sim 11$ 层	4.50	4.50
	4	聚酯薄膜	0.04×25	半叠包1层		
		总绝缘厚度			5.26	$4.50 + 0.45z + 0.03x$
	5	线圈公差			0.20	0.60
	6	槽底垫条	1.00			1.00
	7	层间垫条	1.50			1.50
	8	楔下垫条	0.50			0.50
	9	装配间隙			0.20	0.50
	10	槽形允许公差			0.40	0.40
	11	槽口高度				4.40
	槽高方向绝缘所占空间 $17.5 + 0.09z + 0.06x$；槽宽方向绝缘所占空间 6.06					
端线部分	12	云母带	0.14×25	隔匝半叠包1层	0.56	$0.56z$

槽内部分	项号	名　　称	规　格	绕法或垫法	宽度(mm)	高度(mm)
(图示 12、14、16)	13	铜线松散或浸漆量			0.30	$0.05x+0.13z$
		内部绝缘厚度			0.86	$0.05x+0.69z$
	14	云母带	0.14×25		3.36	3.36
	15	搭接增厚尺寸			1.60	1.60
	16	聚酯薄膜			0.16	0.16
		总绝缘厚度			5.98	$5.12+0.05x +0.69z$

注　1. 对 3000V 级的线圈，只需要将表中对地绝缘厚度 4.5 改为 2.8；3.36 改为 2；搭接增厚尺寸 1.6 改为 1.0；其余均相同。

　　2. z 为每个线圈边内包匝间绝缘的匝数。

　　3. x 为每个线圈边内沿高度方向的导线根数。

1. 散嵌绕组

嵌线就是把绕好的线圈放到定子（或转子）槽中。嵌线时应注意线圈的头尾方向，放错了会无法连接，线圈的头尾都应在定子铁芯的同一端（靠近机座接线盒一端）。如遇几只一连的线圈时，为避免线圈之间的过桥线（一个极相组各线圈之间的连线）交叉搞错，线圈在进槽之前放在定子外时，应将头尾的一端朝向定子，逐一调头进槽。其嵌线步骤如图 3-3-90 所示。进槽前先用右手把要嵌的一条线圈捏扁，捏时还要用左手捏住线圈的一端向相反方向扭转 [图 3-3-90 (a)]，使线圈的模外部分略带扭绞形，否则线圈要松散。线圈边捏扁后放到槽口的槽绝缘中间，在线圈进槽前应在槽内放一层进槽纸，如不用进槽纸，应在槽口临时衬两张薄膜青壳纸，以保护导线不致被槽口擦伤绝缘层，然后左手捏住线圈朝里拉入槽内 [图 3-3-90 (b)]。一般情况下如线圈边捏得好，一次即可把大部分导线拉入槽内，剩余少数导线可用划线板划入槽内，线圈进槽后，再将进槽纸取出。在嵌线过程中，应小心谨慎用力适当，不损伤导线的绝缘。导线进槽勿使导线交叉，如上述线圈槽外部分略带扭绞形，但槽内部分必须整齐平行，否则不但不易把导线全部嵌入，而且还会造成导线相擦损伤绝缘。嵌线时，要注意槽内绝缘是否偏到一侧，要防止铁芯露出与导线相碰，这样易产生接地故障。

嵌好一个线圈的一条线圈边后，另一条边暂时还不能落槽，要放在槽

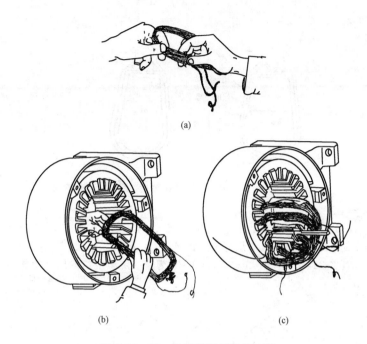

(a)

(b)   (c)

图 3 - 3 - 90 散嵌绕组的嵌线步骤

(a) 步骤1；(b) 步骤2；(c) 步骤3

口上面，然后线圈边下面要垫一张纸，以免擦伤绝缘。

　　按上述步骤把线圈依次嵌入槽内。顺序是按线圈落槽方向逐槽嵌放，暂时不能放进槽的上层边，可暂时搁起或吊起；当嵌到距第一只线圈进槽边正好一个节距时，后嵌的这只线圈的上层边正好落在第一只线圈的下层边上（双层绕组），先将层间绝缘放进槽内，就可将这只线圈的上层边放入槽的上层，用压线板敲平，剪去露出槽口的进槽纸；然后用划线板将槽绝缘两边折拢盖住导线，用竹楔压平，再把槽楔打入槽内压紧。待全部线圈嵌完后，就可把最初几只未进槽的上层边嵌入槽内。

　　如果是单层绕组，每个槽内只嵌一条线圈边，每嵌好一组（一连）线圈边，应空开一定槽数再嵌第二组。如果每组只有一只线圈，那么，每嵌一只线圈边就应空一槽；其方法同上，只是在嵌到某一线圈，其节距正好距第一支线圈的槽内边前一槽时，可将这个线圈的两个边同时放入槽内［图 3 - 3 - 90（c）］，其余各线圈依次将两条边嵌入槽中，最后可把最初几只未进槽的边嵌入槽内。单、双层绕组的槽内绝缘示意图如图 3 - 3 - 91

所示。

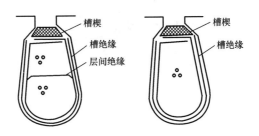

图 3 - 3 - 91　单、双层绕组槽内绝缘示意图

2. 各种绕组的嵌线方法

（1）单层链式绕组。小型三相电动机（11kW 以下）当每极每相槽数 $q = 2$ 时，定子绕组采用单层链式绕组。

以 $Z = 24$、$2p = 4$、$q = 2$、$y = 1 \sim 6$ 为例，定子绕组的展开图如图 3 - 3 - 92 所示。

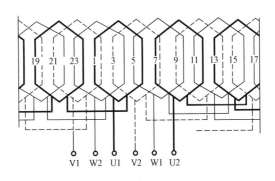

图 3 - 3 - 92　24 槽 4 极定子绕组展开图

1）先确定引出线的位置，最好在机座出线口的两边，所以嵌第一个槽时，应考虑槽的位置。

2）先嵌第一相第一个线圈的下层边（因它的端边压在下层，故称下层边），封好槽（即插入竹楔），上层边暂不嵌（这种线圈称吊把线圈）。

3）空一槽嵌第二相第一个线圈的下层边，封好槽；上层边也暂不嵌（因 $q = 2$，所以吊把线圈有 2 个）。

4）再空一槽，嵌第三相的第一个线圈的下层边，封好槽；上层边按

$y = 1 \sim 6$ 的规定嵌入槽内，封好槽，垫好相间绝缘。

5）再空一槽，嵌第一相的第二个线圈的下层边，封好槽；上层边按 $y = 1 \sim 6$ 规定嵌入槽内，封好槽，垫好相间绝缘。这样继续按第二相、第三相空一槽下一槽的方法，轮流将第一、二、三相的线圈嵌完，最后把第一相和第二相的上层（吊把）嵌入，整个绕组就全部嵌完了。

（2）单层交叉式。小型三相电动机（11kW 以下）当 $q = 3$ 时，定子绕组采用单层交叉式绕组。

以 $2Z = 36$、$2p = 4$、$q = 3$、$y = \begin{cases} (1 \sim 8) \ /1 \\ (1 \sim 9) \ /2 \end{cases}$ 为例，定子绕组的展开图如图 $3 - 3 - 93$ 所示。

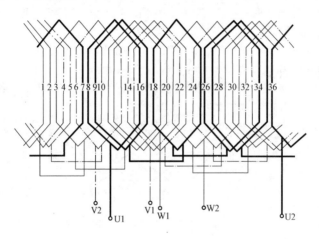

图 $3 - 3 - 93$　36 槽 4 极定子绕组展开图

嵌线步骤如下：

1）选好第一槽的位置。

2）先嵌第一相的两个大线圈的下层边，封好槽，两个上层边暂不嵌（吊把）。

3）空一槽，嵌第二相小线圈（单圈）的下层，上层边也暂不嵌。

4）再空两个槽，嵌第三相的两个大线圈的下层边，封好槽，并按 $y = 1 \sim 9$、$y = 2 \sim 10$ 的要求，把上层边嵌入。

5）再空一槽，嵌第一相小线圈下层边，然后按小线圈的节距 $y = 1 \sim 8$，把上层边嵌入槽内。

6）再空两槽，嵌第二相的两个大线圈。再空一槽，嵌第三相的小线圈，按上述方法，把第一、二、三相线圈嵌入槽内，最后把吊把线圈嵌入槽内。

（3）单层同心式绕组。小型电动机（11kW 以下）当 $q = 4$ 时，定子绕组可采用单层同心式绕组。

以 $Z = 24$、$2p = 2$、$q = 4$、$y = \begin{cases} 1 \sim 12 \\ 2 \sim 11 \end{cases}$ 为例，定子绕组的展开图如图 3-3-94 所示。

1）选好第一槽的位置，先嵌第一相小线圈的下层边，再嵌大线圈的下层边，两个上层边不嵌。

2）空两个槽，嵌第二相线圈的小圈和大圈的下层边，上层边也暂不嵌。

3）再空两槽，嵌第三相线圈的小圈和大圈的下层边，并按节距 $y = 2 \sim 11$ 和 $y = 1 \sim 12$，把两个上层边嵌入槽内。

4）按空两个槽嵌两个槽的方法，按顺序把其余的线圈嵌完，最后把第一、二相吊把线圈的上层边嵌入槽内。

（4）双层叠绕组。参照本节散嵌绕组方法进行。

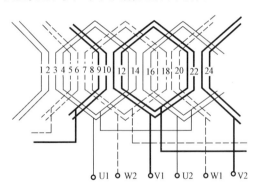

图 3-3-94 24 槽 2 极同心式链形绕组展开图

3. 成形线圈嵌线

成形线圈的定子槽形大多数是矩形的，而槽口的形状有开口槽、半开口槽和半闭口槽几种。采用开口槽时，线圈可从槽口径直放入，下线方便，绝缘也不易损伤。有时为了减少电动机的附加铁耗而选用半开口或半闭口槽。采用半开口槽的线圈做成两排导体平放，并可分别下入线槽。槽口的宽度只需要稍大一根导体的宽度，下线时分两次由槽口径向嵌入槽内，几个元件边的下线次序如图3-3-95所示。半闭口槽定子线圈下线时必须从轴向穿入，因此，绕组必须做成半组式或直线部分与端线部分分开的结构。如果是半组式，有一端的端部要等线圈的直线部分穿入槽以后才能成形，给下线带来很多麻烦，因此这种结构国内已不多见。

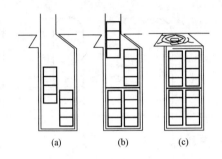

图3-3-95　半开口槽定子绕组的下线次序

(a) 下层线圈分两次嵌入；(b) 上层线圈

分两次嵌入；(c) 封闭槽口

（六）接线

1. 绕组（线圈）的连接

绕组嵌好后，要进行端部接线，使之成为一个完整的三相绕组。

（1）极相组的连接。极相组内线圈的连接（也叫小连），必须保证线圈中的电流方向相同，所以这些线圈应采用"正串"接法，即头接尾、尾接头（图3-3-96）。

（2）相绕组的连接。属于一相各极相组的连接（也叫大连），其方法有两种。

1）显极连接法：在此种定子绕组中，每个极相组之间互差120°电角度，如任意确定一个极相组为A相中的第一个极相组，这个极相组与相邻的第二个极相组互差120°电角度，与相邻的第三个极相组互差240°电角度，而与第四个极相组是互差360°电角度，即等于零度。由此看出，第一个极相组与第四个极相组在相位关系上是相同的，因此，1~4、4~7、7~10……是一相绕组。

把极相组按照1~4的连接关系彼此连接起来，并使相邻的两个极相组里通过方向相反的电流。其接法采用头接头，尾接尾的方法（反串）。这种产生反极性磁极的连接叫三相绕组的显极连接法，如图3-3-96

所示。

2）隐极连接法：把极相组之间相互连接起来，并使它们所产生的磁性全是同性磁极的连接，叫三相绕组的隐极连接法。

隐极连接法极相组之间按 1~4 的连接关系，连接方法头接尾，尾接头（正串），如图 3-3-97 所示。

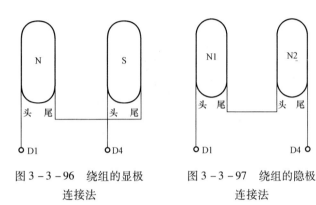

图 3-3-96　绕组的显极　　　　图 3-3-97　绕组的隐极
　　　　　　　连接法　　　　　　　　　　　　连接法

2. 绕组圆形接线图

在进行电动机修理工作时，为了清楚地看出各极相组之间的连接方式，常采用一种简化的圆形接线图。画圆形接线图时，不管每极每相有几个槽，或一个极相组内有几个线圈，每个极相组都用一个带箭头的圆弧短线（或小矩形）来表示，箭头表示电流的方向。

（1）圆弧线段数量的确定。圆弧线段的数量就是一台电动机极相组数（显极接法）。如三相 4 极电动机的圆弧线段数为相数乘极数，即 $3 \times 4 = 12$；三相 6 极为 $3 \times 6 = 18$。其线段数量等于相乘所得积数。

（2）依次给线段编号，三相 4 极电动机，线段数为 12 个，以相序为 A、C、B、A……的次序排号即 1 为 A 相、2 为 C 相、3 为 B 相、4 为 A 相、5 为 C 相……（A、B、C 相号可不标在图上）这样 1、4、7、10 为 A 相，2、5、8、11 为 C 相，3、6、9、12 为 B 相。

（3）三相绕组的始端相隔 120° 电角度。如果以极相组 1 的始端为 A 相的始端 U1，则极相组 3 的始端为 B 相的始端 V1，极相组 5 的始端为 C 相的始端 W1。

（4）按反串的方法把 A 相 4 个极相组连接起来，如图 3-3-98 所示。然后按此规律把 B 相、C 相连接起来，即成为一个完整的三相绕组。

第三篇　电机检修

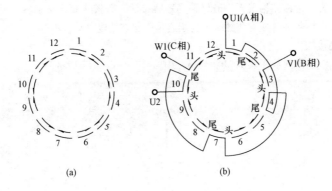

(a)   (b)

图 3 - 3 - 98 三相 4 极圆接线图 A 相的画法

3. 并联支路的连接

极相组间并联的条件是绕组感应电动势的大小及相位都要相同，并联支路中绕组数相等。并联支路的接法常用的有两种。

（1）短跳路接法。以 36 槽 4 极电动机的 A 相为例，说明两路并联（$a=2$）的接法。采用短跳法时，由相邻的同相极相组串联成为同一支路，如图 3 - 3 - 99 所示。把 A 相中 1 ~ 4 串联成一路，7 ~ 8 串联成另一路，然后两路并联。

（2）长跳接法。由非相邻的极相组串联成同一支路。如图 3 - 3 - 100 所示，A 相中把极相组 1 ~ 7 串联成一路，4 ~ 10 串联成另一路，按这种接法时，极相组处于同极性下，所以先按头接尾的原则串联，再将二路并联。

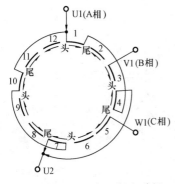

图 3 - 3 - 99 三相 4 极电动机
A 相绕组两路并联短跳接法

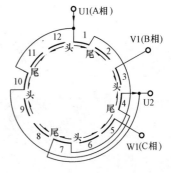

图 3 - 3 - 100 三相 4 极电动机
A 相绕组两路并联长跳接法

第三章 异步电动机检修

在一般多路情况下，最好采用短跳接法，既接线短，又省料。但是，要改变极数或并联支路数时，为了避免引起支路内电动势不等，就要采用长跳接法。

绕组圆接线图实例如图 3 – 3 – 101 ~ 图 3 – 3 – 117 所示。

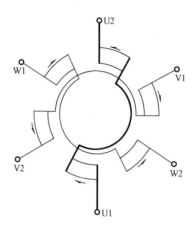

图 3 – 3 – 101　三相 2 极一路接线图

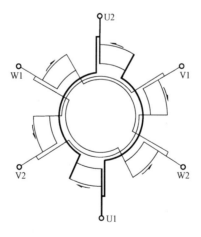

图 3 – 3 – 102　三相 2 极二路接线图

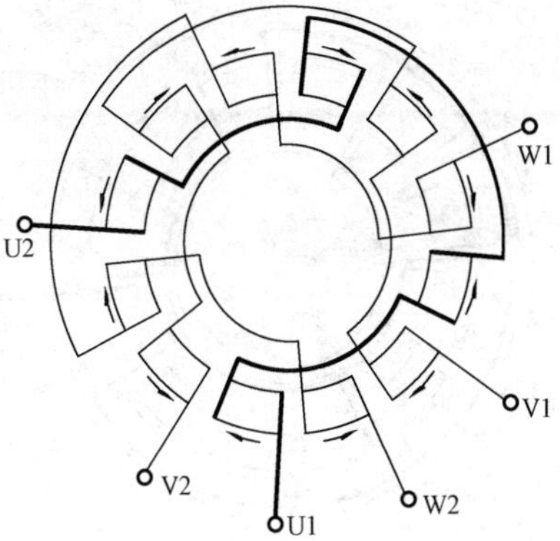

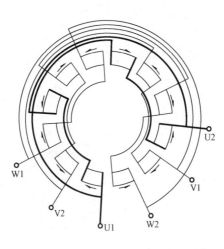

图 3 - 3 - 103　三相 4 极一路接线图

图 3 - 3 - 104　三相 4 极二路接线图

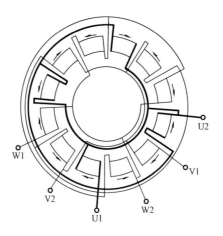

图 3 - 3 - 105　三相 4 极四路接线图

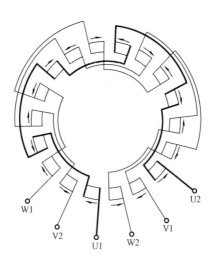

图 3 - 3 - 106　三相 6 极一路接线图

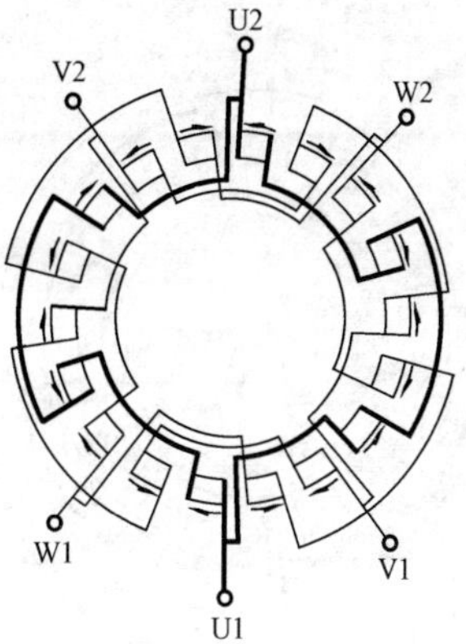

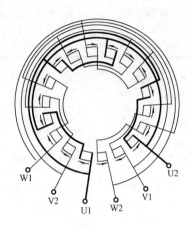

图 3 - 3 - 107 　三相 6 极
　　二路接线图

图 3 - 3 - 108 　三相 6 极
　　三路接线图

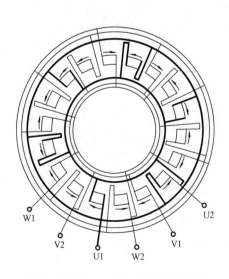

图 3 - 3 - 109 　三相 6 极六路接线图

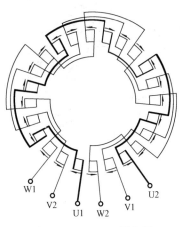

图 3 - 3 - 110　三相 8 极
一路接线图

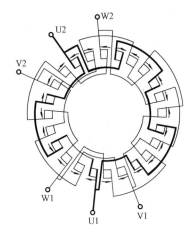

图 3 - 3 - 111　三相 8 极
二路接线图

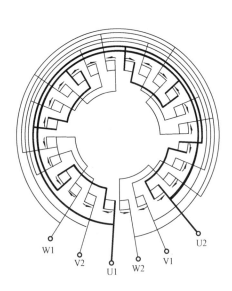

图 3 - 3 - 112　三相 8 极四路接线图

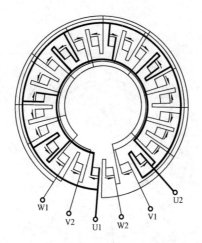

图 3 - 3 - 113　三相 8 极八路接线图

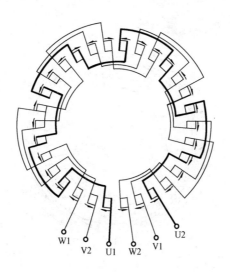

图 3 - 3 - 114　三相 10 极一路接线图

第三章　异步电动机检修

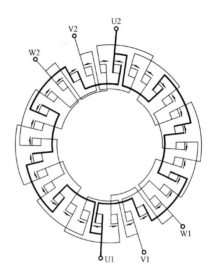

图 3 - 3 - 115　三相 10 极二路接线图

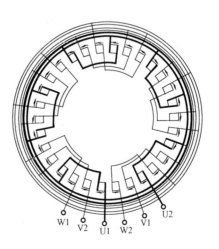

图 3 - 3 - 116　三相 10 极五路接线图

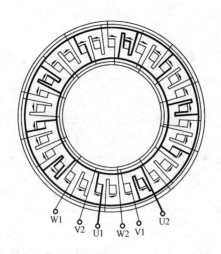

图 3 - 3 - 117　三相 10 极十路接线图

（七）线头的焊接

在连接绕组之前，可按圆形接线图中箭头的方向简单地搭绞在一起，并仔细检查一遍是否有错误，在确信连接正确的情况下，可进行接头的焊接。

1. 焊接前的准备工作

（1）配置套管。一般线圈引线的套管在绕线时已套上（一次绕一个线圈的可在接线时套上），接线时可根据情况适当修剪一下长短，并串套上长度为 40 ~ 80mm 较粗的套管，如图 3 - 3 - 118 所示。套管一般用玻璃丝漆套管，而不用聚氯乙烯套管，因该套管耐温低，电动机温升较高时，容易引起短路故障。

图 3 - 3 - 118　引线套管

（2）刮净线头。漆包线可用双面刮刀刮净线头上的绝缘漆，在拉刮时不断转动方向，使圆铜线周围都能刮净。

（3）搪锡。成形绕组或较粗导线绕成的线圈的线头，一般在绕完后，就要进行搪锡，以保证焊接质量。

2. 线头的连接

线头的连接形式很多，一般锡焊采用下几种连接方法。

（1）绞接。如果导线较细，可将线头直接绞合，如图 3 - 3 - 119

所示。

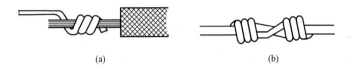

图 3 - 3 - 119　线头的绞接

（a）步骤 1；（b）步骤 2

（2）扎线。适用于较粗导线的连接。扎线一般用 0.3 ~ 0.8mm 的铜线，扎在线头上，如图 3 - 3 - 120 所示。

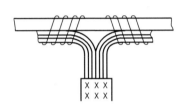

图 3 - 3 - 120　用扎线连接

（3）并头套。扁线或扁铜排的连接，一般用 0.5 ~ 1.0mm 的薄铜片制成的套管（俗称并头套），在连接前并头套应搪锡，然后套在线头上。为了减小间隙，应在缝隙中或两线头之间打入搪过锡的铜楔子，然后焊接。

3. 端部连接线的排列

待连接线焊接完毕并套好套管后，将各连接线理顺并排列整齐。小型电动机视包头的大小可布置在绕组端部的外侧或上侧，与端部一起统包，如图 3 - 3 - 121 所示。

中型电动机连接线较粗，可以把连接线扎在端部的顶上，如图 3 - 3 - 122 所示。

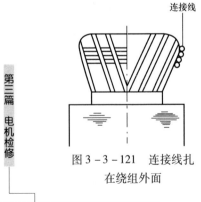

图 3 - 3 - 121　连接线扎在绕组外面

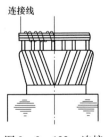

图 3 - 3 - 122　连接线扎在绕组顶部

4. 连接线的焊接方法

（1）银铜焊接和磷铜焊。适用于电流大，工作温度高，可靠性要求较高的场合。焊接设备可用乙炔氧气焊、对焊机或点焊机加热，也可用炭精钳加热。由于磷本身有去氧化作用，故磷铜焊时不需要焊剂。如采用银铜焊，焊时要涂上硼砂。

焊接时，应防止烧伤线头附近的绝缘，可在线头附近裹上浸水的石棉绳。焊接时要防止焊剂、焊料掉到线圈缝内。

（2）锡焊。操作方便，接点牢靠，但工作温度不高。常用的锡焊材料是铅锡合金，含锡越高，流动性越好，但工作温度越低。使用焊剂时，严禁使用盐酸加锌的溶液。

1）烙铁焊：常用的烙铁有火烧烙铁、电烙铁等。锡焊时，先在接头处刷上一层焊剂，然后将搪适量锡的烙铁放在线头下面。当焊剂沸腾时，快速地将焊锡条涂在烙铁及线头上。烙铁离开后，趁热迅速擦去多余的锡。若有凸出的锡刺，应设法去掉，同时防止熔锡掉到线圈缝内。在选用烙铁时要注意电烙铁的容量，如容量选的太小，既不易焊牢接头，又容易烤焦线头附近的绝缘。

2）浸焊：中型电动机的绕线式转子或定子，采用扁铜线或铜排绕制线圈的线头，适于用浸焊。如修理焊接转子并头套时，可将转子吊起来立放，用扇形勺逐个浸套线头，如图 3 - 3 - 123 所示。

3）炭精加热锡焊：适用于引线头等局部焊接，如图 3 - 3 - 124 所示。

（3）电弧焊。如果导线较细，可以直接用电弧熔焊。这种方法不仅节省焊剂，同时又快而方便。一台 1.5kVA 的小型低压变压器和一只炭棒（旧干电池中的炭棒即可）即可焊接。焊接前先将电流调节到需要的范围内，然后将炭棒轻触线头，这时炭棒与线头间将产生强烈的电弧，电弧迅速将线头牢固的熔化在一起，如图 3 - 3 - 125 所示。

（4）铝—铝焊。铝—铝线头的焊接有如下两种方法：

1）利用炭精棒的高电阻在焊接时产生高温使铝熔化后端部凝成小环状结块而焊合：它适于圆形铝线 $\phi0.8 \sim \phi1.68$ 的接头，焊接工具是一台变压器和自制的手焊钳。焊接前，先将铝导线的漆膜（或氧化膜）去除干净，把铝线拧成绳状后，用剪刀将端部剪平，涂上铝焊粉（硼砂 95%，氯化钠 4%，氧化锌 1%）。调节变压器二次侧电压（一般为 6V），当焊钳上两炭精棒接触通电烧红时，将铝线端头熔化，使之缩成小球状结块而焊合，如图 3 - 3 - 126 所示。

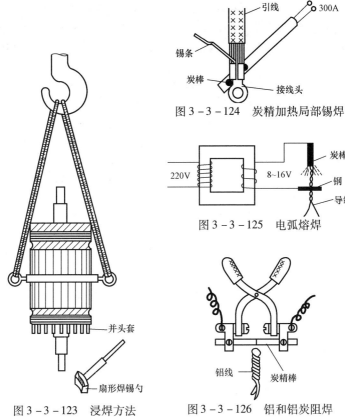

图 3 - 3 - 124　炭精加热局部锡焊

图 3 - 3 - 125　电弧熔焊

图 3 - 3 - 123　浸焊方法

图 3 - 3 - 126　铝和铝炭阻焊

炭棒以选择电阻系数大的硬质电刷为宜。

2）采用气焊：线头的处理方法同炭阻焊相同，焊接时在接头上涂少量调成糊状的铝焊药，用乙炔进行气焊。气焊时宜选用较小的焊枪和喷嘴，采用中性焰（氧气和乙炔的体积比为 1:3）在还原燃烧区进行焊接，如图 3 - 3 - 127 所示。焊接时加热要集中、快速。

（5）铜铝焊法。铜铝焊接有如下两种方法：

1）锌铅焊：其焊料成分含铅 5%、锌 95%，溶剂用松香 50%、无水酒精 50% 的溶液。焊接时，可采用炭精加热法进行。

2）气焊：焊前将铜线线心搪锡成一整体，铝线表层清除干净。先将多股铝线的端头焊成球形，然后加少量铝焊药烧焊，先烧铝线端头，待熔

第三篇 电机检修

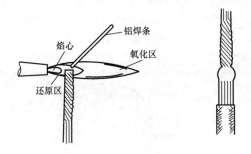

图 3 - 3 - 127　铜铝气焊

化时,将预热的铜线头对准铝线头进行焊接。

(八) 绑扎与整形

定子绕组嵌线和接线完毕后,必须进行端部的绑扎。其目的主要是增加绕组端部的强度,并固定连接线和引线。

散嵌绕组可用白布带(线绳或玻璃丝带)进行,绑扎时,应注意相间绝缘的位置不要变动;绑扎后,应检查是否相绕组之间有相碰的现象。

成形绕组端部绑扎如图 3 - 3 - 128 所示。其绑扎材料用涤纶玻璃丝绳。这种绑扎方法工艺简单,质量可靠。其特点是:每个线圈均与前后两个线圈扎牢,经绝缘处理后,端部即成为坚硬的整体。涤玻绳的直径为 $\phi10 \sim \phi22$,按电动机尺寸大小选用。

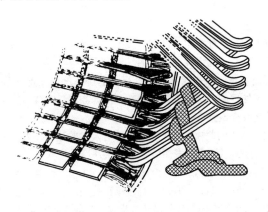

图 3 - 3 - 128　成形绕组端部绑扎

最后要进行整形(大、中型电动机在嵌线时就应注意整形),散嵌绕组端部的整形如图3-3-129所示，可用敲棒（木棒或竹棒）将绕组端部整形。先把绕组外圆敲平直，再把内圆敲成内小口大的喇叭口形。敲时用力要轻巧均匀，敲成的喇叭口要注意不能碰触端盖。

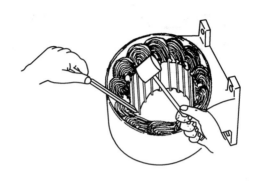

图3-3-129　散嵌绕组端部的整形

绕组嵌装整形后，端伸长度应一致，端伸高度需符合图纸要求，转子绕组端部及绑扎箍的最高点必须比转子铁芯外圆低2~5mm，绕组对机座、转轴、挡风板等零件需保持一定的绝缘距离，连接线及引出线必须绑扎牢靠，对冷却风路应无堵塞现象；各部绝缘应按规定衬好，槽楔应无松动或无高出槽口的部分；槽口绝缘应包好压在槽楔下，在出槽口处绝缘无破裂，所有绝缘材料应无松动及凸出现象，以免电动机运转时受风吹发出响声。

（九）浸漆与烘干

1. 浸漆烘干的目的

浸漆与烘干是修理绕组的最后一道工序，也是改善及提高绕组整体机电性能的重要环节，绕组浸漆烘干的具体作用如下：

（1）提高绕组绝缘强度及防潮性能。潮湿对绝缘的电气性能影响很大。浸漆烘干处理后，绝缘空隙中填充了绝缘漆，潮气被驱除，提高了绝缘的防潮性能及介电强度。

（2）改善绕组的散热性能。绕组工作时发出的热量，大部分经槽绝缘传至铁芯，再经铁芯传给机壳，最后由散热片经风扇吹拂散发出去。因为绝缘漆的散热能力［导热率为0.003W/（cm·℃）］比空气大得多［空气导热率为0.00025W/（cm·℃）］，经过浸漆处理后，槽绝缘与导线空隙内被绝缘漆填满，使绕组的热量较易传导出去，从而改善电动机的散热性能。

（3）提高绕组的机械强度。浸漆处理后，导线被粘结成牢固的整体，提高了绕组的机械强度，减少了导线振动及电动力破坏的可能性。表面形成的漆膜，还具有一定的抗腐蚀能力。

因此，对于浸漆烘干的基本要求是，浸透、烘干、填满、粘牢，并在外表面形成一层化学性能稳定、坚韧而富有弹性的保护膜。

2. 浸烘工艺

绝缘漆根据耐热等级与现场情况按有关规定选择。其工艺过程为预烘、浸漆、烘干三个步骤，烘干设备及方法可参阅绕组绝缘电阻干燥的有关内容。

浸漆前先进行预烘，温度为（120±5）℃，时间6～10h，待绝缘电阻稳定不变时（一般在3MΩ以上），取出冷却至60～80℃后，放入浸渍池中浸漆，直到不冒气为止。E、B级绝缘一般用1032三聚氰胺醇酸漆或1034环氧聚酯快干无溶剂漆。现场无条件浸漆时，可采用浇漆。浇漆时，电动机立放，下面放一个盛漆盆，先浇一端，再翻转浇另一端，要多浇几遍。然后滴干30～40min，用白布蘸汽油或甲苯擦净铁芯表面的余漆，送入烘房进行烘焙，温度为（130±5）℃，时间为7～15h，绝缘电阻5MΩ以上。漆膜坚韧且不粘手时，便可取出进行第二次浸漆（漆的黏度稍大于第一次），方法与第一次相同，烘焙时间9～17h，绝缘电阻3h内稳定不变（达3MΩ以上）便可结束。最后在绕组端部喷（刷）一层薄的1231晾干醇酸漆或164（H312）环氧树脂灰磁漆，干后能形成防潮耐油的光滑保护膜。

浸漆与烘干后，漆膜光滑平整，没有皱纹、泡状和隆起的漆块，以手指按漆膜有弹性感，但没有细小裂纹，更没有未干的绝缘漆从漆膜破裂处涌出，端部喷覆盖漆时应覆盖完整，色泽一致。

六、异步电动机检修预防性试验项目及作用

（一）三相绕组电流平衡试验

三相交流绕组接线后，浸漆前，应进行三相电流平衡试验，以检查三相绕组的对称性，与测定绕组直流电阻相比，此项试验更易于发现绕组匝数或接线上的错误，图3-3-130为三相电流平衡试验线路图。被试绕组通入工频三相对称的低电压（通常取额定电压的3%～10%），如果三相电流的最大值或最小值与平均值之差不超过平均值的3%且数值与同型号规格的电动机接近，则为合格；如三相电流不平衡，可改换电源接头重试一次，分析是否电源接线有问题，然后记录三相电流和三相电压的数值，应注意绕组有无严重的匝间短路（线圈局部过热甚至冒烟），并检查绕组接线是否符合图纸要求。

试验中，被试绕组及其铁芯上不准放置磁性物品，以免一部分线圈电

抗增大，人为造成三相电流不平衡。

如果被试绕组的三相电流平衡，但同一外施电压下的电流与同型号相差±3%以上，则可能是绕组并联路数、极对数接错，或星形、三角形连接错误（这类错误则远大于±3%），或所用线圈匝数、节距与图纸不相符。

为判别转子绕组三相电流不平衡的原因，通常先检查绕组的接线，各相绕组的首尾是否接错，各个线圈或极相组的极性是否反接，每极每相槽数是否相等或按一定规律分组线圈是否有漏接断线或焊接不良现象，以及一相绕组接到另一相的情况。接着检查绕组有无相间短路或两处对地绝缘击穿。为判断定子绕组三相电流不平衡的原因，通常先检查有无并头套短接，接着检查三相绕组的连接是否接对（出线头位置是否正确，节距是否弯错），最后打开三相绕组中性点的连接线，检查有无相间短路或两处对地击穿。

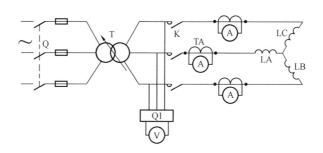

图 3-3-130　三相电流平衡试验线路图

Q—开关；T—降压调压器；TA—电流互感器；Q1—开关；

A—电流表；V—电压表；LA、LB、LC—被试绕组；K—接触器

若转子绕组已绑扎好，不易凭外观来检查绕组节距，可将三相绕组中的中性点连接松开，再用校灯（或万用表）查明各相绕组的并头套，如果每相的并头套数等于绕组的每极每相槽数，且各极相组均匀分布在圆周上，则表明连接正确。

（二）绕组绝缘电阻的测定

测量绕组对机座及其间的绝缘电阻是最简便且无破坏性作用的试验方法。它能判断绕组是否受潮，或有无严重缺陷。

绕组在冷态下的绝缘电阻 R_1（MΩ），通常高于热态绝缘电阻，一般电动机应符合

$$R_1 \geqslant \left(1000 + U_N\right)/1000 \qquad (3-3-51)$$

式中 U_N——绕组的额定电压，V。

对于高压电动机，在室温 $t°C$ 下的绝缘电阻值 R_t 一般不应低于式（3-3-52）（热塑性绝缘）或式（3-3-53）（B级热固性绝缘）换算值

$$R_t = R \times 2^{\frac{75-t}{10}} \qquad (3-3-52)$$

$$R_t = R \times 1.6^{\frac{100-t}{10}} \qquad (3-3-53)$$

R 为绕组在热态下的绝缘电阻值，应符合

$$R \geqslant U_N/\left(1000 + 0.01 P_N\right) \qquad (3-3-54)$$

式中 U_N——绕组额定电压，V；

P_N——电动机额定容量，kW。

绕组绝缘电阻值，一般不能作为判别绝缘介电强度的可靠依据，采用 E、B、H 级绝缘的电动机，绕组绝缘电阻都远远超过式（3-3-54）的计算值。

绝缘电阻值通常用绝缘电阻表测量。额定电压低于 500V 的电动机用 500V 绝缘电阻表测量，500~3000V 以下的电动机，宜用 1000V 绝缘电阻表测量，3000V 以上的电动机宜用 2500V 绝缘电阻表测量。对于水内冷电动机，一般使用专用的绝缘电阻测定仪，但在连接水管干燥的情况下，也可使用普通绝缘电阻表。

测量时，绝缘电阻表的转速应接近额定值，并应保持匀速，待指针稳定后，即吸收电流衰减到零时，方可记录测量结果，并同时记录绕组温度。

绕组绝缘在直流电压作用下，将流过由充电、吸收和电导三个分量组成的电流。前两者随时间增加而衰减，充电电流衰减得最快（中小型电动机在 15s 内），而吸收电流的衰减速度则与绝缘状况有关，当绝缘干燥、清洁、耐电性能良好时，电导电流很小，吸收电流衰减慢，需几十秒到数分钟才达到稳定，因此测得的绝缘电阻值随测量时间的增加而增大，当绝缘受潮，沾污时，电导电流很大，吸收现象不明显，绝缘电阻值不随测量时间增加而明显增大，因此，在实际中常根据测量时绝缘电阻值的变化情况来判断电动机绕组的干燥程度，已干燥好的电动机，一般应符合：

$$\left(R_{60s}/R_{15s}\right) > 1.3 \qquad (3-3-55)$$

$$\left(R_{10min}/R_{1min}\right) > 3 \qquad (3-3-56)$$

式中 R_{60s}、R_{15s}——绝缘电阻表 60s 和 15s 的读数；

R_{10min}、R_{1min}——绝缘电阻表 10min 和 1min 的读数。

式（3-3-55）和式（3-3-56）比值越大，则表示绕组干燥情况越好。

（三）绕组直流电阻的测量

测量绕组直流电阻的目的是检查三相电阻是否平衡，是否与设计相符，并可作为检查匝数、线径和接线是否正确，焊接是否良好等缺陷时的参考。

交流电动机绕组电阻一般用电桥法测量。测量时，电动机的转子应静止不动，并应在电动机出线端上测量，如果每相绕组有始末端引线时，则应分别测定各相电阻。绕线型转子绕组的电阻应尽可能在绕组与滑环连接的接线螺柱上测量，否则即在滑环上测量。

对只有 3 个出线端的交流电动机绕组，可测量其端电阻 R_{ab}、R_{bc}、R_{ca}。设三相绕组电阻平均值为 R_p，即 $R_p = (R_{ab} + R_{bc} + R_{ca})/3$。各相电阻换算：

1. 三相绕组接成 Y 形时

$$R_a = R_p - R_{bc}$$
$$R_b = R_p - R_{ca} \qquad\qquad (3-3-57)$$
$$R_c = R_p - R_{ab}$$

2. 三相绕组接成 △ 形时

$$R_a = (R_{ab} \times R_{bc})/R_{ca} - R_p$$
$$R_b = (R_{bc} \times R_{ca})/R_{ab} - R_p$$
$$R_c = (R_{ca} \times R_{ab})/R_{bc} - R_p \qquad (3-3-58)$$
$$R_p = (R_{ab} + R_{bc} + R_{ca})/2$$

如果三相线电阻平衡即 $R_{ab} = R_{bc} = R_{ca}$ 时

$$\text{Y 接} \quad R_a = R_b = R_c = 0.5 \times R_{ab} \qquad (3-3-59)$$
$$\text{△ 接} \quad R_a = R_b = R_c = 1.5 \times R_{ab} \qquad (3-3-60)$$

电阻的实际数值采用三次测量的算术平均值。对于中小型交流电动机，同一电阻每次测量值与其平均值相差不得超过 0.5%，相间之差不超 2%。日常检修要与上次结果比较分析。

（四）绕组耐压试验

绕组对铁芯及每相之间的交流耐压试验，是保证绕组绝缘可靠性的重要措施。在线圈包扎绝缘、嵌放、接线、总装等过程中，都有可能损伤绝缘。因此，在进行上述各工序后，均需进行耐压试验。如绝缘被击穿，可及时进行修补，避免更大的返工。电动机全部更换绕组时的耐压标准见表 3-3-47。

表 3 – 3 – 47　　电动机全部更换绕组时的交流耐压标准

试验工序	电动机额定电压 U_N		
	< 500	< 3300	3300 ~ 6600
嵌线前		$2.75U_N + 4500$	$2.75U_N + 4500$
嵌线后	$2U_N + 2500$	$2.75U_N + 2500$	$2.75U_N + 2500$
接线后	$2U_N + 2000$	$2.75U_N + 2000$	$2.75U_N + 2000$
装配后	$2U_N + 1000$ （不低于 1500）	$2.75U_N + 1000$	$2.5U_N$

表 3 – 3 – 47 中的耐压值，除装配后的试验必须符合国家标准外，其余视情况而定。如大气湿度太高，绝缘材料受潮，则未浸漆前的中间试验可适当降低。380V 电动机可不做中间工序的耐压试验，装配后的耐压试验可用 2500V 绝缘电阻表摇测 1min 代替。

三相绕组进行耐压试验，将一相绕组一端接高压，其余两相一端都接机座并接地，同时进行一相绕组的对地及相间耐压试验，按同样方法逐相试验（三次）。这样，三相绕组实际上经两次相间耐压试验。对于绕组的对地电容及相间电容较大的电动机，应将一相绕组两端都接高压，其余两相绕组的两端都接地，以使各相内的各个线圈对地电位均匀。

低压电动机可将 A 相和 B 相都接高压，C 相接机座并接地，同时进行两相绕组的对地及相间耐压试验，然后将 C 相和 B 相（或 A 相）接高压，A 相（或 B 相）接机座并接地，再试一次。这样每相绕组多受一次对地耐压试验。对于高压电动机，当耐压试验高于 1.5 倍额定电压后，允许绕组表面出现电晕（在绕组槽口及相邻两相线圈端部之间，出现蓝色的光辉及"嘶嘶"放电声，并在周围空气中出现臭氧气味），但不得随电压升高而改变颜色。

若绕组的接线板等处表面有油污或严重受潮，紧靠端箍的高压线圈引线根端绝缘开裂，则在高压作用下，表面放电或表面击穿。表面放电在电压降低后就消失，重新加电压时又在同一电压下发生，表面击穿后只有显著降低电压击穿才会中止，发生击穿性闪络时，绝缘表面会炭化。

电动机绝缘的击穿部位如果不能凭外观或放电现象来判断，那就只好将彼此连接的各部件分开做耐压试验。

（五）绕组绝缘直流耐压试验及泄漏电流测量

3kV 及以上或 500kW 及以上的电动机还应进行直流耐压试验，其他电动机自行规定；交接时，全部更换绕组时试验电压为 $3U_N$；大修或局部更换绕组时为 $2.5U_N$；维持 1min。有条件时应分相进行试验。泄漏电流相互差别一般不大于最小值的 100%，$20\mu A$ 以下者不做规定。

（六）绕组匝间绝缘的试验

重新下线的电动机，绕组在嵌装过程中，由于过分敲打或压挤，可能造成匝间绝缘损伤，引起匝间短路故障。因此重新下线的电动机有时要进行匝间绝缘的试验，其方法参考有关资料。

提示 本章适合初、中、高级工阅读、学习。

第四章

直流电机检修

第一节 直流电机的基本知识

一、分类和用途

（一）分类

1. 按用途分 $\begin{cases} 直流发电机 \\ 直流电动机 \end{cases}$

2. 按励磁方式分 $\begin{cases} 他励式 \\ 自励式 \end{cases}$

在自励电机中，按励磁绕组接入方式分 $\begin{cases} 并励式 \\ 串励式 \\ 复励式 \begin{cases} 积复励 \\ 差复励 \end{cases} \end{cases}$

3. 按防护结构型式分 $\begin{cases} 开启式 \\ 防滴式 \\ 全封闭式 \\ 封闭防水式 \end{cases}$

（二）用途

直流电动机具有调速范围宽广，调速特性平滑，过载能力较高，启动、制动转矩较大以及作为发电机调压比较方便等特点。它广泛应用于冶金矿山、交通运输、纺织印染、造纸印刷、化工和机床等部门中。直流电机及其派生、专用产品的用途见表 3 - 4 - 1。

表 3 - 4 - 1　　直流电机及其派生、专用产品的用途

序号	产品名称	主 要 用 途	型号	原用型号
1	直流电动机	一般用途，基本系列	Z	Z、ZD、ZJD
2	直流发电机	一般用途，基本系列	ZF	Z、ZF、ZJF
3	广调速直流电动机	用于恒功率调速范围较大的传动机械	ZT	ZT

序号	产品名称	主 要 用 途	型号	原用型号
4	冶金起重直流电动机	冶金辅助传动机械等用	ZZJ	ZZ、ZZK、ZZY
5	直流牵引电动机	电力传动机车、工矿电机车和蓄电池供电车等用	ZQ	ZQ
6	船用直流电动机	船舶上各种辅助机械用	Z-H	Z₂C、ZH
7	船用直流发电机	作船上电源用	ZF-H	Z₂C、ZH
8	精密机床用直流电动机	磨床、坐标镗床等精密机床用	ZJ	ZJD
9	汽车启动机	汽车、拖拉机，内燃机等用	ST	ST
10	汽车发电机	汽车、拖拉机，内燃机等用	F	F
11	挖掘机用直流电动机	冶金矿山挖掘机用	ZKJ	ZZC
12	龙门刨床用直流电动机	龙门刨床用	ZU	ZBD
13	防爆安全型直流电动机	矿井和有易爆气体的场所用	ZA	Z
14	无槽直流电动机	快速动作伺服系统中用	ZW	ZWC
15	力矩直流电动机	用于位置或速度伺服系统中作为执行组件	ZLJ	
16	直流测功机	测定原动机效率和输出功率用	CZ	ZC

注 型号参见第一机械工业部标准《电机产品型号》。

二、基本结构

直流电机由静止和转动两个主要部分组成。静止部分称为定子，转动部分称为电枢或转子。图 3-4-1 是一台 Z2 系列直流电机总装配图。

（一）定子

直流电机的定子能产生电机磁通、构成磁路并且支撑转子。它由机座、主磁极、换向极、端盖、轴承和电刷装置等组成。

1. 机座

直流电机的机座既是电机的外壳，又是保护与支撑机构，也是电机磁路的一部分（即磁轭部分）。它由铸钢或钢板焊成，具有良好的导磁性及机械强度。

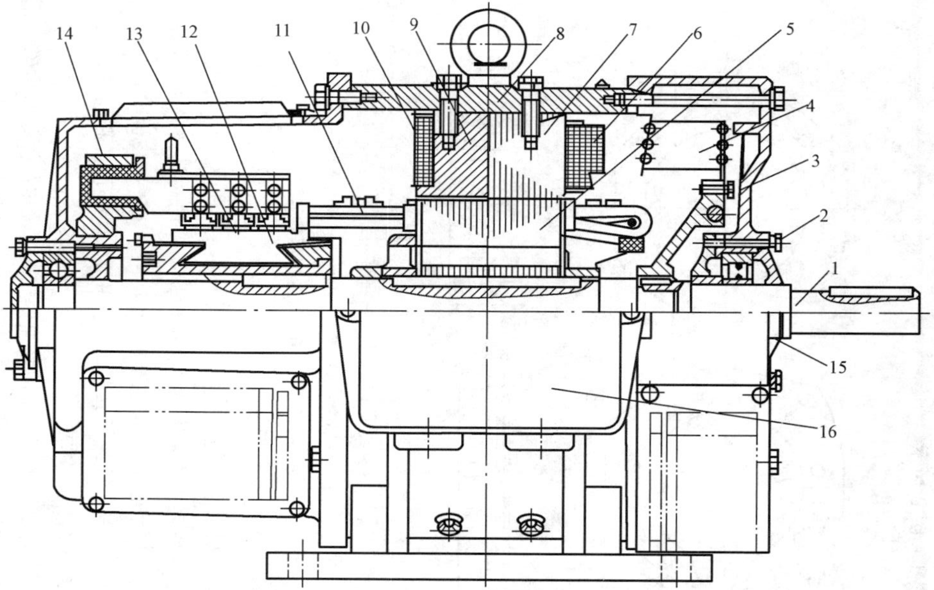

图 3－4－1 Z2 系列直流电机总装配图

1—轴；2—轴承；3—端盖；4—风扇；5—电枢铁芯；6—主磁极绕组；7—主磁极铁芯；8—机座；9—换向极铁芯；10—换向极绕组；11—电枢绕组；12—换向器；13—电刷；14—刷架；15—轴承盖；16—出线盒

除少数大型电机的机座做成分半式外，绝大多数为整个式。分半式机座的分半面通常在内圆的水平中心面上，但也有低于此面一段距离的。

对于由晶闸管电源装置供电的某些大容量、冲击负荷、可逆转的直流电机，机座轭圈用 1 ~ 1.5mm 厚钢板或 0.5mm 厚硅钢片冲制叠压而成，这种机座如图 3 - 4 - 2 所示。

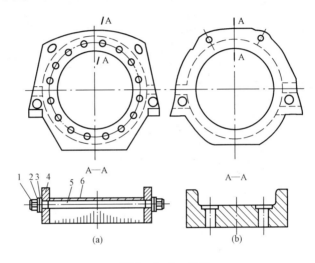

图 3 - 4 - 2　机座

1—螺母；2—垫圈；3—绝缘垫圈；4—机座端板；

5—绝缘螺杆；6—冲片机座轭

2. 主磁极

主磁极由主极铁芯、绕组组成，如图 3 - 4 - 3 所示。

（1）主磁极铁芯。主磁极铁芯包括极身和极靴（又称极掌）两部分。极靴比极身宽，可使磁极下面的磁通分布均匀。为了减少极靴表面由于磁通脉动引起的铁损耗，主磁极铁芯通常用 0.5 ~ 1mm 厚的普通薄钢板（或用 0.5mm 厚的硅钢片）叠成。

在高速、大容量及负荷和方向高速变化的直流电机上，其主磁极靴冲片冲有槽，专为安装补偿绕组用，如图 3 - 4 - 4 所示。

（2）主磁极绕组。主磁极绕组是一个集中绕组，除串励电动机以外，主要安装并励（或他励）绕组，有些电机还带有少量串励绕组、辅助励磁绕组和补偿绕组。

并励绕组是由圆形或扁形高强度漆包线、玻璃丝包线或双玻璃丝包线

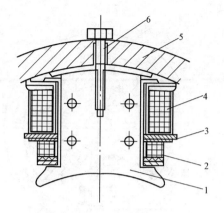

图 3 - 4 - 3　主磁极
1—主极铁芯；2—串励绕组；3—主极绝缘；
4—并励绕组；5—机座；6—固定螺杆

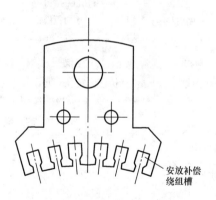

安放补偿
绕组槽

图 3 - 4 - 4　带有补偿绕组槽
的主磁极靴冲片

绕制而成的多层绕组，小型电机的并励绕组直接绕制在框架上。励磁绕组通电后，即产生磁通。直流磁路分布如图 3 - 4 - 5 所示。

3. 换向磁极

换向磁极也称附加磁极或间极，它由铁芯和绕组两部分构成，换向极铁芯通常用整体钢制成，大容量、高速电机的换向极铁芯则由低碳钢板冲制叠压而成。

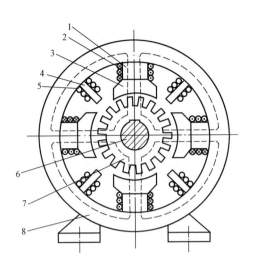

图 3 - 4 - 5 直流电机磁路分布

1—极身；2—励磁绕组；3—极靴；4—换向磁极；5—换向极绕组；
6—转轴；7—电枢铁芯；8—磁轭（机座）

换向极绕组匝数很少，通常是立式连续螺圈式绕组。换向极安装在相邻
两个主磁极之间的中线上，用螺钉和机座固定在一起，如图 3 - 4 - 6 所示。

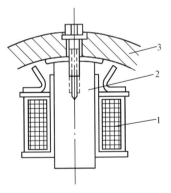

图 3 - 4 - 6 换向极

1—换向极线圈；2—铁芯；3—机座

叠压而成，以减少电枢铁耗，降低铁芯温度。中、小型电机的电枢铁芯冲

换向极的作用是改善直流电机的
换向，使其运转时在电刷下面不产生
有害的火花。

（二）转子（电枢）

转子由电枢铁芯、绕组、换向器、
转轴和风叶等组成，如图 3 - 4 - 7 所
示。其作用是和定子一起来产生感应
电动势和电磁转矩，从而实现能量
转换。

1. 电枢铁芯

电枢铁芯用来安放电枢绕组，并
且是主磁极和换向磁极的磁路组成部
分。它通常由厚 0.5mm 的硅钢片冲制

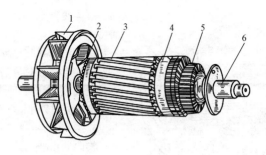

图 3 - 4 - 7 转子

1—风扇；2—绕组；3—电枢铁芯；

4—绑带；5—换向器；6—轴

片，通常为整圆冲出，上面冲有安放绕组的开口槽或半闭口槽、通风孔、轴孔和键槽等，其冲片形状如图 3 - 4 - 8 所示；大型电机的电枢铁芯冲片通常为扇形。小型电机的电枢铁芯直接固定在转轴上；大、中型电机的电枢铁芯一般都套在转子支架上，支架再固定在转轴上。当电枢铁芯较长时，可将它沿轴向分成几段，段与段之间设有通风沟，以改善转子的冷却。

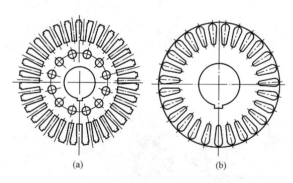

(a)　　　　　　　　　　　(b)

图 3 - 4 - 8 电枢铁芯冲片

（a）开口槽；（b）半闭口槽

2. 电枢绕组

电枢绕组由多个线圈组件构成，每个线圈单元可能是多匝的，也可能是单匝的；每个线圈可能有一个线圈单元，也可能有多个线圈单元。小容量电枢绕组用绝缘圆导线绕成，大、中型电机一般采用扁铜线。

电枢绕组安放在电枢槽内，并以一定的规律与换向器连接成闭合回

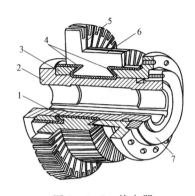

图 3 - 4 - 9　换向器

1—绝缘套筒；2—钢套；3—V 形钢环；
4—V 形云母环；5—云母片；6—换向
片；7—螺旋压圈

路。由各线圈组成的闭合回路，通过换向器被正、负电刷截成若干并联支路，并与电路相连。每一支路各组件的对应边一般均处于相同极性的磁场下，以获得最大的支路电动势和电磁转矩。

3. 换向器

换向器由换向片（铜片）制成，呈圆柱体，结构如图 3 - 4 - 9 所示。相邻两换向片间垫 0.6 ~ 1mm 厚的云母片绝缘，圆柱两端用两个 V 形截面的压圈夹紧，在 V 形压圈和换向片组成的圆柱之间垫以 V 型云母绝缘环。每一换向片上开一小槽或接一升高片，以便焊电枢绕组的线端。电枢绕组各线圈的始末两端，按一定规律接到换向片上。

（三）其他部件

1. 刷架

刷架是固定电刷的部件。它由刷杆座、刷杆、刷握、弹簧压板和电刷等组成，如图 3 - 4 - 10 所示。刷杆座固定在端盖上，刷杆固定在刷杆座

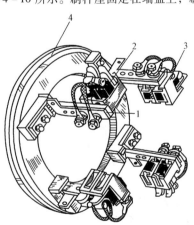

图 3 - 4 - 10　刷架

1—刷杆；2—电刷；3—刷握；4—刷杆座

上，刷杆与主磁极的数目相同。每根刷杆上装有一个或几个刷握。刷握、刷杆、刷杆座之间彼此绝缘。电刷的顶上有一弹簧压板。近年来，压电刷的弹簧多采用恒压弹簧，使电刷在换向上保持一定的接触压力。

2. 电刷

电刷与外电路连接，起导电作用。电刷的性能对电机换向的影响很大，因此在选用或更换电刷时，一定要注意型号和规格。

3. 端盖

端盖一般用铸铁制成，有前端盖和后端盖两部分，其中后端盖设有观察窗，可检查电刷火花的大小。端盖通常作为转子的支撑，用以安装轴承、保护磁极绕组、换向器和电枢绕组。

三、工作原理

(一) 直流发电机的工作原理

直流发电机是根据电磁感应原理制成的。最简单的换向片是两片相互绝缘的半圆铜环，分别与相应的电枢绕组连接，与电枢绕组同轴旋转，并与电刷 S1、S2 相接触。

直流发电机原理如图 3 - 4 - 11 所示。当电枢绕组在磁场中绕着中心轴旋转时，绕组的两条有效边 1 和 2 切割磁力线，产生感应电动势。如果把外电路接通，就会有电流通过。感应电动势的方向可按右手定则来确定。线圈在磁场中旋转时，切割磁力线的有效速度和方向时刻都在变化，感应电动势的大小和方向也随着变化。但在每一时刻，电刷 S1 经换向片与 S 极下的运动导体相接，这时感应电动势的方向向外，因此电刷 S1 引出的电动势是正的。而电刷 S2 经换向片与 N 极下运动的导体相接，导体感应电动势的方向向里，所以电刷 S2 引出的电动势是负的。由于电刷 S1 的位置固定地对应着 S 极，而电刷 S2 的位置固定对应着 N 极，每只电刷仅和同一磁极下的一定数量的绕组组件相连，所以电刷 S1 始终为正，电刷 S2 始终为负。因此，换向器和电刷引出的电动势是直流电动势。

单独一个线圈在磁场中旋转时，所输出的电力很小，电动势的波形变化很大。若电枢铁芯中嵌放多个电枢绕组，那么经过换向器和电刷所输出的电压波动就很小了。

实际的直流发电机，电枢上嵌有很多绕组。如磁极的极对数为 p，电枢绕组组件数为 S，每个组件有 W 匝，绕组共有 a 对支路和导体根数 $N = 2SW$，则电枢电动势 E_a 为

$$E_a = \frac{pN}{60a} n\Phi \qquad (3 - 4 - 1)$$

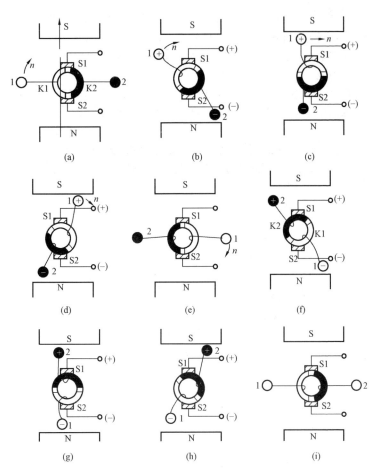

图 3 - 4 - 11　直流发电机原理

(a) ～ (i) —直流发电机发电过程的各个瞬间

设 $\dfrac{pN}{60a} = C_e$，则

$$E_a = C_e n \Phi \qquad (3 - 4 - 2)$$

式中　C_e——电动势常数；

Φ——每极气隙磁通；

n——电枢转速。

由式（3 - 4 - 2）可知，电动势常数 C_e 与发电机本身的构造有关，可

以看出电动势 E_a 与磁通 Φ 和转速 n 成正比,这两个因素任意改变一个因素,电动势也就随之改变。

当发电机带负载运行时,电枢中有电流通过,产生电枢压降,所以电路中的端电压 U 为

$$U = E_a - (I_a R_a + \Delta U_b) \qquad (3-4-3)$$

式中　I_a——电枢电流;

　　　R_a——电枢电阻;

　　　ΔU_b——正、负电刷的接触电阻压降。

(二)直流电动机的工作原理

1. 工作原理

载流导体在磁场中,要受到磁场的作用力而运动,其原理如图 3-4-12 所示。直流电动机接上电源以后,电枢绕组中便有电流通过,应用左手定则可知,电动机将按逆时针方向旋转,如图 3-4-12 所示。由于换向器的作用,使 N 极和 S 极下面导体中的电流始终保持一定方向。因此,电动机便按照一定的方向不停地旋转。但这种电动机只有一个线圈,产生的转矩很小,而且是断续的,不能带动负载。实际的电动机电枢上绕有很多线圈,线圈组件与直流发电机相同。

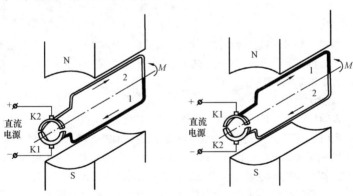

图 3-4-12　直流电动机原理示意图

2. 直流电动机的转矩

直流电动机通过以后,产生电磁转矩 M,其值为

$$M = \frac{pN}{2\pi a}\Phi I_a \qquad (3-4-4)$$

令 $C_M = \dfrac{pN}{2\pi a}$，称为转矩常数，则

$$M = C_M \Phi I_a \qquad (3-4-5)$$

由式（3-4-5）可知，电动机的电磁转矩 M 的大小与每极磁通 Φ 及电枢电流 I_a 成正比。但考虑到电动机在运行中涡流、磁滞与通风摩擦等阻力转矩 M_0 的影响，所以轴上的有效输出转矩为

$$M_2 = M - M_0 \qquad (3-4-6)$$

3. 直流电动机的转速

电枢在电磁转矩 M 的作用下旋转，电枢中的载流导体也同样切割磁力线产生感应电动势，这个反电动势 E_a 与发电机感应电动势相同，即

$$E_a = C_e n \Phi$$

设电网的电压为 U，向电枢输入电流 I_a，为克服反电动势的作用，则要求输入电压 $U > E_a$，即

$$U = E_a + I_a R_a \qquad (3-4-7)$$

将 $E_a = C_e n \Phi$ 代入式（3-4-7）得

$$U = C_e n \Phi + I_a R_a$$

整理得

$$n = \dfrac{U - I_a R_a}{C_e \Phi} \qquad (3-4-8)$$

由式（3-4-8）可以看出，因 C_e 是常数，U 和 $I_a R_a$ 保持不变时，Φ 增大，则转速 n 降低；Φ 减小，则 n 升高。如果 Φ 保持不变，U 增高，则 n 也随之增高，否则相反。

4. 直流电动机的转速特性

电动机转速与电枢电流的关系称为转速特性。当端电压、励磁电流保持一定时，负载增加，输入功率及电枢电流 I_a 也随之增加，因此转速 n 随 $I_a R_a$ 的增加而下降。必须注意，当电枢电流 I_a 增加时，由于电枢反应（电枢绕组中的电流会产生一个磁通，使电动机的总磁通扭曲，总磁通会略微减少）的存在，使 n 有上升的趋势。但由于 $I_a R_a$ 增加时，使 n 下降的作用大于电枢反应使 n 回升的作用，所以电动机转速特性是一稍微向下倾斜的直线，这种转速特性曲线称为"硬特性"曲线。并励或他励电动机具有这种特性。

电动机的励磁方式对电动机的转速特性影响很大。串励电动机的转速特性曲线较为陡峭，属于"软特性"；平复励电动机转速特性介于并励和串励之间。

当直流电动机的端电压、励磁电流、电枢回路总电阻保持不变时，电动机转速 n 与转矩 M 之间的关系，称为直流电动机的机械特性，直流电动机的机械特性曲线如图 3 − 4 − 13 所示，它与转速特性曲线的形状相接近。

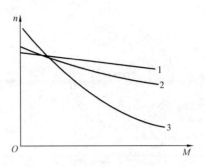

图 3 − 4 − 13　直流电动机的机械特性
1—电枢电阻小；2—电枢电阻较大；
3—电枢电阻最大

四、励磁方式及接线

（一）永磁式电机

永磁式电机原理与接线如图 3 − 4 − 14 所示。它的主要功用是在自动控制系统中作为执行组件或某种信号的发送组件，如力矩电动机及测速发电机。

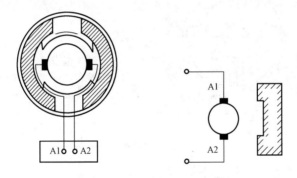

图 3 − 4 − 14　永磁式电机原理与接线图

（二）他励电机

他励电机的原理及接线如图 3 − 4 − 15 所示。它的励磁绕组与电枢回路各自分开，由独立的直流电源供电，其电压可在较大范围内调整。

（三）并励电机

并励电机的原理及接线如图 3 − 4 − 16 所示。它主要用于恒速负载或要求电压波动较小的直流电源情况下。它的励磁绕组与电枢回路并联连接，励磁回路电压与电枢两端的电压有关。

（四）串励电机

串励电机的原理及接线如图 3 − 4 − 17 所示。它主要用于启动转矩很

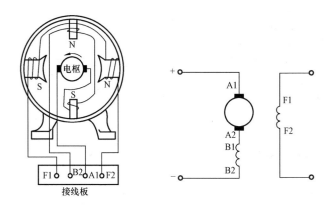

图 3 - 4 - 15　他励电机原理与接线图

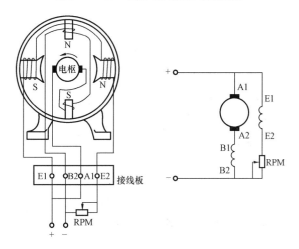

图 3 - 4 - 16　并励电机原理与接线图

大而转速允许有较大变化的负载。它的励磁绕组与电枢回路串联,励磁回路的电流就是电枢回路的电流。

（五）复励电机

复励电机有多种类型,如过复励、平复励、差复励等。平复励电机原理及接线如图 3 - 4 - 18 所示。它有两个励磁绕组,一个与电枢回路并联,另一个与电枢回路串联。平复励和过复励电机并励绕组和串励绕组所产生的磁通方向一致,电机加负载后,串励绕组起到加强主磁通的作用。差复

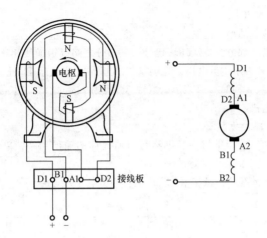

图 3 - 4 - 17 串励电机原理与接线图

励电机，并励绕组和串励绕组所产生的磁通方向相反，加负载后有减弱主磁通的作用。

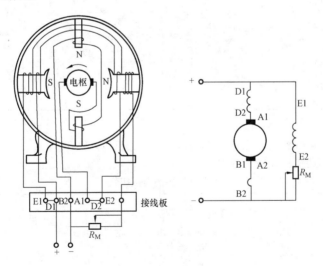

图 3 - 4 - 18 平复励电机原理与接线图

五、铭牌

直流电机的铭牌主要包括以下八项。

（一）型号

直流电机的型号由三部分组成：第一部分为产品代号；第二部分为规格代号；第三部分为特殊环境代号，三部分之间以短横线相连。如 Z2 - 112，其中 Z 表示直流电机，2 为第二次设计，112 表示 11 号机座，第二种铁芯长度。ZF423/230 表示电枢铁芯外径为 423mm，铁芯长度为 230mm 的直流发电机。

（二）额定功率

额定功率是指电机在长期运行时所允许的输出功率，单位为 W 或 kW。对发电机而言，额定功率为出线端输出的电功率；对电动机而言为机轴上输出的有效机械功率。直流电机的功率等级见表 3 - 4 - 2。

表 3 - 4 - 2　　　　　　　直流电机的功率等级　　　　　　　kW

直 流 电 动 机						
0.37	0.55	0.75	1.1	1.5	2.2	3
4	5.5	7.5	10	13	17	22
30	40	55	75	100	125	160
200	250	320	400	500	630	800
1000	1250	1600	2050	2600	3300	4300
5350	6700					
直 流 发 电 机						
0.7	1	1.4	1.9	2.5	3.5	4.8
6.5	9	11.5	14	19	26	35
48	67	90	115	145	185	240
300	370	470	580	730	920	1150
1450	1900	2400	3000	3600	4600	5700
7000						

（三）额定电压

额定电压是指直流电机在额定工作状态下运行时的端电压。直流电机的电压等级见表 3 - 4 - 3。

表 3 - 4 - 3　　　　　　　直流电机的电压等级　　　　　　　V

直 流 电 动 机								
6	12	24	36	48	60	72	110	160
220	(330)		440	630	800	1000		
				(660)				
直 流 发 电 机								
6	12	24	36	48	60	72	115	230
(330)	460	630	800	1000				
		(660)						

注　表中有括号的电压不常使用。

（四）额定电流

额定电流指直流电机在额定工作状况下运行时的线端电流。直流电动机指输入电流，直流发电机指输出电流，单位为 A。

（五）额定转速

额定转速是指直流电机在额定状态下运行时的转速。直流电机的转速等级见表 3 - 4 - 4。

表 3 - 4 - 4　　　　直流电机的转速等级　　　　r/min

直流电动机							
3000	1500	1000	750	600	500	400	320
250	200	160	125	100	80	63	50
40	32	25					

直流发电机						
3000	1500	1000	750	600	500	427
375	333	300				

（六）励磁方式

电机的励磁方式可分为他励、并励、串励、复励等。

（七）励磁电压

额定励磁电压是指电机在额定工作状态下运行时，励磁绕组两端的额定电压，单位为 V。

（八）励磁电流

额定励磁电流是指在保证额定励磁电压值时，励磁绕组中的电流，单位为 A。

直流电机铭牌中的其他项目，如额定工作方式、额定温升等均与三相异步电动机相同。

六、启动与调速

（一）串励直流电动机空载运行的危害性与防止方法

串励直流电动机的线路如图 3 - 4 - 19 所示。它的励磁绕组与电枢回路串联，电流关系为励磁电流（I_f）等于电枢电流（I_a），就是说，串励直流电动机的气隙主磁通（Φ）将随着电枢电流（I_a）的变化而变化，也就是将随着负载的变化而变化，当负载增大时，$I_f = I_a$ 也增大，则主磁通也增大，同时还使电枢回路的总电阻压降 $I_a R_a$ 增大，从直流电动机转速公式 $n = \dfrac{U - I_a R_a}{C_e \Phi}$ 来看，$I_a R_a$ 的增大或 Φ 的增大都使转速 n 降低。反之，当负载减小时，$I_f = I_a$ 也减小，则主磁通 Φ 也减小，$I_a R_a$ 也减小，结果转速将增加。如果串励电动机空载或负载很轻时，$I_f = I_a$ 很小或趋于零，使 Φ 变得很小，因此电枢必须以非常高的转速旋转，才能产生足够的反电动

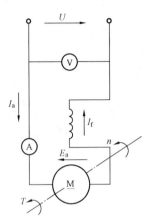

图 3 - 4 - 19　串励直流
电动机线路图

势 E 来与电网电压 U 相平衡。由此可见，串励电动机绝对不允许在空载或很轻的负载下运行，否则将发生"飞车"现象，使转子遭到破坏。因此，串励电动机的负载率一般不能低于额定功率的 30%。为了防止串励电动机在运行中出现突然甩负荷的意外现象，不允许采用皮带或链条等容易发生滑脱或断裂的传动机构，而应采用齿轮或直轴联轴器来拖动。

（二）直流电动机改变转向的方法

各种电动机的转向都是由它的电磁转矩的方向决定的。电动机正常运行的方向就是电磁转矩的方向。因此，要改变电动机的转向，只要设法改变其电磁转矩的方向即可。直流电动机的电磁转矩的方向是由主极磁通的方向和电枢电流的方向（根据左手定则）确定的。因此，要想改变直流电动机的转向，可以改变电枢电流的方向，而主极励磁绕组中电流的方向保持不变（即主磁场方向不变），也可以改变主极励磁绕组中的电流方向（即改变主磁场方向）而保持电枢电流的方向不变，但要是同时改变电枢电流和主极励磁电流的方向，电动机的旋转方向就不会改变了。

但是，直流电动机中还有换向极绕组、补偿绕组和复励电动机中的串励绕组，在改变转向的同时，这些绕组中的电流方向，有的也要随之改变才行。总的原则如下：

（1）改变电枢电流方向使转向改变时，换向极的极性必须随之改变，即换向极绕组的电流方向必须随着电枢电流方向的改变而改变。

（2）补偿绕组中电流的方向要永远随着电枢电流方向的改变而改变，即只要改变电枢电流的方向，就必须同时改变补偿绕组中电流的方向。

（3）为了保证复励电动机在转向改变后其特性不变，当采用改变主极励磁绕组电流方向来改变复励电动机的转向时，必须同时改变其串励绕

组（包括有些并励电动机中装有的稳定绕组）中的电流方向。

（4）要改变转向的直流电动机中的电刷必须在中性线上。在实际应用中，一般不采用改变励磁电流方向的方法来改变直流电动机的转向，因为励磁绕组具有比较大的电感，在将励磁绕组从电源上断开时，将产生较大的自感电动势，以致在断开触头上产生很大的火花，并有损坏励磁绕组绝缘的可能。同时，由于电感使得过渡过程的时间常数加大，因而增长了设备的生产周期，降低了生产率。此外，采用改变磁场方向的办法不但要有改变主极励磁绕组电流方向的一套控制设备，同时还必须在主回路中加一套改变串励绕组中电流方向的控制设备，因而需设置两套控制设备，而采用改变电枢电流方向来改变电动机转向的方法，则只需在主回路中有一套改变电枢电流方向的设备，即可同时改变补偿和换向极绕组中的电流方向。因此，在实际应用中更多采用改变电枢电流方向的方法来改变直流电动机的转向。

掌握了上述的原则，改变各种直流电动机转向的具体方法就可很容易解决了，此处不一一赘述。

（三）直流电动机的启动

电动机从静止状态到接通电源起，经过加速至稳定的工作转速的全过程，称为启动。任何电动机，要使其工作，就必须经过启动。

电动机与生产机械连接在一起，称为机组。从机械方面来看，启动时要求电动机产生足够大的电磁转矩来克服机组的摩擦转矩、惯性转矩以及负载转矩（如果带负载启动），才能使机组从静止状态转动起来并加速到稳定运行状态。

从电路方面来看，启动刚开始时，电动机转速 $n=0$，反电动势 $E=0$，因此电枢电流 $I_a = U/R$ 将达到很大的数值（因 R_a 数值很小），这将使电枢绕组发热和受到很大电磁力的冲击，还会使换向困难，产生强烈的火花甚至发生环火，或使电动机保护装置动作。因此，要求电动机启动时电流不应超过允许范围。但从电磁转矩 $M = C_M \Phi I_a$ 来看，为要获得较大的启动转矩，却要求启动电流大些。上述两方面的要求是互相矛盾的，在启动过程中要正确地加以解决。因此，对直流电动机的启动提出下列一些要求，并研究恰当的解决办法。

对直流电动机启动的基本要求：

（1）有足够大的启动转矩。

（2）启动电流限制在允许范围内。

（3）启动时间要短，符合生产技术要求。

(4) 启动设备应简单、经济、可靠。

衡量启动性能的最重要的两项指标是启动电流倍数 I_{st}/I_N 和启动转矩倍数 M_{st}/M_N。

常用的启动方法有：①直接启动；②电枢回路串电阻启动；③降压启动。在任何一种启动方法中，最根本的原则是确保足够大的电磁转矩和限制启动电流。为此，在每一种启动方法中，均应保证电动机的磁通达到最大值，这是因为 $M = C_M \Phi I_a$，在同样的电流下，Φ 最大时，M 最大。为此，在启动过程中，磁场回路的调节电阻应调节至零值，并保证励磁回路不受其他线路压降的影响。

1. 直接启动

直流电动机一般不宜直接启动。所谓直接启动是指不采取任何限流措施，把静止的电枢直接投入到额定电压的电网上启动。由于励磁绕组的时间常数比电枢绕组的大，为了确保启动时磁场的及时建立，应先合励磁开关 Q1 给电动机励磁绕组通电，并使磁通 Φ 达到最大，（将调节电阻调到零），然后再合开关 Q2，给电枢施加电压启动，其接线如图 3－4－20 所示。

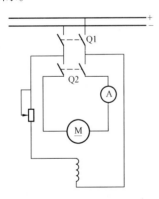

图 3－4－20　并励直流电动机直接启动接线图

直接启动过程中，电枢电流 i_a 和转速 n 的变化曲线如图 3－4－21 所示，由图中可见：开始时，电流 i_a 增加得很快，电磁转矩随着很快增加，当电磁转矩大于机组的总制动转矩时，电枢便开始转动，同时产生反电动势 E。随着转速的升高，反电动势 E 增大，使电流 i_a 的上升减慢；到达某一最大值后，开始下降，相应地电磁转矩也变小，而转速上升也变慢。这个过程一直继续到电磁转矩降到与总制动转矩相等时，电动机才不再加速，达到了稳定匀速运行。此时电流也降至稳定运行的数值。至此，启动过程完成。

直接启动不需附加启动设备，操作简便。但主要缺点是启动电流过大，最大冲击电流可达额定电流的 $1 \sim 20$ 倍，因此会使电网受到电流冲击，机组受到机械冲击，电动机换向恶化。直接启动只适用于功率不大于 4kW、启动电流为额定电流 $6 \sim 8$ 倍的小型直流电动机。

2. 电枢回路串电阻启动

直流电动机电枢回路串电阻
启动就是在直流电动机启动过
程中，在电枢回路中串接一可
变电阻（称启动电阻），以限
制启动电流。一般在转速上升
过程中逐步切除电阻。只要启
动电阻的分段电阻值配置得当，
切除电阻的时间选择合适，便
能在启动过程中把电流限制在
允许范围内，并使电动机转速
在较小的波动下上升，在不太
长的时间内启动完毕。

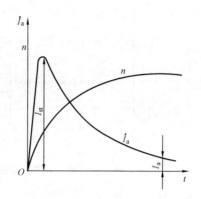

图 3 – 4 – 21　并励直流电动机直接
启动时电枢电流和转速的变化曲线

电枢回路串电阻启动的接线如图 3 – 4 – 22 所示。启动过程中，电流和转速的变化曲线如图 3 – 4 – 23 所示。其启动过程如下：先合上接触器 K1，保证励磁回路先接通，继而合上接触器 K2，此时电枢回路串入全部电阻，使最大启动电流 $I_{st.\,max}$ 不超过允许值，此电流产生足够大的启动转矩，使电动机启动并加速，转速上升后，反电动势也增大，电流和转矩则下降，至 $t=t_1$ 时，启动电流降到 $I_{st.\,min}$，这时合上接触器 K3（即把 R_1 短路），则电枢电流又回升到 $I_{st.\,max}$，这样继续升速到 $t=t_2$ 时，再切除电阻 R_2（使接触器 K4 闭合），如此进行直至启动电阻全部切除，机组达到稳定运行点，启动过程完毕。停机时，把接触器 K1 断开，接触器 K2、K3、K4、K5 跟着自行开断，以保证下次启动时电枢回路串入全部启动电阻。

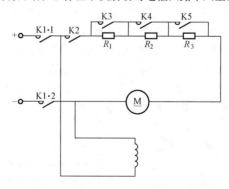

图 3 – 4 – 22　并励电动机串电阻启动接线图

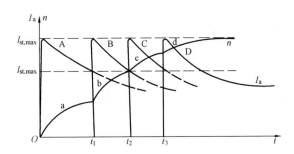

图 3 - 4 - 23　并励电动机串电阻启动时
电枢电流和转速变化曲线

为保证足够的启动转矩，且使启动时间不致过长，启动电流也不应限制过小，通常取 $I_{st.max} = (1.75 \sim 1.5) I_N$ 和 $I_{st.min} = (1.3 \sim 1.1) I_N$。

串电阻启动所需设备不多，广泛用于各种小功率直流电动机中，如用此法启动大容量电动机，则启动变阻器将十分笨重，并且在启动过程中消耗大量能量，很不经济。因此，电枢回路串电阻的启动方法，不适用于经常启动的大、中型直流电动机。

3. 降压启动

经常启动的中、大型直流电动机需采用降压启动方式。采用降压启动时，必须有单独直流电源供电才行。为使电动机能在最大磁场情况下启动，在启动过程中励磁电压应不受电枢电压变化的影响，故电动机应采用他励。启动时，先把励磁回路接到一固定电压的直流电源上，并使磁场达到最大，然后把经专用调压设备调低的电压，接入电枢回路，以限制启动电流，在启动过程中，随着转速的升高，可逐步提高电枢电源电压，使电动机转速按需要的加速度上升，以控制启动时间。

降压启动的优点是启动时消耗的能量少，启动电流也不大，转速上升平衡，但降压启动需要有电压可调的专用直流电源设备，例如由一台直流发电机组供电给电枢，也可用晶闸管整流电源供电，此外还要有一个小容量的电压固定的直流电源供电给励磁，因此设备投资较大，这是它的缺点。

（四）直流电动机的调速

为了提高生产率和保证质量，电力拖动机组往往要求能在电动机的负载转矩或输出功率不变的情况下，通过人工的方法来改变机组的转速，即调速。负载转矩不变的，称为恒转矩调速，输出功率不变的，称为恒功率调速。

电动机的调速性能通常用下列各项指标来衡量：

（1）调速比。即电动机最高转速与最低转速之比值（表示调速范围）。

（2）速度调节的平滑性。即在调速范围内，机组能在任意转速下稳定运行，能在任意转速平衡运行的，称可平滑调速。

（3）经济性。设备投资和运行费用，包括调速时的能量损耗和效率两方面。

（4）调速设备可靠性。指调速设备是否简单、操作是否方便、工作是否可靠等。

由于直流电动机能在较宽的范围内平滑地调速，因此直流电动机广泛地应用于调速性能要求较高的电力拖动系统中。

1. 他励直流电动机的调速

他励直流电动机的调速方法有以下三种：

（1）改变励磁电流调速。

（2）改变电枢端电压调速。

（3）改变电枢回路串联电阻调速。

现对上述三种调速方法分别说明如下：

（1）改变励磁电流调速。当电枢端电压和电枢回路电阻不变时，减少励磁电流从而使电动机主磁通减少，电动机的转速将升高。这种调速方法，以励磁回路所串电阻为零时的转速为最低转速，只能"调高"，不能"调低"，即只能增大励磁回路的调节电阻使主磁通减少来有限地调高转速，但不能再减少励磁绕组本身的电阻来调整转速，故调速范围不大，约为2:1～3:1，特殊的也只能达到6:1。因为当转速调高时，要受到电动机转子机械强度和换向恶化等的限制，转速不能太高，否则转子有遭到破坏的危险。

此种调速方法适用于额定转速以上的恒功率调速。当电枢电流保持额定值不变时，电动机的输入、输出功率和效率基本不变。

对并励电动机来说，改变励磁电流调速是十分方便的，只要调节串入励磁回路的调节电阻即可。如利用滑线变阻器，就可做到相当平滑地调速。因为励磁电流较小，调节时用的控制功率较少，所用设备也简单。

（2）改变电枢端电压调速。当励磁电流、电枢回路总电阻都不变时，只要改变电枢端电压即可改变电动机的转速，提高电枢端电压，电动机的转速便升高，降低电枢端电压，电动机的转速便降低。但一般电枢端电压不能超过额定电压,否则电枢绝缘受损害,换向也要困难。故此法只能"调低"不能"调高"。

这种调速方法,适用于额定转速以下的恒转矩调速。当电枢电流保持额定值不变时,电磁转矩保持不变,电动机转速近似与电枢端电压成正比,输入功率和输出功率随转速和电枢端电压的降低而减小,但电动机的效率基本不变。调速时,电动机机械特性的硬度不变,可稳定地运行于不同的转速,运行的稳定性好。

这种调速方法要求有专用的可调直流电源供给电枢,以便调节电枢端电压,还要有一固定直流电源供给励磁。可调的直流电源,一种是用直流发电机给电动机电枢供电,即发电机—电动机组;一种是用晶闸管整流电源。采用发电机—电动机组调速时,所有调速都在小功率的励磁系统中进行,调节方便,能量损耗小,调速比也比较大,可达 25:1 以上,在这样一套设备上可实现降压启动;改变发电机励磁电流就可改变供给电动机的电枢电压,从而实现额定转速以下的调速;改变电动机励磁电流可实现额定转速以上的调速。因此这种调速方法最为理想。唯一的缺点是设备投资太大,常用在轧钢设备、大型卷扬机及大型龙门刨床等重要设备上。

(3)改变电枢回路串联电阻调速。在一定的外加电压下,改变串接于电枢回路的电阻,使串接电阻上压降改变,从而改变了电枢两端的电压,达到调节电动机转速的目的。对并励电动机来说,当励磁电流不变,而加大电枢回路中所串电阻时,电动机转速下降。

这种调速方法,以电枢回路所串电阻减小到零时的转速为最高转速,只适用于额定转速以下的调速,只能"调低"不能"调高"。当电枢电流保持额定值不变时,电磁转矩保持不变,可作恒转矩调速。在调速时,所串电阻值越大,转速越低,机械特性也越软。在低速时,输出功率随转速降低而减小,但输入功率不变,效率将随转速的降低而降低,低速时,效率低,经济性很差。大容量的直流电动机中,一般不用这个方法调速。此外,负载较轻时,电枢电流较小,在所串电阻上的压降变化也不大,因而速度降低并不明显,即轻载时调速不明显。

采用此种调速方法时,其调速变阻器也可当启动变阻器使用,其设备较简单,调节也方便,在负载大时,可以得到较大的调速范围,故在小功率直流电动机上应用比较多。

总之,上述三种调速方法,各有其优缺点,一般大型直流电动机多采用(1)(2)两种方法配合使用,而小功率直流电动机则采用(1)(3)两种方法配合使用。

2. 串励直流电动机的调速

串励直流电动机的特点是电枢电流 I_a 等于励磁电流 I_f。如能采取措施使 $I_a \neq I_f$ 即可实现调速，具体方法就是采取电枢分流和串励绕组分流的方法，线路图如图 3 – 4 – 24 所示。

（1）电枢分流。在电枢绕组两端并联电阻 R_1，此时，励磁电流 I_f 中只有一部分流经电枢绕组，即 $I_f > I_a$，电动机转速降低。采用这种调速方法，R_1 中有功率损耗，使效率大为降低。同时电阻 R_1 的体积较大，较笨重，很少应用。它的调速比可达 5:1 以上。

（2）串励绕组分流。按图 3 – 4 – 24，接通接触器 K2，其触点 K2 闭合，切断接触器 K1，其触点 K1 打开。在串励绕组两端并联分流电阻 R_2，此时 $I_f < I_a$，电动机转速调高。采用这种调速方法，因 R_2 之值不大，功率损耗小，效率只是稍有降低。

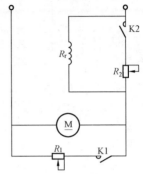

图 3 – 4 – 24　串励直流电动机电枢或励磁绕组分流调速线路

七、直流电机的电气特性

（一）直流发电机的运行特性与应用

直流发电机运行时，通常可测得的物理量有发电机的端电压 U、负载电流 I、励磁电流 I_f、转速 n。其中转速 n 是由原动机所决定，若无特殊说明，发电机的转速要求在额定转速 n_N 下稳定运行。因此，上述前三个物理量之中，保持一个物理量不变，研究另外两个物理量之间的关系曲线，可表征发电机的运行性能，称为发电机的运行特性曲线，习惯上简称为发电机的运行特性。

通常，发电机的运行特性有下列三种：

（1）负载特性。$I =$ 常数，$U = f(I_f)$；表示负载电流不变时，端电压随着励磁电流而变化的情况。其中最重要的一条是空载特性，即当 $I = 0$ 时的负载特性，$U_0 = f(I_f)$。

（2）外特性。$I_f =$ 常数（他励）或励磁回路电阻 $n =$ 常数（自励），$U = f(I)$；表示励磁电流维持不变时（他励）或励磁回路电阻不变时（自励），端电压随负载电流而变化的情况。

（3）调节特性。$U =$ 常数，$I_f = f(I)$；表示要维持端电压不变时，随着负载电流的变化，励磁电流应如何进行调节的情况。

第四章　直流电机检修

上述各特性中，外特性和空载特性比较重要。

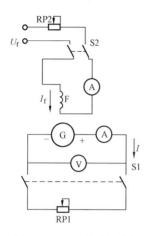

图 3 - 4 - 25　他励发电机
的试验线路

发电机的运行特性随其励磁方式的不同而异。下面分别分析各种发电机的特性。

1. 他励直流发电机

（1）空载特性。空载特性是当 $n =$ 常数、$I = 0$ 时，$U_0 = f（I_f）$ 的关系曲线。此特性曲线可通过试验直接测得，试验线路如图 3 - 4 - 25 所示。发电机由原动机拖动，以额定转速旋转。开关 S1 拉开，此时 $I = 0$。通过 S2 加上励磁电流 I_f，并由调节电阻使 I_f 能在较大范围内变化。

当励磁绕组中有电流 I_f 时，产生气隙磁通 Φ_0 并在电枢绕组中感应电动势 E_0。由于空载 $I = 0$，因此端电压 U_0 等于电动势 E_0。空载特性曲线 $U_0 = f（I_f）$ 亦即 $E_0 = f（I_f）$。

由于转速不变，E_0 与 Φ_0 成正比。又因为励磁磁通势 F_f 与励磁电流 I_f 也是正比关系，所以空载特性曲线 $U_0 = E_0 = f（I_f）$ 与发电机磁化特性曲线 $\Phi_0 = f（F_f）$ 的形状完全相似。图 3 - 4 - 26 是他励发电机的典型空载特性曲线。图 3 - 4 - 26（a）是励磁电流 I_f 要求反向工作时的空载特性曲线；图 3 - 4 - 26（b）是励磁电流 I_f，不要求反向时的空载特性曲线。不论哪种情况，试验时均须注意单方向调节励磁电流。这样求出上升和下降两条支线，然后再求出它们的平均曲线，如图 3 - 4 - 26 中的虚线，作为发电机的空载特性曲线。在图 3 - 4 - 26（b）中，因有剩磁电压 E_r，测不到电压为零的点。因此在应用空载特性曲线时，经常将纵坐标左移，使曲线交横坐标于 O' 点，认为 OO' 段相当于铁芯中存在的剩磁励磁电流。

上述空载特性是在额定转速下测定的。当转速为不同数值时，因 E_0 与转速成正比，因此空载特性曲线将按与转速成正比地上升或下移。顺便指出，其他型式的直流发电机，其空载特性曲线也是用他励的方法来求取。

（2）外特性。外特性是当 $n = n_N$，$I_f =$ 常数时，$U = f（I）$ 的关系曲线。重要的外特性是 $I_f = I_{fN}$ 时的外特性。I_{fN} 是当 $n = n_N$，$U = U_N$，$I = I_N$ 时的励磁电流。试验线路仍如图 3 - 4 - 25 所示，将 S1 与负载接通，试验时，一般先找到额定点 $C（n = n_N，U = U_N，I = I_N）$，这时的励磁电流即为

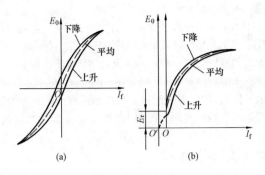

图 3 - 4 - 26　他励直流发电机的空载特性

(a) 无剩磁电压 E_r；(b) 有剩磁电压 E_r

I_{fN}，保持此 I_{fN} 不变，改变负载电流 I，测得对应的端电压 U，即可得外特性曲线 $U = f(I)$，如图 3 - 4 - 27 所示。

他励发电机的外特性曲线随负载电流的增大而向下垂，即端电压要下降。下降的原因有：①电枢回路总电阻引起的电压降（包括电刷压降 ΔU_b）；②电枢反应的去磁效应使 E_a 降低。

发电机端电压随负载电流加大而下降的程度，通常用电压变化率来衡量。根据国家标准的规定，直流发电机的电压变化率是指发电机在 $n = n_N$，$I_f = I_{fN}$ 时，从额定负载（$I = I_N$，$U = U_N$）过渡到空载（$U = U_0$，$I = 0$）时，端电压升高的数值对额定电压的百分比，即

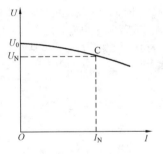

图 3 - 4 - 27　他励发电机的外特性

$$\Delta U = \frac{U_0 - U_N}{U_N} \times 100\% \qquad (3 - 4 - 9)$$

ΔU 表明发电机从空载到满载时端电压的变化程度，是衡量发电机运行性能的一个重要数据。一般他励直流发电机的 ΔU 约为 $5\% \sim 10\%$。

当负载电流大大超过额定电流时，发电机的端电压将降得很低。在极端情况下，如果发电机电枢出线端发生短路，稳态短路电流 I_k 将达到极大的数值。此时，短路电流 $I_k = E/R_a$，因为 R_a 的数值一般很小，故短路电流可达额定电流的十几倍甚至二三十倍。这样大的电流将使发电机损

坏。因此，直流发电机应装有过电流保护装置。

（3）调节特性。调节特性是指 $n = n_N$，$U = $ 常数时，$I_f = f(I)$ 的关系曲线。它表明了当负载变化时，如何调节励磁电流，才能维持发电机端电压不变。重要的调节特性是 $U = U_N$ 的一条。用试验方法测取调节特性时，应同时调节负载电阻和励磁电流，以使在不同负载下端电压保持等于规定值。然后读取 I 和 I_f，即得如图 3 - 4 - 28 所示的调节特性。由图可见，调节特性曲线是随着负载电流增大而向上翘的。这是因为当负载电流增大时，发电机的端电压要下降，要保持端电压不变，就需增大励磁电流。因此调节特性曲线呈上翘趋势。

2. 并励直流发电机

并励发电机是自励发电机中最常用的一种。它的励磁电流不需要其他直流电源供电，而是取自发电机本身，故称"自励"。由于自励发电机不需另外准备直流电源供给励磁，所以比他励发电机应用得多，其中并励发电机用得最多。

图 3 - 4 - 29 是并励直流发电机的接线图，其中电枢电流 I_a 等于负载电流 I 和励磁电流 I_f 之和，即 $I_a = I + I_f$，但励磁电流只为发电机额定电流的 1% ~ 5%，可以认为对负载运行时的端电压影响不大。

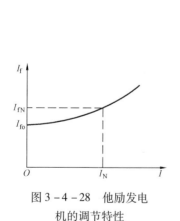

图 3 - 4 - 28　他励发电
机的调节特性

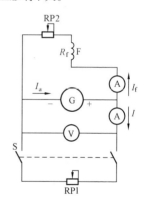

图 3 - 4 - 29　并励直流
发电机接线图

并励发电机励磁回路的励磁电压 U_f 也就是电枢的端电压 U。因此，当发电机旋转起来以后，能否自己建立起电压，是并励发电机应用的关键。发电机自己建立起电压的过程叫"自励"。并励发电机靠自励建立起正常稳定电压的条件有三个：

（1）发电机必须有剩磁。一般发电机都有剩磁。如果发电机闲置过久或其他原因失去剩磁时，只需利用其他直流电源如蓄电池等，接到励磁绕组两端给其励磁一下即可。

（2）励磁绕组并接到电枢两端的极性正确。即由剩磁建立起的剩磁电压对励磁绕组产生的磁场要与剩磁方向一致，才能使磁场增强。如果不对，只要把励磁绕组两端对调或使发电机反转，即可改正。

（3）励磁回路总电阻必须小于发电机运行转速相对应的临界电阻。所谓励磁回路临界电阻，是指对应发电机某一运行转速下，使磁阻线与空载特性曲线相切的磁场回路电阻值。

如果一台并励发电机转动以后，发现不能自励，其检查的次序如下：

（1）检查励磁回路电阻，逐步减小励磁回路所串的磁场调节电阻。如将所串电阻全部减去仍不能自励时再检查下一步，这时要把磁场电阻再增到最大。

（2）将励磁绕组两端对调，再重复第（1）项检查。如仍不能自励，则说明没有剩磁。

（3）对发电机进行充磁，充磁时要注意极性。充磁后再重复（1）（2）两项即可建立起电压。

如建立起电压发现极性不对，需要改变电压极性，可利用外加直流电源对发电机反向励磁一下，改变其剩磁方向即可。也可以采取使发电机反转的同时，将励磁绕组两端对调。但一般发电机都有规定的转向，不能改变。这时如要改变发电机电压极性，就必须对发电机反充磁，改变其剩磁方向才行。

（1）空载特性。并励发电机的空载特性是用他励方法试验测取的，与他励空载特性相同。

（2）外特性。并励发电机的外特性是在 $n = n_N$，励磁回路电阻 R_f 保持不变的条件下，测得的 $U = f(I)$ 曲线。测试线路如图 3 - 4 - 29 所示，所得结果如图 3 - 4 - 30 所示。图 3 - 4 - 30 中同时画出同一发电机在他励时的外特性，由图可见，在供给相同负载电流时，并励比他励发电机电枢电压下降较多。这是因为，在并励发电机中不仅有电枢

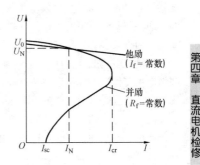

图 3 - 4 - 30　并励发电机的外特性

反应的去磁作用和电枢回路电阻压降的影响，而且由于电枢端电压的降低，还会引起励磁电流的减小，使发电机的主磁通及电枢绕组中的感应电动势进一步减小。

并励发电机的电压变化率定义为

$$\Delta U = \frac{U_0 - U_N}{U_N} \times 100\% \qquad (3-4-10)$$

式中的 U_0 为并励发电机保持在额定转速，励磁电阻 R_f 不变，将负载电流减至零时 $I=0$ 的空载电压。对于并励发电机，其电压变化率大约在 20% 左右。

此外，当负载电阻逐步减小至零时，电枢端电压也逐步减小至零，而负载电流则起初逐渐增大，但增大到某一最大值 I_{cr}（称为临界电流）之后，便不再增加，却反而减小，一直到负载电阻降到零时，电流 I 降到仅由剩磁电势和电枢回路电阻所决定的短路电流 I_{sc}，一般并励发电机的临界电流约为额定电流的 $2 \sim 3$ 倍，但短路电流 I_{sc} 却常小于额定值。

并励发电机的稳态短路电流虽然不大，但如果在正常运行时发生突然短路，由于励磁绕组有很大的电感，励磁电流及由其建立的磁通却不能立即变为零，因此，短路电流的瞬时最大值仍可达到额定电流的 10 倍以上，故并励发电机也须装设短路保护装置。

（3）调节特性。由于并励发电机的电枢电流 I_a 只比他励发电机的电枢电流 I 多一个不大的励磁电流 I_f，所以并励发电机的调节特性与他励发电机没有多大差别。

3. 复励发电机

并励发电机的优点是能够自励而不必另外再提供励磁电源，但它的特性不够理想，电压变化率较大。因此常在并励发电机中加上适当的串励绕组以加强并励磁场，使发电机的性能得以提高，以满足不同负载的要求，这就是复励发电机。复励发电机的接线如图 3-4-31 所示。当串绕组的磁通势与并励绕组的磁通势方向相同时，称为积复励。相反时，称为差复励。用得较多的是积复励。

复励发电机的外特性如图 3-4-32 所示。在积复励发电机中，并励绕组起主要作用，以保证空载时能产生额定电压。串励绕组起助磁作用，用来补偿负载时电枢回路的电阻压降和电枢反应的去磁作用的影响，使电机的端电压得到一定程度的提高。按照额定负载时发电机端电压等于、大于或小于空载电压 U_0（$=U_N$）的三种不同情况，积复励又分为平复励、过复励、欠复励。

图 3-4-32 复励发电机的外特性过复励和欠复励。也就是说，如果

串励绕组在额定负载时所产生的助磁作用，恰好能补偿上述两种使电机端电压降低的因素，则属平复励；若能补偿有余，反使发电机的额定负载时的电压高于空载电压，则属过复励；若只能补偿一部分，发电机在额定负载时的电压仍低于空载电压，则属欠复励。

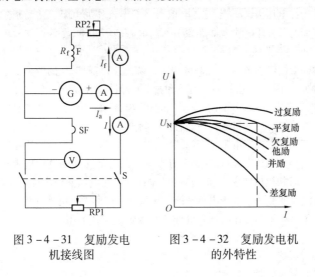

图 3 - 4 - 31　复励发电机接线图

图 3 - 4 - 32　复励发电机的外特性

至于差复励发电机，因为串励绕组的磁通势和并励绕组的磁通势方向相反，起去磁作用，所以负载增加时，致使发电机端电压急剧下降。

4. 直流发电机的应用

他励发电机能稳定地运行于空载特性上的任何一点，且电压变化率较小，励磁电流的调节不受电枢电压的限制，因此它的调压范围大，适用于大幅度调压的大型电动机和需要大电流、低电压负载的直流电源，或用于电动机—发电机—电动机的恒转矩宽调速的系统中。

并励发电机由于不需其他电源励磁而用途较广，它常作为供电线路较短而不需要补偿线路压降的电源，如作为同步发电机的励磁机、蓄电池的充电电源等。

积复励发电机的用途最广，因为可调节其串励成分，以满足负载的不同要求。例如要求端电压基本不变时用平复励发电机；要求补偿输电线路上的电压降时可用过复励发电机；而差复励发电机用途有限，只用于要求下降特性的场合，例如直流电焊机。

近年来，由于大功率晶闸管整流技术发展很快，直流发电机有逐步被取代的趋势。

（二）直流电动机的运行特性与应用

直流电动机是作为原动机拖动生产机械的。电动机运行时的转速、转矩和效率与负载大小之间的关系，即表征了电动机的工作特性。通常工作特性是指在电压 $U = U_N$ 不变，电枢回路不串入外加电阻、并励励磁电流保持不变的条件下，电动机的转速 n、电磁转矩 M 和效率 η 与输出功率 P_2 之间的关系曲线，即 $n = f(P_2)$、$M = f(P_2)$、$\eta = f(P_2)$。但在实际运行时，测量电枢电流 I_a 比测量功率容易，且 I_a 随着 P_2 的增加而近于线性地增加，因此，也可将电动机的工作特性表示为 $n = f(I_a)$、$M = f(I_a)$、$\eta = f(I_a)$。此外，电动机的转速与转矩之间的关系也是电动机的一个重要特性，即机械特性。直流电动机的机械特性是指 $U = U_N$ 不变、电枢回路和励磁回路电阻不变的情况下，电动机转速和电磁转矩之间的关系曲线 $n = f(M)$。当电枢回路没有串联外加电阻（并励电动机为额定励磁电流）时的机械特性，称为自然机械特性。在电枢回路串接外加电阻、非额定电压或非额定励磁电流时的机械特性，统称人工机械特性。

由于电动机的工作特性和机械特性因励磁方式的不同而有很大差异。因此下面对并励、串励和复励电动机分别进行讨论。

1. 并励电动机

（1）转速特性。转速特性是指 $U = U_N$，$I_f = I_{fN}$ 不变时，$n = f(I_a)$ 的关系曲线，如图 3 – 4 – 33 所示。转速特性是一条略微下垂的曲线。把公式 $E = C_e \Phi n$ 代入 $U = E + I_a R_a$ 可得转速公式

$$n = \frac{U - I_a R_a}{C_e \Phi n} \qquad (3 – 4 – 11)$$

式（3 – 4 – 11）对各种励磁方式的电动机都适用。

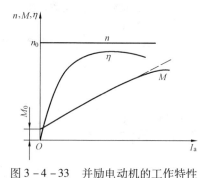

图 3 – 4 – 33　并励电动机的工作特性

对并励电动机，当 $U = U_N$、$I_f = I_{fN}$ 不变时，影响转速的因素只有两个，即电枢回路的电阻压降和电枢反应的影响。当负载增加而使负载电流 I 增加时。电阻压降 $I_a R_a$ 将使转速下降，但因 R_a 很小，而使转速下降很小。同时由于电枢反应的去磁作用使 Φ 减小，又使转速有上升的趋势，结果电动机转速下降的就更小。

为衡量电动机额定负载时转速 n_N 与空载转速 n_0 之差，引用了电动机转速变化率的概念。电动机转速变化率 Δn 为

$$\Delta n = \frac{n_0 - n_N}{n_N} \times 100\% \qquad (3-4-12)$$

并励电动机的 Δn_N 通常只有 3% ~ 8%，因此，可以认为并励电动机是一种恒速电动机。

（2）转矩特性。若忽略电枢反应的去磁作用，转矩特性是一条近于通过原点的直线，即 M 随 I_a 的增大而线性地增大，这可由转矩公式 $M = C_M\Phi I_a$ 直接看出。当电动机空载时，电枢电流很小，$I_a = I_{a0}$，相应的电磁转矩 $M_0 = C_M\Phi I_{a0}$ 也很小。当负载较大时，由于电枢反应的去磁作用，使磁通有所减少，结果电磁转矩随电枢电流而增加的速率有所减缓，故实际的转矩特性有些下弯，如图 3-4-33 中的实线部分。

（3）效率特性。效率特性是指 $U = U_N$、$I_f = I_{fN}$ 不变时，$\eta = f(I_a)$ 的关系曲线。

并励电动机的输入功率为 $P_1 = UI = U(I_a + I_f)$，而在电动机内消耗的损耗有电枢绕组的铜损 $P_{Cu} = I_a^2 R_a$、电刷接触损耗 $P_b = 2\Delta U_b I_a$、励磁绕组的铜损耗 $P_{fCu} = UI_f$、电动机的机械损耗 P_m、电枢铁芯的铁损 P_{Fe}、附加损耗 P_a。

在不同的 I_a 值下按式（3-4-12）计算出效率，可得效率特性，如图 3-4-33 所示。效率曲线也有一个最大值 η_{max}，通常设计在 0.75 ~ 1 倍额定负载时有最大效率。一般在额定负载时，小容量电动机的效率约为 75% ~ 85%；中大容量电动机的效率约在 85% ~ 94% 之间。

（4）机械特性。并励直流电动机的机械特性是指 $U = U_N$、$I_f = I_{fN}$ 不变时，电动机的转速 n 与电磁转矩 M 之间的关系曲线 $n = f(M)$。

实际上，电枢回路外串电阻 $R_{Re} = 0$ 时的 n 与 M 的关系已包含在上述的工作特性中，因为对应于某一个电枢电流 I_a 就有一组对应的 n 与 M 值。在电动机的实际应用中，人们主要关心转速随转矩而变化的规律。因此，为便于分析，常将它们的相应关系用曲线表示出来，即，$n = f(M)$，这就是机械特性。

由转速特性可知

$$n = \frac{U - I_a R_a}{C_e\Phi} = \frac{U}{C_e\Phi} = \frac{R_a}{C_a\Phi}I_a$$

又知 $M = C_M\Phi I_a$，将 $I_a = M/C_M\Phi$ 代入上式，得

$$n = \frac{U}{C_e \Phi} - \frac{R_a}{C_e C_M \Phi^2} M$$

由上式可见，若略去电枢反应的影响，n 就与 M 呈线性关系，机械特性为一直线。此直线与纵轴的交点为 n'_0，且

$$n'_0 = \frac{U}{C_e \Phi} \qquad (3-4-13)$$

称为理想空载转速，这是空载制动转矩为零时的转速。而直线的斜率为 $\frac{R_a}{C_e C_M \Phi^2}$ 由于 $R_a \ll C_e C_M \Phi^2$，故直线斜率很小，近于水平线，属于硬特性。这是电枢回路没有串入电阻时的特性，即自然机械特性。如图 3-4-34 中 $R_j = 0$ 的一条。当电枢回路串入电阻 R_j 时

$$n = \frac{U}{C_e \Phi} - \frac{R_a + R_j}{C_e C_M \Phi^2} M \qquad (3-4-14)$$

特性只是斜率加大，转速随转矩增加而下降的程度加大，R_j 越大，则曲线下降越多，属于软的机械特性，如图 3-4-34 所示，这时的机械特性即为人工机械特性。

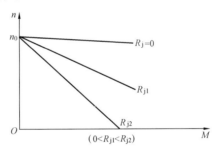

图 3-4-34　并励电动机的机械特性

2. 串励电动机

由于串励电动机的特点是励磁电流等于电枢电流，即 $I = I_a = I_f$，主磁场将随负载的变化而改变，因而串励电动机具有独特的运行特性。

（1）转速特性。当负载较小时，磁路未饱和，主磁通随励磁电流亦即电枢电流线性变化，即 $\Phi = K I_a$，所以转速公式变为

$$n = \frac{U - I_a R_a}{C_e \Phi} = \frac{U}{C_e K I_a} - \frac{R_a}{C_e K} \qquad (3-4-15)$$

可见，串励电动机的转速与电枢电流成反比，转速特性 $n = f(I_a)$ 为一双曲线形状，如图 3-4-35 所示。当负载增大时，由于磁路饱和，Φ

的增大减慢，转矩特性如实线所示。

由于串励电动机具有以上的特性，$I_a = I_f$ 过小时，电动机将出现不允许的高转速，即发生所谓的"飞车"现象。为此，串励电动机不允许在空载或轻载下运行，其负载率一般不能小于额定功率的 30%。因为串励电动机不允许空载运行，它的转速变化率规定为

$$\Delta n = \frac{n_{\frac{1}{4}} - n_e}{n_e} \times 100\% \qquad (3-4-16)$$

式中 $n_{\frac{1}{4}}$——电动机在 $\frac{1}{4}$ 额定功率时的转速。

（2）转矩特性。在负载不大时，$\Phi = KI_a$，因此转矩公式可写成 $M = C_M\Phi I_a = C_M K I_a^2$，即串励电动机的转矩与电枢电流的平方成正比。当负载较大时，由于磁路饱和，磁通 Φ 随负载变化减慢，这时 M 随 I_a 上升减缓，如图 3-4-35 所示。

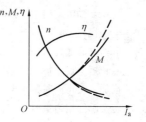

（3）效率特性。效率特性的形状与并励电动机相似，但没有低负载的部分，如图 3-4-35 所示。

图 3-4-35　串励电动机的工作特性

（4）机械特性。串励电动机的机械特性是指 $U = U_e$ 不变时，电动机电磁转矩 M 与转速 n 的关系曲线 $n = f(M)$。

当负载不太大时，$\Phi = KI_a$，则有

$$n = \frac{U - I_a R_a}{C_e\Phi} = \frac{U}{C_e\Phi} - \frac{I_a R_a}{C_e K I_0} = \frac{\sqrt{C_T}}{C_e\sqrt{K}}\frac{U}{\sqrt{M}} - \frac{R_a}{C_e K}$$

$$(3-4-17)$$

由式（3-4-17）可知，串励电动机的机械特性也是一条双曲线。

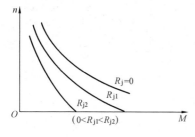

图 3-4-36　串励电动机的机械特性

当负载较大时，由于磁路饱和，使得转速下降减缓，特性曲线如图 3-4-36 所示。当电枢回路串有电阻 R_j 时，特性曲线下移。

电动机虽有不能空载运行的缺点，但它却有以下的优点：

（1）启动转矩大。因为启动时反电动势等于零，I_a 很大，从

转矩特性上看转矩可有很大的数值。

（2）过载能力强。从机械特性可知，当负载转矩增大时，其转速随之下降，而使 $P_2 = M_2 h$ 变化不大，使电动机不易造成过载。反之，负载减轻时，n 升高，又可提高生产率。因此，串励电动机特别适用于需要经常重载启动且负载又经常变化的场合，如电力机车、起重机等。

3. 复励电动机

复励电动机通用的是积复励。由于复励电动机中既有并励绕组又有串励绕组，且两者的磁通势方向一致（积复励），所以它的一切特性都介于并励电动机和串励电动机之间。

在积复励电动机中，如并励绕组占主要作用，电动机的特性就接近于并励电动机，但它的抗冲击能力比并励电动机强。当负载转矩突然增大时，电枢电流随之增加，串励磁通势也随之增大，从而使主磁通增大，导致电磁转矩迅速增加，以克服突然增大的负载转矩，此外还可使反电动势很快增加，又可同时减小电枢电流的冲击。

若串励绕组占主要作用，则电动机的特性就接近于串励电动机。它既保留了串励电动机的优点，又由于有少量的并励磁通势的存在，使复励电动机也可以在轻载或空载时运行，而克服了串励电动机的缺点。它也适用于电气牵引和卷扬机械。

八、直流电机一般控制回路

（一）由反电动势控制的直流电动机启动电路

由反电动势控制的直流电动机启动电路如图 3 - 4 - 37 所示，这实际上是一种电阻降压式启动电路。

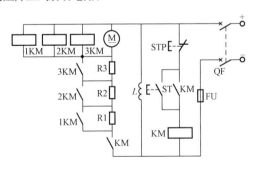

图 3 - 4 - 37　由反电动势控制的
直流电动机启动电路

合上断路器 QF，按下启动按钮 ST，直流接触器 KM 吸合，电动机 M 串入电阻 R1、R2、R3 开始启动。随着转速的上升，反电动势增大，电动机 M 两端电压逐渐增高，使得 1KM、2KM、3KM 按顺序动作，其主触点便依次逐个把 R1、R2、R3 短接，最后电动机 M 投入全压运行。

1KM、2KM、3KM 均为直流接触器，其吸合线圈额定电压必须满足 $U_{1KM} < U_{2KM} < U_{3KM}$。

（二）由电压继电器控制的直流电动机启动电路

由电压继电器控制的直流电动机启动电路如图 3 - 4 - 38 所示。

合上断路器 QF，直流电动机 M 启动。随着转速的升高，M 两端反电动势也逐渐上升，并联在电动机 M 两端的电压继电器 1KV、2KV、3KV 依次吸合。当 1KV 吸合时，1KM 线圈吸合，其动合触点闭合，为 2KM 闭合做好准备，同时 1KM 主触点将分段电阻 R1 短接，电动机 M 得到较大的电流，速度提高了一些，其两端反电动势又增高了不少，于是 2KV 吸合，其动合触点动作，2KM 获电，短接了分段电阻的 R2，M 两端的反电动势更高了，于是 3KV 继电器动作，3KM 线圈获电，其主触点闭合，将分段电阻全部短

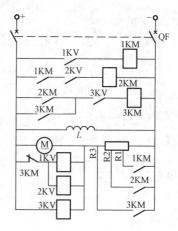

图 3 - 4 - 38　由电压继电器控制的直流电动机启动电路

接，就这样，直流电动机便投入了全压运行。3KM 动作后，其 3KM 动断触点断开，电压继电器 1KV、2KV 线圈被切除。

（三）由电流控制的直流电动机启动电路

由电流控制的直流电动机启动电路如图 3 - 4 - 39 所示。

合上隔离开关 QS，按下启动按钮 ST，接触器 1KM 线圈获电吸合，其动合触点闭合，电动机电枢回路串入电阻 R 作降压启动，1KM 的一个动合触点闭合，实现自锁，KT 线圈也得电。与此同时，3KM 接触器动作，其动断触点断开。当电动机转速升高，使电枢电流下降，3KM 释放，其动断触点闭合，2KM 获电动作，2KM 的动合触点闭合，把降压电阻 R 短接，电动机便开始在额定工作电压下正常运行。采用延时继电器 KT，目的是为了防止在启动之初，降压电阻 R 被接触器 2KM 短接。

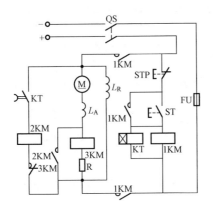

图 3 - 4 - 39 由电流控制的直流
电动机启动电路

（四）由时间继电器控制
的直流电动机启动电路

由时间继电器控制的直流
电动机启动电路如图 3 - 4 - 40
所示。

这实际上是电阻降压启动
的直流电动机启动电路，只不
过是用时间继电器来控制短接
电阻的先后而已。闭合电源隔
离开关 QS，按下启动按钮 ST，
直流接触器 1KM 获电吸合，
其动合触点闭合，使电枢回路
串入 R1、R2 启动。而时间继
电器 1KT 也同时获电启动，其

动合触点 1KT 经延时闭合，使 3KM 获电吸合，从而将 R1 短接，电动机
M 加速。此时，另一只时间继电器 2 KT 得电动作，其动合触点延时闭合，
使 2KM 得电动作，把电阻 R2 短接。这样，电动机便进入了正常运行
状态。

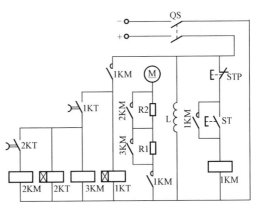

图 3 - 4 - 40 由时间继电器控制的
直流电动机启动电路

（五）用变阻器控制的直流电动机启动电路

用变阻器控制的直流电动机启动电路如图 3 - 4 - 41 所示。

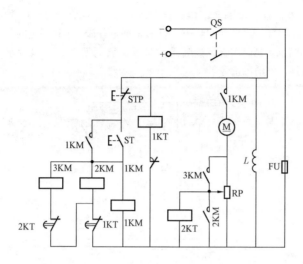

图 3 - 4 - 41 用变阻器控制的直流电动机启动电路

合上电源隔离开关 QS，时间继电器 1KT 动作，其动断触点断开。按下启动按钮 ST，直流接触器 1KM 动作，其动断触点断开 1KT 线圈，动合触点 1KM 接通电动机电枢回路，串入全部启动变阻器 RP，电枢电流在 RP 上产生的压降，使时间继电器 2KT 动作，其动断触点断开 3KM 线圈电路。经延时后，首先 1KT 延时闭合的动断触点闭合，2KM 获电动作，把 RP 的一部分短接，使电枢提速。与此同时 2KT 线圈也被 2KM 动合触点短接，经延时后，2KT 延时闭合的动断触点闭合，3KM 得电动作，其动合触点把 RP 的另一部分也短接，于是电动机便进入额定直流电压运行状态。

（六）并励直流电动机的启动控制

并励直流电动机启动控制线路如图 3 - 4 - 42 所示。

图 3 - 4 - 42 中 KA1 为过电流继电器，对电动机进行过载和短路保护；KA2 为欠电流继电器，作励磁绕组的失磁保护，以免励磁绕组因断线或接触不良引起"飞车"而产生事故；电阻 R 为电动机停转时，励磁绕组的放电电阻；V 为载流二极管，使励磁绕组正常工作时，电阻 R 上没有电流流入。

启动时合上电源隔离开关 QS，励磁绕组获电励磁，欠电流继电器 KA2 线圈获电吸合，KA2 动合触头闭合，时间继电器 KT 线圈获电吸合，KT 动断触头瞬时断开，以保证电阻 R_Q 串在电枢回路启动，然后按下启动

按钮 SB2，接触器 KM1 线圈获电吸合，KM1 主触头闭合，电动机 M 串电
阻 R_{st} 启动，KM1 的动断触头断开，KT 线圈断电释放，经过一定的整定时
间，KT 动断触头延时闭合，接触器 KM2 线圈获电吸合 KM2 动合触头闭
合将 R_{st} 短接，电动机正常运行。

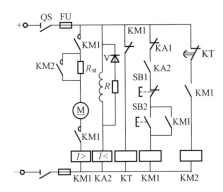

图 3 - 4 - 42　并励直流电动机启动控制线路

（七）串励直流电动机串电阻启动

串励直流电动机串电阻启动控制线路如图 3 - 4 - 43 所示。

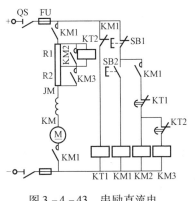

图 3 - 4 - 43　串励直流电
动机启动控制线路

启动时合上电源隔离开关
QS，时间继电器 KT1 线圈获电
吸合，KT1 动断触头瞬时断开，
以保证电动机启动时串入全部
电阻。然后按下启动按钮 SB2，
接触器 KM1 线圈获电吸合，
KM1 主触头闭合，串励直流电
动机串 R1 和 R2 电阻启动，并
接在电阻 R1 两端的时间继电
器 KT2 吸合，KT2 动断触头瞬
时断开，同时由于 KM1 动断触
头断开，KT1 线圈断电释放，
经过一定整定时间，KT1 的动
断触头延时闭合，使接触器 KM2 线圈获电吸合，KM2 的动合触头闭合短
接电阻 R1，电动机加速运转；而 KT2 线圈断电释放，经过一定的整定时
间，KT2 动断触头延时闭合接触器 KM3 线圈获电吸合，KM3 动合触头闭

合短接电阻 R2，电动机正常工作。必须指出，串励电动机不能空载或轻载下启动和运行，否则电动机的转速极高，会使电枢受到极大的离心力而损坏，因此串励电动机应在带有 20% ~25% 负载的情况下启动。

（八）直流电动机正反转控制

1. 并励直流电动机的正反转控制线路

并励直流电动机常采用电枢反接法来实现正反转，这种方法是保持磁场方向不变而改变电枢电流的方向，使电动机反转。并励直流电动机正反转控制线路如图 3 - 4 - 44 所示。

并励直流电动机正反转控制线路的工作原理请读者自行分析。

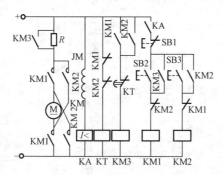

图 3 - 4 - 44　并励直流电动机正反转控制线路

2. 串励直流电动机的正反转控制线路

串励直流电动机常采用磁场反接法来实现正反转，这种方法是保持电枢电流方向不变而改变励磁电流方向使电动机反转。因为串励电动机电枢绕组两端的电压很高，而励磁绕组两端的电压较低，反接较容易，内燃机车和电力机车的反转均用此法。

串励直流电动机的正反转控制线路如图 3 - 4 - 45 所示。

启动时合上电源隔离开关 QS，按下启动按钮 SB2 时，接触器 KM1 线圈获电吸合，KM1 动合触头闭合，励磁绕组电流从 JM 端流向 KM 端，电动机正转。若要反转，则按下启动按钮 SB3，接触器 KM2 线圈获电吸合，KM2 动合触头闭合，使励磁绕组电流从 KM 端流向 JM 端，电动机反转。

（九）直流电动机制动的控制

1. 直流电动机的能耗制动控制

（1）单向启动能耗制动控制线路。并励直流电动机单向启动和能耗制动控制线路如图 3 - 4 - 46 所示。

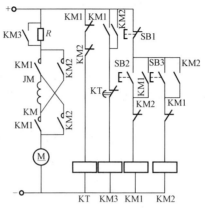

图 3 - 4 - 45   串励直流电动机正反转控制线路

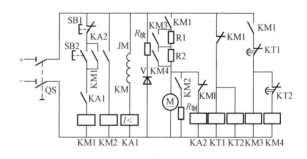

图 3 - 4 - 46   并励直流电动机单向启动和能耗制动控制线路

启动时合上电源隔离开关 QS，励磁绕组获电励磁，欠电流继电器 KA1 线圈获电吸合，KA1 动合触头闭合；同时时间继电器 KT1 和 KT2 线圈获电吸合，KT1 和 KT2 动断触头瞬时断开，保证启动电阻 R1 和 R2 串入电枢回路中启动。

按下启动按钮 SB2，接触器 KM1 线圈获电吸合，KM1 动合触头闭合，电动机 M 串 R1 和 R2 电阻启动，KM1 的 2 副动断触头分别断开 KT1、KT2 和中间继电器 KA2 线圈电路；经过一定时间的整定，KT1 和 KT2 的动断触头先后延时闭合，接触器 KM3 和 KM4 线圈先后获电吸合，启动电阻 R1 和 R2 先后被短接，电动机正常运行。

停止能耗制动时，按下停止按钮 SB1，接触器 KM1 线圈断电释放，KM1 动合触头断开，使电枢回路断电，而 KM1 动断触头闭合，由于惯性运转的电枢切割磁力线（励磁绕组仍接在电源上），在电枢绕组中产生感应电动势，使并励在电枢两端的中间继电器 KA2 线圈获电吸合，KA2 动合触头闭合，接触器 KM2 线圈获电吸合，KM2 动合触头闭合，接通制动电阻 R 制动回路；这时电枢的感应电流方向与原来方向相反，电枢产生的电磁转矩与原来反向成为制动转矩，使电枢迅速停转。

当电动机转速降低到一定值时，电枢绕组的感应电动势也降低，中间继电器 KA2 释放，接触器 KM2 线圈和制动回路先后断开，能耗制动结束。

（2）正反向能耗制动控制线路。并励直流电动机正反向启动和能耗制动控制线路如图 3-4-47 所示。

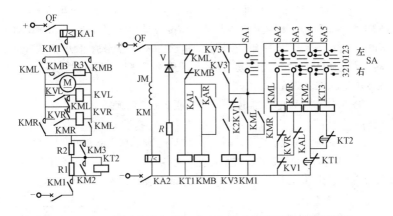

图 3-4-47　并励直流电动机正反向启动和能耗制动控制线路

图 3-4-47 中 KVL 和 KVR 为电压继电器，在正反向能耗制动中作接通 R3 能耗制动回路用。KV3 为过电压继电器，起零位保护作用，只有当主令开关 SA 扳到"零"位置，即启动电阻 R1 和 R2 串入电枢电路中电动机才能启动。SA 主令开关可控制 5 条控制线路，左和右各可扳动 3 挡位置，以便实行正反转控制，扳到某挡位置下面有"·"的这条控制线路就接通。

启动前先将主令开关 SA 扳到"零"位置，只有 SA1 接通，然后合上电源断路器 QF，欠电流继电器 KA2 线圈获电吸合，KA2 动合触头闭合；同时时间继电器 KT1 线圈获电吸合，KT1 动断触头瞬时断开；欠电压继电器 KV3 线圈通过主令开关 SA1 触头获电吸合，KV3 动合触头闭合自锁。将 SA 扳到左面"1"位置时，SA2 触头接通接触器 KML 和 KM1 线圈先后获电吸合，电动机串 R1 和 R2 电阻启动正转，并联在 R1 两端的 KT2 获电吸合，KT2 动断触头瞬时断开。KML 的动断触头断开，KT1 线圈断电释放。随着电动机转速的升高，反电动势也升高，通过 KML 动合触头并联在电枢两端的电压继电器 KVL 吸合；KVL 动合触头闭合为能耗制动做准备。经过一定整定时间，KT1 动断触头延时闭合，并将 SA 扳到左"2"位置，SA2 和 SA4 接通，接触器 KM2 线圈获电吸合，KM2 动合触头闭合短接电阻 R1，电动机加速，同时 KT2 线圈也被短路释放，经过一定的整定时间，KT2 动断触头延时闭合，并将 SA 扳到左"3"位置，SA2、SA4 和 SA5 接通，接触器 KM3 线圈获电吸合，KM3 动合触头闭合短接电阻 R2，电动机正转启动结束。

停止能耗制动时，将主令开关 SA 扳到"零"位置，接触器 KM1、KML、KM2 和 KM3 线圈均断电释放，而接触器 KMB 获电吸合，KMB 动合触头闭合，接通 R3 能耗制动回路，电动机 M 能耗制动，使电枢迅速停转。当电动机转速接近于"零"时，电压继电器 KVL 释放使接触器 KMB 也释放，能耗制动结束。

图 3-4-47 中电压继电器 KV3 串联 2 副动合触头是为了增加断弧能力。

关于反向启动及能耗制动的工作原理与正向相似，读者可自行分析。

2. 直流电动机正反向反接制动控制线路

并励直流电动机的正反向反接制动控制线路如图 3-4-48 所示。

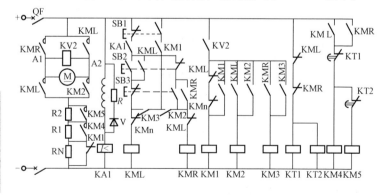

图 3-4-48　并励直流正反向反接制动控制线路

启动时合上断路器 QF，励磁绕组获电开始励磁；同时欠电流继电器 KA1 线圈获电吸合，时间继电器 KT1 和 KT2 线圈获电吸合，它们的动断触头瞬时断开使接触器 KM4 和 KM5 线圈处于断电状态，以保证电动机串电阻启动。按下正转启动按钮 SB2，接触器 KML 线圈获电吸合，KM1 主触头闭合，电动机串电阻 R1 和 R2 启动，KML 动断触头断开，时间继电器 KT1 和 KT2 线圈断电释放，经过一定的整定时间，KT1 和 KT2 动断触头先后延时闭合，使接触器 KM4 和 KM5 线圈先后获电吸合，它们的动合触头闭合先后切除 R1 和 R2，直流电动机正常运行。

随着电动机转速的升高，反电动势增大，当到定值后，电压继电器 KV2 获电吸合，KV2 动合触头闭合，使接触器 KM2 线圈获电吸合，KM2 的动合触头闭合为反接制动做准备。

停转制动时，按下停止按钮 SB1，接触器 KML 线圈断电释放，电动机作惯性运转，反电动势 E_0 仍很高，电压继电器 KV2 仍吸合，接触器 KM1 线圈获电吸合，KM1 动断触头断开，使制动电阻 R 接入电枢回路，KM1 的动合触头闭合，使接触器 KMR 线圈获电吸合，电枢通入反向电流，产生制动转矩，电动机进行反接制动而迅速停转。待转速接近零时，电压继电器 KV2 线圈断电释放，KM1 线圈断电释放，接着 KM2 和 KMR 线圈也先后断电释放，反接制动结束。

反向启动及反接制动的工作原理与正向相似，读者可自行分析。

（十）直流电动机的调速控制

在电动机的机械负载不变的条件下改变电动机的转速叫调速。直流电动机改变电枢电压调速控制线路如图 3 - 4 - 49 所示。

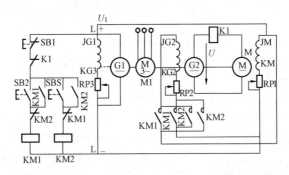

图 3 - 4 - 49 直流电动机改变电枢电压调速控制线路

这种调速方法调速范围很广，但必须要有专用的直流电源调压设备，

第四章 直流电机检修

通常采用他励直流发电机作为他励电动机的电枢电源，这种组合称为发电机—电动机组拖动系统，简称 G－M 调速系统。

图 3－4－49 中 M 是他励直流电动机，拖动生产机械旋转；G2 是他励直流发电机，发出电压 U 供直流电动机 M 作为电枢电源电压；G1 为并励励磁发电机，发出直流电压 U_1，供直流发电机和直流电动机的励磁电源电压，同时供给控制电路直流电源；M 为三相笼型电动机，拖动同轴连接的直流发电机 G2 和励磁直流发电机 G1 旋转；JG1、KG1、JG2、KG2 和 JM、KM 分别为励磁发电机、直流发电机和直流电动机的励磁绕组。

（1）励磁。先启动三相笼型电动机 M，拖动励磁发电机 G1 和直流发电机 G2 旋转，励磁发电机 G1 切割剩磁磁力线，输出直流电压 U_1，除供给自励磁电源外，还分别供 G－M 机组励磁电源和控制电路电源。

（2）正、反转启动控制。按下启动按钮 SB2（或 SB3），接触器 KM1（或 KM2）线圈获电吸合，其动合触头闭合发电机 G2 的励磁绕组励磁；因发电机 G2 的励磁绕组有较大的电感，故励磁电流上升得较慢，产生的感应电动势和输出电压 U 也是从零逐渐升高，使直流电动机启动时，可避免较大的启动电流的冲击。所以不需在电枢电路中串入启动电阻，直流电动机就可很平滑的启动。

（3）调速。RP1 和 RP2 分别是直流电动机 M 和直流发电机 G2 的励磁绕组的调节电阻器。启动前应将 RP1 调到较小值，而将 RP2 调到较大值。

当直流电动机启动后需调速时，可先将 RP2 阻值调小，使直流发电机 G2 的励磁电流增大，于是直流发电机的输出电压即电动机电枢电源电压 U 增加，电动机转速升高。可见调节 RP2 的阻值能升降直流发电机的输出电压 U，就可达到调节直流电动机转速的目的。不过加在直流电动机电枢上的电压 U 不能超过它的额定值，所以在一般情况下，调节 RP2 的阻值只能使电动机在低于额定转速情况下进行平滑调速。

若要电动机在额定转速以上进行调速，则应先调节 RP3，使电动机电枢电源电压 U 调到额定值，然后将 RP1 阻值调大，使直流电动机励磁电流减小，磁通也减小，所以转速从额定转速开始升高。

（4）停车制动。若要电动机停车，可按停止按钮 SB1，接触器 KM1（或 KM2）线圈断电释放，直流发电机 G2 的励磁绕组断电，直流发电机的输出电压即电动机的电枢电压 U 迅速下降至零，惯性运转的电枢切割磁力线产生感应电流，产生制动转矩，使电动机迅速制动停转。

第二节　直流电机的检修内容

一、直流电机运行维护

对于直流电机，它的火花、振动、温度、气味、转速等参数表面现象的变化，都是由深层次的原因引起的。因此，在运行维护中，深刻细致的观察并记录这些参数，进行横向和纵向的比较，在实践中不断地丰富和完善经验，并进行理论分析，对故障的分析和判断以及处理都是很有帮助的。

（一）直流电机的维护

1. 使用前的准备及检查

（1）清扫电机内部灰尘、电刷粉末及污物等。

（2）检查电机的绝缘电阻，不应小于 $0.5M\Omega$，若低于 $0.5M\Omega$ 需进行烘干后方能使用。

（3）检查换向器表面是否光洁，如发现有机械损伤或火花灼痕，应对换向器进行保养。

（4）检查电刷是否磨损得太短，刷握的压力是否适当，刷架的位置是否符合规定的标记。如不符合规定需更换电刷时，应按原尺寸和型号更换。

2. 直流发电机的启动和停车

（1）检查线路情况（接线及测量仪表的连接等），将磁场变阻器调节到开断位置。

（2）启动原动机，使其达到发电机的额定转速。

（3）调节磁场变阻器，使电压升至一定值。

（4）合上线路开关，逐渐增加发电机的负载，调节磁场变阻器，使电压保持在额定值。

（5）如需要发电机停车，逐渐切除发电机负载，同时调节磁场变阻器到开断位置。

（6）切断线路开关。

（7）停止原动机。

3. 直流电动机的启动和停车

（1）检查线路情况（接线及测量仪表的连接等），检查启动器的弹簧是否灵活，转动臂是否在开断位置。

（2）如果是变速电动机，则将调速器调到最低转速位置。

（3）合上线路开关，电动机在负载下开动启动器，在每个触点上停留约 2s，直到最后一点，转动臂被低压释放器吸住为止。

（4）如为变速电动机，可调节调速器，直到转速达到需要的位置。

（5）如需要停车，先将转速降到最低（对变速电动机）。

（6）移去负载（串励电动机除外）。

（7）切断线路开关，此时启动器的转动臂应立即被弹簧拉到开断位置。

（二）运行中的维护

对运行中的直流电机，必须经常进行维护，以及时发现异常情况，消除设备隐患，保证电机长期安全运行。

（1）电机在运行中应检查各部分的温度、振动、声音和换向情况，并应注意有无过热变色和绝缘枯焦的气味。

（2）如果是压力油循环系统，还应检查油压和进出油的温度是否符合规定要求。一般进油温度小于等于 45℃，出油温度小于等于 65℃。

（3）用听棒检查各部分部件的声音，测定转子、定子间除电磁音响、通风音响外，有无其他摩擦声音，检查轴瓦或轴承有无异音。

（4）对主电路的连接点和绝缘体，注意有无过热变色，有无绝缘枯焦等不正常气味。

（5）对闭式冷却系统，应注意水温和风温，还应检查冷却器有无漏水和结露，风网有无堵塞不畅等情况。

（6）时刻注意电机的电流和电压值，注意不要过载。具有绝缘检查装置的直流系统，应定期检查对地绝缘情况。

（7）换向器表面的氧化膜颜色是否正常。电刷与换向器间有无火花，换向器表面有无炭粉和油垢积聚，刷架和刷握上是否有积灰。

（8）电刷边缘是否碎裂，是否磨损到最短长度。

（9）电刷刷辫是否完整，有无断裂和断股情况，与刷架的连接是否良好，有无接地与短路的情况。

（10）是否有电刷或刷辫因过热而变色，电刷在刷握内有无卡涩或摆动情况。

（11）各电刷间刷压是否均匀，压指是否压好。

（12）是否有换向器磨损不均、不平直度超过允许值、片间云母凸出引起电刷振动等情况。

（三）换向器的维护

（1）表面要光洁平滑，工作时电刷能平稳地接触，无跳动。要保持换向器表面的清洁和良好的滑动接触条件。换向器表面应经常用干净、清洁的压缩空气吹扫和用白面擦抹，对大型高转速直流电动机，最好每班清擦表面一次。

（2）片间云母下刻要干净，不能有残余云母粘留在换向片侧边，更不允许有云母片突出云母沟，换向片的倒棱必须平直、均匀，及时剔除铜毛刺，保持云母沟的整洁和光滑。

（3）建立均匀的有光泽的氧化膜，不仅能降低摩擦系数，同时也可增加换向器的表面硬度，提高了换向器的耐磨性。氧化膜是换向器和电刷间滑动接触产生电化学过程的结果，大量运行实践证明，氧化膜对滑动接触是十分重要和有益的，它可以减少电刷与换向器之间的摩擦，增强润滑作用，减少电刷磨损。另外，氧化膜还可增大接触电阻，限制换向组件中的短路电流，改善换向性能。氧化膜是直流电动机正常运行所不可缺少的，通过观察氧化膜的情况还可判断电动机工作时的换向情况。因此，在电动机运行中，对氧化膜的检查、观察是十分重要的，必须认真按要求进行。因各种原因造成的换向故障，都会损坏换向器表面氧化膜和工作状态，如不及时处理，将进一步使换向恶化，导致恶性循环。当换向器表面出现不正常状态时，必须及时处理，以防止事故进一步发展。

（四）电刷的维护

电刷是直流电动机的重要部件，它不仅要起到在电动机转动部分与固定部分之间传导电流的作用，还要限制在换向过程中被它所短路的电枢组件内的附加短路电流，以改善换向。因此，电刷对电动机能否正常稳定运行和换向都是至关重要的。电刷与刷握配合不能过松和过紧，要保证在热态时，电刷在刷握中能自由滑动，过紧可适当用砂纸将电刷磨去一些，过松要调换新的电刷。当刷杆偏斜时，可利用换向云母槽作为标准，来调整刷杆与换向器的平行度。

电刷磨损或破裂时，需换以与原电刷相同牌号和尺寸的电刷，如没有原牌号的电刷，可以用性能相近且可以代用的其他牌号电刷代用，但要注意，一台电动机上应使用一种牌号的电刷，因为不同牌号的电刷混用，由于接触压降和电阻系数不等，会引起电刷间的电流分布不均，对电机运行不利。整台电机一次更换半数以上的电刷之后，最好先以 $\frac{1}{4} \sim \frac{1}{2}$ 的负载运行 12h 以上。

在新电刷安装后，必须检查电刷在刷握内上下活动是否灵活，是否有晃动现象，电刷压力是否合适。新电刷装配好后，应将之研磨光滑，达到与换向器相吻合的接触面，以防止电刷间电流分布的不均匀现象。当电刷镜面出现灼痕时，必须重新研磨电刷。

电刷研磨方法有两种：

（1）整体研磨。砂布的宽度为换向器的长度，砂布的长度为换向器的周长，将长条砂布放在电刷下，在换向器表面围成一圈，并将砂布的一端用胶布粘贴在换向器表面，砂布的尾部顺旋转方向压住头部，如图3-4-50所示。然后按电动机旋转方向转动转子，转动几圈后，检查电刷接触面，大于75%时，电刷就研磨完毕。

（2）单个研磨。将砂布条放在电刷下，使砂布紧贴着换向器表面，对于单向旋转的电动机顺电动机旋转方向拉动砂布，回拉时要提起电刷，如图3-4-51所示。对于可逆转电动机，则可往复拉动砂布，直至电刷接触面大于75%，并具有和换向器表面相同的曲率时，研磨即完毕。须注意：拉动砂布时，一定要贴着换向器表面拉动，切忌在电刷边处翘起。

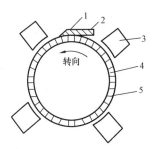

图3-4-50 电刷整体研磨
1—砂布的自由端；2—橡皮胶布；
3—电刷；4—换向器；5—砂布

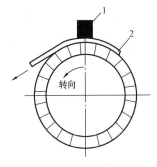

图3-4-51 单个电刷研磨
1—电刷；2—砂布

研磨电刷应采用粒度较细的（如0号砂布）玻璃砂布，不能用金刚砂布，以免金刚砂粒嵌入换向器槽中，在电动机旋转时划伤换向器和电刷表面。

电刷研磨后，换向器、刷握、绕组和风道必须进行认真的清理和清扫，以防止影响绝缘电阻和造成飞弧。然后在空载和小负荷下运转数小时来研磨镜面。其他维护项目参见交流电动机部分。

二、直流电动机的正常检修

关于直流电动机的检修项目、周期、工艺标准以及轴、轴承、端盖、风轮、线圈、铁芯等部件的检修，请参照交流电动机的相关部分，不再叙述，这里只着重对直流电动机与交流电动机不同的内容进行分析。

（一）直流电动机的拆装方法步骤

直流电动机的拆装目的有保养和修理两种。对电动机进行保养时的拆装工序一般有拆卸、清洗零件、换易损件、装配和试验。直流电动机拆卸前应在刷架处、端盖与机座配合处等做好标记，以便于装配。其拆卸的工艺步骤如下：

（1）拆除电动机的所有接线。

（2）拆除换向器端的端盖螺栓和轴承盖螺栓，并取下轴承外盖。

（3）打开端盖的通风窗，从刷握中取出电刷，再拆下接到刷杆上的连接线。

（4）拆卸换向器端的端盖，若有必要时再从端盖上取下刷架。

（5）用厚纸或布将换向器包扎好，以保持清洁及避免碰伤换向器。

（6）拆除轴伸端的端盖螺栓，把连同端盖的电枢从定子内小心地抽出或吊出，不要擦伤电枢绕组端部。

（7）拆除轴伸端的轴承盖螺栓，取下轴承外盖及端盖。若轴承已损坏需要更换时，还应拆卸轴承。

（8）将电枢放在木架上，并用布包扎好。

直流电动机的装配可按拆卸相反顺序进行。但对需要进行修理的直流电动机，在拆卸前要先用仪表和观察法进行整机检查，然后在拆卸电动机后查明故障，并采用维护和绕组修理并行操作法，来缩短修理周期。一般其标准工序图如图 3 - 4 - 52 所示。

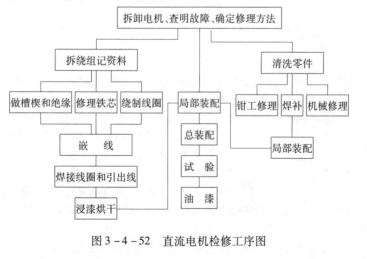

图 3 - 4 - 52　直流电机检修工序图

（二）换向器的检修

换向器检修的好坏对电动机的运行有很大的影响。换向器表面应保持光洁、圆整，不得有机械损伤或火花灼痕。如换向器表面沾有炭粉、油污等杂物，应用干净柔软的白布蘸酒精擦去；若换向器表面有轻微的灼痕时，可用 N320 细砂布在旋转着的换向器上仔细研磨；如果换向器表面灼痕较重时，可先用较粗的砂布粗砂，然后再用 N320 细砂布仔细研磨。当换向器表面出现严重灼痕、粗糙不平、表面不圆，或经过长期运行，换向器磨损出现局部凹凸不平时，就需要对换向器表面进行车光，车削时要求保持换向器的同轴度，同时要求换向器表面粗糙度 R 为 1.25。在车削时，为防止铜屑进入电枢绕组，可用干净漆刷挡住。

1. 换向器表面有灼痕

换向器表面烧伤造成灼痕、氧化膜破坏、斑痕和轻轻的条痕时，可用砂纸打磨。

在采用砂纸打磨换向器时，必须选用粒度较细的水磨砂纸，操作时先将砂纸包在一长方木块上，然后用木块轻压在换向器表面，在电动机旋转时，将木块沿换向器长度方向缓缓移动，即可对换向器表面起到砂光作用。砂光后必须用压缩空气将铜粉和砂粒吹净，并检查换向器表面粗糙度和云母沟中是否沾有铜粉及残留物。砂纸打磨的缺点是破坏了氧化膜，因此，进行操作后必须重新建立氧化膜。为了打磨时能获得较细的表面，电动机转速应适当高些，操作时应注意安全。

2. 使用柔性磨石清理换向器表面

用柔性磨石清理换向器表面，这种方法一般用于氧化膜不均、斑痕、氧化膜过厚及表面污垢的情况下。

柔性磨石是一种新型换向器维修材料，是由英国摩根公司开发，上海宝钢集团近来引进的。它是用细微的研磨料和橡胶用黏合剂压制而成的，是一种具有柔性的非导电性研磨材料，外观呈咖啡色。

使用柔性磨石进行维修作业操作简单，既不会破坏换向器氧化膜，又不产生粉尘，并能有效地除去厚的氧化膜污垢，又不破坏氧化膜。打磨后换向器表面呈现薄而均匀、又有光泽的氧化膜。这是一种值得推广的换向器维修新材料。

在使用柔性磨石清理换向器表面时，电动机以正常速度旋转，操作者可手持柔性磨石以适当的力压在换向器上，并将磨石沿换向器长度方向缓缓地来回移动，直到获得满意的效果为止。

由于操作是在电动机旋转且换向器和电刷带电的情况下进行的，故操作时必须注意安全。

3. 用换向器磨石打磨换向器表面

当换向器表面出现条痕、有规律烧伤及麻点时，通常需采用换向器磨石打磨换向器表面的方法来处理。

换向器磨石是由砂轮厂特殊制作的专门打磨换向器用的磨石。在使用时，需将磨石的黏结剂粘在带把儿的打磨工具的底座上。打磨时换向器的速度应在 10m/s 左右，用双手将磨石稳定地压在换向器上，手持压力不能过大，一直打磨到看不见表面灼痕和沟道为止，磨石打磨完后，再用较细（240 目左右）的砂布围在木块上，用相同的办法，再打磨一遍。要求较高的换向器，还应用帆布代替细砂布再打磨一遍。

必须注意：切忌使用金刚砂布打磨换向器，因为金刚砂微粒嵌入换向器表面，能划伤换向器和电刷表面，使表面形成沟道，并影响氧化膜的形成。

4. 车削换向器表面

当换向器表面烧伤严重，沟道较深以及轴向波浪超过 0.5mm 时，打磨换向器将不能达到改善换向器表面状态的作用，此时应采用车削换向器表面的方法。

在车削换向器前，应先检查换向器定位螺钉和销钉是否松动，紧固螺母和拉紧螺杆是否松动，如有松动，应紧固后再车削。小型直流电动机换向器的车削可直接在车床上进行。

车削时应注意：①车削前，应用绝缘纸将突出云母沟的云母片全部糊起来，以免金属屑进入电枢内部，遗留隐患；②通常车削时，换向器圆周速度为 2~2.5m/s，每次吃刀量为 0.2~0.3mm，精车时，吃刀量为 0.1~0.15mm，走刀量为 0.1~0.15mm/r；③车削后，至少应达到 R_a 为 1.6 的粗糙度；④尽可能采用自动进刀而不用手动；⑤为避免出现"扎刀"的不良后果，切忌使用宽刀和光刀；⑥车削结束后，可提高些转速，用 240 目以上的细砂布（不能用金刚砂布）打磨一遍。

车削换向器对其寿命影响很大，决定对换向器进行车削时，一定要慎重，小型直流电动机换向器在车削后其端部以尚余 3~5mm 厚为最后标准，车削、磨削到这种程度就不能再用了。如对换向器轻易车削几次，换向器就会报废。重新更换换向器，将增大电动机的维修费用。

5. 车削后换向器云母沟的下刻

换向器车光后需要进行片间云母拉槽，对不同直径的换向器，其云母拉槽深度也不同，可参阅表 3-4-5。

表 3 - 4 - 5	不同直径的换向器拉槽深度			mm
换向器直径	< 50	50 ~ 150	151 ~ 300	> 300
云母拉槽深度	0.5	0.8	1.2	1.5

6. 换向片倒角及表面的精砂光

在打磨和切削换向器后，必须进行云母沟下刻和换向片倒角工序，以改善换向器表面的状态，保持良好的滑动接触，并可减少磨损和防止片间闪络。

（1）云母沟下刻。下刻深度一般为 $1.5 \sim 2mm$，下刻深度太小，易出现云母片突出，下刻深度过大，则易积存炭粉。

（2）换向片倒角。换向片倒角能减少电刷磨损和云母沟积灰，对于防止换向片铜毛刺和片间闪络的发生也是有效的。换向片倒角通常要求是 $0.5 \times 45°$，且均匀平直。

（3）换向器表面精砂光。在换向器下刻和倒角操作结束后，应将换向器表面再精光一次，使换向器有较高的粗糙度。

7. 换向器摆度的测量及检修

换向器在长期运行后，由于云母材料中有机物的挥发产生收缩、紧固件的松动等使整体结构松弛，而片间压力降低，使换向器产生变形和偏心。在运行中将会使电刷跳动、滑动接触稳定性受到干扰，将产生机械性火花，严重时，火花加大，换向器表面出现烧伤和氧化膜破坏，导致换向恶化。

当直流电动机换向火花较大，而且发现电刷跳动现象时，必须检查换向器摆度。

在测量换向器摆度时，应区分是换向器变形和偏心，还是凸片（或凹片）。当换向器由于变形和偏心造成摆度时，在电动机旋转时，摆度是逐渐过渡的，换向片之间径向变化较缓，没有突变现象，对电刷跳动影响较小，电刷的随从性较好，这种情况的换向器摆度允许值较大，见表 3 - 4 - 6。

表 3 - 4 - 6	换向器允许摆度		mm
电枢状态	换向器线速度 $v_k < 15m/s$	换向器线速度 $v_k \geq 15m/s$	
热　态	0.06	0.10	
冷　态	0.05	0.09	

由凸片（或凹片）造成的换向器摆度，其换向片局部位置在半径方向变化较大，有突变现象，电刷的随从性不好，易引起电刷跳动，对换向火花影响较大。故对凸片引起的突片值 δ_m 限制的就小些。根据运行经验、凸片（或凹片）引起的突片值应限制在下列范围：

$v_k \geqslant 40\text{m/s}$ $\delta_m < 0.01\text{mm}$

$15\text{m/s} \leqslant v_k < 40\text{m/s}$ $\delta_m < 0.02\text{mm}$

$v_k < 15\text{m/s}$ $\delta_m < 0.05\text{mm}$

当换向器摆度超过允许值时，换向器必须进行车削。换向器摆度的测量方法通常有两种。

（1）在低速运行或盘车时，可用千分表直接测量。在千分表的端头套上一个绝缘套，装绝缘套是为了避免云母沟对表针指示的影响，千分表座最好是磁吸附式的，牢牢吸在铁制的基座上，如图 3－4－53 所示。根据电动机盘车时千分表指针摆动范围和换向器对应部位，即可测得换向器摆度并确定突片位置。

（2）对于无法盘车或低速运行的电动机，换向器的摆度可用测振仪来测量。先将测振仪进行校准，在测

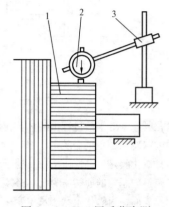

图 3－4－53　用千分表测换向器摆度

1—换向器；2—千分表；3—千分表座

振探头——拾振器的探杆上，套上一个绝缘套，可用手持或套圈固定测振器，使之接触电刷压板或刷握的压指，此时即可从测振仪上读得换向器的摆度，如果将测振仪的输出接至示波器，即可读得变形数值和观察振动波形，如图 3－4－54 所示。

用此法测得的换向器摆度有时会有一定的误差，这是由于电动机在高速转动时，电刷的起伏幅度中，不仅有换向器的摆度，还包括了电刷的惯性跳动。

8. 氧化膜的检查及分析

氧化膜的颜色各不相同，通常是紫色、红褐色、浅蓝色、咖啡色、灰色等等，只要有光泽、颜色均匀都是属于正常的氧化膜。直流电动机生成氧化膜的颜色不同，主要取决于运行条件，如负载、电动机转速、电刷材质、环境温度、湿度、换向火花等级等。当电动机运行条件改变时，由于

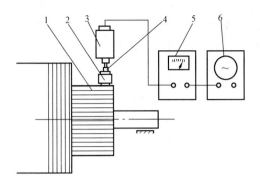

图 3 − 4 − 54　用测振仪测换向器摆度

1—换向器；2—电刷；3—测振器；

4—绝缘套；5—测振仪；6—示波器

氧化膜原来的平衡过程被破坏，在新的条件下，又达到了新的平衡，氧化膜的状态和颜色也会随之改变。

氧化膜是一种性质活泼、处于动态平衡过程的物质。氧化膜的变化往往是换向恶化的前奏，为此，必须加以观察和维护，经常地吹扫和擦净换向器表面，当氧化膜状态发生变化时，必须分析原因并找出影响因素，进行针对性处理。

氧化膜的形成也与负载大小、电动机转速、电刷材质、换向火花等级、环境温度、湿度等许多因素有关，一般说来，温度较高、湿度恰当（绝对湿度为 $6 \sim 12 g/m^3$）、电流密度适中（$0 \sim 12 A/cm^2$）、电刷润滑性能较好时，氧化膜建立较好，否则，换向器表面容易出现条痕、沟槽、挤铜等现象。

（三）电刷的检修

1. 弹簧压力的调整

合适的弹簧压力是保持电刷与换向器滑动接触的重要条件。电刷压力过小，可造成电刷跳动和接触压降不稳定；压力过大，则会增大电刷的机械磨损，换向器温升增加；电刷压力不均匀，会造成各电刷之间电流分布不均和个别电刷的火花。

电刷弹簧压力一般应保持在 $16 \sim 24 kPa$ 范围内，而且电刷间的压力差不应超过 10%。电刷的压力与电刷材质、换向器表面圆周速度有关，应合理选定。

电刷弹簧压力的测定方法:用弹簧秤在电刷提起方向勾起电刷压指,在电刷下垫一纸片,当纸片能轻轻拉出时,弹簧秤的读数就是电刷弹簧压力,如图3-4-55所示。

2. 电刷与刷握间隙的检修与调整

电刷与刷握的配合应保持一合适间隙并应符合公差要求,间隙过大,电刷在刷握内晃动,影响电刷的稳定,有时还产生"啃边"现象;间隙过小,影响电刷在刷握内的自由滑动,甚至被"卡死"。合适的电刷与刷握间隙见表3-4-7。

表 3-4-7 电刷与刷握间隙

项	目	电刷容差	刷握容差	最大间隙	最小间隙
厚度 8mm 以下	厚度	-0.02 -0.07	+0.10 0	0.17	0.02
	宽度	-0.05 -0.15	+0.10 0	0.25	0.05
一般电动机	厚度	-0.05 -0.20	+0.10 0	0.30	0.05
	宽度	-0.15 -0.35	+0.10 0	0.45	0.15
可逆 电动机	厚度	-0.05 -0.10	+0.10 0	0.20	0.05
	宽度	-0.10 -0.30	+0.10 0	0.40	0.10

为保持电刷的稳定运行,应经常检查电刷的活动情况,如通过提刷来检查电刷在刷握内活动是否自由,有无卡刷和电刷焊附刷握壁的现象,当发现有此现象时,应立即研磨电刷和清理刷握,使电刷能活动自如。另外,利用手提电刷的方法也可感知电刷弹簧压力是否合适。

3. 刷握离换向器表面距离的检查

由于刷架和刷握固定螺钉的松动或变形,刷握离换向器表面距离会发生变化。正常的刷握离换向器表面的距离应在(2.5±0.5)mm范围内。

刷握离换向器表面的距离应保持一定,这对防止电刷振动有很大关系。刷握距离可用2~3mm绝缘板条进行检查,当距离超过允许值时,可用2.5mm厚的绝缘板垫在刷握下,作为调整基准进行调整。

第四章 直流电机检修

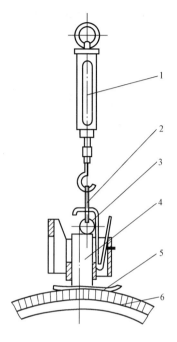

图 3－4－55　电刷弹簧
压力的测定

1—弹簧秤；2—钢丝圈；3—恒压
弹簧；4—电刷；5—纸片；6—换
向器

4. 电刷镜面检查

电刷与换向器相接触的刷面，在换向正常时，应该平滑、明亮，通常称之为镜面。电刷镜面出现的异常现象，可以帮助分析换向不良的情况和原因。换向不良时，会出现镜面灼痕，当火花长期为 $1\frac{1}{2}$ 级时，电刷的后刷边会出现雾状轻微灼痕；换向恶化时，镜面会出现较粗糙的麻面；当有爆鸣状、舌状和飞溅状火花时，镜面会出现严重灼痕，并且电弧熏染黄色附着物；而当周围空气温度过大（超过 $20g/m^3$）或存在酸气时，将使换向器表面的铜电解而产生铜粉末，细微的铜粉末会沉积在电刷表面，这就是所谓的电刷镜面"镀铜"。镜面镀铜会破坏氧化膜，使换向恶化。此时应考虑适当降低绝对温度，选用容易形成氧化膜的质地紧密的电刷，并适当提高电流密度。

（四）定子绕组的检修

定子绕组的检修主要是检查紧固换向极、主磁极的铁芯固定螺栓、刷架、刷杆及其连接线的螺栓，把各部位的灰尘、化学腐蚀物、潮气、碳粉等清理干净。特别注意的是电刷中性线的调整螺栓在调整好后，千万不要随便乱动，换向器的观察通风窗口要做好防小物件掉入措施，也即其上的百叶窗齐备完好，其余的检修项目参照异步电动机定子的检修。

（五）刷握、刷架和刷杆的检修

检查刷握、刷架和刷杆的固定螺栓是否松动、变形以及螺栓或螺母是否脱扣，并使刷握和换向器表面平行，调整好刷杆间的等分距离。

（六）电刷中性线位置的调整

直流电动机电刷中性线的位置应严格控制在主磁极的几何中性线上，尤其是大型电动机、可逆运行电动机和高速电动机更应如此。因为当电刷偏离主磁极几何中性线位置时,换向将发生超前或延迟,产生的纵轴电枢反应将使电动机的外特性发生变化。对可逆转电动机来说,电刷中性线偏离主磁极几何中性线时,两个旋转方向的转速不同,换向的强弱也不同。当电刷偏离中性线位置较大时,电动机即使空载,也将产生火花。

在中性线位置确定后,将刷架或刷杆座圈固定螺钉松开,使刷握中性线与电刷中性线重合,再拧紧固定螺钉,并用漆在机座与刷架上做好标志。

三、直流电机的故障检修

直流电机的故障是多种多样的,产生故障的原因较为复杂,并且互相影响。直流电机的内部故障,多数能从换向火花的增大和运行性能异常反映出来。同时,由于制造和安装、使用、维护等原因,也会出现机械和电气方面的故障。

电机出现故障时,应根据故障现象采取果断措施,然后进行仔细分析,找出故障原因。对于绕组故障,可通过多种检查方法,结合分组淘汰方法来查出故障点,然后进行修复。

（一）电刷的火花等级

换向火花有 5 个等级,即 1、$1\frac{1}{4}$、$1\frac{1}{2}$、2、3 级。微弱的火花对电机运行并无危害,如果火花范围扩大和程度加剧,就会烧灼换向器及电刷,甚至于使电机不能运行。火花等级与电机运行情况见表 3-4-8。

表 3-4-8　　　　　火花等级与电机运行情况

火花等级	程　　度	换向器及电刷的状态	允许运行方式
1	无火花	换向器上没有黑痕,电刷上没有灼痕	允许长期连续运行
$1\frac{1}{4}$	电刷边缘仅小部分有微弱的点状火花或有非放电性的红色小火花		
$1\frac{1}{2}$	电刷边缘大部分或全部有轻微的火花	换向器上有黑痕出现,但不发展,用汽油即能擦除,同时在电刷上有轻微的灼痕	

第四章　直流电机检修

火花等级	程　度	换向器及电刷的状态	允许运行方式
2	电刷边缘大部分或全部有较强烈的火花	换向器上有黑痕出现，用汽油不能擦除，同时电刷上有灼痕（如短时出现这一级火花，换向器上不会出现灼痕，电刷不致被烧焦或损坏）	仅在短时过载或短时冲击负载时允许出现
3	电刷的整个边缘有强烈的火花（即环花），同时有大火花飞出	换向器上的黑痕相当严重，用汽油不能擦除，同时电刷上有灼痕（如在这一级火花等级下短时运行，则换向器上将出现灼痕，同时电刷将被烧焦或损坏）	仅在直接启动或逆转的瞬间允许存在，但不得损坏换向器及电刷

（二）电机火花大的原因分析及处理方法

1. 电机过载

当判断为电机过载造成火花过大时，可测电机电流是否超过额定值。如电流过大，说明电机过载，应减少负载，或消除因机械卡涩而形成的过载。

2. 电刷与换向器接触不良

（1）换向器表面太脏。用酒精或丙酮清洗。

（2）弹簧压力不合适。可用弹簧秤或凭经验调节弹簧压力。

（3）在更换电刷时，错换了其他型号的电刷。重新校核，使用原型号电刷。

（4）电刷与刷握间隙配合太紧或太松。配合太紧可用砂布磨研，如配合太松需要换电刷。

（5）接触面太小或电刷方向放反了。接触面太小主要是在更换电刷时研磨方法不当造成的，正确的方法参见碳刷的研磨部分。

3. 刷握松动，电刷排列不成直线

电机在运行中如果电刷不成直线，会影响换向。电刷位置偏差越大，火花越大。

4. 电枢振动造成火花过大

（1）电枢与各磁极间的间隙不均匀，造成电枢绕组各支路内的电压不同，其内部产生的均压电流使电刷产生火花。应调整气隙，使气隙符合标准。

（2）轴承磨损造成电枢与磁极上部间隙过大，下部间隙小。应更换轴承。

（3）联轴器（也叫对轮）轴线找得不正确。应重新找正或找中心。

（4）用皮带传动的电机，皮带过紧。应调整皮带的松紧度。

5. 换向片间短路

（1）电刷粉末、换向器铜粉充满换向器沟槽中。应用压缩空气或风葫芦吹扫。

（2）换向片间云母腐蚀。应清理腐蚀部分。

（3）修换向器时形成毛刺，没有及时清除。应剔除毛刺，使换向器再精砂光。

6. 电刷位置不在中性线上

由于修理过程中移动不当或刷架螺栓松动，造成电刷火花过大。必须重新调节中性点。其方法有三种。

（1）直接调整法。首先松开固定刷架的螺栓，戴上绝缘手套，用两手拉紧刷架座，然后开车，用手慢慢逆着电机旋转方向转动刷架。如火花增加或不变，可改变方向旋转，直到火花最小为止。

（2）感应法。电路接线如图 3 - 4 - 56 所示。当电枢静止时，将毫伏表接到相邻的两组电刷上（电刷与换向器接触要良好），励磁绕组通过开关 S 接到 1.5 ~ 3V 的直流电源上。交替接通和断开励磁绕组的电路，毫伏表指针会左右摆动。这时，将电机刷架顺电机旋转方向或逆方向移动，直至毫伏表指针基本不动时，电刷架位置即在中性点位置。

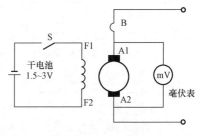

图 3 - 4 - 56　感应法确定电刷中性点位置

（3）正反转电动机法。对于允许逆转的直流电动机，先使电动机顺转，后逆转，随时调整电刷位置，直到正反转速一致时，电刷所在的位置是中性点位置。

第四章　直流电机检修

7. 换向极绕组接反

判断的方法是取出电枢，电机通以低压直流电，用小磁针试验换向极极性。顺着电机旋转方向，发电机为 n – N – s – S，电动机为 n – S – s – N（其中大写字母为主磁极极性，小写字母为换向极极性）。

8. 换向极磁场太强或太弱

（1）换向极磁场太强会出现以下症状：①绿色针状火花；②火花的位置在电刷与换向器的滑入端；③换向器表面对称烧伤。对于发电机，可将电刷逆着旋转方向移动一个适当的角度；对于电动机，可将电刷顺着旋转方向移动一个适当的角度。

（2）换向极磁场太弱会出现火花位置在电刷与换向器的滑出端。对发电机，需将电刷顺着旋转方面移动一个适当角度；对电动机，则需将电刷逆着旋转方面移动一个适当角度。

9. 换向器偏心

换向器偏心除制造原因外，主要是修理方法不当造成的。

10. 换向片间云母凸出

对换向片槽挖削时，边缘云母片未能清除干净，待换向片磨损后，云母片便突出，造成跳火。剔除凸出及毛刺部分。

11. 电枢绕组与换向器脱焊

用万用表（或电桥）逐一测量相邻两片换向器片的电阻，如测到某两片间的电阻大于其他任意两片的电阻，说明这两片间的绕组已经脱焊或断线，应重新焊牢。

12. 刷杆装置不等分

可利用换向器片重新调整刷杆间的距离。

13. 刷握离换向器表面距离过大

应调整到 2 ~ 3mm。

14. 刷杆偏斜

可利用换向云母槽作为标准，来调整刷杆与换向器的平行度。

15. 换向极垫片垫得不当或忽略了原有第二气隙垫片

拆开检查重新调整。

16. 换向极线圈匝数不符合要求

匝数相差过多需要补绕，相差不多可调整换向极气隙。

17. 换向极绕组短路

用电桥测量，如有短路应衬垫绝缘或重新绕制。

18. 换向极引出线接反

电动机在负载时转速稍慢并出现火花，应调换和刷杆相连接的两线头。

19. 电枢绕组断路

换向器云母槽中有严重烧伤现象，应拆开电动机检查电枢绕组，用毫伏表（或36V灯）找出其断路处。

20. 电枢绕组短路或换向器短路

电枢运转时，换向器刷握下冒火，电枢发热，应检查云母槽中有否铜屑，或用毫伏表测换向片间电压降。

21. 电枢绕组中有部分线圈接反

用电压降法检查。

22. 电压过高

调整外施电压额定值。

(三) 发电机不发电、电压低及电压不稳定的故障分析

(1) 对自励电机来说，造成不发电的原因之一是剩磁消失。这种故障一般多出现在新安装或经过检修的发电机。

如没有剩磁，可进行充磁。其方法是，待发电机转起来以后，用12V左右的干电池（或蓄电池）负极对主磁极的负极，正极对主磁极正极进行接触，观察跨接在发电机输出端的电压表。如果电压开始建立，即可撤除。

(2) 励磁绕组接反。改变一下正、负极接线。

(3) 电枢绕组匝间短路。其原因有：绕组内部匝间短路；换向片间或升高片间有焊锡等金属物短接。

检查电枢短路的故障，可以用短路测控器检查。对于没有发现绕组烧毁又没有拆开的电机，可用毫伏表校验换向片间电压的方法检查。但在用这种方法检查以前，必须首先分清此电枢绕组是叠绕形式，还是波绕形式。对图3-4-57 (a) 所示的叠绕组的电机，每对用线连接的电刷间有两个并联支路；而图3-4-57 (b) 所示波绕组形式的电枢绕组，每对用线连接的电刷间最多只有一个绕组组件。实际区分时，将电刷连接拆开，用电桥测量其电阻值，如原连接的两组电刷间阻值小，而"＋""－"电刷间阻值较大，可认为是波绕组；如四组电刷间的电阻基本相等，可认为是叠绕组。

在分清绕组形式以后，可将低压直流电源接到正负两对电刷上，毫伏表接到相邻两换向片上，依次检查片间电压，如图3-4-58所

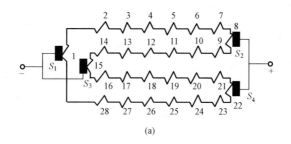

(a)

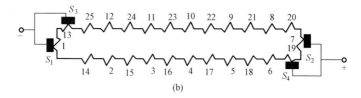

(b)

图 3 - 4 - 57 直流电机电枢绕组形式

(a) 4 极叠绕组; (b) 4 极波绕组

示。中、小型电机常用图 3 - 4 - 58 (a) 所示的检查方法; 大型电机常用图 3 - 4 - 58 (b) 所示的检查方法。在正常情况下, 测得电枢绕组各换向片间的压降应该相等, 或其中最小值和最大值与平均值的偏差不大于 ±5%。如电压值是周期变化的, 则表示绕组良好; 如读数突然变小, 则表示该片间的绕组组件发生短路。若毫伏表的读数突然为零, 则表明换向片短路。有时遇到片间电压突然升高, 则可能是绕组断路或脱焊。

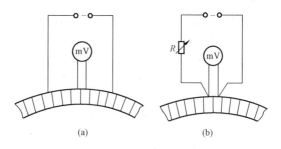

图 3 - 4 - 58 用测量换向片间压降的方法检查短路、断路和开焊

(a) 中、小型电机; (b) 大型电机

对于 4 极的波绕线, 因绕组经过串联的两个绕组组件后才回到相邻的

换向片上,如果其中一个组件发生短路,那么表笔接触相邻的换向片,毫伏表所示电压会下降,但无法辨别出两个组件中哪个损坏。因此,还需把毫伏表跨接到相当一个换向器节距的两个换向片上,才能指示出故障的组件。其检查方法如图 3-4-59 所示。

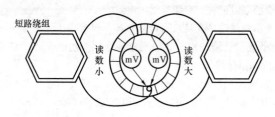

图 3-4-59 检查短路的波绕组

(4) 励磁绕组及控制电路断路。应寻找断开点,如熔断器、接点等。

(5) 电刷不在中性点位置或电刷与换向器接触不良。应校验中性点位置,改善接触状况。

(6) 转速不正常。应查找转速不正常的原因,使转速正常。

(7) 旋转方向错误(指自励电机)。应改变旋转方向。

(8) 串励绕组接反。故障表现为发电机接负载以后,负载越大电压越低。应改变串励绕组的接线。

(四) 电动机转速不正常的故障修理

(1) 并励绕组断线,励磁电流为零,转速飞快,应拆开重新连接。

(2) 并励绕组极性接错,励磁电流正常,转速快,可用指南针测量极性的顺序,并重新接线。

(3) 复励电动机串励(稳定)绕组接反,启动时逆转后又顺转(串励匝数较少的无该种现象),调换串励引出线。

(4) 串励电动机轻载或空载运行。调整负载。

(5) 复励电动机串励极性接错,启动电流较大,负载转速较快。拆开重接。

(6) 刷架位置不对。调整刷架位置,需正反转的电动机,刷架的位置应设在中心线上。

(7) 气隙不符合要求。要拆开测量气隙,加以调整。

(8) 电刷接触不良。更换磨损过多的电刷及调整压力。

(9) 电源电压过高、过低或波动过大。用电压表测量,必须调整电压(额定值)。

（10）电枢绕组短路，转速变快。应迅速停车检修电枢。

（11）串励电动机空载启动。严禁串励电动机空载启动。

（12）积复励电动机串励绕组接反。应重新接线。

（13）磁场绕组断线（指两路并联的绕组）。应拆开检查重接。

（14）磁场电阻过大。应调整磁场电阻。

（五）电枢绕组过热或烧毁原因分析及处理故障的方法

（1）电枢绕组短路。用压降法测定，排除绕组短路点。如有严重短路的话，要拆除重新绕制。

（2）电枢绕组中部分线圈的引线头接反。用压降法，找出绕组引线头接反处，用烙铁焊开换向器接线片，调整接线头。

（3）换向极接反。调整换向极引出线头，消除换向火花。

（4）定子、转子相擦。检查定子磁极螺栓是否松脱或调整气隙。

（5）电机的气隙相差过大，造成绕组电流不均衡。因电枢内有相当大的不均衡电流流过叠绕组的均压线，使它发热，故应调整气隙。

（6）叠绕组电枢中均压线接错。均压线中流过很大电流，引起它发热，应拆开重新连接。

（7）发电机负载短路。负载电流很大，应迅速排除短路处。

（8）电动机端电压过低，电动机转速同时出现下降。应提高电压，直到额定值。

（9）长期过载，换向磁极短路。

（10）直流发电机负载短路，造成电流过大。

（11）电动机正反转过于频繁。

其他如扫膛、连接线、引接线的接线端子氧化等原因参照异步电动机的修理。

（六）磁场绕组过热故障的修理

（1）并励绕组部分短路。可用电桥测量每个线圈的电阻，检查阻值是否与标定值相符或接近，电阻值相差很大的绕组应拆下重绕。

（2）发电机气隙太大。查看励磁电流是否过大，拆开调整气隙（即垫入或抽去铁皮）。

（3）复励发电机负载时，电压不起，调整电压后励磁电流过大。该发电机串励绕组极性接反，串接绕组应重新接线。

（4）发电机转速太低。应提高转速。

（七）电枢振动故障的修理

（1）电枢平衡未校好。重新校平衡。

（2）检修时风叶装错或平衡块移动。调整风叶位置或重新校平衡。

（3）转轴变形。在车床上找出变形处，严重的需要调换转轴或整个电枢。

（4）配套时联轴器未校正。重新配套，使两轴线成一直线。

（5）地脚螺栓松脱。拧紧螺栓并加弹簧垫圈或加定位销。

（6）安装地基不平。平整地基后重新安装。

电机振动的原因很多，其他因素与三相异步电动机相同。

（八）电枢绕组开路的故障修理

电枢绕组开路故障，主要表现为电枢绕组与换向器片间（或升高片）开焊、虚焊及线圈断线。

如果开路故障是换向器与线圈开焊或虚焊，可进行重新焊接。

如果是线圈断线，则应仔细检查断线部位。经验表明，断线故障多发生在与换向器的连接处、槽口和靠换向器侧钢丝箍下。这时可按以下情况处理：

（1）绕组匝数少且故障在电机槽的上层。处理时首先要复查故障的部位，如故障在上层边，可打出故障所在槽槽楔，烫开与故障边相连的升高片，把故障边从槽内取出进行焊接。如导线是大截面的扁铜线，需用银焊或磷铜焊，打坡口焊接。焊接时注意保护线槽主绝缘，并用湿石棉绳进行保护。焊接完后，按原绝缘等级，用布带、绸带或玻璃丝带叠包一至数层并刷漆。漆干后将线头插入升高片内，然后将导线嵌入槽内，折转槽衬，打入槽楔，重新绑扎，测量换向片间电阻，正常后可投入使用。

（2）槽口处线圈断线。处理方法同上，但线圈新接线的焊头，应避免在槽口和槽内接头，应将线头改在非换向器端。

（3）一个线圈多根导线断路或线圈断线处不易查找的情况，可采用暂时应急措施修复。方法是先查明故障线圈，然后将该线圈从换向器上拆下，同时用绝缘带包扎线端。用绝缘导线在被拆下线圈的换向器上按规定重新跨接。单叠绕组的接线方法如图 3 - 4 - 60 所示；单波绕组的接线方法如图 3 - 4 - 61 所示。

应当指出按图 3 - 4 - 61（a）的接法，可将 1 和 2 或 10 和 11 两组换向片的任何一组连接起来。勿将两处相邻换向片同时连接，否则会形成两个相邻绕组的并联，造成内部短路而发热。

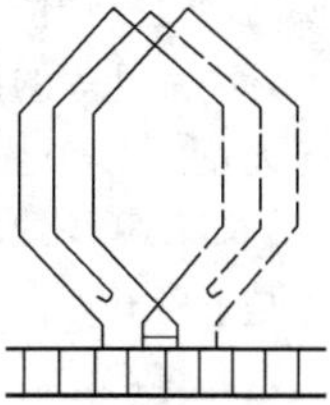

图 3 - 4 - 61（b）是一种较好的接线方法。即将开路的线圈两端从换向器片上拆下包好，再在它原

图 3 - 4 - 60　单叠绕组断路的跳接

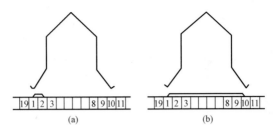

图 3 – 4 – 61　单波绕组断路的跳接

（a）方法一；（b）方法二

来接着的两片换向片 1 和 10 上焊接一根带绝缘层的导线，这样连接以后，可使除开路线圈以外的线圈都有电流通过，仍处于较好的工作状态。

（九）电枢绕组短路的故障修理

电枢绕组可分碰线和受潮短路两种情况。碰线指在一只线圈里两匝导线或一线圈与相邻的一只线圈之间绝缘破损或击穿，造成两线直接短路。绕组短路后，电枢会发热，电刷上会发生火花，换向器上有烧坏的灼黑点。如果有几个线圈发生短路，电机一般不能运行。

如果线圈内受潮引起局部短路，可进行烘干处理，然后检查。

如果是碰线，可采取电枢绕组开路第一、二种方法处理。

如果是同一线圈的匝间短路，通常要用从槽中取出绕组重新包扎绝缘的方法修理。

对不易查找或多根导线烧在一起的情况，可把短路线圈的两端头从换向片上取下包好，再把这个线圈后端部的全部导线切断，以防止产生短路电流。然后按照电枢绕组断路故障的跳接方法处理。

（十）升高片开焊或断裂的故障修理

（1）升高片开焊的修理。升高片或并头套开焊，会引起换向恶化，使换向器对称烧伤。开焊严重时，会引起电枢振动。

升高片开焊的部位，下层绕组比上层多，高速电机比低速电机多，有换向火花比无换向火花的开焊可能性大。

升高片开焊的检查方法，可用测量片间电阻的方法查找。为了分清上层还是下层开焊，可按图 3 – 4 – 62 所示的方法测量连接线头间的电阻，以确定开焊部位。

发现开焊部位后，可采用大功率电烙铁或炭精钳加热升高片的并头套（焊接时应使电枢的换向器端低一些，以免焊锡流入端部绕组），让焊锡流出，并迅速将铜楔楔紧，然后焊好。

（2）升高片断裂的修理。升高片断裂，大多数发生在正反转、带冲击负载制动和传动系统刚度较小的直流电机上。其原因是当轴上突然增加力矩或力矩突然消失时，轴系就会产生扭振，当扭振频率与升高片固有振动频率相重合时，就会产生共振，使升高片断裂。

升高片断裂部位，多发生在升高片上部和根部，如图3－4－63（a）所示。如升高片断裂部位在上部，可制作一个新升高片焊装。如断裂部位在升高片的根部，可把升高片离根50mm左右剪断，用小锯条在升高片断裂部位开槽，锯出一个宽约2mm、深约7～12mm的斜口槽并搪锡，如图3－4－63（b）所示。然后用与升高片规格相同的搪锡铜片插入槽内，并用锡焊焊住。插入铜片的上部应与升高片搭接30mm左右，也用锡焊焊住。

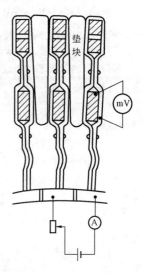

图3－4－62　升高片开焊的检查

另外，还可将插入铜片的上部和升高片下部对齐，外加并头套焊住，如图3－4－63（c）所示。这种方法同样适于升高片中部断裂的情况。

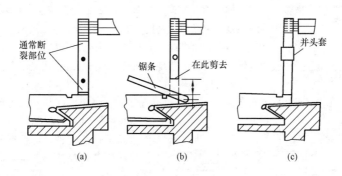

图3－4－63　升高片断裂及修理方法

（a）通常断裂部位；（b）锯斜口槽并搪锡；（c）外加并头套

（十一）直流电机不能启动故障的修理

（1）电机接线板的接线头接错。应按接线图重新接线。

（2）启动器上接线错误或接触不良。应检查接线是否正确，电阻丝是否烧断，重新接线或整修。

（3）电路中熔断器熔断。更换熔断器。

（4）电刷接触不良以及换向器表面不清洁。重新研磨电刷和检查刷握弹簧是否松弛或整理换向器云母槽。

（5）启动电流太小。检查启动电阻是否太大，应更换合适的启动器，或改接启动器内部线路。

（6）启动时负载过大。减少负载后，再启动。

（7）电刷位置移动。重新校正中心位置。

（8）电路两点接地。用校灯或绝缘电阻表检查并排除接地点。

（9）线路电压太低。用电压表测量，提高电压后再启动。

（10）直流电源容量过小。启动时电路电压如明显下降，应更换直流电源。

（11）轴承损坏或有杂物卡死。更换损坏轴承或清洗轴承。

（12）磁极螺栓未拧紧或气隙过小。停车后拧紧磁极螺栓或拆开修理。

（十二）接地故障的诊断与检修

1. 接地故障的诊断

直流电动机接地故障通常用绝缘电阻表测量绝缘电阻来诊断，必要时还可用万用表测量绕组对机壳或转轴的电阻值来进一步判断。检查时，首先要区分是转子上的电枢绕组和换向器接地，还是定子上的换向极绕组、补偿绕组或串励绕组接地，判断时可将所有的电刷提起后再分别检查即可确定。如接地点在定子部分，可继续分别检查各绕组，找出接地的线圈，拆下处理接地线圈的绝缘即可；如接地点在转子部分，还需进一步检查具体接地点。

电枢部分接地点故障位置常用的检查方法有测量换向片间的电压降法、测量换向片与转轴间的电压降法和试灯法三种。可根据现场条件和故障情况选用，也可同时依次使用。

（1）测量换向片间的电压降法。将低压直流电源接到换向片和轴上，测量相邻两换向片间的电压，其接线如图3-4-64所

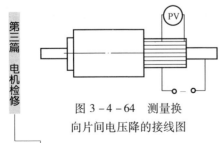

图3-4-64 测量换向片间电压降的接线图

示。邻近接地点的片间电压降方向将相反（但在与电源相接的换向片上所测得的电压降反向情况不属此例）。如电源所接换向片正好是接地点，则其他片间电压降都很小或测不到反向处，此时只需将电源所接换向片移过几个换向片再测量即可。

（2）测量换向片与轴间的电压降法。将低压直流电源接到相隔近一个极距的两个换向片上，如图3-4-65所示，将电压表的一端接到转轴上，另一端依次接触所有换向片进行测量，其电压值是越接近故障点读数越小，当接触到故障点时，读数最小，甚至是零。用此法时，电枢绕组至少是按两并联支路通电的，所以当绕组某点接地时，不仅该换向片对地电压为零，与该片对称的等电位点的换向片虽未接地，但其对地电压也为零，如图3-4-66所示。为避免将没接地的绕组线圈误认为接地，可将通电的换向片变换一下，如将1、9片通电改为3、11片通电，则原来 $U_6 = U_{12} = 0$ 就变成了 $U_6 = U_{16} = 0$，这时 U_{12} 不等于零了，即可知真正的接地点为第6片。因换向器与电枢绕组、均压线是逐个相连的，还需进一步区分是哪一部分接地，为此可烫开接地换向片（或升高片）与电枢绕组连接的焊点再测量，如换向片还接地，则为换向器故障；如为绕组接地或均压线接地，则还需烫开上、下两元件的另一端再测量，即可找到接地的元件了。

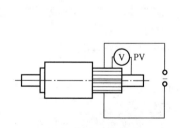

图 3-4-65　测量换向
片与轴间电压降法接线图

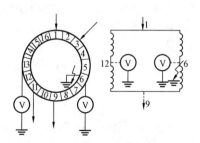

图 3-4-66　虚假接
地点原理示意图

2. 接地故障的处理

（1）换向器接地。通常是 V 形云母环（简称 V 形环）表面污染爬电、损坏和击穿造成的，也可能由于换向器内部异物引起接地。在检查发现换向器接地后，先用毛刷刷去 V 形环外露部分上的积灰和污垢，不能刷除时，应用酒精或汽油清擦，然后再做检查。如故障消失，则可在云母环外

第四章　直流电机检修

露部分刷上灰瓷漆；如故障依然存在，则必须解体换向器，拆出 V 形环进行进一步检查。

如 V 形环仅仅是因有金属屑或其他异物没有清理干净而局部被击穿时，一般可用局部修补法修复，修补方法如下：

先将 V 形环击穿处清理干净，孔的四周削成斜面，用酒精擦净，刷上胶漆，并将换向器塑型云母板修剪成缺孔形状放在缺孔上，再用电熨斗熨平，修补处外面再刷上虫胶漆，熨贴一层较大面积的 0.25mm 厚塑型云母板，待冷却后，修整边缘。V 形环修补完后，需进行一次耐压试验，试验电压为 2 倍额定电压 + 1000V，但最低为 1500V，耐压时间为 1min。

当换向器 V 形环损坏严重或因与压圈配合不好造成 V 形环滑片而产生接地时，必须更换 V 形环。

（2）电枢绕组接地。多发生在槽口处，为判断接地的具体部位，可用绝缘工具轻轻拨动故障可疑地点，同时用绝缘电阻表测量其对地电阻，观察其值是否变化，若有变化，此处即为接地故障点。上述检查方法对金属性接地故障效果较好，当此法无效时，可采用"冒烟法"。将调压器输出的一端用裸铜线在换向器上绕几圈，另一端接到电枢轴上，当调压器输出电压逐渐升高时，其电流将通过接触不良的故障点，形成弧光，将故障点绝缘材料烧损而冒烟，从而找到故障点。

若电枢绕组在槽口处接地，可轻撬起接地的线圈，在接地线圈下楔入玻璃丝布板、云母板或聚酰亚胺等薄膜绝缘材料即可解决。

若接地点在槽内，则要将故障线圈从槽内取出重新包扎绝缘。

（十三）换向器的拆修

如果换向器片间绝缘受损而造成片间短路，或 V 形云母环受损造成换向器接地，则必须拆修换向器。其方法如下：

先在换向器外圆包上一层 0.5~1mm 厚弹性纸作衬垫，并用直径为 1.2~2mm 钢丝扎紧或用铁环箍紧。同时将线圈编号，打上位置记号，做好压环与换向器间的记号，然后拧松螺母。如螺母过紧，可加热到约 50~70℃后拧开，取出 V 形云母环，然后拉下换向器。检查内部并擦净，观察 V 形环及换向片间云母有无烧蚀。当发现有烧蚀处时，刮去烧蚀的痕迹，并用酒精清洗干净，再用 220V 校验灯试验良好。用环氧树脂填补挖去的云母片，待固化后修平，按正常工艺，重新装好换向器，经试验合格后，依次焊接绕组线头。

四、直流电机绕组重绕

直流电机在下列情况下需重绕：对大型电机来说，绝缘严重老化，发生较大范围内匝间短路，绕组烧断（烧损面积较大，不易局部修理），对地多处击穿；对小型电机来说，电枢绕组全部烧毁，主磁极绕组烧毁，严重接地，短路等。

在拆卸电机时，应对线头、端盖、刷架等位置做好标记，然后拆开电机，进行最后一次检查，确认不能进行局部修理时，方可决定对电枢绕组（或磁极绕组）进行重绕。

（一）做好标记

在拆除绕组前应做好标记，如图 3 – 4 – 67 和图 3 – 4 – 68 所示。标出某一线圈上层边的位置，下层边的所属槽位，该绕组的起端有几个抽头，每个抽头所在的换向片位置，尾端所在的换向片位置。在拆除绕组时，还应检验做的记号是否正确。

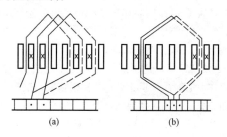

(a)　　　　　　　　　　(b)

图 3 – 4 – 67　叠绕组槽节距记号和换向片节距记号

（a）槽节距记号；（b）换向片节距记号

（二）记录数据

在拆卸过程中，应详细记录原电机的各种数据，以便修理人员不致因记录欠缺而造成错误的接线。应记录的主要数据有：

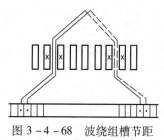

图 3 – 4 – 68　波绕组槽节距记号和换向片节距记号

（1）铭牌上的数据。

（2）定子极数。

（3）电枢绕组的节距。

（4）换向片的节距。

（5）电枢绕组的每只线圈的匝数和线径。

（6）实槽数、虚槽数、槽绝缘的种类。

（7）串、并励每只线圈的匝数（对单独或同时重绕磁极线圈的电机）、线径和绝缘情况。

（8）均压线的连接形式、线径和节距。

（9）绕组型式，连接形式（左行还是右行）。必要时，最好画出电机绕组展开图。

（10）电枢绑扎段数，扎线的直径，绑扎的尺寸，绑扎下面的绝缘材料。拆除绕组时，一定要保存一个完整的线圈，为绕制新线圈做参考。

（三）电枢绕组的拆除

电枢绕组的拆除方法如下：

（1）将电枢放在支架上，使电机能够转动，便于拆线。

（2）把钢丝箍的扣片焊开、拆平，熔化绑扎钢丝的始端或末端，拆下扎线。如系玻璃丝带绑扎，可用剪刀剪断拉开。

（3）用专用工具打出槽楔。如果是小型电机可先在烘箱内加热，等绝缘漆软化后，再打出槽楔。

（4）把电枢倾斜放置，换向器端朝下，用烙铁烫开换向器脊板上的引线头，同时把它提出。功率较大或中型以上的电机，可用喷灯来加热，将火焰对着换向片上的升高片接头处，焊锡熔化后，把线头提起来。但操作时要掌握好加热温度，不应使换向片退火。

（5）用划线板划开槽绝缘，先取出线圈上层边。待上层边起到一个节距时，从这一线圈开始，可将线圈上、下层边同时从槽内取出，如此依次拆完所有线圈。

对半闭口槽铁芯的软绕组，可先将绕组线头焊开拆下，然后加热，在拆除槽楔的同时，趁热把绕组从槽口处拆下，以保留较完整的线圈。待电枢冷却后，可采用在端部剪断，把导线顺轴向拉出。

（6）清除电枢槽中附着的绝缘物，清除换向片间及焊接面的焊锡及杂物。

（7）清理换向器，用喷灯等加热工具对换向器升高片或换向器接线槽进行加热，除去残余焊锡和污物。有升高片的，则应搪一下锡，再用扁钳将升高片整理好。

绕组拆除及清理完毕后，应在换向器上用 220V 检验灯检查片间是否短路，换向器是否接地。有高压设备的，应做（$1000 + 2U_N$）V 对地耐压试验（U_N 为额定电压）；无高压设备的，可用 1000V 绝缘电阻表测量对地绝缘电阻。在高压检查或绝缘电阻表检查时，可用裸铜线把换向器捆起来，这样可以同时检查所有换向片的对地绝缘。经检查无异常时，用弹性纸或布把换向器包扎好。

（四）绕制线圈

1. 软线圈绕制

小功率直流电机的电枢线圈多用软导线绕制，这种线圈称为软线圈（圆导线散下线圈）。绕制软线圈时，常用图 3-4-69（a）所示的活动线模。模心的轮廓尺寸如图 3-4-69（b）所示。这种绕线模的尺寸，可按下列公式估算

模心宽度 $\qquad A = y_2 t_2 (1 - h_2/D)$ $\qquad$ (3-4-18)

模心长度 $\qquad L_1 = L_a + 0.4A$ $\qquad$ (3-4-19)

$\qquad\qquad\qquad L_2 = L_a + 30$ $\qquad$ (3-4-20)

式中 $\quad y_2$——槽节距（以槽数计算）；

$\qquad t_2$——槽距，$t_2 = \dfrac{\pi D}{Z}$，mm；

$\qquad h_2$——齿的高度，mm；

$\qquad D$——电枢外径；

$\qquad Z$——总槽数；

$\qquad L_a$——电枢铁芯长度，mm。

图 3-4-69（b）所示模心尺寸中，R_1 可取 15mm，R_2 可取 5mm。

绕好的梨形槽散下线圈如图 3-4-70 所示。从模子上取下时，为了避免散开和变形，可先把线圈用纱带扎紧。

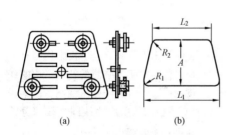

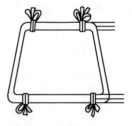

图 3-4-69　软线圈滑动线模

（a）滑动线模外形；（b）模心尺寸

图 3-4-70　梨形槽散下线圈

2. 硬线圈绕制

大、中型直流电机的电枢线圈，一般采用硬线圈（扁导线）。其线模可采用硬线圈活动线模，如图 3-4-71 所示。其模心轮廓尺寸

如图 3 - 4 - 71 (b) 所示。其尺寸：

$$L = 1.45\tau + L_a \qquad\qquad (3-4-21)$$

图 3 - 4 - 71 中取 $R \geqslant 5\text{mm}$。

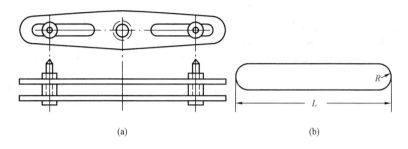

(a)   (b)

图 3 - 4 - 71　硬线圈活动线模

(a) 活动线模外形；(b) 模心轮廓

绕线时将线模通过中心孔装在绕线机上，将两则长槽中的定位螺钉和圆柱套按所绕线圈的尺寸紧固，元件绕在两个圆柱上。线圈绕好后，从模上取下，用布带将元件两端半叠包一层，在槽部统包一层。

硬线圈成型工具如图 3 - 4 - 72 和图 3 - 4 - 73 所示。

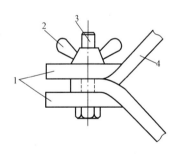

图 3 - 4 - 72　鼻端弯头工具

1—夹板；2—螺母；

3—螺杆；4—导线

鼻端弯头工具由两块铁板或层压布板制成，中间夹有和导线半径尺寸相同的圆柱销钉。改变圆柱销钉与圆弧间的距离，可以得到不同的弯头形状。

拉开工具如图 3 - 4 - 73 所示，由两块木板组成。上下板中均刻有线槽，槽的宽度为线圈的宽度；槽的深度为线圈一边的高度 + 绕制弯曲半径 R；木板的宽度应为线圈直线部分的长度，木板槽口应修出线圈的转角半径。

线圈绕好后，即可拉形，先把线圈装入拉形板内，如图 3 - 4 - 73 (a) 所示。然后把上面一块拉板平行用力拉开，拉到所需的节距尺寸为止（同一个电机的所有元件拉制方向相同）。

在没有拉开线圈之前，应把鼻端弯头工具夹在线圈的鼻端，这样拉制的线圈鼻端一致。

经过拉形后，线圈元件的端接部分仍然是直的，为使元件能合适的嵌入线槽内，并保证绕组端部圆整，可以制作端部弧形压模，如图3－4－74所示，按照电枢绕组的有关尺寸，把线圈的端接部分打弯成弧形，使元件能正确的嵌进槽内，如图3－4－75所示。

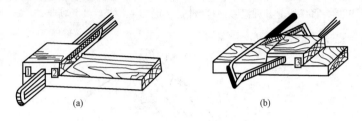

(a)　　　　　　　　　　　　　　(b)

图 3 － 4 － 73　简易拉形板

（a）线圈装入后未拉开时；（b）线圈拉开后

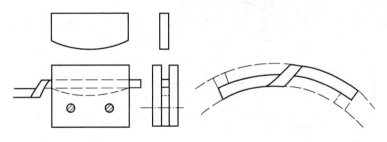

图 3 － 4 － 74　端部弧形压模　　图 3 － 4 － 75　嵌入槽内元件的端部

用绕制模绕线圈时（不论软线圈还是硬线圈），必须先绕一只试验性的元件，把它放入槽中，检查一下尺寸是否合适，如果尺寸合适，然后再绕其余元件。

3. 单匝硬线圈的制作

单匝硬绕组通常是由单根或多根绝缘的扁导线或裸扁导线制成的绕组元件。

由裸导线制作线圈成形后，应对裸导线包好绝缘。对 A 级绝缘，通常半叠包白绸带或棉纱带一层；对 B 级绝缘，用玻璃丝带或醇酸云母带半叠包一层；对 H 级绝缘，用玻璃丝带半叠包一层并浸改良硅有机漆或包玻璃云母带。

修理低电压大电流直流电机，应尽量利用原有线圈，仅将线圈导线经过处理，把原绝缘剥落，然后用布擦干净，按照原线圈的绝缘等级包好后可继续使用。

（1）叠绕组元件。按拆下的旧绕组的各种尺寸，做出一个单叠硬绕组成形线模，如图 3 - 4 - 76 所示。按实测的线圈周长 + 20mm 下料，将 n 根导线并在一起，弯出鼻端，如图 3 - 4 - 77（a）所示。然后放入鼻端弯形工具，将导线分开并沿弧面打服帖，如图 3 - 4 - 77（b）所示。

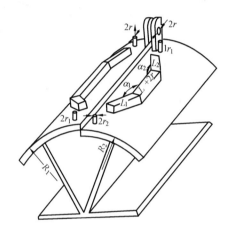

图 3 - 4 - 76　单叠硬绕组成形线模

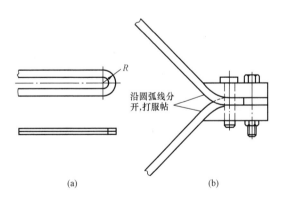

（a）　　　　　　　　　　　（b）

图 3 - 4 - 77　弯鼻方法
（a）弯出鼻端；（b）将导线分开并沿弧面打服帖

将弯好鼻端的导线放入成形模并穿好半径为 r 的销钉 $2r$，再拧入两个定位销 r_1 和 $2r_1$，用木槌将导线沿弧形板打服帖。可在靠 L_2 上打弯，并继续弯制 $L_a + 2t$ 段和 L_1 段。弯好 L_1 段后，拧入两个定位销 $2r_2$ 和 $2r_1$，使导线沿定位销弯出圆弧，并校正端线（图 3 – 4 – 76）。

如果此线圈由两个元件构成，则在单叠情况时，其第一个元件的末端与第二个元件的首端线应在一直线上，其线圈外形如图 3 – 4 – 78 所示。

图 3 – 4 – 78　单叠硬绕组成型线圈

（2）波绕组线圈。制作方法和叠绕组差不多，不同点是图 3 – 4 – 76 所示的成型板的定位板应按图 3 – 4 – 79 的样式布置。鼻端弯好并成型后，放入成形模上，固定鼻端。按尺寸装上第 1、2 号定位板成形后，再装上第 3、4 号定位板，依次类推，直到把绕组弯好为止。

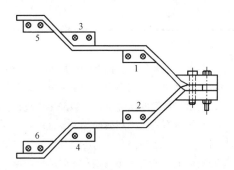

图 3 – 4 – 79　单波绕组线模及弯制方法

如果元件为绝缘导线，弯曲时应垫一定厚度的铜片。

绕组成型后，处理好绝缘，并按要求尺寸剪成一样长，然后刮去绝缘层，进行搪锡。

4. 对地绝缘的置放

散嵌绕组的绝缘应在下线前置放在槽内，其绝缘等级应和原来的槽绝缘相同，置放的方法与三相异步电动机相同。

硬绕组元件的绝缘一般直接缠在线圈上，其绝缘等级和制作方法见表
3－4－9。

表 3－4－9　　　　　硬绕组绝缘等级及制作方法

额定电压	绝缘等级	制　作　方　法
550V	A	槽部为 0.13mm 厚的黑云母带 1/2 叠包 2 层，端部用 0.22mm 厚白布带 1/2 叠包 1 层；或直线部分用 0.15mm 厚的云母纸 2 层半卷包，端部用 0.15mm 厚的黑云母带 1/2 叠包 1 层
	B	槽部绝缘为醇酸（黄）云母带或环氧粉云母带；端部玻璃丝带或云母带半叠包 1 层
660V	B	槽部用 0.14mm 厚醇酸云母带 1/2 叠包 2 层或 0.2mm 厚的醇酸云母箔卷包 2 层
1000V	B	槽部用 0.14mm 厚醇酸云母带或环氧粉云母带 1/2 叠包 3 层，外面平包 0.2mm 厚玻璃丝带 1 层或 1/2 叠包 0.1mm 厚的玻璃丝带 1 层。端部用 0.14mm 厚醇酸云母带 1/2 叠包 1～2 层，外包 0.1mm 厚玻璃丝带 1/2 叠包 1 层
	F 或 H	F 级的大型电机，用 0.05mm 厚聚酰亚胺薄膜 1/2 叠包 4 层，中、小型 F、H 级电机材料同上，只是可以少包 1～2 层

5. 嵌线

除了极小型的电枢采用在铁芯直接缠绕线圈外，一般的直流电机绕组都是先绕成线圈再下到槽内去。较小容量的直流电机，有的是用圆铜线绕成多匝元件，中、大型容量的电枢绕组，一般采用硬绕组。由于直流电枢绕组在下线以后，线圈端头要接到换向片上，这就要求铁芯槽、换向片及线圈出头的相对位置有一定的关系，而不能任意连接。结构简单的小型电机，电刷固定在端盖上，位置不能调整，这时从槽内出来的线圈端头接到哪一个换向片上就有一定要求。因此，在拆卸旧绕组时，一定注意做好记号。

电枢绕组的下线工艺，按电机容量、绕组型式、线径大小等因素的不同而不同，圆线散嵌组和硬绕组的叠绕组、波绕组的嵌线方法和三相异步电动机基本相同。下面主要介绍直流电机电枢绕组的一般下线规律和蛙形绕组的嵌线工艺。

（1）嵌线的一般规律。

1）按表3-4-10选择绝缘材料，在电机的前后支架上绑扎好绝缘。

表3-4-10　　　　绕组端部支架与端部支间绝缘材料

绝缘等级	端部支架与端部层间绝缘
B 级	聚酯薄膜玻璃漆布 醇酸玻璃柔软云母板或醇酸云母带
F 级	聚酰亚胺薄膜玻璃漆布 F 级柔软云母板或硅有机玻璃云母带
H 级	聚酰亚胺薄膜—聚酰胺纤维复合板 硅有机粉云母板或硅有机玻璃云母带

2）若电枢绕组上连有均压线时，而且均压线在换向器端，可按所标记号，两端搪锡后，把均压线和换向片连接起来。均压线的绝缘应和电枢绕组一致。要求鼻端在同一平面，垫好下层绝缘，然后安放在线圈支架上。最后上层垫一层绝缘纸，用钢丝进行绑扎，如图3-4-80所示。

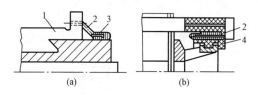

(a)　　　　　　　　　　(b)

图3-4-80　均压线的位置和绑扎

（a）整体轮廓；（b）局部细节

1—换向片；2—均压线；3—绑扎钢丝；4—支架

3）安放槽绝缘或槽底垫条，开始下的几只线圈，只能先下下层边。下线的时候，应使线圈伸出槽口两端的直线部分一样长，而且端接部分的形状及分布要均匀，否则，待绕组下多了之后，会越下越困难。

4）将绕组下层引线头放在做标记的换向片槽缝里或升高片的并头套内，绕组上层引线头暂时竖起来，使它不碰换向器。

5）下线工作进行时，不要忘记端接部分上下层之间的衬垫绝缘。

6）当绕组的下层边下到一个槽节距的时候，可以开始下该线的上层边。应用打板将线圈槽内部分打平整，并将余出槽外的槽衬剪去。然后折转槽衬使其紧贴线圈边，放入槽楔下垫条，打入槽楔。依次类推，把绕组下完。

7）最后对端部进行整形，并在上层线圈引线头间插入绝缘，使线头紧固和隔开。用万用表电阻挡找出同一只绕组的上、下层引线头，按照换向器节距将上层引线头放到相应的接线槽内。

（2）蛙绕组下线。蛙绕组的下线，可看成是波绕组和叠绕组下线的总和。因蛙形绕组中波绕组和叠绕组绑扎在一起，如果绕组整形很好，按原来槽和换向片的记号下线很容易。先下第一个波绕组的下层边，线头穿在所对的换向器升高片里，然后找到第一个叠绕组的下层边所在槽，并将其下入槽内，把线头插入对应的换向器升高片里。然后依次下第一个节距范围内的蛙绕组，将上层线圈留在槽外。在下第二个节距的绕组时，波、叠绕组的下层边放下槽内后，其上层边即可放到第一节距内相应的下层边上，并注意置放上、下层的端部绝缘，在槽内放上、下层层间垫条。

在下最后一个节距的蛙绕组线圈时，需将第一个节距内的上层边向外扳开，将下层边放入槽内后，再将第一节距内的相应的上层边下入槽，直至结束。

最后将多余的线头除去，如图3-4-81所示，用薄片铣刀铣切。

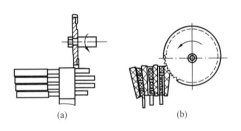

图3-4-81　用铣刀切割多余的线头
（a）正视图；（b）侧视图

6. 换向器和电枢绕组的焊接

换向器和绕组的焊接是一道重要工序，操作要小心，要防止虚焊、假焊和夹生焊的出现，注意防止小锡粒留在片间，引起换向片短路。为了避免损坏接头处绝缘，在选用焊剂时不要用酸性焊剂，一般用松香酒精溶液。

焊接时，应使换向器端略低些。选择烙铁头的尺寸应该比焊接的接触面尺寸大，大致形状如图3-4-82所示。焊接的一般步骤如下：

（1）将伸出换向片接线槽或升高片并头套的导线线头切去（图3-4-81），同时涂上松香酒精溶剂，烙铁头上沾上一些锡，以利传热。

（2）当加热到接触面能熔化焊料的时候，在焊接面上加些松香粉，然后加上适量的焊锡，直至焊锡熔化充满焊接部位的缝隙。

（3）如用烙铁焊接时，可备用几把同样尺寸和形状的烙铁，轮流调换加热。

（4）对采用升高片的接线槽时，必须在升高片之间插上梯形木楔，使升高片不致偏斜。

焊接升高片的方法有两种：一种是把烙铁插入升高片相邻两片之间加热，如图3-4-83所示。另一种是用炭精钳烙铁加热，然后焊接。

图3-4-82　烙铁头的形状

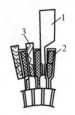

图3-4-83　升高片和引线的焊接
1—烙铁；2—绕组引线头；3—木塞

（5）焊完后要做好清理工作，并检查焊接质量，察看焊缝是否充满焊锡，有无锡瘤和片间短路，测量片间电阻是否正常。

端部线圈的绑扎，见绕线式异步电动机的绑扎。

（五）直流电机定子绕组的重绕

1. 并励线圈的绕制方法

直流电机的并励线圈一般用绝缘漆包线或矩形导线绕在线模上。小型电机并励线圈也有的绕在线圈框架上。

（1）绕线模的制作。线模由模心和挡板两部分组成，如图3-4-84所示。绕线模的尺寸可根据原绕组的尺寸或直接测量磁极铁芯而定。由于安装间隙及对地绝缘等原因，线模长、宽要比磁极铁芯适当大些。确定线模尺寸的经验数据，见表3-4-11。

表3-4-11　　　　　线模尺寸的经验数据　　　　　　　　mm

磁极铁芯长	模心比铁芯放宽	模心比铁芯放长
100以下	6	8
100~200	7	10
200以上	8	12

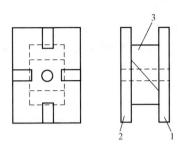

图 3 - 4 - 84 励磁绕组的线模
1—前挡板；2—后挡板；
3—分瓣活络模心

（2）线圈绕制方法。一般的并励绕组匝数较多（少则几百匝，多则几千匝），而线圈的匝数和线径与产生的磁通势大小有关。绕线前必须核实线径与原绕组的线径是否相同，并要查明原绕组的匝数。

绕制时先将线模固定在绕线机上，在挡板处放置绕组扎带，如图 3 - 4 - 85 所示。开始绕线，绕到一定层数时（视线径的粗细），将各边上的扎带回折一次，然后再绕。

当绕过线圈宽度的 1/4 或 1/5 处时，拉紧各边上的扎带，这样隔几层（或一层）扎带回折一次直至结束，当绕到最后一层时，把扎带弯成扣形，压住最后的那根导线。

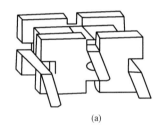

(a)

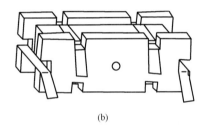

(b)

图 3 - 4 - 85 绕组扎带的安放
（a）步骤 1；（b）步骤 2

绕组的绕法有排绕和齐绕两种。导线线径 0.5mm 以下者，可采用排绕法。绕时，用手拉紧导线，方法同上。这样绕法，导线排列不很整齐，但不准乱绕。导线线径 0.5mm 以上者，可采用齐绕法。绕时，导线排列要整齐，当绕完第一层后，调节夹板压力使第二层导线的拉紧程度比第一层松些，不然第二层的导线会勒进第一层的线缝里。

2. 串励绕组和换向极绕组的绕制

串励绕组和换向极绕组都串联在电枢回路当中，其电流比较大、匝数较少，所用导线有绝缘漆包圆铜线、双玻璃丝包扁线、裸铜排和铝排。由于用的材料不同，绕制方法也不同。

（1）绝缘圆导线串励绕组的绕制。如采用漆包圆导线，其绕制方法和并励绕组相同。有些小功率电机的串励绕组，可以直接绕在并励绕组的外面，两种绕组应用绝缘隔开，以免短路。

（2）绝缘扁导线串励绕组的绕制。一般可利用并励绕组的线模绕制。为使绕组引线头连接方便，而且不致使内头从里向外拉，造成短路，要求内外两根引线的线头都放在绕组的外层表面，这样进行正、反面绕线，如图3-4-86所示。串励绕组共16匝，分4层，每层4匝。绕第一层时，先按4匝导线的总长加引线长度，进行反绕，按4、3、2、1的顺序绕制，绕完后扎住线头1。然后将另一线头按5、6、7顺绕内层，第二层从下至上，8、9、10顺序绕制，第三层可按图中顺序绕完，将尾头16扎住，最后把线圈从模上取下，进行包扎。

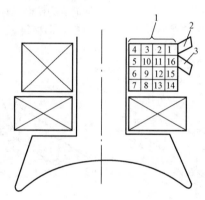

图3-4-86　串励绕组正反绕法的次序

（3）绕制串励绕组或换向极绕组。如采用裸扁铜线，因其宽而薄，且要平面立绕，就需要专门的工具，如图3-4-87所示。

绕制步骤如下：

1）先将扁铜线退火。方法是先将铜线加热到600℃，1～2h后投入冷水中。

2）将扁铜线放进圆柱1上的弯圆角扳手内，同时把销钉插入圆柱1孔中。利用扳手的压紧螺钉和垫板压住扁导线，使之不能移动。圆柱2也做同样的处理。把圆柱2上的扳手扳动90°，移至圆柱3，再从圆柱3用扳手扳动90°，这样直到线圈绕完。

3）切除多余铜线，取下线圈再进行第二次退火及整形。

4）两引线头钻孔搪锡，垫好匝间绝缘进行包扎。

换向极绕组重绕时，可采用图3-4-88所示的方法进行。其方法与

第四章　直流电机检修

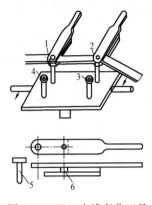

图 3 - 4 - 87　扁线弯曲工具
1 ~ 4—圆柱；5—销钉；
6—滑轮

上面讲的基本相同，只是在弯角时，可用气焊先烘烤，趁热将导线弯曲成形。

（六）直流电机绕组重绕的简单计算

1. 直流电机改压计算

电机铭牌的额定电压与现有电源不符而又需使用时，就需要对电机进行改压重绕。如果要保持主磁通不变，就必须改变励磁绕组和电枢绕组的参数。同时，为使电机具有良好的换向，还要改变换向极绕组，由于换向过程的复杂性，在改制过程中应该特别注意。

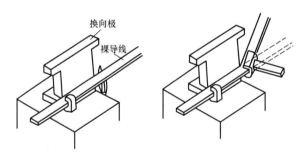

图 3 - 4 - 88　换向极裸扁线手工绕制

（1）电枢绕组的计算主要包括电枢绕组总的有效导线根数、每槽导体数、每槽元件数、每个元件的匝数和导线截面积的计算。

1）电枢绕组总的有效导线根数

$$N_2 = \frac{U_2}{U_1} \frac{n_1}{n_2} \frac{a_2}{a_1} N_1 \qquad (3 - 4 - 22)$$

式中　N_1——改绕前电枢绕组的有效导体数；

N_2——改绕后电枢绕组的有效导体数；

n_1——改绕前电机的额定转速；

n_2——改绕后电机的额定转速；

a_1——改绕前电枢绕组的并联支路数；

第三篇　电机检修

a_2——改绕后电枢绕组的并联支路数。

如果保持原来电枢绕组的形式和电机额定转速不变，式（3-4-22）可简化为

$$N_2 = \frac{U_2}{U_1} N_1$$

另外还应注意，在计算有效导体时，几股线并绕时只能算一根导体。

2）每槽导体数 N_s

$$N_s = \frac{N_2}{Z} \text{（取偶数）} \qquad (3-4-23)$$

式中　Z——电枢铁芯的总槽数。

3）每槽元件数 u

$$u = \frac{K}{Z} \qquad (3-4-24)$$

式中　K——换向片数。

4）每个元件的匝数 W_a

$$W_a = \frac{N_s}{2u} \qquad (3-4-25)$$

5）导线截面积 S_2

$$S_2 = \frac{P_e}{U_2} \cdot \frac{S_1}{I_{e1}} = \frac{U_1}{U_2} \cdot S_1 \qquad (3-4-26)$$

式中　P_e——额定功率；

S_1——原来电枢的导体截面积；

I_{e1}——原来电机的额定电流。

（2）换向极绕组的计算包括换向极绕组匝数和绕组导线截面积的计算。

1）换向极绕组匝数 W_{H2}

$$W_{H2} = \frac{U_2}{U_1} \cdot \frac{a_{H2}}{a_{H1}} \cdot W_{H1} \qquad (3-4-27)$$

式中　a_{H1}——原来换向极绕组并联支路数；

a_{H2}——改制后换向极绕组并联支路数；

W_{H1}——原来换向极绕组匝数。

2）绕组导线截面积 S_{H2}

$$S_{H2} = \frac{P_e}{U_2} \cdot \frac{S_{H1}}{I_{e1}} \quad \text{或} \quad S_{H2} = \frac{U_1}{U_2} S_{H1} \qquad (3-4-28)$$

式中　S_{H1}——原来换向极绕组导线截面积。

（3）并励绕组（或他励绕组）的计算包括导线截面积和绕组匝数的计算。

1）导线截面积 S_{F2}

$$S_{F2} = \frac{U_1}{U_2} \cdot S_{F1} \qquad (3-4-29)$$

式中　S_{F1}——原来并励绕组导线截面积。

2）绕组匝数 W_{F2}

$$W_{F2} = \frac{S_{F1}}{S_{F2}} \cdot W_{F1} \qquad (3-4-30)$$

式中　W_{F1}——原来绕组的匝数。

（4）串励绕组的计算主要是串励绕组匝数 W_{c2} 的计算

$$W_{c2} = \frac{U_2}{U_1} \cdot \frac{a_{c2}}{a_{c1}} \cdot W_{c1} \qquad (3-4-31)$$

式中　a_{c1}——原来串励绕组的并联支路数；

　　　a_{c2}——改制后串励绕组的并联支路数；

　　　W_{c1}——原来串励绕组的匝数。

2. 直流电机电枢空壳重绕计算

对电机绕组已拆除，且铭牌丢失，原数据无法查知的情况，就必须重新计算电机的各种必要的参数。空壳重绕同样可以采用对比法和计算法。

在采用对比法时，要以电枢直径和长度为主来确定电枢绕组的数据。计算法的计算程序如下：

（1）估算额定功率。电枢的直径 D_d 一般随 P_N/n_N（单位额定转速的额定功率）值的增大而增大，如图 3-4-89 所示。电枢铁芯直径可通过实测得到，通过图 3-4-89 和图 3-4-90（中型电机 ZF2、ZD2 的 D_a 与 P_N/n_N 关系曲线）就比较容易得到 P_N/n_N 值，通过计算，可得到额定功率。方法如下：

如空壳电机直径 $D_a = 21\mathrm{cm}$，其 P_N/n_N 的值为 10W（r/min）。由 3-4-89 图还可以看出，该电机的极数 $2p = 4$，因此其同步转速为 1500r/min，所以估计电机的额定功率为

$$P_N = n_N \times 10 = 1500 \times 10 = 15 \times 10^3 \text{（W）} = 15\mathrm{kW}$$

查表取最接近的数值为 14kW。

（2）估算电枢额定电流。在额定运行情况下，电磁功率 P_M 与输出功率很接近。对中、小电机来说，$P_M = (1.02 \sim 1.1) P_N$，取 $P_M = 1.04 P_N$，则电磁功率为

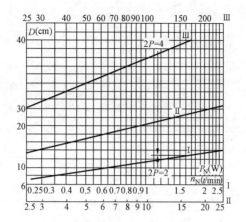

图 3 – 4 – 89 Z2 系列小型直流电机 D_a

与 P_N/n_N 关系曲线

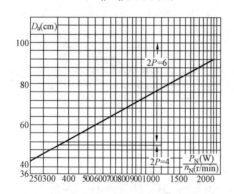

图 3 – 4 – 90 ZD2 和 ZF2 系列电机 D_a

与 P_N/n_N 关系曲线

$$P_M = E_{ae}I_{ae} \times 10^{-3} = 1.04P_N = 14.56 \text{kW} \ （取 15 \text{kW}）$$

因电枢电动势 E_{ae} 与端电压 U_N 接近（中、小型电机 $U_N = 0.85 \sim$ 0.95E_{ae}），取 $U_N = 230 \text{V}$，则

$$I_{ae} = \frac{P_M \times 10^3}{E_{ae}} = \frac{15 \times 10^3}{230/0.95} = 62 \ （\text{A}）$$

（3）电枢有效导体数包括电枢绕组的支路电流、线负荷、有效导体数和每槽的有效导体数的计算。

1) 电枢绕组的支路电流 I_{aZ}

$$I_{aZ} = \frac{I_{ae}}{2a} = \frac{62}{4} = 16(\text{A})$$

2) 线负荷 A

$$A = \frac{\left(\dfrac{I_{ae}}{2a}\right)N'}{\pi D_a} \qquad (3-4-32)$$

式中 N'——有效导体数。

3) 有效导体数 N'

$$N' = \frac{\pi D_a A \times 2a}{I_{ae}}$$

式中，线负荷 A 与直径 D_a 的关系如图 3-4-91 和图 3-4-92 所示。从图中查出，线负荷 A 为 270，该电机的有效导体数为：

$$N' = \frac{3.14 \times 21 \times 270 \times 4}{68} = 1047$$

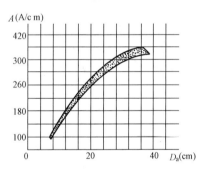

图 3-4-91 Z2 系列电机线负荷 A
与直径 D_a 的关系曲线

4) 每槽的有效导体数 N_s：如电机槽数为 27 槽，则

$$N_s = \frac{N'}{Z} = \frac{1047}{27} = 38$$

（4）电枢绕组元件的匝数。因每个槽有上下两层，故有 $\dfrac{N_s}{2}$ 个有效导体。若槽中每层有 u 个元件边，那么电枢绕组的元件匝数为

$$W_a = \frac{N_s}{2u} \qquad (3-4-33)$$

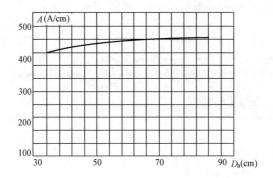

图 3 - 4 - 92   ZD2、ZF2 系列电机线负荷 A 与
直径 D_a 的关系曲线

式中，$u = \dfrac{K}{Z}$，$N = N_s Z$，式（3 - 4 - 33）可写成

$$W_a = \frac{N}{2K}$$

数出换向片数可算出 W_a 的值，如采用扁铜线，W_a 应取整数，若由式
（3 - 4 - 38）算不出整数，应凑成整数，并重算 N_s、u 和 N 等。

（5）电枢绕组导体截面积。因支路电流已算出，中、小电机的电枢
绕组的电流密度 j_a 一般取 $4.5 \sim 7.5 \mathrm{A/mm^2}$，所以电枢绕组导体的截面积
S_a 为

$$S_a = \frac{\dfrac{I_{ae}}{2a}}{j_a} \tag{3 - 4 - 34}$$

3. 并（他）励绕组的估算

在估算并（他）励绕组时，必须计算出每极的气隙磁通中 Φ_e。因为
无铭牌空壳电机的各部分铁芯材料的质量参数不易获得，且电机内的磁路
很不规则，各部分的磁场强度很难准确确定，所以采用经验公式和估算的
方法较为简洁。

（1）气隙磁路的估算。根据以上电枢绕组的计算数据和确定的各种
参数，可得气隙磁通

$$\Phi_e = \frac{U_N}{C_e n_N} \tag{3 - 4 - 35}$$

第四章   直流电机检修

式中　　$C_e = pN/60a$——电机常数；

　　　　　　p——极对数；

　　　　　　N——电枢绕组导体数；

　　　　　　a——电枢绕组并联支路数；

　　　　　　n_N——电机额定转速。

气隙磁通密度 B_δ 为

$$B_\delta = \frac{\Phi_e}{\alpha_\delta \tau l_{ta}} \qquad (3-4-36)$$

式中　　α_δ——极弧系数，一般取 $0.62 \sim 0.72$；

　　　　　τ——极距，cm；

　　　　　l_{ta}——电枢铁芯有效长度，cm。

气隙磁势 F_δ 为

$$F_\delta = 0.8 k_\delta \delta B_\delta$$

$$k_\delta = \frac{t_{z1} + 10\delta}{b_{z1} + 10\delta} \qquad (3-4-37)$$

式中　　δ——气隙长度，cm；

　　　　　k_δ——气隙系数；

　　　　　t_{z1}——电枢齿距，cm；

　　　　　b_{z1}——电枢齿宽，cm。

励磁绕组磁通势可根据经验公式得出

$$F_f = (1.1 \sim 1.3) F_\delta \qquad (3-4-38)$$

（2）绕组计算。并励绕组导线截面积 S_f：

$$S_f = 2PL_{mf} F_f \rho K_e / U_N \qquad (3-4-39)$$

式中　　L_{mf}——并（他）励绕组的平均匝长，可根据磁极铁芯尺寸估算；

　　　　　ρ——绕组导线电阻率；

　　　　　K_e——励磁安匝余量，电动机取 $1.05 \sim 1.15$，发电机取 $1.2 \sim 1.3$。

励磁电流 I_{fe} 为

$$I_{fe} = S_f J_f \qquad (3-4-40)$$

式中　　J_f——并（他）励绕组电流密度，用铜导线时，对大、中型电机可取 $2 \sim 3 A/mm^2$，对小型电机可取 $3 \sim 5 A/mm^2$。

并（他）励绕组每极匝数 W_f 为

$$W_f = K_e F_f / I_{fe} \qquad (3-4-41)$$

（3）验算。励磁绕组的最大安装尺寸应考虑安装后与相邻磁极线圈（包括换向极）间应有 $8 \sim 10mm$ 的空隙，并应考虑串励绕组所占空间，测量磁极铁芯尺寸并定出线圈的最大高度。计算出励磁线圈的每层匝数。

励磁线圈的每层匝数 =（励磁线圈高度 - 两端绝缘层厚度）/

（绝缘导线直径 ×1.05）

层数 =（励磁线圈厚度 - 绝缘层厚度）/（绝缘导线直径 ×1.05）

每极匝数

$$W_f = 每层匝数 \times 层数 （取整数）$$

通过以上验算，如与估算值相差过大，可重新估算导线截面积或每极匝数。如数值接近，可继续验算励磁电流。

励磁线圈平均匝长

$$l_{mf} = 2(l_m + b_m + 1.2) + \pi \times 线圈厚度 \qquad (3-4-42)$$

式中 l_m——极身长，cm；

b_m——极身宽，cm。

励磁线圈电阻

$$R_{75℃} = \frac{2PW_f l_{mf}}{4600S_f} \qquad (3-4-43)$$

励磁电流

$$I_{fe} = \frac{U_N}{R_{75℃}} \qquad (3-4-44)$$

经验算的电流值，如与估算的电流值相差太大，则应重新调整导线截面积和每极匝数。

根据调整的励磁绕组各种参数，绕制线圈，进行装配。再经空载试验和负载试验，如基本达到要求的各项数据，说明以前的估算是正确的，否则，应重新估算。

4. 换向极绕组匝数的估算

由于换向过程的复杂性，计算数据也不易精确。如果改制后发现换向不理想，可在换向极与机座间垫上或抽去一些磁性垫片，来调整换向情况。

换向极匝数可按下式估算

$$W_H = \frac{N'\alpha_H}{8ap}K_H \qquad (3-4-45)$$

式中 α_H——换向极并联支路数；

K_H——系数，对 2 极电机用 1 个换向极的取 $K_H = 1.2 \sim 1.3$，对 4 极电机用 4 个换向极的 $K_H = 1.15 \sim 1.25$；

p——极对数。

五、直流电机检修预防性试验项目、标准

电机在运行过程中会受热、电晕、过电压、化学腐蚀以及机械力等的破坏作用的影响，使电机的主要部件逐渐老化，甚至被损坏。实际上由于设备制造和运行管理等方面的缺陷以及系统故障的影响，使电机的某些部件有可能过早损坏，从而引起故障。为此应事先掌握电机各部件的技术特性，及早发现隐患，及时处理，避免运行中酿成大事故。

（一）气隙检测

测量磁极与电枢铁芯气隙的目的，是使直流励磁机形成均匀的磁场，保证它能正常工作。如果气隙不均匀，将会引起整流的混乱、电枢绕组发热和电能损耗增加。测量气隙的方法是当电枢静止时，在电枢上找一基准点，然后转动电枢，转动到每隔90°的4个不同位置，以基准点分别在电机两边用塞尺片对每个磁极的中心线测量空气间隙。按照规定各点气隙与平均值的差别不应超过：3mm 以下的气隙为平均值的 ±10%；3mm 及以上的气隙为平均值的 ±5%。

（二）直流电流、电压表法测量换向片电阻

试验时应将全部电刷自换向器上提起，采用直流电流表和毫伏表测量。电流回路和电压测量回路，由两对焊有探针的导线来接通，施加于被试绕组的电流应不大于电枢额定电流的 5% ~ 10%，一般为 5 ~ 10A 即可。

试验时应特别注意，电枢绕组是一个具有较大电感的线圈，应先接通电流回路，待电流稳定后，再接毫伏表，在断开电流回路时必须先断开毫伏表。

各片间电阻的差别应不大于最小电阻值的 10%（均压线引起有规律的变化除外），其差别可按下式计算，即：

各片间电阻差别 =［（最大电阻值 – 最小电阻值）/最小电阻值］×100%

当电阻的差别不合标准时，应检查绕组与换向片焊接处是否良好，两换向片间有无金属性短路。有均压线的电枢片间电阻，不要求差别小于 10%，只要求电阻有规律性的变化。

（三）绕组的极性及连接正确性检查试验

极性检查是为了确定各绕组的绕制、装配及其相互间的连接是否正确，以保证电机的正常运行。

1. 主极绕组连接的正确性检查

直流电动机的主极总是成对的，因此，各主极励磁绕组的连接方法必须使相邻磁极的极性按照 N 极和 S 极的顺序依次排列。通常用磁针法（即指南针）来检查极性。

2. 主极与换向极绕组连接的正确性检查

根据直流电机电枢反应可知，应使主极与换向极的交替排列关系为：顺着电枢旋转方向，在电动机中，每个主极后面装的是极性相同的换向极（若发电机为极性相反的换向极）。通常也用磁针法来检查极性。

3. 换向极绕组和补偿绕组对电枢绕组间连接的正确性检查

换向极绕组和补偿绕组与电枢绕组都是串联连接的，检查时，应将电池分别接到换向极绕组或补偿绕组上，毫伏表接在相邻两组电刷上，如图 3 - 4 - 93（a）、（b）所示。当开关 S 合上瞬间，如毫伏表指针偏转方向为正偏，则表示干电池正极和直流毫伏表正极所接的绕组一端互为同名端（图 3 - 4 - 93 中 A2 与 B1 和 C1），说明图中各绕组间连接是正确的。反之，为反偏时，则说明接线错误。其判别的原理，是根据电枢绕组产生的磁通方向始终与换向绕组和补偿绕组产生的磁通方向相反的原则来检查的。

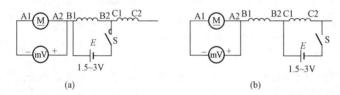

图 3 - 4 - 93　换向极绕组和补偿绕组对电枢绕组的极性检查

（a）换向极对电枢的极性检查；（b）补偿极对电枢的极性检查

4. 串励与并励绕组间连接的正确性检查

检查接线如图 3 - 4 - 94 所示，将电池接在串励绕组上，直流毫伏表接到并励绕组两端，当开关 S 合上瞬间，如毫伏表的极性如图 3 - 4 - 94 中所示，指针的偏转方向为正偏，则表示 D1、E1（或 D2、E2）互为同名端出线端子。根据所测得的同名端出线端，就可将串励与并励绕组正确地连接成差复励和积复励。

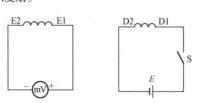

图 3 - 4 - 94　串励绕组与并励绕组的极性检查

综上所述，一切原接线正确的直流电动机中，可以同时变更所有绕组的始端和末端的标记，电机的接线仍属正确。

（四）绕组绝缘电阻的测定

电动机绕组对机壳及绕组相互间的绝缘电阻，应在热态时（绕组温升接近额定温升时）或温升试验后立即进行测定。应不低于下式所求得的数值，即

$$R \geqslant \frac{U_N}{1000 + \frac{P_N}{100}} \qquad (3-4-46)$$

式中　　R——电机绕组热态绝缘电阻，$M\Omega$；

U_N、P_N——电机额定电压、额定功率，V、kW。

电机在冷态时，其绝缘电阻按绕组的额定电压计算，应不低于每 $1M\Omega/kV$，一般用绝缘电阻表测量。电机额定电压在 500V 及以下者，应使用 500V 绝缘电阻表；500V 以上者应使用 1000V 绝缘电阻表，一般 500V 以下的电机热态时的绝缘电阻应不低于 $0.5M\Omega$，而小容量电机经大修后，其冷态绝缘电阻值一般不低于 $2M\Omega$。

（五）绕组直流电阻的测定

测定绕组直流电阻时，应同时测定周围环境温度。测量绕组电阻，通常采用电桥法。用电桥法测量电阻时，测量大于 1Ω 的电阻时可使用单臂电桥；测量小于 1Ω 的电阻时应使用双臂电桥。电枢绕组直流电阻测量时：2 极电机应在相距 180°的两换向片上进行测量；4 极电机应在相距 90°的两换向片上测量。同时应在该换向片上做好记号，以便在电机做温升试验时，可在同一换向片上测量冷态电阻与热态电阻的值。此外，绕组直流电阻还可采用电压表和电流表法测得。

（六）电刷中性线位置的试验

要求电刷位置在中性线上，并不是要求电刷放在与磁极几何中性线同一平面的换向片上，而是要求将电刷放在换向器中性线上。换向器中性线通常与磁极几何中性线（即相邻两主磁极的分界线）不在同一平面上。在一般绕组端接部分对称的情况下，换向器上中性线与磁极轴线重合。确定电刷中性线位置的方法有感应法、正反转发电机法和正反转电动机法。其中最常用的方法是感应法，此法是在电机静止状态下进行的。用感应法确定电刷中性线位置时，将直流毫伏表接在相邻两组电刷上，再将 1.5~3V 直流电源串接开关 S 后接在励磁绕组上，如图 3-4-95 所示，在交替将开关 S 接通和断开的同时，逐步移动电刷的位置，使毫伏表的指针摆动

逐渐减小直至读数为零，此时电刷的位置即是电刷的中性线位置。然后紧固刷杆座固定螺栓，再重复校验一遍，看其是否在最佳中性位置。

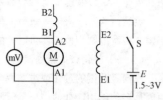

图 3-4-95　感应法确定电刷中性线位置

对于串励电动机或以"串主并副"的电机，因在串励绕组中通电时其电流较大，因此在试验时应采用电瓶或大电流的电源。

（七）耐压试验

直流电机在全部更换绕组修复装配后，有条件时需做各绕组对地及绕组间耐压试验，以考核其绝缘强度。

试验电压为具有实际正弦波形及频率为 50Hz 的交流电。试验用的高压变压器容量一般选择按试验电压每 1kV 容量至少要 1kW 计算，并应有保护及安全设施。

试验电压

$$U = 1000 + 2U_N$$

式中　U_N——电动机额定电压，V。

（八）空载试验

空载试验的目的主要是测得空载特性曲线，并测量空载损耗（即机械损耗与铁耗之和）。空载特性试验时，把电机按他励发电机方式运行，在额定转速下空载运行一段时间后，量取电枢电压对于励磁电流的关系曲线（一般量取 9~11 点绘制）。

测空载损耗时，把电机按他励电动机方式运行，逐步增加电机的励磁电流至额定值，用改变电枢电压的方法调节电机转速至额定值，测出并记录不同电枢电压时的电枢电流。将电动机的输入功率减去电枢回路铜耗和电刷接触损耗，即为空载损耗。

（九）温升试验

温升试验的目的主要是为了试验电机各部分的温升是否在允许的范围以内。

温升试验应在额定功率、额定电压及额定转速下进行，直到电机各部分达到实际稳定温度时为止。

（十）负载试验

负载试验的目的是检验电机在额定负载及过载时的特性和换向性能。

试验时，每半小时记录电枢电压、电流、励磁电压、励磁电流、转速、火花等级以及温度等参数。

负载试验时，火花等级目前尚无鉴别仪器，仍用肉眼观察，可借助于小镜片观察电刷与换向器接触处的火花粒子。

（十一）换向极的检查试验

换向极补偿的过强或过弱都会引起碳刷发生火花。但往往发生火花的原因是多种作用综合的结果。因此在调整试验换向极之前，应逐一排除其他可能使碳刷发生火花的原因。

1. 换向极绕组压降法

绕组压降测量必须在电枢和换向极间的间隙调整合格后进行。将励磁绕组和换向绕组分开，励磁绕组串联通以恒定的直流，其正负极性必须注意和原来的励磁绕组内的电流一致。再将换向极绕组串联，通以交流工频电压，使其稳定在某一电压值，换向极正常时，测得的各换向绕组的压降近似相同。

如果某个换向极绕组的压降大，说明换向过强，反之过弱。

进行这一试验时，通入的交流或直流均不得使绕组过热。此方法只能作为粗略检查试验，不能作为最后判据，因为它无法模拟饱和和气隙磁通势的分布情况。

2. 碳刷电位分布法

碳刷电位分布法，是用沿碳刷宽度的压降分布与碳刷宽度的关系曲线来判断整流状况的方法。如图 3 - 4 - 96 所示，沿碳刷宽度 B 等距离选择 a、b、c 三点，将电压表一端接接触换向器，其具体位置与 b 点在同一垂线上并保持不变，将电压表的另一端分别接触 a、b、c 点，测得 U_a、U_b、U_c，从而绘出碳刷压降与其宽度关系曲线，如图 3 - 4 - 96（b）所示。要求所绘的曲线越直越好，如 a'bc' 那样，就意味着无火花整流状态。如果像 abc 那样，说明换向极调整不良，且火花在后（换向器顺时针旋转），是过补的特征，反之，为欠补的特征。因为碳刷电位分布的绝对值决定于碳刷的牌号及其换向状态，而与换向极换向的磁场不呈线性关系，所以不能表示调整换向极的必要数值，也不能全面地判断换向状态。

（十二）测量磁场可变电阻器的直流电阻

磁场可变电阻器的直流电阻与铭牌数据或最初测量值比较，其差别不会超过 10%，测量时应在不同分接头位置测量，且电阻值变化应有规律性。

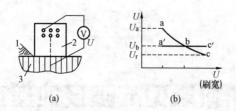

图 3 - 4 - 96　碳刷压降分布测量

（a）用电压表测量碳刷与换向器之间的电压分布；

（b）压降 U 与碳刷宽度 B 的关系曲线

1—火花；2—电刷（或碳刷）；3—换向器

（十三）磁场可变电阻的交流耐压试验

该试验项目应在交接时或大修时进行，试验标准电压为 1000V，磁场可变电阻可随同励磁回路进行。

提示　本章适合初、中、高级工阅读、学习。

第五章

电动机常见故障及处理方法

1. 电动机通电后不能启动，且无任何声音

故障原因：电动机电源或绕组有两相或三相断路。首先检查电源是否有电压，如三相均无电压，说明故障在电路上（一般发生在熔断器或开关触点）；若三相电压平衡，那么故障在电动机本身。这时，可测量电动机相绕组的电阻，找出断线的绕组，修复即可。

2. 电动机通电后不转或转速缓慢且伴有"嗡嗡"声

（1）配电设备中有一相电路未接通或接触不实。问题一般发生在熔断器、开关触点或导线接点处。例如熔断器的熔丝熔断、接触器或空气开关三相触点接触压力不均衡、导线连接点松动或氧化等。测量电动机接线端的电压，无电压者为电源未接通的相，电压低者为有接触不良故障的相，然后沿电气回路逐步找到故障点。

（2）电动机内有一相电路未接通。问题一般发生在接线部位。如连接片未压紧（螺钉松动）、引出线与接线柱之间垫有绝缘套管等绝缘物质、电动机内部接线漏接或接点松动、一相绕组有断路故障等。目测或测量电动机接线端的电阻，查找故障点。

（3）绕组内有严重的匝间、相间短路或对地短路。匝间短路故障用匝间试验仪查找，或测量电动机接线端的电阻，电阻小的可能有严重的匝间短路故障；测量绝缘电阻可找到相间短路或对地短路故。

（4）有一相绕组的头尾交叉接反或绕组内部有接反的线圈。用匝间试验仪查找，此时曲线将严重不重合，但不抖动；三相电流严重不平衡；若测量电阻，三相阻值的大小和平衡情况会正常。

（5）电动机轴承损坏严重，导致定、转子出现扫膛现象；或轴承出现"抱死"情况。

（6）负载侧出现故障，导致电动机出现超负荷的情况；找出机械侧故障原因，处理后重新启动。

3. 运行中电动机振动大

电动机通过传动机构（如皮带、联轴器等）与机械相连。电动机振

动可导致机械振动，机械振动也会导致电动机振动。将电动机和机械的传动部分脱开再启动电动机，如振动消除，说明是机械的故障，否则是电动机振动。振动的原因有：

（1）电动机座不牢；紧固地脚螺钉，如若垫片不合适的重新找正后紧固地脚螺钉。

（2）电动机与被驱动的机械部分的转轴不同心；重新找正。

（3）电动机的转子不平衡；对转子进行动平衡试验，进行加重或减重。

（4）电动机轴弯曲，测量电机转子的挠度，然后进行修复。

（5）鼠笼多处断条；重新对转子笼条进行修复。

（6）轴承损坏；更换轴承。

（7）三相电源电压不平衡度较大；检查系统电压，找出原因。

（8）电动机扫膛；找出扫膛原因，并根据情况处理。

（9）轴承室的直径过大或过小，或存在较大的锥度；对轴承室进行打麻点或镀套处理，必要时更换。

（10）转子联轴器处有缓冲垫或橡胶垫的损坏；停运后更换橡胶垫，或处理缓冲垫。

（11）定子绕组有严重的匝间短路故障；通过试验检查找出故障点，进行处理。

（12）电动机整体机械结构的固有振动频率刚好与通电运转产生的振动频率相吻合，致使产生整机运行时的共振。这一问题在使用变频器供电时，有时会在某一频率段产生。

（13）放置的波形弹簧多或少，或弹力过大或过小，使活动端的轴承不能活动或活动量过大。

（14）定、转子气隙不均匀；定、转子铁芯轴向未对齐。

（15）转子铁芯与轴脱离。此时将发出较大的异响，同时转速较低。

（16）对于绕线转子电动机，转子绕组有断相或接近断相障（其原因可能是：电刷未与集电环接触或断线；转子引出断开；转子绕组端部的并头套脱落；集电环导电杆与滑环连不良等）。通过测量转子电路的直流电阻确定故障原因。

（17）对于绕线转子电动机，转子绕组有严重的匝间或相短路故障。通过测量转子电路的直流电阻确定故障原因。

（18）由于异物的作用造成转子转动受阻。

（19）风扇或其他运转部件安装不符合要求或配合松动等原因，与固定部件（如端盖或风扇罩）相擦。

(20) 风扇不平衡或有较大的偏摆。

4. 什么是机械噪声，什么是电磁噪声？

电动机通电运行时发出的噪声由两大类组成，一类是机械噪声，主要是轴承运转和风扇通风产生的；另一类是电磁噪声，是由于电磁力的作用使某些部件（例如硅钢片）产生较高频率的振动而发出的，它在断电后会立即消失，这也是区分两类噪声最简单最直接的方法。

5. 造成机械噪声大的原因

运行过程中，一般通过"听针"判断噪音的类型及部位，从而确定噪声大的部件和原因。

(1) 电磁线的电阻率较大或线径小于设计值；定、转子之间的气隙较大，造成空载电流大，使空载损耗较大；定、转子轴向错位较多（一方面造成空载电流大，使空载铜损耗较大；另一方面，在通电运行时，由于定转子之间磁拉力的作用，定转子将"努力"达到轴向对齐，从而使轴承内外圈轴向错位，带动滚子研磨侧滚道，造成较大的摩擦损耗）；铁芯硅钢片质量较差；铁芯长度不足或叠压不实造成有效长度不足。

以上这些都是造成轴承噪声大的原因。

(2) 因叠压时压力过大，将铁芯硅钢片的绝缘层压破或原绝缘层的绝缘性能就未达到要求，致使铁芯涡流损耗较大，从而造成通风噪声大的原因。另外，轴流风扇的扇叶角度或尺寸不正确、风路（含外部和电动机内部）设计不合理或在风路中有障碍物等都会加大通风噪声（此时往往发出类似哨声的噪声）。将风罩进风孔用纸板等堵住，即切断进风，若噪声明显减小，则可确定是此原因。

(3) 某些部件安装不到位或松动。

(4) 定、转子之间或某些有相对运动的部件（例如轴承密封环、挡油盘、甩水环等）因安装不到位或过松、过紧等原因造成相互摩擦。

(5) 对使用变频器供电的电动机，电动机整体机械结构的固有振动频率刚好与通电运转产生的振动频率相吻合，致使产生整机运行时的共振。

6. 造成电磁噪声的原因

电磁噪声往往会随着电压的升高或负载的加大而增加，对于使用变频电源供电的电动机，可能会在某一频率段发出较大的电磁噪声，同时产生加大的振动。

（1）定、转子之间的气隙严重不均匀，通电转动后产生较大的单边磁拉力，将产生与转速有关的噪声。可通过对机座和端盖配合的调整（包括更换）或者车定子内圆的方法使定、转子之间的气隙均匀度达到要求，从而减轻或者消除由此发出的电磁噪声。

（2）定、转子轴向长度不相等（呈"马蹄"状）或歪斜（端面与轴线不垂直），通电转动后产生不均衡的磁拉力，发出与转速频率有关的噪声。

（3）定子铁芯叠压不紧，造成片与片之间有间隙，浸漆时又没有将这些间隙填充好，通电后在电磁力的作用下将发出频率较高的噪声。再次进行对定子浸漆可减缓或者消除此噪声。

（4）绕组端部绑扎和浸漆未达到要求，有松动现象，在电磁力的作用下产生振动而发出的电磁噪声。再次进行对定子浸漆可减缓或者消除此噪声。

（5）由于结构的原因，在电磁力的作用下，定子铁芯产生周期性的径向变形振动而发出的电磁噪声。

（6）定转子槽配合不合理或槽口较大、气隙较小，均会产生频率较高的电磁噪声。对于气隙较小的情况，可通过进一步车小转子外径的方法消除此种电磁噪声。

（7）当铁芯的固有频率较低时，启动过程中可能会出现较大的电磁噪声，在启动过程完成后，将会下降甚至消失。

（8）由于设计的磁路不合理或因硅钢片的导磁性能较差加工质量偏离工艺要求较多（例如冲片毛刺较大、铁芯叠压不实或轴向长度不足等）等原因，造成铁芯磁密过于饱和，将产生较大的电磁噪声，该噪声将随电压的升高而明显增加。

（9）其他与电磁有关的部件产生的电磁噪声。

7. 异步电动机启动有时会出现"死点"的原因

所谓"死点"就是异步电动机不通电时可以用手转动转子，而通电后转子却被"吸住"（或称"锁住"）不能转动。这一故障主要是由于电动机定转子不同心，造成气隙严重不均匀而使气隙的磁密分布也不均匀所致。因为通电后，在气隙小的一侧磁密高、磁拉力大；而气隙大的一侧磁密低、磁拉力小，因而产生了很大的单边磁拉力。

因单边磁拉力在启动时为最大值，比运转时大好几倍，随着转速的增加而逐渐减小。当单边磁拉力所产生的转矩大于电动机的启动转矩时，电动机的转子就被吸住而无法转动了。

但是，如果这种偏心度不大时，电动机三相电流即使平衡，由于单边磁拉力作用，机座也会产生严重的振动。当电压下降，不平衡的磁吸力减小，振动也减小；如电压增加，铁芯中因磁饱和而使气隙磁通密度趋于平均，因而不平衡的磁吸力减小，振动也随之减小。如果出现这一现象，应及时检查处理。否则，使用一段时间后，轴承磨损会使气隙进一步减小，将增加转子底部的磁拉力而造成"拖底"故障，甚至烧毁定子绕组。

造成上述故障的主要原因是，电动机制造工艺不良；电动机拆装不得法，轴与轴承或轴承座磨损等。此外，电动机采用皮带或其他传动方式，也会使轴伸端受到单边应力，使电动机转轴在内部产生一定挠度而引起偏心，导致磁拉力不平衡，甚至发生"拖底"现象。

此外，为了避免电动机启动时出现"死点"现象，通常都将笼式转子设计成斜槽形式，但绕线式转子是线圈绕组，所以都制成直槽转子以便嵌线。因此，当直槽转子直接启动时，它的启动转矩要比同规格的笼型电动机小得多，启动时电动机如果定子和转子的槽齿正好停在相对的位置上，就极可能出现"锁住"现象而转不起来。这一位置是每隔开一对磁极的空间位置就会重现一次。一般遇到这种情况，只要将转子稍加助力转动一下即可启动。为了克服这弊病，在实际应用中，绕线式电动机必须在转子回路中带启动电阻启动，不宜将绕线式转子直接短路当作电动机使用。否则，直接短路启动不仅会产生上述不能启动的现象，同时还会因过大的启动电流而由此产生过热、振动，使电动机损坏。

同样，也不能采用自耦变压器代替变阻器启动。因为绕线式电动机的转子绕组本身电阻小，且定转子绕组间的槽数比具有较大的公约数（一般在12以上），这样，当定转子在最大公约数的槽口对正时，则电动机的启动力矩最小，有可能使电动机在此位置上启动时也会出现"锁住"现象而转不起来。

还有，电动机改极数而槽数配合不当、定子绕组有局部短路等，都会引起定子圆周上的磁拉力不平衡，也有可能出现"死点"而"锁住"。

8. 电动机运行时线路电流表显示的数值没有超过其额定电流值。但运行一段时间后，电动机轴承和轴伸就已很热。立即停机检查，但没有查出电动机有异常，电源电压也正常。请问为什么会出现上述现象？

出现上述现象有如下几种原因：

（1）将应为角接运行的三相定子绕组接成了星形。此时的转矩为正常运行时的1/3左右，输出功率将达不到正常运行时的1/3。所以拖动负载的力量将远远不足，迫使转子转速下降很多，转差率会很大。因为转子电流的大小与转差率成正比，转子绕组（对于笼形转子，即为铸铝导条或铜条）的热损耗又与转子电流的平方成正比，所以转子绕组将很快发热并达到很高的温度（时间长时其铁芯将被烧得变色）。转子的高温通过铁芯传给转轴和轴承，所以表现出温度过高的现象。

（2）对于笼形转子，转子铸铝导条或端环有严重的细条（甚至断条）或较大的气孔等，使转子绕组电阻增大很多。转子绕组的热损耗与其电阻成正比，所以热损耗增加。另外，也将出现上述第（1）种原因所产生的转速下降问题，只是下降的幅度较小。以后的结果与上述第（1）种过程和结果基本相同。

（3）用错了转子。并且该转子的电阻比正常使用的转子电阻大得较多，由此所产生的结果则与上述第（2）种相同。另外，还会因定转子槽配合、转子槽斜度等原因，造成相应的额外损耗增加，使转子发热更加严重。

9. 某电动机使用 Yd 启动电路。运行时线路电流表显示的电流值刚刚达到该电动机的额定值。但运行时间不长，电动机就已很热，立即停机检查，但没有发现电动机有异常，电源电压和负载也正常。请问为什么会出现上述现象？

原因分析：这种情况，一般是由于电流表（或电流互感器）连接的位置问题造成的，见图 3 – 5 – 1。具体地说，就是将电流表（或电流互感

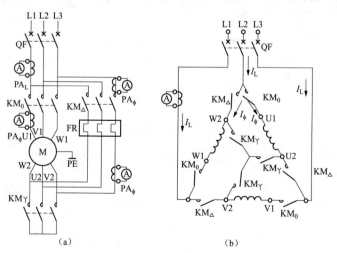

图 3 – 5 – 1　星 – 三角启动电路电流测量位置与显示数值的关系

（a）测量位置；（b）线路的另一种画法

器）连接到了"封角"接触器 $KM_\triangle$ 或主接触器 KM_Y。的入线或出线端，如图所示的 3 个 PA_ϕ 位置。此时电流表反映出的是相电流数值。若以达到铭牌标出的额定值（线电流），则线电流实际上已经是额定值的 $\sqrt{3}$ 倍以上。这必然会造成电动机迅速发热。

　　解决的方法有两个，一个是将电流控制在铭牌额定值的 1/3 倍以内（实际线电流在额定值以内）；另一个是将电流表（或电流互感器）改接到电源进线的位置，即图所示的 PA_L 位置。

第六章

永磁及永磁直驱电动机

永磁电机一般分为稀土永磁同步发电机、高效永磁同步电机、永磁交流伺服电机和永磁无刷直流电机、永磁直流电机四大类。

一、永磁电机的工作原理

永磁同步电动机的启动和运行是由定子绕组、转子笼型绕组和永磁体这三者产生的磁场的相互作用而形成。电动机静止时，给定子绕组通入三相对称电流，产生定子旋转磁场，定子旋转磁场相对于转子旋转在笼型绕组内产生电流，形成转子旋转磁场，定子旋转磁场与转子旋转磁场相互作用产生的异步转矩使转子由静止开始加速转动。在这个过程中，转子永磁磁场与定子旋转磁场转速不同，会产生交变转矩。当转子加速到速度接近同步转速的时候，转子永磁磁场与定子旋转磁场的转速接近相等，定子旋转磁场速度稍大于转子永磁磁场，它们相互作用产生转矩将转子牵入同步运行状态。在同步运行状态下，转子绕组内不再产生电流。此时转子上只有永磁体产生磁场，它与定子旋转磁场相互作用，产生驱动转矩。由此可知，永磁同步电动机是靠转子绕组的异步转矩实现启动的。启动完成后，转子绕组不再起作用，由永磁体和定子绕组产生的磁场相互作用产生驱动转矩。

二、常用永磁性材料的基本知识

常用的永磁材料分为铝镍钴系永磁合金、铁铬钴系永磁合金、永磁铁氧体、稀土永磁材料和复合永磁材料。

永磁材料的性能参数：

1. 剩磁感应强度

永磁材料在外磁场中充磁到饱和后，当外磁场为零时，永磁材料所具有的磁感应强度值。此项指标数据直接关系着电机中气隙磁密的高低。磁感应强度值越高，电机的气隙磁密将可能较高，转矩常数、反电势系数等电机的主要指标将达到最佳值，电机的电负荷和磁负荷的取值关系才可能最合理，效率才能达到最佳。

第六章 永磁及永磁直驱电动机

2. 矫顽力 H_c（磁感应矫顽力 H_{cb}）

永磁材料在饱和磁化的情况下，当剩磁感应强度 B_r 降到零时所需要的反向磁场强度。此项指标与电机的抗退磁能力即过载倍数和气隙磁密等指标相关。H_c 值越大，电机的抗退磁能力越强，过载倍数越大，对强退磁动态工作环境的适应能力越强。同时电机的气隙磁密也会有所提高。

3. 最大磁能积 BH_{max} 永磁材料

向外磁路提供的磁场能量的最大值。此项指标与电机中永磁材料的用量直接相关，BH_{max} 越大，预示着该种永磁材料对外磁路能提供的磁场能量越大，即在相同功率情况下电机中使用的永磁材料越少。

4. 内禀矫顽力 H_{ci}

该项指标是指当剩余磁化强度 M 降到零时的磁场强度值。退磁曲线上 $B=0$ 时对应的 H_{cb} 值仅表示永磁体此时不能够向外磁路提供能量，并不代表永磁体自身不具备能量。但当 $M=0$ 时对应的 H_{ci} 值却表示此时永磁体已真正退磁，自身已完全无磁场能量储存。虽然 H_{ci} 与电机工作点无直接相关，但它才是永磁材料的真正矫顽力，代表着永磁材料拥有磁场能量和抗去磁场的能力。内禀矫顽力的大小与永磁材料的温度稳定性密切相关。内禀矫顽力越高，永磁材料的工作温度才可能越高。

5. 温度系数 α

温度是对永磁材料磁性能影响的主要因素之一，当温度每变化 1℃ 时磁性能可逆变化的百分率称为磁性材料的温度系数。温度系数可分为剩磁感应温度系数和矫顽力温度系数。该项指标对电机的性能稳定性影响较大，温度系数越高，电机运行从冷态到热态时指标的变化越大，它直接限制了电机的使用温度范围。间接影响到电机的功率体积比。

三、永磁电机的应用

以永磁直驱电动机为例，简述永磁电机与传统异步电动机的比较分析。

1. 高效率、高功率因数

由于永磁同步电机的磁场是由永磁体产生的，从而避免通过励磁电流来产生磁场而导致的励磁损耗（铜耗）永磁同步电机的外特性效率曲线相比异步电机，其在轻载时效率值要高很多。永磁同步电动机与异步电动机负载－效率对比曲线见图 3－6－1。

永磁同步电机在设计时，其功率因数可以调节，甚的可以设计成功率因数等于 1，与极数无关，低负载率时功率因数降低很小，见图 3－6－2 永磁同步电动机与异步电动机负载－功率因数对比曲线。而异步电机随着

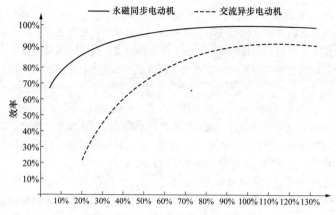

图 3 - 6 - 1　电动机效率对比曲线

极数的增加，由于异步电机本身的励磁特点，必然导致功率因数越来越低，如极数为 8 极电机，其功率因数通常为 0.85 左右，极数越多，相应功率因数更低。即使是功率因数最高的 2 极电机，其功率因数也难以达到 0.95。电机的功率因数高有以下几个好处：

（1）功率因数高，电机电流小，电机定子铜耗降低，更节能；

（2）功率因数高，电机配套的电源，如逆变器，变压器等，容量可以更低，同时其他辅助配套设施如开关，电缆等规格可以更小，相应系统成本更低。

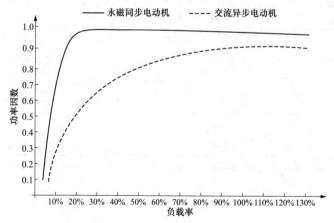

图 3 - 6 - 2　电动机功率因数对比曲线

2. 可靠性高、免维护

变频永磁直驱系统，取消了减速器，实现直驱，提高了可靠性。由减速器带来的故障，及其维修、维护工作全部取消。减少减速器损耗，一台新出厂的减速器效率为0.94，使几年后降低至0.9左右，因此采用直驱方式系统效率高。

3. 实现电气软启动、机械软冲击

运用变频器控制启动，能实现系统传动的缓慢匀速启动，避免了电动机启动的瞬间大电流给电网带来的冲击，以及转矩瞬时剧增给系统带来的机械冲击，由此降低了系统的电网故障和机械故障。

4. 电机实现低速平稳运行、振动小、噪声低

齿轮啮合的机械噪声不存在，转动部件旋转不平衡带来的振动、噪声大为降低。

除上述优点之外，较传统异步电动机的在系统组成中也有明显优势。例如：永磁直驱系统相比与异步电机驱动系统取消了减速器，实现了系统直驱，简化了传动链，提高系统效率。

5. 节能方面分析

以一台变频异步电机驱动系统分析（132kW电机＋减速箱）与变频永磁直驱系统（110kW电机＋变频器）不同工况下的运行功率及负载率进行对比，见表3－6－1。

表3－6－1 不同工况下异步电动机和永磁同步电动机性能对比

转速（r/min）	风机轴功率（kW）	异步电动机		永磁同步电动机	
		功率（kW）	负载率	功率（kW）	负载率
77.6	83.5	89.8	0.68	83.5	0.78
58.2	35.2	37.9	0.29	35.2	0.32
38.8	10.4	11.2	0.08	10.4	0.09
23.3	2.2	2.4	0.02	2.2	0.02

注 减速器效率：铭牌效率效率为0.96，使用几年后效率降低，故取0.89进行计算分析；

异步电机功率＝风机轴功率/减速器效率。

不同负载率下异步电动机与永磁同步电动机效率、功率因数见表3－6－2，风机在不同转速下的节能率计算见表3－6－3，由于风机的转速随

系统实时变化，夏季与冬季运行转速相差较大，为进行理论分析，取 4 个转速按年运行时间进行统计估算。

表 3 - 6 - 2   不同负载率下异步电动机与永磁同步电动机效率、功率因数

负载率	异步电动机		负载率	永磁同步电动机	
	效率 η （%）	cosφ		效率 η （%）	cosφ
0.68	88	0.86	0.78	95	0.96
0.29	82	0.70	0.32	94	0.96
0.08	64	0.55	0.09	89	0.96
0.02	52	0.48	0.02	85	0.96

表 3 - 6 - 3   风机在不同转速下的节能率计算

驱动系统	132kW 电动机 + 减速箱				110kW 电动机 + 变频器			
负载轴功率（kW）	83.5	35.2	10.4	2.2	83.5	35.2	10.4	2.2
减速机（%）	89	89	89	89	—	—	—	—
实际负载点电机功率（kW）	89.8	39.7	11.2	2.4	83.5	35.2	10.4	2.2
实际负载点电动机效率（%）	88	82	64	52	95	94	89	85
变频器效率（%）	96.0	96.0	96.0	96.0	96.0	96.0	96.0	96.0
传动总效率（%）	75.2	70.0	54.7	44.4	91.2	90.24	85.44	81.6
输入总有功功率（kW）	119.4	56.7	20.5	5.4	91.56	39.0	12.17	2.7

第四篇

直流系统检修

直流系统概述

第一节 直流系统简介

一、直流系统的构成

发电厂直流系统是保障发电厂可靠运行的重要基础。一般由整流装置、蓄电池、直流母线及直流负荷和线路构成。一般分为 220V 或 110V 直流系统。整流装置是将交流变为直流，从而提供直流电源的基本设备。根据晶闸管整流的基本原理设计而言，一套作为常规运行的浮充装置，即提供正常的负荷直流电源，又向蓄电池提供由于自放电损失的补充电源；另一套作为主充装置，即为浮充装置故障停运时投入的备用装置，又作为蓄电池大充电、大放电时的装置。

二、基本接线方式及各回路元件作用

1. 基本接线方式

（1）单母线分段〔两组蓄电池，二小（1、2 号充电装置）一大（3 号充电装置）三套充电装置，也可三套同容量〕接线，如图 4－1－1 所示。

特点：接线可靠、操作方便灵活。每段母线设一组蓄电池和一套充电装置，另设一套公用充电装置，可作任一组蓄电池充电。公用充电装置是分别经空气开关 QF1、QF2 接到任一组蓄电池回路，充电装置为二小（工作充电装置）、一大（备用充电装置）。

（2）单母线分段（一组蓄电池，两套充电装置）接线，如图 4－1－2 所示。

特点：接线可靠、灵活，一组蓄电池经两个空气开关可分别接到两段母线上。两套相同容量的充电装置接在不同母线上。任何一段母线和一套充电装置停运，均不会影响对直流负荷供电。双回路供电的直流负荷接在不同母线上。绝缘监察与电压监视装置为两段母线共用一套，通过切换开关接入。

适用范围：中小容量发电厂和 220kV 及以下较重要的变电站。

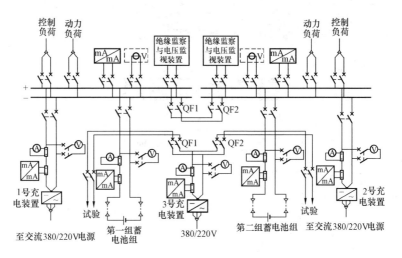

图 4 - 1 - 1   直流系统接线图（一）

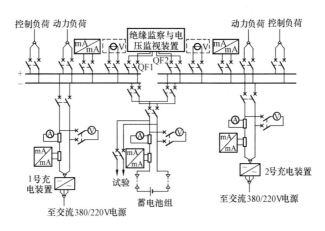

图 4 - 1 - 2   直流系统接线图（二）

（3）单母线分段［两组蓄电池，二大（1、3 号充电装置）一小（2 号充电装置）三套充电装置，也可三套同容量］接线，如图 4 - 1 - 3 所示。

特点：接线可靠、操作方便灵活，其中两套为大容量充电装置（按

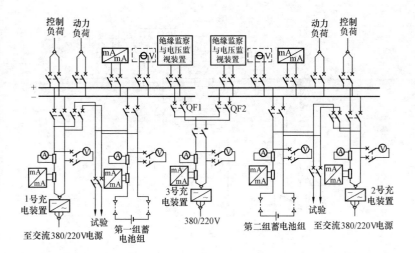

图 4 - 1 - 3　直流系统接线图（三）

均衡充电要求设计）分别与蓄电池并接接入一段母线，一套为小容量充电装置（按浮充电要求设计），经两个空气开关 QF1、QF2 分别接入各段母线上。每段母线设一套绝缘监察装置和电压监视装置，适合于大容量发电厂和 500kV 及以下重要变电站。

（4）单母线分段（一组蓄电池，一套充电装置）接线，如图 4 - 1 - 4 所示。

特点：接线可靠、简单，蓄电池和充电装置分别接于一段母线，正常运行时分段断路器合闸，蓄电池与充电装置并联工作，可靠性高。当接有蓄电池的母线停电（检修或故障，下同），蓄电池退出，此时带充电装置的一段母线仍可工作。但对一般负荷短时供电是可以的，对冲击负荷则不允许。当接有充电装置的母线停电时，蓄电池和另一段母线仍可保证对负荷的供电，此时蓄电池得不到浮充电，处于放电状态，时间长了也不允许。两组母线共用一套绝缘监察和电压。

适用范围：小容量发电厂和 110kV 及以下较重要的变电站及 220kV 终端变电站。

（5）单母线接线方式，如图 4 - 1 - 5 所示。

适用范围：适用于小容量发电厂和 110kV 及以下不重要的变电站。只设一组蓄电池、一套充电装置。

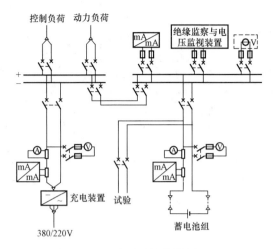

图 4 - 1 - 4　直流系统接线图（四）

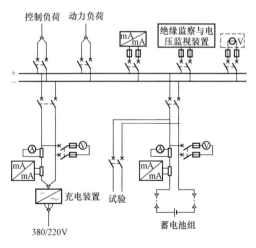

图 4 - 1 - 5　直流系统接线图（五）

（6）单母线分段（两组蓄电池，两套充电装置）接线，如图 4 - 1 - 6 所示。

特点：接线可靠、灵活，每段母线各设一组蓄电池和一套充电装置，分段断路器正常断开，两段母线分裂运行。因为重要负荷要由两段母线分

第四篇　直流系统检修

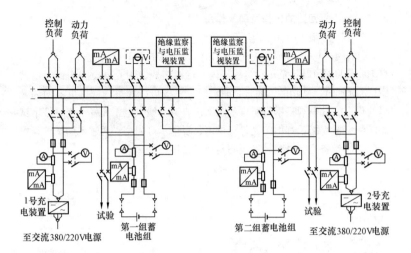

图 4 - 1 - 6　直流系统接线图（六）

别供电，保证任一段母线停运均不会使负荷停电，所以每段母线独立设一套绝缘监察装置和电压监视装置。

适用范围：中小容量发电厂和220kV及以下较重要变电站。

加强防止直流系统误操作的技术管理措施，防止直流系统接线及运行方式不合理造成扩大交、直流系统停电范围。

发电厂、重要的110kV及以上电压等级的变电站直流系统接线方式，必须按控制母线和保护母线分开运行。从直流母线馈出供电网络宜采用辐射状网络供电。

2. 直流回路元件作用

（1）直流电源装置（高频开关电源、硅整流器）为直流系统提供直流电，一方面为负荷提供电源，另一方面对蓄电池组进行浮充电，直流电源装置稳定直接影响直流系统稳定。

（2）蓄电池组。为直流系统负荷提供可靠后备电源。

（3）直流配电柜。对直流系统负荷分配。

（4）绝缘检察装置。对直流系统绝缘、电压监察，及时反应直流系统运行状况。

（5）直流仪表。反映直流系统电压、电流。

（6）闪光回路。为中央信号系统提供闪光电源。

（7）信号回路。及时向运行人员发出警示信号。

三、闪光回路的工作原理及作用

1. 闪光回路的工作原理

如图 4 - 1 - 7 所示，闪光回路由闪光继电器 KH、试验按钮 SA、指示灯 H、熔断器 12FU 及正负母线、闪光母线组成。闪光继电器内部继电器 KH 具有延时启动功能，通过延时启停，正极母线通过内部继电器向闪光母线供电，其监视指示灯正常状态下由直流母线供电，并发平光，按下试验按钮，监视指示灯由闪光母线供电，视指示灯闪亮，通过定期试验，可及时了解设备运行情况，发现问题及时处理。

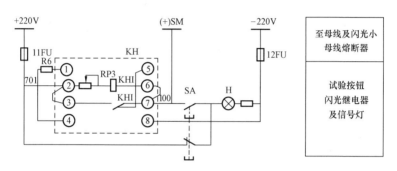

图 4 - 1 - 7　闪光回路的工作原理图

2. 闪光回路的作用

闪光回路的作用是向闪光回路小母线提供间隔均匀、间断的直流电压并送至中央信号盘，当设备出现异常情况，如故障跳闸、绝缘降低等时，通过中央信号盘，使其相对应指示灯、光字牌发出警告闪光信号，使设备运行管理人员及时了解设备运行情况。

第二节　直流系统运行

一、检查项目及注意事项

1. 绝缘状态监视

运行中的直流母线对地绝缘电阻值应不小于 $10M\Omega$。值班员每天应检查正母线和负母线对地的绝缘值。若有接地现象，应立即寻找和处理。

2. 电压及电流监视

值班员对运行中的直流电源装置主要监视交流输入电压值、充电装置输出的电压值和电流值、蓄电池组电压值、直流母线电压值、浮充电流值及绝缘电压值等是否正常。

3. 信号报警监视

值班员每日应对直流电源装置上的各种信号灯、声响报警装置进行检查。

4. 自动装置监视

（1）检查自动调压装置是否工作正常，若不正常，启动手动调压装置，退出自动调压装置，通知检修人员修复。

（2）检查微机监控器工作状态是否正常，若不正常应退出运行，通知检修人员调试修复。微机监控器退出运行后，直流电源装置仍能正常工作，运行参数由值班员进行调整。

5. 直流断路器及熔断器监视

（1）在运行中，若直流断路器动作跳闸或者熔断器熔断，应发出报警信号。运行人员应尽快找出事故点，分析出事故原因，立即进行处理和恢复运行。

（2）若需更换直流断路器或熔断器时，应按图纸设计的产品型号、额定电压值和额定电流值去选用。

6. 熔断器日常巡视检查

（1）负荷电流应与熔体的额定电流相适应。

（2）熔断信号指示器信号指示是否弹出。

（3）与熔断器相连的导体、连接点以及熔断器本身有无过热现象，连接点接触是否良好。

（4）熔断器外观有无裂纹、脏污及放电现象。

（5）熔断器内部有无放电声。

二、直流系统的运行方式及操作

在直流系统中，各种负荷的重要程度不同，所以一般按用途分成几个独立的回路供电。直流控制及保护回路由控制母线供电，断路器合闸由合闸母线供电，这样可以避免相互影响，便于维护和查找、处理故障。

（1）浮充方式（稳压）。硅整流器与蓄电池同时连接直流母线，硅整流器向直流系统负荷供电，同时，对蓄电池进行浮充电。

（2）衡流充电方式（稳流）。硅整流器以 $0.1C_{10}$ 电流值，对蓄电池进行浮直充电。这种方式由于充电电压高，影响直流系统负荷安全，硅整流器与蓄电池应脱离系统进行充电。

两组蓄电池的直流系统不得长时间并列运行。由一组蓄电池通过并列接带另一组蓄电池的直流负荷时，禁止在两系统都存在接地故障的情况下进行。并列前需将两侧母线电压调整成一致。

三、保护的构成及整定

直流系统保护信号原理如图 4 – 1 – 8 所示。

（1）蓄电池组输出熔断器熔断告警。

（2）直流系统母线电压消失。

（3）直流系统母线电压超限（198～242V）。

（4）直流系统绝缘降低。

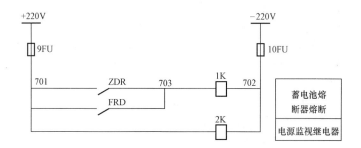

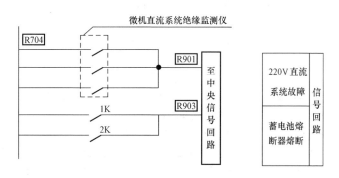

图 4 – 1 – 8　直流系统保护信号原理图

四、浮充电流及母线电压监视与调整

值班员每日应对直流系统进行检查，直流系统母线电压应在规定范围内（198～242V）波动，如超出范围，过高或过低，应立即查明原因。通过对直流系统电源装置（硅整流、高频电源装置）输出电压的调整，调整浮充电流及母线电压。

浮充电流是保证蓄电池寿命的关键，浮充电流应根据蓄电池的电压来确定，单体电池的电压应保持在：对于铅酸电池，在 2.15 ~ 2.20V 之间；对于镉镍电池，在 1.36 ~ 1.40V 之间；对于免维护电池，在 2.23 ~ 2.28V 之间，按此电压及时调整浮充电流。

五、直流绝缘监察装置的工作原理及使用方法

1. 直流绝缘监察装置的工作原理

发电厂和变电站的直流系统与继电保护、信号装置、自动装置以及屋内配电装置的端子箱、操动机构等连接，因此直流系统比较复杂，发生接地故障的机会也较多。当发生一点接地时，无短路电流流过，熔断器不会熔断，所以可以继续运行；但当另一点接地时，可能引起信号回路、继电保护等不正确动作。为此，直流系统应设绝缘监察装置，采用给直流系统加多频小信号，其信号的变化取决于该支路的绝缘破坏程度，装在该支路馈线上的传感器二次端便有相应的低频信号输出。该信号经高精密度的滤波放大电路，经 A/D 转换后进行数字滤波，并通过内设微机，采用最新算法，测出接地电阻值的大小。电路原理如图 4 - 1 - 9 所示。

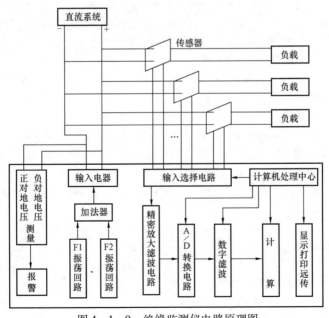

图 4 - 1 - 9　绝缘监测仪电路原理图

第一章　直流系统概述

微机直流系统绝缘监测仪具有绝缘监察、电压监视及报警功能。可在不切断支路电源及直流消失的情况下检查支路绝缘，并可自动巡查，数字显示被测参数。常规监测是通过两个变换的分压器取出正对地电压和负对地电压，送入 A/D 转换器，经微机处理和数字计算后，数字显示电压值和绝缘电阻值，监测无死区。当电压过高或过低、绝缘电阻过低时发出报警信号，报警整定值可自动选定。

各分支回路的绝缘监测，是用一低频信号源作为发送器，通过两隔直耦合电容向直流系统正、负母线发送交流信号，用一小电流互感器同时套在各回路的正、负出线上。由于通过互感器的直流分量大小相等，方向相反，它产生的磁场相互抵消，而通过发送器发送至正负母线的交流信号电压幅值相等、方向相同，这样，在互感器二次侧就可反映出正、负极对地绝缘电阻和分布电容的泄漏电流相量和，然后取出阻性分量，经 A/D 转换器微机处理后数字显示。整个绝缘监测是在不切断回路的情况下进行的，因而提高了直流系统的供电可靠性，且无死区。

如果直流系统存在多点非金属性接地时，启动信号源，该装置可将所有接地支路找出。如果这些接地点中存在一个或一个以上的金属性接地，该装置只能寻找距该装置最近的一条金属性接地支路。

该电压表在正常情况时，测量的是直流母线电压。当转换开关切换至接地时，如出现接触器或出口继电器线圈端也处于接地状态时，表计无内阻或内阻较低会造成误跳闸或合闸事故，所以要采用高内阻电压表。一般情况下，110V 直流系统的电压表的内阻在 $50\sim70\text{k}\Omega$ 之间，220V 直流系统电压表的内阻在 $100\sim150\text{k}\Omega$ 之间。

绝缘监察及信号报警试验：

(1) 直流电源装置在空载运行时，额定电压为 220V，用 25kΩ 电阻；额定电压为 110V，用 7kΩ 电阻；额定电压为 48V，用 1.7kΩ 电阻。分别使直流母线接地，应发出声光报警。

(2) 直流母线电压低于或高于整定值时，应发出低压或过电压信号及声光报警。

(3) 充电装置的输出电流为额定电流的 105%～110% 时，应具有限流保护功能。

(4) 如果直流电源装置装有微机型绝缘监察仪，则任何一支路的绝缘状态或接地都能监测、显示和报警。

(5) 远方信号的显示、监测及报警应正常。

2. 直流绝缘监察装置的使用方法

直流母线电压监视装置的作用是监视直流母线电压在允许范围内运行。

当母线电压过高时，对于长期充电的继电器线圈、指示灯等易造成过热烧毁；母线电压过低时则很难保证断路器、继电保护可靠动作。因此，一旦直流母线电压出现过高或过低的现象，电压监视装置将发出预告信号，运行人员应及时调整母线电压，检查直流绝缘监察装置运行情况。直流绝缘监察装置应根据装置使用手册中的技术要求使用。

六、端电池电压调节器原理及操作方法

1. 工作原理

端电压调整器有两个电刷，分别为充电电刷和放电电刷。充电电刷的作用是在充电时将已充好电的电池退出充电，放电电刷的作用是在电池电压发生变化时调整母线电压。

蓄电池充、放电过程中，可利用端电池调整器调整端电池的个数，以保持母线电压恒定；在事故情况下，失去充电机电源时，可利用端电池调整器调整端电池的个数，在一定的范围保持合格的直流母线电压。为使调整过程中直流母线电压不间断和被调电池不短路，调整刷是由主、副两个刷子组成，通过一个过渡电阻连在一起的。操作时应注意：刷子与静滑片应紧密接触，调节操作时要迅速准确，尽量缩短主、副触头分跨两个静滑片的时间，以免大电流通过过渡电阻的时间过长，使被跨接的电池造成损坏，严禁两个刷子跨接在端子头上。操作完毕后，以主触头接触良好、副触头断开为准，如主刷未接通或接触不良，在通过大电流时将使过渡电阻烧坏，使直流母线无电压。两个电刷不准同时进行操作，运行中电压调整器应清洁、转动灵活、接触良好。在浮充电的情况下，当直流母线过电压过高或过低时，只能调整充电电流来改变电刷位置。其原理接线图如图 4 – 1 – 10 所示。

2. 控制操作

电刷调节器控制原理图如图 4 – 1 – 11 所示。

操作功能如下：

（1）可通过控制电动机带动调节器机构进行充电刷和放电刷位置的调整（升高或降低）。

（2）快速、正确的调整电刷位置（主刷接触、副刷断开）。

（3）通过仪表可显示出电刷的位置及蓄电池组电压。

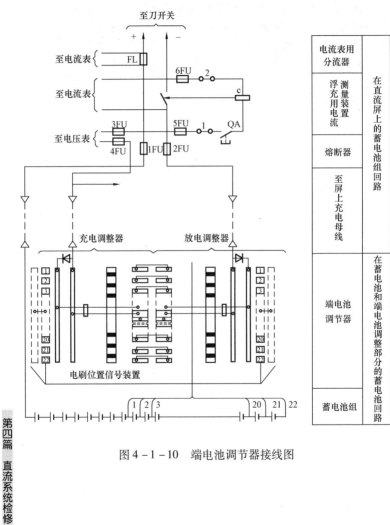

图 4-1-10　端电池调节器接线图

第四篇　直流系统检修

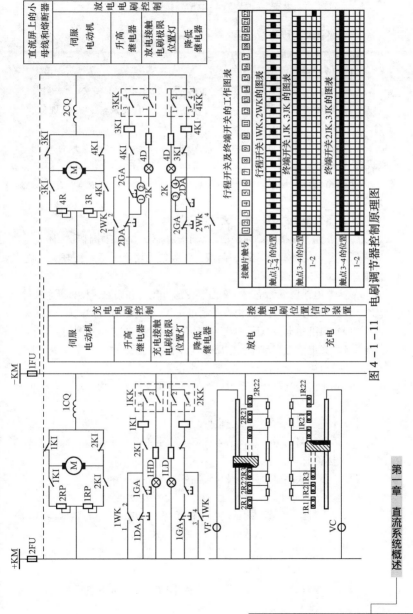

图 4 - 1 - 11 电刷调节器控制原理图

第一章 直流系统概述

第三节 直流系统检修

一、巡视及检修注意事项

1. 正常巡视项目

（1）做好直流回路的全面检查。

（2）直流回路、充电装置的全面检查，每年不少于一次。

（3）检查直流回路各连接点的连接情况，有无发热、氧化现象，分合闸电缆是否符合要求。

（4）检查充电装置各部元件有无异常，仪表是否在校验有效期内，是否满足运行要求。

（5）蓄电池室通风、照明及消防设备完好，温度符合要求，无易燃、易爆物品。

（6）蓄电池组外观清洁，无短路、接地。

（7）各连片连接牢靠无松动，端子无生盐，并涂有中性凡士林。

（8）蓄电池外壳无裂纹、漏液，呼吸器无堵塞，密封良好，电解液液面高度在合格范围。

（9）蓄电池极板无龟裂、弯曲、变形、硫化和短路，极板颜色正常，无欠充电、过充电，电解液温度不超过35℃（防酸蓄电池）。

（10）典型蓄电池电压、密度（防酸蓄电池）在合格范围内。

（11）充电装置交流输入电压，直流输出电压、电流正常，表计指示正确，保护的声、光信号正常，运行声音无异常。

（12）直流控制母线、动力母线电压值在规定范围内，浮充电流值符合规定。

（13）直流系统的绝缘状况良好。

（14）各支路的运行监视信号完好、指示正常，熔断器无熔断，自动空气开关位置正确。

（15）发现缺陷要做好记录，限期处理。

2. 特殊巡视检查项目

（1）新安装、检修、改造后的直流系统投运后，应进行特殊巡视。

（2）蓄电池核对性充放电期间应进行特殊巡视。

（3）直流系统出现交、直流失压、直流接地、熔断器熔断等异常现象处理后，应进行特殊巡视。

（4）出现自动空气开关脱扣、熔断器熔断等异常现象后，应巡视保护范围内各直流回路元件有无过热、损坏和明显故障现象。

二、直流系统绝缘电阻

测量直流系统绝缘电阻时，先将直流系统二次回路断开，使用500V绝缘电阻表进行绝缘测试，绝缘电阻符合规定要求。

三、仪表、保护校验及二次线检修

（1）安装在直流控制盘或硅整流盘上的仪表应符合下列要求：对于仪表准确度，直流仪表不应低于1.5级，交流仪表不应低于2.5级。对于仪表附件的准确度，与仪表连接的分流器、附加电阻和仪表用互感器应低于0.5级，但仅作电流或电压测量时，1.5级或2.5级仪表可用1.0级互感器。仪表校验应按照仪表校验规程校验。

（2）保护回路检查包括：

1）保护回路检查各项功能符合规定要求。

2）保护回路定值符合技术要求，实验合格。

（3）二次线检修。检查二次线压紧螺钉紧固，绝缘皮无破损，布线整齐。检查二次回路各项功能合格，且保护可靠。

四、直流母线及隔离开关检修

1. 直流母线及隔离开关检修

（1）对直流母线进行清洁。

（2）紧固母线螺钉，使母线连接紧密，检查母线连接处无发热情况。

（3）清扫并检查母线固定座（框）无裂痕及损坏。

（4）紧固直流母线二次接线压线螺钉。检查二次接线绝缘皮无破损，接线整齐。

（5）对直流母线进行绝缘测试（绝缘测试前，直流母线二次接线应断开），并应符合要求。

（6）检查隔离开关分、合灵活，无卡涩情况，且分闸位置、合闸位置正确。

（7）检查隔离开关机构连接和调整螺钉，应紧固，无松动，机构无变形。

（8）检查隔离开关动、静触头接触紧密，无发热、烧伤痕迹，清洗并涂上导电膏。

2. 直流接触器的检修与调整

（1）用毛刷清除灰尘。

（2）灭弧罩应完整，其卡簧应能可靠夹住，弧角与静触头应有1～2mm间隙，吹弧线圈的绝缘良好，匝间无短路现象，并用布擦净。

（3）动静触头的接触面应用锉及砂布将烧痕修整好，触头的 4 个边应有 1~2mm 圆角，烧痕严重的要及时更换。

（4）检查衔铁的变位弹簧应完好，衔铁在定位卡板上下之间应有 1~2mm 间隙，左右间隙不大于 0.5mm，拆下返回弹簧用手按动闭合衔铁时，应无轻微卡涩现象。

（5）检查线圈的绝缘应良好，无破损，无烧焦痕迹，接线完好，线圈的直流电阻、绝缘电阻及动作电压应符合要求。

（6）组装后用力按动衔铁，检查动触点在灭弧罩内应无卡涩摩擦现象。

（7）测量触点闭合同期差、开距及压缩行程应符合要求。

第四节　直流设备技术规程、规范

一、蓄电池运行规程规定

DL/T 724—2014《电力系统用蓄电池直流电源装置运行与维护技术规程》适用于各发电厂和变电站使用的防酸隔爆铅酸蓄电池（简称防酸蓄电池）、阀控式密封铅酸蓄电池（简称阀控蓄电池）及其他各种类型的充电装置。

1. 蓄电池组的绝缘电阻

（1）电压为 220V 的蓄电池组不小于 200kΩ。

（2）电压为 110V 的蓄电池组不小于 100kΩ。

（3）电压为 48V 的蓄电池组不小于 50kΩ。

2. 直流电源装置的基本参数、技术指标、交接验收、运行监视

（1）基本参数如下：

1）额定输入交流电压：380V（±10%）、220V（±10%），50Hz（±2%）。

2）直流标称电压：220、110、48V。

3）充电装置额定直流输出电流分别为 5、10、15、20、30、40、50、60、80、100、160、200、250、315、400A。

4）蓄电池组选用额定容量：10~3000Ah。

（2）技术指标如下：

1）直流母线绝缘电阻应不小于 10MΩ，绝缘强度应耐受工频 2kV、耐压 1min。

2）蓄电池组浮充电压稳定范围：稳定范围电压值为 90%~130%

（2V 阀控式蓄电池为 125%）直流标称电压。

3）蓄电池组充电电压调整范围：电压调整范围为 90% ~ 125%（2V 铅酸式蓄电池）；90% ~ 130%（6V、12V 阀控式蓄电池）；90% ~ 145%（镉镍蓄电池）直流标称电压。

4）恒流充电时，充电电流调整范围为（20% ~ 100%）I_N。

5）恒压运行时，负荷电流调整范围为（0 ~ 100%）I_N。

6）恒流充电稳流精度范围：

（a）磁放大型充电装置，稳流精度应不大于 ±（2% ~ 5%）。

（b）相控型充电装置，稳流精度应不大于 ±（1% ~ 2%）。

（c）高频开关模块型充电装置，稳流精度应不大于 ±（0.5% ~ 1%）。

7）恒压充电稳压精度范围：

（a）磁放大型充电装置，稳压精度应不大于 ±（1% ~ 2%）。

（b）相控型充电装置，稳压精度应不大于 ±（0.5% ~ 1%）。

（c）高频开关模块型充电装置，稳压精度应不大于 ±（0.1% ~ 0.5%）。

8）直流母线纹波系数范围：

（a）磁放大型充电装置，纹波系数应不大于 2%。

（b）相控型充电装置，纹波系数应不大于 1% ~ 2%。

（c）高频开关模块充电装置，纹波系数应不大于 0.2% ~ 0.5%。

9）噪声要求 ≤55dB（A），若装设有通风机时应不大于 60dB（A）。

10）直流电源装置中的自动化装置应具有电磁兼容的能力。

11）充电装置返回交流电源侧的各次电流谐波，应符合 DL/T 459—2017《电力系统直流电源柜订购技术条件》的要求。

（3）交接验收。直流电源装置，当安装完毕后，应做投运前的交接验收试验，运行接收单位应派人参加试验，所试项目应达到技术要求后才能投入试运行，在 72h 试运行中若一切正常，接收单位方可签字接收。交接验收试验及要求如下：

1）绝缘监察及信号报警试验：

（a）直流电源装置在空载运行时，额定电压为 220V，用 25kΩ 电阻；额定电压为 110V，用 7kΩ 电阻；额定电压为 48V，用 1.7kΩ 电阻。分别使直流母线接地，应发出声光报警。

（b）直流母线电压低于或高于整定值时，应发出低压或过电压信号及声光报警。

（c）充电装置的输出电流为额定电流的 105% ~ 110% 时，应具有限流保护功能。

（d）装有微机型绝缘监察仪的直流电源装置，任何一支路的绝缘状态或接地都能监测、显示和报警。

（e）远方信号的显示、监测及报警应正常。

2）耐压及绝缘试验：

（a）在做耐压试验之前，应将电子仪表、自动装置从直流母线上脱离开，用工频电压 2kV 对直流母线及各支路耐压 1min，应不闪络、不击穿。

（b）直流电源装置的直流母线及各支路，用 1000V 绝缘电阻表测量，绝缘电阻应不小于 10MΩ。

3）蓄电池组容量试验：不同的蓄电池种类具有不同的充电率和放电率。

（a）防酸蓄电池组容量试验。防酸蓄电池组的恒流充电电流及恒流放电电流均为 I_{10}。其中一个单体蓄电池放电终止电压到 1.8V 时，应停止放电。在三次充放电循环之内，若达不到额定容量值的 100%，此组蓄电池为不合格。

（b）阀控蓄电池组容量试验。阀控蓄电池组的恒流限压充电电流和恒流放电电流均为 I_{10}，额定电压为 2V 的蓄电池，放电终止电压为 1.8V；额定电压为 6V 的组合式电池，放电终止电压为 5.25V；额定电压为 12V 的组合蓄电池，放电终止电压为 10.5V。只要其中一个蓄电池放到了终止电压，应停止放电。在三次充放电循环之内，若达不到额定容量值的 100%，此组蓄电池为不合格。

（c）防酸蓄电池在充放电后，应测电解液的密度并应符合技术要求。

4）充电装置稳流精度范围见技术指标规定。

5）充电装置稳压精度范围见技术指标规定。

6）充电装置纹波系数范围见技术指标规定。

7）直流母线连续供电试验：交流电源突然中断时，直流母线应连续供电，电压波动不应大于额定电压的 10%。

8）微机控制自动转换程序试验：

（a）阀控蓄电池的充电程序（恒流—恒压—浮充）。根据蓄电池不同种类，确定不同的充电率进行恒流充电，蓄电池组端电压达到某一整定值时，微机将控制充电装置自动转为恒压充电，当充电电流逐渐减小到某一整定值时，微机将控制充电装置自动转为浮充电运行。

（b）阀控蓄电池的补充充电程序。微机将按所整定的时间（1个月或者3个月）控制充电装置自动地进行恒流充电—恒压充电—浮充电并进入正常运行，始终保证蓄电池组具有额定容量。交流电源中断，蓄电池组将无时间间断地向直流母线供电，交流电源恢复送电时，充电装置将进入恒流充电，再进入恒压充电和浮充电，并转入正常运行。

（c）"三遥"功能。控制中心通过遥信、遥测、遥控接口（RS485、422、232），去了解和控制远方变电站中正在运行的直流电源装置。

遥信内容：直流母线电压过高或过低信号、直流母线接地信号、充电装置故障等信号。

遥测内容：直流母线电压及电流值、蓄电池组电压值、充电电流值等参数。

遥控内容：直流电源装置的开机、停机、充电装置的切换。

9）验收单位应取得资料有：

（a）安装使用说明书、设备出厂试验报告、装箱清单、自动装置说明书、蓄电池充电记录及曲线。

（b）蓄电池组在投运前的交接试验及各项参数测试报告。

（c）电气原理接线图和二次接线图。

（d）双方签字的交接验收报告。

（4）运行监视。主要包括绝缘状态、电压及电流、信号报警、自动装置、直流断路器及熔断器的监视。

1）绝缘状态监视：运行中的直流母线对地绝缘电阻值应不小于10MΩ。值班员每天应检查正母线和负母线对地的绝缘电阻值。若有接地现象，应立即查找和处理。

2）电压及电流监视：值班员对运行中的直流电源装置主要监视交流输入电压值、充电装置输出的电压值和电流值、蓄电池组电压值、直流母线电压值、浮充电流值及绝缘电压值等是否正常。

3）信号报警监视：值班员每日应对直流电源装置上的各种信号灯、声响报警装置进行检查。

4）自动装置监视：

（a）检查自动调压装置是否工作正常，若不正常，启动手动调压装置，退出自动调压装置，通知检修人员修复。

（b）检查微机监控器工作状态是否正常，若不正常应退出运行，通知检修人员调试修复。微机监控器退出运行后，直流电源装置仍能正常工作，运行参数由值班员进行调整。

5）直流断路器及熔断器监视：

（a）在运行中，若直流断路器动作跳闸或者熔断器熔断，应发出报警信号。运行人员应尽快找出事故点，分析出事故原因，立即进行处理和恢复运行。

（b）若需更换直流断路器或熔断器时，应按图纸设计的产品型号、额定电压值和额定电流值去选用。

第五节　直流系统接地危害及接地点寻找

1. 直流系统接地的危害

直流系统接地应包括直流系统一点接地和直流系统两点接地两种情况。在直流系统中，直流正、负极对地是绝缘的，在发生一极接地时，由于没有构成接地电流的通路而不引起任何危害，但一极接地长期工作是不允许的，因为在同一极的另一地点又发生接地时，就可能造成信号装置、继电保护或控制回路的不正确动作。发生一点接地后再发生另一极接地就将造成直流短路。如直流正极接地有造成继电保护误动作的可能。因为一般跳闸线圈（如出口中间继电器线圈和跳、合闸线圈等）均接负极电源，若这些回路再发生接地或绝缘不良就会引起继电保护误动作。直流负极接地与正极接地同一道理，如回路中再有一点接地就可能造成继电保护拒绝动作，使事故越级扩大。两极两点同时接地将跳闸或合闸回路短路，不仅可能使熔断器熔断，还可能烧坏继电器的接点。对安全运行有极大的危害性。因此，当直流系统发生一点接地时，应迅速寻找接地点，并尽快消除，以防止发展成两点接地故障。

2. 寻找直流系统接地点的一般原则

（1）在拉路寻找直流系统接地前，请示有关调度领导，退出有关保护出口连接片，采取必要措施，防止因直流电源中断而造成保护装置误动作。

（2）当直流系统发生接地时，应先根据显示屏翻页显示哪路故障。

（3）对于两段以上并列运行的直流母线，先采用分网法寻找，拉开母线分段断路器，判明是哪一段母线接地。

（4）对于母线允许短时停电的负荷馈线，可采用瞬间停电法寻找接地点。

（5）对于不允许短时停电的负荷馈线，则采用转移负荷法寻找接地点。

（6）对于充电设备及蓄电池，可采用瞬间解列法寻找。

3. 具体的试拉、试合步骤、顺序

（1）拉、合临时工作电源、试验室电源、事故照明电源。

（2）拉、合备用设备电源。

（3）拉、合绝缘薄弱、运行中经常发生接地的回路。

（4）按先室外后室内的顺序拉、合断路器合闸电源。

（5）拉、合载波室通信电源及远动装置电源。

（6）按先次要设备后主要设备的顺序拉、合信号电源、中央信号电源及操作电源。

（7）试解列充电设备。

（8）将有关直流母线并列后，试解列蓄电池，并检查端电池调节器。

（9）倒换直流母线。

第六节　微机在直流系统中的应用

一、单片机原理

1. 微处理器、微机和单片机的概念

（1）首先来区分一下微处理器（microprocessor）和微计算机（microcomputer）。微处理器（芯片）本身不是计算机，但它是小型计算机或微计算机的控制和处理部分；而微计算机则是具有完整运算及控制功能的计算机，它除了包括微处理器［作为它的中央处理单元 CPU（central processing unit）］外，还包括存储器、接口适配器（即输入/输出接口电路）以及输入/输出（I/O）设备等。其中，微处理器由控制器、运算器和若干个寄存器组成。I/O 设备与微处理器的连接要经过接口适配器（即 I/O 接口）来匹配。存储器是指微机内部的存储器（RAM、ROM 和 EPROM 等芯片）。

（2）单片机，确切的名称应是单片微控制器（single chip microcontroller）。早期的单片机只把 CPU 和计算机外围芯片集成在一个芯片之中，故也可称之为单片微计算机（single chip microcomputer），简称单片机。

（3）单片机可分为专用型和通用型两大类。专用型单片机也称为专用微控制器，它是各种形态的智能单元、工业测控模块或微控制系统的集成化产品，例如，录音机机芯控制器、打印机控制器等。通用型单片机把可开发资源（如 ROM、I/O 接口等）全部提供给使用者。通常所说的各种系统的单片机均属于通用型单片机。

2. 单片机突出的优点更加微型化

单片机的突出优点是更加微型化。此外还有：

（1）体积小、质量小。

（2）电源单一、功耗低。

（3）功能强、价格低。

（4）全部集成在一块芯片上，布线短、合理。

（5）数据大都在单片机内传送，运行速度快，抗干扰能力强，可靠性高。

因此，单片机被广泛地应用于测控系统、智能仪器仪表、机电一体化产品、智能接口以及单片机的多机系统等领域。

二、微机在直流系统中的应用

1. 微机控制直流电源装置的特点

对电网及直流系统的各种运行状态均汇编为微机执行的程序，对运行中出现的各种问题，微机能自动地作出相应的指令，进行处理。例如：恒流充电、恒压充电、浮充电、交流中断处理、自动调压、自动投切、信号输出、远方控制等，微机均能正确无误地进行处理，全面实现无人值守的要求。

2. 直流电源装置中微机监控器的功能及运行维护

（1）微机监控器的功能如下：

1）监视功能主要包括：

（a）监视三相交流输入电压值是否缺相。

（b）监视直流母线的电压值是否正常。

（c）蓄电池进线、充电进线和浮充电的电流是否正常。

2）自诊断和显示功能主要包括：

（a）微机监控器能诊断内部的电路故障和不正常的运行状态，并能发出声光报警。

（b）微机监控器能控制显示器，显示各种参数，通过整定输入键，可以整定或修改各种运行参数。

3）控制功能主要包括：

（a）自动充电功能。微机监控器能控制充电装置自动进行恒流限压充电—恒压充电—浮充电—进入正常运行状态。

（b）定期充电功能。根据整定时间，微机监控器将控制充电装置定期自动地对蓄电池组进行均衡充电，确保蓄电池组随时具有额定的容量。

（c）"三遥"功能。远方调度中心，通过"三遥"接口，能控制直流电源装置的运行方式。

（2）微机监控器的运行及维护主要指：

1）运行中的操作和监视：微机监控器是根据直流电源装置中蓄电池组的端电压值、充电装置的交流输入电压值、直流输出电流值和电压值等数据来进行控制的。运行人员可通过微机的键盘或按钮来整定和修改运行参数。在运行现场的直流柜上有微机监控器的液晶显示板或荧光屏，投切运行中的参数都能监视和进行控制，远方调度中心通过"三遥"接口在显示屏上同样能监视，通过键盘操作同样能控制直流电源装置的运行方式。

2）运行及维护：

（a）微机监控器直流电源装置一旦投入运行，只有通过显示按钮来检查各项参数，若均正常，就不能随意改动整定参数。

（b）微机监控器若在运行中控制不灵，可重新修改程序和重新整定，若都达不到需要的运行方式，就启动手动操作，调整到需要的运行方式，并将微机监控器退出运行，交专业人员检查修复后再投入运行。

第七节 一般故障处理

一、直流电源系统检修与故障和事故处理的安全要求

（1）进入蓄电池室前，必须开启通风。

（2）在直流电源设备和回路上的一切有关作业，应遵《电业安全工作规程》的有关规定。

（3）在整流装置发生故障时，应严格按照制造厂的要求操作，以防造成设备损坏。

（4）查找和处理直流接地时工作人员应戴线手套、穿长袖工作服。应使用内阻大于 $2000\Omega/V$ 的高内阻电压表，工具应绝缘良好。防止在查找和处理过程中造成新的接地。

（5）检查和更换蓄电池时，必须注意核对极性，防止发生直流失压、短路、接地。工作时工作人员应戴耐酸、耐碱手套，穿着必要的防护服等。

二、常见故障

(1) 交流过过电压故障。

1) 确认交流输入是否正常；

2) 检查交流输入是否正常及空气开关或交流接触器是否在正常运行位置；

3) 检查交流采样板上采样变压器和压敏电阻是否损坏。

(2) 空气开关脱扣故障。检查直流馈出空气开关是否在合闸的位置而信号灯不亮，若有，确认此开关是否脱扣。

(3) 熔断器熔断故障。

1) 检查蓄电池组正负极熔断器是否熔断；

2) 检查熔断信号继电器是否有问题。

(4) 母线过过电压。

1) 用万用表测量母线电压是否正常；

2) 检查充电参数及告警参数设置是否正确；

3) 检查降压装置（若有）控制开关是否在自动位置。

(5) 母线接地。

1) 先看微机控制器负极对地电压和控母对地电压是否平衡。如果是负极对地电压接近于零，肯定负母线接地。

2) 采用高阻抗的万用表实际测量母线对地电压判断有无接地。

3) 如果系统配置独立的绝缘检测装置可以直接从该装置上查看。

(6) 模块故障。

1) 确认电源模块是否有黄灯亮；

2) 检查交流输入及直流输出电压是否在允许范围内和模块是否过热；

3) 当确认外部都正常时，关告警电源模块后再开电源模块，看电源模块黄灯是否还亮，若还亮，则表示模块有故障。

(7) 绝缘检测装置故障。检查该装置工作电源是否正常。

(8) 绝缘检测报母线过过电压。首先检测母线电源是否在正常范围；查看装置，显示的电压值是否同实际不一样；以上都正常则可能装置内部有器件出现故障，需要厂家修理。

(9) 绝缘检测装置报接地。首先看故障记录，确认哪条支路发生正接地还是负接地，接地电阻值是多少；然后将故障支路接地排除。

(10) 电池巡检仪报单只电池电压过过电压。首先查看故障记录，确认哪几只电池电压不正常，然后查看该只电池的熔断器和连线有无松动或

第四篇 直流系统检修

接触不良。

（11）蓄电池充电电流不限流。

1）首先确认系统是否在均充状态。

2）其次充电机输出电压是否已达到均充电压。若输出电压已达到均充电压，则系统处在恒压充电状态，不会限流。

3）检查模块同监控之间并接线是否可靠连接。

（12）直流母线电压消失。

1）直流母线电压消失，可能有下述现象：

（a）母线电压指示为零。

（b）所有信号灯熄灭，隔离开关位置指示器无指示。

（c）充电装置跳闸。

2）处理原则：

（a）断开失压母线上蓄电池组出口开关。

（b）取下失压母线所带各操作回路电源熔断器。

（c）断开失压母线所带动力电源总开关。

（d）若故障点在母线上应尽快切除故障，恢复供电，若短时不能恢复可将故障母线所有负荷倒至正常母线。

（e）若故障点不在母线上，则应对母线恢复送电，然后对已停电的各回路逐一测量绝缘电阻，对测量结果符合要求的回路，立即送电。

（f）故障排除后，直流系统应恢复原方式运行。

三、直流系统故障和事故处理预案

（1）220V直流系统两极对地电压绝对值差超过40V或绝缘降低到25kΩ以下，48V直流系统任一极对地电压有明显变化时，应视为直流系统接地。

（2）直流系统接地后，应立即查明原因，根据接地选线装置指示或当日工作情况、天气和直流系统绝缘状况，找出接地故障点，并尽快消除。

（3）使用拉路法查找直流接地时，至少应由两人进行，断开直流时间不得超过3s。

（4）推拉检查应先推拉容易接地的回路，依次推拉事故照明、防误闭锁装置回路、户外合闸回路、户内合闸回路、6～10kV控制回路、其他控制回路、主控制室信号回路、主控制室控制回路、整流装置和蓄电池回路。

（5）蓄电池组熔断器熔断后，应立即检查处理，并采取相应措施，防止直流母线失电。

（6）直流储能装置电容器击穿或容量不足时，必须及时进行更换。

（7）当直流充电装置内部故障跳闸时，应及时启动备用充电装置代替故障充电装置运行，并及时调整好运行参数。

（8）直流电源系统设备发生短路、交流或直流失压时，应迅速查明原因，消除故障，投入备用设备或采取其他措施尽快恢复直流系统正常运行。

（9）蓄电池组发生爆炸、开路时，应迅速将蓄电池总熔断器或空气断路器断开，投入备用设备或采取其他措施及时消除故障，恢复正常运行方式。如无备用蓄电池组，在事故处理期间只能利用充电装置带直流系统负荷运行，且充电装置不满足断路器合闸容量要求时，应临时断开合闸回路电源，待事故处理后及时恢复其运行。

第八节 事故案例

【案例1】 1999 年 7 月 20 日 8 时 54 分，某供电公司新店变电站 2 号变压器 110KV 侧 B 段配电室 802 断路器的隔离刀闸下插头相间闪络发生三相短路，开关"低电压"保护正确动作，经 0.5 秒跳开断路器，与此同时，2 号主变压器 10kV 过流保护正确动作，经 1s 跳开 802 断路器，但没有切断 10kV 侧电弧，开断失败，灭弧室烧毁，配电装置起弧，导致事故扩大。

故障发生后大约 10s，开关柜所带的高压经开关柜内和合闸电缆直接窜入主控室的直流回路，直流回路绝缘被击穿、短路，站用直流系统的控制直流母线直接短路，多处熔断器熔断，直流系统中的硅链被烧断，致使保护装置的直流电源及部分直流控制电源消失，同时导致主控室控制屏和保护屏放电起弧着火。

新店 220kV 母线三相短路 2.6s 后，××电厂 1 号机，××电厂 1 号～5 号机，××电厂 2 号机相继跳闸，事故期间最低频率仅为 49.38Hz。

此次事故导致 1 号主变压器等设备烧毁，部分 110kV 母线及部分 220kV 引线烧断，站内地网因过热绷断，变电站主控室着火并将大部分保护设备烧毁，事故殃及××电网并波及区域电网。

【案例2】 1984 年 11 月 4 日，某电厂 110kV 南母检修后，因运行、检修人员检查不到位，一架铁梯架于母线上，送电时，导致接地短路。由于直流存在问题，保护拒动，使全厂 1 号～6 号机发生系统振荡，全厂停电。

【案例3】 1995年6月15日，吕梁地区某电厂1号机检修，2号机运行。该厂蓄电池1组，由于管理人员和检修人员缺乏基本知识，在没有备用电源的情况下，退出蓄电池运行，此时，2号机主变故障，保护拒动，致使主变损坏。

第二章

铅酸蓄电池检修

第一节 铅酸蓄电池的发展历史及结构原理

一、发展历史

直流系统是保证电力系统中发电厂、变电站和大型工厂、企业变配电站安全可靠运行的重要系统，蓄电池是一种既能把电能转化为化学能储存，又能把化学能转变为电能的设备。通常，发电厂直流系统用若干个蓄电池连接成蓄电池组，作为控制和操作电源。尽管蓄电池投资大、寿命短、需要很多的辅助设备（如充电和浮充电设备、保暖、通风、防酸建筑等），以及建造时间长，运行维护复杂，但铅酸蓄电池具有可靠性高、容量大、承受冲击负荷能力强及原材料取用方便等优点，因而在发电厂和变电站内发生任何故障时，即使在交流电源全部停电的情况下，也能保证直流系统的用电设备可靠而连续的工作。另外不论如何复杂的继电保护装置、自动装置和任何形式的断路器，在其进行远距离操作时，均可用蓄电池的直流电作为操作电源。因此，蓄电池组在发电厂中不仅是操作电源，也是事故照明和一些直流自用机械的备用电源。

蓄电池是 1859 年由普兰特（Plante）发明的，至今已有一百多年的历史。铅酸蓄电池自发明后，在化学电源中一直占有绝对优势。这是因为其价格低廉、原材料易于获得，使用上有充分的可靠性，适用于大电流放电及广泛的环境温度范围等优点。铅酸蓄电池在理论研究方面，在产品种类及品种、产品电气性能等方面都得到了长足的进步，不论是在交通、通信、电力、军事还是在航海、航空各个经济领域，铅酸蓄电池都起到了不可缺少的重要作用。

根据电极或电解液所用物质的不同，蓄电池分为酸性蓄电池和碱性蓄电池两种。发电厂使用的蓄电池多为酸性蓄电池，故碱性蓄电池在本书中不作介绍。

二、蓄电池的分类、型号及容量选择

（一）分类、型号

常用的铅酸蓄电池主要分为三类，分别为普通蓄电池、干荷蓄电池和阀控蓄电池三种。

（1）普通蓄电池：普通蓄电池的极板是由铅和铅的氧化物构成，电解液是硫酸的水溶液。它的主要优点是电压稳定、价格便宜；缺点是比能低（即每千克蓄电池存储的电能）、使用寿命短和日常维护频繁。

（2）干荷蓄电池：它的全称是干式荷电铅酸蓄电池，它的主要特点是负极板有较高的储电能力，在完全干燥状态下，能在两年内保存所得到的电量，使用时，只需加入电解液，等过 20～30min 就可使用。

（3）阀控蓄电池：阀控蓄电池由于自身结构上的优势，电解液的消耗量非常小，在使用寿命内基本不需要补充蒸馏水。它还具有耐震、耐高温、体积小、自放电小的特点。市场上的阀控蓄电池也有两种：第一种在购买时一次性加电解液以后使用中不需要维护（添加补充液）；另一种是阀控密封式铅酸蓄电池（VRLA），电池本身出厂时就已经加好电解液并封死，用户根本就不能加补充液。

铅酸电池有 2、4、6、8、12、24V 等系列，容量从 200mAh 到 3000Ah。VRLA 电池是基于 AGM（吸液玻璃纤维板）技术和钙栅板的可充电电池，具有优越的大电流放电特性和超长的使用寿命。它在使用中不需加水。

VRLA 电池用途广泛，可用在电动工具、应急灯、UPS、电动轮椅、计算机和通信设备等方面。分类及型号列举如下：GGF – 300 和 GGM – 300 蓄电池型号的含义：第一个字母"G"表示电池为固定式。第二个字母"G"表示正极板为玻璃丝管式。第三个字母"F"表示防酸隔爆式，"M"表示密封式防酸雾。"防酸"是指在充、放电及使用过程中，尤其是过充电的情况下，由于内部气体强烈析出，带出很多酸雾，经防酸隔爆帽过滤后，酸雾不析出蓄电池外部。"隔爆"是指在上述情况下，一旦有明火产生，不致引起蓄电池本身内部爆炸。第四部分数字"300"表示蓄电池额定容量为 300Ah。

（二）容量选择

蓄电池的容量选择可根据不同的放电电流和放电时间来选择。选择条件如下：

（1）按放电时间来选择蓄电池的容量，其容量应能满足事故全停状态下长时间放电容量的要求。

（2）按放电电流来选择蓄电池的容量，其容量应能满足在事故运行时，供给最大的冲击负荷电流的要求。

一般按上述两条件计算，结果取其大者作为蓄电池的容量。

三、结构及工作原理

（一）蓄电池的组成

一个单体蓄电池是由正极板、负极板、涂料（粉膏）涂板、隔离板、容器、电解液、消氢帽、连接板和压条等部件所组成。

1. 正极板

铅酸蓄电池正极板是玻璃丝管式极板。它是涂膏式的一种，由板栅、玻璃丝管或氯纶丝管、铅粉或铅膏等制成。板栅是用导电性能好、耐腐蚀性强、电阻率小、机械强度高的铅锑合金在硬钢模具中浇铸而成，如图 4 - 2 - 1（a）所示。玻璃丝或氯纶丝编织成直径为 8mm 的套管，这两种纤维材料具有抗张力强、耐腐蚀性强、电阻率小（$0.004 \sim 0.007\Omega \cdot cm$）等物理性能。此外，它有一定的细缝，使套管内的粉膏既能和套管外电解液接触，又不易使粉膏从细缝中漏出，如图 4 - 2 - 1（b）所示。

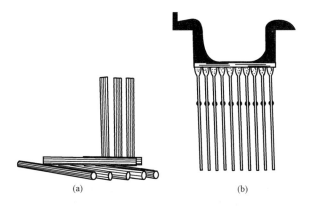

(a)　　　　　　　　(b)

图 4 - 2 - 1　管式正极板板栅和玻璃丝套管

（a）管式正极板板栅；（b）玻璃丝套管

管式极板的生产一般采用振动灌粉式和挤膏式两种方式。振动灌粉式如图 4 - 2 - 2（a）所示。先将丝管套在板栅芯子外面，板栅芯子与丝管内壁之间的间隙应四周均匀，然后装在振动灌粉机的卡具上，随着机械振动不断添入配合好的铅粉。但往往由于振动不实，丝管中间堵塞，留有一部分空隙，致使容量不足，并且灌粉时铅尘飞扬，污染环境。

挤膏机有许多种型式，有立式转盘空气压缩挤膏机、卧式机械传动挤膏机及射流控制挤膏机等。无论采用哪一种挤膏机，都必须像图4-2-2（a）那样，先将丝管套在板栅芯子外面，板栅芯子与丝管内壁之间的间隙应四周均匀，然后准确地放入挤膏机的卡具中，缓慢地开动机器，把调和好的粉膏挤入丝管内。用水淋去极板表面的余膏，将极板整齐地放到架子上，以备干燥。

将干燥后的极板放入封底模具中，用铅锑合金或聚氯乙烯塑料浇铸，然后，将极板芯子和露在丝管外面的部分连接起来，构成一块整体极板，以备化成如图4-2-2（c）所示。玻璃丝管式正极板，因其活性物质有丝管保护，无脱皮掉粉等弊病，所以使用寿命较长。

正极板在充电与放电循环过程中膨胀与收缩现象严重，将其夹在两片负极板之间，使正极板两面都起化学反应，产生同样的膨胀与收缩，减少正极板的弯曲和变形，从而延长使用寿命。而负极板膨胀与收缩现象不太严重，因此蓄电池极板在组合时，正极板要夹在两片负极板之间。

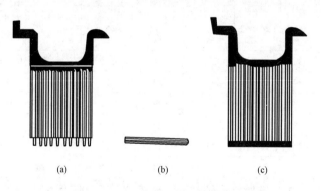

(a)　　　　　　　　(b)　　　　　　　　(c)

图 4-2-2　玻璃丝管式极板结构

（a）丝管置于板栅芯子外面；（b）合金或塑料封底横条；
（c）化成好的玻璃丝管式正极板

2. 负极板

铅酸蓄电池负极板是涂膏式。极板的涂料占全部极板质量一半以上。当涂料或已形成的活性物质变成疏松状态时，其强度很差，不能受力。因此，一般用机械强度较高、耐腐蚀性较强的铅锑合金制成板栅，如图4-2-3所示。

板栅制成空方格形，呈横竖条纹形状，或制成有对角线的空方格子，涂料就嵌在格子中。板栅既充作支持物又充作导体，活性物质变化而产生的电流是沿着板栅框格子传导到端头上的。因此要求板栅机械强度高、电阻率小、不易被酸腐蚀，在稀硫酸中具有相对的化学稳定性。通常用含锑 6% ~9% 的铅锑合金制成板栅，以增加机械强度。铅锑合金的物理性能见表 4 - 2 - 1。

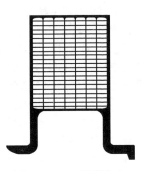

图 4 - 2 - 3　铅锑合金负极板栅

铅锑合金的电阻率较纯铅大，自放电较纯铅稍强，但并不严重。一般采用刻有方格纹路的硬钢模来铸造板栅，浇铸合金时，将温度控制在 450 ~500℃ 之间为宜。

表 4 - 2 - 1　　　　　　　铅锑合金的物理性能

含锑百分数（%）	熔点（℃）	密度（g/cm³）	抗张强度（N/cm²）	断裂时的延伸率（%）	布氏硬度（kg/cm²）	膨胀系数	在20℃时的电阻率（Ω·cm）
0	327	11.34	1226.27		3.0	0.0000292	0.0000212
4	299	11.03	3899.42	22	5.7	0.0000278	0.0000240
5	292	10.95	4381.68	29	6.2	0.0000275	0.0000246
6	285	10.88	4707.43	24	6.5	0.0000272	0.0000253
7	278	10.81	4946.55	21	6.8	0.0000270	0.0000259
8	271	10.74	5111.94	19	7.0	0.0000267	0.0000265
9	265	10.66	5222.13	17	7.2	0.0000264	0.0000271
10	261	10.59	5284.16	15	7.3	0.0000261	0.0000277
11	256	10.52	2309.75	13	7.4	0.0000258	0.0000283
12	252	10.45	5153.23	12	7.4	0.0000256	0.0000289

3. 涂料（粉膏）涂板

目前，随着蓄电池制造工业的发展，用来制造极板活性物质的原料铅丹已被铅粉和一氧化铅所代替。铅粉是一种小的铅颗粒，其铅粉外表面覆盖着一层一氧化铅。也可以说，铅粉是铅的氧化物，其氧化度在 65% ~75% 之间。铅粉氧化度高，极板上活性物质获得的容量就大。这种混合物随着铅的氧化度和分散度的不同，呈现灰绿色或黄绿色。铅蓄电池工厂在生产铅粉时，使用球磨机加以研磨，使之成为颗粒小、氧化度高的铅粉。

蓄电池的粉膏是用铅粉、稀硫酸和纯水等制成，根据不同的用途，分为正极板粉膏和负极板粉膏。正极板粉膏配方见表4-2-2，负极板粉膏配方见表4-2-3。极板的初期容量和使用寿命取决于粉膏的成分和密度，其密度一般在$1.65 \sim 2.0 \mathrm{g/cm^3}$之间。

表4-2-2 正极板粉膏配方

材 料 名 称	配 方 比（%）	用 量
铅 粉	100	250kg
木炭粉或活性炭	4	10kg
硫酸（比重1.100 ± 0.005，15℃时）		15L

表4-2-3 负极板粉膏配方

材 料 名 称	配 方 比（%）	用 量
铅 粉	100	250kg
硫酸钡	0.3	0.75kg
硫酸（比重1.100 ± 0.005，15℃时）		37L
木 素	0.5	1.25g

正极板粉膏由硫酸和铅粉配制而成，同时加入少量木炭粉或活性炭。在粉膏中添加一些称为膨胀剂的材料（硫酸钡、木素或磺酸盐和木炭粉等），可以防止负极板涂料硬化和收缩，将粉膏放入搅拌机内或非金属的容器内，混合均匀，然后加入硫酸进行拌和。粉膏与硫酸之间立即发生强烈的化学反应。其中部分生成硫酸铅，并产生热量，使混合物立即结成稠厚块状物质，在拌和过程中也不易弄碎和调匀。在生产中，有时为了提高铅粉的氧化度，在加入硫酸前，还要添加氧化水，使拌和过程反应更加剧烈。铅粉颗粒中的金属铅遇水发生氧化，铅粉颗粒的氧化铅遇水变成氢氧化铅 [$Pb(OH)_2$]，并和硫酸起反应生成硫酸铅，其化学反应式如下

$$Pb + H_2O \longrightarrow PbO + H_2 \qquad (4-2-1)$$

$$PbO + H_2O \longrightarrow Pb(OH)_2 \qquad (4-2-2)$$

$$Pb(OH)_2 + H_2SO_4 \longrightarrow PbSO_4 + 2H_2O \qquad (4-2-3)$$

配制粉膏时，必须严加控制，切不可随意将不同浓度、数量的硫酸和

水与铅粉混合。如果加入的硫酸过浓或过量，则产生的硫酸铅就会过多，体积就会增大到使粉膏形成沙粒状，从而降低粉膏的黏合性，使它变得过分疏松，极板上将有较多的孔。这种多孔的活性物质，显然比紧密的活性物质容易脱落。但如果粉膏不够疏松，即失去多孔性，参加反应的活性物质将减少，从而降低蓄电池的容量。如果加水过量，也会使粉膏的黏合性降低，则制成的极板会出现塌陷、收缩和开裂现象。

将已调配适当的粉膏涂到板栅的方格中时，通常用手工操作，或采用专门涂膏机。目前，手工操作已逐渐被机械涂膏所取代。手工涂膏多是垫在有涂布的木板、塑料板或不锈钢板上，用特制的铲子、镘子和刮刀进行涂膏，因而生产效率低。机械涂膏则采用特制的涂膏机，因而生产效率很高，涂板质量较好。

极板在充电和放电过程中，为了防止黏附在栅格筋条上的粉膏翘起，破坏活性物质与板栅的结合强度，板栅涂膏的厚度不应超过板栅边缘厚度，并要求能看出板栅栅格的筋条。应注意极板质量，其表面不应有粗糙、外伤、黏附多余膏块，小坑、栅格未充满粉膏而露筋和穿孔等缺陷。

板栅上涂膏后，为使栅栅与粉膏接触严密，并具有一定的结合强度，需用滚筒加适当的压力压平。但压力不可过大，否则将会减少极板活性物质的多孔性，从而影响极板的容量。为防止粉膏黏附在滚筒、涂板或工作台面上，并吸收极板粉膏中压挤出来的水分，在极板表面和滚筒之间需垫有织纹清晰的垫布。

4. 隔离板

隔离板装在正、负极板中间，两者之间保持一定的距离，防止正、负极板接触造成短路，并且能够防止由于较大充电和放电电流使极板受振动，而导致活性物质脱落和极板弯曲变形。它的高度应比极板高 20mm，宽度比极板宽 10mm，在安装蓄电池时，为了防止落入杂物造成两极短路，隔离板应高出极板顶部凹面处 10mm。下部伸出的长度可以防止脱落的活性物质在下面与极板底部接触造成两极短路。

隔离板必须具备以下性能：

(1) 能大量吸收电解液，具有疏松小孔，使电解液容易渗透、对流和扩散。

(2) 内电阻低。隔离板对蓄电池的内电阻影响很大。隔离板本身是绝缘体。而蓄电池的化学反应则发生在隔离板小孔中的电解液内，小孔愈多，发生化学反应的范围就更大，导电性就愈好，因而内电阻也就愈小。

(3) 耐酸性、韧性和弹性大，机械强度高。蓄电池在充电和放电过程中，若受大电流冲击或极板弯曲变形，都容易损坏隔离板，因而，它要具有承受这种压力和冲击的机械强度。如细孔橡胶隔离板，塑料纤维隔离板和细孔塑料隔离板。

5. 容器

防酸隔爆式蓄电池的容器是用硬质塑料制成的。它具有耐酸性能强、韧性大、透明度高、容易观察到蓄电池内部短路或其他状况、便于检查、使用耐久等特点。

6. 电解液

铅酸蓄电池的电解液为硫酸。硫酸的性质如下：

（1）纯硫酸是无色的油状液体，含 H_2SO_4 96% ~ 98%。密度 1.84g/cm^3，沸点 338℃，不容易挥发。

（2）浓硫酸具有强烈的吸水性，容易吸收空气中的水蒸气，保存时应盖严，以免变稀。

（3）浓硫酸与糖、淀粉、纸张、纤维等碳水化合物发生反应，以脱水的形式夺取这些化合物中的氢和氧。

（4）浓硫酸遇水时，会放出大量的热。

7. 消氢帽

（1）消氢帽的工作原理。消氢帽（又称催化栓，为氢、氧气再化合装置）除具有防酸隔爆帽的作用外，还能使铅酸蓄电池在使用过程中产生的氢、氧爆鸣气体通过栓内催化剂化合成水，回到电解液中，使铅酸蓄电池在使用过程中水分恒失减少，延长加水周期。采用低压恒压法充电时，从蓄电池内逸出的气体极少，这样在通风良好时，蓄电池室内不会爆炸。蓄电池内逸出的氢、氧气体由消氢帽下口进入，通过微孔反应器催化剂容器到达催化剂的表面。氢、氧气体在催化剂的作用下，很容易化合成水蒸气（即消耗掉氢气），水蒸气又经过微孔反应器到达栓体的内壁，冷凝成水滴返回电池内部。

按水汽行径，消氢帽分为水汽同路和水汽异路两种。

（2）消氢帽在检修及运行中应注意的事项有：

1）如有积尘，需用毛刷扫去灰尘，防止灰尘在帽内积聚，堵塞微孔。

2）检修消氢帽时不要倒置，不要浸入电解液中或水中，以免浸湿催化剂，降低反应效率。

3）氢、氧化合是一种放热反应，一般来说，充电时消氢帽外壁的温度高于室温，充电电流越大，温度就越高。使用消氢帽的 GAM 型固定型铅酸蓄电池充电时，端电压不宜超过 2.4V。超过消氢帽允许最大电流时，产生的氢、氧气体增多，化学反应加剧，如果温度过高，有可能使消氢帽外壁熔化，甚至发生爆炸。当运行中 GAM 型蓄电池的端电压充电时超过 2.4V（充电电流超过消氢帽允许最大电流）时，应将消氢帽取下充电。

（二）结构特点

（1）每只蓄电池都有一个防酸隔爆帽。防酸隔爆帽是用金刚砂压制成型的，具有毛细孔结构，能吸收酸雾和透气。其用法是将压制成型的金刚砂帽浸入适量的硅油溶液，使硅油附在金刚砂表面。由于金刚砂帽具有 30%~40% 的毛细孔，充放电过程中从电液分解出来的氢、氧气体可以从毛细孔窜出，而酸雾水珠碰到硅油又滴回电池槽内。

（2）蓄电池槽与槽盖之间的缝隙用耐酸、耐热、耐寒的封口剂封口。在 -40~65℃ 之间封口剂不溢流，不开裂，不变质。

（3）为了便于测试电解液的密度和温度，在每只蓄电池内部都装有密度温度计，通过透明的蓄电池槽可观察到蓄电池内部状况。

（4）正极板为玻璃丝管式，负极板是涂膏式的。

（5）与其他固定式铅蓄电池相比，防振性能强。

（三）铅酸蓄电池的工作原理

铅酸蓄电池是一种化学电源，它把电能转变为化学能并储存起来，使用时，把储存的化学能再转变为电能，两者的转变过程是可逆的。所谓蓄电池的可逆过程，就是指充电与放电的重复过程。将蓄电池与直流电源连接时，蓄电池将电源的电能转变为化学能储存起来，这种转变过程称为蓄电池的充电。而在已经充好电的蓄电池两端接上负荷时，将有电流流过负荷，即储存在蓄电池内的化学能又转变为电能，这种转变过程称为蓄电池的放电。铅酸蓄电池的充、放电工作原理如图 4-2-4 所示。

铅酸蓄电池充电后，正极板上活性物质已变成二氧化铅（PbO_2），负极板上活性物质已变成绒状铅（Pb）。这时，如果在蓄电池两端接上电阻，电路内就会产生电流，由蓄电池正极板流到负极板上。硫酸（H_2SO_4）在水（H_2O）的溶液中，一部分分子自发地分解为正的氢离子（H^+）和负的硫酸根离子（SO_4^{2-}），当蓄电池放电时，氢离子移向正极板，而硫酸根离子移向负极板。

在负极板上的化学反应式为

$$Pb + SO_4^{2-} \longrightarrow PbSO_4 + 2e \qquad (4-2-4)$$

在正极板上的化学反应式为

$$PbO_2 + 2H^+ + H_2SO_4 \longrightarrow PbSO_4 + 2H_2O - 2e \qquad (4-2-5)$$

多余的负电子就从负极板流经电阻，返回到正极板。这样，蓄电池在

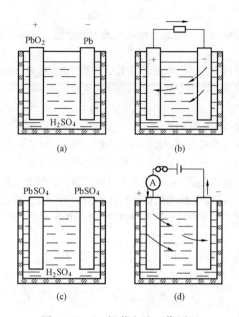

图 4 - 2 - 4　铅蓄电池工作原理

（a）充电后；（b）放电时；（c）放电后；（d）充电时

放电时，硫酸与二氧化铅化合，生成两个水分子。结果，电解液的浓度和比重下降，蓄电池的内阻增加，端电压下降，正、负极板上的活性物质变成了硫酸铅（$PbSO_4$）。硫酸铅的体积和电阻比极板上的活性物质大得多。1g 分子的铅、二氧化铅和硫酸铅体积比为 18:26:49，所以，极板上铅和二氧化铅放电后变成硫酸铅，体积大为增加。过量放电时，硫酸铅因过分膨胀，可使极板损坏。此外，由于硫酸铅导电性能不良，也使蓄电池的内阻增大。

单只蓄电池在充电开始时的电压为 2V，充电完毕时为 2.5~2.8V 或稍高。蓄电池接到直流电源上时，如果电源电压大于蓄电池电压，则充电流由蓄电池正极流向负极。在电流的作用下，电解液中的硫酸根离子移向正极。放电和充电循环过程中，可逆反应式如下

$$PbO_2 + 2H_2SO_4 + Pb \longleftrightarrow PbSO_4 + 2H_2O + PbSO_4 \qquad (4-2-6)$$
　　（＋）　　　　　（－）　　　　（＋）　　　　（－）

放电时：

（1）正极板由深褐色的二氧化铅逐渐变为硫酸铅，因此，使正极板

的颜色变浅。

（2）负极板由灰色的绒状铅逐渐变为硫酸铅，因此，使负极板的颜色也变浅。

（3）电解液中的水分增加，因此，浓度和比重逐渐下降。

（4）蓄电池的内阻逐渐增加，端电压逐渐下降。

充电时：

（1）正极板由硫酸铅逐渐变为二氧化铅，颜色逐渐恢复为深褐色。

（2）负极板由硫酸铅逐渐变成绒状铅，颜色也逐渐恢复为灰色。

（3）电解液中的水分减少，因此，浓度和密度逐渐上升。

（4）充电接近完成时，正极板上的硫酸铅，大部分复原为二氧化铅，氧离子团找不到和它起作用的硫酸铅而析出，所以在正极板上产生气泡。在负极板上，氢离子最终为找不到和它起作用的硫酸铅而析出，所以在负极板上也有气泡产生。

（5）蓄电池的内阻减少，而端电压逐渐升高。

第二节　蓄电池的运输、储存、安装及验收

由于蓄电池结构及制造工艺的特殊性，因此，在运输、储存、安装及蓄电池室的材料、通风、采暖等方面都有严格的标准和要求。

一、蓄电池运输与储存

（1）由于有的电池重量较重，必需注意运输工具的选用，严禁翻滚和摔掷。

（2）搬运电池时不要触动极柱和安全阀。

（3）蓄电池为带液荷电出厂，运输中应防止电池短路。

（4）蓄电池在安装前可在 $0 \sim 35$℃ 的环境下存放，但存放不能超过 6 个月，超过 6 个月储存期的电池应充电维护，存放地点应清洁、通风、干燥。

二、蓄电池室的基本要求

（1）电池室应靠近电力室，远离振动较大的机房和高温处所（如锅炉房等）。

（2）防酸蓄电池和大容量的阀控蓄电池应安装在专用蓄电池室内，容量较小的镉镍蓄电池（40Ah 及以下）和阀控蓄电池（300Ah 及以下）可安装在柜内，直流电源柜可布置在控制室内，也可布置在专用电源室内。严禁在蓄电池室内吸烟和将任何火种带入蓄电池室内。蓄电池室门上

应用红漆书写"蓄电池室""严禁烟火"或"火灾危险"。

（3）防酸蓄电池室应为防酸、防火、防爆建筑。入口应经过套间（或储藏室），蓄电池室的门应向外开，应采用非燃烧体的实体门，门的尺寸不应小于 750mm × 1960 mm（宽 × 高）。套间内有自来水、下水道和水池。水池内外及水龙头应做耐酸碱处理，管道宜暗敷，管材应采用耐腐蚀材料。开启式蓄电池室用耐火二级、乙类生产建筑与相邻房间隔断，防酸隔爆型蓄电池室用耐火二级、丙类生产建筑与相邻房间隔断。

（4）防酸蓄电池室附近应有存放硫酸、配件的专用房间及调制电解液的专用工具。若入口处套间较大，也可利用此房间。

（5）防酸蓄电池室应用非燃烧材料建造，顶棚宜作成平顶。蓄电池室的墙壁、天花板、门、窗框、通风罩、通风管道内外侧、金属结构、支架及其他部分均应涂上防酸漆；蓄电池室的地面应铺设防酸砖，并易于清洗。

（6）防酸蓄电池室内光线应充足。电池室的窗户，应安装遮光玻璃或者涂有带色油漆的玻璃，以免阳光直射在蓄电池上，影响电池寿命。

（7）防酸蓄电池室的照明，应使用防爆灯，至少有一个接在事故照明母线上，开关、插座、熔断器应安装在蓄电池室外。室内照明线应采用耐酸绝缘导线，并用暗线敷设。蓄电池照明灯具应布置在走道上方，地面上最低照度为20lx，事故照明最低照度为2lx。

（8）电池室内应通风良好，使电池在充电过程中所产生的氢、氧等有害气体排出室外，使室内含氢量低于 2%（以体积计）。为防止室内的氢气含量超标，而产生爆炸的危险，防酸蓄电池室应安装抽风机，抽风电动机应为防爆型式，并应直接连接通风空气过滤器。抽风量的大小与充电电流和电池个数成正比，由以下公式决定

$$V = 0.07 \times I_{ch} \times N \qquad (4-2-7)$$

式中　V——排风量，m^3/h；

　　　I_{ch}——最大充电电流值，A；

　　　N——蓄电池组的电池个数。

除了设置抽风系统外，蓄电池室还应设置自然通风气道。通风气道应是独立管道，不可将通风气道引入烟道或建筑物的总通风系统中。离通风管出口处10m内（含10m）有引爆物质场所时，则通风管的出风口至少应高出该建筑物屋顶2m。

铅酸蓄电池室的通风换气量，应按保证室内含氢量（按体积比）低于 0.7%、含酸量小于 2mg/ m^3 计算。

（9）防酸蓄电池室若安装暖风设备，应设在蓄电池室外，经风道向室内送风。在室内只允许安装无缝的或焊接无汽水门的暖气设备。取暖设备与蓄电池的距离应大于 0.75m。走廊墙面不得开设通风百叶窗或玻璃采光窗。蓄电池室应有下水道，地面要有 0.5% 的排水坡度，并应有泄水孔，污水应进行中和或稀释后排放。

（10）凡是进出蓄电池室的电缆、电线，在穿墙处应用耐酸瓷管或聚氯乙烯硬管穿线，并在其进出口端用耐酸材料将管口封堵。

（11）当蓄电池室受到外界火势威胁时，应立即停止充电，如充电刚完毕，则应继续开启排风机，抽出室内不良气体。蓄电池室火灾时，应立即停止充电，并采用二氧化碳灭火器扑灭。

（12）电池电解液的温度按厂家规定，在 15～35℃ 最为合适，蓄电池室的温度应经常保持在 5～35℃ 之间，并保持良好的通风和照明。在没有取暖设备的地区，已经考虑了电池允许降低容量，则温度可以低于 10℃，但不能低于 0℃。

（13）抗震设防烈度大于等于 7 度的地区，蓄电池组应有抗震加固措施。

（14）不同类型的蓄电池，不宜放在一个蓄电池室内。

三、铅酸蓄电池安装的检查和连接

1. 应进行外部检查和内部检查

（1）外部检查包括：

1）检查电池槽有无破裂、损坏，槽盖密封是否良好。

2）正、负极板端柱的极性应正确，无变形，防酸隔爆帽等应齐全。

3）检查透明的电池槽极板有无变形，柄槽内各部件是否齐全。

4）检查连接板、螺母及螺栓是否齐全。

（2）内部检查包括：

1）检查极板。检查极板上活性物质与板栅结合是否严密，有无弯曲变形和脱落现象（有时虽无脱落现象，但有裂纹痕迹，也属于脱落现象）。板栅连接座应良好，无裂纹，无弯曲变形。

2）检查极性。检查极柱与极板群的极性（＋）（－）的标示是否相同，以免造成转极故障。

3）检查隔板。检查正、负极板之间的隔离板是否漏隔，以免造成短路。

4）检查正、负极柱塑料套管和密度计、温度计是否脱落，如有脱落，要用钩子勾出，重新装上。

5）检查防酸隔爆帽的孔眼是否透气，如有堵塞的孔眼，必须烫开。

2. 蓄电池连接时的要求

（1）安装地面应有足够的承载能力。

（2）电池应按图纸的要求进行安装。安装电池的平台或台架上应有绝缘设施，应用耐酸材料或涂抹耐酸材料。

（3）蓄电池是湿荷电态出厂，安装使用前请逐只检查单体电池的开路电压，正常情况下应不低于 2.08V/单体。若低于此值，需补充电后再使用。

（4）电池安装使用前，请逐只检查每只电池安全阀是否牢固，若有松动，应立即旋紧。

（5）电池应整齐排列，平稳放置在耐酸及绝缘材料所制的基础上，基础间距（中间过道宽度）一般不小于 800mm，电池与墙壁之距离，一般不小于 300mm，基础与电池底部间放置塑料垫块（有些品种的电池无垫块）。

（6）因蓄电池系湿荷电态出厂，在安装过程中，正负极应正确，防止短路。然后将电池接线柱和连接条上氧化层用利刀刮掉，在铅螺钉和螺母上涂一层凡士林，将所需的电池按正、负极符号用连接条与极柱串联起来，并将每个零部件紧固一次，以防电池在运行过程中受振而松动。拧紧铅螺母后再涂一层凡士林。

（7）专用塑料保护帽、套应上好，并不得损伤。

（8）由于电池组件的电压较高，存在电击危险，因此在装卸导电连线时，应使用带绝缘包扎的工具；安装或搬运电池时，要戴绝缘手套、围裙和防护眼镜；电池在搬运过程中，防止碰撞冲击，不得扭动端柱和安全排气阀。严禁将工具、杂物或其他导电物品放在电池上。

（9）脏污的接线端子或连接不牢均可能引起电池打火，所以要保持接线端子连接处的清洁，并拧紧专用连接电缆（或铜排），使扭矩达到不同连接端子的规定值。操作时不得对端子产生非紧固所必需的其他应力。

（10）电池组之间及电池组与电源设备之间的连接应合理方便、电压降尽量小。不同规格、不同批次、不同厂家的蓄电池不能混用。安装末端连接件和接通电池系统前，应认真检查电池系统的总电压和正、负极性连接是否正确，电池间连接是否牢固。

（11）电池安装过程中要避免电池短接或接地。蓄电池组与充电器或负载连接时，应将电池组中一个端子导电连线断开，充电器或负载电路开关应位于"断开"位置，以防止短路，并保证连接正确，蓄电池的正极与充电器的正极连接，负极与负极连接。

（12）电池外壳不能使用有机溶剂清洗，不能使用二氧化碳灭火器扑灭电池火灾，应配备干粉、四氯化碳之类的专用灭火器具。

（13）在操作条件允许的情况下，可以将电池架与地面的埋铁进行焊接。

（14）在电池架安装过程中禁止损坏电池架零部件的表面涂层。

四、防酸隔爆性能的验收

（1）蓄电池用 10h 率的电流值进行过充电，至电解液强烈析出氢、氧气体时，经防酸隔爆帽过滤后，酸雾水汽凝成水珠滴回蓄电池槽内部。用经纯水润湿的石蕊试纸悬挂在防酸隔爆帽上部和周围约 5mm 处，如果 2h 后试纸无酸性反应（不变红色），就证实防酸隔爆帽具有防止酸雾逸出的良好性能。这种帽可防止酸雾对设备和蓄电池室的腐蚀，以至降低蓄电池室的耐酸等级。

（2）蓄电池用 10h 率的电流值进行过充电，至电解液强烈析出氢、氧气体时，用明火置于防酸隔爆帽顶部和周围约 5m 处，历时 1min，验证蓄电池本身没有爆炸危险。

（3）除防酸隔爆帽外，其他各处均保持良好的密闭性，能承受相当于 3990Pa 的正负压。

第三节 铅酸蓄电池的运行与维护

一、运行方式

1. 浮充电运行方式

蓄电池一般以浮充电方式运行，就是将充满电的蓄电池组与充电装置并联运行，其接线图如图 4 - 2 - 5 所示。

浮充电除供给恒定负荷以外，还以不大的电流来补偿电池的局部自放电，以及供给突然增大的负荷。这种运行方式可以防止极板硫化和弯曲，从而延长蓄电池的使用寿命。

按照浮充电方式运行的蓄电池组，一般可以使用 8 ~ 10 年以上。蓄电池的容量基本上可以保持原有水平，运行管理也比较简单。因此，浮充电运行方式是保证蓄电池长期运行中仍能维持良好状态的最好运行方式。

在浮充电运行中，蓄电池的电压保持在（2.15 ± 0.05）V 之间。电解液密度保持在（1.215 ± 0.005）g/cm^3 之间，即大体上使蓄电池经常保持充满电状态。因为极板内部以每 12Ah 自放电约为 0.01A 的充电电流来补

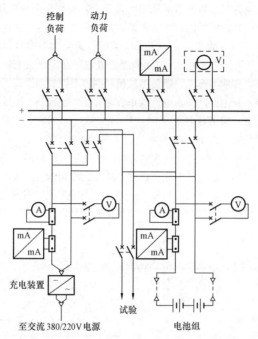

图 4 - 2 - 5 按浮充电法运行的接线图

偿，所以浮充电所需电流值计算如下

$$I = 0.01C_N/12 \tag{4-2-8}$$

式中 I——浮充电所需电流值，A；

C_N——蓄电池额定容量，A·h。

如前所述，蓄电池的自放电与活性物质的配方、板栅结构及配方、电解液浓度和温度、连接方式、新旧极板使用程度、电解液中含的金属杂质等所产生的内电阻不同等因素有关，所需要的浮充电流也就有所不同，不能千篇一律地按照公式硬套，而应保持每槽电压在 (2.15 ± 0.05) V 之间，根据电压的变化，及时调整浮充电电流。

按浮充电方式运行的蓄电池组，至少应每 3 个月进行一次均衡充电（过充电）。因为在蓄电池组中，很可能有个别电池自放电较强，以致密度较低。均衡充电的目的是使单电池的容量、电压和密度等处于同样均衡状态，以消除所生的硫化物。按浮充电方式运行的蓄电池组，由于条件限制而不能浮充电运行时，则必须按期进行均衡充电。

按浮充电方式运行的蓄电池组，每 3 个月必须进行一次核对性放电，核对其容量，并使极板活性物质得到均匀的活动。核对性放电，应放出蓄电池容量的 50% ~ 60%。但为了保证系统负荷突然增加时蓄电池组满足要求，当电压降至 1.9V 时，应立即停止放电。在停止放电后，必须立即进行正常充电和均衡充电。以后虽然已经到核对性放电周期，但因充电装置发生故障或其他原因使蓄电池被迫放电时，则此次核对性放电可以不进行，但仍须进行均衡充电。

对按浮充电方式运行的蓄电池组，每年亦应作一次（最好在大风和雷雨之前）10h 率的容量放电试验，放电终止电压达 1.9V 时即停止放电，以鉴定蓄电池的容量，并使极板活性物质得到均匀恢复。按浮充电方式运行的蓄电池组，一旦充电装置发生故障，或由于其他原因被迫不能浮充电运行时，仍应保持直流母线电压，应采用有辅助电池，并附有电池调节器的接线，如图 4 - 2 - 6 所示。

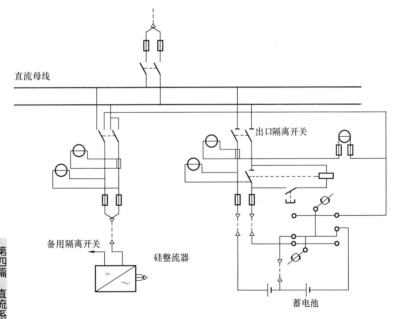

直流母线

出口隔离开关

备用隔离开关

硅整流器

蓄电池

图 4 - 2 - 6 按浮充电方式运行的具有电池调节器和
辅助电池的蓄电池组接线

在蓄电池正常工作时，应调整电池开关的位置，使母线电压保持额定值，接入回路中的单电池电压保持在 2.15V，其母线电压变动范围不应超过额定电压值的 2%。

在按浮充电方式运行的蓄电池组中，有些辅助电池不流过充电电流，经常处于自放电状态，从而促使极板硫化。对这些电池，必须定期给予充电，周期一般为 15 天。在充电时，为防止基本电池的充电，应进行到电池中发生强烈气泡，电解液密度达到 (1.215 ± 0.005) g/cm^3 为止。有辅助电池而无切换器的蓄电池，在正常情况下基本电池和充电装置都接到母线上，这时，辅助电池开路，但每隔 15 天必须用 10h 放电率的电流进行一次充电。

当充电装置发生故障，或由于其他原因使蓄电池组中的基本电池的电压降到一定程度而又不能保持母线额定电压时，则需将辅助电池接入回路中运行，以保持母线电压正常。按浮充电方式运行而无辅助电池的蓄电池组，当充电装置发生故障或由于其他原因被迫停止时，则由蓄电池单独供给负荷，这时，每一蓄电池的电压由 2.15V 急剧下降至 2.0V，以后将缓慢降低，放电可继续到单电池电压为 1.85V 或 1.9V 为止。在正常情况下，母线电压应保持高于额定电压 3% ~ 5%。也就是说，蓄电池槽数等于母线电压被 2.15V 除所得之商。所以，母线电压如为 230V 或 120V 时，其电池槽数则应分别为 107 槽和 56 槽。

2. 充电—放电方式运行

蓄电池组基本上是浮充电方式运行，采用充电—放电方式运行的蓄电池组为数不多。因充电装置故障或其他原因被迫不能浮充电方式运行时，采用充电—放电方式运行。按充电—放电方式运行的蓄电池组，在运行中循环地进行充电与放电。在进行充电时，直流负荷应由充电装置兼供（其接线可参见图 4 - 2 - 5）。如为两组蓄电池时，直流负荷应由另一组蓄电池供给。

按充电—放电方式运行的蓄电池组，由于循环地进行充电与放电，加速了蓄电池的损坏，与按浮充电运行的蓄电池相比，寿命缩短一半以上。如果不按期充电、过充电、过放电、充电不足，或疏忽大意等，将更加促使蓄电池损坏。

按充电—放电方式运行的蓄电池组，在充电终了时，其电压将高于母线的额定电压值。如额定电压为 110V 的蓄电池组，基本电池由 55 槽组成。充电末期单电池的端电压将达到 2.60 ~ 2.75V，这时母线电压将为 $2.60 \times 55 = 143$（V）或 $2.75 \times 55 = 151.25$（V）。

虽然超过母线额定电压，但这是不允许的。因为这时的实际电压，已

第二章 铅酸蓄电池检修

比用电设备的最高允许电压还高，如电磁操动机构合闸线圈的最大允许电压为额定电压的110%，继电器线圈也是110%，信号灯和事故照明灯是105%等。从以上情况来看，按充电—放电方式运行的蓄电池组，在条件允许的情况下，最好装两组蓄电池交替使用。

3. 均衡充电方式

铅蓄电池在运行中往往因为长期充电不足、过放电或其他一些原因，使极板出现硫化现象。为使蓄电池运行良好，必须进行均衡充电。

均衡充电，是指用10h放电率的电流值充电，当蓄电池的电压达到2.4V，电解液发生气泡时将充电电流减至10h放电率的1/2或3/4电流值继续充电。当电池的电压达2.60～2.75V稳定不变时，电解液发生强烈气泡、密度稳定不再上升时，停止充电1h。然后用第二阶段的电流值充电2h。如此反复进行，直到最后充电装置刚一合闸时就发生强烈气泡为止，均衡充电才告完成。

4. 并联运行方式

当负荷需要的电流较大时，可以采用蓄电池并联运行方式。但并联运行的蓄电池电动势应该相等，否则电动势大的会对电动势小的电池放电，形成环流。各电池的内阻最好也相同，以免内阻小的放电电流过大，造成损坏。所以不同型号的新旧电池不得并联使用。

5. 运行方式与蓄电池寿命的关系

运行方式与蓄电池寿命的关系见表4-2-4。

表4-2-4　　　　　　运行方式与蓄电池寿命的关系

运行方式	保证寿命（年）	运行方式	保证寿命（年）
充电—放电	3～5	全浮充电	8～10以上
半浮充电	6～8		

二、测量电压、密度、温度

1. 蓄电池的电压与电动势

蓄电池电动势的粗略估算

$$E = 0.84 + \rho \qquad (4-2-9)$$

式中　E——蓄电池的电动势，V；

　　　ρ——电解液密度，g/cm^3；

0.84——蓄电池电动势常数量。

ρ是极板活性物质细孔中电解液的密度，而不是极板间的电解液密度。由于测试用的密度计不可能测出极板细孔中电解液的密度，因而必须在蓄电池处于静止状态时进行测试。在静止时，由于电解液的扩散作用，浓度易于均匀，这时极板细孔中和极板间的电解液密度大致相同。

当蓄电池充电完成时，将外电路断开，测得密度为 $1.210g/cm^3$，则按式（4-2-9）计算，蓄电池的电动势应为

$$E = 0.84 + 1.210 = 2.05 （V）$$

蓄电池的端电压一般指闭合回路而言，而电动势是指它的开路电压，如图 4-2-7 所示。

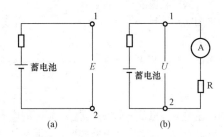

图 4-2-7　铅酸蓄电池的电动势与端电压
（a）开路时的端电压；（b）闭路时的端电压

2. 电解液的调整和补充

蓄电池在充电过程中，由于产生气体，使电解液中水分减少，因此液面有所降低。与此同时，硫酸虽然也有少许飞溅，但是损失极少，所以补充液面至原来高度时，只许加合格的纯水，切不可加硫酸。一年中，应调整几次密度。当电解液密度低于 $1.215g/cm^3$（温度为 15℃）时，应首先查明密度降低的原因。除加水过多是原因之一外，电解液密度过低，往往是由于过度放电，使极板硫化所致。前者可按制造厂的要求，补加不同密度（通常为 $1.18 \sim 1.400g/cm^3$）的稀硫酸来调整；后者则需通过正常充电和过充电，消除极板硫化后，电解液密度即可还原。如密度高于 $1.215g/cm^3$（温度为 15℃）时，可补加纯水进行调整。

调整电解液密度的工作，应在正常充电或均衡充电之后进行。正常充电或均衡充电完成之后，先将电解液密度调至 $（1.215 \pm 0.005）g/cm^3$（15℃），然后用正常充电电流的一半再充电 30min 或 1h，使电解液混合均匀。如果各电池测得的密度之间仍有差别，应按照以上方法反复进行调整，直到蓄电池组的密度达到一致时为止。这项工作最好在均衡充电的间歇时间内进行，因为进行均衡充电时，间歇时间长，充电次数多，可反复

调整并能使电解液混合均匀。

三、需配备的仪表、用具及防护用品

（1）1/4 位数字万用表；

（2）水银玻璃温度计用于测量周围的环境温度；

（3）红外感应式温度计用于测量单只表面温度；

（4）电池容量测试器、微欧计内阻测试仪、微欧级连接条电阻测试仪；

（5）安全护具：护目镜或面罩、绝缘工具、手套、耐酸围裙、绝缘扳手、塑料刷、苏打水等其他清扫工具。

四、巡视检查周期及项目

1. 测量检查周期

（1）防酸蓄电池组在正常运行中均以浮充方式运行，浮充电压值一般控制为 $2.15 \sim 2.17\text{V} \times n$（$n$ 为电池个数）。GFD 防酸蓄电池组浮充电压值可控制到 $2.23\text{V} \times n$。防酸蓄电池组在正常运行中主要监视端电压值、每只单体蓄电池的电压值、蓄电池液面的高度、电解液的比重、蓄电池内部的温度、蓄电池室的温度、浮充电流值的大小。全部蓄电池单体电压、密度和温度的测量一般应每周一次，领示电池电压密度和温度的测量每班一次，无人值班的厂（站）一周一次。

（2）检查各连接点的接触是否良好，是否发热，有无氧化现象，每 3 个月应紧固一次，并涂以凡士林油。

（3）变电站站长、车间（工区）主任应检查从上次检查以来记录簿中的全部记录是否正确、及时、完整。

2. 检查项目

（1）外部检查项目有：

1）根据蓄电池记录，检查有无电压、密度等特低的电池。

2）检查蓄电池室的门窗是否严密，墙壁表面是否有脱落。

3）检查采暖管路是否被腐蚀，有无渗漏现象。

4）检查照明、通风装置是否完好。

5）检查工具、仪表、保护用品、消防器材是否齐全、完好无缺。并应备有足够数量的苏打溶液。

6）检查蓄电池室内和蓄电池组的清洁卫生状况。

（2）内部检查项目有：

1）检查自上次检查以来记录簿中记载的全部缺陷是否已处理。

2）测量每只电池的电压、密度和温度。

3）检查领示电池电压、密度是否正常（各电池应轮流担当领示电池）。

4）检查极板弯曲、硫化和活性物质的脱落程度。

5）电池使用过程中，在任何情况下都不准使极板露出液面，如有此种情况，应查明原因，立即解决。

6）检查大电流放电（指断路器合闸）后接头有无熔化现象。

7）核算放出容量和充放电容量，有无过充电、过放电或充电不足等现象。

8）确定蓄电池是否需要修理。

五、定期维护的周期及项目

（1）值班人员在交接班时应进行一次外部检查，并将结果记入运行记录簿中。

（2）蓄电池工每天进行一次外部检查，并做好记录。

（3）变电站长或车间主任对蓄电池室每周至少检查一次，并根据运行维护记录和现场检查，对值班员和专责工提出要求。

（4）辅助电池每15天进行一次充电。

（5）经常不带负荷的备用蓄电池，若在使用中不能经常进行全充放电时，每月应进行一次10h率的充电和放电（放电时只允许放出容量的50%，并在放电后立即进行充电）。

（6）每年进行一次化验分析，调整密度或补充液面用的浓硫酸和纯水必须合格。

（7）每季度必须将防酸隔爆帽用纯水冲洗一次，疏通其孔眼，洗净的防酸隔爆帽晾干后紧固之。

（8）除蓄电池专责员或值班员在每次充电后应进行一次擦洗工作外，每两周要在蓄电池室内全面彻底进行一次清扫。

六、电解液密度的温度换算法

电解液密度和温度的关系：温度升高时，电解液受热膨胀，密度降低；反之，温度降低，密度升高。

为了便于比较，一般以温度15℃时的密度 $\rho_{(15)}$ 为标准。电解液温度高于15℃时，其密度较温度为15℃时要小。温度每升高1℃，密度下降 0.0007g/cm^3。如欲求得 $\rho_{(15)}$，可按下式计算

$$\rho(15) = \rho(t) + 0.0007(t-15) \qquad (4-2-10)$$

式中　$\rho(15)$——所欲求的温度为15℃时的密度，g/cm^3；

　　　$\rho(t)$——温度为 t℃时实际测定的密度，g/cm^3；

t——测定时的温度，℃；

0.0007——温度为 15℃时的温度系数。

第四节　铅酸蓄电池的检修

一、充放电周期

（1）蓄电池荷电出厂，从出厂到安装使用，电池容量会受到不同程度的损失，若时间较长，在投入使用前应进行补充充电。如果蓄电池储存期不超过一年，在恒压 2.27V/只的条件下充电 5 天。如果蓄电池储存期为 1～2 年，在恒压 2.33V/只条件下充电 5 天。

（2）按规定每年做一次定期充放电。

（3）铅酸蓄电池的充放电应以 10h 放电率进行，严禁用小电流放电。

（4）按规定蓄电池放出的容量，应为额定容量的 60%，终期电压达到 1.9V 或个别电池放电电压低于规定标准即应停止放电。

（5）充放电过程中，要注意保持合格的母线电压。

二、蓄电池的充放电

1. 放电

蓄电池组的放电是否已经终了，可根据下列特征来判断：

（1）蓄电池组已放电到保证其容量的 75%～80% 时，应停止放电，准备充电。

（2）当单电池的电压降到 1.85～1.90V 时，蓄电池组的电压应降到额定值的 95%。

（3）电解液密度较刚放完电时有很大降低，一般已降到 1.170～1.180g/cm^3（随放电电流大小不同而异）。

（4）放电末期，正极板呈浅褐色，负极板呈浅灰色。

2. 正常充电（普通充电）

当蓄电池放电终了时，应立即停止放电，准备充电。如不及时充电，将造成极板硫化。充电开始时，应切换直流电压表检查蓄电池电压，并调整充电装置，使后者电压高于蓄电池组电压 2～3V。然后合上充电开关，慢慢地增加充电装置的电压，使充电电流达到要求的数值。一般采用 10h 放电率的电流值进行充电。为防止极板损坏，当正、负极板上发生气泡和电压上升至 2.4V 时，应将电流降至一半继续充电，直到充电完成。

极板质量不良和运行已久的蓄电池，充电开始时，可用 10h 放电率电流的50%充电。然后，逐渐增加至 10h 放电率的电流值。当两极板发生气泡和电压升至 2.4V 时，再将充电电流降至 10h 放电率的 50%，直到充电完成。

充电是否已经完成，应根据下列特征与标准来判断：

（1）正、负极板上发生强烈气泡，电解液呈现乳白色。

（2）电解液密度升高到 1.215~1.220g/cm³（温度为 15℃），并且在 2h 以内稳定不变。

（3）单电池电压达到 2.6~2.75V，并且在 2h 内稳定不变。

（4）正极板颜色变为棕褐色，负极板颜色变为纯灰色，两极板均有柔软感。

为了监督充电的正确性，可根据放电记录，如果充电时充入蓄电池的容量比前期放电时放出容量超过 20% 时，即可认为充电已完成。

在充电过程中，必须将通风装置投入运行。在充电完成后，通风装置仍须继续运行 2h，将充电过程中所产生的氢气完全排出室外。当蓄电池电解液中产生气泡后，要检查全组蓄电池中每只单电池的电解液是否都沸腾了。如果有一个电池的电解液不沸腾，则需检查其电压、密度和温度等。除温度外，都应逐渐上升。如果发现内部短路现象时，应迅速加以消除。充电时，电解液温度应不超过 40℃，如超过 40℃，应减少充电电流，待温度下降至 35℃后，再用原充电电流进行充电。

在充电前和充电后，均需检查每只单电池的电压、密度、温度、液面高度以及有无不正常现象，并记入充电—放电运行的日志中，充电过程中，每隔 2h 应检查测量一次，并将测得的数值记入运行日志中。

3. 浮充电

充电后的蓄电池，由于电解液的电解质及极板中有杂质存在，会在极板上产生自放电。为使电池能在饱满的容量下处于备用状态，电池与充电机并联接于直流母线上，充电机除负担经常性的直流负荷外，还供给蓄电池适当的充电电流，以补充电池的自放电，这种运行方式称为浮充电。对运行维护来说，能否管理好浮充电是决定蓄电池寿命的关键问题，浮充电流过大，会使电池过充电，反之将造成欠充电，对电池来说都是不利的。

浮充电流应根据蓄电池的电压来确定，铅酸电池单体电池的电压应保持在 2.15~2.20V 之间，按此电压及时调整浮充电流。

铅酸蓄电池浮充电流的大小与以下有关：

（1）电池的新旧程度。

（2）电解液的相对密度和温度。

（3）电池的绝缘情况。

（4）电池的局部放电大小。

（5）浮充时负载的变化情况。

（6）浮充前电池的状况。

4. 均衡充电

下列情况下进行均衡充电：

（1）蓄电池已放到极限电压后，还继续放电。

（2）蓄电池放电后，停放了24h以上未及时进行充电。

（3）蓄电池抽出极板检查、清除沉淀物后。

（4）蓄电池以大电流放电超过额定容量的50%时。

（5）浮充机退出运行而蓄电池担负直流负荷时。

（6）定期放电容量试验结束后。

5. 初充电

新装或大修后的蓄电池，第一次充电与运行中的充电完全不同，这种充电称为初充电。

大修后的蓄电池极板，经干燥储藏后，活性物质被氧化，生成氧化铅。在注入电解液后，氧化铅又变为硫酸铅，经过初充电后，还原成二氧化铅和绒状铅。

新极板在制造厂化成时，不能一次全部完成，活性物质的成分均匀与否，主要靠初充电还原解决。初充电过程是否正确和完善，将直接影响蓄电池的容量和寿命。因此，初充电工作是非常重要的，必须正确、严格和细致地进行。

电解液注入蓄电池后，硫酸与极板上的活性物质之间发生化学反应，电解液密度由 $1.215g/cm^3$ 降低到 $1.160g/cm^3$ 左右。随着充电的继续进行，硫酸铅又还原为二氧化铅，酸量增加，电解液密度也随之升高。充电过程中发生的气体使电解液混合均匀，这时密度又稍有上升，还原到 $1.210 \sim 1.220g/cm^3$ 或略高。充电末期，密度就稳定下来不再变化了。

所谓初充电，就是以低电流进行长时间的充电。初充电电流的大小，应根据极板质量和制造厂家说明书进行。如果没有厂家说明书时，可以采用不大于10h放电率（额定容量1/10或更小的电流）作为初充电电流。但根据各厂家的技术资料，以额定容量1/16的电流作为初充电电流最为适宜。例如，蓄电池的额定容量为300A时，初充电电流为 （1/16）×

300 = 12.5（A）。因为初充电电流很小，所以充电时间必然要长一些，一般需要 70~90h。但是，对于在化成后出厂的、上面仍有部分水分的极板，表面生成大量的白色硫酸铅层，封闭了活性物质的细孔，不易吸收酸液。这种情况，需要的时间就更不同了。

根据以下现象判断初充电是否完成：

（1）初充电末期电压应达到 2.60~2.70V，并保持 3h 以上稳定不变；密度达到 1.215g/cm³ 左右，3h 以上稳定不变。

（2）两极冒出强烈气泡。

（3）正极板呈现棕褐色，负极板呈现纯灰色，两极板颜色均有柔和感。

（4）电解液变为乳白色。蓄电池中注满电解液后，测量蓄电池的电压为 1.2~2.0V，个别蓄电池为零点几伏。在充电过程中，电压由 2V 开始很快升到 2.25V，然后又逐渐缓慢地上升到 2.5~2.8V，最后稳定不变。图 4-2-8 是初充电过程中的电压变压曲线。

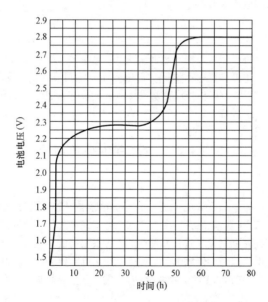

图 4-2-8　初充电过程中的电压变化曲线

6. 补充充电

运行中的电池会出现个别电池落后，其原因一般是由于自放电较大、极板短路引起的。因为这样一个或几个电池对整组电池进行均衡充电或过充电是不合适的。为使落后电池恢复正常，要以低电压的整流器（20A/0～10V）对个别电池在不退出运行的情况下进行过充电处理。选用的电流应以使电池电压保持在2.35～2.45V为宜，充电到落后电池恢复正常为止。

三、放电容量试验

达到蓄电池保证容量，必须满足下列条件：极板质量要合乎标准，初充电应良好，日常维护良好，电解液浓度和纯度应合格。放电容量试验是为了检验和确定蓄电池的容量。

1. 容量试验的放电电流

（1）对于固定式铅酸蓄电池为 I_{10}（A）。

（2）对于移动式铅酸蓄电池为 I_{20}（A）。

I_{10}、I_{20}分别为10h率、20h率。

2. 容量试验的放电终止电压

对于铅酸电池为1.8V。

3. 容量试验温度

容量试验应在（25±2)℃下进行，否则应进行温度校正。放电容量试验只有在有可以互为备用的两组及以上蓄电池时，或采取了可靠措施后方可进行。一年可进行一次试验。放电容量试验可在浮充状态下直接放电，不必先充后放，以检查浮充水平。但确定蓄电池是否报废的容量试验必须按标准方法进行。

4. 放电容量试验的目的

试验目的是鉴定新安装或大修后的蓄电池组的实际容量。蓄电池充满电后，连续输出的电流（至极限电压为止）和放电时间的乘积称为蓄电池的容量。

蓄电池的容量随着放电电流的大小、电解液浓度和温度的高低而变化。放电电流愈小，放出容量愈大。在充电未完成前，不准进行放电容量试验。只有在充电完成之后，方可按照最大极限电流，及其以下的任意电流值进行放电。但为了使放电容量试验结果正确，便于调整和监视，避免蓄电池损坏，一般都以10h放电率的电流进行容量试验。例如，GGF-200型容量为200Ah的蓄电池，10h放电率的电流为20A。可按10h放电率的电流，选用放电用的金属电阻。由于温度和放电初期及末期电压的变化，电阻欧姆数值也随之变化，因此试验电流也相应地变化。在放电试验过程中，电压和密度的变化，如图4-2-9所示。蓄电池以各种放电率放电至最终极限端电压值时，电压下降速度很快。放电最终电压不得低于极限值，如低于极限值时，对极板将有严重损害，放电时应特别注意。

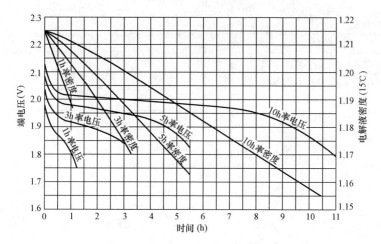

图4-2-9　放电时电压和密度变化曲线

5. 蓄电池放电方法

常用有四种，即水阻法、电阻法、反馈电动机法和晶闸管逆变放电法。

6. 放电容量试验的步骤

（1）将蓄电池充足电。

（2）调整每个电池电解液密度至（1.215±0.005）g/cm³（温度为25℃）。

（3）电解液温度在10~30℃之间。

（4）测量每个电池的电压、密度、温度及电池组的总电压和室内温度，并做好记录。

（5）合上放电电阻开关，监视并调整放电电流值使之符合要求。

（6）每隔1h检查、测量蓄电池组的总电压、放电电流值及每个电池的电压、密度、温度，并做好记录。当放电接近终了时应不断检查和测量。

7. 放电试验的接线

蓄电池组的放电试验接线如图4-2-10所示。

（1）放电试验所用的工具和仪表：

1）放电试验则可调电阻，允许电流大于放电电流的 1.2 倍，可任意调整所需要的电流数值。

2）刻度为 0 ~ 100A 的直流电流表一只。

3）刻度为 0 ~ 300V 的直流电压表一只。如果条件允许，也可利用充、放电盘上的充、放电用的电流表和电压表。

4）刻度为 3 ~ 0 ~ 3V 直流电压表一只。

5）闸刀开关，可采用双刀单掷开关一个。其电压和电流应分别大于试验电压和电流的一倍。

6）刻度为 0 ~ 100℃ 的温度计一支。

7）刻度为 1.000 ~ 1.400 的密度计一支。

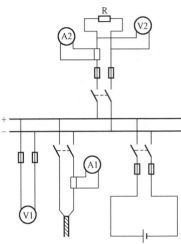

图 4 - 2 - 10　放电试验接线

8）绝缘导线，安全电流应大于试验电流的 1.2 倍，其长度根据实际需要而定，但一般不超过 5m，如大于 5m 时，应计算被试验的蓄电池放电电流通过导线的电压降，并将结果记入放电试验记录中。

（2）对放电电压的监视。为防止蓄电池的过度放电，在进行放电试验中，必须特别注意监视蓄电池的极限电压。因此，在放电试验过程中，应不断地巡回测量每一蓄电池的端电压，不许低于其极限值。如果仅测量每一蓄电池的端电压，花费时间较长，并且在接近放电末期时，电压又下降很快，容易造成过度放电。所以在放电试验中，除了测量单只电压以外，还应同时监视蓄电池组的总电压，防止蓄电池的过度放电。

为监视蓄电池组的总电压，应首先根据每一蓄电池的放电极限电压值，计算出蓄电池组的放电极限总电压，然后将计算出的总电压值标示在放电电压表上。也就是说，如果蓄电池组为 55 槽数，则总的放电极限电压为 1.8V × 55 = 99V。所以，要在放电电压表的刻度 99V 处，画一条红线。当总电压降到接近红线时，说明每一蓄电池电压已降到极限电压值，或者是个别蓄电池电压已低于极限值，应立即停止放电。

蓄电池组在放电过程中，当多数单电池的电压还未达到极限值，而个别蓄电池的电压已低于极限值时，放电应立即停止。否则将对那些电压过早低于极限值的电池造成严重损害，因此，在放电时，必须监视总电压，同时也要测量每一蓄电池的端电压，两者必须密切配合。

8. 放电容量的确定

蓄电池的放电容量，随放电电流的大小和温度高低而异。一般采用温度为25℃时的放电容量作为标准容量。也就是说，温度为25℃时，蓄电池放电电流（不变）与放电时间的乘积，称为标准容量（即额定容量）。

（1）领示电池的平均温度不是25℃时，可先求出温度为 t 时的容量，即

$$C_t = 放电电流 \times 放电时间 \qquad (4-2-11)$$

然后再按公式

$$C_{25} = C_t / [1 + 0.008 (t-25)] \qquad (4-2-12)$$

换算成温度为25℃时的容量。

（2）领示电池的平均温度为25℃时，放电电流不固定时的容量为

$$C_{25} = I_1 \Delta t_1 + I_2 \Delta t_2 + I_3 \Delta t_3 + \cdots + I_n \Delta t_n \qquad (4-2-13)$$

式中 I_1——Δt_1 时间的放电电流，A；

I_2——Δt_2 时间内的放电电流，A；

I_3——Δt_3 时间内的放电电流，A；

I_n——Δt_n 时间内的放电电流，A。

（3）领示电池的平均温度不是25℃，放电电流也不固定时，可先求出每一段时间内的容量

$$C_{t1} = I_1 t_1；\quad C_{t2} = I_2 t_2；\quad C_{t3} = I_3 t_3 \cdots C_{tn} = I_n t_n \qquad (4-2-14)$$

然后，再把各段时间的容量 C_{t1}、C_{t2}、$C_{t3} \cdots C_{tn}$ 换算成温度为25℃时的容量

$$C_{t1(25)} = C_{t1}/1 + 0.008 (t_1 - 25) \qquad (4-2-15)$$

$$C_{t2(25)} = C_{t2}/1 + 0.008 (t_2 - 25) \qquad (4-2-16)$$

$$C_{t3(25)} = C_{t3}/1 + 0.008 (t_3 - 25) \cdots C_{tn(25)} \qquad (4-2-17)$$

$$C_{tn(25)} = C_{tn}/1 + 0.008 (t_n - 25) \qquad (4-2-18)$$

所以，总放电容量为

$$C_{t1(25)} + C_{t2(25)} + C_{t3(25)} \cdots + C_{tn25} \qquad (4-2-19)$$

允许使用的最小容量，一般用标准容量百分数来表示。即

$$C_{mix} = C_{25}/C_n \times 100\% \qquad (4-2-20)$$

式中 C_{25}——放电电流与放电时间的乘积，换算成温度为25℃时的标准容量，Ah；

C_n——10h 放电率的额定容量，Ah。

新安装的蓄电池组，允许使用的最小容量应不低于100%。大修后的蓄电池组，允许使用的最小容量应不低于80%。如果蓄电池组的放电容

量不合格时，应再进行普通充电和过充电，然后再做放电试验。如此反复进行二三次，即可达到要求。最后经放电合格后，仍须立即进行普通充电和过充电，然后投入运行。

四、核对性充放电

（1）核对性放电的目的，一方面检查电池容量和健康水平，做到发现问题及时检修；另一方面能够活化极板上的有效物质，保证蓄电池的正常运行。

（2）核对性放电，一般 3 个月进行一次，但如在此期间电磁机构、其他冲击直流负荷频繁工作，交流消失或浮充电设备停运 4h 以上，则不再进行核对性放电，且应及时给予正常充电，使蓄电池容量得到补充恢复。

（3）核对性放电周期。新安装或大修中更换过电解液的防酸蓄电池组，第一年，每 6 个月进行一次核对性放电。运行一年后的防酸蓄电池组，1 ~ 2 年进行一次核对性放电。特殊情况，经各单位分管直流的总工（副总）批准的除外。

（4）检查核对蓄电池组容量时，环境温度应控制在 10 ~ 30℃。

（5）核对性放电时的终止电压，铅酸电压应不低于 1.96V（所谓终止电压是蓄电池出现过放电现象时，不致造成极板损坏所规定的放电最低极限电压值）。

（6）铅酸蓄电池核对性充、放电方法。核对性放电，采用 10h 的放电率进行放电，可放出蓄电池额定容量的 50% ~ 60%，终止电压为 1.8V。但为了保证满足负荷的突然增加，当电压降至 1.9V 时应停止放电，并立即进行正常充电或者均衡充电。正常充电时，一般采用 10h 放电率的电流进行充电，当两极板产生气泡和电池电压上升至 2.4V 时，再将充电电流减半继续充电，直到充电完成。

五、容量计算

1. 影响蓄电池容量的因素

一个完好的蓄电池，其容量与下列因素有关：

（1）放电电流的大小和放电时间的长短。

（2）电解液的温度和密度。

2. 蓄电池的容量选择

蓄电池的容量选择可根据不同的放电电流和放电时间来选择。选择条件如下：

（1）按放电时间来选择蓄电池的容量，其容量应能满足事故全停状态下长时间放电容量的要求。

（2）按放电电流来选择蓄电池的容量，其容量应能满足在事故运行时，供给最大的冲击负荷电流的要求。一般按上述两条计算，结果取其大者作为蓄电池的容量。

3. 容量计算

将一个充足电的酸性蓄电池连续放电至电压达到极限终止电压（1.75～1.8V）时，放电电流和放电时间的乘积为酸性蓄电池的容量。

六、电解液的配置和加注

铅蓄电池用的电解液是由纯硫酸和纯净的水按一定比例配制而成的，两者质量均应合格。硫酸是由无水硫酸与水混合而成，水吸收其中游离的 SO_3，即 $SO_3 + H_2O = H_2SO_4$。纯硫酸是澄清透明、无色无嗅的油状液体，浓度为95%，15℃时其密度约为 $1.84g/cm^3$。

（一）用化学除盐法制取纯水

不同水源中含有不同杂质。一般水源中都含有铁、铜、锰、铂、铋、砷和能溶解铅的硝酸、盐酸、醋酸，或化学上能取代铅的盐基物质等。这些杂质对铅蓄电池来说，是极为有害的。它能腐蚀极板和引起局部放电，致使蓄电池容量下降，寿命缩短。这些杂质通常是由浓硫酸、水、极板及隔离物等带入到电解液中去的。过去，蓄电池用水几乎全是蒸馏水。它是用蒸馏锅烧制而成的，或用发电厂汽轮机凝结成的，这种蒸馏水一般达不到铅蓄电池用水的净化标准。

目前，在水的处理上广泛地采用科学的化学除盐法，比一般电气蒸馏法制取的水纯度高，制水速度快，工艺操作简单，成本低。

1. 离子交换树脂的性能

化学除盐法有很多种，其中用离子交换法除去水中的阴、阳离子，是最经济、最有效的方法。处理水用的离子树脂有强酸性和强碱性两种，主要是苯乙烯型。强酸性的1～100号，弱酸性101～200号，强碱性的201～300号，弱碱性的301～400号。强酸性和强碱性的树脂交换能力强。一般来说，水源里边的硅酸根离子（SiO_3^{2-}）是不容易除掉的，但是，强碱性的离子树脂对硅酸根离子的交换能力也很强。

对蓄电池用水，要求纯度很高，一般采用强酸性阳离子交换树脂（称为 H + 树脂）和强碱性阴离子交换树脂（称为 OH - 树脂）。这两种树脂是都不溶于水，也不溶于酸的固体颗粒。树脂的颜色有黑、黄、白等，形状同鱼子相似。

2. 离子交换树脂的基本原理

强酸阳离子交换树脂，简单写作 R·H+，其中 R 代表树脂本体；H+ 表示可被置换的氢离子。阳离子交换树脂能吸收水中的阳离子而置换出 H+，生成相应的酸或水。

强碱阴离子交换树脂简单写作 R·OH⁻，其中 R 也代表树脂本体；OH⁻ 表示氢氧根离子，它能吸收水中的阴离子而置换 OH−，生成水或相应的碱。而水中的电解质则以 $M^e + X^-$ 表示。其反应式

$$R·H^+ + Me^+X^- \longleftrightarrow RMe^+ + HX^- \qquad (4-2-21)$$

$$R·OH^- + HX^- \longleftrightarrow RX^- + H_2O \qquad (4-2-22)$$

当阴、阳离子交换树脂为其他离子所饱和时（失效），需要以酸和碱再生还原，反复使用。其反应式

$$RMe^+ + HCl \longleftrightarrow RH^+ + MeCl \qquad (4-2-23)$$

$$RX^- + NaOH \longleftrightarrow ROH^- + NaX^- \qquad (4-2-24)$$

3. 离子交换树脂用量及交换柱

阴、阳离子交换树脂的用量根据制取水的方式而定。铅酸蓄电池用水多，采用强酸性和强碱性的离子交换树脂混合床方式制取纯水。强酸性的离子交换树脂的交换量为 4~4.5mEq/g，强碱性的离子交换树脂的交换量为 2~2.8mEq/g，所以从离子交换树脂的交换量考虑，两种树脂的使用量之比（阳树脂:阴树脂）为 1:2。但根据水质或树脂的质量不同，也可为 1:2.5。如果采用复床方式制取水时，阴、阳树脂使用之比按 1:1 左右即可。用有机玻璃交换柱，比用其他物质的交换柱好，因其透明度高，可观察内部变化情况，承受压力大，不易损坏，化学稳定性高。用它可以制作高纯度水。若多串联几个交换柱和采用混合床，则可以制出超纯度水，电阻率可达 0.3~15MΩ·cm。如果进水电阻率是 20kΩ·cm，则可得电阻率为 15~18MΩ·cm 的超纯水。

4. 树脂处理方法

（1）阳离子的处理。处理失效的阳离子时，应将普通水从交换柱底部引入，适当控制流速，使树脂与水的接触面积尽量大，然后反冲洗。待反洗水清澈、没有沉淀杂质，树脂表面发亮时，放掉余水。然后配制浓度为 5%~14% 的盐酸溶液，将溶液加热到 40~60℃时，从交换柱上部入水口通入进行再生（静态 8h，动态 3h）。再从交换柱上部通入纯水，在交换柱底部出水口控制流速，并从底部将同等数量的废酸液放净并进行正洗。正洗时，将出口水的 pH 值控制在 4~5 范围内，要求其中 Cl⁻ 含量与入口水相似，一般需要 4~6min，直到用甲基橙指示剂试验时呈现棕色为止。

（2）阴离子的处理。处理失效的阴离子时，应将普通水源从交换柱底部通入，适当控制流速，使树脂与水的接触面积尽量大，然后进行反洗。待反洗水清澈，没有沉淀杂质，树脂表面发亮光时，放掉余水。然后配制浓度为4%～9%的苛性钠溶液，加热到30～40℃时，从交换柱上部通入进行再生（静态8h，动态3h）。再从交换柱上部通入纯水或普通水，控制适当流速，从底部将同等数量的废苛性钠溶液放净，进行正洗。正洗时，将出口水的pH值控制在9～10范围内，要求其中Cl^-含量不大于入口水，直到用酚酞指示剂试验时，无色或呈现微粉色时为止。然后将阴、阳离子交换柱串联起来，通入普通水正洗，直到用酚酞指示剂试验时呈现中性为止。

（3）混合床阴、阳离子的处理。先将阴离子与阳离子分开，按上述方法分别再生处理阴、阳离子。合格后，将阴离子和阳离子混合装入混合柱中，连通阳离子交换柱和阴离子交换柱，如图4-2-11所示。

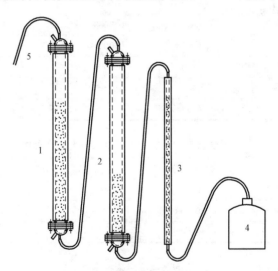

图4-2-11　强酸性和强碱性离子交换树脂混合床
1—阳离子交换柱；2—阴离子交换柱；3—阴阳离子混合柱；
4—容器；5—入水口橡胶管

5. 制取的纯水试验

目前，用电导仪测量水的比电阻来鉴定水的质量（电导率的倒数为比电阻）。当制取水的比电阻达300kΩ以上时，经化学试验证明完全合乎铅酸蓄电池用水的质量标准。

（二）蓄电池用酸、用水的质量标准

铅酸蓄电池用水、纯水内杂质最大允许含量、用硫酸指标见表4-2-5~表4-2-7。

表4-2-5　　　　　　铅酸蓄电池用水标准

指　标　名　称		指　　　标	
		%	mg/L
外　　观		无　色　透　明	
残渣含量	（≤）	0.01	100
锰含量	（≤）	0.00001	0.1
铁含量	（≤）	0.0004	4
氯含量	（≤）	0.0005	5
硝酸盐含量	（≤）	0.0003	3
铵含量	（≤）	0.0008	8
还原高锰酸钾物质含量	（≤）	0.0008	2
碱土金属氧化物含量	（≤）	0.005	50
电阻率（25℃时）	（≥）	100000Ω·cm	

表4-2-6　　　铅酸蓄电池用的纯水内杂质最大允许含量

杂质名称	最大允许含量（%）	杂质名称	最大允许含量（%）
铁	0.0004	硝酸根离子	0.001
铵离子	0.0008	有机物	0.003
氯离子	0.0005		

表4-2-7　　　　　铅酸蓄电池用硫酸指标

指标名称		稀硫酸		浓硫酸	
		一级	二级	一级	二级
硫酸含量	（%，≥）	60	60	92	92
灼烧残渣含量	（%，≤）	0.02	0.035	0.03	0.05
锰含量	（%，≤）	0.000035	0.000065	0.00005	0.00001

指标名称		稀硫酸		浓硫酸	
		一级	二级	一级	二级
铁含量	（%，≤）	0.0035	0.008	0.005	0.012
砷含量	（%，≤）	0.0035	0.000065	0.005	0.0001
氯含量	（%，≤）	0.00035	0.000065	0.005	0.001
氢氧化物含量	（%，≤）	0.000065	0.00065	0.0001	0.001
铵含量	（%，≤）	0.00065		0.001	
二氧化硫含量	（%，≤）	0.0025	0.0045	0.004	0.007
铜含量	（%，≤）	0.00035	0.0035	0.0005	0.005
还原高锰酸钾物质含量	（%，≤）	0.00065	0.0012	0.001	0.002
色度	（mL，≤）	0.65	0.65	1.0	2.0
透明度	（mm，≥）	350	350	160	50

注 按指标含量可每年检验一次。

（三）电解液的性质

（1）电解液的热量。硫酸被水稀释时，发出大量的热。表4-2-8为1g分子（分子量98g）的硫酸被 ng 分子（分子量18g）水稀释时发出的热量，用此表可以概略地算出混合液的温升。

表4-2-8　　　　　　　　　　**硫酸的稀释热量**

1g分子的硫酸中混入水的分子 n（g）	纯硫酸的含量百分数（%）	硫酸在温度为15℃时的密度（g/cm³）	稀释时发出的热量（4.2kJ/g分子）	比热容[4.2J/(g·℃)]
	96.0	1.842		0.33
1	84.4	1.779	6.38	0.38
2	73.0	1.651	9.42	0.43
3	64.4	1.551	11.14	0.48
5	52.1	1.421	13.11	0.57
9	37.7	1.288	14.95	0.71
19	22.3	1.161	16.26	0.82

第二章　铅酸蓄电池检修

1g 分子的硫酸中混入水的分子 n（g）	纯硫酸的含量百分数（%）	硫酸在温度为 15℃时的密度（g/cm³）	稀释时发出的热量（4.2kJ/g 分子）	比热容 [4.2J/（g·℃）]
49	10.0	1.069	16.68	0.91
99	5.2	1.035	16.86	0.95
199	2.6	1.108	17.06	0.97
399	1.3	1.009	17.31	0.99
1599	0.3		17.86	

（2）电解液的收缩量。硫酸 AmL 与水 BmL 混合时，其总体积收缩，即混合后的体积 C 小于 A 与 B 之和。其收缩量见表 4-2-9。收缩量与配制成的电解液的密度有关，在密度达到 1.600g/cm³ 以前，收缩量随密度的增加而逐渐增多，其后，则随密度的增加而逐渐减小。

表 4-2-9   配制电解液时的收缩量

电解液的密度（g/cm³）	电解液每公斤收缩量（mL）	电解液的密度（g/cm³）	电解液每公斤收缩量（mL）
1.000	0	1.500	60
1.100	25	1.600	62
1.200	42	1.700	60
1.300	51	1.800	48
1.400	57		

（3）电解液的冰点。电解液的浓度不同，冰点也不同。在某一组蓄电池中，在充电和放电状态下的冰点也是不同的。表 4-2-10 列出纯硫酸溶液的密度与冰点的关系，由表中可以看出，密度为 1.15 的硫酸溶液（相当于全放电时）结冰温度为 -15℃。一般移动式蓄电池完全充电时，电解液密度为 1.290g/cm³，这时，它的冰点是 -66℃。电解液具有这样的浓度时最难结冰。

实际上，电解液中因有杂质，冰点略有变化，即电解液密度在 1.290g/cm³ 以下时，其冰点比同密度的纯硫酸要高 2~4℃。但密度在 1.290 以上时，则纯硫酸的冰点低一些。密度达 1.800 的硫酸很容易结冰，如浓度再提高，冰点又降低。

表 4 - 2 - 10   硫酸溶液的冰点

密度	冰 点		密度	冰 点		密度	冰 点	
	℃	℉		℃	℉		℃	℉
1.000	0	+32	1.300	-70	-95	1.600	—	—
1.050	-3.3	+26	1.350	-49	-56	1.650	—	—
1.100	-7.7	+18	1.400	-36	-33	1.700	-14	+6
1.150	-15	+5	1.450	-29	-20	1.750	+5	+40
1.200	-27	-17	1.500	-29	-20	1.800	+5	+42
1.250	-52	-61	1.550	-38	-36	1.850	-34	-29

（4）电解液的电阻率。电解液的电阻率与硫酸的浓度、温度有关。电解液的电阻率在密度为 1.150 ～ 1.300g/cm³ 之间时为最低，所以，一般将蓄电池电解液的浓度限制在这个范围之内。温度为 ±8℃，密度为 1.220 时的电解液，其电阻率为最低。表 4 - 2 - 11 列出 18℃ 时各种浓度的电解液的电阻率。

表 4 - 2 - 11   温度为 18℃ 时各种浓度
的电解液的电阻率

电解液密度 （g/cm³）	电阻率 （Ω·cm）	温度系数	电解液密度 （g/cm³）	电阻率 （Ω·cm）	温度系数
1.050	3.46	0.0124	1.450	2.18	0.0202
1.100	1.90	0.0136	1.500	2.64	0.021
1.150	1.50	0.0146	1.550	3.30	0.023
1.200	1.36	0.0158	1.600	4.24	0.025
1.250	1.38	0.0168	1.650	5.58	0.027
1.300	1.46	0.0177	1.700	7.64	0.030
1.350	1.61	0.0186	1.750	9.78	0.036
1.400	1.85	0.0194	1.800	9.96	0.035

如遇降低蓄电池的内部电阻，可以采用密度为 1.220 左右的电解液。欲使放电容量达到规定值，必须有一定密度的硫酸，而蓄电池槽的容积有

限，因此必须提高电解液浓度，尤其是移动式蓄电池，由于电解槽较小，因此，常用密度较高的电解液。当温度升高时，电解液的电阻率减少。

（5）电解液密度与温度关系见表 4 - 2 - 12。

表 4 - 2 - 12　　　　　　电解液密度与温度关系

温度 （℃）	密度 （g/cm³）	温度 （℃）	密度 （g/cm³）	温度 （℃）	密度 （g/cm³）	温度 （℃）	密度 （g/cm³）
1	1.2248	21	1.2108	41	1.1968	61	1.1828
2	1.2241	22	1.2101	42	1.1961	62	1.1821
3	1.2234	23	1.2094	43	1.1954	63	1.1814
4	1.2227	24	1.2087	44	1.1947	64	1.1807
5	1.2220	25	1.2080	45	1.1940	65	1.1800
6	1.2213	26	1.2073	46	1.1933	66	1.1793
7	1.2206	27	1.2066	47	1.1926	67	1.1786
8	1.2199	28	1.2059	48	1.1919	68	1.1779
9	1.2192	29	1.2052	49	1.1912	69	1.1772
10	1.2185	30	1.2045	50	1.1905	70	1.1765
11	1.2178	31	1.2038	51	1.1898	71	1.1758
12	1.2171	32	1.2031	52	1.1891	72	1.1751
13	1.2164	33	1.2024	53	1.1884	73	1.1744
14	1.2157	34	1.2017	54	1.1877	74	1.1737
15	1.2150	35	1.2010	55	1.1870	75	1.1730
16	1.2143	36	1.2003	56	1.1863	76	1.1723
17	1.2136	37	1.1996	57	1.1856	77	1.1716
18	1.2129	38	1.1989	58	1.1849	78	1.1709
19	1.2122	39	1.1982	59	1.1842	79	1.1702
20	1.2115	40	1.1975	60	1.1835	80	1.1695

（四）电解液的配置

（1）配制电解液时，先将一定量的纯水注入瓷缸、塑料槽或铅槽中，并在容器壁上挂一支刻度为 0 ~ 100℃ 的温度计，将密度计放入容器内。

然后再将硫酸以细流徐徐地注入纯水中，切不可将水注入硫酸中。因为浓硫酸与水混合时，水立即被浓硫酸所吸收，并产生大量的热，不能及时释放，而反应不断加剧，会使加入的水浮在硫酸表面，沸腾起来，使硫酸飞溅出来，甚至造成容器破碎和灼伤人等事故。在配制电解液时，用玻璃棒或塑料棒（不准用金属棒）不断搅拌，将热量扩散。配制时，最高温度不允许超过80℃，如果温度超过80℃，应停止注入硫酸，待温度降低后，再慢慢注入硫酸，使电解液达到所需要的密度。

（2）电解液配制时，工作人员应熟悉电解液的特性和操作方法。必须在通风良好的地点或在通风柜内进行。需由四五个人合作进行（二三人注入硫酸，一人搅拌，另一人测量温度和密度）。这项工作必须由熟练人员担任。工作人员必须戴白光护目眼镜、口罩、耐酸手套，穿耐酸衣或耐酸围裙、靴，脸上涂油脂（医用凡士林油）。工作结束后，必须冲洗头面和身体各部分。

（3）配制电解液前，应先将浓硫酸从大坛子倒入有嘴的玻璃杯，塑料杯和尖嘴铅壶等小容器内，再注入纯水中。从大容器中倒出硫酸时，应利用固定和倾斜坛子用的支架，以防硫酸溅出。在配制电解液的场所，应备苏打溶液以便临时急救时使用。灌注电解液基本要求每个蓄电池槽所需的电解液要一次注满，使液面达到上部红线，切不可分多次注入，更不可注入一半后放置不管。灌注电解液的时间不得超过2h。电解液灌注后，应让它静止4～6h，待极板、隔离物充分吸收和发生化学反应，电解液面和密度显著降低后，再用同密度的电解液进行补充，使其液面达到上部红线。

（五）电解液的加注

将调整后密度为1.215g/cm³（温度为15℃时）的电解液，在温度为25℃以下时注入蓄电池槽中。灌注时，使用有嘴玻璃杯、塑料杯、铅壶等容器装电解液，由注液孔处注入，直至电解液面达到红线，或稍高一些为止，注意不可洒在容器外或基础台架上。电解液灌完后静止4～6h，即可进行初充电。

第五节 蓄电池特性

一、充放电特性

当蓄电池充电时，在正、负极板上将有新的硫酸产生，并集中在极板上。起初，硫酸只能在极板的活性物质细孔中析出，后来，扩展到整个极板。所以，在充电初期，电压很快增加到 2.0 ~ 2.2V，然后随着电解液比重的增加而慢慢升高。

在继续充电中，极板上硫酸铅几乎全部变成了二氧化铅和绒状铅。在充电电流的作用下，电解液中的水分解出氧气和氢气，只因产生气体的瞬间得不到足够数量的硫酸铅与之化合，最后只好分别在正、负极板附近散发出来。连续充电时，可以看到在正、负极板附近产生很多气泡，使电解液处于沸腾状态，电动势则愈来愈稳定，电解液比重达到一定值后就稳定下来。充电终期，电压显著升高到 2.5 ~ 2.8V，最后趋于稳定，如图 4 - 2 - 12 所示。当蓄电池两极有强烈的气泡发生后，应使充电电流减少 40% ~ 50%，以使充电更为深入。

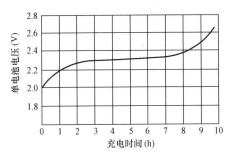

图 4 - 2 - 12　铅酸蓄电池电压在充电时的变化

蓄电池放电开始时，电压迅速下降，随着放电时间的增加，电压下降的速度加快，一直下降到 1.8V，甚至到 1.7V 左右，如图 4 - 2 - 13 所示。

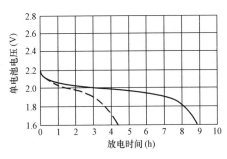

图 4 - 2 - 13　铅酸蓄电池电压在放电时的变化

这时，正、负极板上二氧化铅和绒状铅已转为硫酸铅，不允许再继续放电，否则电压将急剧下降，并使极板损坏。在放电开始的一段时间，电压显著降低，这是由于活性物质的细孔中酸的比重降低所致。放电时，由于化学变化而生成的硫酸铅在极板上结成白色结晶体（称为极板硫化或极板生盐），影响电解液流通，以后再充电时恢复较慢，并不容易将全部硫酸铅恢复为活性物质。

放电电流愈大，电压降得愈快，如图 4-2-13 中的虚线，表示放电电流加倍时的电压变化曲线。这是由于活性物质细孔缩小，极板和硫酸的接触面积减少所致。极板内部电解液不足，活性物质形成了不良的硫酸铅，增加了蓄电池的内电阻，这也是其中的原因之一。更重要的原因是，活性物质表面生成的硫酸盐，阻止了活性物质继续进行化学反应。

铅酸蓄电池充电时，电压升高到 $2.5 \sim 2.8V$ 时停止充电，蓄电池电压从 $2.8V$ 会很快降到 $2.1 \sim 2.2V$。这是因为在充电时，从活性物质中析出的硫酸，使细孔内外的电解液不容易混合均匀，因此，细孔内的电解液密度较高，它比不直接和活性物质接触的电解液密度还要高，从而使蓄电池的电压也较高。当停止充电后，活性物质外面的电解液由于渗透作用，逐渐和细孔内的电解液混合，使密度降低，蓄电池电压也随着降低。

同理，当蓄电池的电压因放电已降到 $1.75 \sim 1.8V$ 时停止放电，电压就会立即恢复到 $2V$ 左右。这是因为放电时，活性物质细孔内的电解液和活性物质起化学反应，使电解液密度降低，它比外表面不直接和活性物质接触的电解液密度要低，所以，蓄电池电压也较低。当停止放电后，由于渗透作用，活性物质细孔外面的电解液逐渐和细孔内的电解液相混合，使细孔内电解液的密度较混合前升高，因而电压也升高。

二、温度特性

（1）在任何充电过程中，电解液温度都不宜超过 $40℃$，在接近 $40℃$ 时应减小充电电流或采取降温措施。如果温度升到 $45℃$ 时应立即停止充电，待温度降到 $35℃$ 以下后再继续充电，但停止充电的时间不宜超过 $4h$。

（2）当温度升高时，电解液黏度减小，密度降低，对极板活性物质的渗透作用增强。同时，温度愈高，电阻愈小，负载电流升高，因此容量有所增加，如果温度降低，则电解液黏度增加，流动性就较差，电化反应缓解，内阻也增大，对极板活性物质的渗透作用减弱，因此容量有所减少。固定式铅酸蓄电池温度与容量的关系如图 4-2-14 所示。

（3）电解液的密度与蓄电池容量之间也有一定关系，密度愈高，容量就愈大。但如果电解液密度过高，电流易于集中，极板腐蚀和隔离物损坏也就愈快，这就缩短了蓄电池的使用寿命，所以，电解液密度必须适当。只顾提高蓄电池容量，而不顾其使用寿命是不正确的。国产固定式铅

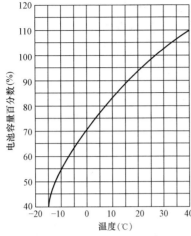

图 4-2-14 固定式铅酸蓄电池
温度与容量的关系

蓄电池的电解液密度在 1.200 ~ 1.250g/cm³，温度为 15℃ 或 20℃ 不等。实验证明，密度过高，极板就容易被腐蚀。因此，采用温度 15℃，密度 1.215g/cm³ 最为合适。由此可见，影响蓄电池容量最显著的因素是电解液温度。蓄电池制造厂规定的容量，称为额定容量，是以电解液温度为 25℃ 作为依据。当电解液温度在 10 ~ 30℃ 的范围变化时，温度每升高或降低 1℃，蓄电池容量也相应地增大或减少额定容量的 0.8%，当温度超出这个范围时，可按下式求得蓄电池容量

$$C_{25} = C_t / \left[1 + 0.008 \left(t - 25 \right) \right] \qquad (4-2-25)$$

式中　C_t——温度为 t 时的容量，Ah；

　　　C_{25}——温度为 25℃ 时容量，Ah；

　　　t——蓄电池放电时的典型电池实际平均温度，℃。

应该说明，式（4-2-25）仅在温度 t 等于 10 ~ 30℃ 范围内有效。必须注意，虽然电解液温度升高，蓄电池容量增大，但如果超过一定限度，易使极板弯曲变形，增大了蓄电池的局部放电，会使蓄电池受到不可挽救的损坏。充足电时的电解液密度，必须升到放电前的电解液密度，并保持 2h 以上不变，这是最关键的一条。

（4）电解液液面、密度的调整和对温度的控制如下：

1）如果电解液液面高度不在规定的范围内，应进行调整：

（a）对于蓄电池的正常加水（普通的）应一次进行，加水至标准液面的上限，然后将充电电流调至约 10h 放电率的 1/2，进行充电，至绝大部分电池冒出气泡时为止。

（b）对无人值班的变电站，在巡回检查发现电池液面过低时，应先加少量水，使其液面稍高极板，再以 10h 放电率的 1/2 电流进行充电，待电池大部分冒出气泡后，再进行普通加水至标准液面，然后充电 2h 即可。

（c）在一般情况下，定期充放电过程中不允许加水，以免影响电解液密度的测量结果，因为所测量的密度值，是作为判断电池是否充好电的

依据（不低于放电前的密度），加水就无法比较了。所以应在充电结束后再进行普通加水，然后充电 2h 即可。

2）在初充电、正常充电或均衡充电的终期，如果电解液密度与规定范围有显著差别时，应按照下述方法进行调整：

（a）加水过多使液面溢出。处理时，首先抽出 1/4，然后加注密度为 1.4g/cm³ 的稀硫酸，调制到规定值，然后做一次均衡充电，一直到冒气泡为止。

（b）安装或大修后密度降低。处理方法同加水过多。

（c）极板硫化。需进行过充电处理。

（d）有效物质脱落造成极板短路。此时应设法清除短路物质，然后进行个别充电。

（e）极板弯曲造成极板搭接。此时可用绝缘耐酸物将其隔开，然后进行个别充电。用密度 1.4g/cm³ 的硫酸溶液或水调整电解液密度。

三、自放电

1. 产生自放电的主要原因

产生自放电的主要原因首先是由于电解液及极板含有杂质，形成局部小电池，小电池两极又形成短路回路，短路回路内的电流引起自放电。其次，由于电解液上下密度不同，极板上下电动势的大小不等，因而在正负极板上下之间的均压电流也引起蓄电池的自放电。它随电池的老化程度而加剧。

2. 影响局部自放电的因素

蓄电池的自放电与活性物质的配方，板栅结构及配方，电解液浓度和温度、连接方式、新旧极板使用程度、电解液中含的金属杂质等所产生的内电阻不同，局部自放电也就不同。同时，所需要的浮充电流有所不同，不能千篇一律地按照公式硬套，而应保持每槽电压在（2.15 ± 0.05）V 之间，根据电压的变化，及时调整浮充电电流大小。

3. 补充蓄电池自放电

（1）采用浮充电运行方式。

（2）按厂家说明书的规定时间，定期进行均衡充电。

（3）极板内部需以每 12Ah 自放电约为 0.01A 的充电电流来补偿，所以浮充电所需电流值

$$I = 0.01C_N/12 \qquad\qquad (4-2-26)$$

式中　I——浮充电所需电流值，A；

　　　C_N——蓄电池的额定容量，Ah。

四、电解液的层化

（1）电解液层化。铅酸蓄电池在充放电过程中电解液的密度在不断地变化，充电时密度增大，放电时密度降低。对固定式铅酸蓄电池来说，充电时较重的电解液向底部沉降，放电时较轻的电解液浮向顶部。蓄电池在充放电过程中，电解液按密度分层的现象称为层化。

（2）层化的危害。使极板和不同密度的电解液交界面上形成不同电位，导致自放电增大，温度升高，腐蚀和水损耗加剧，影响蓄电池的寿命。

（3）降低层化的办法。普通铅酸蓄电池利用充电时产生的气泡来搅拌电解液，使其趋于均匀状态。对于阀控密封式铅酸蓄电池来说，则要采用特殊技术手段来解决层化问题。可用超细玻璃纤维为隔板的电池，不同密度的电解液可沿隔板微孔扩散。如结构上采用水平卧式布置，如采用立式布置时，把同一极板两端高差压缩到最低限度，以避免层化或使层化过程变慢。

五、影响蓄电池内阻的因素

蓄电池的内电路主要由电解液构成，电解液有电阻，而极栅、活性物质、连接物、隔离物等都有一定的电阻，这些电阻之和就是蓄电池的内阻。影响蓄电池内阻的因素很多，主要有各部分的构成材料、组装工艺、电解液的密度和温度等。因此，蓄电池内阻不是固定值，在充电和放电过程中，内阻随着电解液的密度、温度和活性物质的变化而变化。

第六节　一般故障处理及检修

一、蓄电池常见问题处理

电池产生故障的原因很多，除正常的自然损耗、制造质量和运输保管影响以外，多数还是由于使用维护不当所造成的。发现故障应及时地分析原因，尽快地采取有效措施进行排除。

（1）测量时，发现蓄电池组存在欠充或过充问题，应立即调整充电电压和浮充电流。如发现落后电池，应查找原因，进行及时处理，不允许长时间保留在组内运行，处理无效时，立即退出或更换。

（2）防酸型蓄电池运行中，电解液液面应始终保持在高、低液面之间，如因充电、蒸发等原因电解液减少至低液位以下时，必须用蒸馏水补充。调整电解液密度，应在完全充电后进行。

二、蓄电池常见故障处理

1. 极板弯曲

蓄电池经过长期充放电后，极板的活性物质会变得松软和膨胀。当充电或放电电流过大，或温度过高时极板将因膨胀不均匀而发生弯曲。制造厂家在极板化成时，没能把氧化层全部除掉，它的活性物质在充放电过程中将继续生长，体积也将继续膨大，从而加速极板弯曲变形或裂开。

极板的弯曲，会对隔离板产生很大的压力，一旦把隔离板压碎，将使正、负极板互相接触造成短路。通常产生极板弯曲变形或裂开的原因如下：

（1）极板化成的不均匀，各部分机械强度不一致，因而当充放电时，极板的膨胀收缩也不一致。

（2）放电电流过大，使极板产生的应力变化过大和过于剧烈。

（3）过量放电，硫酸铅产生过多，引起极板过度膨胀。

（4）蓄电池中的电解液温度过高，使蓄电池的容量增大，而造成过量放电。

（5）充电过多，主要是正常时浮充电流过大，没有进行定期放电，致使极板经常处于充电状态。

（6）电解液中含有能溶解铅的酸类（如硝酸、盐酸、醋酸），或有镁、锰、铜、砷等金属物质，它们对极板会产生腐蚀和硬化作用。

为防止极板发生弯曲和裂开现象，可将定期充放电或定期浮充电方式运行的蓄电池组改为连续浮充电方式运行。在充电和放电时，要防止用过大的工作电流，放电后必须及时进行充电，不要使蓄电池过量放电，浮充电电流应适当，当电解液温度超过规定范围时，应设法降温，改善运行条件。

对极板已弯曲的蓄电池，应取出电解液，检查电解液中有无能溶解铅的酸类，或有害的金属物质存在。如有时，必须用纯水漂洗极板，并更换新的电解液。

烫去密封物，将极板从塑料槽中取出，抽出隔离物后，立即将正、负极板分开并浸入纯水中洗去酸液，然后送入干燥室干燥。经干燥后，先用光滑洁净的木板夹好弯曲的极板，再加以适当的压力来压平（亦可采用滚筒压平）。在压平时，注意不要使活性物质与板栅发生裂纹，以防活性物质脱落。将平直后的正、负极板对插起来，装入塑料槽，插以隔离物，浇注密封物，灌入电解液后，再以初充电方法处理之。

2. 极板硫化

（1）在正常充电或放电时，活性物质（无论是二氧化铅或绒状铅）都是多孔而松软的，这种活性物质与电解液接触面积较大。在放电情况下，极板表面生成一层白色的硫酸铅结晶体，把活性物质盖住并堵塞了小孔，从而使极板变硬，这种情况称为硫化。极板硫化后内阻将增大，蓄电池的容量降低，导致充电时温度升高，冒气泡过早。硫化较严重时，硫酸与极板上活性物质不能完全起化学变化，因而使电解液的密度显著降低。引起极板硫化的原因如下：

1）经常充电不足。

2）经常过放电。

3）蓄电池长期处于已放电或半放电状态。

4）没有定期过充电。

5）蓄电池内部短路。

6）电解液面低于标准线，极板外露。

（2）极板发生硫化时，应及时进行消除硫化的处理。一般处理硫化的方法有以下三种：

1）均衡充电法：全蓄电池组极板硫化时，可用此种方法消除。其操作方法按本章第二节处理。

2）小电流充电法：极板硫化较重时，先往电解液中加入纯水，使密度降到 1.200g/cm^3 以下，液面达到上部标准线处为止，然后用 10h 放电率的一半电流进行充电。当开始冒气泡，电压约为 2.4V 时，停止充电 30min，然后再将充电电流减低至 1h 放电率的 1/4 电流继续进行充电，充至正、负极板均已开始剧烈冒气泡时，停止充电 20min，然后再按 10h 放电率的一半电流继续充电。如此反复进行充电，直到蓄电池达到正常状态为止。

3）水疗法：极板硫化程度严重时，可先将蓄电池充电，再以 10h 放电率的电流放电，直至电压降至 1.8V 为止。然后倒出电解液，立即注入纯水，并静置 1～2h，再用 10h 放电率一半的电流进行充电。当密度达到 1.100g/cm^3 时，将充电电流减至 10h 放电率的 1/5 电流继续充电。当电解液密度达到 1.120g/cm^3 时，重新更换纯水，再用 10h 放电率的一半电流继续充电，充至正、负极板开始均匀地冒出气泡，密度不再升高为止。然后再用 10h 放电率的 1/5 电流进行放电。如此反复地充电和放电，直到极板恢复正常颜色为止。重新调整电解液密度，使之达到（1.215 ± 0.005）g/cm^3 时再进行充电，充电完毕后，即可投入运行。

用水疗法处理极板硫化，花费的时间较长，有时达数星期之久，且操作频繁。硫化程度严重时，此法也不一定能使蓄电池恢复原有状态。用此法处理，蓄电池电压达 2.2～3.0V，但电解液密度很低。硫化程度减轻后，电压逐渐下降，然后再上升，电解液密度逐渐升高。如果电解液温度升高到 40℃ 时，应设法冷却或停止充电，待温度下降后，再继续充电。

经验证明，处理极板硫化的最好方法是均衡充电法或用小电流连续充电法，其效果比较显著。

防止极板硫化应根据运行规程中规定，按时对蓄电池进行充电或放电，特别是均衡充电，以使生成的少量硫酸铅及时被消除，并能使活性物质得到恢复。

蓄电池在放电后，应立即以额定电流充电。当发生气泡后，充电电流应减少一半，然后继续充电，直到完成为止。

在运行过程中，不可随意往蓄电池中加酸，电解液密度也不得超过规定值。酸水经化验分析必须合格。

3. 极板短路

若极板发生短路，充电时产生气泡的时间比正常情况晚，电压低，电解液密度低，并且在充电后无变化，但电解液的温度却比正常情况高，放电时，电压很快降到极限放电电压值，容量也有显著的降低。产生短路的原因如下：

（1）沉淀物堆积过多，达到与极板下边缘接触状态。

（2）活性物质脱落的粉末，随产生的气泡冲浮极板上端。

（3）正极板上部端耳脱落成片状物质与相邻的负极板接触。

（4）由于正极板弯曲变形而挤碎隔离物，从而使正、负极板接触。

（5）其他导电物质落入蓄电池内，或板栅边缘生出枝状物，致使正、负极板连通。

（6）电解液温度过高，密度过大，使隔离物受腐蚀而损坏，从而造成正、负极板的接触。短路点如在透明容器的正面很容易观察出来，如在侧面时，可在手电筒上装成三角水银玻璃镜，利用反光来观察有无导电物质落入，沉淀物是否堆积过高，隔离物是否损坏，极板是否生出了枝状物等。为消除因正负极间接触而造成的短路，可用薄竹片插入极板间，缓慢移动它，以清除极板间的短路堆积物。

衬铅木槽的蓄电池，内部短路在外面是看不到的，可行的办法是在充电过程中，根据电压、密度、温度、冒气等不正常现象，来判断蓄电池有否短路故障，然后用温度计在正负极板之间逐片测量，如测出两片正负极板之间温度稍高，可断定这就是短路位置。此外，用指南针在充电时，沿着蓄电池的连接板移动指南针，指南针指向突然发生明显变动的地方，也就是有短路的地方，这是因为在短路处电流逆转的缘故。

正常蓄电池在充电时，蓄电池内的充电电流通过内电路由各正极板流向负极板，假如有一片极板发生短路，则充电电流就由短路处流向充电装置，不经过其他极板，而其他良好的正负极板间，因充电电压消失，又短路，不但不能充电，反而经过短路的地方放电。由于短路点电流方向不同，电流所产生的磁力线方向也不同，因而用指南针检查时，指针的指向也随之改变。

如果短路是由于极板弯曲而挤碎隔离物造成的，则应重新更换隔离物，如极板弯曲严重，则应将其取出压平，如沉淀物堆积过多时，则应烫去密封物，抽出极板群，倒出沉淀物。

4. 内部自然放电

内部自然放电的蓄电池具有容量小，密度低，在不充电时负极板也产生气泡的特点。若电解液中含有锰杂质时，在充电过程中将出现紫红色，若含有铁杂质时，将出现浅红色。

蓄电池内部放电，是由于电解液中含有害的金属杂质沉积过多，或附着于极板上与活性物质构成小电池而引起的放电（一般发生在负极板上），也有的是由于正极板中所含有的金属杂质溶解于电解液中，或经过电解液集附于负极板上，从而形成小电池而引起放电，如果电解液中含有氯、铁等杂质，它们便会和正极板上的二氧化铅直接发生化学反应，这样就会失去一部分或全部的活性物质。

如果没有这种情形，正极板上的自然放电将是很轻微的。负极板遇到氧化剂时，也会发生直接的化学变化，最容易引起严重后果的金属是白金和铜。如果含有0.003%的白金和0.05%的铜，就会造成正、负极板的严重自然放电。

对自放电蓄电池的电解液应进行化验分析，不符合电解液技术标准时，应更换电解液，并给予足够的充电，若符合技术标准时，应将蓄电池拆开检查有无短路情况，如果因为短路引起自然放电，应立即查明短路原因并消除短路。

5. 电解液混浊

电解液混浊的蓄电池，在充电时电解液表面有泡沫，颜色和气味都不正常，自放电严重，容量减少。

产生这种现象的主要原因是电解液含有铁或锰的杂质，因此，在充电过程中电解液呈浅红色或紫红色，充电电流过大，二氧化铅脱落，沉淀物沉积过多，隔离物制造时处理不良，运行中一些杂物落入电解液内，都会造成电解液混浊不清。

由于电解液混浊而造成的容量降低，可用漂洗极板、清除沉淀物及更换电解液的方法解决。

6. 极板脱粉

铅蓄电池在正常工作时，活性物质会有少量的脱落。但当活性物质脱落的数量超过正常情形时，必须检查脱粉的原因。容器底部积存的活性物质往往是正极板脱落的，当充电末期产生气泡时，会引起电解液混浊，从而使正、负极板间发生短路放电，容量降低。

造成极板脱粉原因很多，主要有以下几种：

（1）为消除极板硫化采用大电流充电时，硬化层最容易脱落。

（2）制造涂膏式极板时配制的成分不对，或涂膏之后干燥过急。这样，当烘干化成后，活性物质会变得过硬或过脆。制造时活性物质与板栅结合不严密。

（3）旧极板已超过或接近使用年限时，活性物质变得过松，一经振动或大电流充电、放电时易于脱落。

（4）过放电时极板硫化，活性物质膨胀而易脱落。充电末期电流过大时，气泡发生过多，同时温度升高，也容易使活性物质脱落。

（5）负极板的活性物质一般脱落不多，如果电解液过浓，温度过高或过放电时，也会造成极板脱粉。

活性物质是蓄电池容量的作用物质，活性物质的脱落代表蓄电池寿命和容量的损失。制造时涂料与板栅结合不严，涂料或化成不均匀，都将引起膨胀不均匀而使活性物质脱落。

在使用过程中，为了不使活性物质脱落，在充电末期发生气泡时，可减少充电电流，以免电解液剧烈沸腾，同时，要及时调整电解液的密度，降低温度。极板脱粉沉积容器底部过高时，应清除之。极板脱粉严重，造成明显影响蓄电池放电容量时，必须更换极板。

7. 正极板的故障

良好的正极板形状是一致的，在充电后呈深褐色，并有柔软感。当电解液内混入硝酸、盐酸、醋酸等不纯物质时，它与活性物质发生强烈的化学反应后，会使极板弯曲、伸长和裂开。当蓄电池内混入盐酸时，在充电过程中析出氯气。除此之外，极板颜色变浅，隔离物变得暗淡无光，或呈微黄色。当电解液中含有铁质时，极板变硬，颜色变为浅红色；含有锰质时则呈现紫色。此外，长期充电不足，极板硫化发生的气泡不够强烈，容器下部的电解液未能趁气泡沸腾的时机和全部电解液混合均匀，下部密度过高，电流易于集中，使极板下部边缘受到浸蚀以致损坏。

发生上述故障时，应对电解液进行化验分析。如果混有不纯物质，则必须更换电解液。由于极板弯曲、变形或开裂，造成的短路或失去的容量又无法恢复时，则必须更换极板。

8. 负极板的故障

在正常情况下，充电后的负极板应呈纯灰色，活性物质紧紧地涂填在板栅的小格中，看起来有柔软感。当充电不足，极板硫化或长时间没有进行放电时，活性物质失去活动性能，此时活性物质（绒状铅）凝结硬化，体积增大，并出现白色颗粒状结晶体。当充电电流过大或过负荷时，极板上部活性物质膨胀成苔形浮渣，下部活性物质脱落露出板栅。

负极板上有轻微的前述现象时，可进行全容量的充电，半容量的放电，然后再进行充电和均衡充电；严重时，应换极板。

9. 极性颠倒

蓄电池在放电后应立即充电。充电电流应该是从正极流入，负极流出，否则蓄电池将继续放电，并被反方向充电，从而导致负极板上生成二氧化铅，正极板上生成少量的绒状铅，这种现象称为极性颠倒，也称为转极。

转极的蓄电池组电压会急剧下降，其中个别单电池的电压可降到零值。此时正极板由正常的深褐色变为铁青色，极板上看不出有活性物质存在，几乎和铁相似，负极板由正常的纯灰色变为粉红色，极板上也看不出有绒状铅存在，几乎与正极板的颜色相似，并失去全部容量。

用直流电压表（刻度为 $3 \sim 0 \sim 3V$）测量发生转极的单电池，当电压表的"＋"接到正极时，则指针将指向反方向或不指示，当电压表的"－"接到正极时，则指针将有微小的正向指示，当电压表的"＋"接到负极时，指针将有微小的正向指示。

产生转极有以下几种原因：

（1）充电时把正、负极接错，即反向充电。

（2）由于极板硫化、短路及降低了容量，使单电池放电时过早地放完电，蓄电池组放电过程中，良好的电池对过早放完电的单电池进行反向充电。

（3）在蓄电池组中，抽出部分单电池担负额外的负荷。这些被抽出的电池容量降低到一定程度时，在蓄电池组放电过程中，其余放电较少的电池将对这些减少容量的单电池进行反向充电。

（4）在大容量的蓄电池组中，有几个小容量的单电池，在连续充电运行时共同承担一定的负荷。当充电停止时，小容量的单电池将提早放完电，此时，大容量蓄电池继续向小容量单电池反向充电。

当发现蓄电池的电压和容量急剧下降时，应停止放电，并检查个别电池内部是否发生短路，接线是否错误。当确认是某只单电池发生转极时，可将转极的单电池由蓄电池组中撤出，并对它进行充电，使活性物质恢复原状。此外，要改善运行方式，在蓄电池组中不可有部分电池承担额外负荷的现象。

对个别经过充电处理后仍接入蓄电池组中参加运行的单电池，在以后的放电过程中仍需加以观察。

10. 连接柄腐蚀与隔离物损坏

连接柄受酸腐蚀后，将生成导电不良的氧化层，它使接触电阻增大。并在充电放电时连接柄会发热，有火花产生，甚至熔化。

蓄电池运行当中，应经常用蜡烛试验连接柄是否发热，如有发热现象，应从回路中把它撤除，刮去氧化层，并在铅螺母内外及连接柄上薄薄地涂一层凡士林油，然后再接入回路中，并紧固好铅螺钉。

通常，隔离物是会损坏的。隔离物的损坏，往往是由于正极板硫化、活性物质膨胀，负极板上的绒状铅形成苔状等造成极板弯曲变形引起的，或者是由于电解液密度和温度过高，对隔离物腐蚀过强而造成的，隔离物损坏易引起极板短路，可用调整电解液密度，使其达到规定值，降低电解液的温度，并给予均衡充电的方法来预防隔离物的损坏。

11. 充电后容量不足或容量减少

极板上活性物质脱落过多，使用年限过久，质量不良的蓄电池，充电时的电压和电解液的密度都高于正常值，并过早地发生气泡。虽给予足够的充电，一经放电时，容量很快减少，始终达不到足够的容量。这种蓄电池必须更换极板，方能继续使用。

如果新蓄电池不能保持全容量，旧蓄电池活性物质脱离不多，也不发生短路和漏电，那么充电后，容量会很快降低。充电时，气泡发生迟缓并且不强烈。放电时却有气泡发生。

当电解液中含有害杂质（锰、铁）时，容易造成极板的自放电，由于有害杂质的存在，即使在充电过程中，自放电仍继续进行。所以电压和密度都要降低，容量减少。如果硝酸、盐酸、醋酸等混入电解液中，其害处更大，它能造成极板严重硫化或损坏。如果在使用过程中，在充电、放电或充电不足等状态下运行时，也容易损耗极板的活性物质，使容量减少。

12. 放电时电压下降过早

放电时电压下降过早，是指放电时个别单电池的电压低于相邻的单电池的电压。电解液的密度和温度低于正常值，电解液不足，极板硫化及隔离物的内阻增大等，都能使电压降低，容量减少。

处理的方法是调整电解液的密度，补充液面至正常规定的范围，换用密度相同的电解液浸泡隔离物的内电阻，确保蓄电池室的温度为15℃，检查极板是否由于硫化而产生电压降（因为极板硫化时细孔被堵塞，电解液渗透困难，温度低时，电解液变稠反应滞缓，两者都能使电压降低）。若是极板硫化，则按消除极板硫化的方法迅速处理，以免损坏极板。

13. 电解液密度低于或高于正常值

电解液密度是影响蓄电池的电压和容量的一个因素，电解液密度低于正常的规定值时，容量必然减少，电压无论是在充电或放电时也同样比正常的电压低。

如查明因加水过多而造成密度降低时，可用密度为 $1.400g/cm^3$ 的稀硫酸调整电解液密度至规定值（1.215 ± 0.005）g/cm^3，然后再充电，一直到冒气泡为止。如此反复调整二三次，即可达到规定值。如果发现电解液密度继续下降，而电解液的温度高于其他单电池，说明该电池内部短路，应立即予以消除。一般来说，电解液密度过低是由于极板硫化引起的。

电解液密度高于正常值与低于正常值是不同的。高于正常值表明全蓄电池组电解液密度普遍都高。产生的原因是，当电解液面低于标准线时，误加了浓度较高的稀硫酸，或当极板硫化电解液密度降低时，未消除硫化现象就误加了浓度较高的稀硫酸。

调整的办法是，用合格的纯水将电解液密度稀释到规定值，然后进行均衡充电，将电解液混合均匀。

14. 沉淀物过多并呈现不正常的颜色

正常蓄电池槽内沉淀物很少，其颜色与极板的颜色相似。由于极板上的活性物质与板栅结合不严，或经常处于大电流充电和放电条件之下，使电解液过于沸腾，造成活性物质脱落，使大量褐色的沉淀物堆积在槽底。脱落的沉淀物与负极板接触短路时，会使负极板硬化，并有蓝灰色屑状的沉淀物，硫化的极板表面上有一层白色结晶，经过充电后的硫酸铅转变为二氧化铅和绒状铅，白色结晶层脱掉，落在容器底部。电解液中含有盐酸时，能腐蚀和硬化极板，生成的一层白色粉末脱落下来，也沉淀在容器底部。蓄电池工作不均或水中含有害杂质时，也会使正、负极板上的活性物质不同程度地脱下一层褐色和灰色粉末，沉淀于容器底部。

为防止极板活性物质过量脱落，在使用过程中，应避免使用大电流充电或放电，同时消除极板硫化，清除沉淀物，以免堆积过高造成短路。必要时，应对电解液化验分析，如所含杂质超过允许范围时，应漂洗极板和更换电解液。

15. 极柱腐蚀

极柱螺钉被腐蚀，需要拆下螺钉，清除腐蚀物，涂抹凡士林油。此时，不能切断电池回路，也不能短接电池。根据具体情况，可按照图 4-2-15 所示的方法连接。用一只硅元件将两个电池连接起来，然后再卸下被腐蚀的螺钉。

做这项工作应注意以下几点：

（1）使用的硅元件和连接导线应允许通过合闸电流。

（2）硅元件的极性不能接反，否则会造成电池短路。

（3）尽快消除缺陷，以免长时间影响电池的浮充电工作。

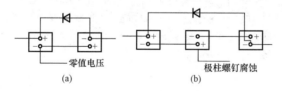

图 4-2-15　不停电处理极柱腐蚀

（a）小范围处理；（b）蓄电池组处理

16. 用镉电极测验极板

当蓄电池容量减低时，经检查没有发现短路和绝缘不良等现象，用肉眼观察又查不出任何缺陷时，这时可考虑是蓄电池的负极板或正极板不良，或者是部分负极板或正极板上活性物质破坏的缘故所致。为了查明原因，可用镉电极来测试。镉电极可做成任意形状，如可制成 5~8cm 长、直径为 8~10mm 的小棒或面积为 3~5cm^2 的小板。在镉电极上端焊接橡皮绝缘导线，焊接处涂以沥青，外面再用胶布包好。未用过的镉，应浸入密度为 1.10g/cm^3 的稀硫酸中达 48~72h，以确保读数的正确。镉电极测试一般在放电时进行，具体方法如下：

（1）采用刻度为 3~0~3V 的精密高内阻的电压表，其"＋"端连接长 80cm 的软导线，"－"端连接镉电极导线。

（2）将铜电极浸于电解液中，置于外侧极板与容器槽壁之间，如图 4-2-16 所示。

（3）将"＋"端导线的端子接触在受测验负极板或正极板上，并记录电压表所指示的电压值。

（4）当良好的蓄电池电压为 2V 时，以 5h 放电率放电 30min 或 1h 后，测得镉电极和负极板之间的电压为 0.14V，镉电极和正极板之间的电压约为 2.14V。如果两组极板大致处于相同情况，正常放电末期极限电压为 1.8V，镉电极和正极板之间的电压降至 1.96~0.2V，镉电极和负极板之间的电压上升至 0.16~2.0V，则表明正极板不良。如果镉电极和负极板之间的电压高于 0.16~2.0V，则表明负极板不良。

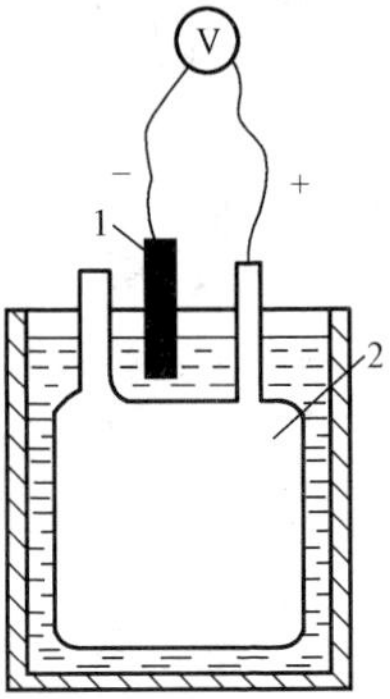

图 4-2-16　用镉电极测量不良电极

1—镉电极；2—极板

例如：当被测试的蓄电池放电到 1.75V 时，镉电极和正极板之间的电压为 1.90V，镉电极和负极板之间的电压为 0.15V，这时，可知正极板不良。在同一电压下（1.75V），如果镉电极和负极板之间的电压为 0.35V，镉电极和正极板之间的电压为 2.10V，这表明负极板不良。

如果由于正极板损坏而使电池降低了容量，当放电时变为充电状态，则镉电极和正极板之间的电压很快下降，而镉电极和负极板之间的电压仍将保持原来的数值。当发生转极时，则蓄电池总的反向电压为 0.07V，镉电极和负极板之间的电压约等于 0.22V。相反，如果是负极板不良，在开始转极时，镉电极和负极板之间的电压将会迅速增加。

如果蓄电池总的反向电压为 0.15V，那么，镉电极和正极板之间的电压约为 2.05V，镉电极和负极板之间的电压约为 2.20V。

使用镉电极测试不良极板时，应注意以下事项：

1）测试前 30min，将镉电极浸入密度为 1.10g/cm³ 的稀硫酸中，测试完毕后应用清水洗净。

2）在测试时，镉电极应保持湿润。

3）如果测试中断时间过长，则应将镉电极浸于密度为 1.10g/cm³ 的稀硫酸中。

第七节　蓄电池用化学药品的保管使用和造成人身伤害急救法

一、蓄电池用化学药品的保管使用注意事项

（1）使用和装卸这些药品的工作人员，应熟悉药品的特性和操作方法。工作时应穿工作服，戴防护眼镜、口罩、手套，穿橡胶靴。露天装卸这些药品时，应站在上风的位置，以防吸入飞扬的药品粉末。

（2）蓄电池室应有自来水、通风设备、消防器材、急救箱、急救酸、碱伤害时中和用的溶液以及毛巾、肥皂等物品。

（3）蓄电池室禁止将药品放在饮食器皿内，也不准将食品和食具放在内。工作人员在饭前和工作后要洗手。

（4）禁止用口尝和正对瓶口用鼻嗅的方法来鉴别性质不明的药品，可以用手在容器外轻轻扇动，在稍远的地方去嗅发散出来的气味。

（5）禁止用口含玻璃管吸取酸碱性、毒性及有挥发性或刺激性的液体，应用滴定管或吸取器吸取。

（6）不准使用破碎的或不完整的玻璃器皿。

（7）每个装有药品的瓶子上均应贴上明显的标签，并分类存放。禁止使用没有标签的药品。

（8）不准把氧化剂和还原剂及其他容易互相起反应的化学药品储放在相邻近的地方。

（9）凡有毒性、易燃或有爆炸性的药品不准放在化验室的架子上，应储放在隔离的房间和柜内，或远离厂房的地方，并有专人负责保管。易爆物品、剧毒药品应用两把锁，钥匙分别由两人保管。使用和报废药品应有严格的管理制度。

（10）对有挥发性的药品亦应存放在专门的柜内。使用这类药品时特别小心，必要时要戴口罩、防护眼镜及橡胶手套；操作时必须在通风柜内或通风良好的地方进行，并应远离火源；接触过的器皿应彻底清洗。

（11）开启苛性碱桶及溶解苛性碱，均须戴橡胶手套、口罩和眼镜，并使用专用工具。

（12）打碎大块苛性碱时，可先用废布包住，以免细块飞出。

（13）配制热的浓碱液时，必须在通风良好的地点或在通风柜内进行。溶解的速度要慢，并经常以木棒搅拌。

（14）地下或半地下的酸碱罐的顶部不准站人，酸碱罐周围应设围栏及明显的标志。

（15）酸碱罐的玻璃液位管，应装金属防护罩。

（16）参加浓酸系统工作人员除遵照以上规定穿戴必要的防护用具外，还须戴防毒口罩（含有钠石灰过滤的）和面罩。工作结束后，必须冲洗头面和身体各部。

（17）淡酸系统如有泄漏，应用红白带围起，并派人看守，禁止接近。

二、强酸、强碱造成人身伤害急救法

（1）当浓酸溅到眼睛内或皮肤上时，应迅速用大量的清水冲洗，再以 0.5% 的碳酸氢钠溶液清洗。当强碱溅到眼睛内或皮肤上时，应迅速用大量的清水冲洗，再用 2% 的稀硼酸溶液清洗眼睛或用 1% 的醋酸清洗皮肤。经过上述紧急处理后，应立即送医务所急救。

（2）浓酸溅到衣服上时，应先用水冲洗，然后用 2% 稀碱液中和，最后再用水清洗。

（3）皮肤上溅着酸液，应立即用大量清水冲洗，并涂可的松软膏。

（4）眼睛内溅入酸液，应用大量清水冲洗，并滴氢化可的松眼药水。

（5）严禁将酸洗废液直接排放入河流。

阀控密封式蓄电池运行与检修

直流系统是保证电力系统中发电厂、变电站和大型工厂企业变配电站安全可靠运行的重要系统，蓄电池作为直流系统的电源是系统的关键设备。铅酸蓄电池具有可靠性高、容量大、承受冲击负荷能力强及原材料取用方便等优点，故在发电厂和变电站中广泛采用。以往固定型铅酸蓄电池分为开口式、防酸式和防酸隔爆式等，它们存在体积大，电解液为流体，如溅出会伤人和损物，使用过程产生氢、氧气体，伴随着酸雾，对环境带来污染，维护运行操作复杂等缺点。

1975 年，GatesRutter 公司在经过许多年努力并付出高昂代价的情况下，获得了一项 D 型密封铅酸干电池的发明专利，成为今天 VRLA（valve - regulated lead acid battery，阀控式密封铅酸蓄电池）的电池原型。阀控式密封铅酸蓄电池（简称阀控电池）基本上克服了一般铅酸蓄电池的缺点，逐步取代了其他型式的铅酸蓄电池。

归纳起来，阀控电池有以下特点：

（1）阀控式蓄电池属于贫电解液蓄电池，其内部电解液全都吸附在隔膜和极板中，隔膜处于约 90% 的饱和状态，电池内无游离电解液，不会有电解液溢出。无需添水和调酸密度等维护工作，具有免维护功能。

（2）大电流放电性能优良，特别是冲击放电性能极佳。

（3）自放电流小，25℃下每天自放率 2% 以下，约为其他铅酸蓄电池的 1/4 ~ 1/5。

（4）不漏液，无酸雾，不腐蚀设备及不伤害人，对环境无污染。

（5）电池寿命长，25℃浮充电状态使用，电池寿命可达 10 ~ 15 年。

（6）结构紧凑，密封性好，可与设备同室安装，可立式或卧式安装，占地面积小，抗振性能好。

（7）不存在镉镍电池的"记忆效应"（指在循环工作时，容量损失较大）的缺点。

第一节 结构及工作原理

一、优点及分类

1. 阀控电池的优点

阀控电池是装有密封气阀的密封铅酸电池。阀控电池容量分为大型、中型和小型三种，单体电池容量 200Ah 及以上为大型，20～200Ah 为中型，20Ah 以下为小型。

阀控电池正常充放电运行状态下处于密封状态，电解液不泄漏，也不排放任何气体，不需要定期加水或加酸，正常时极少维护，因此，阀控电池的结构具有以下特点：

（1）板栅采用无锑（或低锑）多元合金制成正极板，保证有最好的抗腐蚀、抗蠕变能力。负极板采用铅钙合金，以提高析氢过电位。

（2）采用吸液能力强的超细玻璃纤维材料作隔膜，具有良好的干、湿态弹性，使较高浓度的电解液全部被其储存而电池内无游离酸（贫液），或者使用电解液与硅熔胶组合为触变胶体。

（3）负极容量相对于正极容量过剩，使其具有吸附氧气并将其化合成水的功能，以抑制氢、氧气体发生速率。

（4）装设自动关闭的单向节流阀（阀控帽），当电池在异常情况析出盈余气体或长期运行中残存的气体时，经过节流阀泄放，随后减压关闭。阀控电池可为单体式（2V），200Ah 及以下容量的电池可以组合成 6V（3 个 2V 单体电池组成）和 12V（6 个 2V 单体电池组成）。为便于调整电池组的电压，国内外有的电池制造厂可在 6V 组合电池抽出 1 个成为 4V 电池，12V 组合电池中抽出 1 个成为 10V 电池，所以订货时需特别说明。

2. 阀控电池的分类

通常用的阀控电池有两类：一类为贫液式，即阴极吸收式极板细玻璃纤维隔膜电池，国内的华达、南都、双登等电池厂的电池和国外进口的日本汤浅、美国 CNB 公司的电池属于这类电池；另一类为胶体电池，国内沈阳东北蓄电池股份有限公司电池厂的电池和国外进口的德国阳光电池，属这类电池。

两种类型的阀控电池的原理和结构都是在原铅酸蓄电池基础上，采取措施促使氧气循环复合及对氢气产生抑制，任何氧气的产生都可认为是水的损失。如果水过量消耗就会使电池干涸失效，电池内阻增大而导致电池的容量损失。

（1）胶体阀控电池。胶体阀控电池和传统的富液式铅酸电池相似，将单片槽式化成极板和普通隔板组装在电池槽中，然后注入由稀硫酸和 SiO_2 微粒组成的胶体电解液，电解液密度为 $1.24g/cm^3$。这种电解液充满隔板、极板及电池槽内所有空隙并固化，并把正、负极板完全包裹起来。所以在使用初期，正极上产生的氧气没有扩散到负极的通道，便无法与负极上活性物质铅还原，只能由排气阀排出空间。使用一段时间后，胶体开始干涸和收缩而产生裂缝，氧气便可透过裂缝扩散到负极表面，氧循环得到维持，排气阀便不常开启，电池变为密封工作。

胶体电解液均匀性能好，因而在充放电过程中极板受力均匀不易弯曲。胶体电解液电池的顶端和底部的电解液流动被阻止了，从而避免了层化。

（2）贫液式阀控电池。贫液式阀控电池用超细玻璃纤维隔膜将电解液全部吸附在隔膜中，隔膜约处于95%饱和状态，电解液密度约为 $1.30g/cm^3$。电池内无游离状态的电解液。隔膜与极板采用紧装配工艺，内阻小受力均匀。在结构上采用卧式布置，如采用立式布置时，则把同一极板两端高度压缩到最低限度，以避免层化或使层化过程变慢。

贫液式阀控电池的电解液全部被隔膜和极板小孔吸附，做到电池内部无流动的电解液，隔膜中剩余2%左右的空间（即大孔）提供氧气自正极扩散到负极的通道，使电池在使用初始立即建立起氧循环机理，所以无氢、氧气体透过排气阀逸至空间。而胶体式电池使用初期与一般富液式电池类似，不存在氧复合机理，有氢、氧气体逸出，此时必须考虑通风措施。

贫液式阀控电池用超细玻璃纤维隔膜孔径较大，又使隔膜受压装配，离子导电路径短，阻力小，使电池内阻变低。

而胶体电池当硅溶胶和硫酸混合后，电解液导电性变差，内阻增大，所以贫液式阀控电池的大电流放电特性优于胶体电池。

有些电池厂在贫液式阀控电池的基础上，采用复合AGM隔板，该隔板材料中加入少量PE憎水纤维，电解液可高出极板顶部。电池加酸后，在PE憎水纤维表面形成连续的气膜，作为氧气的扩散通道，为氧气的再化合反应提供了良好的条件，从而延长电池的使用寿命。

贫液式电池的电解液均匀性和扩散性优于胶体式电池。

贫液式电池的制造要求保持单体极群一致性，灌酸密度可靠性等技术工艺水平较高，因电池使用寿命与环境温度有密切关系，故要求电池室有较好的通风设施。同时贫液式阀控电池要求充电质量较高，需配置功能完善、性能优良的充电装置。

二、型号

目前，国内生产贫液式阀控电池较多，故本书重点介绍该类电池。

型号　GMF－××××

其中，G 表示固定式；M 表示密封；F 表示防酸隔爆；××××表示容量（Ah）。

例：6GFM－100－A（B）蓄电池型号的意义。

本型号中，6 表示串联单格电池个数为 6；G 表示固定式；F 表示阀控式；M 表示密封；100 表示额定容量为 100Ah；A 表示矮型；B 表示高型。

三、结构

阀控电池由电极、隔板、电解液、电池槽及节流阀等组成，其构件与功能见表 4－3－1。

表 4－3－1　　　　　GFM 系列蓄电池构件与功能

部　件	结　构　材　料	功　能
正极板、负极板	涂浆式极板，把活性物质涂在特制铅钙合金骨架上	保持足够的容量 维持容量长期使用性能（长寿） 减低自身放电量 提高释放气体电极电位
隔板	高强度耐热氧化性极佳的优质超细玻璃纤维毡	防止正、负极板之间短路 吸附储备电解液，无流动电解液 紧压极板表面，防止活性物质脱落
电解液	分析纯硫酸配以高纯水和特定的添加剂	正负极活性物质间产生电化学反应 导电作用
外壳和盖	丙烯腈（A）－丁二烯（B）－苯乙烯（S）共聚物合成树脂	容纳由正、负极板和隔板组成的极群，保持足够的机械强度，可抵受蓄电池内的压力
安全阀	用无双键、耐酸性极好、品质稳定而耐用的合成橡胶制成 采用帽形或柱形 内装陶瓷过滤器	当蓄电池内气压大于正常值时，便放出气体，使内压正常化 防止氧进入和酸雾放出

部 件	结 构 材 料	功 能
端子	用铅合金制成，与接线柱一起整体模制	非焊接及截面积大的接线端子提高放电倍率和可靠性，容易连接
极柱密封	封口剂的颜色：正极为红色，负极为蓝色。 特种密封胶，专用密封圈	内外多层密封，防止爬酸渗液

1. 电极

（1）铅酸电池负极活性物质为绒状铅，与稀硫酸溶液构成难溶盐电极；正极活性物质为 PbO_2，与稀硫酸溶液构成氧化—还原电极。

（2）正电极采用管式正极板或涂膏式正极板，通常固定式电池采用管式正极板，移动型电池采用涂膏式极板。负极板通常采用涂膏式极板。板栅材料采用铅锑合金，其结构如图 4-3-1 所示。固定式电池锑含量为 $2\% \sim 5\%$；移动式电池锑含量为 $7\% \sim 10\%$。

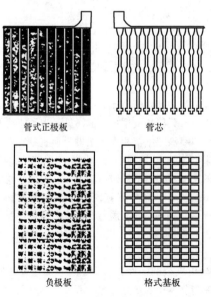

管式正极板　　　　　　管芯

负极板　　　　　　格式基板

图 4-3-1　阀控电池的极板结构

（3）极板是在板栅上敷涂由活性物质和添加剂制造的铅膏，经过固化、化成等手续处理而制成。板栅由于支撑疏松的活性物质，又用作导电体，故要求板栅的硬度、机械强度和电性能质量较好，它是保证电池寿命的重要因素。

（4）板栅结构有垂直板栅和放射状板栅，要求电流分布均匀。板栅厚度要保证机械强度和耐腐蚀条件较好，但太厚其内阻较大，影响大电流放电性能，一般阀控电池厚度取 6mm。由于正极板 PbO_2 的电化当量为 4.46g/Ah，负极板上活性物质 Pb 的电化当量为 3.87g/Ah，正、负极活性物质当量比为 1:1.08 ~ 1:1.2，故一般正极板的厚度略厚于负极板厚度。

阀控电池的板栅材料，尤其是正极板栅材料的要求非常严格，要求其硬度、机械强度、耐腐蚀性能和导电性能好，使用锑、砷等耐腐蚀的合金材料，同时要求合金材料对负极析氢催化作用减至最低程度。目前常用的板栅材料有以下几种：

1）铅、钙合金：铅中加入 0.06% ~ 0.10% 的钙。

2）铅、钙、锡合金：在铅、钙合金中加入 0.25% ~ 0.7% 的锡。

3）铅、锶合金：铅与 0.8% ~ 3% 的锶共熔而成。

4）铅锑砷铜锡硫（硒）合金：除铅外，锑占 0.8% ~ 4%，砷占 0.15% ~ 2%，铜、锡和硫（硒）适量。

5）铅、锑、镉合金：除铅外，加入 1% ~ 2% 锑和 1.5% ~ 2% 的镉。

6）镀铅铜板栅：铜基板栅的铅酸电池由于铜的电导比铅高，减少了电阻极化电动势，使电极内电流分布均匀，提高了活性物质使用率，适用于放电电流大的电池。

在大容量阀控电池中，由于铜比铅的密度小，使板栅变薄，减小电池质量，且在生产过程，无铅板成型过程的污染。为了使负电极表面不产生铜的沉积，可用真空喷涂或电沉积在铜板栅上形成厚的铅层。

（5）铅膏是将铅粉与添加剂混匀，加入硫酸溶液，再用搅拌机搅拌均匀而成。铅膏的密度对铅膏的质量影响很大，铅膏密度低时，极板上活性物质孔率大，电解液扩散条件变好，活性物质利用率增高，但极板松软，电池运行过程中活性物质容易脱落。反之，铅膏密度高时，会使极板强度增加而使活性物质不易脱落，但是活性物质利用率降低，影响使用容量。

（6）铅酸电池负极板的活性物质中，还添加微量其他物质，一种是阻化剂，用于抑制氢气发生和防止制造过程及储存过程的氧化；另一种是用来提高输出容量和延长循环寿命的膨胀剂。

1）阻化剂常用松香、甘油、α - 羟基、β - 苯甲酸等。

2）膨胀剂分无机和有机膨胀剂两种。无机膨胀剂通常有硫酸钡、炭墨、木炭粉等；有机膨胀剂为有机物或表面活性物质，如木质素、木素磺酸盐、腐桂酸等。

正极板的活性物质利用率较低，如用小电流密度放电时只有50%~60%，以大电流密度放电时，为了提高正极活性物质利用率，延长它的使用寿命，除要求正极活性物质的结构应合理外，还必须用添加剂来降低活性物质密度，增加其表面积的孔率，同时提高活性物质的电导率。正极活性物质添加剂有碳素材料，如乙炔墨、并苯、石墨、碳纤维及羧甲基纤维素、硅粒等。

有些正极铅膏中加入无机盐硫酸锌，它易溶于水，可以用来增加正极活性物质孔率，以利于电解液的扩散。有的厂在正极铅膏中加入少量铅的氧化物，用于提高铅酸电池初放电特性。也有厂家加入磷酸铅之类物质，用于增大活性物质间的静电排斥，进一步防止活性物质脱落。

2. 隔板

（1）隔板的作用是防止正、负极板短路，但要允许导电离子畅通，同时要阻挡有害杂质在负极间窜通。对隔板的要求如下：

1）隔板材料应具有绝缘和耐酸好的性能，在结构上应具有一定的孔率。

2）由于正极板中含锑、砷等物质，容易溶解于电解液，如扩散到负极上将会发生严重的析氢反应，要求隔板孔径适当，起到隔离作用。

3）隔板和极板采用紧密装配，要求机械强度好、耐氧化、耐高温、化学特性稳定。

4）隔板起酸液储存器作用，使电解液大部分被吸引在隔板中，并被均匀、迅速地分布，而且可以压缩，并在湿态和干态条件下保持弹性，以保持导电和适当支撑物质作用。当隔板吸收足够的电解液后，具有相对小的曲径通路，可以防止结晶生长，而相当高的孔率又使电阻降低。隔板在使用中应保持电解液吸收性以防干竭，不含增加析气速率的杂质和增大自放电率的杂质，耐酸腐蚀和抗氧化能力强。

（2）阀控电池的隔板普遍采用超细玻璃纤维和混合式隔板两种。

1）超细玻璃纤维隔板：超细玻璃纤维由直径在 $3\mu m$ 以下的玻璃纤维压缩成形以卷式出厂，制造厂根据极板尺寸割切后用黏胶粘制而成，黏胶用耐酸和亲水性好的过胶剂浸渍超细纤维，使之强度增加。

超细玻璃纤维孔结构因直径小的纤维较昂贵，所以电池厂用超细玻璃（ACM）是由几种不同直径的纤维物通过湿法铺设而制成。纤维被分散、搅拌，杂乱地分布构成两个孔径，与隔板平面并行的小孔（直径 $2\mu m$）用于储存电解液，与隔板垂直的大孔（直径 $10\sim24\mu m$）用于形成氧气对流的气向通道。其中大孔约占 90%，小孔约占 5%，还有 5% 的直径为 $80\sim100\mu m$ 的超大孔。

2）混合式隔板：混合式隔板以玻璃纤维为主，混入少量改进成分的玻璃纤维板，或以合成纤维（聚酯、聚乙烯、聚丙烯纤维等）为主，加入少量玻璃纤维的合成纤维板。混合式隔板由于混入微细的二氧化硅，提高了吸收电解液能力，不需严格限制注入电池的硫酸液量，同时使化成过程对电解液量控制放宽。由于混入少量高溶性合成纤维，并采用有机黏结剂，增加了抗拉强度，使大电流充电条件下失水现象不明显。

3. 电解液

配酸化成槽或电池槽内化成电解液，均需纯净水质和硫酸。制取纯水的方法有蒸馏法、阴阳树脂交换法、电阻法、离子交换法等，因水中的杂质是盐类离子，所以水的纯度可用电阻率来表示。国内制造厂主要用离子交换法制取的总含盐量和水电阻率分别为大于 1mg/L 和（$80\sim1000$）× $10^4\Omega\cdot mm$（25℃）。

浓硫酸加入水稀释，会发生体积收缩，故混合体积值应适当增大。

4. 电池槽

（1）对电池槽的要求有：

1）耐酸腐蚀、抗氧指标高。电池槽盛密度为 $1.25\sim1.32g/cm^3$ 的硫酸溶液，必须能耐酸。

电池在充电过程中，活性物质 PbO_2 在正极逐渐形成。PbO_2 为强化剂，充电时在正极板上产生，因此，电池槽必须抗氧化。

2）密封性能好，要求水汽蒸发泄漏小、氧气扩散渗透小。电池在运行过程中，若蓄电池渗透水气压过大，会使电池失水严重，若渗透氧率高，会破坏电池内部氧循环。失水和氧气扩散均会影响电池的循环寿命。

3）机械强度好，耐振动、耐冲击、耐挤压、耐颠簸。因蓄电池的搬运、安装过程要叠放，有时要倾倒，还要有抗振能力。在高放电率下，有时极板会发生变形，电池槽也要能承受其应力作用。

4）蠕动变形小，阻燃。电池槽硬度大，要求槽在温度变化过程蠕动变形小，气胀时伸缩小。同时，要求材料为阻燃型。

（2）电池槽的材料。阀控电池槽的外壳以前多用聚苯乙烯–丙烯腈聚合而成的树脂 SAN，最近主要采用丙烯腈、丁乙烯、苯乙烯的共聚物 ABS、聚丙烯 CH_3—$CH=CH_2$ 或其聚合物 PP、聚氯乙烯烧结构 PVC 等材料。

1）SAN：SAN 在含腈量一定时，有较高的稳定性，即在空气中常温下分解成分较少。加工成形时对温度较敏感，易随温度增高而熔化。注塑时流动性较差。电池槽内水保持和氧气保持性能较差，即水气泄漏和氧气渗漏较严重。

2）ABS：ABS 制成的电池槽，硬度大，热变形温度高，电阻系数大。但水气泄漏较严重，稍好于 SAN 槽；氧气渗透严重，比 SAN 槽要差。

3）PP：PP 是塑料中耐温最高的一种，温度高达 150℃ 不变形，低温脆化温度为 $-10 \sim -25℃$。PP 的熔点为 $164 \sim 170℃$，不吸水，不受空气潮湿影响。PP 制造的电池槽，击穿电压高，介电强度高达 $2.6 \times 10^6 \text{V/m}$，且不受温度和频率的影响。槽内水气保持性能比 SAN、ABS 及 PVC 好，但槽内氧气保持性能最差，此外硬度小。

4）PVC：PVC 绝缘性能好，PP 电池槽对电池防止失水有利；PVC 电池槽氧气保持量最大，即氧气的渗漏率最小；ABS 电池槽硬度较好。

（3）阀控电池槽结构的特点如下：

1）电解槽的外壳要采用强度大而不易产生变形的树脂材料制成。槽壁要加厚，在短侧面上安装加强筋等措施，以抵制极板面上的压力。

2）阀控电池槽有矮型和高型之分，矮型结构电解液分层现象不明显，容量特性优于高型槽电池。此外，从电池内部氧在负极复合作用看，矮型比高型优越。

3）电池内壁装设筋条措施。加筋条后可改变蓄电池内部氧循环性能及在负极复合的能力。

4）阀控电池正常为密封状态，散热较差。在浮充状态电池内为负压，所以电池槽壁要加厚，对 $2000 \sim 3000\text{Ah}$ 容量电池槽的厚度在 10mm 以上。厚度越厚，热容量越大，越难散热，将影响电池的电气性能。因而有些制造厂采用分开槽的方法来分散槽壁负压，以达到减薄壁厚及便于散热的目的。如将 1000Ah 电池分成两格，$2000 \sim 3000\text{Ah}$ 电池分成四格。各槽格极板相互并联，这样 $2000 \sim 3000\text{Ah}$ 槽厚可减至 $8 \sim 8.5\text{mm}$。单体电池的电池槽采用分开方式，其串联组合方式如图 $4-3-2$ 所示。

5）大容量电池在电池槽底部装设电池槽靴，以防止极板变形。

6）电池槽与电池盖必须严格密封，通常采用氧气吹管将槽与端盖焊接。为保证密封不发生液和气泄漏，新工艺利用超声波封口，然后再用环氧树脂材料密封。

7）引出极柱与极柱在槽盖上的密封：极柱端子用于每个单格间极群

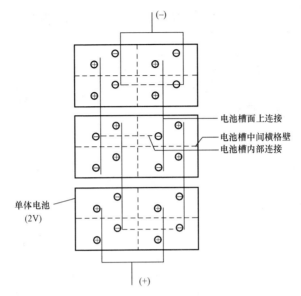

图 4 - 3 - 2　单体电池串联组合方式

连接条及单体外部接线端子，极性结构影响电池的放电特性及电池内液和气的泄漏，通常极柱材料由铅芯改为铅套衬铜芯，同时加大极柱截面，如1000Ah 电池由直径 6mm 增大至 8mm。极柱与槽盖的密封要求有严格的新工艺，如接线端双重密封，在接线端中嵌入螺母、铅极柱套嵌铜端子或用L 形接线端子等。

8）电池槽制成后，要进行严格的检测，确保电池的密封。常采用的检测方法有电池槽增压检查法和电池槽增压水淹没等检查法及氦渗漏检测法等。

5. 节流阀

（1）节流阀（又称安全阀）的作用如下：

1）在正常浮充状态，节流阀的排气孔能逸散微量气体，防止电池的气体聚集。

2）电池如因过充等原因产生气体使阀到达开启时，自动打开阀门，及时排出盈余气体，以减少电池内压。

3）气压超过定值时放出气体，减压后自动关闭，不允许空气中的气体进入电池内，以免加速电池的自放电，故要求节流阀为单向节流型。单向节流阀主要由安全阀门、排气通道、幅罩、气液分离器等部件构成。

（2）节流阀门与盖之间装设防爆过滤片装置。过滤片采用陶瓷或其他特殊材料，既滤酸又能隔爆。过滤片具有一定厚度和粒度，如有火靠近时，能隔断引爆电池内部气体。陶瓷节流阀开阀压和闭阀压有严格要求，根据气体复合压力条件确定。开阀压太高，易使电池内因存气体超出极限，导致电池外壳膨胀或炸裂，影响电池安全。如开阀压力太低，气体和水蒸气严重损失，电池可能失水过多而失效。闭阀压防止外部气体进入电池内部，因气体会破坏电池性能，故要及时关闭阀。开阀压稍低些为好，而闭阀压接近于开阀压为好。

四、阀控电池的技术参数及电气特性

1. 阀控电池的技术指标

阀控电池的技术指标很多，现将其主要指标介绍如下：

（1）额定容量。额定容量是指蓄电池容量的基准值，容量是在规定的放电条件下蓄电池能放出的电量。小时率容量是指 Nh 率在额定容量的数值，以 C_N 表示（N 为放电小时数）。我国电力系统采用 10h 放电率放电容量，以 C_{10} 表示。

（2）放电率电流和容量。按照 GB/T 13337.2—2011《固定式排气式铅酸蓄电池 第 2 部分：规格及尺寸》国家标准，在 25℃ 的环境下：

1）蓄电池的容量：

（a）10h 率放电容量为 C_{10}；

（b）3h 率放电容量为 C_3，$C_3 = 0.75C_{10}$；

（c）1h 率放电容量为 C_1，$C_1 = 0.55C_{10}$。

2）放电电流：

（a）10h 率放电电流 I_{10}，数值为 $0.1C_{10}$；

（b）3h 率放电电流 I_3，数值为 $2.5I_{10}$；

（c）1h 率放电电流 I_1，数值为 $5.5I_{10}$。

（3）充电电压、充电电流。蓄电池在环境温度为 25℃ 条件下，按运行方式不同，分为浮充电和均衡充电两种。

1）浮充电压：单体电池的浮充电压为 2.23 ~ 2.27V。

2）均衡充电压：单体电池均衡充电压为 2.30 ~ 2.4V。

3）浮充电流：一般为 1 ~ 3mA/Ah。

4）均衡充电流：$1.0 ~ 1.25I_{10}$。

各单体电池开路电压最高值与最低值的差值不大于 20mV。

（4）终止电压。阀控电池在 Nh 放电率放电末期的最低电压：

（a）10h 率蓄电池放电单体终止电压为 1.8V；

（b）3h 率蓄电池放电单体终止电压为 1.8V；

（c）1h 率蓄电池放电单体终止电压为 1.75V。

（5）电池间的连接电压降。阀控电池按 1h 率放电时，两只电池间连接的电压降，在电池各极柱根部测量值应小于 10mV。

（6）为保证阀控电池的安全可靠运行，还有以下技术指标：

1）容量：在规定的试验条件下，蓄电池的容量能达到的标准。我国要求：试验 10h 率容量，第二次循环不低于 $0.95C_{10}$，第三次循环为 C_{10}，3、1h 率容量分别在第四次和第五次达到。

2）最大放电电流：在电池外观无明显变形、导电部件不熔断的条件下，电池所能容忍的最大放电电流。

我国有关规定为，以 $30I_{10}$ 放电 3min，极柱不熔断、外观无异常。

3）耐过充电电压：完全充电后的蓄电池所能承受的过充电能力。蓄电池在运行过程中不能超过耐过充电压。按规定条件充电后，外观无明显的渗液和变形。

4）容量保存率：电池达到完全充电之后，静置数十天，由保存前后容量计算出的百分数。我国规定静置 90 天，不低于 80%。

5）安全阀的动作：为了防止阀控电池内压异常升高损坏电池槽而设定了开阀压，为了防止外部气体自安全阀侵入，影响电池循环寿命，而设立了闭阀压。开阀压为 10~49kPa，闭阀压为 1~10kPa。

6）防爆性能：在规定的试验条件下，遇到蓄电池外部明火时，在电池内部不引燃、不引爆。

7）防酸雾性能：在规定的试验条件下，蓄电池在充电过程中，内部产生的酸雾被抑制向外部泄放的性能。每安时充电电量析出的酸雾应不大于 0.025mg。

8）耐过充电性能：蓄电池所有活性物质返到充电状态，称为完全充电。电池已达完全充电后的持续充电称为过充电。按规定要求试验后电池应有承受过充电的能力。

2. 电气特性

（1）充电特性：

1）阀控电池是根据氧循环原理，采用有效措施防止电池内溶液消失而制成的。电池在充放电过程均处于密封状态，正常按浮充电压条件下，不仅充电电压低，而且浮充后期的电流将呈指数形式下降。这时的氧复合率几乎是 100%，没有盈余的气体析出。为避免均充时水的损失，所选择的均充电压应尽量低一些，并且使两阶段充电法中的定电流阶段时间与定电压充电时间之和应尽可能短一些，以尽快使均充转入浮充为好。

2）浮充电特性：25℃时2V蓄电池浮充电压采用2.24V，12V蓄电池浮充电压为13.5V。浮充电时浮充电流一般每安时为1~2mA。浮充电压应根据温度变化进行调整，其校正系数K为$-3mV/℃$，即

$$U_t = U_{25} + K \ (t-25) \qquad (4-3-1)$$

具体选择可按图4-3-3进行。

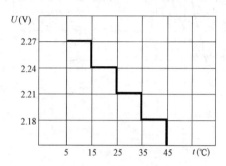

图4-3-3　浮充电压选择指南

注意：蓄电池一般应在5~35℃范围内进行充电，低于5℃或高于35℃都会降低寿命。充电的设定电压应在指定范围内，如超出指定范围将造成蓄电池损坏，容量降低及寿命缩短。

3）无论用户使用状态如何，阀控系列蓄电池要求采用限流—恒电压方式充电，即充电初期控制电流（小于$0.2C$）一般采用恒流（$0.1C$），中、后期控制电压的充电方法。充电基本参数见表4-3-2。

表4-3-2　　　　　　　充电基本参数（25℃）

使用方式	恒流充电电流（A）		恒压充电电压（V）	
	标准电流范围	最大允许范围	允许范围	设置点
浮充使用	$0.08~0.10C$	$<0.2C$	$2.23~2.25$	2.24
循环使用	$0.08~0.10C$	$<0.2C$	$2.35~2.45$	2.40

注　如100AH电池，则恒流充电电流$I = (0.08-0.1) \times 100 = 8~10A$。

4）循环充电特性：25℃时循环使用 2V 蓄电池充电电压为 2.40V，12V 蓄电池充电电压为 14.4V。其充电特性曲线如图 4-3-4 所示。

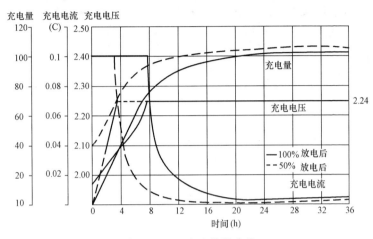

图 4-3-4 充电特性曲线

（2）放电特性。为了分析电池长期使用之后的损坏程度或充电装置的交流电源中断不对电池浮充时核对电池的容量，需要对电池进行放电。放电特性曲线如图 4-3-5 所示。从图 4-3-5 可看出，蓄电池放电初期

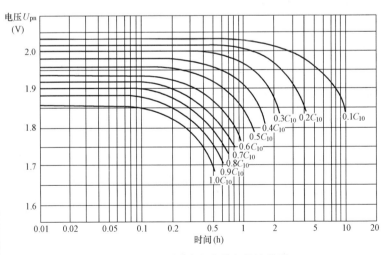

图 4-3-5 不同放电率放电特性曲线

1h 内的端电压 U_{pn} 降低缓慢，放电到 2h 之后端电压降低速率明显增快，之后端电压陡降。端电压的改变是由于电池电动势的变化和极化作用等因素造成的。

一般以放出 80% 左右的额定容量为宜，目的是使正极活性物质中保留较多的 PbO_2 粒子，便于恢复充电过程中作为生长新粒子的结晶中心，以提高充电电流的效率。

$5I_{10} \sim 10I_{10}$ 放电曲线比 $1I_{10} \sim 4I_{10}$ 放电初期端电压和中期端电压变化速率变化大，其原因是电池极化作用随电流增加而变大，因为高放电率下的放电电流很大。

（3）冲击放电特性。冲击放电特性表示在某一放电终止电压下，放电初期或 1h 放电末期允许的冲击放电电流。冲击电流一般用冲击系数表示，冲击系数表示式为

$$K_{ch} = I_{ch}/I_{10} \qquad\qquad (4-3-2)$$

式中　K_{ch}——冲击系数；

　　　I_{ch}——冲击放电电流；

　　　I_{10}——10h 率放电电流。

图 4-3-6 为贫液、胶体单体及贫液组合式阀控式电池持续放电 1h 后冲击放电曲线，图 4-3-7、图 4-3-8 分别为放电 0.5、2h 后冲击放电曲线。

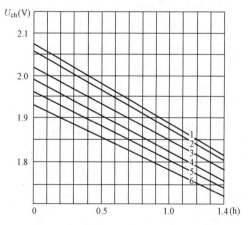

图 4-3-6　放电 1h 后冲击放电曲线

1—持续放电 $I = 0.1C_{10}$；2—持续放电 $I = 0.2C_{10}$；3—持续放电 $I = 0.3C_{10}$；4—持续放电 $I = 0.35C_{10}$；5—持续放电 $I = 0.40C_{10}$；6—持续放电 $I = 0.45C_{10}$

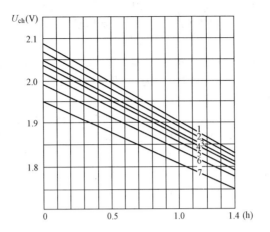

图 4 - 3 - 7　放电 0.5h 后冲击放电曲线

1—持续放电 $I = 0.1C_{10}$；2—持续放电 $I = 0.2C_{10}$；3—持续放电 $I = 0.3C_{10}$；4—

持续放电 $I = 0.35C_{10}$；5—持续放电 $I = 0.40C_{10}$；6—持续放电 $I = 0.45C_{10}$；

7—持续放电 $I = 0.55C_{10}$

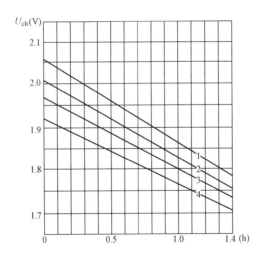

图 4 - 3 - 8　放电 2h 后冲击放电曲线

1—持续放电 $I = 0.1C_{10}$；2—持续放电 $I = 0.2C_{10}$；3—持续

放电 $I = 0.25C_{10}$；4—持续放电 $I = 0.30C_{10}$

蓄电池以不同电流放电 1min 时电池电压与冲击系数关系如图 4 - 3 - 9 所示。

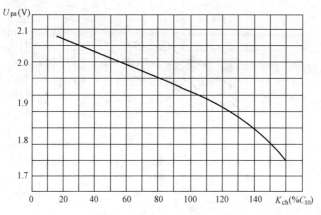

图 4 - 3 - 9　1min 冲击放电特性曲线（25℃）

（4）容量系数和容量换算系数：

1）容量系数 K_{cc} 和容量换算系数 K_c 是计算选择蓄电池的重要系数，其含义如下：

容量系数 K_{cc} 为

$$K_{cc} = C/C_{10} \qquad\qquad (4-3-3)$$

式中　C——任意时间 t 放电时蓄电池的允许放电容量，Ah；

C_{10}——蓄电池额定标称容量，Ah。

蓄电池在确定的终止电压后以不同小时率电流放电，其容量系数与放电时间关系如图 4 - 3 - 10 所示。

2）容量换算系数 K_c 为

$$K_c = I/C_{10} \qquad\qquad (4-3-4)$$

式中　I——蓄电池放电电流，A；

C_{10}——蓄电池额定标称容量，即 10h 率放电容量，Ah。

图 4 - 3 - 11 所示为阀控式密封铅酸蓄电池容量换算系数与时间关系的曲线。

图 4 - 3 - 11 对应放电终止电压 1.75、1.80、1.83、1.87、1.90、1.94V 的曲线。曲线表示不同放电终止电压，蓄电池容量换算系数 K_c 与放电时间 t 的关系。该曲线用于阶梯负荷法计算蓄电池容量时，由放电终止时间查出容量换算系数，见表 4 - 3 - 3。

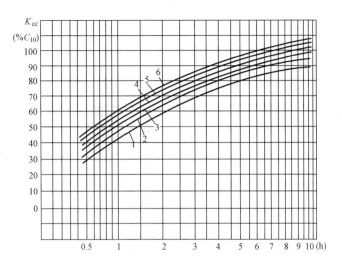

图 4 - 3 - 10 容量系数与放电时间关系曲线（25℃）

1—终止电压 1.94V；2—终止电压 1.90V；3—终止电压 1.87V；

4—终止电压 1.83V；5—终止电压 1.80V；6—终止电压 1.75V

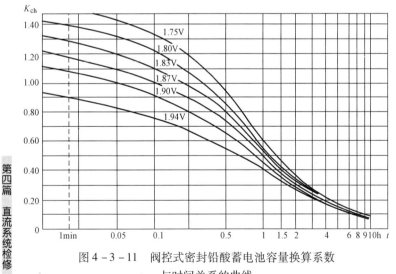

图 4 - 3 - 11 阀控式密封铅酸蓄电池容量换算系数

与时间关系的曲线

表 4 - 3 - 3 GFM 型蓄电池在不同放电时间和终止电压下的容量换算系数 K_{ch} 表

U_s	t (s)											
	5	1	29	30	5	60	90	120	340	360	480	600
1.75	1.52	1.50	0.970	0.950	0.616	0.610	0.466	0.385	0.230	0.167	0.129	0.107
1.80	1.42	1.40	0.900	0.880	0.588	0.580	0.446	0.365	0.222	0.163	0.128	0.106
1.83	1.34	1.30	0.826	0.804	0.566	0.560	0.427	0.355	0.215	0.158	0.126	0.103
1.87	1.20	1.18	0.760	0.740	0.530	0.525	0.402	0.337	0.207	0.153	0.121	0.0995
1.90	1.11	1.08	0.680	0.668	0.491	0.485	0.380	0.315	0.200	0.146	0.116	0.096
1.94	0.94	0.904	0.594	0.580	0.441	0.435	0.350	0.295	0.185	0.138	0.109	0.089

注 t—放电时间；U_s—放电终止电压；K_{ch}—容量换算系数（$K_{ch} = I/C_{10}$）。

式（4 - 3 - 3）中的 $C = It$，根据式（4 - 3 - 4），可得出的 K_c 和 K_{cc} 关系为

$$K_{cc} = K_{cc}t \qquad (4 - 3 - 5)$$

（5）温度与容量及寿命的关系（寿命特性）。蓄电池的寿命与放电次数、工作温度、放电深度、浮充电压以及充放电电流等有着直接的关系。

1）放电深度：反复大量放出蓄电池电量（深放电）将影响蓄电池寿命，寿命与放电深度和放电循环次数有关，如图 4 - 3 - 12 所示。

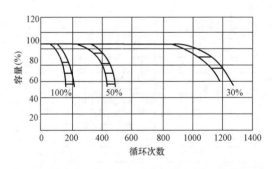

图 4 - 3 - 12 寿命与放电深度和放电循环次数的关系

2）温度的影响：在环境温度 -40 ~ 40℃ 范围内，蓄电池放电容量随温度升高而升高。因为在较高温度条件下放电，电解液黏度下降，浓差极化影响减少，导电性能提高，使放电容量增加，如图 4 - 3 - 13 所示。在

一定温度范围内，如 5~40℃，其放电容量可按式（4-3-6）换算

$$C_{10} = C_r / [1 + K(t-25)] \qquad (4-3-6)$$

式中　C_r——非基准温度时的放电容量，A·h；

　　　t——放电时的环境温度，℃；

　　　K——温度系数，10h 放电率取 0.006/℃。

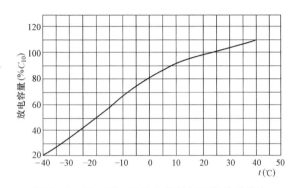

图 4-3-13　蓄电池放电容量与温度关系曲线

温度对电池寿命影响较大，在 25℃ 条件下，如预期浮充寿命为 20 年，而在温度升高 10℃ 后，其预期寿命降低 9~10 年，所以阀控电池不适宜在持续高温下运行。

温度与寿命的关系曲线如图 4-3-14、图 4-3-15 所示。

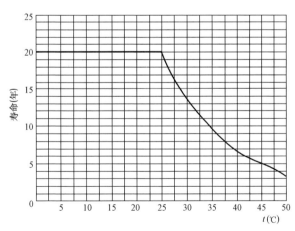

图 4-3-14　温度与寿命关系曲线（一）

第四篇　直流系统检修

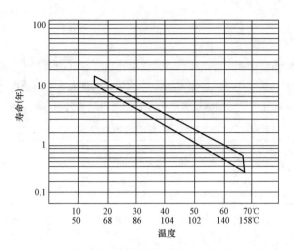

图 4 – 3 – 15　温度与寿命关系曲线（二）

电池长期在高温下使用，电池内部会产生多余气体，电池内部气压升高，引起排气阀开启，造成电解液损失。

（6）放电容量的温度特性。蓄电池放电容量与环境温度有关，如图 4 – 3 – 16 所示。温度低，容量低；温度过高，虽然容量增大，但严重损害寿命，因此最佳工作温度为 15～25℃。一定温度下放出容量与 25℃

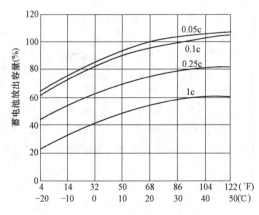

图 4 – 3 – 16　温度对蓄电池容量的影响

所放出的容量关系为

$$C_t = C_{25} \left[1 + K \left(t - 25 \right) \right] \qquad (4-3-7)$$

式中　　K——温度系数，10h 率放电时 $K = 0.0081/℃$；1h 率放电时
$K = 0.011/℃$。

（7）内阻特性。蓄电池内阻与容量规格、荷电状态有关，充足电时
内阻最小。表 4-3-4 为 GFM 蓄电池内阻，仅供参考。因为电池内阻很
小，测量时应很好的消除接触电阻，否则测量结果会偏大。

表 4-3-4　　　　　　　　　GFM 蓄电池内阻

容量规格 （A·h）	200	300	400	500	600	800	1000	1200	1500	2000	3000
内阻（Ω）	0.5	0.4	0.35	0.30	0.25	0.2	0.15	0.12	0.09	0.08	0.07

五、工作原理

1. 阀控电池的化学反应原理

铅酸密封电池分排气式和非排气式两种。阀控电池是一种用气阀调
节的非排气式电池。阀控电池和其他铅酸电池的化学反应原理一样，放
电过程是负极进行氧化，正极进行还原的过程；充电过程是负极进行还
原，正极进行氧化的过程。铅酸电池的负极和正极平衡电极反应式分别
如下：

负极反应为　　　$Pb + H_2SO_4 \longrightarrow PbSO_4 + 2H^+ + 2e$ 　　　(4-3-8)

正极反应为　$PbO_2 + H_2SO_4 + 2H^+ + 2e \longrightarrow PbSO_4 + 2H_2O$ 　(4-3-9)

总反应为　　$Pb + 2H_2SO_4 + PbO_2 \longrightarrow 2PbSO_4 + 2H_2O$ 　　(4-3-10)

放电过程，式（4-3-8）表明：Pb 以极大速率溶解，在向外电路
供出电子的同时，Pb 还夺取界面电液中的 H_2SO_4，使之生成 $PbSO_4$。式
（4-3-9）表明 PbO_2 以极大速率吸收外电路的电子，并以低价的 Pb^{2+} 形
式在电极表面形成 $PbSO_4$。

充电过程，式（4-3-8）表明：电极表面的 Pb^{2+} 以极大速率夺取外
来电子，使 $PbSO_4$ 恢复成活性物质。式（4-3-9）表明：在外电源作用
下 Pb^{2+} 释放电子，并与电解液生成 PbO_2。铅酸电池放电过程消耗了活性
物质 Pb 和 PbO_2 及 H_2SO_4，而两极上生成产物为难溶物质 $PbSO_4$ 及导电性
差的 H_2O，所以将化学能转换成电能，如图 4-3-17 所示。

在充电最终阶段，正极性中的 H_2O 将产生氧气，即

$$2H_2O \Longrightarrow O_2 \uparrow + 4H^+ + 4e \qquad (4-3-11)$$

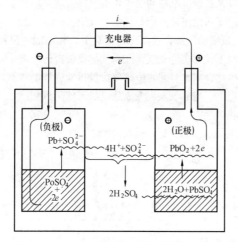

图 4 - 3 - 17　充电开始直最后阶段前的反应

氧气经隔板中的气体通过负极板，并与活性物质海绵状 Pb 及 H_2SO_4 反应，使一部分活性物质转变为 $PbSO_4$，同时抑制氢气产生，其反应式为

$$2Pb + O_2 \Longrightarrow 2PbO（吸收氧气）\qquad (4-3-12)$$

$$2PbO + 2H_2SO_4 \longrightarrow 2PbSO_4 + 2H_2O \qquad (4-3-13)$$

由于氧化反应而变成放电状态的 $PbSO_4$，经过继续充电又回复到海绵状铅上，即

$$2PbSO_4 + 4H^+ + 4e \Longrightarrow 2Pb + 2H_2SO_4（PbSO_4还原）$$

$$(4-3-14)$$

负极板上总的反应为式（4-3-12）+2 式（4-3-13）+2 式（4-3-14），即

$$O_2 + 4H^+ + 4e \Longrightarrow 2H_2O \qquad (4-3-15)$$

式（4-3-15）正是式（4-3-11）的逆过程，在充电的最终阶段或过充电，正极板上的水产生氧气，在负极板上被还原成水，使水没有损失，所以阀控电池可做成密封结构，不会使水消失。

2. 免维护特性原理

铅酸蓄电池实现密封免维护的难点就是充电后期水的电解，FM、GFM 系列蓄电池采取了以下几项重要措施，从而实现了密封性能。

1）采用铅钙合金板栅，提高了释放氢气电位，抑制了氢气的产生，从而减少了气体释放量，同时使自放电率降低。

第三章　阀控密封式蓄电池运行与检修

2）FM、GFN 系列蓄电池利用了负极活性物质海绵状铅的特性，这种物质在潮湿条件下活性很高，能与氧快速反应。

3）在充电最终阶段或在过量充电情况下，充电能量消耗在分解电解液的水分，因而正极板产生氧气，此氧气与负极板的海绵状铅以及硫酸起反应，使氧气再化合为水。同时一部分负极板变成放电状态，因此也抑制了负极板氢气产生。与氧气反应变成放电状态的负极物质经过充电又恢复到原来的海绵状铅。

4）为了让正极释放的氧气尽快流通到负极，采用了新型超细玻璃纤维隔板，其孔率可达 90% 以上，贫液紧装配设计使氧气易于流通到负极再化合为水。

第二节 运 行 维 护

一、运行方式

阀控电池运行过程中的充电方式通常有三种，如图 4 - 3 - 18 所示。

二、初充电

新安装的蓄电池或大修中更换的蓄电池组第一次充电，称为初充电。初充电电流为 $1.0I_{10}$，单体电池充电电压到 $2.3 \sim 2.4V$ 时电压平稳，电压下降即可投运，即转为浮充电运行。

三、浮充电

阀控电池组完成初充电后，转为浮充电方式运行，浮充电压值为 $2.23 \sim 2.27V$ 之间，根据制造厂要求和运行具体使用情况而定。浮充电流值为 $0.3 \sim 2mA/Ah$ 作为电池内部的自放电和外壳表面脏污后所产生的爬电损失，从而使蓄电池组始终保持 95% 以上的容量。

四、均衡充电

1. 进行均衡充电的条件

阀控电池在长期浮充运行中，如在发生以下几种情况时，需对蓄电池进行均衡充电：

（1）安装结束后，投入运行前需要进行补充充电。

（2）事故放电后，需要在短时间内充足蓄电池容量。

（3）单格电池的浮充电压小于 220V，需要进行均衡充电。

（4）浮充运行中蓄电池间电压偏差超过规定标准时。即个别电池硫化或电解液的密度下降，造成电压偏低，容量不足。

（5）当交流电源中断时，放电容量超过规定后的 5% ~ 10% C_{10} 以上。

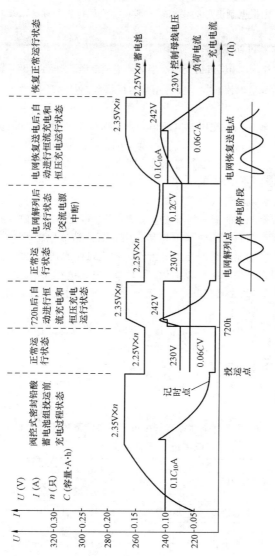

图 4 – 3 – 18 阀控电池运行过程中的充电方式

上述情况，可按程序进行均衡充电。第（4）种情况如果设有电池监测装置能判断时，根据该装置检测情况进行均衡充电。如果无准确的电池监测装置时，则根据制造厂的要求，一般在浮充运行3个月（720h）后即进行均衡充电。

2. 在投运前对电池进行初充电

此时用恒流为 $1.0I_{10}$ 进行充电。当单体电池电压上升到 2.35V 转为恒压充电，此时充电电流减少，转为正常运行状态，即浮充电压为 2.25V。当运行 720h 后，进行均衡充电，即先以恒流 $1.0I_{10}$ 对电池充电，至电池电压为 2.35V 转为恒压充电，电压恒定一段时间又转为正常浮充状态。当交流电源中断后，此时自动进行均衡充电，以恒流 $1.0I_{10}$ 充电。电池电压上升至 2.35V 与上述运行初充后均衡充电的过程相同。上述两阶段充电，其浮充转均充的判断大多采用时间来整定，即不论放电幅度如何，一旦由恒流阶段转入恒压阶段后，延时若干个小时，则自动转为浮充。实际情况是充电所需时间与放电幅度有关。因此事故放电的深度是随机的，若用一个固定的时间来操作，则有可能造成电池的过充或欠充，所以采用蓄电池回路的充电电流作为均充终期的判据是较合理的。如在同一放电深度情况下，以 $1.0I_{10}$ 和 $1.25I_{10}$ 的定电流充电，均衡充电电压取 $2.28 \sim 2.40V$，其充电时间只差 $3 \sim 5h$，所以对充电时取消降压电阻提供了更有利条件。

根据上述充放电过程，对电池进行充放电，可以得到各种特性曲线，同时也可推算求得选择蓄电池容量的换算曲线。

五、定期检查项目

阀控蓄电池在运行中电压偏差值及放电终止电压值应符合表 4 - 3 - 5 的规定。

表 4 - 3 - 5   阀控蓄电池在运行中电压偏差值及放
电终止电压值的规定

阀控式密封铅酸蓄电池	标称电压（V）		
	2	6	12
运行中的电压偏差值	± 0.05	± 0.15	± 0.3
开路电压最大最小电压差值	0.03	0.04	0.06
放电终止电压值	1.80	5.40（1.80×3）	10.80（1.80×6）

（1）在巡视中应检查蓄电池的单体电压值、浮充电期间蓄电池总电

压。壳体有无渗漏和变形、极柱与安全阀周围是否有酸雾溢出、绝缘电阻是否下降、蓄电池温度是否过高等。

（2）外观检查。包括：

1）检查容器和盖板是否有损坏或裂纹。

2）检查有无灰尘和污染等。

3）检查配电盘、电池架、连接板和连接线及端子上有无锈斑、松动和腐蚀现象。根据现场实际情况，应定期对阀控蓄电池组外壳进行清洁。

六、新 GFM 固定型阀控密封式铅酸蓄电池安装前的验收标准及要求

1. 安装前验收标准

主要有以下几点：

（1）电池外壳、上盖及端子无物理性损伤。

（2）无漏液爬酸现象。

（3）充足电的情况下，一次循环内达到额定容量的 100%。

（4）开路电压差 $\Delta U \leqslant 0.02V/$单格。

（5）采用 2.23V/单格、25℃恒压充电时，浮充电压差 6 个月内 $\Delta U \leqslant 0.05V/$单格。

（6）电池在浮充电运行中无发热、槽膨胀变形、溢酸现象。

2. 安装要求

主要有以下几点：

（1）GFM 系列蓄电池可以立式安装，也可以卧式安装。

（2）蓄电池均荷出厂，在搬运过程中严防短路。

（3）多组电池安装时，应分清组号，按组号安装。

（4）电池组电压较高，在安装及维护过程中应使用绝缘工具，防止电击。

（5）当负荷变化范围为 0～100% 时，充电设备应达到 ±1% 的稳压精度。

（6）蓄电池在安装前，先用细钢丝刷将极柱端子刷至出现金属光泽。

（7）连接电缆应尽可能短，以防产生过多的压降。

（8）在安装末端连接件和导通电池系统前，检查电池系统总电压及正负极，确保极性安装正确无误。

（9）如需要将两只或两只以上电池并联使用，要与制造厂联系。

七、备用电池保管及维护

蓄电池在长期存储中容量逐渐损失，容量的损失速度与温度有关，如

图 4 - 3 - 19 所示。

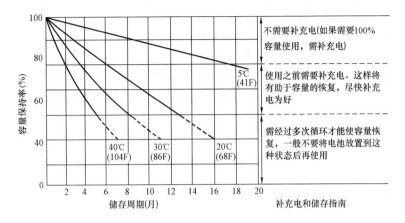

图 4 - 3 - 19 容量保持性和储藏性指南

容量保持率可以通过电池开路端电压简单地来判断，一般充足电的新电池开路端电压在 2.15 ~ 2.18V，开路端电压与剩余的容量关系如图 4 - 3 - 20 所示。

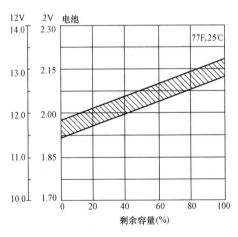

图 4 - 3 - 20 开路端电压与剩余容量关系

第三节 检 修

一、补充充电

补充充电也称均衡充电。为了弥补运行中因浮充电流调整不当，补偿不了电池自放电和爬液漏电所造成电池容量的亏损，设定 1~3 个月自动进行一次恒流充电—恒压充电—浮充电的补充充电，确保电池组随时均有 95% 以上的额定容量，保证运行安全可靠。

阀控电池的均充电压为 2.3~2.4V，通常取 2.35V。均衡充电电流 ≤1~1.25I_{10}。备用搁置的阀控蓄电池，每 3 个月进行一次补充充电。

二、核对性放电

阀控蓄电池核对性放电周期。新安装或大修后的阀控蓄电池组，应进行全核对性放电试验，以后每隔 2~3 年进行一次核对性试验，运行了 6 年以上的阀控蓄电池，应每年做一次核对性放电试验。

三、容量监控考核

新安装的蓄电池组，按规定的恒定电流进行充电，将电池充满容量后，按规定的恒定电流进行放电，当其中一个电池放至终止电压为止。

$$C = I_f t \qquad (4-3-16)$$

式中　C——蓄电池组容量，Ah；

　　　I_f——恒定放电电流，A；

　　　t——放电时间，h。

长期按浮充电方式运行的阀控电池，从每一只电池的端电压来判断电池的现有容量、内部是否失水和干裂是很难的，可靠的办法是通过核对性放电找出电池存在的问题，判断电池的容量。核对性放电试验应将蓄电池组脱离运行，容量计算方法同上。

四、阀控电池的选择原则

（一）蓄电池组数和个数的选择

1. 蓄电池组数确定

发电厂和变电站的直流系统为单母线或单母线分段接线，系统中的蓄电池组数按以下原则确定：

（1）对于设有主控制室的发电厂，当装机容量为 100MW 及以上时，宜装设两组蓄电池，其他情况下可装设一组蓄电池。

（2）采用单元控制室控制方式时，每台机组可装设一组蓄电池。容量为 200MW 及以上机组，且其升高电压为 220kV 及以下时，每台机组可装设一组控制和动力合并供电的蓄电池组，或两组控制和动力分别供电的蓄电池组。容量为300MW及以上机组，每台机组宜装设三组蓄电池，其中两组供控制负荷，一组供动力负荷，或装设控制和动力负荷合并供电的两组蓄电池。

发电厂的网络控制室或单元控制室设网络控制设备时，对500kV系统或规划容量为800MW及以上发电厂的220kV网络部分，一般装设两组蓄电池，对控制负荷和动力负荷合并供电。其他情况的网络控制部分可装设一组蓄电池，此时可由单元控制室的直流系统线引接一根联络电缆，作网络控制部分的备用。

变电站按DL/T 5218—2012《220kV～750kV变电站设计技术规程》规定，500kV及以上的变电站应装设两组蓄电池，220～330kV变电站一般装设一组蓄电池，向控制负荷和动力负荷供电。当变电站采用弱电控制或信号时，一般装设两组48V蓄电池。

小型发电厂和变电站，按DL/T 5120—2000《小型电力工程直流系统设计规程》规定，对发电厂当机组台数为3台及以上，且总容量为100MW及以上时，宜装设两组蓄电池，其他情况下可装设一组蓄电池。对于110kV及以上变电站，一般装设一组蓄电池。重要的110kV及以上变电站也可装设两组蓄电池。

2. 决定蓄电池组数的因素

决定蓄电池组数的因素有：

（1）保证对直流负荷供电的可靠性，当大型发电厂和超高压变电站的继电保护装置和断路器的跳闸回路要求双重化时，控制回路最好也实现双重化。此时一般装设两组或更多蓄电池组，以保证运行的可靠性。

（2）当机组为单元制系统的大容量发电厂，直流系统应按单元配置，每台机组各自设蓄电池组，向本机组的直流负荷供电；当发电厂设网控室或由单元控制室设网络控制时，应设单独的蓄电池组，专供高压配电装置网络部分的直流负荷。对500kV系统及重要的220～330kV系统，一般装设两组蓄电池，如220kV以下网络部分可只装设一组蓄电池，但要求由单元控制室的直流系统母线上引入一馈线作为备用电源。上述系统接线清楚，直流网络范围较小，提高了供电的可靠性和灵活性。

（3）大容量发电厂的直流动力负荷功率较大，启动时直流母线电压波动较大，对控制回路会产生不利影响，同时为缩小控制回路直流网络的范围，减少直流系统接地机会，因此，将动力负荷和控制回路分别由不同蓄电池供电，动力负荷由220V供电，动力电缆截面可以减小，技术经济比较是合理的。此时，控制负荷由一组或两组110V蓄电池供电，蓄电池容量可选择较小，对供电可靠性与保证电压质量都有好处。

（4）城乡电网建设和改造工程中，有部分大城市的220kV及以下变电站供电网络大，供电负荷重要。为确保这类型变电站的供电可靠性，供电部门都要求增加蓄电池组数，故 DL/T 5120—2000 规定，对重要的110kV 变电站可装设两组蓄电池。

3. 蓄电池个数决定

蓄电池个数由以下条件决定：

（1）蓄电池正常按浮充电方式运行，为保证直流负荷供电质量，考虑供电电缆压降等因素，将直流母线电压提高 $5\% U_N$，直流系统的设备均按母线电压为 $1.05 U_N$ 考虑。此时，蓄电池的个数 n 为

$$n = 1.05 U_N / U_f \qquad (4-3-17)$$

式中　　n——蓄电池的个数；

U_N——直流系统的额定电压，V；

U_f——单体蓄电池的浮充电电压，阀控电池浮充电压为 2.23 ~ 2.27V，一般取 2.25V。

按式（4-3-17）计算，220V 直流系统选用 103 ~ 104 个电池，110V系统选用 51 ~ 52 个电池。直流系统取消端电池和降压装置以后，直流母线电压应校对在均衡充电方式时，保证最高电压值不超过用电设备的最高允许电压。根据 DL/T 5044—2014《电力工程直流电源系统设计技术规程》规定，控制负荷的直流母线电压为 $110\% U_N$，动力负荷为 $112.5\% U_N$。此时蓄电池个数 n 为

$$n = （110 ~ 112.5） U_N / U_{bn} \qquad (4-3-18)$$

式中　　U_{bn}——单体蓄电池的均衡充电电压，对阀控电池的均衡充电电压范围为 2.3 ~ 2.4V，一般取 2.35V。

其他符号含义同式（4-3-17）。

按式（4-3-18）核算，220V 系统选用 103 ~ 104 个电池，110V 系统选用 51 ~ 52 个电池，能基本满足要求。

（2）蓄电池放电终止电压。终止电压的确定，应根据蓄电池事故放电末期直流母线允许的最低电压值，并计及蓄电池至直流母线间的电压降决定。根据 DL/T 5044—2014 规定，动力负荷母线的允许最低电压值不低于 $87.5\% U_N$，控制负荷母线的允许最低电压值为 $85\% U_N$。考虑直流母线

到蓄电池间电缆压降在事故放电时按 $1\% U_N$ 计算，因此，在确定蓄电池的个数以后，应计算出蓄电池放电终止电压 U_s。

1）对于动力负荷专用蓄电池组，蓄电池放电终止电压

$$U_s \geqslant 0.885 U_N / n \qquad (4-3-19)$$

式中　　U_s——单体蓄电池的放电终止电压。

其他符号含义同式（4-3-17）。

按式（4-3-19）计算，110V 和 220V 系统，单体电池的终止电压为 1.87~1.89V，满足要求。

2）对于控制负荷专用蓄电池组，蓄电池放电终止电压

$$U_s \geqslant 0.86 U_N / n \qquad (4-3-20)$$

按式（4-3-20）计算，110V 和 220V 系统，单体电池的终止电压为 1.81~1.83V，满足要求。

（二）蓄电池容量选择

为保证直流控制电源和动力电源能可靠地、不间断地供电，蓄电池容量的正确选择是关键，必须满足以下要求：

（1）与电力系统连接的发电厂和变电站，交流厂（站）用电事故停电时间按 1h 计算，无人值班变电站按 2h 计算，发电厂的直流润滑油泵计算时间，50~300MW 机组宜按 1h 计算，600MW 机组宜按 1.5h 计算，启动电流宜按 2 倍电动机额定电流计算，负荷系数应取 0.9；氢密封油泵计算时间宜按 1h 计算，对 300MW 及以上机组宜按 3h 计算，启动电流宜按 2 倍电动机额定电流计算，负荷系数宜取 0.8。交流不停电电源装置计算时间宜按 1h 计算，无人值班变电站按 2h 计算，负荷系数宜取 0.6。

（2）蓄电池容量应满足全厂（站）事故停电时的放电容量，此时应计及事故初期直流电动机启动电流和其他冲击负荷电流，并应考虑蓄电池组持续放电时间内随机负荷电流的影响。为满足冲击负荷的要求，按以下原则考虑：

1）事故初期的冲击负荷：如备用电源断路器采用电磁合闸线圈时，应按备用电源实际自投断路器台数计算，冲击负荷系数取 0.5。低电压保护、母线保护、低频减载等跳闸回路应按实际数之和计算，冲击负荷系数取 0.6~0.8。

2）事故停电时间内电磁合闸冲击负荷应按断路器中最大一台断路器的合闸电流计算，且应按随机负荷统计，并与事故初期之外的最大负荷或出现最低电压时的负荷相叠加。

（3）决定蓄电池容量时，应按最严重的事故方式校验直流母线电压，其最低值应满足直流负荷的要求。

蓄电池选用的额定容量按有关规定有：10、20、40、80、100、150、200、250、300、350、400、500、600、800、1000、2000、3000Ah。

蓄电池容量选择首要要统计直流负荷，直流负荷的性质分类和要求见表 4 – 3 – 6。

工程实际的直流负荷按表 4 – 3 – 7 所示的要求填写。填入的负荷根据装置的容量和系数，按式（4 – 3 – 21）求得计算容量

$$P_c = K_1 P_s \qquad\qquad (4 – 3 – 21)$$

式中　P_c——计算容量，kW；

　　　　P_s——装置容量，kW；

　　　　K_1——负荷系数，按表 4 – 3 – 8 取得。

表 4 – 3 – 6　　　　　　　直流负荷的性质分类和要求

序号	负荷性质	负荷名称	正常状态		事故状态	
			用电时间	电压允许变动范围	用电时间	事故末期允许电压
1	经常负荷	控制、保护、信号装置	长时间	65% ~ 120% U_N	长时间	70% U_N
		汽机调速电动机	短时间	90% ~ 105% U_N	短时间	
		实验室	允许间断停电		允许间断停电	
		经常事故照明	长时间	95% ~ 110% U_N	长时间	80% U_N
2	事故负荷	汽轮机、发电机润滑和密封油泵			长时间	85% U_N
		UPS			长时间	85% U_N
		事故照明			长时间	85% U_N
		通信备用电源			长时间	85% U_N
3	冲击负荷	断路器合闸线圈	允许计划停电、短时间	80% ~ 110% U_N	短时间	80% ~ 85% U_N

表 4 - 3 - 7 直流负荷统计表

序号	负荷名称	装置容量 (kW)	负荷系数 K_f	计算容量 (kW)	经常电流 (A)	计算电流 (A)	事故放电时间和电流					备注
							初期 (min)	持续（min）			随机或事故末期	
							0 ~ 1	0 ~ 30	30 ~ 60	60 ~ 120		
1												
2												
3												
4	电流统计 (A)						$I_1 =$	$I_2 =$	$I_3 =$	$I_4 = I_R$		
5	容量统计 (Ah)							C_s	C_s	C_s		
6	容量累加 (Ah)							$C_{s0.5}$	C_{s1}	C_{s2}		

表 4 - 3 - 8 直流负荷系数 K_1

负荷类别	润滑油泵	密封油泵	控制、保护、信号装置	UPS	厂用备用电源自投装置	事故照明	恢复厂用高压变压器断路器合闸
负荷系数	0.9	0.8	0.6	0.6	0.85	1.0	1.0

蓄电池容量除和电池的材料、制造、质量和维护管理有关外，还应考虑蓄电池运行的温度变化及充—放电过程的特性曲线和数据的误差等因素，故选择电池容量时要留有适量的储备，即选取合理的可靠系数，一般计算电池容量取可靠系数为 1.4。

(4) 目前设计选择蓄电池容量的计算方法有电压控制法（亦称容量换算法）和阶梯负荷法（亦称电流换算法）两种，现分述如下：

1) 电压控制法（容量换算法）：按事故状态下直流负荷消耗的安时值计算容量，再按事故放电末期或其他不利条件下校验直流母线的电压水平。

2) 阶梯负荷法（电流换算法）：按事故状态下直流负荷电流和放电时间来计算容量。阶梯放电法是美国 HOXIE 算法，已列入 IEEstd - 485 标准中，是目前国际上比较通用的计算方法，在国内也得到广泛的应用。

阶梯负荷法的特点为：

a. 利用容量换算系数直接由负荷电流确定蓄电池容量。由于这种方法是在给定放电终止电压条件下进行计算的，所以只要选择的蓄电池容量小于或接近计算值时，就不必再对蓄电池容量进行电压检验。

b. 考虑蓄电池电压在放电电流阶段性减少，特别是大电流放电后负荷减少的情况下，具有恢复容量的特性。

c. 随机负荷（一般为末期冲击负荷）叠加在第一阶段（大电流放电）以外的最大负荷段上进行计算。各阶段的计算容量相比较后取大者，即为蓄电池的计算容量。

（三）阀控电池的内阻及短路电流

阀控电池的内阻由欧姆内阻和极化电阻组成，这是由多种因素构成的动态电阻。

1. 影响电池内阻的因素

（1）温度的影响。主要是硫酸溶液黏度变化造成的。低温时，如 0℃ 以下，温度每下降 10℃，内阻均增大 15%。在较高温度，如 10℃ 以上，硫酸离子扩散速率提高了，极化电阻下降，但欧姆内阻却随温度增加而上升，不过上升速率较小。

（2）充放电过程的影响。电池充电过程中内阻由大变小，放电过程中内阻增加，同时与放电电流大小有关，瞬间大电流放电，由于极板孔中溶液比电阻下降，端电压回升。阀控电池的欧姆内阻比一般固定防酸隔爆铅酸电池小，1000Ah 电池充足电以后，前者比电阻率为 $1.38\Omega \cdot cm$，后者比电阻率为 $2.137\Omega \cdot cm$，内阻增大约 2 倍。

2. 蓄电池组回路电阻

计算蓄电池组短路电流的电阻由以下三部分组成：

（1）蓄电池内阻。它和极板、隔膜和装配工艺等有关，各个制造厂的电池内阻都有差异，内阻测试方法也不一样，故短路电流计算时要根据制造厂提供的数据进行计算。初步设计估算时，可按电池每安时平均内阻 $r_{av} = 131 \sim 132m\Omega/Ah$ 考虑。

（2）连接条的电阻。连接条通常有多股绝缘铜导线和镀锡铜排两种。绝缘铜导线平均内阻为 $0.0382m\Omega$，每根镀锡铜排平均内阻为 $0.015m\Omega$。阀控电池不同容量的连接条数量及电阻见表 4-3-9。

（3）连接电缆的电阻。蓄电池与直流母线的连接一般采用单芯电缆，电缆的截面按蓄电池的 1h 率放电电流选择，电缆长度按实际工程计算。单芯电缆每米的直流电阻见表 4-3-10。

表 4 - 3 - 9　　　　阀控电池不同容量的连接条数量及电阻

电池容量 （Ah）	200 ~ 500	600 ~ 1000	1350（3×450） 1500（3×500）	1200（2×600） 1600（2×800）	1800（3×600） 2400（3×800）	2000、 3000
连接条数量	1	2	1×3	2×2	3×2	8
绝缘铜导线 电阻（mΩ）	0.038	0.019	0.0127	0.0095	0.0063	0.0047
镀锡铜排 电阻（mΩ）	0.015	0.0075	0.005	0.0038	0.0025	0.0019

表 4 - 3 - 10　　　　单芯电缆每米的直流电阻

电缆标准截面（mm^2）	16	25	35	50	70	95	120
电阻（mΩ）	0.15	0.727	0.524	0.387	0.268	0.193	0.153
电缆标准截面（mm^2）	150	185	240	300	400	500	630
电阻（mΩ）	0.124	0.099	0.075	0.06	0.047	0.037	0.028

3. 蓄电池的短路电流计算

电池的电动势按稳定状态的开路电压考虑，当蓄电池出口短路时，短路点的电压为零，这样每个蓄电池出口短路的短路电流 $I_{bk(t)}$ 为

$$I_{bk(t)} = U_o / r_b \qquad (4 - 3 - 22)$$

式中　　U_o——电池开路电压，V；

　　　　r_b——电池内阻，Ω；

　　　　$I_{bk(t)}$——单个蓄电池（不含连接条）出口短路的短路电流，A。

蓄电池组通过连接条串联连接的，所以蓄电池组出口短路时的短路电流 $I_{bk(2)}$ 为

$$I_{bk(2)} = U_o / (r_b + r_1) \qquad (4 - 3 - 23)$$

式中　　$I_{bk(2)}$——带连接条的蓄电池组出口短路的短路电流，A；

　　　　r_1——连接条内阻，Ω。

其他符号含义同式（4 - 3 - 22）。

蓄电池组经电缆连接到直流屏母线时，其短路电流 I_{bk} 为

$$I_{bk} = nU_o / n (r_b + r_1) + r_c \qquad (4 - 3 - 24)$$

式中　　I_{bk}——蓄电池组供直流母线的短路电流，A；

　　　　r_c——连接电缆电阻，Ω；

n——蓄电池个数。

其他符号含义同式（4 – 3 – 22）。

第四节 一般故障处理

一般故障处理见表 4 – 3 – 11。

表 4 – 3 – 11　　　　　　　　一般故障处理

序号	故障现象	故障原因	处理方法
1	浮充运行电压太高（>2.30V）	耗水量大，温度升高，电池漏液，寿命缩短	调整电压控制值，或更换有问题的电压控制元件
2	均衡充电或补充电时电压控制太高（>2.40V）	结果同浮充运行电压太高相似，但更严重一些	调整电压控制值
3	浮充运行电压太低（<2.20V）	硫酸盐化，容量降低	调整电压控制值，均衡充电
4	充电电流过大（>0.2CA）	耗水量大，温度升高，电池变形，甚至爆裂，寿命减少	降低充电电流，停电修理设备
5	平均环境温度过高	由于蒸发，水损增大，浮充电流增大，腐蚀加速，减少寿命	加强环境通风或使用空调
6	充电不能按时断开	耗水量增大，温度升高，长期可能导致电池组损坏	停电修理设备
7	充电长期（不足）中断	硫酸盐化，电池组放电快，有深放电和硫酸盐化的危险	立即进行必要的充电，人工进行均衡充电
8	出厂后电池长期未能使用	自放电，硫酸盐化，电压不均	充电，包括均衡充电然后浮充
9	深放电	硫酸盐化，容量下降	均衡充电，或采用比正常充电量大的电量进行充电

第三章　阀控密封式蓄电池运行与检修

序号	故障现象	故障原因	处理方法
10	深放电频繁（如每月一次）	使用寿命缩短	绝对避免，安装容量更大的电池
11	电池放电后开路放置24h以上不进行充电	硫酸盐化	应立即充电，小心地进行均衡充电
12	高交流脉动电流，导致温度升高5℃左右	浮充电压下降特别是对放过电的电池，若经常如此电池全部损坏	检查充电器，减少交流成分
13	整个电池组或单个电池外部短路	熔断端子，以至损坏电池组或电池	应绝对避免，使用绝缘工具检查连接导线
14	部分或电池组接反极	反极性充电会损坏电池，可能损坏整流器及电器，后果与短路相同	应绝对避免，一旦发现应立即将电池极性换过来
15	新、老电池在同一电路上运行	充电电压不均，减少电池寿命	新、旧电池不宜串联在同一列电池组中运行
16	螺栓不紧固	火花烧损，导线或电池发热，甚至引起火灾	将所有部件清洁处理并吹干后紧固螺栓
17	安全阀处漏液	减少电解液	及时清除电解液，拧紧安全阀，非常严重应更换安全阀
18	端子处爬酸	腐蚀连接件	及时清除并做防腐处理，严重时应更换电池连接件

第四章

硅整流充电装置

第一节　硅整流电路基础知识

一、整流、滤波电路的基本原理

1. 基本整流方式

基本整流方式包括半波整流、全波整流、三相全波整流、整流方式。

2. 单相半波可控整流电路

以电阻性负载为例，图 4－4－1 是单相半波可控整流电路。在电源变压器二次侧电压 u_2 的正半周内，晶闸管 V 承受正向电压。如果在 $\omega t = \omega t_1$ 时，在控制极引入触发脉冲 u_g，V 即导通，电压 u_2 全部加到负载电阻 R_L 两端（管压降忽略不计），同时有电流流过负载。在 u_2 的负半周内，V 承受反向电压而阻断，负载 R_L 上的电压 u_l 和电流 i_L 均为零。如果 u_2 的第二个正半周，再在相应的时刻，即对应于 $\omega t = \omega t_2 = 2\pi + \omega t_1$ 时加入触发脉冲 u_g，V 将再次导通。若触发脉冲这样周期性地重复加到控制极上，负载 R_L 上就可得到单向的脉动电压 u_L，如图 4－4－2 所示，负载上的电流 i_L 与电压 u_L 波形相似，晶闸管 V 两端承受的电压 u_l 亦如图 4－4－2 中所示。

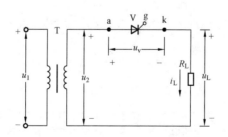

图 4－4－1　单相半波可控整流电路

加入控制电压 u_g，使 V 开始导通的角度 α 称为控制角，θ（$= \pi - \alpha$）称为导通角，如图 4－4－2 所示。改变加入触发脉冲的时刻以改变控制角

α，称为"触发脉冲的移相"。控制角 α 的变化范围称为移相范围。在单相半波可控整流电路中，晶闸管的移相范围是 $0 \sim \pi$。当 $\alpha = 0$ 时，导通角 $\theta_{\max} = \pi$，称为全导通。

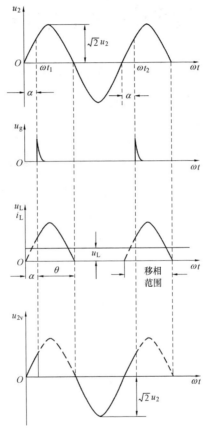

图 4 - 4 - 2　整流波形图

由此可见，改变加入触发脉冲的时刻，就可改变晶闸管 V 的导通角 θ，使负载上得到的电压平均值也随之改变，从而达到可控整流的目的。

3. 滤波电路

滤波电路如图 4 - 4 - 3 所示。

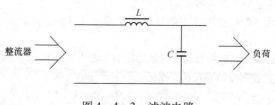

图 4 - 4 - 3　滤波电路

L—电感；C—电容

　　滤波电路通常由电感元件和电容元件组成。电感 L 与负荷串联，电容 C 与负荷并联。从阻抗的观点来看，感抗 X_L 和容抗 X_C 都是频率 f 的函数，它们对交流与直流的阻抗不同。因感抗 $X_L = 2\pi f L$，故对交流呈现很大的阻抗，而直流电的频率 $f = 0$，所以其感抗为零，这样电感 L 就起着阻碍交流通过的作用。电容对直流相当于开路，而交流很容易通过。由于电容与负荷并联，经硅整流输出为脉动直流电压，在脉动电压作用下，处于充放电的交替工作状态。由于电容的容抗与电容值成反比，当电容器容量足够大时，电容器的端电压就会起很缓慢地变化，使负荷的电压波动很小，从而达到滤波的目的。对于输出电流较小的电路，如控制电路等，一般采用电容滤波较为合适。对于输出电流较大的电路，一般采用电感滤波效果好。对于要求直流电压中脉动成分较小的电路，如精度较高的稳压电源，常采用电容电感滤波。用电容器滤波输出电压较高，最大可接近整流后脉动电压的幅值。用电感滤波时，输出电压可接近整流后脉动电压的平均值。用电容电感滤波，当电容和电感足够大时，输出电压脉动更小。

二、晶闸管整流技术

1. 晶闸管元件的主要参数及意义

（1）正向阻断峰值电压（U_{DRM}）。它等于正向转折电压减去 100V。

（2）反向阻断峰值电压（U_{RRM}）。它等于反向转折电压减去 100V。

（3）额定正向平均电流（I_T）。元件允许连续通过的工频正弦半波电流平均值。

（4）控制极触发电压（U_{gt}）、触发电流（I_{gt}）。在晶闸管规定正向电压的条件下，使元件从阻断变为导通的最小控制。

（5）维持电流（I_H）。在规定条件下，维持元件导通所必需的最小正向电流。

2. 对触发电路的基本要求

根据晶闸管的性能和主电路的实际需要，对触发电路的基本要求如下：

（1）触发电路应供给足够的触发功率（电压和电流）。一般触发电压为 4 ~ 10V。控制极的平均功率损耗要小于允许值（对于 5A 的晶闸管应小于 0.5W，10 ~ 50A 的小于 1W，100 ~ 200A 的小于 2W）。

（2）为了使触发时间准确，要求触发脉冲上升前沿要陡，最好在 10μs 以下。

（3）触发脉冲要有足够的宽度。因为晶闸管的开通时间为 6μs 左右，故触发脉冲的宽度不能小于 6μs，最好是 20 ~ 50μs。对于电感性负载，脉冲宽度还应加大，否则脉冲消失时，主回路电流还上升不到擎住电流，元件就不能导通。

（4）不触发时，触发电路的输出电压应小于 0.15、0.2V。为了提高抗干扰能力，避免误触发，必要时可在控制极上加上 1 ~ 2V 的负电压。

（5）触发脉冲必须与主电路的交流电源同步，以保证主电路中的晶闸管在每个周期的导通角相等。而且要求触发脉冲发出的时刻能平稳地前后移动（即移相），同时还要求移相范围足够宽。

3. 调试晶闸管整流装置应注意的问题

（1）核对接线，确保无误。

（2）先调试触发电路。触发脉冲的宽度、幅值、移相范围等必须满足要求。

（3）再调试主回路。必须保证触发脉冲和主回路同步。对于三相整流电路，要特别注意三相交流电源的相序不能颠倒。主回路的调试可先在低压下进行，正常后再接入正常电压试运行。

（4）试运行中要注意观察整流装置的电压、电流，并注意有无异常声响等。运行一段，确认没有问题后，方可投入正常运行。

4. 元件的检测方法

对整流装置中各元件的测试，应先掌握各元件技术特性，通过测量、试验等方法检测其好坏及技术性能。

第二节 硅整流装置基础知识

一、整流装置的型号意义

整流装置的型号：KVA—X/X

其中，   K——晶闸管；

V——浮充电；

A——自然冷却；

X（第一个）——额定输出电流；

X（第二个）——额定输出电压。

二、充电装置分类及技术要求

1. 分类

充电装置可分为以下三类：

（1）磁放大型充电装置。

（2）相控型充电装置。

（3）高频开关电源型充电装置。

2. 充电装置基本参数及技术要求

（1）充电装置的基本参数有：

1）交流输入额定电压和额定频率：交流额定电压为380V（±10%），220V（±10%），额定频率50Hz（±2%）。表4－4－1给出了充电装置的精度、纹波因数、效率、噪声和均流不平衡度的运行控制值。

2）直流标称电压：220、110、48V。

3）直流输出额定电流：5、10、15、20、30、40、50、60、80、100、160、200、250、315、400A。充电装置的精度、纹波系数、效率、噪声和均流不平衡度的运行控制值见表4－4－1。

表4－4－1   充电装置技术性能

充电装置名称	稳流精度（%）	稳压精度（%）	纹波系数（%）	效率（%）	噪声dB（A）	均流不平衡度（%）
磁放大型充电装置	≤ ±5	≤ ±2	≤2	≥70	≤60	
相控型充电装置	≤ ±2	≤ ±1	≤1	≥80	≤55	
高频开关电源型充电装置	≤ ±1	≤ ±0.5	≤0.5	≥90	≤55	≤ ±5

（2）充电装置各元件极限温升值见表4－4－2。

（3）限流及短路保护。当直流输出电流超出整定的限流值时，应具有限流功能，限流值整定范围为直流输出额定值的50%～105%。当母线或出线支路上发生短路时，应具有短路保护功能，短路电流整定值为额定电流的115%。

表 4 - 4 - 2　　　　　　　充电装置各元件极限温升值　　　　　　　℃

部 件 或 器 件	极 限 温 升 值
整流管外壳	70
晶闸管外壳	55
降压硅堆外壳	85
电阻发热元件	25（距外表 30mm 处）
半导体器件的连接处	55
半导体器件连接处的塑料绝缘线	25
整流变压器、电抗器的 B 级绝缘绕组	80
铁芯表面温升	不损伤相接触的绝缘零件
铜与铜接头	50
铜搪锡与铜搪锡接头	60

（4）抗干扰能力。高频开关电源型充电装置应具有三级振荡波和一级静电放电抗干扰度实验的能力。充电装置在运行中，返回交流输入端的各次谐波电流含有率应不大于基波电流的 30%。

（5）充电装置的保护及声光报警功能。充电装置应具有过电流、过电压、过电压、绝缘监察、交流失压、交流缺相等保护及声光报警的功能。

继电保护整定值见表 4 - 4 - 3。

表 4 - 4 - 3　　　　　　　继电保护整定值

名 称	整 定 值	
	额定直流电压 110V 系统	额定直流电压 220V 系统
过电压继电器	121V	242V
欠电压继电器	99V	198V
直流绝缘监察继电器	7kΩ	25kΩ

3. 装置的组成及模块图

硅整流装置模块图如图 4 - 4 - 4 所示。

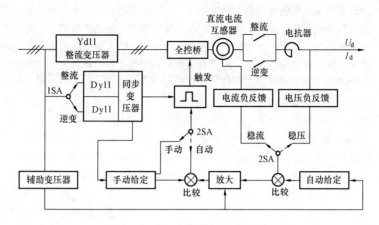

图 4 - 4 - 4　硅整流装置模块图

4. 装置的工作原理及各模块的作用

晶闸管整流设备作为直流系统的电源，可靠性高。主回路采用三相全控桥式整流电路，控制触发为数字电路，便于检修维护。正常运行时对直流负荷供电，并对蓄电池组进行浮充电。

（1）装置的结构从电路上可分为主电路和控制电路两部分。

1）主电路部分：主电路由变压器、整流电路、滤波电路组成，如图 4 - 4 - 5 所示。

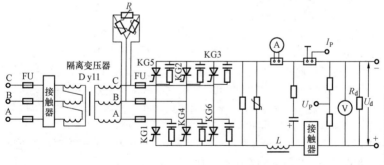

图 4 - 4 - 5　三相桥式整流电路

变压器是将电网的电压 380V 变换成直流系统所需电压，直流 220、48V 的整流装置中的变压器采用的是三相三线接线。24V 直流系统的整流装置主变压器采用平衡电抗器的双线圈接线。一般情况下，晶闸管整流电路要求的交流供电压与电网电压不一致，因此需配用合适的变压器，以使电压匹配；另外，为了减少电网与晶闸管整流电路之间的相互干扰，要求两者隔离，因此，要用整流变压器。由于晶闸管整流电路输出电压为缺角正弦波，除直流分量外，还含有一系列高次谐波。三相整流变压器的一次侧采用三角形连接，可使幅值较大的三次谐波流过，有利于电网波形的改善；二次侧接成星形是为了得到中性线，特别是三相半波整流电路，必须要有中性线。

2）阻容保护电路：电容 C 和电阻 R 串联后，并联在隔离变压器二次回路中，当回路中产生过电压时，由于电容 C 上的电压不能突变，延缓了过电压的上升速度，同时短路掉了一部分高次谐波电压分量，使硅元件上出现的过电压不会在短时间内增至很大。串联电阻只是限制电容器充放电电流和防止回路中产生电容电感振荡。一般电容器上标的电压是直流耐压值，用于交流时，直流耐压值为交流有效值的 3 倍左右，故工作在 380V 交流电压下，应选用 1000V 以上的电容器。

3）整流电路：整流电路是将交流电转换成直流电的关键电路，采用三相桥式全控整流电路，为使晶闸管器件能长期可靠地运行，必须采取适当的保护措施。在交流侧接有压敏电阻保护，以抑制涌浪电压。为防止关断过电压，每只晶闸管均接有阻容保护，通过晶闸管元件的特性，即正向可控导通，反相电压截止关断，使交流电流向一个方向流动，并对其进行触发控制，改变输出电压，实现控制整流输出。

（2）工作原理如图 4-4-6 所示。

结合图 4-4-5 分析，图 4-4-6（a）为三相交流电压波形。$\omega t_0 \sim \omega t_2$ 期间 a 相电位最高，b 相最低，若 t_0 时刻触发晶闸管 KG1～KG2 使其导通，电流由 a 相出发，流经元件 KG1、负载 R_d、元件 KG2 回到 b 相，此时元件 KG3、KG4、KG5、KG6 因承受反相电压而不导通，在 $\omega t_2 \sim \omega t_4$ 期间 a 相电压仍为最高，但 c 相电位转换为最低，若 t_2 时刻触发元件 KG1、KG3，则电流从 a 相出发，流经 KG1、负载 R_d、KG3 回到 c 相，依次类推，负载 R_d 上得到六相脉动直流电压，其波形如图 4-4-6（b）所示。由图 4-4-6 得出整流控制 $\alpha = 0°$、$\alpha = 30°$、$\alpha = 60°$、$\alpha = 90°$ 时输出电压波形图和整流控制角，以 ωt 为起始点计算。

$\alpha = 0°$，此时和三相桥式整流电路的输出波形相同。

$\alpha = 30°$，元件 KG1 和 KG2 控制极在 t_1 时刻获得触发脉冲而导通，过 30° 以后 c 相电位开始比 b 相低，但由于此时元件 KG3 控制极尚未获得触发脉冲，故 KG1、KG2 继续导通，直到距 ωt_3 处，由于 KG1 和 KG3 同时得

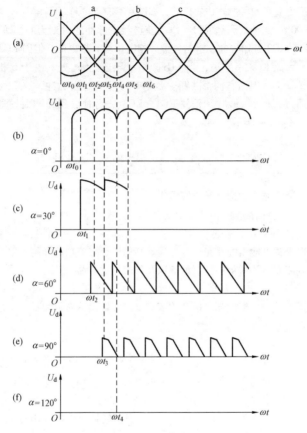

图 4 - 4 - 6 整流触发波形

(a) 三相交流电压波形；(b) R_d 上的电压波形；(c) $\alpha = 30°$ 时 R_d 上的
电压波形；(d) $\alpha = 60°$ 时 R_d 上的电压波形；(e) $\alpha = 90°$ 时
R_d 上的电压波形；(f) $\alpha = 120°$ 时 R_d 上的电压波形

到触发脉冲，因此 KG2 关断，而 KG1、KG3 导通，以 ωt_4 开始，b 相电位
开始高于 a 相，但由于 KG4，控制极未送触发脉冲，KG4 并不导通，直到
ωt_5，元件 KG4、KG3 控制极获得触发脉冲时 KG1，关断，而 KG4 和 KG3
导通。如此循环，六只晶闸管轮流工作，在负载 R_d 上得到如图 4 - 4 - 6
(c) 所示电压波形，可以看到，电压波形此时是连续的。

$\alpha = 60°$，情况与上述相同，以图中可以看到每只晶闸管在一个周期内导通角度为 2 个 60°，即工作 120°，如图 4 - 4 - 6（d）所示。

$\alpha = 90°$，此种情形是 KG1、KG2 获得触发脉冲的时刻为 t_3，即在 ωt_3 处。KG1、KG2 开始导通，这时虽然 c 相电位较 b 相更低，但因 KG3 无触发脉冲。因此 KG3 不导通，当 KG1、KG2 导通至 ωt_4 处。由于 b 相电位开始高于 a 相，因而它们都关断。此刻 KG3 仍无触发脉冲，故负载 R_d 上无电流通过，待到 ωt_5 时，元件 KG1、KG3 又同时得到脉冲而导通，如图 4 - 4 - 6（e）所示。

第三节　硅整流装置运行、调整

一、运行方式的选择及切换操作

硅整流装置有恒压/恒流输出两种运行方式。

1. 恒压（稳压）输出

适用于蓄电池组的浮充运行方式。其稳压、限流功能能防止蓄电池亏电时大电流充电，避免损坏蓄电池以及整流柜过负荷。

2. 恒流（稳流）输出

适用于蓄电池组的初充电和均衡充电等。输出恒定值根据蓄电池实际情况整定。

3. 运行操作

（1）投切晶闸管充电机时，必须将晶闸管调节电位器旋至最低，使输出的直流电压为零；投入后，调节电位器应由零到高缓缓调节。

（2）不准任意改变运行中晶闸管充电机的运行状态，改变"手动—自动""稳压—稳流"运行状态时，必须在晶闸管充电机停用时切换选择开关。

（3）如交流电源中断，蓄电池组将不间断地供给直流负荷，若无自动调压装置，应进行手动调压，确保母线电压的稳定。交流电源恢复送电，应立即手动启动或自动启动充电装置，对蓄电池组进行恒流限压充电—恒压充电—浮充电（正常运行）。若充电装置内部故障跳闸，应及时启动备用充电装置代替故障充电装置，并及时调整好运行参数。

二、保护信号回路的构成及整定原则

1. 硅整流装置由过电压、过电流、过电压、交流缺相保护和保护自恢复组成

（1）保护自恢复功能。交流电源停电后，再送电后，硅整流器自动

投入运行。

（2）硅整流故障信号试验。硅整流过电压、过电流、过电压、交流缺相保护，保护自恢复过电流、过电压、断相，能向主控室发出"硅整流故障"信号。由主回路分压电阻和直流互感器取得与电压和电流成正比的反馈信号。一方面，在稳压与稳流方式运行时，作为反馈信号分别与给定信号比较运算，触发信号移相触发，进行稳压与稳流控制；另一方面，作为过电流（过电压）保护信号与整定值进行比较、判断，如果超限，则通过封锁触发脉冲，停止装置电压及电流的输出，并发出告警信号。

（3）晶闸管过电流保护主要有快速熔断器保护、过电流继电器保护和过电流截止保护等。

2. 整定原则

对硅整流装置过电压、过电流保护值进行试验，未符合标准必须调整定值。对硅整流装置稳压、稳流性能进行试验，应符合设备技术性能要求。

三、巡视检查项目及方法

1. 运行参数监视

运行人员及专职维护人员每天应对充电装置进行如下检查：三相交流输入电压是否平衡或缺相，运行噪声有无异常，各保护信号是否正常，交流输入电压值、直流输出电压值、直流输出电流值等各表计显示是否正确，正对地和负对地的绝缘状态是否良好。

2. 硅整流装置定期检查项目

（1）检查各接触点的连接情况，有无发热、氧化、松脱现象。

（2）检查硅整流装置内各元件有无异常，仪表是否在有效期内，是否满足运行要求。

（3）硅元件温度不能高于60℃。

（4）各种电阻元件温度低于250℃。

（5）盘内大小变压器滤波电感的温度低于85℃。

（6）硅整流器不能超载运行。

（7）检查盘内清洁无异常。

（8）检查整流器与变压器及熔断器等各部分部件接触情况。要求交流接触器、操作开关、按钮的触点接触良好，无烧伤损坏现象。硅元件与散热片连接牢固，外壳无损伤、锈蚀等，各部分螺钉连接牢固。

（9）检查硅整流器内部、仪表盘内部、外部清洁无污垢。

（10）检查调整继电器使之动作正常，硅元件的电阻、电容器性能良好，各种仪表指示正常。

第四节 维 护 检 修

一、维护检修

1. 硅整流装置检修周期

对硅整流装置的全面检查，每年不少于一次，并根据设备运行情况定期检修。运行维护人员每月应对充电装置作一次清洁除尘工作。若控制板工作不正常，应停机取下，换上备用板，启动充电装置，调整好运行参数，投入正常运行。大修做绝缘试验前，应将电子元件的控制板及硅整流元件断开或短接后，才能做绝缘和耐压试验。

2. 硅整流装置一般检修

检修前必须将滤波电容器进行放电。

（1）设备清洁。用毛刷、皮老虎对柜内的元件进行清洁，吹去聚存的灰尘，用异基酒精除去元件上积存的尘土。在对元件清洁后，应对元件进行一次仔细的处理检查，如果检查中发现元件有机械损伤、过热腐蚀现象，应对元件进行更换。

（2）设备内部接线连接点紧固，对所有电缆或导线进行检查，无过热，机械损坏现象，否则进行更换。对所有电缆或线进行紧固，对触点的发热、松脱现象认真检查后，重新紧固。

（3）对控制板检查是否固定牢固，焊点无断开，外部连线是否压紧。

（4）对柜内元件的固定进行检查，对柜内元件固定螺钉进行紧固，使柜内各部件紧固，无松脱现象。

（5）带电检查硅整流装置各项功能正常。包括稳压、稳流功能，"自动""手动"功能，电压旋钮、电流旋钮调节功能，"启动""停止"功能等。

3. 硅整流器中变压器的检修

可按变压器检修工艺进行检修。重点检修变压器是否有过热现象，绕组绝缘是否合格，变压器接线是否压紧，有松动的地方需紧固，检查变压器铁芯部分是否有过热现象，绝缘漆是否有熔化现象，对变压器的灰尘进行清扫，对变压器通电测试，输出电压应符合规定。

4. 硅整流装置晶闸管回路的检修

在大功率整流电路中，流过整流元件的电流比较大，都有 1V 左右的正向压降。正向压降和流过二极管的平均电流乘积称为耗散功率，这一部分功率以热的形式从元件内部散发，电流越大产生的热量越多。整流元件的热容量较小，耐热能力较差，工作过程中若不将发出的热量通过适当途径向周围空间迅速散发，则元件的结温会很快上升，导致反向漏电流增加，耐压特性下降，严重时会烧毁二极管，所以必须采取散热措施。对此应检查晶闸管散热器是否压紧硅管，有松动之处应紧固，防止硅元件过热损坏，控制极线路必须连接紧固。

首先检查三相交流电源输入电流是否平衡。如偏差较大，则应对整流回路进行检查，用示波器对整流装置输出波形进行测试，检查晶闸管元件是否全部触发导通。如果发现输出波形有异常现象，必须对整流器触发回路及晶闸管进行检查，更换硅管，使整流装置输出波形平滑、均匀，表示晶闸管触发导通良好。

对晶闸管进行全面清扫清除积灰，保证散热良好。

5. 操作回路的检修

（1）检查操作回路开关启停正常，指示灯指示正确。

（2）检查接触器动作灵活，无卡阻现象，分合迅速可靠，无缓慢停顿现象。

（3）开关触点表面平整，无金属熔化现象及烧伤痕迹，如果有轻微烧伤需打磨平整，烧伤严重时更换开关。

（4）磁力线圈绝缘良好，表面无损伤，固定牢固。

（5）紧固操作回路开关接线螺钉。

（6）检查操作回路中电容器、中间继电器动作应良好。

6. 控制回路的检修

（1）检查同步变压器接线焊点，无开焊、断开现象，输出电压正常，检查电压电流调整旋钮灵活，无接触不良情况。柜内控制板与外部焊点接线紧固，插头接触良好。

（2）柜内控制线，排布整齐，有零乱之处需整理。

（3）检查控制回路中的反馈电压、反馈电流回路，有松脱、触点未压紧现象必须紧固。

（4）对硅整流器仪表进行校验，合格后使用。

（5）通电检查晶闸管触发脉冲正常，波形满足要求。

二、测量绝缘电阻

大修做绝缘试验前，应将电子元件的控制板及硅整流元件断开或短接后，才能做绝缘和耐压试验。

检查电源变压器外部绝缘，要求交、直流回路的绝缘电阻一般不低于 $1M\Omega$，在比较潮湿的地区不宜低于 $0.5M\Omega$（不包括插件和印刷电路）。

三、触发回路及保护回路调试

图4-4-7所示为锯齿波同步触发电路，该电路多用于三相全控桥式整流电路或带平衡电抗器的双反星形电路。应按以下步骤进行调试：

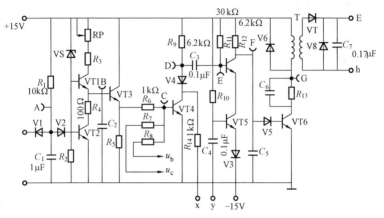

图4-4-7　锯齿波同步触发电路

RP—斜率电位器；V—二极管；VT—三极管；u_b—偏置电压；u_c—控制电压

（1）检查接线无误后，将偏置电压 u_b 和控制电压 u_c 两个调节旋钮调到零位，即 $u_b = 0$、$u_c = 0$，并在脉冲变压器的输出端接上 $200 \sim 300\Omega$ 的电阻。

（2）接通交流与直流电源，用示波器观察 A、B 点波形，应如图4-4-8所示。调节斜率电位器 RP 时，锯齿波 u_B 的斜率应能变化。

（3）观察 C ～ G 点及脉冲变压器输出电压 u_g 的波形，应如图4-4-8所示。

（4）用双踪示波器同时观察 u_c、u_g 的波形，调节控制电压 u_c 时，u_c 上部平直部分的宽度应能变化，同时 u_g 应能前后移动。

（5）令 $u_c = 0$，调节偏置电压 u_b，移相角 α 角应能调到180°，否则应将 R_1 或 C_1 适当加大。

（6）调节 u_c、u_g 移动，达到 $u_c = 0$ 时，$\alpha = 180°$；$u_c = u_{cm}$ 时，$\alpha = 0°$，满足 $\alpha = 0° \sim 180°$ 的要求。

四、硅整流技术性能参数计算

1. 稳流精度

交流输入电压在额定电压 ±10% 范围内变化、输出电流在 20% ～

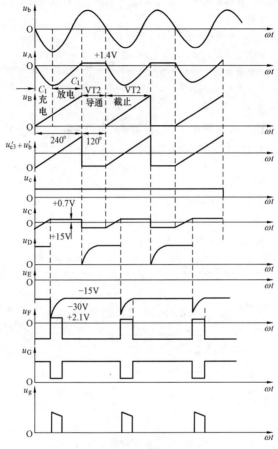

图 4 - 4 - 8 触发电路波形图

100% 额定值的任一数值,充电电压在规定的调整范围内变化时,其稳流精度按式(4-4-1)计算

$$S_1 = (I_M - I_Z) / I_Z \times 100\% \qquad (4-4-1)$$

式中 S_1——稳流精度,%;

I_M——输出电流波动极限值,A;

I_Z——输出电流整定值,A。

2. 稳压精度

交流输入电压在额定电压 ±10% 范围内变化,负荷电流在 0 ~ 100%

额定值变化时，直流输出电压在调整范围内的任一数值时其稳压精度按式（4－4－2）计算

$$S_U = (U_M - U_Z)/U_Z \times 100\% \qquad (4-4-2)$$

式中　S_U——稳压精度，%；

　　　U_M——输出电压波动极限值，V；

　　　U_Z——输出电压整定值，V。

3. 纹波系数

充电装置输出的直流电压中，脉动量峰值与谷值之差的一半，与直流输出电压平均值之比称为纹波系数。按式（4－4－3）计算

$$S = (U_p - U_v)/2U_{av} \times 100\% \qquad (4-4-3)$$

式中　S——纹波系数，%；

　　　U_p——直流电压中的脉动峰值，V；

　　　U_v——直流电压中的脉动谷值，V；

　　　U_{av}——直流电压平均值，V。

4. 效率

充电装置的交流额定输入功率与直流输出功率之比。按式（4－4－4）计算

$$\eta = P_d/W_a \times 100\% \qquad (4-4-4)$$

式中　η——效率，%；

　　　P_d——直流输出功率，W；

　　　W_a——交流输入功率，W。

5. 交接验收

直流电源装置在当安装完毕后，应做投运前的交接验收试验，所试项目应达到技术要求后才能投入试运行，在72h试运行中若一切正常，接收单位方可签字接收。交接验收试验及要求如下：

（1）恒流充电时，充电电流调整范围为（20%～100%）I_N。

（2）恒压运行时，负荷电流调整范围为（0～100%）I_N。

（3）恒流充电稳流精度范围：

1）磁放大型充电装置，稳流精度应不大于±（2%～5%）。

2）相控型充电装置，稳流精度应不大于±（1%～2%）。

3）高频开关模块型充电装置，稳流精度应不大于±（0.5%～1%）。

（4）恒压充电稳压精度范围：

1）磁放大型充电装置，稳压精度应不大于±（1%～2%）。

2）相控型充电装置，稳压精度应不大于±（0.5%～1%）。

3）高频开关模块型充电装置，稳压精度应不大于 ± （0.1% ~ 0.5%）。

（5）直流母线纹波系数范围：

1）磁放大型充电装置，纹波系数应不大于 2%。

2）相控型充电装置，纹波系数应不大于 1% ~ 2%。

3）高频开关模块充电装置，纹波系数应不大于 0.2% ~ 0.5%。

（6）噪声要求不大于 55dB（A），若装设有通风机时应不大于 60dB（A）。

（7）直流电源装置中的自动化装置应具有电磁兼容的能力。

（8）充电装置返回交流电源侧的各次电流谐波，应符合 DL/T 459—2017《电力用直流电源设备》的要求。

五、常见故障处理

常见故障原因及处理方法见表 4 - 4 - 4。

表 4 - 4 - 4　　　　　　常见故障原因及处理方法

序号	故障现象	故障原因	处理方法
1	硅整流交流熔断器熔断	（1）硅整流晶闸管损坏（击穿）。 （2）变压器短路，盘内元件损坏短路	（1）更换晶闸管。 （2）检查短路点处理
2	直流输出电压摆动	（1）晶闸管性能差（老化）。 （2）触发信号不良（电压不够）。 （3）调压旋钮接触不良。 （4）电压反馈接触不良	（1）更换晶闸管。 （2）更换控制板。 （3）更换、调控处理调压电位器。 （4）检查电压反馈回路，找出故障点并处理
3	电压调节旋钮不能调整	（1）"自动手动开关"接触器不良。 （2）电压调节电位器断开（接线）。 （3）触发电路故障	（1）更换自动—手动开关。 （2）电压调节电位器连接。 （3）检查触发电压是否过低，如过低需更换控制板或脉冲变压器

第四章　硅整流充电装置

序号	故障现象	故障原因	处理方法
4	晶闸管整流装置输出电压异常	（1）直流电压输出降低，经调压后仍不能升高时，应检查交流电压是否过低，整流元件是否损坏或失去脉冲，熔断器是否熔断，交流电源是否非全相运行。 （2）直流输出电压高，经调压后仍不能下降的，可能是由于直流负荷太小，小于允许值，此时应将全部负荷投入	
5	晶闸管整流装置输出端快速熔断器熔体熔断	（1）首先检查负荷侧回路中有无短路现象。 （2）若为过负荷熔断，此时应检查熔体规格是否合理。 （3）检查硅元件是否损坏。如属于熔断器熔断特性及快速熔断特性不符合要求导致晶闸管元件损坏时，应更换特性好的熔断器，再尝试启动整流装置。 （4）如直流回路及元件正常时，可能熔断的原因一般是断路器多次合闸冲击电流而引起的，更换同规格的熔断器后即可启动整流装置。 （5）如果暂时查不出原因，可换上同一规格的熔体试送一次，如再熔断，应彻底找出原因加以消除	

序号	故障现象	故障原因	处理方法
6	硅管发热严重	（1）过负荷。 （2）通态平均电压（即管压降）偏大。 （3）门极触发功率偏高。 （4）晶闸管与散热器接触不良。 （5）环境温度与冷却介质温度偏高。 （6）冷却介质流速过低	（1）检查晶闸管要紧固在相应的散热器上，并要求接触良好，没有可见的缝隙，接触面涂以硅油，以增加导热能力；清扫散热器，散热器周围要有足够大的散热空间。 （2）采取强制冷却措施。 （3）更换晶闸管

第五章

交流不间断电源

第一节 结构及工作原理

一、分类及性能

1. 不停电电源装置概述

随着计算机、数字化仪表在发电厂中的应用越来越广泛，对这些设备的供电质量要求也越来越高。为了保证电子计算机的正常、安全、连续运行的需要，避免计算机因受电网干扰、频率电压偏离，甚至突然断电而导致数据丢失、程序紊乱、磁盘损伤以至系统失控等严重后果，需用交流不间断电源装置可靠供电。

三相交流输入经整流滤波后为纯净直流，送入逆变器转变为稳频稳压的交流，经静态开关向负载供电，整流器同时向蓄电池浮充电。当交流工作电源或整流器故障时，由逆变器利用蓄电池的储能无间断地继续对负荷提供优质可靠的交流电。在过负荷、过电压或逆变器本身发生故障或硅整流器意外停止工作而蓄电池又放电至终止电压时，静态开关将在4ms内检测反应并毫无间断地转换为备用电源供电。

静态不间断电源系统（UPS）提供了用户连续可靠的能量，当市电出现凹陷和故障而超出规定的范围时，输出的电压和频率将维持稳定，储能蓄电池用作能量储存单元；带旁路的 UPS 包含一个整流器、一个逆变器、一组蓄电池组、一个电子旁路静态开关，旁路电源的输入可选择变压器和调压器（稳压器），如图 4 - 5 - 1 所示。

负荷要求电源在任何情况下不得中断，还要求电源的频率要能基本保持稳定无大的波动，不间断电源装置就是为满足上述需要而设置的。不间断电源装置又称不停电电源装置，简称 UPS（uninterruptible power supply）系统。

2. 分类

（1）按输出方式分为单相交流 220V、三相四线 380V 输出。

（2）按输入方式分为单相交流 220V、三相四线 380V 输入。

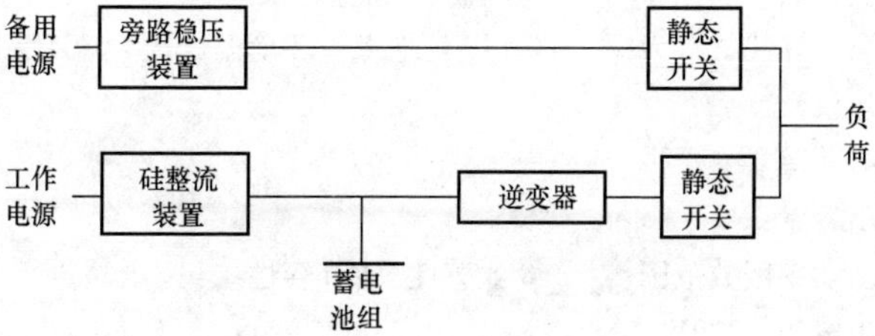

图 4 – 5 – 1　UPS 装置原理图

（3）整流器输出：直流 220、110V。

（4）运行方式分为有旁路和无旁路两种。

（5）工作原理分：动态式、静态式 [后备式、在线式（三端口式、串联在线式）]。

（6）按输出波形分：方波、梯形波、正弦波。

（7）按输出功率分：小功率、中功率、大功率。

一般来说，中小功率 UPS 容量是指单机容量在 100VA ~ 1000kVA，大功率 UPS 容量是多个 UPS 构成的冗余并联系统所能供给的功率。

3. UPS 的电气特性简介

（1）整流器电压：

输入电压：3 × 380V 交流；

允许的范围：- 15% ~ 10%；

输入频率：50Hz；

市电输入最大：＿＿＿kVA；

输入电流最大：＿＿＿A；

外部熔断器：＿＿＿A；

额定直流电压：＿＿＿V；

最大直流电压：＿＿＿V；

直流总限流：＿＿＿A；

额定负载时的效率：＿＿＿%；

输入功率因数：0. 73。

（2）旁路市电：

输入电压：220V（±10%）；

输入频率：50Hz（±6%）；

外部熔断器：＿＿＿A；

导线截面：＿＿mm×＿＿mm。

注意：导线材料为铜，采用 PVC 绝缘，环境温度最大 30°C（导线尺寸仅为建议）。

（3）逆变器：

输出容量：＿＿kVA。

输出功率因数范围：＿＿0.8 感性，1.0 容性。

输出电压：220V。

输出稳压精度：±1%。

输出频率：50Hz。

输出频率稳定度：＋0.1%，－0.1%（本机内振）。

输出电流：额定 100%，＿＿A。

过载 0 ~ 1min150%，＿＿A。

过载 1 ~ 10min125%，＿＿A。

额定负载下的效率：＿＿%。

失真系数线性负载总谐波失真：＜4%。

单次谐波：＜3%。

非线性负载：＜8%。

（4）静态开关——旁路：

输出电流：额定 100%，＿＿A；

过载 30min 150%，＿＿A；

过载 60min 125%，＿＿A；

过载 1s 1000%，＿＿A。

（5）系统：

总效率：＿＿%。

（6）调节整流器允许的设置值：

浮充电压：＿＿V；

升压充电电压：＿＿V；

电池限流：＿＿A；

电池电压低警告：＿＿V；

关机：＿＿V。

（7）逆变器：

直流电压高警告：＿＿V；

关机：＿＿V。

二、UPS 组成及工作原理

1. UPS 原理框图

UPS 原理框图如图 4 - 5 - 2 所示。

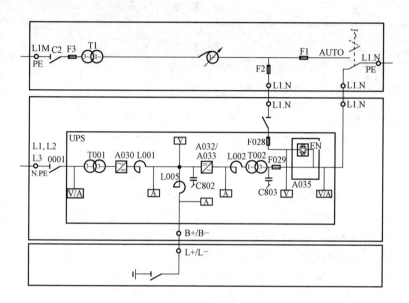

图 4 - 5 - 2　UPS 原理框图

如图 4 - 5 - 2 所示，UPS 由一个充电整流器、一组蓄电池、一个逆变器和一个静态开关组成，正常情况下，负荷的电源由逆变器供给，逆变器的控制设备可保证逆变器输出的频率和振幅精确和稳定。

2. 工作原理

（1）充电整流器的组成工作原理。整流器向逆变器提供直流电源，同时对蓄电池进行充电，这里采用 6 脉冲晶闸管整流，利用一个自耦变压器，使电源电压满足整流器输入电压的要求。晶闸管控制单元对充电整流器触发控制，如图 4 - 5 - 3 所示。

整流电路把工作电源来的 380V 三相交流电经交流接触器 K1、隔离变压器 T01 送到三相桥式可控整流桥，经可控整流后输入逆变器带负载，由控制单元发出的脉冲控制晶闸管的导通。

按装置设计，整流器还具有同时给蓄电池进行浮充电和增压充电的功能，在使用共用蓄电池组时充电功能不使用。鉴于 UPS 装置的重要性，

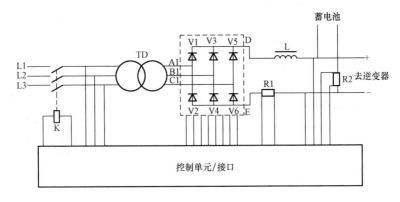

图 4 - 5 - 3　整流电路图

V1 ~ V6—晶闸管；

TD—隔离变压器；L—电感器；D—硅整流器；K—交流接触

要求 UPS 装置应具有独立蓄电池组，如无独立蓄电池组，则取直流系统电源，但容量必须满足要求。

（2）UPS 逆变器组成及工作原理。

1）UPS 逆变器组成：逆变器采用功率晶体管集成电路集成正弦波脉冲宽度调制试工作方式，主要组成部分有如图 4 - 5 - 4 所示。

2）逆变器电路原理：逆变器将整流后的或蓄电池来的直流 220V 电源转换为三相交流 220V 电源。电路采用大功率晶体管组成双向功率开关，双向功率开关作用和一个双刀开关相似，包括 T、S、R 三相。功率开关是由每个周期产生 21 个脉冲宽度的调整信号所控制，这个信号的频率即为 1050Hz。功率开关的控制就是由一个频率为 1050Hz 的三角波和相位相差 120°的频率为 50Hz 的三个（即三相）正弦波（相差 120°）叠加比较产生的，如图 4 - 5 - 5 所示。

1050Hz 信号即是载波信号，三相正弦波即是调制信号，电路采用调制脉冲宽度的方式。经控制后的三相功率开关每一个开关的输出电压如图 4 - 5 - 6 所示。

功率开关输出的三相电压波形如图 4 - 5 - 7 所示。这个三相电压由电抗线圈 L 滤波后送到输出变压器 T02，由输出变压器输出的即是一个三相正弦波交流电压波形，如图 4 - 5 - 8 所示。

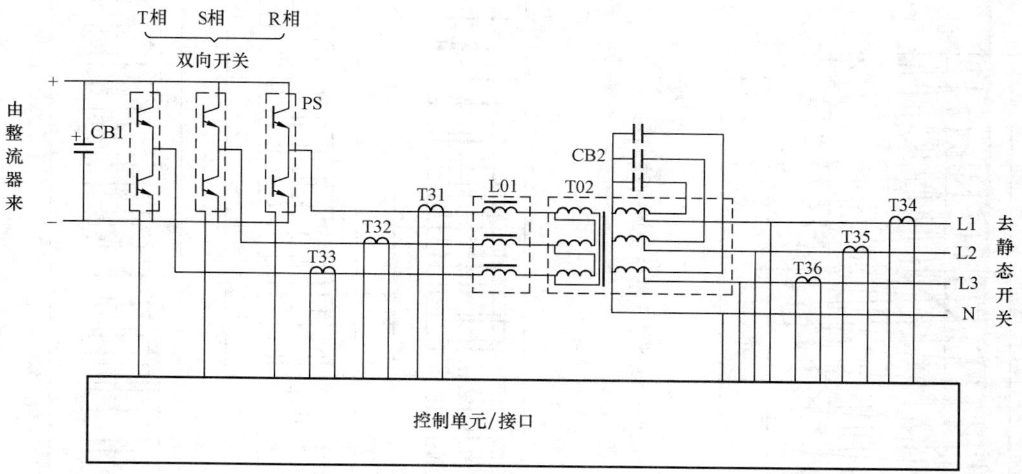

图 4 - 5 - 4　逆变器电路图

CB—输入电容器组；R、S、T—双向功率晶体管开关；T02—输出变压器；L01—交流扼流圈；
CB2—输出滤波器；T31～T36—电流互感器

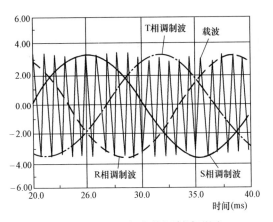

图 4 - 5 - 5   三相变换调制波形图

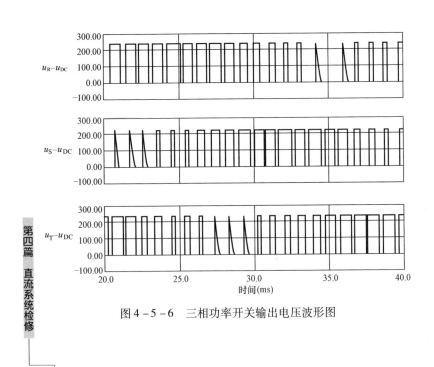

图 4 - 5 - 6   三相功率开关输出电压波形图

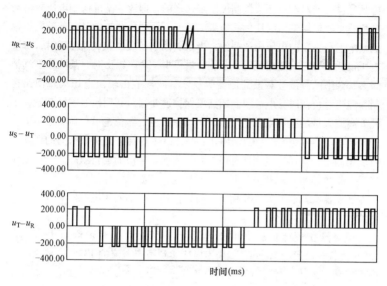

图 4 - 5 - 7　功率开关三相电压变换波形图

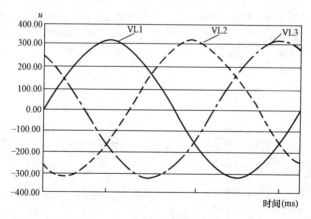

图 4 - 5 - 8　逆变器输出波形

　　利用载波及正弦滤波器可以比较容易地分离出相对高频，低阻滤波器对于逆变器的优良动态性能至关重要。电源变压器可把负载与功率开关之间分开，同时还起正弦滤波器的作用，而且决定输出电压的大小。对于负载的变化和输入电压的变化，要保持输出电压稳定。输出电压稳定性的保持是通过改变对功率开关调制深度来实现的，即改变基准调制电压幅值与三角波载波电压幅值的比例。当蓄电池电压低和负载最大时，基准电压幅值基本上与三角波电压幅值一致，当蓄电池电压最高和负荷为零时，基准电压很低，即与载波相比时，基波含量较少。短路输出时，基波几乎都被除去，余下的载波被载波滤波器吸收。基波幅值由输出电压调整回路控制，但当过负荷时，电流限制回路可保护逆变器，利用幅值鉴别装置，不让太高或太低的电压输入逆变器，用以保护逆变器免遭过负荷和短路造成的损坏。电容器组 CB（见图 4-5-4），给逆变器电路功率所需的无功进行能量储存，这样使逆变器可以相对不依靠蓄电池的运行状态。输出变压器 T02 把负载与功率开关分开，同时还起正弦波滤波作用。

逆变器在同步单元的作用下，可以保持与外加备用电源的频率和相位一致。

逆变器在额定负载下可长期运行，150% 负荷时可运行 1min，在 125% 负载时可运行 10min。如输出电流达到额定电流的 135%。控制电路内会启动一个计时器，1min 后将电流降至额定值的 125%。如输出电流超过 110%，则计时器启动后 10min 把电流降至额定值的 105%。

（3）静态开关。静态开关实际上是由两个晶闸管正反向并联组成的无触点开关电路，在电路中起导通或关断电源的作用。交流电正半波和负半波均能通过，只要在控制极加一控制信号，就可通过控制晶闸管的截止、导通来控制电路的关合，如图 4-5-9 所示。

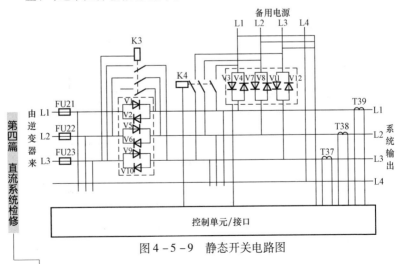

图 4-5-9　静态开关电路图

静态开关还并联有一个交流接触器，用它可以将晶闸管旁路，以消除晶闸管两端压降，减少功率损耗。

UPS 装置的全部电路均由控制单元进行控制。

三、UPS 系统的运行

UPS 装置具有并列运行时平均分配负荷的功能。当一台 UPS 装置容量不能满足要求时，可以安装几台 UPS 装置并列运行。

当装置由于某种原因由交流备用电源带负荷运行时，此时如工作电源或蓄电池恢复有电，逆变器电压在额定值 100% 的范围内变化，并且电压与备用电源同步，经过 8s 后，系统将自动复归为逆变器运行状态。

同期回路检查逆变器输出的交流电与备用电源之间电压是否同步，只有在鉴定两电源同步时才允许并列。

如果由于负荷大，逆变器出现持续过负荷时，可能出现逆变器与备用电源之间反复切换的情况，UPS 装置设置了闭锁电路避免发生这种情况，则装置就保持在备用电源运行状态。如逆变器输出电压超过限值，装置也自动切换为备用电源运行。手动由备用电源向工作逆变器切换也需延时 8s。

在装置上还设置有与运行有关的各种信号指示灯供运行监测使用。

尽管 UPS 系统有一路交流工作、一路直流备用和一路交流备用三路电源，供电装置本身可靠性高，但由输出交流母线至各负荷之间许多是单根电缆供电，运行中必须加强这些回路的维护工作，防止由于电缆损坏造成设备停电或损坏 UPS 装置的故障。

第二节 运 行 维 护

一、运行方式

1. 正常运行方式

交流输入（整流器的市电）通过一个市电隔离变压器进入相角控制的整流器，整流器补偿市电电压的变化以及负载的差异，维持直流电压的稳定。叠加的交流电压成分（脉动）由平滑滤波器来减少，整流器提供逆变器能量，保证所连接的电池处于准备状态（浮充和升压充电依赖于电池的充电状态以及电池的种类）。随后，逆变器通过优化正弦波脉宽调制控制（PWM）将直流电压转换为交流电压，直接或通过一个逆变静态开关（可选择加入）供给负载。

2. 电池运行方式

工作电源凹陷或故障时，逆变器不再由充电器提供电源，连于直流端的电池自动投入，且无间断地提供电流。电池放电时给出信号，电池电压的下降是放电持续时间与放电电流幅值的函数，电压的下降由逆变器补偿，因此 UPS 的输出电压保持不变。

如果接近电池放电电压的下限，系统将给出一个告警信号，如果达到电池放电电压的下限，系统将自动转输入旁路运行。如果无旁路电源或旁路电源超出允许的范围，系统将自动关断，当工作电源恢复或柴油发电机紧急电源启动时，整流器将立即恢复给逆变器供电，同时给电池充电（上述结果只有当 UPS 系统编程于自动启动，市电恢复时才会发生，如果系统没有编程于自动启动，必须重新手动启动）。充电的限流，依赖于电池的放电深度，通过电池限流器进行限流。

3. 旁路运行方式

UPS 装置可使负载能无间断地转换为备电电源供电（旁路供电），且当旁路电源在规定的范围内才能转换。转换可由控制信号控制自动进行，也可手动进行。UPS 系统逆变输出的电压频率和相位同步于旁路工作电源时，不管手动还是自动，都可不间断地转换。

如果旁路运行期间工作电源故障，而此时电池存在，且各项性能指标在规定的范围内，系统仅可手动转换至电池工作而不丢失电压。

4. 手动旁路（维护旁路）方式

当进行维修维护工作时，系统的输出可通过先合后断的手动旁路开关（可选件）来转换，以这种方式，除少数几个连接分路的元件外，UPS 系统被断电，负载供电不间断。

二、蓄电池维护

按生产厂家维护说明书及免维护蓄电池维护规程进行维护。

三、装置的定期试验

为保证装置正常运行并及时发现设备隐患，结合本装置所带负荷的检修情况，对装置进行定期试验：

1. 按下控制按钮"灯光试验"

（1）控制盘上的所有发光二极管都应必须点亮，如果有个别灯不亮应检查设备运行是否正常，及发光二极管是否良好。

（2）按下"充电器整流器断开"。

（3）绿灯"充电整流器合上"灭。

（4）红灯"蓄电池运行"闪光。

（5）红灯"综合故障"闪光。

如有异常情况，首先对充电硅整流器进行全面检查，并对灯光指示"按钮"运行检查。按下"控制按钮"，充电整流器合上。

（6）所有绿灯亮。

2. 按下控制按钮"复位"所有红灯灭

如果出现按一下"复位"按钮，仍有红灯闪光，必须查明设备运行方式是否改变，或设备是否出现故障。

3. 按下"逆变器断开"控制按钮

（1）绿灯"逆变器合上"灭。

（2）绿灯"逆变器供电"灭。

（3）绿灯"同步"灭。

（4）红灯"工作电源供电"闪光。

（5）红灯"综合故障"闪光。

4. 按下"逆变器合上"

（1）红灯"逆变器故障"闪光。

（2）约 10s 后，绿灯"逆变器合上"亮。

（3）绿灯"同期"亮。

（4）绿灯"逆变器供电"亮，利用示波器，对整流器波形进行测试。检查晶闸管组件是否全部正常触发导通，如果发现波形有异常，需对整流器触发回路及晶闸管套进行检查，更换硅管；充电器输出波形均匀平滑，表示晶闸管套触发导通良好。

5. 按下控制按钮"复位"

（1）红灯"逆变器故障"灭。

（2）红灯"备用电源供电"灭。

（3）红灯"综合故障"灭。

6. 恢复逆变运行，按"复位"控制按钮

（1）红灯"旁路开关"灭。

（2）红灯"复位"灭（10s 后）。

（3）绿灯"逆变器供电"亮。

（4）红灯"综合故障"灭。

（5）红灯"逆变器故障"灭。

上述信号功能如有异常情况时，应对设备全面检查，分清是设备故障还是信号灯指示不正常，并进行处理。

充电整流器的电源由工作电源供给。在工作电源失去的情况下，蓄电池将以直流电供给逆变器。UPS 装置连接于工作电源和备用电源，作为规定 UPS 装置的负载应通过充电整流器和逆变器供给，但在过负载情况下，或逆变器故障及直流电源失电（超出范围）时，静态开关将自动地切换为备用电源供电。

四、检查项目

1. 月度检查项目

（1）电池电压。

（2）逆变器输出电压。

（3）逆变器输出电流。

（4）应当记录告警信息和不正常的运行状态。

（5）如果电路板需要调节，必须记录。

（6）检查所有电池电解液的液面高度，是否需要加水。

（7）检查电池电压（铅电池有规定的密度）。

2. 半年检查

（1）月检同上。

（2）检验所有的开关与仪表具有正确的功能。注意：仅当手动旁路开关在试验位置上，才可检查上述功能。

（3）如果没有安装风扇监测器，检查风扇转速及风压。

（4）检查所有连接器件连接牢固，装置上所有螺钉和螺母无脱落（在无电压状态）。

五、运行监视与调整

（1）运行人员对装置运行工况每日进行检查。

（2）输出电压、输出电流在技术要求范围内。

（3）装置运行平稳，无异常声响。

（4）检查 UPS 装置有无故障（异常）信号。

（5）检查 UPS 装置工作（备用）电源输入电压在技术要求范围内。

第三节　交流不间断电源检修

一、设备清扫

（1）设备清扫。结合用电设备检修及装置所处环境的状况进行定期清扫，清扫时 UPS 不停电装置需使冷却空气易于通过阀座盖板，而且顶部通风在任何情况下都不应被阻碍。

用毛刷或具有软橡胶嘴的真空清洁器对柜体内的组件进行清洁，吹去聚存的尘土。用异丙基酒精除去组件上积存的尘土。对晶闸管全面清洗，清除积灰，通畅风道，保证晶闸管冷却通风。

（2）如果发生严重的污染（灰尘太多），清除系统的灰尘时应注意将手动旁路开关（如果装有手动旁路开关）打到旁路位置，然后关断整个系统，停电后再进行清扫。

（3）对于带过滤网的系统，检查过滤网是否变脏，如果过滤网污损严重，必须更换（高度污损的过滤网将会使空气流量减小，而空气流量的减小直接影响系统的冷却效果）。

二、蓄电池的检修

（1）UPS 装置正常运行时，应检查电池，测量每一节电池的电压，检查蓄电池运行技术参数，应符合蓄电池说明书要求，并根据蓄电池运行情况定期进行升压充电。

蓄电池容量实验可通过所带负荷（或另接负荷）进行电池放电容量测试。放电前应对蓄电池电源连接线检查、紧固，测试完毕后及时进行充电，并做好记录。

注意：测试结束后，电池容量有变化，如果此时工作电源发生故障，将直接影响应急放电电流的持续时间（应急电流时间），因此，做这个试验时必须与使用者协调。例如：计算机电子数据处理设备的操作人员，通过电池容量测试可提供有关蓄电池状态的准确信息。

（2）如果采用镍镉电池，电池的浮充电压（连续电压）应为 1.40~1.43V/节，电池必须充电 24h（升压充电电压为 1.50~1.75V/节），如果有电池说明手册，应该先看制造厂的说明。

注意：在升压充电结束时，关断升压充电状态。

三、硅整流、逆变器、静态开关检查与测试

1. UPS 装置送电前的检查

（1）检查所有柜体的接地，保证无损坏。

（2）检查所有连接固定件。

（3）检查所有印刷线路板和插头都正确安装。

（4）检查外部熔丝的额定电流、电压值正确。

（5）如果柜体内有防潮袋，将其取出。

注意：检查 UPS 系统的内部干燥，如果有露水，将 UPS 运行前放置 24h。

2. UPS 系统的现场试运行

（1）按系统安装前的准备工作检查准备工作。在干燥和温暖的环境

内，UPS 的现场运行按照下列方法进行。在连接现场的电网时，必须按照下列程序：

1）整流器输入断路器断开；

2）旁路输入断路器断开；

3）电池断路器断开；

4）手动旁路开关在旁路位置。如果旁路电源电压适用，负载通过手动旁路开关供电（位置：旁路）。

（2）加整流器市电电压（三相和地），检查相序和电压值。插入整流器输入熔断器。如果 UPS 系统被编程于自动启动（见技术数据）且整流器市电在允许的范围内，60s 后 UPS 系统将自动启动。

（3）合上旁路输入断路器。将手动旁路开关打到 TEST 测试位置。

（4）启动 UPS。

（5）检查整流器输出电压。

（6）合上电池断路器。

（7）检查逆变器输出电压。

（8）关断充电器工作电源，系统转换至电池运行，检查显示器显示，应为电池运行。

（9）合上充电器输入断路器，系统切回正常运行。

（10）切系统至旁路运行，检查显示器显示，应为旁路运行。

（11）系统切回正常运行，检查显示器显示为正常运行。

（12）系统切至旁路运行，检查显示器显示为旁路运行。

（13）将手动旁路开关打到 AUTO 自动位置。

（14）系统转回正常运行，检查显示器显示为正常运行。

（15）最后复位告警，现在负载由 UPS 提供。

3. 停电检查

（1）UPS 停电操作。进行此步操作，UPS 将不带电压，负载通过手动旁路开关由市电供电。条件：旁路适用且在允许的范围内。

1）切换系统于旁路运行。

2）当静态开关开通后，将手动旁路开关打到 TEST 试验位置。

3）断开电池开关。

4）按关机钮或同时按关机及复位按钮，关 UPS 装置系统。

5）断开整流器输入断路器。

6）将手动旁路开关打到 BY/PASS 旁路位置，除少数元件外，系统无电压。

（2）UPS 装置的一般检修：

1）检修前需将柜内 CB1 组件中的电容进行放电。UPS 组件清洁后，应对组件进行一次细致的外观检查，如果检查中发现组件有机械损伤、过热、腐蚀现象，应对组件进行更换。

2）设备内部接线连接紧固，对所有电缆或导线进行检查，无过热、机构损坏现象，否则应进行更换。对所有电路连接点认真进行紧固，对有触点发热松脱现象，应在对连接头进行认真检查处理后，重新紧固。

3）对所有电路板按它们的标向，检查是否插入到插座。

4）对柜内组件固定进行检查，对固定螺钉进行紧固，使柜内各部件紧固良好，无松脱、摇动现象。

5）对风扇进行检查，对冷却风扇检查其风扇叶片是否松动，电动机是否发热大，电动机转动是否平稳，有无卡涩现象，并按电动机检修工艺对电动机进行检修。

6）控制盘上检查控制功能（带电检查）。

（3）充电整流器的检修：

1）充电整流器变压器检修：可按变压器检修工艺进行检修，重点检查变压器绕组有无过热现象，绕组绝缘是否合格，变压器接线是否压紧，有松动的地方必须紧固，检查变压器铁芯部分是否有过热现象，绝缘漆是否有熔化现象。

对变压器的灰尘进行认真清扫。

对变压器进行通电测试，输出电压符合规定。

2）充电整流器晶闸管检修：检查整流器，晶闸管散热器是否压紧晶闸管套，有松动之处需紧固，防止硅组件过热。

（4）UPS 逆变器的检修：

1）清扫：对逆变模块进行细致的清扫及吹扫，检查逆变模块通风良好。

2）紧固接线螺钉。

3）紧固功率开关管散热片的压紧螺钉。

4）检查散热片上的测温组件完好，损坏的必须更换。

5）对输出变压器按变压器检修规程进行检查检修。

6）对输入电容器组及滤波器的电容器，需接好连线，并测试整个电容器的电容值，对电容值与平均值相差大的电容器应进行更换。

7）对逆变器中交流线圈应紧固连线，检查发热，电阻值是否增大。

8）逆变器通电试验需认真检查输出波形，输出波形为平滑三相正弦交流电，电压应在 380V（±1%）。

对 UPS 装置控制部件进行检查。

（5）维护：

1）对于各控制板应进行认真清扫吹灰。

2）认真插好电路板，并锁紧提扣。

3）检查所有控制板指示灯是否正常（按下"灯光试验"）。

4）紧固固定螺钉、螺母。

四、UPS 装置常见故障处理

1. 故障信号提示

UPS 装置有选择报警系统，由发光二极管进行各种故障提示，对于每个位置上发光二极管对应于每种故障，可根据故障内容进行处理。在控制检测板上。通过液晶显示器可以容易的观察到所有的运行参数，实际模拟电路图也通过发光二极管给出告警信息，告警信息与运行参数的改变存储在相应存储器中显示器上的告警信息。

如果系统出现告警信息，告警发光二极管亮，这说明在告警堆栈中可以找到告警信息的类型。

显示器上可能出现下列告警信息：

（1）故障 RAM1 数据暂停。

（2）故障 RAM1 数据故障。

（3）静态开关 1 温度过高关机。

（4）TSM3 温度过高关机。

（5）TSM3 温度过高警告。

（6）TSM2 温度过高关机。

（7）系统设置于手动旁路运行情况。

（8）逆变器熔断器熔断。

（9）扼流圈温度过高。

（10）逆变器温度过高。

（11）静态开关 3 温度过高。

（12）静态开关 3 温度过高警告。

（13）静态开关 2 温度过高关机。

（14）静态开关 2 温度过高警告。

（15）充电器 30℃温度过高关机。

（16）充电器 30℃温度过高警告。

（17）输出电压过高。

（18）直流电流限流。

（19）充电器调节故障。

（20）限流器动作。

（21）逆变器电压故障。

（22）同步故障。

（23）外部维护旁路开关已操作。

（24）内部电源故障。

（25）备用 1 故障。

（26）电池电磁断路器关断。

（27）静态开关 1 温度过高警告。

（28）直流电压过低警告。

（29）直流电压过低关机。

（30）直流电压过高关机。

（31）直流电压过高警告。

（32）工作电源瞬时超限。

（33）工作电源超限。

（34）工作电源频率超限。

（35）旁路电源瞬时超限。

（36）旁路电源超限。

（37）旁路电源频率超限。

（38）输出瞬时超限。

（39）输出超限。

（40）输出频率超限。

（41）过载。

当按下"复位"按钮，故障指示灯仍然存在，说明设备有故障存在，根据报警索引，检查原因并进行处理。

2. 故障处理

故障原因及处理方法见表 4 – 5 – 1。

表 4 – 5 – 1　　　　　　故障原因及处理方法

故障现象	故障原因	处理方法
充电整流器温度高（$t > 90$℃）	（1）测温组件开路； （2）硅组件散热片灰尘过多，通风不良； （3）负荷过大	（1）检查测温组件是否开路； （2）检查硅组件散热片是否灰尘过多，通风不良； （3）检查处理

故障现象	故障原因	处理方法
整流器关闭	(1) 相序不对，输入没有按正确相序连接； (2) 缺相； (3) 晶闸管散热器温度高； (4) 电源电压超过允许极限	(1) 相序调整，检查三相电源并恢复； (2) 检查通风及晶闸管散热及负荷是否过大，处理检查电源并调整
电源开关温度高	(1) 散热器脏堵； (2) 风机损坏； (3) 同步信号故障	(1) 清扫散热器； (2) 更换或修复风机； (3) 检查同步信号板并更换试验
过负荷指示灯亮	(1) 负荷电流大； (2) 信号故障	(1) 减小负荷； (2) 检查静态开关控制板
电源电压高、低	(1) 熔断器熔断； (2) 备用电源电压过高	(1) 更换熔断器，并测量电压； (2) 通知运行人员调整电压
充电整流器输入电压高、低	(1) 交流电压失去； (2) 交流电压太高，$U > (380 + 10\%)$ V	(1) 测量并恢复电压； (2) 通知运行人员调整电压
整流器不启动	(1) 输入电源关断； (2) 整流器输入电压超限或相序错； (3) 整流器功率组件送出温度过高信号； (4) 因电子线路失灵导致电源电压超限	(1) 检查处理电源； (2) 换相； (3) 检查处理
逆变器不启动	(1) 直流电压超限； (2) 因为电子线路故障，电源电压超限； (3) 逆变器功率组件发出温度过高信号； (4) 电子线路至 TSM 的连接插座未接好	检查处理

3. UPS 常见故障分析

虽然 UPS 的品种、规格和电路原理各异，故障现象表现不一，但也有一些具有一定共性的常见故障形式，需要在 UPS 运行和维护工作中引起注意。

（1）UPS 处于市电时，交流熔丝熔断。

1）输出回路短路或过载。

2）脉宽调制组件无驱动脉冲输出。

3）UPS 的输入端相线与中性线接线错误。

（2）蓄电池组熔丝熔断，逆变器末级驱动晶体管烧毁。

1）推挽式末级驱动电路中两臂的输出严重不平衡。

2）过电流保护线路失效。

3）脉宽调制组件损坏。

4）末级驱动晶体管的基极线路中的保护二极管损坏，造成短路。

（3）变压器有异常噪声。

1）整流桥或稳压块烧毁。

2）变压器二次绕组打火。

3）主控制板与末级驱动晶体管之间的连接插头接触不良。

4）末级推挽驱动电路两臂输出严重不对称。

（4）蓄电池充电不能达到额定值，或蓄电池丧失正常的充放电特性。

1）蓄电池内阻增大，应对蓄电池进行均衡充电。

2）微调电位器调整不当。

3）逆变器末级驱动晶体管烧毁，造成蓄电池过度放电。

4）三端稳压块烧毁。

（5）UPS 只能工作在逆变器供电状态，而不能正常工作在后备工作状态（即由市电向负载供电）。

1）供调整市电供电/逆变器供电转换切换用的微调电位器调整不当，转换电压偏高。

2）反馈变压器的一次绕组开路，造成没有交流反馈信号输入。

3）控制模块损坏，无刷新信号输入。此时，UPS 本身能处于正常的市电供电状态，市电中断时，UPS 虽能正常切换至逆变器工作状态，但是市电恢复后，UPS 无法返回到正常的市电供电状态。

（6）市电中断时，UPS 不能切换至逆变器工作状态。

1）蓄电池内阻过大。

2）逆变器推挽式末级驱动晶体管烧毁。

3）脉冲调制控制组件无驱动输出，或两路输出严重不对称。

4）UPS 输出回路短路，负载过重或有大的电感性负载接入（如把交流稳压器、日光灯接入）。

5）市电供电/逆变器供电转换控制晶体管损坏。

（7）"逆变器工作"指示灯闪烁，蜂鸣器长鸣。

1）频繁启动 UPS，造成启动失败。一般要求在开断 UPS 开关后，至少要等 6s 以后，才允许重新启动。

2）UPS 负载过电流或蓄电池端电压过低引起过电流保护及电池电压过低，自动保护线路动作。

3）定时器组件损坏。

4）UPS 负载回路或市电供电网络中有大负载的晶闸管元件接入。

第六章

高频开关电源

第一节 高频开关电源概述

一、高频开关电源发展

高频开关电源是近年来发展起来的新型直流电源,其效率达 90% 以上,无隔离变压器,采用模块设计结构,每个模块为一独立开关电源。微机控制高频开关电源模块型直流电源柜,其总输出电流为各个模块输出电流总和。该装置适用于大中小型发电厂、变电站、电气化铁道、工矿企事业单位变电室中的不间断直流供电电源系统;能充分满足电网的正常运行和事故状态下的继电保护、信号系统、高压断路器的分合闸用的直流控制电源和操作电源的需要;是目前国内最受用户欢迎的直流电源设备之一。

二、高频开关电源优点及使用环境条件

1. 高频开关电源的优点

(1)用高频半导体器件(VMOS 或 IGBT)取代晶闸管,具有输入阻抗高、开关速度快、高频特性好、线性好、失真小、多管并联、输出容量大等特点。取消了笨重的工频变压器,质量小、体积小、效率高、噪声小。

(2)采用高频变换技术、PWM 脉宽调制技术和功率因数校正技术,使功率因数大大提高(接近于 1.0),效率高、质量减小、体积缩小、可靠性高。由于元件集成化,维护工作量小,同时由于控制、调制技术先进,使各项技术指标非常先进。

(3)高频开关电源模块具有高性能、高效率、高功率因数、高可靠性、低噪声、体积小、质量小(230V/10A 模块只有 7.5kg)等优点。

(4)直插式整流模块无需连接电缆,整机配线简单,模块允许带电插拔更换,只需 30s。先进的动态保护技术使安装和带电插拔更换极为安全、灵活、可靠。

(5)模块化结构,拔插式安装,$n+1$ 冗余组合,增减模块数量极为方便,可适应不同的电池容量,可方便、安全、经济的扩容、维护和更换,从 20~3000Ah 任意配置。

（6）整流模块既可受控于中央控制器单独开关机，输出设定的直流电压；又可自主工作于出厂设定状态，确保系统运行的双保险。

（7）中央控制器采用先进的均流技术，使机柜输出功率的利用率大幅度提高，各个整流模块的平均使用寿命也大为延长；采用软件开环、硬件闭环的限流模式保护电池；按照标准微机充电曲线自动维护电池。

（8）全微机控制交流保护单元，自动检测交流输入过电压、过电流、缺相等故障，并可实现双路输入交流电源的自动切换。

（9）全微机控制直流保护单元，具备自动检测合闸母线过电压、欠电压、绝缘电阻大小、蓄电池充放电电流及控制母线过电压、欠电压、控制母线电流、合闸母线馈出开关是否脱扣、控制母线馈出开关是否脱扣、各熔断器是否熔断等项的检测和自动报警功能。

（10）中央控制器配备键盘操作和大屏幕液晶汉字显示器，可以方便地实现电源系统的各项参数的显示和设置。

（11）电源系统具备单只电池电压自动监测报警功能，每隔3h自动巡检一遍或由用户手动立即进行，并可自动报警及欠电压。

（12）可实现远程集中监控，对交流输入、直流输出和每一个整流模块的运行具有完备的"四遥"（遥信、遥测、遥控、遥调）功能，可实现电力网、变电站的全自动化无人值守的要求。

2. 使用环境条件

（1）海拔：≤2000m。

（2）环境温度：$-5 \sim 40℃$。

（3）空气相对湿度：≤90%（20℃±5℃）。

（4）运行地点无发生火灾和爆炸的危险，无严重污秽和化学腐蚀。

（5）无剧烈振动和冲击，无强电磁场及高频电磁干扰。

三、型号含义

GZDW□□/□□－GK

其中，G——柜。

Z——直流电源。

D——电力系统用。

W——微机控制。

□（左一）——设计序号，30、31、32、33、34、35表示单组电池的不同接线方式，40、41、42、43表示双组电池的不同主接线方式。

□（左二）——蓄电池额定容量，Ah。

□（左三）——额定直流输出电压，V。

□（左四）——M：阀控式密封铅酸蓄电池；

F：防酸隔爆式蓄电池；

G：镉镍高倍率蓄电池。

GK——高频开关电源。

第二节　高频开关电源结构及原理

一、结构

高频开关整流器由主电路、调整控制电路和辅助电路三部分组成。

主电路由交流整流滤波、直流—直流变换器（高频变换）等元件组成，如图4-6-1所示。其作用是从交流电网取得交流电，将其转换成符合要求的直流电。控制电路采用PWM脉宽调制电路，包括输出采样、信号放大、控制调节、基准比较等单元，其作用是对输出电压进行检测和取样，并与基准定值进行比较，从而控制高频开关功率管的开关时间比例，达到调节输出电压的目的。

功率因数校正网络也是高频开关整流器的重要组成部件，其功能是通过控制过程，使输入电流波形跟踪正弦基波电流，其相位与输入电压同相，以保持输出电压稳定和功率因数接近于1。辅助电路包括手动调节、稳压电源、保护信号、事故报警以及通信接口等。

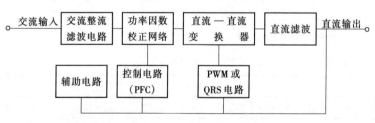

图4-6-1　高频开关电源结构图

二、整流模块工作原理

高频开关电源整流模块的基本工作原理如图4-6-2所示：三相交流电源输入，首先进入尖峰抑制及EMI滤波电路，之后由全桥整流电路将三相交流电整流成直流电，经有源功率因数校正和DC/DC高频全桥逆变成高频交流电，再经整流为可调脉宽的高频脉冲电压，经滤波输出为所需非常稳定的直流电压、电流。

模块内的监控单元是智能化整流模块的监控核心，它的功能是测量模块的运行参数并通过 RS485 接口传送给电源系统的监控模块，且同时接收中央控制器发来的各种控制命令，测量整流模块的输出电流，采集模块的开关状态、风机堵转、模块过热、整流故障等告警量。

由于整流模块采用了高频开关电源技术，时钟频率高达 200kHz；又运用了有源功率因数校正，使模块功率因数高达 0.95；模块间采用了低差自主流技术；模块具有完善的保护和报警功能，即使模块处于长期短路状态也不致损坏；模块既可受中央控制器监控运行，又可脱离中央控制器按照出厂设定独立运行，从而提高了系统的稳定性。

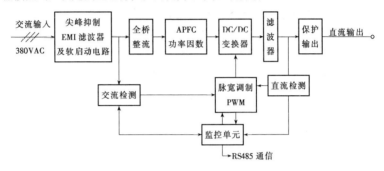

图 4 - 6 - 2　整流模块工作原理图

三、技术参数、特性

1. 高频开关电源技术参数

高频开关电源技术参数见表 4 - 6 - 1。

表 4 - 6 - 1　　　　　　　　高频开关电源技术参数

指标名称		最小	典型	最大	测试条件
交流输入电压（V，AC）		342	380	437	额定输出
直流输出电压（V，DC）		180	230	290	额定输入 380VAC
直流输出电流（A，DC）			$10n$	$11.2n$	额定输入 380VAC n 为整流模块个数
稳压精度（%）			0.1	0.3	额定输入，额定输出
稳流精度（%）			0.1	0.5	额定输入，额定输出
纹波系数	交流有效值（%）		0.01	0.1	额定输入，额定输出
	峰值（%）		0.1	1	额定输入，额定输出

指标名称	最小	典型	最大	测试条件
充电机效率（%）	88	89	91	额定输入，最大输出
功率因数	0.93	0.94	0.955	额定输入，最大输出
均流度（%）		±3	±5	额定输入，最大输出
工作温度℃	−5	25	40	
工作湿度（%）		90	95	不结露
噪声 dB	45	50	55	满载，环境噪声 40dB
四遥				RS232/RS485 可选后台计算机
供电连续性		连续		交流输入电源停电后，控制母线、合闸母线连续供电
报警显示功能		齐全准确		按设定参数试验

2. 技术性能

（1）以 YL－23010A 整流模块为例，其技术性能如下：

交流输入电压：三相、交流 380V（±15%），50Hz（±2%）。

直流输出电压：180～290V。

直流输出电流：0～11.2A 连续可调。

稳压精度：≤±0.3%。

稳流精度：≤±0.5%。

纹波系数：0.01%。

效率：≥89%。

功率因数：≥0.94。

使用环境温度：−5～40℃。

均流度：额定直流电压、电流输出时，≤±3%；当 10%～50% 额定电流输出时，≤±5%。

冷却方式：风冷。

噪声：≤55dB。

（2）保护及报警功能：

1）具备输出过电流保护、交直流过过电压保护。

2）过热保护：大于85℃无输出，报警。

3）故障：无输出，报警。

4）风扇停：报警。

（3）整流模块面板信号灯（模块面板上四个信号灯报警内容）：

1）交流：交流电源正常，绿色。

2）自控工作（不受中央控制器控制）：红色。

3）监控工作（受中央控制器控制）：绿色。

4）告警：红色。

（4）工作模式。整流模块本体是三相三线制交流380V（±15%）输入，无相序要求，可以工作在两种模式，自控和监控。通常工作在监控方式，由中央控制器协调控制全部整流模块的均流输出，输出电压由中央控制器从180～290V连续设定，每个模块的输出电流、开关状态、故障状态和在位状态都可以被中央控制器读出显示。当中央控制器发生故障或拔出检修时，整流模块自动进入自控工作方式，输出电压服从出厂设定值（如243V），输出电流只受各自最大输出电流（11.2A）的限制。互相之间自主低差均流，可以长期工作在自主方式下而不损坏。

（5）中央控制器监控系统的功能和主要特点：

1）中央控制器的功能：中央控制器是直流电源的控制、管理核心，代替人对电源系统进行控制、管理和维护，具有"四遥"功能，可使电源系统达到无人值守的自动化要求。中央控制器微机监控系统采用分散测量及控制、集中管理的集散模式，这种设计思想使系统扩容方便、灵活，并可减少监控系统引入的故障因素。

2）中央控制器监控系统的主要特点：全方位在线监控交流输入、直流输出、电池组的各项参数。整流模块的各种运行状态、参数设置、报警信息的显示直观、明了，可使用户及时、准确地掌握电源系统的运行状况。可实现对单组或双组蓄电池单体电压每隔3h自动在线巡检器统一管理报警，也可手动巡检单只电池电压。

第三节　高频开关电力电源维护、检修

一、高频开关电力电源安装要求

1. 相序

相控电源对三相交流电源有相序要求，高频开关电源对相序无要求。

2. 中性线

高频开关电源系统对中性线要求比较高：

（1）不能简单地以设备安装现场的接地线来代替。

（2）应注意中性线对地电压不能过高，正常情况下应接近零伏。

（3）中性线必须接触可靠，因为它是用来检测充电机模块交流电源质量好坏的关键，可判断三相是否缺相或三相平衡等。

（4）中性线应无电流。

3. 充电模块启动

如发告警信号，应检查如下各项：

（1）交流电源电压严重偏高或偏低。

（2）三相严重不平衡或缺相。

（3）三相电源谐波太大。

（4）中性线接地不可靠，如对地电压偏高。

4. 两路交流输入

不能自动投切时应检查如下各项：

（1）交流接触器线圈烧断。

（2）交流接触器辅助触点接触不好。

（3）控制转换旋转开关触点接触不好。

5. 系统柜体接地问题

（1）防雷器接地。接地线已在出厂前接好引至柜体下部接地点，那么要求充电柜体应可靠接地，确保防雷器效果。

（2）绝缘监测装置接地线也已在出厂前引至柜体下部接地点，应注意与馈线电缆的屏蔽层接地尽量接在一起，这样接地检测更加精确可靠。

注意：馈线电缆的屏蔽层应两端可靠接地。

二、充电模块的使用及维护

1. 安装调试

（1）模块安装注意事项如下：

模块支撑座板必须水平安装，保证与模块底板可靠接触，并且支撑座板与系统保护地可靠连接，接地电阻应小于5Ω。

模块前面和后面应保持80～100mm的空间，不要有物体遮挡如电缆等。因为前面为模块散热通道的进风口，后面为排风口，必须确保散热通道流畅。

（2）模块通电调试如下：

第一步：通电前模块"启动"开关（或三相空气断路器）应处于关断，"开关机"按钮，"均浮充"按钮处于松开状态，并检查后面板熔断器是否拧紧，风扇电源插头是否插好，限流挡位应设置在"Ⅳ"挡。

第二步：接插交流输入航空插头，插入前用万用表测量交流电源的电压，包括线电压和相电压，注意插头第四脚应为中性线，交流电压应在输入许可范围内（额定值为±20%），如超出范围或三相不平衡甚至缺相则不应接入模块，先检查交流电源进线回路。

第三步：打开启动开关（或三相空气开关）。

1）启动开关合上后即应有蜂鸣报警音响，此时前面板无任何显示，1～3s后，告警消失，同时输入绿色发光二极管指示灯点亮，表示交流输入电源正常。显示电压、电流为零，限流挡位指示灯IV点亮，模块直流输出表计交替显示电压、电流。如若不亮，则应检查交流电源熔断器或交流开头是否可靠合上。

2）按上"开/关"按钮，模块开始工作，输出状态指示"正常"灯亮并闪烁。表计显示有电压，风扇开始启动。如若"故障"灯亮，声音报警，则可检查系统电源调节电位器是否顺时针调得过大，将其逆时针调动后重新开机。

3）按下"均/浮充"按钮，"均充"指示灯亮，通过"均充电压"电位器可调节均充电压整定值。松开按钮，也能回到"浮充状态"。

4）模块并联运行时，应注意均浮充状态应一致，限流标位应一致，与监控通信地址应区别顺序设置。

2. 维护

（1）维护项目有：

1）根据运行现场的灰尘大小决定每隔一定时间清扫一次模块前面板和风扇上的灰尘，一般3个月一次。

2）定期巡检模块输出电压，电流显示是否正确，不正确应校正。

3）多模块并联运行时，应检查均流效果，如发现运行不正常，如单个模块无电流或电流偏高，应查明原因。如需将故障模块脱离系统单个检查工作是否正常，应将所有模块关机后重新开机。

4）定期检查模块风扇是否转动正常，半年一次。

（2）常见故障及处理方法如下：

1）个别模块发热严重：检查模块风扇是否转动正常，散热条件是否恶化，根据情况处理。

2）均流效果差，不符合规定：

（a）模块损坏，更换故障模块；

（b）均流并机线损坏，更换处理。

（3）更换故障模块流程如下：

1）确认模块故障，并记下故障现象。

2）关掉故障模块，关掉集中监控器，及故障模块的通信地址等。

3）先拨掉均流并机线，输出、输入航空插头，退出故障模块。

4）安装新模块，如前所述步骤，应注意：

（a）均、浮充电压整定应和其他模块尽量一致；

（b）输出限流最大整定值应与其他模块尽量一致；

（c）并机运行前均流电位器打在中间位置。

5）并机均流线插好，先必须对其他模块逐台关机后重新开机，进行复位，使模块直流输出都处于初始整定值，以此确保在带监控器运行时均流效果。

6）模块均流调整好后，将监控器打开，试验模块的操作性，如均/浮充、调压性能等其他功能试验是否正常，完毕后即告完成。

3. 性能试验

（1）高频开关电源输出特性、输入特性、保护与报警见表 4 - 6 - 2 ~ 表 4 - 6 - 4。

（2）性能试验包括：

1）通过示波器对高频开关电源输出波形进行检查，应平滑、无异常波动。

2）检查装置显示电压与实测电压是否一致，并校正。

表 4 - 6 - 2　　　　　　输　出　特　性

序号	项　　目	指　　标	备　　注
1	输入过电压保护	≥（456 ± 5）V AC 关机报警	电网正常自动恢复
2	输出欠电压报警	≤（280 ± 5）V AC	
3	输出过电压保护	由监控系统任意设定	
4	输出欠电压报警	由监控系统任意设定	

表 4 - 6 - 3　　　　　　输　入　特　性

序号	项　　目	指　　标	备　　注
1	交流输入电压（V）	380 ± 20%	三相四线
2	交流输入频率（Hz）	50 ± 10%	
3	综合效率（%）	≥94	

表 4 - 6 - 4　　　　　　　　保 护 与 报 警

序号	项　　目	指　　标	备　　注
1	输出电压可调范围 （V）	180 ~ 320 连续可调（220V 系列） 90 ~ 160 连续可调（110V 系列）	
2	额定输出电流 （A）	5 ~ 300（220V 系列） 10 ~ 500（110V 系列）	
3	输出限流	105% 额定输出电流	
4	稳压精度（%）	≤ ±0.5	
5	稳流精度（%）	≤ ±0.5	
6	纹波系数（%）	≤ ±0.5	

3）接负载时检查每个模块输出电流均流度是否符合规定。

4）检查输出电流、输出电压，调整使其符合设计要求。

5）接可调试验电阻（或可调试验水阻）检验纹波系数、稳流精度、稳压精度、限流性能、过电流保护等性能。

6）进行空载试验以确定过电压性能。